현대 항공우주전략의 창시자

존 워든

현대 항공우주전략의 창시자
존 워든

존 안드레아스 올슨 지음
김강식 옮김

JOHN WARDEN

좋은땅

목차

추천사

제2차 세계대전을 종결시킨 원자폭탄은 군사적 사고에 심대한 영향을 미쳤고, 그중 미국이 가장 큰 영향을 받았다. 핵무기 개발 초기에는 美 공군이 이 새로운 무기의 투발 수단에 대한 독점권을 갖고 있었지만, 곧 美 육군과 해군도 핵무기 투발 수단을 보유하려는 노력을 시작했다. 동시에 군사교리는 핵 환경에 맞도록 바뀌기 시작했다. 미군은 한국에서의 제한전쟁[1]을 경험했음에도 불구하고 유럽지역에서 소련군에 대응할 수 있는 주요 핵전쟁 계획에 중점을 두어야 한다는 믿음에는 흔들림이 없었다.

제2차 세계대전 후에 발생한 베트남전은 궁극적으로 핵전쟁으로부터 탈피할 필요성이 강조된 전쟁이었다. 이 전쟁은 美 공군에게 군구조 및 교리, 리더십 분야에서의 대대적인 변화를 가져다 주었다. 30여 년간 美 공군을 이끌어 왔던 전략공군사령부(SAC)[2]의 폭격기 출신 세력(Bomber Mafia)도 그 영향력을 잃게 되었다. 베트남 전쟁에서 가장 많은 비행 소티를 수행하고 가장 많은 사상자가 발생한 집단은 바로 전투기 조종사들이었다. 이에 따라 전투기 조종사들은 서서히 美 공군 내에서 중심적인 리더십 세력으로 등극하였다.

이와 같은 변화는 부정적인 결과를 불러왔다. 전략공군사령부(SAC)가 美 공군의 주도권을 잡고 있었던 1950년대에 전술적 임무를 수행하던 대부분의 전투기 조종사들은 항공전략[3]에 대해 무관심했다. 대신 그들은 공중우세[4]를 확보하기 위한 전술 및 지상군 지원 임무에만 관심을 두고 있었다. 그 결과 美 공군은 '핵전쟁과 전술적 공중전투'라는 분쟁 스펙트럼상의 양극단에 치우친 사고와 교리발전만을 추구하게 된다. 이러한 극단적 현상으로 인해 전략적 및 작전적 수준의 재래식 항공전은 무시되었다.

---

1) 제한전쟁(Limited War): 전쟁의 목적이나 지역, 수단, 무기 따위에 제한을 두고 하는 전쟁. 미국의 입장에서 6·25전쟁은 한반도라는 지역과 핵무기를 사용하지 않은 점에서 제한전쟁이었으나, 한국의 입장에서는 총력전이었음.

2) 전략공군사령부(SAC: Strategic Air Command): 美 공군이 1946년부터 1992년까지 전략 폭격기와 대륙간탄도미사일(ICBM) 운용을 통해 미국의 핵 억제력을 담당했던 사령부.

3) 항공전략: 국가목표를 달성하기 위해 항공력을 개발하고 운용하는 술(art)과 과학(science).

4) 공중우세(Air Superiority): 적 항공기 및 미사일 위협으로부터 심각한 방해를 받지 않고 주어진 시간과 공간에서 작전을 수행할 수 있는 공중통제(Control of the Air) 수준. 그 수준에 따라 공중제패, 공중우세, 공중대등, 공중열세로 구분할 수 있음.

존 애슐리 워든 3세의 등장

본 책의 저자인 존 안드레아스 올슨(John Andreas Olsen)이 이 유명한 존 애슐리 워든 3세(John Asheley Warden Ⅲ. 이하, 워든)의 전기에서 밝힌 바와 같이 워든은 생도 시절 이후 줄곧 전략적인 주제에 관해 깊이 탐구해 왔다. 그는 독학으로 대전략[5]의 원리를 깨우쳤다. 텍사스 공대에서의 석사학위 과정은 그의 개인적인 선입견만 강화시킨 기간이었다. 그러나 워든은 1986년도에 이수한 국방대학원(NWC)[6] 과정에서 다시 한번 항공력에 관한 주제에 집중했다. 국방대학교(NDU)[7] 출판부에 의해 최초 발행되었고, 이후 브라씨에 의해 다시 출판된 '*항공전역: 전투를 위한 기획(The Air campaign: Planning for Combat)*'이 바로 전략적인 재래식 항공작전의 중요성을 강조한 그의 사상을 집약하고 있다. 이 책은 논쟁의 여지가 많다. 비록 오늘날 우리가 이 책을 읽어 보았을 때, 그 어조가 온순하고 주제가 너무 평이하게 느껴지지만, 그 당시(1987년) 공중우세 및 항공차단(AI)[8]의 중요성 강조와 기존의 통념과는 반대된 지상군이 작전적 수준에서 항공전역(Air Campaign)[9]을 지원해 줄 수도 있다는 워든의 이론은 심지어 공군 내에서도 저항에 부딪혔다. 이전에 전술공군사령부(TAC)[10]의 사령관은 그의 임무가 육군을 지원하는 것이라고 공공연히 밝혀왔는데, 어떻게 단지 대령에 불과한 워든이 정반대의 주장을 할 수 있었겠는가? 이는 과거 20년 동안에 전쟁의 특성이 얼마나 심대하게 변해 왔는지를 보여 주는 척도로, 워든이 제시했던 이론은 이제 합동교리의 시발점으로 받아들여지고 있다.

이 시점에서 주제를 리더십에 대한 교훈으로 바꾸려고 한다. 젊은 공군 장교였던 스미스는 1970년도에 그의 박사학위 논문을 완성하여 출판하였다. 그의 논문은 제2차 세계대전 이후 美 공군이 육군으로부터 독립힐 수 있도록 해 준 핵심적인 요인에 관한 수제였다. 그의 논문인 '*평화를 위한*

---

5) 대전략(Grand Strategy): 국가의 정치적 · 군사적 목표를 달성하기 위해 국가의 제반 국력(정치 · 외교, 군사, 경제, 정보 등)을 효과적으로 준비하고 운용하는 과정. 국가전략이라고도 함.

6) National War College.

7) National Defense University.

8) 항공차단(AI: Air Interdiction): 적의 잠재적인 군사력이 우군의 지상군 및 해군에 영향을 미치기 전에 파괴 · 무력화 · 제압하는 작전.

9) 항공전역(Air Campaign): 주어진 시간과 작전지역 내에서 군사목표를 달성하기 위하여 공군이 수행하는 일련의 항공작전.

10) 전술공군사령부(TAC: Tactical Air Command): 美 공군이 1946년부터 1992년까지 전술항공작전을 수행하고, 지상군을 지원하는 임무를 수행했던 사령부. 세부 임무로는 지상군과 협력하여 적의 지상 목표를 공격하는 근접항공지원(Close Air Support), 적에 대한 전술항공정찰(Tactical Air Reconnaissance), 전술 항공작전을 조정하고 지휘하는 전술항공통제(Tactical Air Control)가 있었음.

공군 계획(The Air Force Plans for Peace)'은 솔직한 결론을 좋아하지 않았던 美 국방부 소속 일부 육군 장군들의 주의를 끌게 되었고, 그들은 공군본부의 한 장교에게 이 노골적인 작가에 대해 적절한 처벌을 내릴 것을 지시했다. 후에 육군 대장이 된 도허티 장군이 해당 논문을 읽고 난 후, "스미스가 인기는 없지만 정직하다."라고 판단하여, 처벌을 내리는 것에 대해 반대했다. 덕분에 그의 경력에는 흠집이 생기지 않았다. 15년 뒤 스미스는 장군이 되었고, 워든 대령이 국방대학교(NDU) 국방대학원(NWC)의 학생으로 있을 때, 국방대학원 학장이었다. 스미스는 워든의 '항공전역(The Air Campaign)' 초고를 읽고 상당히 감명받아 출판을 독려했다. 워든은 걸프전에서의 항공전역계획 수립에 크게 기여하면서 다시 한번 세간의 주목을 받게 되었고, 그의 논문은 재판되면서 일부 공군 장교들의 이맛살을 찌푸리게 했다. 스미스는 그 당시 은퇴했고, 주요 TV 프로그램에서 워든의 책을 전쟁을 이해하는 데에 있어 '필독서'로 권장하면서까지 그를 지지했다. 이는 매우 극적인 모습이었다. 우리는 이러한 모습을 통해 "비전이 있는 리더들은 전통적 사고에 도전하는 사상가들을 보호하고 고무해야 한다."라는 교훈을 배울 수 있다. 도허티와 스미스 장군의 판단력과 지혜는 결과적으로 미국에 상당한 국익을 가져왔다.

워든은 성공적이었다는 평가를 받을 수 없었던 1988년도의 비행단장 보직을 마친 후 공군본부 전투개념개발처[11]를 이끌게 되었다. 그곳에서 그는 항공전에 대한 자신의 관점을 상급자와 부하들에게 심어 주기 시작했다.

사담 후세인(이하, 후세인)이 쿠웨이트를 침공한 1990년 8월 초, 당시 美 중부사령관이었던 슈워츠코프 대장은 자신이 사우디아라비아를 방어할 만큼의 충분한 지상군을 보유하고 있지 않으며, 더욱이 쿠웨이트를 해방하기에는 턱없이 부족하다는 사실을 알고 있었다. 슈워츠코프는 이에 대한 대안으로 공군에게 공세적인 항공전역계획 작성을 요청했고, 워든이 이 임무를 맡게 되었다. 저자인 올슨의 항공전역계획 수립과정에 대한 묘사는 매우 흥미롭고 유익하며, 정확하다. 워든은 그의 계획을 '인스턴트 썬더(Instant Thunder)'라고 지칭했다. 그것은 '롤링썬더(Rolling Thunder)'로 불렸던 실패한 베트남전에서의 항공전 노력과 구별하기 위한 것이었다. 베트남전에서의 항공전과 대조적으로 인스턴트 썬더는 이라크의 중심(CoG)[12], 특히 지도부에 대한 날카롭고 강력하며, 집중적인 공중 강습을 추구했다. 워든은 그 세대 대다수의 조종사들이 그랬던 것처럼 베트남 상공에서

---

11) 전투개념개발처: Directorate of Warfighting Concepts Development.

12) 중심(CoG: Center of Gravity): 정신적 또는 물리적인 힘, 행동의 자유 또는 전투의지를 제공하는 능력이나 힘의 원천.

의 실전을 경험하고 심리적인 충격을 받았다. 그와 같은 전쟁 상처들은 치유되어야만 한다.

올슨이 언급한 것처럼, 워든의 계획에는 결함이 있었다. 너무 과장된 항공전역의 성과를 보장했고, 쿠웨이트에 주둔하고 있는 이라크군을 강제로 축출할 수 없을 가능성에 대해서는 무시했다. 그러나 워든의 계획이 국가 고위 의사 결정자들로 하여금 항공전역에 대해 전반적으로 관심과 이해도를 증진시켰다는 사실은 아무리 강조해도 지나치지 않는다. 여전히 전술에 집중하고 있고 대규모의 지상공격에 대한 항공지원을 옹호해 왔던 전술공군사령부(TAC)는 공군본부에서 근무하고 있던 이 시건방진 대령에게 화가 나 있었다. 운 좋게도 워든의 인스턴트 썬더 계획은 국가 및 다국적군 차원에서 전역계획 노력의 기준점으로서 받아들여졌다. 걸프전에서 지상작전에 앞서 실시된 약 한 달여간의 항공전역은 이라크의 군사력을 무력화시켰고, 수천의 다국적군 생명을 구했으며, 전쟁 승리의 결정적인 요인으로 작용했다.

그러나 워든의 날카롭고 공격적인 성격은 다수의 적을 불러왔다. 그는 영웅으로 칭송되며 진급하거나 최소한 훈장을 받는 대신 美 공군으로부터 철저히 무시됐다. 워든은 군 생활 말년에 국방부를 떠나 백악관에서 부통령의 특별보좌관으로서 약 1년간 근무한 후 맥스웰 공군기지에 보임되어 美 공군지휘참모대학(ACSC)[13] 학장직을 맡게 된다. 뛰어난 항공력 이론가를 데려다가 미래 공군의 리더들을 교육하는 역할을 맡긴 것은 훌륭한 결정으로 보였다. 그러나 워든은 여전히 비난받았고, 공군지휘참모대학(ACSC)의 처장은 준장 승진이 보장된 직위였음에도 불구하고 임기 3년 내내 대령으로서 보직을 이수했다.

저자 올슨은 이 기간에 대해 특히 잘 다루고 있다. 워든은 본인이 낡고 오래된 교육과정이라고 판단한 공군지휘참모대학(ACSC) 교과과정을 신속하고도 급진적으로 개혁했다. 그는 "나는 진화론적인 사람이 아니다."라는 말을 좋아한다고 밝혔다. 워든은 졸업한 장교들이 항공력에 대해 포괄적인 관점에서 이해하고 적용하며, 실제적인 항공전역계획 작성과정을 이해할 수 있도록 하기 위한 교과과정 개혁에 역점을 두었다. 반대하는 사람들도 있었지만, 워든은 다른 보직에서 늘 그랬던 것처럼 그들을 단순히 무시하거나 회피했다. 변화가 지속되는 경우가 거의 없다는 것이 교육기관의 특성이긴 했지만, 변화에 대한 저항 세력들이 너무 많았다. 그럼에도 불구하고 워든이 바꾼 교육과정과 항공전역계획 수립에 대한 강조는 부분적으로 살아남아 아직도 美 공군대학에 영향

---

13) 美 공군지휘참모대학(ACSC: Air Command and Staff College): 한국 공군대학에서 운영 중인 고급지휘관참모과정(CSC)과 유사한 美 공군 전문 군사교육 과정으로 소령급 장교들에게 리더십 개발, 항공력 이해, 작전계획 능력 등에 대해 교육하는 과정.

을 미치고 있다. 사실 워든이 제시한 병행전(parallel warfare)[14]과 인사이드-아웃 작전(Inside-out operations)[15], 그리고 5개 동심원 표적처리(Five Rings targeting)[16] 이론은 이제 공군 내에서 통상적으로 사용되는 개념이 되었다.

올슨은 이 글에서 워든을 매력적인 사람으로 묘사했다. 가끔은 매력적이었으나 대부분의 경우, 무언가에 홀려 있는 사람처럼 보였던 워든은 생애 전반에 걸쳐 열렬한 옹호자와 적을 동시에 갖고 있다. 워든의 성격은 그의 최대 강점이자 곧 최대 약점으로 작용했다. 즉, 그를 사상가로서 성공하게 만든 자질인 공격성, 관료주의에 대한 무시와 창조성, 고집 센 상급자를 만나면 그를 무시하고 차 상급자로 건너뛰는 계급에 대한 무시는 반대로 그를 군 생활에서 궁지로 몰아넣게 하는 원인도 되었다.

돌이켜 보면, 워든은 美 공군과 현대전 수행방식에 있어 중대한 영향을 미쳤다. 공군본부에서 근무하는 동안 그는, 후에 결실을 맺게 될 '범세계적 도달-범세계적 전력투사 백서(Global Reach-Global Power white paper)'[17] 및 '원정공군 조직 구조의 기원(the genesis of Expeditionary Air Force organizational structure)'[18], '병행전'과 '효과중심작전(effects-based operations)'[19] 개념 구현에 결정적으로 기여했다. 워든이 작성한 인스턴트 썬더 계획은 실제 걸프전에 적용하기 위해 많은 부분이 수정된 초안이었으나, '사막의 폭풍 작전(Operation Desert Storm)'[20]에 대한 미국적 사고의 틀을 갖게 한 중요한 기획문서였으며, 그 이후 지금까지도 항공력 교리로 남아 있다. 워든이 공군지휘참모대학(ACSC)에서 쏟은 열정은 새로운 세대를 위해 항공전에 대한 자신의 사상을 제도화하려고 했던 가장 어렵고도 중대한 시도였다.

---

14) 적의 여러 핵심 표적을 동시에 정밀공격하여 전쟁 수행능력을 신속히 마비시키는 항공력 중심의 전쟁수행 개념.

15) 적의 중심부를 먼저 공격하여 전체 전투능력을 약화시키는 것을 목표로 하는 공격 이론.

16) 적국을 5개의 동심원으로 구성된 하나의 체계로 인식하고 항공력으로 가능한 5개의 동심원(표적)을 병행적으로 공격하여 마비 효과를 달성하겠다는 이론. 5개 동심원 구성요소로는 안쪽부터 바깥쪽으로 리더십(leadership)-유기적 필수요소(system essential)-하부구조(Infrastructure)-인구(population)-야전 군사력(filed military)으로 구성.

17) 美 공군이 1990년에 최초 작성하고 1992년에 최신화한 美 공군의 비전서.

18) 美 공군이 탈냉전 이후 신속한 전력투사와 전 세계적인 분쟁 대응을 위해 구성한 조직 구조.

19) 1991년 걸프전 이후 美 공군에서 본격적으로 연구를 시작하여 2003년 이라크 전쟁에 실제 적용된 작전수행 개념으로 전쟁 승리를 위해 적에 대해 기설정한 전략적 효과를 달성하는 데 중점을 두며, 정밀유도무기와 비살상 무기를 분석된 핵심노드(key node)에 적용하여, 최소 살상/파괴로 원하는 효과를 달성하겠다는 작전수행 개념.

20) 쿠웨이트를 침공한 이라크를 상대로 미군 중심의 다국적군이 결성되어 실시된 42일간(1991. 1. 17.~2. 28.)의 군사작전 명칭. 총 42일 중 38일간은 항공력만이 사용되었고 나머지 4일간은 지상군과 항공력이 투입되어 승리한 전쟁.

워든은 원래 천재이다. 이제 은퇴하여 앨라배마주의 몽고메리에서 자신의 미래 지향적인 컨설팅 사업을 하며 지내고 있는 그는 계속해서 독창적이고 인습타파적인 아이디어로 대중을 놀라게 하고 있다. 항공력과 전쟁에 대한 그의 이론은 계속해서 진화할 것이고, 그는 TV와 라디오, 인쇄 매체에서 그런 주제와 관련하여 가장 존경받는 해설가로 남게 될 것이다. 올슨은 이와 같은 위대한 항공인의 이야기가 세상 밖으로 나오도록 하는 데 있어 중요한 역할을 했다.

美 공군 예비역 대령 메일링거[21]

---

21) 美 공군 예비역 대령 메일링거(Philip S. Meilinger): 1948년생으로 군사 역사학자이자 분석가. 학력: 美 공군사관하교 졸업, 미시간 대학교 군사 역사학 박사, 군경력: C-130 조종사, 교육 및 연구: 美 공군사관학교 군사 역사학과 과장 및 美 해군대학 전략 교수 역임, 연구논문: 항공력에 관한 10가지 명제(Ten Propositions Regarding Airpower) 등 100편 이상.

저자 서문

이 책을 연구할 때, 나는 네 가지 주요 문헌 자료를 참고했다. 첫째는 '걸프전 항공력조사 보고서 *(GWAPS: Gulf War Air Power Survey)*'와 워싱턴 D.C.에 위치한 볼링(Bolling) 공군기지에서 근무하는 美 공군 역사가들의 훌륭한 분석 자료들이다. 공군 역사가들의 분석 자료 중에는 푸트니가 저술한 '*항공력의 이점(Airpower Advantage)*'이 있는데, 걸프전의 항공전역 계획수립에 대한 최상의 연구서로, 본 저서는 그녀의 연구로부터 많은 도움을 받았다. 두 번째로, 나는 사막의 폭풍 작전에 관한 기본 문서와 군 생활 초기부터 전역 전까지의 워든 대령과 관련된 논문 및 비망록, 그리고 그에 대한 다수의 기록을 참고했다. 셋째, 내가 조사한 내용의 많은 부분은 걸프전의 항공전역계획 수립과 실행에 참여한 장교들과의 인터뷰 내용을 담고 있는 '*걸프전 일화 모음(Desert Story Collection)*'에서 발췌했다. 인터뷰한 인원 중에는 게리 대령과 맨, 그리고 레이놀즈가 있는데, 이들은 *걸프전 항공력조사 보고서(GWAPS)* 작성 및 美 공군 역사가들과 개별적으로도 일했고, 그들의 포괄적인 기록은 본 저서 작성에 상당한 기여를 했다. 네 번째 주요 참고자료는 걸프전 종료 후 몇 개월 내에 진행된 개별적인 인터뷰 자료이다. 이는 워든과 각각 다른 시기에 함께 일한 2백 명 이상의 장교들과 했던 개별 인터뷰 내용이다. 인터뷰는 주로 전화와 서신으로 이루어졌지만, 가끔은 대면으로 진행된 것도 있었다. 인터뷰한 사람들에 대해 일일이 나열하진 않겠지만(대부분은 실명 거론을 좋아하지 않았다), 그들의 통찰력에 감사하고 그들과의 인터뷰 및 서신 내용이 본 책자에 최대한 그대로 반영되었기를 희망한다.

나는 이 책의 원고 전반을 읽고 논평해 준 몇몇 장교들에게 특별히 감사를 전하고 싶다. 호너, 뎁툴라, 브레크너, 로빈슨 장군 및 스미스 예비역 장군, 그리고 비평과 관점을 더해 준 레이놀즈와 위버 대령, 더불어 본인에게 한 시간 이상을 할애해 준 슈워츠코프 前 중부사령관, 많은 시간을 허락해 준 라이스 前 공군성 장관, 그리고 워든과 그가 공군에 미친 영향에 대해 언급해 준 7명의 前 공군참모총장들에게 감사의 말을 전하고 싶다.

물론 나는 특히 워든에게 감사하다. 그는 이 책의 연구 및 집필 과정에 전적으로 협력했고, 특히 수많은 인터뷰 자료를 제공했으며, 초안 자료에 대해 논평해 줬다. 가장 놀라운 점은 그의 협력은 객관적이었다는 점이다. 즉, 워든은 내가 그에 대해 쓰고자 하는 내용과 관련하여 나에게 지시나 제한과 같은 그 어떤 방식으로도 영향을 미치는 것을 원치 않았다는 것이다. 결과적으로 이 책은

‘워든’이란 인물을 위인화한 전기가 아니다. 차라리 ‘워든’이라는 인물에 대한 묘사와 그의 사상 및 업적에 관해 균형을 이루고자 하는 시도라고 볼 수 있다. 자신의 경력과 성격이 타인에 의해 평가받는 것을 좋아하는 사람은 이 세상에 드물기에 워든이 이 책의 내용에 영향을 주려고 하지 않았다는 사실은 특히 존경받을 만하다. 나는 또한 워든의 가족들에게도 감사하다. 부인인 마지와 딸 벳시, 그리고 워든 4세는 모두 바쁜 일상 속에서도 나에게 많은 정보와 영감을 주었다.

나는 주제와 독자, 그리고 역사 측면에서 객관적이고자 하는 시도로써, 원고 검토 과정에 상당한 시간을 할애해 준 메일링거, 메츠, 모르텐슨, 뮬러 및 스티븐스의 분석적인 통찰력에 도움을 받았다. 또한, 美 공군 소속의 리드 대령, 에반스 중령, 엥겔만 및 영 소령으로부터도 많은 도움을 받았다.

대부분의 집필은 독일 함부르크에 위치한 독일참모대학에서 이루어졌는데, 나의 본 연구에 대한 모든 학생들의 관심에 감사하며, 특히 비행단장인 샌섬과 나의 후원자인 앤드류스 중령의 다양한 도움에 감사를 전한다. 나에게 절대적인 지지를 보내 준 바인가트너, 분석과 사고를 자극하는 논평을 해 준 월못, 그리고 훌륭한 편집 능력을 보여 준 맥도날드에게도 감사를 표한다. 또한, 내 원고를 하나의 책으로 완성해 준 ‘Potomac Books’ 출판사의 프리먼, 제이콥스, 키멜, 맥키언, 노벨 및 나머지 팀원들에게도 감사를 표한다.

나는 가족들로부터 따뜻한 보살핌을 받았다. 특히 나의 형 이바 올슨과 그의 아내 팜의 도움에 감사를 전한다. 부모님이신 앤과 보 올슨에게 이 책을 바치며, 평생에 걸친 그들의 격려와 영감에 감사를 표한다. 마지막으로 조건 없는 사랑을 보내 준 나의 아내 티네에게도 진심 어린 감사를 보낸다. 그녀는 진정한 나의 천사이다.

노르웨이 공군 대령 존 안드레아스 올슨[22]

---

22) 존 안드레아스 올슨(John Adreas Olsen): 노르웨이 공군 대령으로 현재 NATO 본부에 근무 중이며, 노르웨이 국방연구소 교수이자 미첼 항공우주연구소 비상임 선임 연구원. 주요 경력: 영국과 아일랜드 주재 노르웨이 국방 무관/스웨덴 국방대 작전술 및 전술 방문 교수(2008~2019)/노르웨이 국방대학 교수부장이자 전략학 처장 역임, 학력: 노르웨이 트론드하임 대학교(University of Trondheim) 공학 학사 및 영문학 석사/영국 워릭 대학교(University of Warwick) 현대 문학 석사/영국 드몽포르대학교(De Montfort University) 역사 및 국제관계 박사, 주요 저서: Strategic Air Power in Desert Storm(2003)/On New Wars(2006)/John Warden and the Renaissance of American Air Power(2007)/A History of Air Warfare(2010)/Global Air Power(2011)/The Evolution of Operational Art: From Napoleon to the Present(2011)/Air Commanders(2012)/The Practice of Strategy: From Alexander the Great to the Present(2012)/Destination NATO: Defence Reform in Bosnia and Herzegovina, 2012~2013(2013)/European Air Power: Challenges and Opportunities(2014)/Airpower Reborn: The Strategic Concepts of John warden and John Boyd(2015)/NATO and the North Atlantic: Revitalizing Collective Defence(2017)/Airpower Applied: US, NATO and Israeli Combat Experience(2017)/The Routledge Handbook of Airpower(2018)/Security in Northern Europe: Deterrence, Defence and Dialogue(2018)/Future NATO: Adapting to New Realities(2020)/Airpower Reborn(2023).

현대 항공전략에 대해 한 번이라도 교육을 받았거나 관심이 있다면, 아마도 존 보이드와 존 워든이라는 인물에 대해 한 번쯤은 들어 봤을 것이다. 오늘날에도 분쟁에서의 승리 원칙으로 제시되고 있는 상대보다 빠른 '우다 루프(OODA Loop)'[23]의 실행과 F-15/16 전투기 설계과정에 실제로 응용된 '에너지-기동성 이론'[24]의 창시자인 존 보이드, '항공전역'의 저자이자 '병행전' 및 '5개 동심원 표적처리' 이론을 개발하여 걸프전의 항공전역에 실제 적용함으로써 지상전에서 항공전 중심으로 전쟁의 패러다임을 전환시킨 워든이 바로 이들이다.

전투 조종사 출신이었던 두 인물은 비록 16년이라는 나이 차이[25]와 근무 연은 없었지만, 걸프전 성공에 있어 각자의 이론을 바탕으로 다른 분야에서 크게 기여한 공통점이 있다. 보이드는 당시 국방부 장관이었던 체니의 부름을 받고 걸프전의 전역계획이 슈워츠코프 중부사령관이 최초 제시한 공지전투 교리에 입각한 지상전 중심의 소모전 방식이 아닌 상륙 양동작전이 가미된 기동전 방식으로 채택될 수 있도록 자문했다. 한편 워든은 베트남전쟁에서 실패한 점진적인 항공력 적용방식에서 탈피하여 후세인의 리더십과 관련된 전략 표적을 최우선적으로 식별한 후 해당 표적을 병행 공격하는 항공전역을 계획함으로써, 미군이 최소피해로 42일 만에 승리하는 데 결정적으로 기여한 인물이다. 즉, 보이드는 걸프전의 전체 전역계획의 방향성을 제시해 주었고, 워든은 재래식 항공력이 그 고유의 특성을 바탕으로 물리적 전장에서 전략적 효과를 발휘할 수 있는 구체적인 대안을 제시해 주었다.

워든이란 인물을 생각하면 '지휘관으로서는 부적합한 지적 이단아', 직속 상관이 자신의 주장을 들어주지 않을 경우, 차상급 지휘관을 찾아가는 계급과 군 권위에 대한 무시, 식지 않는 열정과 끈기, 현실과 타협하지 않는 무모함이 떠오른다. 그리고 그러한 성격은 상당 부분 보이드와 닮았으며, 그래서 그 둘은 장군이 되지 못하고 대령으로서 군 생활을 마감했을 것이다. 계급이란 잣대로

---

23) 우다 루프(OODA Loop): 존 보이드가 창안한 의사결정 모델로 관찰(Observe)-판단(Orient)-결정(Decide)-행동(Act) 사이클을 상대보다 빠르고 효과적으로 반복하여 적보다 군사적 우위를 점할 수 있다는 이론.

24) 에너지-기동성 이론(Energy-Maneuverability Theory): 항공기의 운동 에너지와 위치 에너지를 합한 에너지를 중심으로 항공기의 성능을 설명하는 이론.

25) 존 보이드는 1927년 출생/존 워든은 1943년 출생.

성공을 판단한다면 이 둘은 그저 평범한 인물이겠지만, 전 세계 항공인들의 기억과 현대 항공우주 전략[26]에 미친 영향력으로 평가한다면 단연코 가장 성공한 인물이기도 하다. 인간은 모든 길을 갈 수 없다. 군을 지휘하고 관리하는 리더도 있어야 하겠지만, 소수이긴 하나 보이드나 워든처럼 군의 존재 이유에 부합하는 비전과 전략을 제시해 줄 수 있는 지적인 리더도 필요하다.

역자가 워든에게 가장 부러웠던 점은 현역으로 있으면서 베트남전 참전을 포함한 풍부한 실전 경험과 전쟁사 및 군사전략, 그리고 항공전략에 관한 해박한 지식을 바탕으로 자신의 항공력 이론을 만들고, 그것을 걸프전에서 검증했으며, 최상의 결과를 얻었다는 점이다. 아직 살아 있는 인물이기에 워든에 대한 평가는 시기상조일 수 있다. 그러나 전쟁사를 통틀어 워든과 같이 살아 있는 동안 자신의 이론을 실제 전쟁에서 검증해 볼 수 있는 행운을 잡고, 걸프전 당시 항공력이 본격적으로 전쟁에서 사용된 지 80여 년밖에 되지 않은 짧은 역사에도 불구하고 전쟁의 주도권을 지상전 중심에서 항공전 중심으로 가져온 인물이 있었을까? 그리고 현재 우리는 걸프전의 유인 항공력 중심의 시대에서 러·우 전쟁과 같이 4차 산업혁명 기술을 근간으로 무인화되고 우주로 확장된 첨단 항공우주력의 시대를 맞이하고 있다. 즉, 인류의 오랜 전쟁사에서 대부분의 주도권을 갖고 있었던 지·해상력이 걸프전을 통해 항공력으로 바뀌었고, 또다시 불과 30여 년 만에 항공우주력으로 급변하는 시대를 경험하고 있다. 모쪼록 끝이 보이는 유인 항공력 시대의 향수에 젖어 살아가고 있는 한 사람으로서, 워든과 같이 급변하는 전쟁 수단들을 최적화하여 적용할 수 있는 군사 사상가가 한국군에서 나오길 기대해 본다.

역자는 2007년도에 영문으로 출판된 이 책(JOHN WARDEN and the RENAISSANCE of AMERICAN AIR POWER)을 소령이었던 2009년도에 처음으로 접했다. 당시 나는 전쟁사 및 항공전략에 관한 지식과 영문 독해능력이 미천했기에 번역 과정에서 원서의 내용을 속속들이 이해할 수는 없었지만, 단번에 워든의 추종자가 되었다. 운이 좋게도 나는 2010년도에 공군대학의 고급지휘관참모과정(CSC)을 수료하고 6년여간의 현역교관과 전역 후 6년여간의 전쟁사 교수로 공군대학에서 재직할 수 있었다. 이러한 배경으로 부족하나마 군사학 분야에 어느 정도 전문성을 갖췄다고 판단하여 번역서 출간을 결정하게 되었다. 그러나 나의 항공전쟁사 수업을 듣고 번역서 출간을 독려하며, 먼저 출판된 '존 보이드 평전'을 선뜻 빌려준 윤지선 중령이 아니었다면, 아마도 시작하지

---

26)　국가목표를 달성하기 위해 항공우주력을 개발하고 운용하는 술(art)과 과학(science).

않았을 것이기에 그녀에게 감사를 전한다. 무엇보다도 나는 '존 보이드 평전'을 읽고 난 후, 보이드와 함께 현대 항공우주전략 발전에 쌍벽을 이룬 존 워든에 대해서도 대한민국 항공인들, 특히 공군인들에게 소개해 주면 좋겠다는 열정이 생겼다. 10여 개월간의 고된 번역작업을 하는 동안 꼼꼼한 감수와 격려를 아끼지 않았던 김일환 공군대학 총장님과 신현호 대령님, 김기운 송성권 교수님, 그리고 멋진 후배인 김진오 중령과 최선규 소령에게도 감사를 전한다. 더불어 여러 출판사로부터 출간을 거절당하고 있을 때, 흔쾌히 출간을 허락해 준 좋은땅 출판사 관계자분에게도 고마움을 전한다.

대한민국 공군이 아니었다면 나는 이 자리까지 결코 올 수 없었을 것이다. 최초 여의도 성모병원에서 루게릭병으로 오진을 받은 후 어느덧 25년이라는 세월이 흘렀다. 2004년도 조종에서 정보 병과로 전환되고 2006년도에 일반인으로서 지체장애 3급을 받는 과정에서 나는 몇 번이나 전역을 고민했고, 제도적으로 의가사제대를 해야 할 상황에 놓였었다. 그때마다 알지 못하는 분들을 포함하여 수많은 공군인들이 내가 공군의 일원으로 남아 있을 수 있도록 의지적·금전적·제도적으로 도움을 주었다. 돌이켜 보면, "나는 그러한 혜택을 받을 자격이 있는가?"를 생각할 때마다 늘 마음이 편치 못했다. '공군'이라는 테두리 안에서 삶을 지속할 수 있게 해 준 모든 대한민국 공군인들에게 이 자리를 빌려 진심으로 감사를 표한다.

아버지와 어머니께도 감사를 전한다. 80년 이상 농부의 길을 걷고 계신 아버지의 끈기와 항상 긍정적이신 어머니의 성품은 나를 지탱시켜 준 가장 큰 원동력이었다. 마지막으로 내가 가장 힘들었을 때 묵묵히 옆에서 두 딸인 현지와 민송이를 보살피고, 불편한 몸과 건강을 생각하여 십여 년 이상 점심과 저녁 도시락을 준비해 준 나의 아내 박성옥! 그녀가 아니었다면 나는 절대 여기까지 올 수 없음을 알기에 아내에게 이 책을 바친다.

2026. 01.

공군대학 전쟁사 교수 김강식[27]

---

27) 현 공군대학 전쟁사 교수. 학력: 공군사관학교 기계공학 졸업(1997), 서울대학교 기계항공공학부 석사(2006), 충남대학교 군사학 박사과정 수료(2020), 주요 경력: 원주비행단 F-5 전투조종사, 제3훈련비행단 정보처장, 공군대학 전쟁사 교수(2019). 저서/논문: 美 공군 전략기획(과거, 현재, 미래)(번역서, 2020), 美 전력기획 시나리오(번역서, 2022), 공군 유·무인 전투기 복합체계 발전방안(공저, 2024), 항공우주전쟁사(2025), 6·25전쟁 중 한국공군 현황 및 활약상(공군평론, 2019), 베트남 전쟁 시 주요 항공작전 수행내용 및 교훈(공군평론, 2020), 미국-아프간 전쟁 분석(공군평론, 2022), 대북 선제공격 성공에 관한 연구(제3차 중동전 사례를 중심으로)(공군평론, 2023), 항공우주력에 관한 8가지 핵심 주제 고찰(공군평론, 2024), 우주전략에 대한 실무적 지침(공군평론, 2024) 등.

소개:
아이디어의 힘

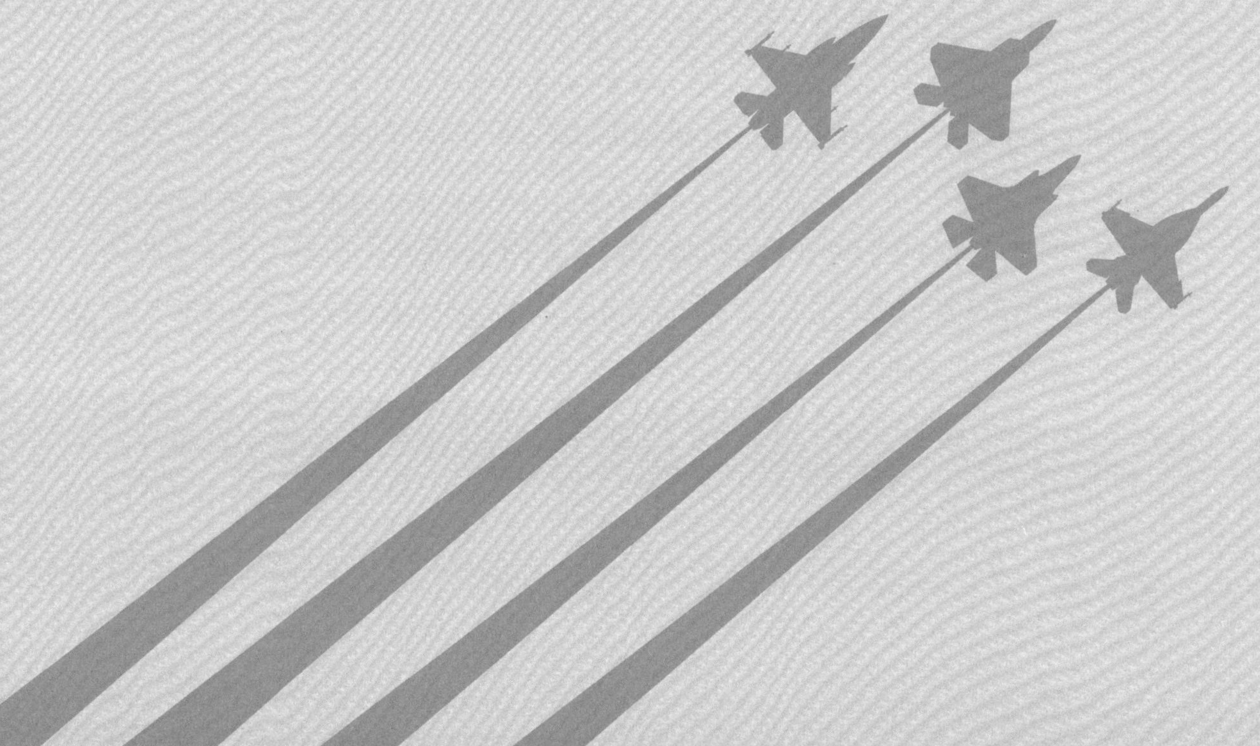

　수 세기 동안 전해져 내려오는 속담에 의하면, "세상이 바뀌는 순간"이 있다. 전 세계는 사막의 폭풍 작전에서 기발한 요소들이 가미되어 전례 없이 큰 성과를 불러온 군사작전을 목도했다. 1991년 1월 17일 이른 새벽에 순항 미사일과 함께 항공기에 의해 투발된 정밀유도무기는 48시간 만에 이라크의 민간 및 군 수뇌부 모두를 대상으로 듣지도, 말하지도, 보지도 못하게 만들었다. 바그다드에 있던 후세인 대통령과 그의 주요 지휘관들은 거의 예외 없이 그들의 공화국 수비대와 야전군, 그리고 국민과 소통할 수 없게 되었다. 이라크의 방공체계도 마찬가지였다. 레이더와 미사일 발사대, 대공포로 구성된 개별 통제본부는 여전히 작동하고 있었지만, 이들의 노력을 조정하고 통제하는 데 필요한 중앙집권적 지휘통제체계는 더 이상 존재하지 않았으며, 그에 따라 효과적인 방공작전 수행이 불가능했다.

　그 후 며칠 동안 공중공격이 보급선과 기반시설, 그리고 통신선으로 확대됨에 따라 이라크 정부와 사회, 군내 상황은 더욱 악화되었다. 이라크의 종심에 침투한 다국적군[28] 항공기는 주요 철도와 도로상의 교량, 석유 생산 및 저장 시설, 급수 시설들을 공격했다. 이러한 시설의 파괴는 쿠웨이트를 점령하고 있는 이라크군의 전력을 약화시키고자 했던 다국적군의 목적을 신속하게 달성토록 했다. 연료와 탄약, 식량 및 물과 같은 필수물자들은 쿠웨이트에 있는 이라크군의 전투력을 유지할 수 있을 만큼 충분히 제공되지 못했다. 또한, 전투병력과 장비에 대한 직접적인 공격은 그들의 물리적인 전투력 및 사기를 더욱 저하시켰다. 지상군이 공격을 개시한 2월 24일 무렵, 이라크군은 공세는커녕 방어도 거의 할 수 없는 상황이었다. 지상 전투는 시작된 지 4일 만에 끝났고, 다국적군은 이라크군을 쿠웨이트 밖으로 쫓아냈으며, 추가적으로 이라크 영토 내부로 진격하여 그들을 격파했다.

---

28)　이라크의 쿠웨이트 침략 격퇴를 위해 구성된 다국적군은 미국, 영국, 프랑스, 사우디아라비아, 이집트, 캐나다, 이탈리아, 호주, 대한민국 등 35개국의 군으로 구성되었으며, 투입된 항공력은 미국이 항공기 1,800여 대, 기타 국가들이 800여 대를 투입하여 총 2,600여 대 규모로 구성.

지상군은 전장에서 인상적인 활약을 펼친 공로를 인정받기에 충분했지만, 다국적군 승리의 신속성과 규모를 고려하여 평가해 보았을 때, 이 승리의 주요 원인은 포괄적인 공중공격 덕분이라는 단순한 사실을 기억하는 것이 중요하다. 공중공격이 지상 전투가 시작되기 훨씬 이전에 전쟁의 승패를 결정했기 때문에, 과거 대부분의 군사작전에서 보였던 공격과 방어 형태의 전투가 발생하지 않고 전쟁이 전개되었다. 지상 전투의 주요 역할은 이미 이긴 승리를 마무리하는 것이었다.

걸프전에서의 '전략적 항공전역(The Strategic Air Campaign)', 다시 말해 가장 효과적인 재래식 항공력의 사용방법은 美 항공력 이론이 핵 시대(냉전)에 의한 쇠퇴기로 접어든 이후 다시 한번 르네상스 시대를 맞이했음을 선포하며, 美 공군 발전사에 대단히 큰 영향력을 미쳤다. 1930년대에 최초로 제시된 전략적 항공전역에 관한 아이디어는 전쟁 승패에 결정적인 결과를 얻기 위해 주요 산업시설 및 도시를 폭격하는 데에 중점을 두는 것이었으며, 제2차 세계대전 이후 육군으로부터 공군이 독립하는 것의 정당성을 제공해 주었다. 그러나 美 공군은 지상군만이 군사적 승리를 가져올 수 있다는 압도적인 믿음과 결합된 핵 시대의 도래로 인해, 억제 및 핵무기 투발 또는 공대공 전술과 지상군 지원 임무에만 중점을 두게 되었다. 1980년대 후반이 되어서야 재래식 항공력을 사용하여 독립적이고 전략적인 공중공격 개념을 다시 발전시키려는 새로운 움직임이 나타났다.

군사적 성공에는 천 가지의 원인이 있다고 하는데, 많은 사람들은 걸프전 승리의 원인이 이에 해당된다고 주장했다. 그러나 항공전역에 의한 승리 원인과 그 이면에 있는 철학은 워든 대령이 주도한 헌신적이고 결단력 있는 소규모 공군 장교집단에서 찾을 수 있다. 이라크가 쿠웨이트를 침공한 1990년 8월 2일 당시, 워든 대령은 공군본부 전투개념개발처의 부처장이었고, 이미 항공전략 이론과 교리에 대해 광범위하게 연구하고 있었다. 그는 항공력을 단순히 지상군의 작전을 지원하기 위해 사용하는 것이 아니라 군사 전역(military campaign)에 지배석 요소로 사용할 것을 노골적으로 주장함으로써, 급진적인 이론가로서 명성을 얻게 되었다. 워든은 공군이 무차별적인 물리적 파괴 중심의 전쟁수행 방식에서 탈피하여 전략적 마비 및 체계적인 실행으로 그 방식을 전환해야 한다고 주장했다. 그는 지상군을 파괴하는 것이 전쟁의 승패와 거의 관련이 없거나, 심지어 평화적 승리와는 더더욱 거리가 멀다고 주장했다.

이라크의 쿠웨이트 침공 당시 美 중부사령관이었던 슈워츠코프 장군은 공군본부에 보복성 공중공격계획 수립을 요청했는데, 이는 워든의 임무 범위 내에 포함된 것이었다. 슈워츠코프는 워든에게 많은 군사 사상가들이 열망하지만 좀처럼 얻기 힘든 실제 전쟁에서 그의 이론을 시험해 볼 기회를 제공해 주었다. 열정과 자기 확신으로 가득 찼던 워든 대령은 주저 없이 실행에 옮겼고, 슈워츠코프 대장에게 48시간 안에 작성을 완료한 전략적 항공전역 계획을 보고했다. 그가 제안한 계획은 이라크의 지도부, 구체적으로 지휘통제 및 통신 기구, 전기 시설, 군수 보급 기지 및 산업기반 시설에 대한 정밀공격이었다. 그는 항공력이 6~9일 이내에 승리를 가져다줄 것이라 주장했고, 쿠웨이트에 주둔하고 있는 이라크 탱크를 표적으로 삼을 필요가 없다고 믿었다. 슈워츠코프는 브리핑을 듣고 기뻐했다.

합참의장이었던 파월(Colin Powell) 장군도 감명을 받았지만, 그는 미군이 쿠웨이트 및 남부 이라크에 배치된 이라크군도 무력화시켜야 한다고 주장했다. 파월은 탱크를 공격하여 그 파괴연기를 바그다드까지 이어지는 도로 이정표로 삼고 싶어 했다. 이에 워든은 기존의 전략적 항공전역 계획을 쿠웨이트 상공에서의 공중우세를 확보하고 쿠웨이트 주둔 이라크 지상군을 마비시켜 후세인에게 완벽한 패배를 가져다줄 수 있는 전략적 및 작전적 항공전역 계획이 모두 포함된 것으로 수정했다. 그러나 그는 항공력으로 지상군을 직접 공격하고 작전적 마비를 달성할 수 있으므로, 육군에 의한 대규모 지상전은 피해야 한다고 주장했다.

워든이 '인스턴트 썬더(Instant Thunder)'로 명명한 이 계획은 걸프전의 항공전역 계획수립에 개념적인 토대가 되었다. 이 계획을 통해 워든은 당시의 우발계획이나 공군 교리상에는 없었던 전략적 및 작전적 측면이 모두 포함된 공중공격 개념을 제시했다. 전후 파월은 "워든의 개념은 걸프전 항공전의 핵심이었다."라며 그의 지적 기여도를 인정했다. 슈워츠코프 장군 또한 "우리가 궁극적으로 사막의 폭풍 작전을 위대한 승리로 이끈 전략적 개념을 함께 계획했다."라며 워든을 칭찬했다. *평화 시대의 전쟁(War in a Time of Peace)*'을 집필한 핼버스탬은 "시사 잡지 중 하나에 승리 달성에 가장 핵심적인 역할을 한 사람의 사진을 커버에 싣고 싶다면, 파월이나 슈워츠코프가 아닌 워든을 선택하는 것이 당연하다."라고 주장했다. 여러 저명한 군사 역사학자, 장교 및 기타 전문가들도 워든이 걸프전의 군사전략에 대한 기준을 제시하여 전쟁 수행에 새로운 접근방식을 도입할 수 있었다고 결론지었다.

적을 하나의 '체계(System)'로 보고 그 시스템 내의 지휘통제 및 통신체계에 최우선공격 순위를 두는 워든의 관점은 기능적 파괴, 전략적 마비 및 체계적인 효과를 낼 수 있는 폭격에 대한 믿음과 결합되어 전략적 및 작전적 수준에서 전쟁에 대한 미국의 관점을 바꾸는 데 중요한 역할을 했다. 전략적 전쟁이 적의 군사력 파괴와는 거의 관련이 없을 수 있다는 점을 이해해야 한다는 워든의 주요 사상은 군이 소모 및 섬멸이라는 무차별적인 무력사용에서 벗어나는 것을 추구하면서 오늘날 점점 더 많이 수용되는 개념이 되었다. 전시에 국가목표 달성을 지원하는 항공력 운용에 관한 이론을 개발하였고, 그 이론을 장교 및 정책 입안자, 대중을 대상으로 간결하게 이해시킨 워든은 아마도 제2차 세계대전 이후 가장 영향력 있는 美 공군의 이론가일 것이다. 적어도 그는 1990년대부터 지금까지 지속되고 있는 항공우주 분야와 관련된 이론에 있어서 '부흥(renaissance)'의 상징이 되었다.

이러한 성과는 어쩌면 역사적으로 가장 성공적으로 평가될 수 있는 걸프전의 항공전역에 대한 워든의 역할과 항공력 이론에 미친 그의 영향에 대해 美 공군이 영예롭게 생각해야만 함을 의미할 수 있다. 그러나 현실은 다르다. 워든을 통찰력이 있는 인물이라고 칭찬하는 사람이 있었던 반면, 권위 및 계급에 대한 존경이 전혀 없는 항공력 광신자라고 비난하는 사람들도 있었기 때문에, 군에서 근무한 30년 내내 그에 대한 잡음은 끊이질 않았다. 워든과 그의 팀(체크메이트)이 슈워츠코프로부터 최초 요청을 받고 걸프전의 전략적 항공전역 계획을 작성하려고 했을 때, 공군 내 고위급 장교들로부터 맹렬한 반대에 부딪혔다. 그들은 워든의 개념에 동의하지 않았고, 그가 항공전역 계획에 관여하는 것에 대해 분개했으며, 그를 실제 군사작전과 동떨어진, 엄밀히 말해 이론적 사색가로 간주했다.

워든에 대한 이러한 적대감은 거대한 군 조직에 새로운 이론 도입을 어렵게 하는 요인으로 작용했고, 또 다른 측면에서는 그의 이론에 대한 주관적 비판을 증가시킨 요인도 되었다. 무엇보다도 가장 강력한 반대를 불러온 것은 그의 성격과 근무 방식이었다. 이론가이자 전략가로서 성공하게 한 그의 독특한 성격은 그를 논란이 끊이지 않는 지휘관이자 동료, 부하로 인식되게 하는 기질이기도 했다. 일부 사람들은 워든에 대해 도덕적 용기와 신념에 따라 행동할 수 있는 훌륭한 사람이라 생각했지만, 개인적 비전에 대한 그의 오만과 외곬수적인 성격은 많은 고위 리더들을 분노케 했다. 이들은 워든이 상식과 대중 친화력이 부족하다고 믿었다. 그는 엄격한 위계 조직에서 관료주의적 문화를 받아들이지 않았고, 자신의 의견을 관철시키기 위해 기존에 확립된 지휘계통을 무시했다. 그는 주어진 문제 해결에 있어 기존의 대안을 무시하고 주로 자신의 직관과 신념에 따라 해결방안을 만들고 실행했다.

전투기 조종사였음에도 불구하고 워든은 그 전형적 이미지와는 많이 달랐다. 그는 전투기 조종사들이 중요시하는 동료애와 비행에 대한 열정이 부족했으며, 부하 및 상급자들이 뛰어난 군사 사상보다는 좋은 인간관계와 일상적인 문제에 관심이 더 많다는 사실을 충분히 고려하지 않았다. 일부는 그의 분석 기술, 변화에 대한 추진력과 주류에 도전하는 방식으로 사고하고 행동하는 용기를 높게 샀지만, 다른 사람들은 그를 단순히 '비사교적인 사람'이라고 생각했다. 많은 전투기 조종사들은 좀처럼 농담도 하지 않고 진심으로 웃지도 않으며, 단언하거나 신변잡기적인 대화에는 거의 관심이 없었던 워든에게 이질감을 느꼈다. 어느 4성 장군은 "워든은 술집에서 공중전투 기동에 대해 이야기하는 전형적인 전투기 조종사가 아니었다."라고 언급했다. 유머 감각조차도 영국식 절제와 풍자를 반영한 것이 대부분이어서 동료들이 별로 좋아하지 않았다. 다소 형식적인 행동으로 인해, 그는 사교와 동료애를 강조하는 조종사 집단으로부터 고립된 인물이 되었다. 워든은 본질적으로 전투기 조종사 집단에 어울리지 않는 '지적 이단아(intellectual maverick)'였다. 이러한 측면에서 그의 항공전역 기획가 및 사상가로서의 성과에도 불구하고, 그가 장군으로 진급하지 못하고 대령에서 예편한 것은 그리 놀라운 일은 아니다. 아직도 美 공군 내·외부에서 그의 이름이 언급될 때 따뜻한 애정과 냉소적 시각이 모두 존재한다.

이 책에서 나는 모든 계급의 장교들이 분명히 주지해야 하는 군인이자 학자로서의 특성을 이해시키려고 노력했다. 또한, 본서는 기록물뿐만 아니라 워든을 포함하여 2백 명 이상의 고위급 장교(그에게 호의적이거나 적대적인 것과 무관) 및 함께 일한 동료들과의 심층적인 인터뷰를 토대로 작성됐음을 밝히는 바이다. 연대기 순으로 수록했으며, 항공력의 적용과 관련된 워든의 영향력 있고 논쟁적인 아이디어의 발전과정에 대해 집중적으로 다루었다. 이 책은 또한 워든의 출판 및 미출판 저작물들에 대해 논의하고 분석했으며, 사막의 폭풍 작전을 계획하는 데 있어 그의 역할을 조명했다. 본서는 그의 전략적 사상의 기원 및 진화, 유산을 평가하고, 본질적인 실체와 그 과정을 탐구함으로써 동시대 사람들이 인식하는 그의 모습을 그리려고 노력했다. 마지막으로 이 책은 그가 항공전역 계획 및 이론을 공군 의제의 핵심으로 등극시키고 기존의 사고방식에 물든 항공인을 변화시키기 위해 거의 메시아적인 역할을 했으며, 새로운 전쟁방식을 도입하는 데 선봉자적인 역할을 할 정도로 얼마나 전투적인 대령이었는지에 대해 보여 주고 있다.

얼핏 보기에 이 책은 워든이라는 한 인물의 전기인 것처럼 보이지만, 본질적으로 현대 군사작전의 계획과 실행 방식에 변화를 불러오기 위해 기존의 고착된 관료주의를 극복한 선구자적인 인물의 이야기이다. 개인으로서가 아닌 선구자적인 지적 군인으로서의 그의 영향력은 찬반론자들이 생각했던 것을 훨씬 더 뛰어넘었다. 본서의 진짜 주제는 아이디어의 힘과 적합한 아이디어를 구현하는 데 필요한 올바른 아이디어 및 성격(독특한 워든의 성격)이 미국의 21세기 전쟁 수행방식에 어떻게 큰 영향을 미쳤는지에 관한 것이다.

워든의 이야기는 프로스트(Robert Frost)의 시 중 하나인 '*아무도 가지 않은 길(The Road Not Taken)*'을 따라가겠다는 의지에 관한 것이다.

노란 숲속에 난 두 갈래의 길
아쉽게도 난 두 갈래 길을 모두 갈 수 없네
한 갈래 길에서 오랫동안 서서
멀리 덤불로 굽어 드는 데까지 오래도록 바라보았다

그러곤 딴 길을 택했다. 똑같이 고우며
풀 우거지고 덜 닳아 보여
그 길이 더 마음에 끌렸던 걸까
하기야 두 길 다 지나간 이들 많아
엇비슷하게 닳은 길이었건만

그런데 그날 아침 두 길은 똑같이
아직 발길이 닳지 않은 낙엽에 묻혀 있네
아! 나는 첫째 길을 후일로 기약해 두었네
길은 이어지는 법이라지만
나는 되돌아올 수 없음을 알고 있었네

먼 훗날 어디선가 나는
한숨지으며 이렇게 말하려나
어느 숲에서 나는 두 갈래 길을 만나
덜 다닌 길을 갔었노라고
그래서 내 인생은 온통 달라졌노라고.

I.
출생: 초년기

인간은 환경에 종속받지만, 유전적 요소도 개개인의 모습을 형성하는 데 있어 교육과 사회적 영향 못지않게 중요하다. 우리가 이 글의 주인공인 워든을 이해하기 위해서는 먼저 그의 성장 배경과 직업 및 가치, 그리고 그의 사상에 가장 큰 영향력을 미친 가족들에 대해 살펴봐야 한다.

육군 준장 출신 할아버지 존 애슐리 워든 1세

워든은 1943년 12월 21일에 태어났으며, 그의 가족 중 네 번째로 직업군인의 길을 선택했다. 그의 증조부는 남북전쟁에서 남부 연방군으로 참전한 후 서부로 이주하여 텍사스주의 맥키니(McKinney)에서 농부로 정착했다. 워든의 할아버지인 존 애슐리 워든 1세(이하, 워든 1세)는 텍사스 A&M 대학에서 기계공학 학사 학위를 받고 1908년도에 육군 ROTC 장교로 임관했다. 그는 1914년 필리핀에 배치되어 포트 맥킨리(Fort McKinley)에 소재한 제8 및 제9기병대에서 근무했으며, 미국이 1917년 4월에 제1차 세계대전에 참전하기 전까지 태평양 지역에서 근무했다. 그 후 그의 소속 연대는 제1차 세계대전에 참전하기 위해 프랑스로 파견됐지만, 실망스럽게도 그의 부대가 전투를 시작하기도 전에 전쟁이 끝나 버렸다. 종전과 함께 소령(워든 1세)은 파리 주재 美 대사관에서 무관 보좌관이라는 매력적 직책에 보임되어 정책 및 외교 분야를 경험하게 되었고, 국가안보와 관련된 업무를 하면서 정치·군사 분야에 대해 흥미를 갖게 되었다. 또한, 그는 운이 좋게도 아내인 애버나티와 세 자녀인 존 워든 주니어, 피터 워든, 낸시 제인과 파리에서 함께 지낼 수 있었다.

워든 1세는 1923년도에 가족과 함께 미국으로 돌아와 와이오밍주 샤이엔(Cheyenne)에 소재한 포트 러셀(Fort D.A. Russell)에서 근무하게 되었는데, 당시 그는 하위 수준의 정책업무 분야로 좌천됐다고 생각했다. 프랑스 파리에서 국제관계 업무를 경험했기 때문에 이 새로운 임무가 만족스럽지는 못했지만, 진급에 유리한 캔자스주의 포트 리벤워스(Fort Leavenworth) 소재 '육군지휘참모과정(CGS)'[29]에 선발되었기 때문에 참을 수 있었다. 당시 워든 1세는 뛰어난 폴로 선수로 활동하고 있었는데, 아마 그 영향으로 인해 육군에서는 지휘참모과정 이수 후 그를 뉴욕에 있던 예비군 기병대[30]로 전속시킨 것 같다. 그곳에서 그가 맡은 임무는 어려울 것이 없는 군의 우발계획과 관련된 업무였기 때문에, 워든 1세는 1920년도 후반에 전문 폴로 선수로서 사교생활을 즐겼다.

그러나 워든 1세는 기병 병과에는 미래가 없다는 것을 깨닫고 1920년대 말에 군수로 병과를 옮겼다. 그는 루즈벨트 대통령이 1933년과 1934년 사이에 뉴딜정책[31]의 일환으로 계획한 민간자원보존단(CCC)[32]을 추진하는 데 있어 전례가 없던 인원·물자·수송 동원 임무를 담당했다. 그 후 그는 워싱턴 DC 소재 육군산업대학[33]과 로드아일랜드주 뉴포트에 소재한 해군참모대학(NWC)[34] 과정을 수료했다. 이후 조지아주 포트 맥퍼슨(Fort McPherson)에 위치한 아틀란타 종합보급창에 배속되어 노스캐롤라이나주로부터 플로리다주까지의 보급 임무를 담당했다.

당시 그는 동료들과 비교하여 상당히 많은 정규교육을 받았고 추가적인 작전경험 덕분에 1937년도에 대령으로 진급했다. 워든 1세는 버지니아주 포트 리(Fort Lee) 부대의 초대 지휘관으로 잠시 복무한 후, 1941년 5월에 준장으로 진급하여 와이오밍주의 포트 프렌시스 워랜(Fort Francis E. Warren) 기지로 이동했다. 1941년 12월부로 미국이 제2차 세계대전에 참전한 이후, 포트 프렌시스 워랜 기지는 대규모 동원 임무를 맡게 되어, 한때 그는 2만 명에 육박하는 군수 장교의 훈련을 담당했다.

워든 1세는 제1차 세계대전에 이어 두 번째로 참전 명령을 받았다. 그는 인도 카라치(Karachi) 지역에 배치되어 제1기지 지휘관으로서 중국-미얀마-인도 전구에 필요한 물자 수용 및 저장, 분배 임무를 맡았다. 그러나 그는 이때에도 실제 전투에는 참여하지 못했으며, 그의 둘째 아들에 따르면

---

29) army's Command and General Staff School.

30) Horse Cavalry Reserve Unit.

31) 루즈벨트(Franklin D. Roosevelt) 대통령이 1929년도에 발생한 대공황 이후, 미국의 경제를 회복시키고 일자리를 창출하며, 농업 생산을 증대시키기 위해 1933년에 마련한 정책.

32) 민간자원 보존단(Civilian Conservation Corps): 대공황 시기의 실업 문제를 해결할 목적으로 18세에서 25세 사이의 젊은 미혼 남성들을 대상으로 산림보호, 도로 건설, 공원 개발 등의 사업을 추진한 기관.

33) 육군 산업대학(Army Industrial College): 1924년 설립된 美 육군 교육기관으로 군수물자 조달과 전시 동원 절차 등의 교육 실시.

34) 해군참모대학(NWS: Naval War College): 1884년에 설립되어 해군 장교뿐만 아니라 타 군 및 정부 기관, 타국 해군 장교들에게 전략적 및 작전적 리더십 교육을 제공하는 교육기관.

그것이 군인이라는 직업에 대해 실망하게 된 계기가 되었다고 한다. 그는 제2차 세계대전이 끝나자 노스캐롤라이나주 샬로트(Charlotte)에 위치한 군수 보급창의 지휘관으로 임명되었고, 해당 보직에서 1947년 1월부로 전역했다. 장교로서 39년 동안 국가에 봉사한 워든 1세는 고향인 텍사스주 맥키니로 돌아와 정치에 입문했다. 그는 민주당(그 당시 텍사스주에서 유일한 현실적 선택)에 입당하여 2번의 임기(1951~1954) 동안 콜린(Collin) 카운티에서 주 의원을 역임했으며, 1973년도에 사망할 때까지 맥키니에 살았다.

삼촌인 피터 워든 대령과 B-52

워든 1세의 작은 아들이자 주인공 워든의 삼촌인 핸리 에드워드 피터 워든(이하, 피터 워든)은 원래 군에 입대할 계획이 없었다. 그러나 히틀러가 1939년 9월에 폴란드를 침공했을 때 MIT 공대 대학원을 중퇴하고 육군항공단에 입대하였다. 피터 워든은 1940년 6월에 조종사가 됐으며, 곧바로 필리핀의 루손(Luzon)섬의 중부지역에 위치한 니콜스 기지의 제20 추적비행대대(Twentieth Pursuit Squadron)에 배치되었다. 그는 주로 P-40 전투기를 조종했지만, 몇 달 후 군수 검열관의 역할도 하게 되었다. 일본이 1941년 12월 8일에 진주만을 공격하여 니콜스 기지에 있을 수 없게 되자, 그는 군수팀의 일부 병력과 함께 마닐라 변두리로 이동하여 계속 저항을 시도했다. 2주 후 링가엔 만에 일본군이 상륙한 후 필리핀 사령관이었던 맥아더 장군은 미군과 필리핀군에게 바탄반도로 철수할 것을 명령했고, 마닐라를 비무장도시로 선포했다. 그러나 피터 워든은 갑작스러운 후퇴로 잃게 될 항공기를 가져오기 위해 전선 후방에 남는 것을 선택했다. 그의 팀은 8대의 항공기를 가져왔고, 피터 워든은 일본군이 수도 마닐라에 진입한 지 몇 시간 후에 마지막 항공기를 조종하여 그곳을 벗어났다.

이 지역의 항공사령관이었던 조지 준장은 피터 워든에게 몇 명의 병사를 데리고 민다나오섬으로 건너가서 더 많은 잔여 항공기를 가져오라고 지시했다. 피터 워든은 곧 세 대의 항공기를 확보했고, 확보한 항공기 중 한 대를 시험 비행하는 과정에서 일본군의 베티(Betty) 폭격기 기종인 것으로 보이는 적기를 격추했다. 피터 워든은 1942년 5월부로 필리핀에서 미군의 저항이 실패로 돌아가자 호주로 이동했고, 제5 항공지원사령부(Air Service Command)에서 항공기에 대한 조립과 개조, 완전분해수리 임무를 담당했다. 그는 기술교범 및 절차를 엄수하는 스타일은 아니었지만, 곧 그가 혁신적인 장교임을 입증했다.

피터 워든이 태평양에서 거의 4년을 보낸 후 미국으로 돌아왔을 때, 공군의 기술 본부인 오하이오주 데이턴(Dayton) 소재의 라이트 비행장(Wright Field)에 배치되었다. 그 당시 공군은 직선형 날개에 프로펠러 엔진을 장착한 폭격기를 생산할지, 후퇴익에 터보제트 엔진을 장착한 폭격기를 생산할지에 대해 심각한 논쟁을 하고 있었다. 터보제트 엔진 폭격기는 더 높은 고도에서 고속으로 비행할 수 있었고 교전 지역 내에서 더 효과적이었다. 그러나 터보제트 엔진을 장착한 항공기는 훨씬 더 많은 연료를 소모하고 전투행동반경이 짧아 공중급유 전력을 더 많이 필요로 했다. 예비설계 프로그램에 따르면 XB-52에 대한 전력화 비용이 상당할 것으로 확인됐다. 공군 지휘관들은 B-52 항공기의 크기에 대해 탐탁하지 않게 생각했고, 제트 엔진의 품질에 대해 신뢰하지 못했다. 더욱이 B-36 프로펠러 폭격기는 즉시 인도될 수 있었던 반면, B-52는 개발에 몇 년이나 더 소요될 예정이었다.

1945년 5월에 폭격기 개발 담당 부서장이었던 풋 대령은 피터 워든을 기술부장으로 임명했고, 노스롭(Northrop) 사의 XB-35 및 컨베이어(Convair) 사의 XB-36 프로그램을 담당하라고 지시했다. 피터 워든은 폭격기를 세 가지 개념[경폭격기, 중(中)형 폭격기 및 중(重)폭격기]으로 구분했으며, 그중 중(重)폭격기의 임무가 전략 표적에 특수 폭탄(핵)을 투하하는 것이기 때문에 가장 중요한 폭격기로 선정했다.

공군이 보잉사와 실험용 장거리 중(重)폭격기 제작 계약을 체결했을 때, 피터 워든은 터보제트 추진방식에 기초한 차세대 폭격기의 프로젝트 담당 장교이자 대변인이 되었다. B-47과 B-52에 대한 그의 지속적인 전력화 주장으로, 그는 친구와 적을 모두 얻게 되었고, 그에게 'B-52의 창시자 중 한 명'이라는 명성도 붙게 되었다. *Beyond the Wild Blue*'의 저자인 보인에 따르면, 피터 워든이 1948년 10월 21일 보잉사에 제트 엔진을 장착한 B-52를 설계하라고 했을 때, 실제로 자신에게 부여된 것보다 훨씬 많은 권한을 행사했다고 다음과 같이 밝혔다.

피터 워든은 그가 항공기 및 엔진 프로젝트에 대한 정보에 대해 그 누구보다도 많이 알고 있다는 점과 장거리 폭격기에 대한 美 공군의 필요성을 판단하고 전력화 결정에 큰 영향력을 미칠 수 있다는 사실을 잘 알고 있었다. 차세대 장거리 폭격기의 경우, 보잉사는 그들이 후보 대상 기종으로 생각했던 B-47 크기의 제트 폭격기는 군에서 요구하는 전투행동반경을 충족시킬 수 없다는 사실을 잘 알고 있었다. 직관적으로 보잉은 터보프롭 엔진 기반의 더 큰 폭격기가 군의 요구성능을 충족시켜 줄 수 있을 것으로 판단했다. 불행히도 라이트(Wright)사의 T-35 터보프롭 엔진은 출력이 향상됐음에도 불구하고 요구되는 전투행동반경을 충족시키지 못했고, 설상가상으로 4년이 지난 1952년까지도 전력화되지도 못했다. 피터 워든은 이 모든 사실을 잘 알고 있었기 때문에 프랫 & 휘트니(Pratt & Whitney)사에 J57 터보팬 엔진 개발을 독려했고, 보잉사에는 J57 엔진 기반의 더 큰 항공기 설계를 지시했다. 그 결과로 탄생한 것이 B-52 폭격기이다.

B-52의 개발(Development of the B-52)' 작가인 태그는 자신의 저서를 피터 워든에게 헌정한다고 밝히며, 미국은 이런 '진보적이고 획기적인 제트 항공기'에 상당히 감사해야 한다고 주장했다. 보잉사가 설계도면과 기술 개발을 완료했지만, 피터 워든과 그의 참모들은 엄청난 비난에도 불구하고 중요한 시기에 B-52 개발 프로젝트를 지속시키는 데 핵심적인 역할을 했다.

새로운 폭격기가 생산과 시험 비행에 들어가자, 공군대학 총장인 케니 장군은 피터 워든에게 공군전쟁대학(Air War College)에서 연구 프로젝트를 함께하자고 요청했다. 38세였던 1953년 후반, 그는 대령으로 승진하였는데 그의 기술적 통찰력과 작전 이해력은 슈리버 준장의 주의를 끌었다. 슈리버는 개인적으로 피터 워든이 美 국방부 항공전 체계(Air Warfare Systems) 부서의 장기 계획 입안 업무를 맡아야 한다고 생각했다. 패트릭 공군기지에 있던 공군 미사일 시험센터의 지휘관인 예이츠 소장도 워든에게 깊은 인상을 받아, 1957년에 그가 시험센터의 부지휘관이 되도록 주선하였다. 3년 뒤 앤드류스 공군기지에 위치한 공군 연구개발 사령관으로 임명된 슈리버 중장은 피터 워든이 공군 체계사령부(Air Force Systems Commands)를 재조직하는 데 있어 핵심적인 역할을 하도록 했다.

이러한 중요 직책을 역임하였기 때문에 피터 워든은 장군으로 진급할 가능성이 컸다. 그러나 피터 워든은 진급에 필요한 정치 게임을 할 줄 몰랐다. 허락을 청하기보다 용서를 구하는 것이 더 쉽다는 신념에 따라 행동했고, 피터 워든에게 그가 생각하기에 시간 낭비라고 생각되는 일을 공군 참모들이 지시하면 그는 조용히 그것을 무시해 버렸다. B-52 사업에 관련되면서 그는 물의를 일으키는 통제 불능의 사람으로 낙인찍혔다. 피터 워든의 독단적인 성향 때문에 진급위원회는 그에게 반대표를 던졌고, 그는 1964년, 49세의 나이로 공군에서 퇴역했다. 퇴역 직후, 그는 노스 아메리카 항공사의 이사직을 맡았다. 6년간 그 회사에서 일한 후, 그는 아내 조안나와 함께 미시시피주의 콜럼버스 근교에서 550에이커의 농장을 관리하며 여생을 보냈다.

아버지인 존 워든 주니어와 어머니 캐슬린 마리 데이

피터 워든 대령의 형인 존 워든 주니어(이하, 워든 주니어)는 군인을 직업으로 하고 싶어 했으나, 그렇게 하지 못했다. 그는 텍사스 A&M 대학에서 ROTC가 되어 1935년 전기공학 학사 학위를 받고 졸업했다. 워든 주니어는 소위로 임관하여 현역장교로 복무했지만, 2년 후 결핵 진단을 받고 군에서 전역하고 오티스 엘리베이터회사에서 기술직으로 근무했다. 부친인 워든 1세가 1943년도에 인도로 참전하게 되고 동생인 피터 워든이 호주에 주둔하게 됐을 때, 미국은 전쟁에 나갈 인원을 모집하고 있었고 워든 주니어는 참전에 대한 의무감을 느꼈다. 그는 1943년 봄에 태평양 전구로 떠났다. 그의 아내인 데이는 시어머니와 함께 맥키니에 머물렀으며, 여기에서 외아들이자 이 글의 주인공인 워든을 낳았다.

워든 주니어는 전쟁 기간 중 호주에서 처음 1년을 보낸 후 뉴기니섬에서 부두와 비행장, 다리 및 도로 건설 임무를 맡았다. 전쟁이 끝났을 때 그의 부대는 점령 및 재건 임무를 위해 일본의 주요 세 개 섬 중 최서단 섬으로 이동했다. 그는 1946년에 미국으로 돌아온 후 이전에 다녔던 회사인 오티스에서 다시 근무했고, 마지막으로 루이지애나주의 뉴올리언스에 사무실을 두고 남서부 지역을 감독하는 직책을 맡았다. 오티스 엘리베이터사의 자료에 따르면, 그는 '탁월한 근무 평가'를 받았으며, 동료들은 그를 '명석하고 신뢰할 수 있으며, 협조적인' 사람이라고 생각했다. 그는 회사에서 '제품에 관한 해박한 지식과 현명한 판단력, 훌륭한 태도'를 가진 사람으로 유명했으며, 조용하고 상냥하게 말했지만, 늘 자신감이 있었다.

데이는 아들인 워든이 세상으로부터 책을 좋아한 인물로 인정받게 되는 데 있어 가장 결정적인 역할을 했다. 그녀는 학업 성적이 뛰어났지만, 경제적인 이유로 대학에 진학하지 못했다. 그녀는 이에 대해 평생 후회했지만, 스스로 읽고 공부하여 훌륭한 지식을 겸비하게 된다. 워든의 호기심은 셰익스피어의 긴 글을 마음속 깊이 간직하고 다른 여러 종류의 문학 서적에 대해 손자인 워든이 읽기를 원했던 그의 친할머니에 의해 더욱 강화되었다. 이렇게 워든은 어릴 때부터 읽고 생각하고 자신의 의견을 표현하도록 교육받았다. 부모님은 모두 역사와 정치, 시사 문제에 정통했고, 워든에게 어릴 때부터 신문과 잡지, 책의 세계를 소개해 주었으며, 저녁 식사 시간에는 이러한 여러 주제에 대해 폭넓은 토론의 장을 마련해 주었다.

워든은 행복하고 안정적이며, 사랑받는 어린 시절을 보냈다. 그는 부모님이 특정 교회 공동체에서 활동하지는 않았지만, 기본적으로 기독교 신앙을 믿는 전통적인 가족 분위기에서 성장했다. 워든의 부모님은 모두 긍정적이었고 삶에 대해 고무적인 태도를 갖고 있었으며, 사람들이 자신의 미래를 스스로 결정하고 성장에 대한 한계는 대부분 스스로가 결정하는 것이라고 확신했다. 그들은 아들에게 인내심과 자립심을 길러 주었다. 동시에 그는 성장 과정 동안 일정한 행동과 옷차림, 대화 형식을 익혔다. 그의 아버지는 할아버지처럼 감정보다는 근거와 논리로 자신의 입장을 밝히는 보수적인 신사였으며, 좀처럼 목소리를 높이지 않았다. 어머니는 아들에게 성실성과 다른 사람에 대한 존경심을 심어 주었을 뿐만 아니라, 일반 통념에 대해서도 의문을 갖도록 가르쳤다. 워든은 필요할 때 권위에 복종하는 법을 배웠지만, 때로는 주변 사람들에게 익숙하지 않은 관점에 대해 고집을 피우기도 했다.

이러한 가정환경은 분명히 워든이 군 경력을 쌓는 데 일조했다. 할아버지는 손자가 장교로서의 소명에 대한 위엄을 갖고 있다고 확신했고, 그의 아버지는 군 복무에 대해 절대적으로 긍정적인 태도를 유지했다. 워든은 대부분의 여름을 맥키니에서 할아버지와 보냈는데, 그 기간에 할아버지의 정치계 출마와 2차례의 세계대전 참전경험, 여러 대륙 및 해외를 여행하면서 겪은 다양한 경험에 대해 들을 수 있었다. 사실 그의 입대 결정에 가장 큰 영향을 주고 지지한 사람은 아버지였다. 그는 삼촌의 영향으로 자연스럽게 공군을 선택하게 되었다. 피터 워든은 4,000시간 이상의 비행 경력이 있었고 그중, 200시간은 전투 출격 시간이었다. 美 공군 고위층으로부터 받은 관심과 복무 중에 가졌던 책임감은 그의 조카에게 공군이 타 군보다 더 역동적이고 미래 지향적이며, 자유롭게 사고할 수 있는 조직임을 확신시키는 데 일조했다.

어린 워든은 고등학교에서 좋은 성적을 받았고, 1959년도에 펜실베니아주 하원의원에게 공군사관학교 입학을 추천해 달라고 요청했다. 그는 학력평가 및 신체검사, 면접을 포함한 선발 시험에 합격하여 사관학교 입학자격을 얻었다. 워든은 MIT 공대와 인디애나 대학교에도 합격했지만, 군 가족으로서의 전통을 이어 가면서 공학 학위를 취득할 수 있는 공군사관학교가 가장 매력적이라 생각하여 1961년도에 사관생도가 되었다.

II.
비행훈련:
공군사관학교에서
스페인까지

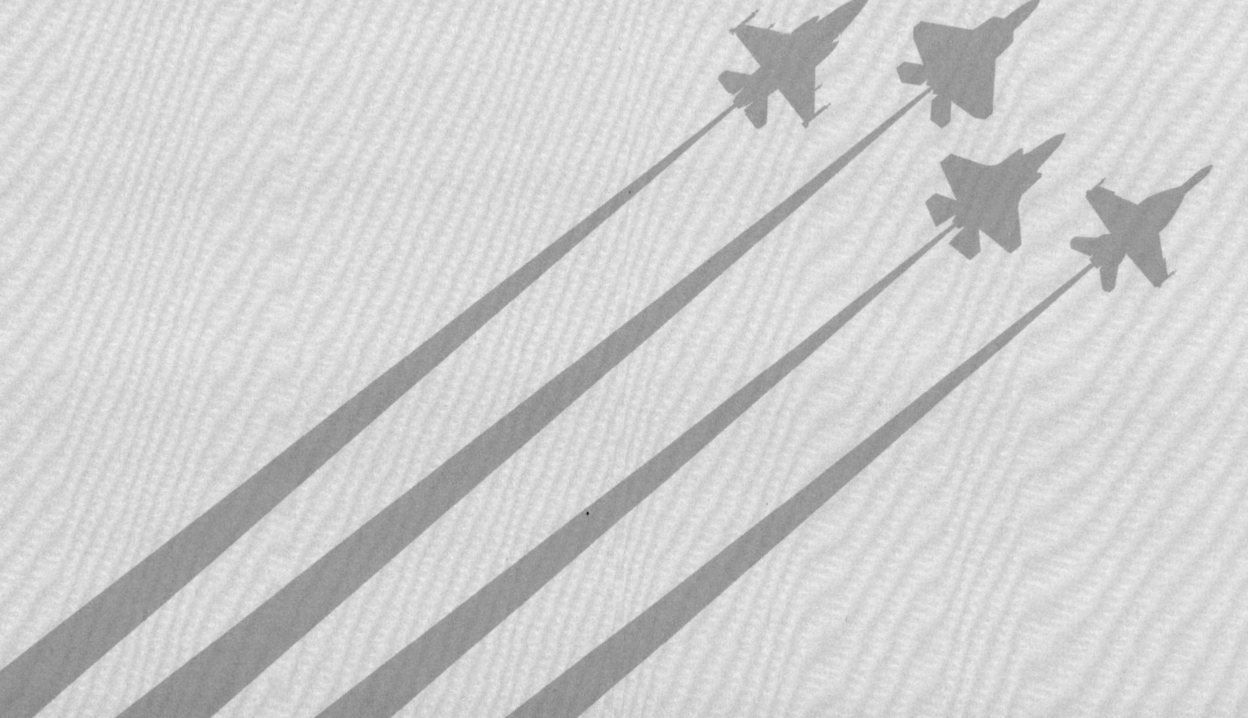

워든의 군 생활은 처음부터 평범하지 않았다. 생도 시절 그는 공군사관학교 교육이 전쟁에서 항공력의 역할을 중요시하지 않는 점에 대해 불만을 품었다. 한국과 베트남, 스페인에서의 초창기 군 복무 기간 동안 그는 공군작전에 있어 항공 자산을 효과적으로 운용할 수 있는 계획능력이 부족하다는 사실을 알게 되었으며, 이후의 군 생활에서 이를 개선하는 데 지속적인 관심을 보였다. 베트남전에서 조종사들을 속박했던 교전규칙에 대한 불만도 그가 국가 전략에 의문을 갖도록 부추겼는데, 이는 이후 걸프전에서의 전략적 항공전역 개념을 개발하는 과정에서 결정적인 역할을 했다. 1972년도에 기고한 연구보고에서 그는 이미 공군의 최우선 임무가 근접항공지원(CAS)[35]이 아닌 공중우세를 달성하는 것이어야 한다고 주장했다.

공군사관학교 입교

1960년대까지만 해도 콜로라도 스프링스에 위치한 공군사관학교는 여전히 남자들만 입교할 수 있었다. 학생들은 6개의 대대(Squadron)로 구성된 4개 전대(Group)로 나뉘었는데, 각 대대에는 모든 학년의 사관생도가 섞여 있었다. 17살이었던 워든은 제4전대 19대대(별칭은 'Playboy')에 배정되었다. 그는 빠르게 적응하여 생도 생활을 즐기기 시작했으며, 다양한 과목을 수강 신청하고 많은 체육 수업을 들었다. 그는 사관학교의 긍정적이고 동적인 분위기에 고무되어 열심히 즐기며 공부할 수 있었다.

워든은 생도 생활 초기부터 자신의 학문적 기회를 최대한 활용하기로 결심하여 많은 강의를 신

---

35) 근접항공지원(CAS: Close Air Support): 아군과 근접하여 대치하고 있는 적의 군사력을 공격함으로써 유리한 작전여건을 조성하거나, 아군의 공격, 반격 또는 방어작전을 지원하여 군사목표 달성과 생존을 보장하는 작전.

청했다. 그는 곧 대형 강의실에서의 수업 위주의 강의보다는 자신의 의견을 피력하고 논의할 수 있는 소규모 강의를 더 선호한다는 사실을 깨달았다. 또한, 자신이 실제로 관심을 갖고 있는 분야가 과학보다는 인문학임을 깨달았으며, 결과적으로 전공인 기계공학 관련 강의보다는 역사 및 국제관계 관련 강의를 가능한 한 많이 수강했다. 사관학교에서의 두 학기에 걸친 군사학 강의는 전투 및 전역뿐만 아니라 이론, 교리, 군수, 훈련, 산업동원 및 기타 군 관련 다양한 주제를 다루었다.

그가 제일 좋아했던 과목은 역사였지만, 워든은 혼란스러운 문제에 직면했다. 역사 과목은 생도들에게 아놀드[36]와 스파츠[37] 장군과 같은 초창기 항공지도자들 및 美 항공단 전술학교(ACTS)[38]의 사상을 소개했지만, 당시 사관학교에 만연했던 수정주의적 접근방식 때문에 전쟁과 항공전역의 기획과정과 결과보다는 항공력 관리에 중점을 둔 강의가 진행됐다. 또한, 역사학과 교수들은 제2차 세계대전 당시 독일과 일본에 대한 재래식 항공력의 기여에 대해 거의 인정하지 않는 것처럼 보였다. 워든은 항공력이라는 주제에 대해 심도 있게 생각하지 않았고, 그의 교수들도 이에 대해 고민할 수 있도록 하는 호기심도 유발시켜 주지 않았다. 학생들은 미국의 실제 영웅이 맥아더와 패튼과 같은 육군 장성이고, 실제 작전은 전장에서 이루어진다고 배웠다. 심지어 인문학 및 사회과학 과목조차도 사상보다는 사실과 통계에 중점을 두는 경향이 있었다. 또한, 워든은 대부분의 강의가 너무 광범위한 내용을 다루고 있어 생도들이 특정 주제에 대해 심도 있게 분석을 할 수 있는 기회를 충분히 갖지 못하고 있다고 생각했다. 이러한 이유로 그는 사관학교 강의에 만족하지 못했다. 전공인 기계공학은 그에게 아무런 자극이 되지 못했고, 가장 좋아했던 과목인 군 역사학도 아쉬운 점이 많았다.

워든이 2학년이 되었을 때, 이러한 불만은 그가 공군에서 그의 인생을 헌신하는 것에 대해 심각한 의문을 갖도록 했다. 육군 장교가 주도하고 승리한 지상전에서 결정적인 전투가 벌어지고 재래식 항공력은 단순히 보조적인 지원 역할만 한다면, 아마 그는 육군사관학교(West Point)에 재입교했을지도 모른다. 이듬해 여름휴가 동안 그는 당시 공군체계사령부에서 근무하고 있던 삼촌인 피

---

36) 아놀드(Henry H. Arnold) 장군: 제2차 세계대전 동안 美 공군의 전신인 육군 항공대(Army Air Corps) 사령관을 역임하고 1947년도 美 공군 독립에 크게 기여, '美 공군의 아버지'로 불림.

37) 스파츠(Carl A. Spaatz) 장군: 제2차 세계대전 동안 美 육군 항공대(Army Air Corps) 사령관(1942.1.~5.) 및 美 공군 초대 참모총장 역임.

38) 美 항공단 전술학교(Air Corps Tactical School): 美 항공력의 운용원칙과 교리를 개발하여 제2차 세계대전 항공전에 실제로 적용한 연구기관(1920~1940).

터 워든 대령과 민간인 출신 공군 역사가인 엔젤스를 방문하여 자신의 고민을 토로했다. 두 사람 모두 젊은 생도에게 첨단 기술이 전쟁수행 방식을 크게 변화시킬 것이라고 확신시켰다. 피터 워든은 항공기가 더 뛰어난 성능을 보유하게 됨에 따라 항공력이 전쟁에서 더 중요한 역할을 할 것이라고 확신시켰고, 조카인 워든에게 여전히 군에 남고 싶다면 반드시 공군에 있어야 한다고 설득했다.

그의 의심은 삼촌의 조언과 졸업 후 받게 될 조종훈련에 대한 기대로 수그러들었다. 워든은 일단 남기로 결정했다. 생도 생활을 지속할 수 있었던 가장 큰 요인은 교관이었던 폭스 소령이 이 젊은 생도의 군 역사학과 전략에 관한 열정에 깊은 관심을 보인 덕분이었다. 그는 워든에게 심오한 영감과 영향력을 준 영국군 출신 퓰러(J. F. C. Fuller) 소장의 '알렉산더 대왕 리더십(The Generalship of Alexander the Great)'을 소개해 주었다. 사관학교 생활에서 퓰러는 워든의 '지적 멘토'와 같은 존재였고, 알렉산더 대왕은 그가 '가장 좋아하는 지휘관'이었다.

이러한 전설적 인물에 빠져들면서 워든은 알렉산더 대왕의 전투와 포위 공격에 매료됐는데, 특히 알렉산더 대왕이 전통적인 군사적 정면 대결을 회피했던 점을 좋아했다. 워든은 아침 일찍 일어나 그라니코스, 이수스 및 히다스페스 전투를 연구했으며, 화살표와 메모로 지도를 가득 메웠다. 그는 또한, 알렉산더 대왕의 전쟁사에서 전장에 배치된 군대나 함정보다는 적군의 중심(적 지도부)에 노력을 집중해야 한다는 개념을 배웠다. 이러한 개념은 알렉산더 대왕이 위험을 감수하면서 페르시아 지도자였던 다리우스 3세를 직접 공격하여 무찌른 알베라 전투에 잘 나타나 있다. 알렉산더 대왕은 전쟁에서 적의 핵심적인 취약점에 중점을 두었을 뿐만 아니라 어느 정도까지는 피정복민의 종교 및 관습을 존중해 주는 통치방식으로 승리를 추구했다. 폭스 소령은 워든과 상당한 시간을 함께 보내면서 알렉산더 대왕이 정치적 목표 달성을 위해 군사작전을 어떻게 실행했는지, 그리고 학살과 노예제도로 자신의 의지를 강요하기보다는 적이 항복하여 귀의하도록 어떠한 노력을 기울였는지에 대해 논의했다. 이는 워든에게 단순한 군사적 리더십이 아닌 진정한 정치적 리더십의 필요성에 대해 인식시켜 준 계기가 되었다.

지식에 대한 열정과 폭넓은 관심사, 문학적 깊이와 명확한 문체를 가지고 있었던 퓰러[39]는 일찍이 워든에게 영감을 준 사람으로서, 워든의 인생 전반에 걸쳐 영향을 미쳤다. 퓰러의 사고는 보수적이고 옛날을 그리워한다기보다는 급진적인 것에 편향된 경향을 보였는데, 워든은 이런 자질이

---

39) 퓰러(J.F.C Fuller): 제1차 세계대전의 참상을 경험한 이후 전차와 항공기, 보병을 이용한 기동전을 통해 마비 효과를 달성할 수 있다고 주장한 영국의 군사 사상가로 제2차 세계대전 시 독일의 전격전 개발에 큰 영향을 미쳤음.

매력적이라고 생각했다. 워든은 기계공학 전공 수업을 통해 연역적이고 과학적이며 체계적인 방식으로 전략과 역사의 본질을 분석할 수 있는 방법론을 배웠고, 풀러를 통해 전쟁의 전략 및 원리를 본질적 수준으로 정리할 수 있는 능력을 키웠다. 워든은 "장교란 역사 및 전략의 체계적인 연구를 통해 전투에 대비해야 한다."라는 풀러의 믿음에 고무되었으며, 기원전 5세기와 현재 상황과는 놀라울 만큼 유사성이 존재한다는 풀러의 주장에 동의했다. 풀러와 마찬가지로 워든은 전역을 연구하는 것이 군 장교에게 전쟁의 술[40]과 과학[41]을 교육하는 방법이 될 수 있음을 믿었다. 풀러는 현역 복무 기간 동안 전쟁에 대한 논리적이고 방법론적인 접근법의 대표자가 되어 물리학과 사회과학은 동일한 힘에 의해 지배되고, 동일한 방식으로 다룰 수 있다고 주장했다. 그는 전쟁의 원리에 대해 '전쟁에서 과학이란 빙산의 일각'이라는 것으로 표현될 수 있다고 언급했다.

풀러는 전쟁에 대한 총론적 이론을 제안하면서 자신감 있는 어조로 "코페르니쿠스가 천문학에서, 뉴튼이 물리학에서, 다윈이 자연사에서 이루어 낸 업적을 자신은 전쟁 분야에서 이루고자 한다."라고 주장했다. 워든은 풀러가 제2차 세계대전 당시 영국의 블랙리스트에 올랐고 여러 주변 활동에 관여한 나치 동조자였다는 것을 인정했다. 그러나 워든은 여전히 군사학 분야에서 독학으로 깨우친 이 영국 출신의 개척자에 대해 그 어떤 누구보다 전쟁의 승리 비법을 잘 이해하고 있고 전투를 결정적으로 만든 요인에 집중한 그의 판단이 상당히 중요한 지침이 된다고 믿었다.

워든은 역사를 좋아했으며 배운 것을 읽고 논의하고 싶은 열정이 가득했지만, 생도 생활 내내 활동적이기도 했다. 예를 들어, 학생들이 의무로 해야만 하는 훈련에 불만이 있었던 그는 마지막 학기 동안 가능한 한 훈련이 현실감 있어야 한다고 주장하면서, 그가 속한 19대대를 위한 특공대 습격 훈련 개발을 주도했다. 그는 근처의 포트 카슨(Fort Carson)에 주둔한 수십 명의 특공대 대원들을 설득하여 사관학교로 올 수 있게 했고, 19대대가 침투해야 하는 지역을 방어하는 모의 적군으로 임무를 수행토록 했다. 특공대 대원들은 전쟁포로 수용소도 구축했다. 훈련은 크게 성공하여 단 한 명의 생도만이 생포됐다. 워든이 개발한 훈련은 공격과 기만전술을 사용하고 무전기를 광범위하게 사용한 방식으로, 이듬해에는 더 확장되어 연례 훈련 프로그램의 기초가 되었다.

그러나 사교적 측면에서 워든은 일부 사관생도하고만 어울렸다. 후에 장군이 된 쇼트와 에스테스 3세, 라이언과 같은 동기들은 워든이 주요 사교 행사에는 참여했지만 몇 가지 특징으로 인해 주

---

40) 술(art): 경험과 직관에 기반한 기술, 즉 전략적인 사고와 지휘능력, 심리전 등 인간의 영역을 의미.

41) 과학(science): 분석적이고 체계적인 접근, 즉 무기개발 및 정보분석, 물류 관리 등의 기술적 측면을 의미.

류의 동기와는 멀어지게 됐다고 회상했다. 그는 분명히 다른 동기들보다 독서량도 많았고 관심 범위도 특별했다. 그는 지적으로 기민하고 생각이 깊었으며, 논쟁가로서는 존경을 받았지만 '평범한 사람'으로 받아들여지지는 않았다. 하지만 그는 그것에 대해서 조금도 개의치 않는 것 같았다. 예를 들어, 그는 학교 밖에서도 다른 친구들과 달리 티셔츠나 청바지보다는 코트와 타이를 착용하는 것을 좋아했다. 그는 나이에 비해 진지하고 형식적이었으며, 단호한 것 같은 인상을 주었다. 그는 결코 다른 친구들과 어울려 여자 친구들과 잡담하는 일을 좋아하지 않았다.

워든은 사관학교 4학년 때에 고등학교 친구였던 마지에게 청혼했다. 워든이 펜실베니아주 버윈(Berwyn)에 소재한 코네스토가(Conestoga) 고등학교에서 마지와 같은 반이 되었을 때, 그는 '마을에 나타난 이방인'과 같았다. 그는 반장 선거에 대한 논의가 시작될 때 처음으로 그녀의 시선을 끌었다. 워든은 반 친구들에게 그가 해리스버그(Harrisburg)에서 10학년 때 반장을 했지만, 다음 해에 있었던 선거에서는 전체 유권자들을 고려하지 못해 선거에서 졌다고 말했다. 비록 워든이 반장

워든의 졸업사진(1965년)

선거에는 출마하지 않았지만, 그는 투표 자격이 있는 모든 학생들의 신원확인을 원했다. 마지는 그를 '잘생기고 지적인 사람'으로 보았고 둘은 사귀기 시작했다. 그가 사관학교에 들어가고 그녀가 뉴햄프셔의 대학에 갔을 때, 둘은 커플은 아니었지만, 계속해서 연락을 주고받았고 4년 동안의 방학 기간에 종종 만났다. 워든은 1965년도 봄 방학에 마지에게 청혼했고, 그녀는 이를 수락했다.

워든은 1965년 6월 9일부로 기계공학 학사와 국가안보 문제를 전공하고 졸업했다. 그는 역사와 사회과학에서 우수한 성적을 받았지만, 가장 많은 과목을 수강한 기계공학 성적은 중간 정도였다. 학급 연보에는 다음과 같이 쓰여 있다.

워든은 펜실베니아 버윈 소재 고등학교를 졸업하고 사관학교에 왔다. 그는 스키 클럽의 우수한 회원이었고 승마 클럽의 뛰어난 기수였다. 또한, 등산 클럽과 변론 협회에서도 활동했다. 그는 1년간 테니스팀의 감독을 맡았고 1학년 때에는 교내 하키팀 코치로 있었으며, 5학기 동안 우등생 명단에 포함되어 있었다. 졸업 후 그는 비행교육에 입과한 다음 공군에서 오랫동안 주요 경

력을 쌓을 계획이다. 그는 베트남전에 참전하기를 열렬히 원한다.

이 연보의 내용은 워든이 대다수의 다른 생도들처럼 스포츠에 흥미가 있고 조종사가 되고 싶어하며, 베트남전에 관심이 있다는 점에서 특별하지 않았다. 사관생도로서 그는 나라를 위해 싸우는 것이 자신의 의무라고 생각했고, 가능한 한 빨리 동남아 지역으로 가고 싶어 했다. 워든은 비록 사관학교 교육 중 일부 내용에 대해 불만족스러워했지만, 그곳에서 보낸 기간 덕분에 그의 가족으로부터 물려받은 애국심은 더 깊어졌다. 사관학교에서 함께했던 사람들과 사건들은 그에게 공군이 성실성과 국가에 대한 헌신을 대표하는 요람이자 본인도 그러한 가치를 추구할 것이라는 신념을 심어 주었다.

F-4 Phantom II 조종사로서 한국 배치

사관학교 졸업 후 소위로 임관한 워든은 텍사스주 라레도 공군기지에서 1년간의 훈련 비행 과정에 입과 한다. 세 종류의 훈련기(4인승 세스나 172의 군용 버전인 T-41, 계기/야간/편대 비행을 포함하여 기초적인 제트기 훈련을 위해 사용된 T-37, 쌍발 제트 엔진을 장착하여 고고도/초음속 훈련이 가능한 T-38)를 통해 비행을 익히면서 그는 더 조종 분야에 흥미를 갖게 되었고 도전적으로 변하였다.

워든은 조종 입과 동기 중에서 중간 정도의 성적으로 1966년 7월에 전투 조종사 자격을 취득한 후 F-4 Phantom II 기종에 배치되었다. 그해 성과가 좋아 개인 우수자 상도 받았으며, 마지와 워든은 크리스마스 휴가 기간이자 그의 22번째 생일이었던 1965년 12월 21일에 결혼했다. 그들은 1966년 12월 5일, 쌍둥이인 캐슬린과 워든 4세의 부모가 되었다.

F-4 기종에 배치된 美 공군 조종사는 애리조나주 투산에 있는 데이비스-몬탄 공군기지에서 레이더 요격 및 후방석 시뮬레이션 교육을 받는 것으로부터 훈련을 시작했다. 그 후 이들은 '전방석 전환 능력'을 갖추기 위해 플로리다주 템파에 소재한 맥딜 공군기지로 보내졌다. 맥딜에서 워든은 F-4 조종에 필요한 기초훈련(이착륙, 기본 공중조작 및 계기 비행)을 배웠다. 그는 F-4를 좋아했고 대부분의 동료들과 마찬가지로 팬텀이 믿을 수 없을 정도로 강력하다는 사실을 깨달았다. 워든

이 F-4C를 조종하기 시작했을 때, F-4C는 출고된 지 3년밖에 되지 않았지만, 이미 그 강점과 약점이 모두 입증된 상태였다. F-4C는 하늘의 요새(Flying Fortress)로 불린 제2차 세계대전에서 활약한 B-17 폭격기보다 2배나 많은 무장을 장착할 수 있어 우수한 공대지 능력을 갖추고 있었으나, 폭탄 투하 정확도는 미흡했다. 트럭을 파괴하기 위해서는 25피트 내에 500파운드 폭탄을 투하해야 했지만, 한 연구에 따르면 베트남전에서 투하된 모든 폭탄의 원형공산오차(CEP)[42]는 300피트 이상이었음이 입증되었다.

워든은 1967년 4월에 노스캐롤라이나주 골즈버러에 소재한 세이무어-존슨 공군기지, 제4전투비행단, 제334전투비행대대에 배속되었다. 비행단의 임무는 북대서양조약기구(NATO)에 소속된 부대로서 유럽지역에서 작전을 수행하는 것이었지만, 동남아시아지역에 순환 전력을 파견하는 임무도 있었다. 워든은 '전환 및 작전가능 능력'을 갖췄다고 판단되어 1967년 8월에 전방석 조종사였던 시클 대위와 함께 '전환 및 작전가능' 자격 취득을 위한 평가 비행을 했다. 몇 달 뒤 그의 비행대대는 푸에블로(Pueblo)호 납치 사건에 대한 대응의 일환으로 대한민국에 배치되었다. 푸에블로호가 1968년 1월 23일에 북한 어뢰정으로부터 공격을 받았을 때, 이 군함은 수로 측량 명분으로 동해에서 신호정보를 수집하고 있었다. 푸에블로호는 150년의 美 해군 역사 중 공해상에서 납치된 최초의 함정이 되었고, 미국은 대한민국에 제4전투비행단 소속의 F-4 팬텀 72기를 급파하여 대응했다. 이러한 해외 배치는 1958년도 발생한 레바논 위기 이후 가장 강력하고도 신속한 전력 전개였다.

한국에 급파된 제4전투비행단 전력은 그들이 48시간 이내에 전투 준비태세를 완료했다는 사실에 자부심을 갖고 있었다. 그러나 워든과 그의 동료들은 한반도 전구에 도착했을 때, 美 공군이 자신들을 어떻게 활용할지에 대한 계획이 없음을 알았는데, 이는 전투비행대대의 첫 번째 골칫거리가 되었다. 워든은 전투기가 군산비행장 활주로에 주기된 상태로 있는 것을 보며, 미국이 제2차 세계대전 때의 진주만과 1968년에 있었던 제3차 중동전의 교훈(기습의 효과성)을 잊고 있는 것은 아닌가 하는 의구심이 생겼다. 마침내 비행대대가 유사시 원산에 위치한 표적을 공격하라는 작전 명령을 받았는데, 전자전 지원 없이 20,000피트에서 '직진 수평' 상태로 공격할 것을 지시받았다. 이는 언제든 격추될 수 있다는 의미였다. 다행히도 당시 베트남전 참전경험이 있던 조종사들이 대대 내 있었고, 그들의 제안으로 비행대대는 공격 중 위험을 최소화할 수 있는 조치를 취할 수 있었다.

---

42) 원형공산오차(CEP: Circular Error Probable): 무기체계의 사격에 대한 정확성을 표시하는 기준으로 발사된 미사일이나 포탄의 50%가 분포될 것으로 예상되는 원의 반경.

　美 공군은 군산이 효과적인 작전을 수행하기에는 너무 작은 기지임을 인식하고 제4전투비행단 전력을 분산시킬 것을 명령했는데, 이에 따라 워든의 비행대대는 광주로 이동했다. 광주기지는 한국의 학생 조종사 훈련이 주 임무인 기지였지만, 그의 비행대대는 그곳에서 발생 가능한 교전을 자체적으로 준비할 수 있는 권한을 부여받았다. 긴급상황이 발생하더라도 조종석 비상대기태세 이상을 요구하지는 않았지만, 이때 워든이 겪은 단기 작전경험은 미흡한 현실에 눈뜨게 했다. 즉, 美 공군은 당장 급파될 준비는 되어 있었지만, 전개된 항공력을 효과적으로 운용할 수 있는 작전계획 능력이 부족했다.

　워든은 대한민국에 배치되어 실전 경험의 가능성이 있다 하더라도, 베트남에 가지 않는다면 전시 경험을 할 수 없을 것이라고 결론 내렸다. 그는 개인으로서보다는 부대의 구성원으로서 참전하는 것이 더 좋다는 삼촌의 확신에 찬 조언을 떠올렸지만, 그러한 선택지는 없었다. 워든은 참을 수 없었다. 그는 현재 진행 중인 전쟁에서 조국을 위해 싸우고 싶었고 작전이 있는 곳이면 어디든 가고 싶었으며, 나중보다는 지금 당장 가기를 원했다. 그러나 그는 곤경에 직면했다. 그는 '누구도 원치 않았던' F-4의 후방석 자격으로 배치되고 싶지 않았고 전방석으로서 참전할 수 있는 자격을 획득하기 위한 표준 훈련을 이수할 기회를 기다리고 싶지도 않았다. 전투기 조종사로서 베트남에 가는 것을 더 좋아했음에도 불구하고, 그는 참전을 위해 당시 부족했던 공중전방항공통제관(AFAC)[43] 임무에 자원했다. 아이러니하게도 美 공군이 워든의 전방항공통제관 전환 관련 행정처리를 완료하고 전출을 승인할 때까지 그는 F-4 전방석 자격으로 참전하기 위해 요구되는 표준 훈련을 거의 완료했지만, 이미 배정된 임무를 바꿀 순 없었다.

　워든은 플로리다주 포트 월튼 비치에 소재한 헐버트 공군기지에서 OV-10 브랑코(Bronco)로 기종전환 훈련을 시작했다. 브랑코는 감시 및 헬기 호위, 탄착점 확인과 제한적인 대지공격, 무장 정찰 및 전방 공중통제 임무를 위해 설계된 쌍발 터보프롭 단거리 이·착륙 항공기였다. 대위로 진급한 그는 브랑코를 몰고 적 지상전력을 찾아낸 후 전투기와 폭격기 전력이 공격할 수 있도록 공격지점을 공중에서 유도해 주었다. 워든은 브랑코의 기동성과 뛰어난 비행성능을 좋아했다. 브랑코로의 전환 과정이 끝난 후, 그는 필리핀 정글에서의 생환 훈련을 위해 美 본토를 떠났다.

---

43)　공중전방항공통제관(AFAC: Airborne Forward Air Controller): 근접항공지원작전을 협조하고 통제하기 위해 비전술 전투기에 탑승하여 작전하는 공중통제관.

OV-10 브랑코 조종사로서 베트남전 파병

워든 대위가 1969년 1월 29일부로 동남아시아에 도착했을 때, 롤링썬더 작전[44]이 막 종결된 상태였다. 북베트남에 대한 직접적이고 독립적인 항공력 적용방식이었던 이 작전은 북베트남이 남베트남에 대한 공격을 포기하고 협상 테이블로 나와 그들의 패배를 인정하도록 하기 위한 작전이었다. 작전명인 롤링썬더는 명칭에서도 알 수 있듯이 점진주의적인 개념으로, 하노이와 하이퐁과 같은 도시, 비행장 및 중국 국경을 따라 형성된 보급선과 같은 고가치 표적에 대한 공격을 금지하는 방식으로 실행되었다. 또한, 조종사들은 엄격한 교전규칙을 준수해야 했으므로 적의 산업기반 시설에 대한 효과적인 전역이 진행될 수 없었다. 존슨 대통령이 롤링썬더 작전 중지를 결심하여 북위 20도 이북에 대한 모든 폭격을 중지하라고 지시했을 당시, 백만여 회의 공격 소티를 실시하고 그 과정에서 수백 대의 항공기를 잃었음에도 불구하고 롤링썬더 작전을 통해 얻은 것은 거의 없었다.

베트남전에서 미국의 전략은 근본적으로 문제가 있었다. 존슨 대통령과 그의 군사 보좌관들은 적의 전투 의지를 평가 절하했고, 분쟁의 본질을 잘못 이해하는 실수를 범했다. 심리적 측면은 전장의 실제 어려움을 가중시켰다. 1968년 초, 남베트남의 40개 도시와 마을에 대한 북베트남의 대규모 공세인 '구정공세(Tet Offensive)'는 전쟁에 대한 대중의 지지를 심각하게 훼손시켰다. 당시 미군과 동맹군은 전투부대인 베트콩을 괴멸시켜 북베트남이 군사적으로 승리하는 것을 막았으나, 이러한 전술적 승리는 거의 무의미한 것으로 판명됐다. 美 언론과 대중은 베트콩의 이러한 공세 능력이 "공산주의자들은 미군에 저항할 군사적 능력이 없다."라고 말하던 美 정부의 반복된 주장이 거짓이었고 결과적으로 북베트남이 승리한 것으로 인식하게 했다. 구정공세 과정에서 언론에 보도된 부정적 이미지(수많은 시체운반용 가방, 포로 총살)는 정부에 대한 美 국민의 신뢰도를 떨어뜨렸다. 미군은 국민의 지지 또는 일관된 승리 전략 없이 결연한 적군에 맞서 소모전을 치르고 있음을 깨달았다.

1968년은 베트남 전쟁 중 가장 피비린내 나는 해로, 美 지상군의 사망자 숫자가 가장 높은 해였다. 이로 인해 존슨 대통령은 전쟁의 다음 단계인 '전쟁의 베트남화(Vietnamization)' 정책을 추진했는데, 이는 미국이 아닌 남베트남이 전쟁을 주도해야 함을 의미하는 것이었다. 이러한 노력은 새로

---

44) 롤링썬더(Rolling Thunder) 작전: 美 공군과 해군이 1965년 3월부터 1968년 11월까지 항공력을 투입하여 북베트남의 군사 및 기반시설을 공격하기 위해 4단계로 실시한 대규모 항공작전.

당선된 닉슨 대통령 체제하에 더욱 강화되었다. 닉슨은 1969년 1월 25일에 상호 간의 군사력 철수를 제안하고 북베트남에 대한 모든 폭격을 중지했다.

위든 대위는 공중전방항공통제관 훈련을 받은 다음, 사이공(現 호치민)에서 북서쪽으로 60마일 정도에 떨어져 있던 타이닌에 배치되었다. 처음으로 위든은 육군과의 합동작전을 경험했다. 그의 비행대대의 주 임무는 정찰 및 근접항공지원으로 제1기병사단 예하의 제1여단을 지원하는 것이었다. 위든은 곧 항공력이 지상군이 할 수 없는 통신선을 유지할 수 있다는 점을 깨달았다. 때때로 공중화력이 포위당한 美 지상군을 구원할 수도 있었지만, 지상 전투 중 절반 가까이가 지상군이 항공력을 호출하기에 너무 짧은 시간인 20분 이하로 진행됐다. 위든은 근접항공지원이 항공력의 비효율적인 사용이라고 여기긴 했지만, 비행과 합동성, 그리고 조국을 위해 싸운다는 사실에 대해 만족했다. 군인으로서의 명예와 의무에 자부심이 있었고 미군이 적어도 북베트남군을 저지할 수 있다고 믿었다.

타이닌에서 6개월을 보낸 후, 위든은 태국의 왕립 나콘파놈 공군기지에 주둔해 있던 제23전술항공지원대대로 전출됐다. 이곳은 메콩강 근처에 위치한 작전 기지로, 방콕에서 북동쪽으로 400마일에 위치하고 있었다. 정찰은 그의 가장 중요한 임무였지만 항공차단 작전이 이전에 했던 근접항공지원 작전을 대체했다. 위든은 자신이 마치 2가지 종류의 작전을 경험하고 있다는 느낌을 받았다. 첫 번째 작전은 교전 중인 적 지상군에게 항공력을 사용하는 것으로 비교적 소형 무기에 위해 위협을 받았지만, 두 번째 작전은 적의 산업기반 시설 및 보급품을 대상으로 항공력을 투사하여 작전적 수준의 적에게 영향을 미치는 것이었다. 그는 비록 자신의 신념을 고집하지는 않았지만, 두 번째 작전이 근접항공지원보다 더 유용하다고 생각했다. 항공차단 작전이 근접항공지원 작전보다 확실히 더 위험하긴 했지만, 그는 적의 대공포에 전면으로 맞섰다. 라오스 상공에서 격추되면 남베트남 상공에서 격추되는 경우보다 포로가 될 가능성이 더 높았다.

항공차단 작전은 북베트남의 하노이에서부터 남베트남의 사이공 지역뿐만 아니라, 캄보디아와 라오스에서 남·북베트남 지역에 이르는 호치민 루트[45]에 대한 공격을 의미했다. 초기에 호치민 루트는 소로였으나 전쟁이 진행됨에 따라 대규모 부대와 차량이 이동할 수 있고 길이도 늘어난 보급로로 발전됐는데, 총 길이가 안남산맥을 따라 거의 12,500마일이나 되었다. 항공차단 작전의 주요

---

45) 호치민 루트(Ho Chi Minh Trail): 라오스 및 캄보디아를 통과하는 북베트남과 남베트남을 이어 준 병참 도로와 오솔길로 베트남 전쟁 기간에 베트콩과 베트남 인민군에게 병력과 군수품을 제공해 준 보급로.

대상은 호치민 루트와 보급 기지, 호치민 루트 상에 있는 차량 및 호치민 루트를 보호하고 있는 방공전력이었다. 이러한 공격 표적은 군사목표 달성에 있어 효과적인 것들이었으나, 불리한 교전규칙의 적용으로 인해 그 효과성이 떨어졌다. 예를 들어, 북베트남은 낮 동안에는 트럭을 국경 인근에 집결시킨 후 어둠을 틈타 월경을 시도했지만, 자국 영토(북베트남, 라오스, 캄보디아)에 있는 동안에는 '공격 금지(off-limits)' 표적이었다. 결국, 워든과 그의 동료들은 적이 국경을 넘어 남베트남으로 진입한 후에야 공격할 수 있는 좌절감을 경험했다. 비록 항공차단 작전 수행으로 북베트남이 남베트남 지역에 완벽한 보급 기지를 구축하는 것은 막을 수 있었지만, 워든과 동료들은 전투기와 폭격기가 공격 금지구역에서 적 표적을 공격할 수 있었다면 훨씬 더 많은 것을 달성할 수 있었을 것이라고 믿었다.

북쪽에 있는 적의 보급 원점을 차단할 수 없었던 워든과 그의 동료들은 제한된 지역에서의 전술적 차단 임무만을 수행하게 되었다. 거의 비무장 상태인 전방항공통제기 브랑코는 저고도에서의 장시간 수색 임무에 취약했지만, 북베트남군은 전방항공통제기에 대공무기를 발사할 경우, 전투기와 폭격기의 주의를 끌 수 있어 생존 기회가 줄어든다는 사실을 재빨리 눈치채고 공격을 자제했다. 그럼에도 불구하고 항법사로 워든과 함께 비행했던 매킨타이어 소령은 어느 날 그들이 탄 항공기가 호치민 루트 상공에서 비행 중 대공포에 의해 심각한 손상을 입었었다고 회상했다. 다음 날 워든은 해당 방공전력에 대한 보복 공격의 성공 가능성을 높이기 위해 규정보다 낮게 비행하던 중 동일한 방공전력에 의해 더 큰 항공기 손상을 입게 되었다. 그가 기지로 돌아왔을 때 대대장은 그를 며칠 동안 출격하지 못하도록 조치하여 다른 조종사에게 "그런 위험은 감수할 가치가 없다."라는 사실은 인지시켰다. 안전하게 기지로 귀환하는 것이 조종사의 일상적인 공적이 되었고 1년간의 복무 기간을 무사히 끝내고 美 본토로 돌아가는 것이 승리로 간주되었다.

워든은 그의 전시 파병 기간이 끝날 때까지 266회의 전투 임무 소티를 실시했다. 동료들은 그를 전쟁의 대의명분에 대한 강한 믿음을 가진 열렬한 애국자로 기억했으며, 전반적으로 워든을 임무 지향적일 뿐만 아니라 공격적이고 동기부여가 잘된 유능한 조종사로 간주했다. 그들은 또한 그를 다정하고 솔직하지만, 비사교적인 사람으로 여겼다. 워든은 종종 혼자 앉아서 책을 읽고 생각하는 모습으로 목격됐고 논쟁에 참가했을 때는 자신만의 강력한 견해를 피력하곤 했다.

워든은 태국 나콘파놈 공군기지에서의 송별회에서 자신의 전략적 견해를 최초로 밝혔다. 고별사에서 워든은 다시는 위장 공격 임무를 실시하지 않을 것이라고 했다. 그는 북베트남이나 다른 공산주의자와 싸워서 행복했지만, 적용된 전시 교전규칙은 최악이었다고 밝혔다. 그는 전략이 군에 잘못 적용됐기 때문에 미국의 노력이 좋은 결과를 가져다주지 못했다고 주장했다. 워든은 항공력의 한계는 항공력에 부과된 한계로부터 비롯된 것이라고 결론지었다. 즉, 항공력은 공격 표적 선정을 백악관에서 화요일 오찬 중에 실시한 정치인들과 전쟁에서 이기기보다는 협상 신호를 보내려고 애쓰는 점진주의적 접근방식에 의해 남용됐다고 언급했다. 심지어 지상전에서의 전사자 수와 비행 소티율과 같은 공식 기록도 정치적 관여로 인해 객관적이지 못하게 기록되고 있었다.

워든은 좌절감을 드러냈지만, 자신이 여전히 국가와 군을 자랑스러워한다고 언급했다. 그러고는 공군 군가 중 하나를 선창했다. 노래의 가사는 실제로 워든에게 의미심장했지만, 참석한 일부는 그의 행동과 말투가 이상하다고 생각했다. 그러나 그들은 함께 노래했고 즐거워했다. 워든은 그들을 잘 응대했고 이것이 그의 송별회였다. 또한, 송별회 참가자 중 일부는 워든이 국익 문제를 대통령과 그의 보좌관보다 더 잘 이해한다고 확신한 것에 대해 주제넘었다고 생각한 반면, 항공작전에서 전술을 중요시했던 많은 전투 조종사들은 그들에게 부과된 불리한 교전규칙과 같은 제한사항이 불합리하다며, 워든의 고별사가 자신들의 생각을 정확히 대변했다고 생각했다.

전체 연설을 듣지 못한 특전사 출신의 한 장교가 워든의 고별사에 대해 베트남 전쟁 자체를 부도덕하다고 주장했다며 화를 냈다. 그 장교는 저녁 식사 후 둘이 장교 클럽 밖에서 주먹다짐으로 한판 붙자고 제안했다. 워든은 그에게 오해가 있었음을 확인시켜 주었고, 그의 전체 입장을 설명했을 때 해당 장교도 충분히 동의했다.

베트남전은 워든에게 좋은 전술이 잘못된 전략을 보완할 수 없다는 중요한 교훈을 가르쳐 주었다. 열악한 환경에서 지상군 지원 및 항공차단 임무로만 작전을 수행할 수 있었던 워든과 그의 동료들은 항공력에 적용된 복잡한 작전 절차와 제한사항뿐만 아니라 일관된 정치 및 전략 계획의 부재에 대해서도 의문을 제기했다. 워든은 또 다른 전쟁에 참가하게 될 경우, 미국이 승리할 수 있도록 최선을 다할 것이라고 결심했다. 국내 요인에 의한 베트남전 실패 경험은 워든의 사고방식에 깊은 영향을 미쳤다. 20년 뒤 이라크가 쿠웨이트를 침공했을 때, 그는 이 전쟁을 베트남전의 실패를 바로잡을 수 있는 기회이자 의무로 여겼다.

F-4E 기종으로 복귀 후 스페인 배치

베트남에서의 근무 기간이 끝나자, 텍사스에 위치한 인사본부는 워든에게 베트남화 정책[46]의 일환으로 남베트남 조종사 훈련을 담당하는 미시시피주 빌럭시 소재 키슬러 공군기지의 T-28 비행교관 보직을 제안했다. 워든은 그런 임무가 도전적인 임무가 아니라고 여겼고, 심지어 참전 때문에 완료하지 못했던 전방석 전환이라는 출발점에서 다시 시작한다고 할지라도 전투기 조종사로 복귀하는 것이 더 낫다고 주장했다. 인사본부는 워든의 의견을 받아들여 그가 1970년 1월부로 베트남에서 복귀했을 때, 그를 스페인 마드리드 외곽의 토레혼 공군기지에 위치한 제401전투비행단 제613전투비행대대 F-4 조종사로 보냈다. 당시 F-4는 2차례에 걸쳐 업그레이드되었고, 워든은 최신형인 'E' 모델을 조종할 수 있게 되었다. 유럽에서의 복무는 그에게 점진적인 경력발전이 가능할 수 있게 했고, 그는 전방석으로 전환한 다음 2년 후 분대장이 되었다.

'오징어(Squid)'라는 별칭을 갖고 있었던 제613전투비행대대는 핵 경계태세를 유지하는 것이 기본 임무였고, 전시가 되면 튀르키예 아다나 외곽의 인시르리크 공군기지로 전개해야 했다. 따라서 워든은 핵무기 사용에 관한 개념인 단일통합작전계획(SIOP)[47]을 공부해야 했다. 그는 전체적인 개념에 대한 일반 지식과 자신의 임무와 관련한 세부 지식을 연구했지만, 핵 위협 발생 가능성이 매우 낮다고 생각했기 때문에, 세부 계획과 관련된 전술에 대해 점점 더 불만을 갖게 되었다. 워든은 소련과의 재래식 공중전이 핵 투발 작전보다 훨씬 더 발생 가능성이 크기 때문에 공중우세 확보와 관련된 임무를 훈련하고 개선할 필요가 있다고 공개적으로 주장했다. 워든과 함께 토레온 공군기지에서 복무한 켈러 대위는 '전쟁에 대해 특별한 관심'을 가진 '우수한 조종사'였다고 워든을 기억하고 있었다. 그는 베트남전에서의 실수에 대해 논의하고자 하는 워든의 열망과 공군을 전술적 수준에서 개선하고자 한 워든의 노력에 대해 떠올렸다.

스페인에서 복무 중 워든은 비행단 작전 및 훈련 담당 장교가 되었고, 자신의 생각을 글로 쓰기 시작했다. 1972년 여름, 그의 아이디어는 첫 번째 기고문이었던 '*유럽에서의 전술 항공 적용*'이라는

---

46) 베트남화(Vietnamization): 1960년대 말부터 1970년대 초반까지 미국이 베트남 전쟁에 대한 개입을 줄이면서 남베트남군에 전투 책임을 이양하는 정책.

47) 단일통합작전 계획(SIOP: Single Integrated Operational Plan): 냉전 시대에 미국이 수립한 핵전쟁 수행을 위한 통합 작전계획.

토레혼 공군기지에서 아내 마지와 두 쌍둥이인 캐슬린, 워든 4세(1972년)

제목으로 유럽주둔 美 공군[48]의 상관들에게 비망록 형식으로 제출됐다. 워든의 기본 가설은 바르샤바 조약과 NATO 모두는 '공중우세 확보 및 유지'라는 더 중요한 목표를 희생시키며, 근접항공지원 임무에 지나치게 집착하고 있다는 것이었다. 이 기고문에서는 소련이 근접항공지원 임무를 지향하고 있는 상황에서 미국이 유럽지역에서 그들과의 대규모 재래전 발생 시 운용할 수 있는 5가지 항공력 방안에 대해 다음과 같이 제시했다. ① 소련의 후방 기지 및 통신선을 공격하기 위한 전체 항공력 투입, ② 소련의 대규모 지상전력을 차단하기 위한 전체 항공력 투입, ③ 제공작전(공중 및 지상의 방공전력 제거)에 전체 항공력 투입, ④ 동맹국 시설방어에 전체 항공력 투입, ⑤ 이 4가지 선택방안 중 일부 또는 모두를 결합하는 방식으로 전체 항공력 분배가 그것이다.

워든은 첫 번째 방안이 "결과적으로 실질적인 성과 없이 우군에게 치명적인 소모를 초래할 수 있다."라고 주장했으며, 두 번째는 소련의 손아귀에서 놀아나는 결과를 초래할 것이라고 밝혔다. 그는 소련의 대규모 지상전력에 대항하기 위해 요구되는 NATO군의 소티 수는 우호적인 항공작전

---

48) 유럽주둔 美 공군(USAFE): US Air Force in Europe.

환경에서도 절대적으로 충족시키지 못할 것으로 보았다. 워든은 소련의 대규모 지상군을 미군이 공격하면 소련도 미군에게 대규모 피해를 발생시킬 것이고 더욱이 동유럽과 소련의 엄청난 방공전력 때문에 이 지역에서 바르샤바 군과의 공중전투는 대단히 어렵고 큰 피해가 발생할 것이라고 주장했다.

워든은 유럽 주둔 美 공군이 NATO의 영공에서 공중우세를 확보하기 위한 방어적인 제공작전에 집중해야 한다며, 세 번째 방안을 선호했다. 그는 공중우세를 확보하기 위해 유럽 주둔 美 공군이 '주어진 시간과 장소'에 집중해야 한다고 강조했지만, 아마도 투입 항공전력은 대대 또는 비행단 규모가 되어야 할 것이라며, 세부 전술에 대해서는 추가 논의를 위해 미결정 상태로 남겨 두었다. 그는 더 나아가 "아군의 손실 비율이 허용 가능한 정도에서 소련의 항공력이 지상전 수행과정에서 파괴될 수 있다면, 소련의 지상공격은 전쟁에 결정적인 효과를 가져오지 못할 것이고, 그에 따라 소련은 지상전에 더 많은 항공력을 투입시킬 것이 거의 확실시된다."라고 언급했다.

네 번째 방안은 NATO가 소련이 특정 표적을 공격할 것이라고 확신할 수 있다면 타당하겠지만, 이 경우 초기 대응 없이 적의 항공력이 NATO의 영토 깊숙이 들어올 수 있게 허용한다는 것은 다른 여러 가지 위험을 수반한다고 했다. 다섯 번째 방안은 항공지휘관이 '단일 목표'를 설정하고 자신의 전력을 과도하게 소규모로 나누지 않는 한 적용 가능한 방안이라고 언급했다. 워든은 다음과 같은 결론을 도출했다.

유럽 주둔 美 공군은 다음의 3가지 이유로 공중우세 확보가 최우선의 항공력 적용 방안이라고 생각한다. 첫 번째로 소련이 공세적인 지상작전 수행을 위해 근접항공지원(CAS)에 크게 의존하고 있고, 두 번째로 유럽 주둔 美 공군이 소련의 NATO 지상군에 대한 공중공격에 대해 효과적인 근접항공지원(CAS)을 제공할 수 없으며, 세 번째로 現 상황에서 소련의 항공력을 괴멸시킬 수 없기 때문이다. 따라서 유럽 주둔 美 공군의 최우선 목표는 가장 신속한 방식으로 공중우세를 확보하는 것이 되어야 한다…. 가장 많은 수의 제공 표적은 우리의 영토 및 영공 가까이 존재할 것이다. 그곳에서 적을 공격함으로써, 우리는 자신의 항공기를 포기해야만 하는 조종사들을 포함하여 많은 조종사의 희생을 감수하면서 적지 깊숙이 침투할 필요성이 사라지게 된다. 그

리고 대규모의 지대공미사일(SAM)[49] 및 대공포(AAA)[50]로부터의 위협 없이 우군과 가까운 곳
에서 소련군의 항공기를 공격함으로써 여러 가지 장점을 얻을 수 있다… 유럽 주둔 美 공군의
임무는 전선 지역 인근에서의 공중우세를 확보하는 것이다.

워든 대위의 기고문은 전술적 수준의 항공작전 계획수립에 대한 그의 관심과 당시 수립돼 있던
항공작전 계획에 관한 그의 회의적인 관점을 보여 주었다. 워든의 초기 항공사상에 반영된 관점,
특히 적 후방을 공격하는 것에 대한 경고는 이후에 작성된 글에서보다 훨씬 더 방어적이긴 했지만,
이 기고문은 두 가지 관점에서 그가 대령 때 작성한 *항공전역(The Air Campaign)*의 전신이었다.
첫 번째는 그의 시간과 장소에 군사력을 집중할 필요성에 대한 체계적인 사고와 대규모 항공전력
(Big-wing) 투입에 대한 그의 관심이었고, 두 번째는 공군이 핵무기 투발이나 지상군 지원 이외의
임무를 식별해야 할 필요가 있다는 것이었다. 아마도 더 중요했던 것은 워든이 1972년 여름에 공군
과 육군은 근접항공지원에 대한 비논리적 망상에 사로잡혀 있다는 점을 글을 통하여 주장한 점이
었다. 즉, 공중우세 달성은 현대전 승리의 결정적인 요인이므로 공중우세를 최우선적인 달성 순위
에 두어야 한다는 점을 워든 특유의 연역적이고 체계적인 분석 접근방식으로 제시했다. 기고문에
는 또한 문제점을 식별한 후 일반적인 통념을 따르지 않았음에 대해 양해를 구하지 않고 구체적인
해결책을 제시하는 워든의 집필 특징이 잘 나타나 있다.

워든은 스페인에서의 임무 중 가장 흥미로웠던 것에 대해 매년 튀르키예와 이란을 포함하는 연
례 연합방공훈련이었던 샤바즈 훈련에서 비행단의 첫 번째 대표가 된 것이라고 밝혔다. 훈련은 중
동지역에 대한 소련의 침략을 저지하기 위해 1959년도에 튀르키예와 파키스탄, 이란 및 영국, 그리
고 미국이 함께 모여 창설한 중앙조약기구[51]를 지원하기 위한 것이었다. 미국은 중앙조약기구 창
설 때부터 감독 역할을 맡았지만, 이전에는 조약 대상국과 함께 직접적인 군사훈련을 실시한 적이
없었다. 제401전투비행단은 이란과의 관계를 돈독히 하기 위한 노력의 일환으로서, 이 훈련을 한
단계 더 발전시키는 임무를 맡게 되었다. 당시 유럽 주둔 美 공군은 다가오는 훈련에 참가하기 위

---

49) SAM: Surface to Air Missile.

50) AAA: Anti-Aircraft Artillery.

51) 중앙조약기구(CENTO: Central Treaty Organization): 서구 세계의 군사적, 정치적 안보를 강화할 목적으로 1955년도에 설립된 국
제 동맹. 처음에는 중동 조약기구(METO: Middle East Treaty Organization)로 불리다가 1959년도에 중앙조약기구로 명칭 변
경. 이란 혁명 등의 이유로 1979년도 해체.

해 처음으로 이란의 테헤란에 전투기를 보냈고, 워든은 임무 수행과정에 베이루트, 앙카라, 이스탄불, 텔아비브 및 테헤란을 방문할 기회를 잡았다. 또한, 그는 훈련 중에 카스피해와 소련 국경을 따라 비행했고 고위급 군사협상에 참석했으며, 개최국 지원 및 자산의 사전 배치와 같은 문제를 처리하면서 자신이 중요한 의사결정을 할 수 있음을 깨달았다.

그는 샤바즈 훈련을 통해 美 공군이 공중우세를 달성하고 지속할 수 있는 신뢰할 만한 방안이 없다고 확신했으며, 혼자서 소규모 항공력으로 전쟁 승리에 크게 기여할 수 있는 방법을 연구했다. 그가 당시 창안한 아이디어 중 하나는 공중우세를 달성하기 위해 근접 호위하는 전통적인 4기 편대보다는 대규모의 독립적인 전투기 소탕 전력을 운용하는 것이었다.

워든은 비행단 작전 및 훈련 담당 직책을 수행하는 관계로 비행을 적게 할 수 있었지만, 실제 훈련과 작전계획 수립에 기꺼이 많은 시간을 투자했다. 그의 투철한 책임감은 정치적 분쟁지역 중 하나인 페르시아만 지역에서의 항공작전 계획 및 실시와 전술적 수준에서의 성과 향상 방법을 고찰할 수 있는 원동력이 되었다. 스페인의 토레혼 공군기지는 여러 면에서 다소 자유로운 기지였다. 제401전투비행단은 유럽 주둔 美 공군의 전력 중 가장 중요한 임무를 맡은 전력이 아니었으므로 비행 임무에 대해 다양하게 접근할 수 있었다. 이에 따라 비행단은 여러 작전 옵션을 시험한 다음 수행방법을 결정할 수 있었다. 스페인 주둔 미군은 최전선에 있지 않았기 때문에 최전선에 있던 독일 주둔 미군에 비해 덜 경직되어 있었으며, 비행단은 NATO 본부로부터 직접적인 지휘통제를 받지 않았다. 그리고 그러한 외딴 지역의 환경으로 인해 기지 내 미군 간의 유대 관계는 더 강력했다. 워든은 대위로서 美 본토 내의 전투비행단에서보다 비행단 지도부와 훨씬 더 가깝게 지낼 수 있었다.

다행히도 워든은 관대하고 고무적인 상관을 만날 수 있었다. 작전계획 수립 향상을 위한 워든의 노력은 도넬리 대령의 주의를 끌었는데, 그는 1973년 11월에 제401전투비행단 단장으로 취임했다. 도넬리는 스페인 고위 인사들을 초청하고 나라를 대표하여 미국과 스페인 간의 정책 및 상호관계에 대해 논의하는 것을 좋아했으며, 제401전투비행단 장병 모두에게 애정 어린 관심을 보였다. 워든은 그를 임무 지향적이고 침착하며, 엄격하고 친절하며, 새로운 아이디어에 대해 호의적이고 편견 없는 우수한 리더라고 생각했다. 워든은 또한 도넬리가 의사결정 과정에서 자신의 권위를 잃지 않으면서 자유로운 의견 교환을 장려하는 것을 지켜보았다. 도넬리도 워든을 높이 평가했다. 그들은 함께 전술적 수준에서의 항공력 운용방식 개선에 대해 논의했으며, 많은 시간을 함께 보냈고, 단장은 회의 석상에서 워든의 이야기에 주의를 집중하는 것 같았다. 또한, 도넬리와 워든은 역사에 대한 관심을 공유하며, 종종 책을 주고받고 책 내용의 타당성에 대해 논의하기도 했다.

그 둘 모두는 집중적이고 공세적인 작전으로 공중우세를 확보한다는 아이디어에 흥미를 갖고 있었다. 그들은 공군이 기존의 핵 능력뿐만 아니라 재래식 항공력에 대해서도 더 깊고 광범위하게 생각할 필요가 있다는 데 동의했다. 워든은 도넬리에게 깊은 인상을 주었고 도넬리는 워든의 자질이 관료조직의 문화에서 쉽게 저평가될 수 있음을 걱정했다. 당시 공군 장교는 자신만의 멘토와 후원자를 가질 수 있었다. 멘토는 후원 장교가 다양한 전문성을 개발할 수 있도록 조언하고 안내하는 반면, 후원자는 해당 장교의 경력발전에 실질적으로 적극적인 역할을 했다. 결국, 후에 4성 장군이 된 도넬리는 워든에게 이 두 가지 역할을 모두 했으며, 그의 경력에 있어 중요한 사람이었다. 제613전투비행대대장이었던 칸스 중령도 워든 대위와 좋은 관계를 유지해 갔다. 그 역시 많은 아이디어를 가진 젊고 역동적인 장교에게 깊은 인상을 받은 것 같았다. 그는 오랜 세월과 승진 후에도 워든의 가장 강력한 지지자 중 한 명으로 남게 되었다.

근면하고 헌신적이었던 워든은 매우 높은 근무평정을 받았고, 교관 조종사가 되어 보직 편대장 직위에 오를 가능성이 컸다. 따라서 美 공군이 그에게 2년간의 석사학위 과정에 지원할 것을 제안했을 때, 그는 주저했다. 워든은 작전 분야에서 떨어져 많은 시간을 보내고 싶지 않았고, 그가 제안받은 학위는 정보 분야로 전혀 매력적이지 않다고 생각했다. 그러나 도넬리는 석사학위를 받게 되면 경력발전에 도움이 될 것이고 학위를 받은 후 부대로 복귀하게 되면 이수해야만 하는 정보 관련 보직을 피할 수 있을 거라며, 해당 제안을 받아들이라고 설득했다. 워든은 거의 6년 동안의 해외 파병을 마치고 1974년 여름에 美 본토로 돌아와 그가 선택한 학문 분야에 다시 전념했다.

III.
전략사상가 만들기

워든의 리더십과 전략, 전쟁의 '술(Art)'에 대한 관심은 그가 텍사스 공대[52]에서 석사학위를 취득한 1974년과 1975년 사이에 더욱 높아졌다. 그는 이 기간에 제2차 세계대전의 새로운 측면에 대해 광범위하고 읽고 고민했으며, 그의 학위 논문은 오로지 이 전쟁에 대한 대전략 차원에서의 의사결정에 초점을 두고 작성됐다. 그의 논문은 문체 및 방법론 측면에서, 이후에 작성된 그의 글쓰기에 많은 영향을 주었다. 그의 글은 이해하기 쉽고 광범위한 접근방식과 전략에 관한 훌륭한 이해를 바탕으로 작성됐지만, 타당하면서도 논쟁적인 결론을 도출하는 데에 있어 급진적 가정사항에 기초했다. 워든은 학위 이수 이후 공군본부에서 근무했다. 처음에는 중동 및 아프리카처[53]에서, 그런 다음 공군참모총장 수행 부관으로 근무하면서 공군 최고 지휘부로부터 상당한 주목을 받았다. 공군본부에서 있으면서 그는 전쟁의 전략적 및 작전적 수준에 대해 더 명확히 생각하게 되었고, 본부 참모 직위에서의 근무가 새로운 아이디어를 융합하고 추진할 수 있는 좋은 기회가 될 수 있다는 점을 확신했다.

석사학위

워든은 석사학위로 러벅 근처의 고원 지대에 위치한 텍사스 공대에서 정치학을 선택했다. 경력발전 필요성에 대해 많은 동기부여를 받은 워든은 2년 과정의 석사학위를 1년으로 단축할 수 있음을 알았다. 그러나 그는 학위 과정 수업에서 10년 전 사관학교에서의 항공력 관련 수업과 유사하게 실망감과 의구심을 품게 되었다.

---

52) Texas Technical University.

53) The Middle East and Africa Division.

그럼에도 불구하고 그는 1년이라는 기간을 공부에 전념할 수 있는 좋은 기회로 활용할 것을 결심했다. 운 좋게도 한 사람이 그를 구제해 주었는데, 'Germany Between East and West and The Relations of Nations'의 저자인 하트만 교수였다. 워든은 하트만이 없었더라면 그해는 완전 시간 낭비였을 거라고 회고했다. 해군참모대학의 교수로 재직하다가 텍사스 공대에서 안식년을 보내고 있었던 하트만은 당시 막 The Game of Strategy 논문 작성을 끝낸 상태였다. 두 사람은 전략에 대한 관심을 공유하면서 공통점을 발견하게 되었는데, 하트만은 전략을 '결과를 예측하고 도출하는 술과 과학'으로 정의했다. 워든은 하트만이 강의하는 모든 수업을 듣기 위해 그의 기존 수강 과목을 변경했다. 하트만도 워든의 논문인 The Grand Alliance: Strategy and Decision을 지도하는 것에 대해 흔쾌히 동의했다.

워든 대위는 그의 논문에서 항공력과 관련된 전술 및 전기보다는 국가가 어떻게 전쟁 개시를 결정하고 승리하는가에 대한 최상위 의사결정 과정에 집중하기로 했다. 그는 이러한 주제를 선택한 3가지 이유에 대해 다음과 같이 밝혔다. 첫째, 양극화된 냉전 시대를 초래한 의사결정에 대해 더 배우고 싶었다. 둘째, 전략에 대한 지식과 이해도를 증진시키고 싶었는데, 현대의 경우, 제2차 세계대전이 명확한 기준의 틀을 제공해 준다. 셋째, 유럽에서의 복무를 통해 NATO의 의사결정 효과성에 의문을 품게 되었다. 이러한 이유로 그는 제2차 세계대전에서의 '연합전(coalition warfare)'에 관해 연구하게 되었다.

논문을 준비하면서 워든은 자신이 글 쓰는 것에 흥미가 있음을 알게 되었다. 그는 자신만의 체계적인 연구 방법을 개발했다. 출처 자료를 비교적 빨리 읽고 몇 가지 인용구와 가설, 주요 논거에 주목했다. 이후 워든은 색인 카드와 기록물 보관실을 활용하여 자신의 메모를 검토한 후, 어떤 출처와 아이디어를 더 탐구해야 할지 결정했다. 그는 광범위한 개요로 시작한 후 특정 사례로 좁혀 가는 접근법이 효과적이라는 사실을 알게 되었고, 이후 논문 작성 시 이러한 접근법을 활용했다.

워든 논문의 주요 가설은 영·미 동맹은 '군사적 및 정치적 상황을 대전략으로 통합하는데' 실패했다는 것이다. 그 결과, 군사적 성공은 '오래된 문제를 해결했지만, 또 다른 새로운 문제를 만들었고' 그로 인해 제2차 세계대전은 불필요한 오점을 만들어 냈다. 워든은 당시 미국의 가장 영향력 있는 의사결정자로 루즈벨트 대통령과 마셜, 아이젠하워 장군을 지목했는데, 모두 전쟁을 정치와 분리해서 생각했던 인물이었다고 주장했다. 군사적 전역(Military Campaign) 계획이 마련됨에 따라,

바람직하고 궁극적인 군사적 상태인 '추축국[54]의 완전한 붕괴'가 모든 정치적 비전을 대체했고, 그 결과 "전쟁의 가장 중요한 부분인 전쟁의 정치적 목적을 책임지는 사람이 아무도 없었다." 이런 측면에서 워든은 풀러 장군의 생각에 동의했다. 풀러는 "전쟁에서의 승리는 목적 달성을 위한 수단 이상이 아니며, 평화가 그 목적이다. 승리가 비참한 평화로 연결된다면 정치적으로 그 전쟁은 패배한 것이다."라고 밝혔다.

워든은 또한 동맹이 '적국의 전투능력 파괴'라는 바람직한 군사적 결과와 독일 본토 공격을 포함하여 유럽 전장을 먼저 해결하자는 결정에는 동의했지만, 미국과 영국은 전략의 핵심 문제에 대해서 근본적으로 이견이 있었다고 주장했다. 미국은 프랑스를 관통하는 대규모의 즉각적이고 직접적인 대독일 공격으로 적군을 무력화시키는 것을 선호한 반면, 영국은 이미 지중해 전장에서 작전을 수행하고 있었기 때문에 독일을 완전히 패배시키기 전에 먼저 지중해 전역을 성공적으로 끝내고 싶어 했다. 이러한 서로 다른 전략으로 인해 기이한 절충안이 만들어졌고 다음과 같은 잘못된 결정을 내리게 되었다. 즉, 처음부터 프랑스에 집중하지 않고 남아프리카를 공격했고, 다음으로 이탈리아 시칠리아섬을 공격한 후, 독일 본토를 치기 전에 이탈리아를 공격했다. 또한, 미국의 선호에 따라 독일의 북쪽 평지를 가로질러 신속히 공격하기보다는 프랑스를 지나 광범위한 전선에서 교전한 후 독일의 엘베강 앞에 연합군을 주둔시킨다는 결정이었는데, 이는 오늘날까지도 우리에게 영향을 미치고 있다. 그의 논문에서는 미국의 의사결정권자들이 잠재적국이었던 소련의 위협이 분명해져 가는 시기에 '가능한 한 동쪽으로 최대한 진출한 후 소련과 협상해야 한다는' 중요성을 인식하지 못했고, 그 결과 베를린과 프라하를 소련에게 내주었다고 쓰고 있다. 워든은 1945년 봄에 독일군이 확실히 영·미 연합군에게 항복하는 것을 더 선호했기 때문에 서부 전선으로 퇴각했다고 판단했다. 그는 소련보다 한발 앞서 베를린을 점령했다면, 예상됐던 소련군에 의한 대량 학살을 막고 영·미 연합군이 모든 독일군을 영·미 전선 뒤에 묶어 놓은 채 전쟁을 끝냈을 것이라고 결론지었다.

워든은 정치적 집중력을 잃게 했던 또 하나의 요인으로 도덕적 측면을 언급했다. 조심스러운 표현으로 그는 다음과 같이 쓰고 있다. "히틀러는 좋은 사람은 아니었지만 한 개인에 대한 지나친 혐오가 국가안보 결정을 위태롭게 하는 원인이 됐다." 논문 말미로 향하면서 풀러는 다시 한번 워든

---

54) 추축국: 제2차 세계대전 당시 전쟁을 일으킨 독일, 일본, 이탈리아 3국을 뜻함.

의 사고에 다음과 같이 영향을 주었다.

'뿌리 깊은 악감정'을 가지고 있으며, 히틀러의 악행에 놀란 두 동맹국은 번쩍이는 갑옷을 입고 훌륭한 전투용 백마에 올라탄 채 맹목적으로 전쟁터로 갔다. 그들은 독일을 넘어 동쪽에 존재하는 똑같은 위협(소련)을 보지 못했다. 두 동맹국은 전후에 만족스러운 힘의 균형을 달성하기보다는 군사적 승리를 목표로 삼았다.

그의 논문은 1970년대에는 일반적이지 않았던 영국과 미국의 관점 사이에서 절충하고자 했다는 측면에서 이례적이었다. 논문 마지막 장인 *The Fruits of Victory*에서 워든은 그 당시 선택할 수 있었던 다양한 군사적 옵션에 대해 평가했다. 그는 영국의 간접적인 접근방식이 더 바람직했음에도 불구하고 직접 공격이라는 미국의 접근방식도 성공할 수는 있었지만 '단기적 고려'로 인해 연합국들이 '장기적으로 고려해야 할 사항'을 '전략적 타협'으로 결정해 버렸다고 주장했다. 그는 영·미 두 국가 모두 전략적 관점에서 거의 상상력이 없었고, 전후 상황을 적절하게 고려하지 않았다고 결론지었다. 논문의 마지막 세 단락에 '학문적 교훈'에 대한 그의 입장이 다음과 같이 제시됐다.

연합전 수행은 힘든 경험이다. 그것은 가치, 문화 및 언어를 공유하고 있었던 미국과 영국조차도 그러했다는 것이 그 점을 드러낸다. 다른 배경이나 서로 다른 언어를 가진 두 연합국과 관련된 문제를 상상해 보라. 이러한 어려움을 인식하는 것이, 그것을 해결하지 못함으로써 발생하는 실패를 피하려는 노력의 절반을 차지한다. 해법은 반드시 상황에 따라 달라야 한다.
인력과 장비 면에서 우세했던 1944년 여름, 미국은 실질적으로 연합국들의 대표자가 되었고, 그 사실이 전체 전쟁에 영향을 미쳤다. 의견 차이가 해소되지는 않았지만, 전략에 대한 오랜 논쟁은 끝났다. 미국은 결심했다. 1944년 여름 이전까지만 해도 분명히 그렇지 않았지만, 그 후 좋든 나쁘든 적어도 군사전략에서는 일관성이 있었다. 미래에 이와 유사한 상황에서 특정 연합국이 대표자가 된다면, 제2차 세계대전의 '대동맹(Grand Allience)'에서 발생했던 혼란과 반목은 막을 수 있을 것이다. 그러나 그 결과는 연합국 대표자의 대전략에 대한 이해에 따라 달라질 것이다.
제2차 세계대전의 영·미동맹에 대한 연구로부터 얻은 가장 중요한 교훈은 합의된 그리고 타당한 대전략의 필요성이다. 동맹국에게 올바른 대전략이 있었다면 세계는 오늘날과는 확실히 달랐을 것이다. 동맹국은 임박한 위험에 대해 침착하고 합리적으로 볼 수 있었을 것이고, 그런 다음 독일의 침공을 받았을 것이다. 그랬다면 "현재 우랄산맥에서 북해까지 차지한 소련이 한때 북해에서 우랄산맥까지 차지했던 독일에 비해 크게 뛰어났을 리가 없다."라는 사실을 알 수 있었을 것이다. 알렉산더 대왕 시대부터 존재했던 대전략의 교훈과 규칙은 현시대의 혼란한 역사 속에서 국가라는 배를 안전하게 이끄는 데 있어, 보다 효과적으로 적용될 수 있었을 것이다.

논문은 가치 있는 통찰력을 보여 주고 있지만, 그의 주장은 논쟁의 여지가 있다. 워든의 견해는 지나치게 퓰러의 영향을 받았다. 퓰러는 소련의 동유럽 정복을 제2차 세계대전에 있었던 최악의 결과로 간주했고, 때때로 그의 주장은 극단적인 결론으로 치달았다. "공산주의의 위협이 나치의 위협에 필적할 수 있는가?" 하는 점은 최소한 논의할 여지가 있다. 유럽 관점에서 공산주의는 경쟁과 적대의 문제였지만, 나치즘은 예찬과 절멸의 문제였다. 워든 스스로 인정하는 바와 같이 그의 확신은 이데올로기보다는 힘의 균형에 대한 관심에서 나온 것이었다. 그는 독일이 멸망함으로써 동맹국들은 로마 제국 이래 유럽 체제가 유지하려고 애썼던 동부지역(소련)에 대항할 수 있는 보루도 파괴된 것이라고 믿었다. 제2차 세계대전 이후 하나의 위협(독일)이 의심의 여지 없이 또 다른 위협(소련)으로 대체되는 동안, 아이젠하워가 엘베강에서 멈췄든 동쪽으로 더 전진했든 간에, 공산주의는 원활하게 구축됐을 것이고 동서의 이데올로기 차이도 물론 확대됐을 것이다.

워든의 논문 결론은 냉전의 현실과 한국, 베트남 및 스페인에서의 개인적인 경험을 반영하고 있다. 그의 해석은 또한, 그의 연구 결과에 기반이 된 1950~1960년대의 미국적 정서에서 나온 것이다. 공산주의에 대한 워든의 강한 거부감은 그의 논문이 제2차 세계대전에서의 연합국 승리에 있어 소련의 기여나, 1941년 6월 22일부터 1945년 5월 12일 사이(독소전쟁 기간)에 매일 평균 9만 명 이상의 목숨을 잃은 소련이 동부 전선에서 겪은 어려움에 대해 거의 인정하지 않았던 이유를 설명해 줄 수 있을 것이다. 워든은 추후에 사건을 판단하는 것에 대해 경고했지만, 연합국의 대동맹은 그들이 원하는 곳에서가 아니라 그들이 있는 곳에서 싸워야 했었다는 점과 뒤늦게 전쟁에 참전한 국가(미국)는 책임 범위를 결정할 수 없다는 점을 인정하지 않았다. 솔직히 워든의 논문은 영·미 관계에만 포커스를 두고 있는데, 또 다른 동맹국들(소련, 프랑스, 중국 등)에 대해서도 최소한 언급은 했어야 했다.

논문은 사례 연구였고 분석된 다수의 요인이 역사적 상황에 한정된 것들이었지만, 워든은 다음과 같은 타당하고 보편적인 결론을 도출했다. 즉, 대전략은 정치 및 군사적 측면의 통합에 좌우된다는 것이다. 그는 자신의 논조로 "전쟁의 방식은 변하지만 전쟁의 원리, 전쟁의 전략 및 평화는 아테네가 마라톤 평원에서 페르시아 제국을 격퇴한 이후 한 번도 변하지 않았다."라고 말했다. 보편적인 규칙과 원리가 전쟁에서의 성공을 결정한다는 이러한 믿음이 워든의 전략적 사고에 기초가 됐지만, 아직 베트남을 포함하여 다른 여러 배치지역에서 얻은 전술적 항공력에 대한 지식과 경험 들을 대전략 측면으로 녹여 내지는 못했다. 워든의 논문은 독특하고 구조가 잘 짜여 있으며, 문장력이 좋고 포괄적인 일반화에도 불구하고 논지가 분명했기 때문에 높은 점수를 받을 가치가 있었다.

워든은 텍사스 공대에서의 연구를 통해 국가적 수준의 계획수립과 개인 및 관료주의가 전쟁의 흐름과 결과에 어떻게 영향을 미칠 수 있는지에 대해 배웠다. 그는 상당한 시간을 전략에 관해 사고하는 데 보냈고, 군사 및 정치적 이론에 진정한 관심을 나타냈다. 그가 얻은 통찰력은 이후 그의 행동과 글쓰기에 기초가 되었는데, 사실 걸프전의 전략적 항공전역 계획작성에 근간이 된 대부분의 개념은, 이미 1975년 워든의 머리에서 구체화되기 시작했다. 그중, 최고의 개념은 바람직한 정치적 최종상태를 분명하게 정의하고 일관된 대전략 실행을 위해 제시된 정치적 최종상태를 달성할 수 있는 군사전략을 만들 줄 아는 리더의 필요성과, 총체적인 비전 없이 타협하는 것에 대한 위험성, 그리고 전후의 상황을 포괄하는 상상력이 풍부하고 면밀한 군사계획수립의 중요성이었다. 그는 제2차 세계대전에서 연합국은 "추축국의 물리적 패배 이상에 대해서는 고려하지 않았다."라고 결론지었다.

워든은 점진적으로 전쟁 승리를 위해 국가가 어떻게 전쟁을 수행하고 군대가 어떻게 싸워야 하는지에 대한 자신만의 생각을 발전시키기 시작했다. 아마도 그중 가장 핵심적인 생각은 마셜과 아이젠하워가 좋아했던 전선에서의 '일대일(man-to-man)' 접근방식에 대해서는 큰 반감을 갖은 반면, 영국의 간접 접근에 대해서는 매우 선호한 것이었다. 워든은 일반적으로 "국가가 승리하는 과정에서 대량의 피해가 발생한다면 아무리 결정적인 승리라도 가치가 없다."라는 리델 하트[55]의 주장에 동의했다. 리델 하트는 또한, 대전략의 목표는 전쟁을 일으킨 적국의 '취약점(Achilles)'을 찾

---

55) 리델 하트(Basil Liddell Hart): 영국의 군사 역사가이자 전략가(1895~1970)로 전투에서 직접적인 충돌을 피하고 적의 약점을 찾아 최소한의 피해로 최대한의 결과를 얻는 간접접근 전략(Indirect Approach) 제시. 주요 저서로는 *The Decisive Wars of History*, *Strategy* 등이 있음.

아 '꿰뚫는(pierce)' 것이라고 언급했다. 그는 전략가는 살상이 아닌 마비 관점으로 사고해야 하고 상대방의 군사력을 승리를 달성하기 위한 유일한 공격대상으로 보지 않아야 한다고 믿었다. 워든은 또한 클라우제비츠[56]에 대한 리델 하트의 회의적인 시각에도 동조하기 시작했다. 영국의 지휘관들은 클라우제비츠를 '전쟁의 구세주'로 불렀지만, 리델 하트는 그에 대해 "최상의 전쟁방식은 인간과 무기를 최대한 모아 적에게 곧장 투사하는 것이다."라는 잘못된 믿음을 대중에게 심어 준 예언자라고 혹평했다. 워든은 적군을 섬멸하는 것보다 무력화하는 것이 더 낫다는 리델 하트의 관점에 동의하면서 전쟁의 궁극적인 목표는 '정치적(political)'이라는 클라우제비츠와 리델 하트의 확신에 동의했다.

美 공군본부에서의 첫 번째 근무

워든은 이제 미국의 수도인 워싱턴에서 근무할 준비가 되었다. 원하는 보직을 찾는 것은 상당한 노력이 필요했지만, 처음으로 스스로가 선택한 보직에서 근무하게 되었다. 그는 석사학위 이수 후 사전보직으로 되어 있었던 공군본부 '정보부(Intelligence Directorate)'에서의 업무를 결코 매력적으로 생각하지 않았다. 반면, 스페인에서 주둔하는 동안 도넬리 대령과 다른 사람들은 공군본부 '기획부(Directorate of Plans)'에서의 근무 환경과 업무에 대해 워든에게 매우 긍정적으로 이야기해 줬다. 하트만 교수와의 상의 과정을 통해 워든은 기획 수립의 노력이 우발사태와 전쟁 계획으로 바뀌는 과정에 대해 매혹되었고, 기획부에 대해 잘 알지 못하면서도 직관적으로 자신은 그곳에서 일하고 싶어 한다고 확신했다. 그의 이후 경험은 중요한 의사결정이 기획 수립 환경에서 이루어진다는 확신을 강화시켰다. 워든이 경험한 것처럼 '기획(Plans)'은 미래의 모든 문을 여는 반면 '정보(Intelligence)'는 그렇지 못했다.

학기 중간쯤에 그는 공군본부에 자신을 기획부에 배치시켜 줄 것을 요청하는 편지를 보냈다. 편지에 대한 답은 비관적이었는데, 정보부가 그의 교육비를 부담했기 때문에 보직을 바꾸기 어렵다는 것이었다. 워든은 일주일을 휴강하고 공군본부에 방문하여 사관학교 동료이자 먼 친척이

---

56) 클라우제비츠(Carl von Clausewitz): 독일제국의 전신인 프로이센 출신 군인이자 군사학자(1780~1831). 유명한 전쟁론(on War)의 저자이며, 나폴레옹 시대의 탁월한 전략가 중 한 명이자 서양 최초의 군사 사상가이자 철학자로 불린 인물.

며, 스페인에서 함께 일했던 켈러 소령에게 도움을 구했다. 기획부의 '유럽/나토처(Europe/NATO Division)'에서 근무하고 있던 켈러는 정보부에서 워든을 빼내기 위해 최선을 다했다. 상당한 논쟁이 진행된 후 워든은 비록 중동 및 아프리카처로의 보직을 받아들여야 했지만, 그는 정보부에서 기획부로 옮기는 데에는 성공했다. 사실 중동 및 아프리카처는 그가 근무를 희망했던 유럽/나토처 또는 태평양처보다 훨씬 규모가 작고 중요도가 떨어졌다. 워든은 공군본부에서 근무하기를 원했는데, 그러한 열망은 공군본부 근무를 비행 임무로 복귀하기 전에 참아야 하는 '필요악'으로 생각했던 대부분의 동료 전투 조종사들과는 대조되는 점이었다.

중동 및 아프리카처

워든이 1975년 8월부로 공군본부에 도착했을 때, 2년여 전에 끝난 욤 키푸르 전쟁[57]이 그가 근무했던 처의 최고 관심사였다. 1973년 10월 6일에 시작된 제4차 중동전에서 시리아군이 골란고원을 가로질러 공격하는 동안, 이집트군은 수에즈 운하를 횡단했다. 아랍국들은 초기 전투에서 잇달아 승리했는데, 이로 인해 이 전쟁의 후반부에서 이스라엘이 주요 전투에서 승리했음에도 불구하고 아랍국들에 지속적인 승리감을 안겨 주었다. 비록 이스라엘이 불리했던 전황을 가까스로 극복하여 궁극적으로는 적을 격퇴하긴 했지만, 그들은 2,500명의 목숨과 보유 항공기의 1/4을 상실했다. 이집트와 시리아의 손실이 이보다는 훨씬 컸지만, 이스라엘은 체면을 구겼고 아랍군은 이것을 정치적 승리로 간주했다.

군사적 수준에서 제4차 중동전은 현대전에서의 기동과 속도, 집중의 중요성을 제시하였고, 전선을 유지하고 적과의 소모전을 진행하는 전략의 진부함을 보여 준 전쟁이었다. 또한, 이 전쟁은 미국의 대중동 정책에서의 중대한 변화를 초래했다. 전쟁 첫날에 드러난 이스라엘의 취약성은 미국과 소련 모두를 놀라게 했고 불균형 전략[58]을 통해 안정을 유지하려 했던 미국의 대외 전략에 의문

---

57) 욤 키푸르 전쟁(Yom Kippur War): 제4차 중동전으로도 불리는 이 전쟁(1973. 10. 6.~10. 25.)은 1967년에 발생한 제3차 중동전에서 상실한 수에즈 운하 지역과 골란고원 확보를 목표로 이집트와 시리아가 주도한 제한전쟁이었음. 욤 키푸르는 원래 유대인들의 가장 큰 명절로 금식하며 하느님께 속죄하는 날인데, 해당 일에 대비태세가 소홀한 틈을 이용하여 이집트/시리아가 기습 공격을 감행했기 때문에 제4차 중동전을 욤 키푸르 전쟁이라고도 함.

58) 불균형 전략(imbalance strategy): 닉슨 정부 시절에 미국의 경제 불균형 상황을 해결하기 위한 경제 조치(달러 평가 절하, 임금 및 가격 통제, 금본위제 폐지 등). 미국은 이 조치를 시행하면서 중동지역의 군사적 긴장을 줄일 목적으로 1970년대 초반부터 중동지역(주로 이스라엘, 이란)에 대한 군사적, 경제적 지원을 줄이기 시작했음.

을 불러왔다. 닉슨과 포드 정부는 지역적인 힘의 균형 정책을 선호하여 이 전략을 채택했는데, 이는 기존의 이스라엘에 대한 무조건적인 후원보다는 유대 국가와 친미 아랍국 모두를 원조하고자 한 정책이었다. 이것이 캠프 데이비드 협정[59]과 이집트가 미국의 적대국에서 우호 국가가 돼가는 과정의 시작이었다.

워든은 처음에 레바논 및 모로코과에 배치되었다. 하급 장교로서 그에게는 상당한 일상 업무가 주어졌고, 광범위한 절차와 문서에 익숙해져야만 했다. 몇 달 후 그는 과장이었던 모리스와 그의 후임인 소여 대령의 지도하에 모로코에 있는 美 공군기지를 개발하는 프로젝트를 주도하게 되었다. 이 프로젝트는 美 국무부가 기본 개념을 승인했지만, 포드 대통령이 1976년 재선에 실패함으로써 실현되지는 않았다. 그러나 정권 교체가 워든에게는 오히려 행운이 되었다. 새 정부도 중동과 페르시아만을 당연히 중요한 지역으로 인식했고, 이는 군사기획과 조달 절차, 비상계획 개발에 반영되었다. 워든은 해당 군사 업무를 실시하는 장교들에게 관련 최신 정보를 제공하기 위해 구성된 공군 전환팀[60]에 포함되었다. 이는 추가적인 업무였지만, 그는 해당 업무를 진행하는 과정에서 美 장성들과 국회에 근무하는 보좌관들, 그리고 워싱턴에 있는 여러 정보기관의 구성원들을 정기적으로 만날 수 있었다.

워든의 근무경험은 곧 유럽지역을 NATO와 바르샤바 조약 기구 간의 잠재적인 갈등 시작점으로 보는 미국의 1차원적인 사고가 잘못됐다는 확신을 심어 주었다. 그가 인식한 바에 따르면, 소련이 전쟁을 결정할 경우 위험이 덜하고 이익이 더 큰 지역인 중동, 구체적으로 페르시아만을 공격할 것이었다. 따라서 미국은 1과 1/2 전쟁 전략[61]을 포기할 필요가 있었고, 이에 따라 미국은 바르샤바 조약 기구에 맞서 본격적인 전쟁을 하기 위해 군사력을 유럽에 배치하기 전에 그 일부를 일시적으로 이스라엘 방어로 돌릴 필요가 있었다. 워든은 1과 1/2 전쟁 전략의 세 가지 결점을 찾았다. 첫째, 욤 키푸르 전쟁을 통해 이스라엘이 발생 가능한 복합적인 아랍군의 공격에 맞서 자체 방어가 가능함이 입증되었다. 둘째, 소련이 이스라엘을 직접 공격할 가능성은 거의 없었다. 즉, 소련은 이

---

59) 캠프 데이비드 협정(Camp David Accords): 지미 카터 美 대통령의 중재 아래 이집트 사다트 대통령과 이스라엘의 베긴 총리가 1978년 9월에 메릴랜드주 캠프데이비드에서 체결한 협정으로 이집트-이스라엘 간 평화의 조약(이스라엘이 점령한 시나이반도의 이집트 반환 포함), 팔레스타인 자치정부 수립 논의, 중동지역의 평화와 안정 보장을 위한 미국의 지원과 참여를 협의.

60) The Air Force Transition Team.

61) 1과 1/2 전쟁 전략(one-and-a-half-war): 닉슨 정부 시절에 제시된 미국의 전쟁 전략으로 유럽에서 소련과의 전쟁 또는 아시아에서 중국과의 전쟁(동시 전이 아닌)을 1로 보고 중동지역과 같은 그 외 지역에서 발생 가능한 전쟁을 1/2로 봐서 대비하겠다는 전략.

란과 이라크를 경유하여 페르시아만을 먼저 공격한 다음 서쪽으로 이동할 가능성이 가장 컸다. 셋째, 소련이 페르시아만을 공격한다고 해서 그것이 단순히 유럽에서의 전쟁에 대한 전조가 아니며, 석유가 풍부한 지역과 그러한 지역의 항구는 그 자체로 통제할 가치가 있었다. 따라서 미국의 국가전략은 소련이 전략적 측면에서 서방에 가하는 실질적인 위험을 간과했다. 워든은 국가안보 위원회(NSC) 참모들과의 회의에서 미국이 전통적인 중부유럽 전구 밖에서 나타날 수 있는 소련의 위협에 대응하기 위해 군구조를 재편하고 적절한 군사력을 해당 지역에 투입해야 한다고 주장했다.

워든은 군과 민간 정보기관으로부터의 즉각적인 저항에 부딪혔다. 해당 기관의 소련 전문가들은 바르샤바 조약 기구가 중동지역에 3개의 사단만 배치했기 때문에, 실질적인 위협이 되지 않는다는 사실이 입증됐다고 주장했다. 워든은 코카서스 지역[62]과 튀르키예에 상당한 공격 능력을 갖춘 23개의 바르샤바 군 사단이 있으며, 이 전력은 단기간 내 중동지역에 배치될 수 있다고 맞섰다. 그러자 그의 반대자들은 위기 발생 시 해당 전력이 중동이 아닌 유럽으로 배치될 수 있다고 응답했다. 워든이 그런 전제조건에 의존하는 것은 위험하다고 주장하자 한 정보 장교가 전쟁이 나면 23개의 사단이 중동으로 배치될지 혹은 유럽으로 배치될지 알 수 없다는 점은 인정하지만, 워든에게 유럽 지역에 대한 적정 병력배치 규모를 먼저 평가해 볼 필요가 있다고 말했다.

워든은 그러한 대립을 통해 드러난 정보기관의 분석방식에 대해 점점 더 실망감이 커져 갔다. 그는 그것이 소련을 대상으로 한 정보조직이 완전히 독립된 2개의 정보기관으로 구성됐기 때문에 야기된 문제라고 믿었다. 정보기관의 한 곳은 유럽부터 우랄산맥 서쪽 지역의 위협을 평가했고, 다른 한 곳은 우랄산맥 동쪽부터 중국과 일본 지역에 걸친 위협을 평가했다. 워든이 경험한 바와 같이, 그 누구도 소련의 총체적인 위협 평가에 대해 책임지려 하지 않았다. 게다가 그가 대화를 나눈 정보 장교들은 소련이 호르무즈 해협을 장악하기로 결정할 경우, 석유와 부동항을 얼마나 쉽게 공격하고 점령할 수 있는지에 대해 알지 못하는 것 같았다. 워든은 또한 전쟁 기획이 영토 그 자체가 아니라 근본적인 전략적 이익에 초점을 맞춰야 한다는 사실도 깨달았다. 그는 "우리는 사람들을 범세계적인 시각으로 생각할 수 있도록 만들어야 했고, 풀다 갭[63]이 세상의 중심이라고 생각하지 않도

---

62) 코카서스 지역(Caucasus): 캅카스 또는 카프카스 등으로도 불리우며, 흑해와 카스피해 사이에 위치한 지역. 유럽의 최고점인 엘브루스산을 포함하는 코카서스산맥이 있으며, 동유럽과 서아시아를 구분 짓는 자연경계.

63) 풀다 갭(Fulda Gap): 독일 중부의 풀다(Fulda) 지역을 중심으로 형성된 평야 지대를 말하는데, 냉전 시대에 NATO는 이 지역을 유사시 소련의 서유럽에 대한 주요 공격로로 예상하였음.

록 해야 했다."라며, 미국은 독일을 경유하는 소련의 대규모 공격방식 외에도 많은 위협에 직면해 있다고 믿었다. 그는 또한, 항공력은 때때로 소련의 공격전력을 저지시키고 심지어 파괴할 수 있다고 주장했다. 그러나 이러한 언급은 당시 공군 내부에서조차 반발에 부딪혔다.

워든의 세 번째 과장이었던 마손 대령은 그의 아이디어를 높이 평가했고, 기획부와 작전부 내의 일부 장군들도 워든의 아이디어를 지지했음을 인정했다. 워든이 생도였을 때 美 공사에서 정치학을 가르친 마손 대령은 소령으로 진급한 지 얼마 안 된 그의 견해가 실용적이라고 생각했다. 그러나 워든의 아이디어를 가장 잘 수용해 준 사람은 당시 기획부 부장이었던 로슨 소장이었다. 그는 이전에 백악관에서 닉슨 대통령의 군사 보좌관으로 근무했었다. 따라서 그는 정계의 속성을 잘 알고 있었고, 정치·군사 문제에 깊은 관심을 가졌다. 이는 당시 공군의 '기획부(Directorate of Plans)'가 공군의 '국무부(State Department)'로서 국가 간의 공군 문제를 본질적으로 다루는 역할을 했기 때문에 로슨에게 큰 도움이 되었다. 워든이 보기에 로슨은 정치현장의 어디에나 있었다. 그는 한 주는 국무부의 정치 및 군사 담당 국장과 점심을 먹고 그다음 주에는 백악관의 대표들과 만났다.

로슨은 처음부터 워든을 주목할 수밖에 없었는데, 이에 대해 그는 "당시 장군단 회의에서 조용히 있지 않았던 소령 한 명이 있었고, 그가 자신의 의견을 주장하는 것이 매우 인상적이었다."라고 회상했다. 로슨은 워든이 '일반적으로 조종사들이 관심을 갖기 힘든 군구조와 개념, 그리고 교리'에 대해 많은 관심이 있다는 사실을 발견했다. 그는 기꺼이 워든에게 훨씬 더 많은 책임을 부여했다. 로슨의 관점에서 보자면, 워든은 '100% 충성스럽고 우수한 비전이 있는 장교'였지만, 돌봐 주는 사람 없이 너무 오랫동안 방치할 경우, 항공력이 모든 것을 달성할 수 있다고 확신하며, 혼자만의 성에 갇힐 수 있어 주시해야 할 장교였다. 로슨은 전략적이고 개념적으로 사고하는 능력을 높이 평가받을 수 있는 임무가 워든에게 주어져야 한다고 확신했고, 두 사람은 매주 만났다.

워든은 중요한 개념을 분석하고 그에 따라 행동하는 로슨의 능력을 크게 존경했다. 워든은 또한 매우 큰 융통성을 발휘할 수 있는 역할도 맡았다. 예를 들어, 그는 과장인 마손에게 중동 및 아프리카처 업무에 있어 특정 국가나 지역을 기준으로 담당자를 정하지 말고 중요한 과제를 분석할 수 있도록 과제 중심의 전략팀을 만들자고 제안했다. 워든은 그러한 변화를 이루어 내지는 못했지만, 개인적으로 그와 같은 자유분방한 역할을 맡을 수 있었다. 당시 美 공군의 기획부장 및 작전부장은 합참의 3성급에 해당했기 때문에 워든도 중동과 관련된 의사결정이나 토의내용이 3성 및 4성 장군에게 전달될 때마다 이러한 일에 관여하게 되었다. 페르시아만에 점점 더 많은 정치적 관심이 높아

지던 시절에 규모가 작은 중동 및 아프리카 처에서의 근무경험은 워든의 전문성 향상에 큰 도움이 됐다.

미국이 페르시아만 지역에 대한 보다 활발한 군사적 접근법을 발전시킴에 따라, 관련 기관들은 국익에 있어 중요한 석유 생산지역의 안보를 위해 수륙양용 및 공중작전의 실행 가능성에 대해 개방적으로 논의했다. 워든은 페르시아만만큼 중요한 지역이 유럽사령부의 책임지역 중 일부가 되어서는 안 된다는 의견을 여러 차례 표명했다. 페르시아만 지역에 대한 기본적인 비상사태 계획 검토가 일상화되어 가는 와중에, 워든은 유럽사령부가 지리적, 정치적으로 멀리 떨어진 중동지역을 책임지는 것이 바람직한가에 대해 의문을 제기하는 비망록을 썼다. 물론 이는 어떤 조직이 그러한 책임을 져야 하고 어떤 군구조가 수반되어야 하는지에 대한 문제점도 제기했다. 당시 공군참모총장이었던 존스 장군은 이 아이디어를 마음에 들어 했고 그러한 의견을 들어야 한다고 확신했다. 그 후 워든은 1980년대 신속 배치 합동 작전부대(RDJTF)[64]가 되고 최종적으로는 중부사령부(CENTCOM)로 창설된 신속 배치 부대(RDF)[65]의 개념 개발에 있어 중요한 역할을 했다.

워든은 중동지역의 항공기지 구조를 연구하고 그 결과를 한국, 베트남, 스페인에서의 전술적 항공력 운용 경험과 결합한 후 상급자들에게 사우디아라비아 및 이란 남부지역에 13개의 전투비행단을 배치하는 개념적 계획을 제안했다. 이 수치는 두 가지 주요 고려사항(해당 지역을 방어하기에 충분한 대수의 F-4 전투기, 지속지원 능력 제공과 더불어 해당 지역의 수용 능력을 초과하지 않아야 한다는 점)이 반영됐다.

이 무렵 소련에 대항하는 미국과 동맹국의 재래식 전투 및 부수적인 요구조건, 문제점 및 제한사항을 연구하기 위해 1976년도에 설립된 체크메이트 부서는 그들의 관심 지역을 중부 유럽에서의 소련을 넘어 다른 지역으로 확대하기 시작했다. 워든은 체크메이트가 페르시아만 지역에 관해 연구하도록 설득했고, 그들에게 자신이 만든 시나리오와 그에 따른 추천 군구조[66] 자료를 제공했다. 체크메이트의 분석 모델이 소모전에 기반한 것임에도 불구하고, 그들의 연구는 워든의 개념 근거

---

64) 신속 배치 합동 작전부대(RDJTF: Rapid Deployment Joint Task Force): 중동 및 중앙아시아 지역(특히 페르시아만 주변 지역)에 대한 미국의 군사적 대응능력을 강화하기 위해 1980년 3월 1일부터 1983년 1월 1일까지 운용된 조직. 미군은 1983년도에 해당 조직을 중부사령부(CENTCOM)로 재창설.

65) 신속 배치 부대(RDF: Rapid Deployment Force): 美 국방부가 1979년 유럽과 한국 외의 해외 배치지역에 군사력을 신속하게 투사할 수 있도록 창설한 조직.

66) 국방 및 군사임무 수행에 관련되는 전반적인 군사력의 조직과 구성 관계로서 지휘구조, 병력구조, 부대구조, 전력구조로 구성됨.

를 뒷받침했고 관심을 불러왔으며, 가상 적군 팀(Red Team)은 그의 제안을 평가한 다음 워게임 훈련의 기초자료로 확대시켰다.

그 후 워든은 전투개념을 두 부분으로 나눴다. 그의 브리핑을 들은 대부분의 고위급 장교들은 첫 번째 개념(공중우세가 달성 및 확대됨에 따라 소련군을 격퇴하기 위해 '항공력을 전방지역으로 신속히 투사할 것')을 지지했다. 두 번째 개념은 소련에 대한 직접적인 공격을 암시하는 내용이었기 때문에 논란이 훨씬 더 많았다. 이 두 전투개념은 항공력의 공세적이고 적극적인 사용에 대한 믿음과 궁극적으로 제한전은 있을 수 없다는 워든의 확신이 반영된 것이었다. 대통령이 군사력을 전쟁에 쏟아부을 준비가 됐을 경우, 미국은 승리하기 위해 핵 공격을 제외한 모든 가능한 수단을 최대한 사용해야 한다. 승리는 결코 양보와 도발의 지속적인 반복으로 획득할 수 없다.

나는 오래전에 위대한 국가에는 작은 전쟁이란 있을 수 없다고 말한 웰링턴을 떠올렸다. 제한전과 같은 것은 없다. 이것은 말이 되지 않는다. 다시 말하지만 자신이 무엇을 원하고 있는가를 파악해야 하고, 그것을 얻어야 한다. 승리하기 위해 노력할 준비가 돼 있지 않았다면, 아무것도 하지 말아야 한다. 베트남전과 같이 교착상태에서 전투하고, 피해를 받으며 방황하는 것보다 전쟁을 개시하지 않은 것이 훨씬 더 낫다…. 우리는 전쟁 기획에서 영토확보에 초점을 두어서는 안 된다. 그러한 영토확보는 전술적인 것에 지나지 않으며, 전쟁이 끝난 후 저절로 정리된다. 우리는 이란에서 항공력만으로 소련을 무찌를 수 있다. 중동지역에서 소련을 대상으로 승리할 수 있는 충분한 지상전력의 규모란 있을 수 없다. 13개의 전투비행단으로 구성된 항공력만으로 승리할 수 있기에 우리는 지상전역을 수행할 아무런 이유가 없다.

1970년대 후반, 워든은 철저하게 항공력 옹호론자가 돼 있었다. 그는 공군이 작전 전구에서 지상군과 분리되어 무엇을 할 수 있는지에 대한 문제를 가장 중요하게 생각했다. 공군본부는 그에게 기존의 전쟁 기획과 정반대되는 개념을 연구할 수 있는 팀에서 근무할 수 있는 첫 번째 기회를 주었고, 그에게는 그의 업무로부터 야기된 변화를 보는 즐거움으로 인해 공군본부에서의 근무가 만족스러웠다. 그는 소령으로서도 충분히 끈기만 있다면 본부에서 추진하는 주요 업무에 영향을 줄 수 있다고 결론지었다. 그의 경험은 때때로 원하는 결과를 얻기 위해 관료적이고 제도적인 규칙을 무시할 필요가 있다는 믿음을 확인시켜 주었다. 상부의 든든한 지원으로 워든은 지름길로 갈 수 있었고 짧은 시간에 많은 것을 달성할 수 있었다. 그는 정치적 지침을 군사작전 기획으로 전환할 능력이 있었던 직속 상관인 로슨 소장과 아만 소장의 끈기를 관찰하고 배웠다.

전반적으로 워든은 공군본부의 참모들과 일부 고위 장군들에게 훌륭한 인상을 남겼다. 34세가 되기 전에 소령으로 진급한 그는 추가 조치에 대한 결론과 제안을 제시할 수 있는 뛰어난 참모이자 창의적인 연구자로서 인정받았다. 그의 마지막 처장이었던 괴츠 주니어 대령은 다음과 같이 그를 평가했다.

워든은 중동 및 아프리카처 내에서 독특한 장교였다. 그는 상당 시간을 사무실 밖에서 중동지역에서의 가상 분쟁에 대한 자신의 전력배치 개념을 브리핑하는 데 보냈다. 공군 기획부와 작전부 내의 고위급 장교들은 그의 개념을 지지했고 국방부의 최고 상급자들에게 브리핑하도록 그를 독려했다. 소령으로서 워든은 일반적으로 대령 및 장성급 위주로 구성된 정부의 고위급 공직자 그룹을 접할 수 있게 되었다. 그는 브리핑을 위한 출장이 아니면 동료들과 함께 일했으며, 이해가 빠르고 책임감 있는 활동적인 장교였다. 중동 및 아프리카처는 이 지역에 대해 아는 것이 많고 경험이 풍부한 장교들에게 많은 기회를 제공했다. 이러한 뛰어난 구성원들 내에서조차도 워든의 지식과 열정, 명료한 브리핑은 그를 아주 특별한 인물로 만들었다.

참모총장 수행부관

워든은 중동 및 아프리카처에서 4년을 보낸 후 중령으로서의 진급이 얼마 남지 않은 상태였다. 이러한 상황을 활용하고자 한 사람이 1978년 7월부로 알렌 주니어 美 공군참모총장의 수석부관이 된 콘스탄틴 대령이었다. 그는 수석부관직을 수행한 지 몇 달 후 공군위원회(공군본부 내 고위급 장군들로 구성)에서 13개 전투비행단 개념을 포함하여 중동지역에서의 위험과 기회에 관한 워든의 발표 자리에 참석하게 되었다. 그는 워든의 브리핑, 특히 간결하게 답변하는 방식과 질문에 응하는 자신 있는 태도에 감명받았다. 1979년 봄, 콘스탄틴 대령이 중령급의 보좌관을 찾고 있을 때, 그는 워든이 떠올랐다.

최근에 본 워든의 인상적인 브리핑이 기억났다. 만만치 않은 질문의 압력 상황에서도 자신감 있는 태도로 자신의 견해를 얼마나 잘 표현하는지, 그리고 자신을 잘 통제하면서 본인의 주장을 얼마나 잘 고수하는지가 떠올랐다. 나는 이 사람이 참모총장실의 고압적인 환경에서도 아주 효율적으로 일할 수 있는 장교가 될 것이라고 생각했다.

콘스탄틴이 워든에게 해당 보직에 관심이 있는지 물었을 때, 워든은 해당 분야에서의 근무경험이 없었기에 주저했다. 콘스탄틴은 참모총장실에서 1년 또는 2년만 근무해도 그의 경력에 큰 도움이 될 것이라고 충고했고, 워든은 1979년 5월 25일부로 참모총장 수행부관이 되었다.

콘스탄틴은 워든을 부하로 여기지 않았고 빠르게 그의 업무 파트너로 만들었으며, 워든은 해당 직책을 통해 공군 조직과 리더들에 대해 심도 있게 이해할 수 있었다. 또한, 워든은 극히 촉박한 마감 시간에 자주 직면하게 되면서, 핵심 문제점을 식별한 후 상관에게 짧은 시간 내에 조리 있게 보고함으로써 참모 장교로서의 성과를 높일 수 있었다. 워든의 업무가 대부분은 자신이 싫어했던 행정 분야였지만, 그는 문서처리 업무에 대해 배울 수 있었다. 또한, 그는 콘스탄틴과 함께 광범위한 문제에 끊임없이 관여했는데, F-16의 별칭을 명명하는 것이 그중 하나였다. 당시 美 공군은 이미 F-16의 명칭을 美 공사의 마스코트를 반영하여 Falcon으로 승인했지만, Dassault Aircraft Corporation이 소형 민간 제트기의 이름으로 그 저작권을 소유하고 있었기 때문에, 그들은 F-16 전투기와 그들의 민간 제트기가 혼동되는 것을 원치 않았다. 콘스탄틴과 워든은 Falcon의 대안으로 제시된 Eaglet 또는 Mustang II와 같은 명칭에 만족해하지 않았다. 공군 법무관의 법적 검토한 후, 알렌 참모총장은 1980년 7월 21일부로 Dassault社에 F-16의 새 이름을 통보했다. 같은 날 공군은 유타주의 힐 공군기지(Hill AFB)에서 F-16의 별칭을 *Fighting Falcon*'으로 공식 명명했다.

콘스탄틴은 워든이 일상 업무를 처리해야 하는 선임 장교들과 소통 시 '예의 바르고 정중한' 사람이었고, 수행부관 직책에 적합한 인물이었으며, 자신의 이익을 위해 직위를 이용하려 하지 않았다고 회상했다. 그는 매우 좋은 근무평정을 워든에게 부여했는데, 그를 가장 감동시킨 것은 워든의 '이례적인 전략적 비전, 대단히 독립적인 성향, 의문을 제기하는 태도, 변화를 실현하기 위한 관심과 헌신, 의무와 사명에 대한 헌신'이었다고 기억했다.

알렌 총장은 워든이 '비전과 업무능력' 측면에서 '우수한' 인재였고 '매우 효율적이고 창조적이며, 특히 동기부여가 잘된 장교'였다고 회상했다. 그는 워든이 직무에서 보여 준 '적극적인 태도'와 군 개선에 대한 집요한 관심을 좋아했다. 또한, 참모총장은 워든이 변화 및 개선되어야 한다고 믿었던 것에 대한 그의 일관되고 논리정연한 생각이 반영된 여러 기록에 대해 높이 평가했다. 알렌의 관점은 로슨 기획부장의 관점과 유사했는데, 그도 역시 워든이 "개인의 업무 한계를 뛰어넘고 있었고, 가끔 도를 지나칠 정도로 일에 미쳐 있었다."라고 회상했다. 여전히 알렌은 워든의 '열정적이고 헌신적이며 지적인 능력이 그의 자기 통제력 부족에 대한 우려를 능가했기 때문에' 그런 '특별한 창조적 재능'을 고무시키는 것이 본인의 의무라고 믿었다. 또한, 총장은 비록 항상 자신의 의견을 주장하고 자신이 다른 회의 참가자들의 의견에 동의하지 않을 때 침묵하지 않았던 워든에 대해 몇몇 참모들이 부정적인 반응을 보였음에도 불구하고, 공군본부의 대부분 참모들은 그의 비판적인 사고를 수용했다고 회상했다.

1980년 9월, 콘스탄틴의 후임자인 애쉬 대령은 수석부관 부임 시부터 워든에게 더 이상 '직통 라인'으로 알렌 참모총장에게 연락하지 말 것을 지시했다. 그는 만약 워든이 특정 의견을 참모총장에게 제안하고자 한다면, 본인에게 먼저 알려서 서로 협력할 수 있도록 했다. 애쉬 대령은 또한 콘스탄틴이 했던 것과 동일한 정도의 책임을 수행부관에 부과하지 않을 것이라고 밝혔다. 그럼에도 불구하고 애쉬는 워든이 이러한 '새로운 규칙'에 잘 적응한다는 사실을 알았고, 둘은 좋은 업무 관계를 유지했다. 워든은 계속해서 美 공군의 최선임 장교와 자주 대화를 나누었다.

애쉬 대령은 워든이 18개월 동안 수행부관으로서 훌륭하게 근무하자 그가 우수한 장교임을 믿게 되었고, 그에게 중요한 의사결정을 해야 한다고 말했다. 즉, 워든은 정치 및 전략 문제와 관련된 참모업무를 지속할 것인지, 아니면 조종 분야로 돌아가서 작전 임무로 복귀할 것인지에 대해 결정해야 했다. 워든은 후자의 선택이 지휘관이 될 수 있는 길임을 잘 알고 있었으므로, 작전 분야로 돌아가고 싶다고 말했다. 그는 몇 달 전에 콘스탄틴 대령에게도 그의 가장 큰 소망은 최초의 F-15 대대장이 되어 소련과 전투하는 것이라고 말했던 적이 있었다. 콘스탄틴은 공군 수석부관직을 떠나면서 워든에게 F-15로 가야 한다는 확신을 심어 주었다. 그는 워든이 지금까지 본 장교 중 최고의 공군 리더가 될 수 있다고 믿었다. 애쉬 대령은 워든에 대해서 선임자와 같은 무조건적인 애정을 보내지는 않았지만, 워든이 자신을 입증할 기회가 주어졌는지 확인하기 위해 몇 통의 전화를 걸었다. 기획부 참모로서 임기 전반에 걸쳐 최고의 근무평정을 받고 참모총장 수행부관으로 근무한 것이 이점으로 추가되어, 워든은 당시 최고의 기종이었던 F-15C *Eagle*로 기종전환을 할 수 있는 기회가 주어졌고, 이는 공군이 그를 쓰기 위한 큰 그림을 갖고 있다는 명백한 증거였다.

IV.
작전 임무

워든의 독특한 아이디어는 작전 분야에서보다는 美 공군본부에서 더 많은 이들에게 인정을 받았다. F-4에서 F-15로 기종을 전환한 후 받은 세 번의 작전 보직에서 워든은 기존 절차에 의문을 가졌고, 그의 행동으로 인해 약간의 논란이 발생했으며, 이후 그의 경력에까지 영향을 미치게 되었다.

이글린 공군기지: 비행단 검열관

당시 전투기 조종사에게는 최신의 기종인 F-15 *Eagle*을 조종할 기회를 갖는 것보다 더 좋은 일은 없었다. F-15는 F-86 *Saber* 및 F-104 *Starfighter* 이후 美 공군이 요구한 최초의 순수 공대공 전투기였다. 즉, F-15는 美 공군이 공중우세를 달성 및 유지할 목적으로 만든 전천후 전투기였다. F-15는 수십 년간 독일과 한국, 베트남 전장에서 얻은 교훈을 반영하였는데, 높은 추력과 개선된 기동성, 더 나은 조종석 시계 및 강력한 레이더, 장거리 미사일과 기체 내부에 장착된 기관포, 그리고 조작이 쉬운 조종 스위치가 그러한 요소였다. 최신의 F-4와 동일한 무장을 장착할 수 있었지만, F-15는 더 빠르고 기동성이 뛰어나며, 내구성과 전투행동반경 측면에서 더 뛰어났다. 美 공군은 최고의 기동성과 가속 성능, 전투행동반경 및 무장장착 능력, 그리고 최신 전자장비를 갖춘 첨단의 F-15 전투기가 적의 모든 방공체계를 침투할 수 있고 현존 및 예상되는 소련의 모든 위협을 압도할 수 있을 거라고 믿었다.

1981년 2월, 워든은 애리조나주 피닉스에서 서쪽으로 약 20마일 떨어진 루크 공군기지에 배치됐고, F-4에서 F-15C로의 전환 훈련을 시작하였다. 그는 일반 전투기 조종사들의 비행에 대한 열정만큼은 갖고 있진 않아 보였으나, 기꺼이 조종 분야로 돌아왔다. 대부분의 동료들이 느낀 것처럼 그는 F-15가 F-4보다 성능이 더 좋을 뿐만 아니라 비행하기에도 편했기 때문에 모든 면에서 우세하다는 것을 알았다. 당시 워든은 37세로 대부분의 동료 조종사들보다 나이가 많았고 계급도 높았다. 그러나 상대적으로 늦은 나이에 F-15로 전환할 기회를 얻었다는 것은 그가 고위급 지도자가 될 운명임을 의미했다. 따라서 그는 훈련 기간 내내, 주의로부터 상당한 관심을 받았다. 그 당시 작전 장교였고 후에 4성 장군이 된 마틴 소령은 워든에 대해 "행동이 정확하고 결정적이었으며, 교관과 참모, 그리고 동료들에게 늘 감사해했고, 술집에 앉아서 공중 기동에 대해 떠벌리는 전형적인 나약한 전투기 조종사가 아니었다."라고 회상했다. 그는 또한 그 당시 자신이 갖고 있던 신념 때문에 다소 엄격한 사람으로 비쳤다. 그러나 체계적인 준비성으로 워든은 기종전환훈련을 잘 이수했고 전환 자격시험에 통과한 후, 플로리다주 팬핸들에 위치한 이글린 공군기지의 제33전투비행단에 배치되었다.

1981년 5월, 당시 제33전투비행단 단장이었던 머서 대령은 워든 중령에게 맡길 전투비행대대장 자리가 없다는 사실을 알았다. 머서는 워든이 비행단에 도착하기 전까지는 그에 대해 아무것도 몰랐다. 그러나 워든이 작성한 뛰어난 보고서를 검토하고 그와 함께 작전 문제를 논의하는 과정에서 드러난 F-15 전투기의 전술적 및 기술적 차원을 뛰어넘어 혁신적으로 생각하는 그의 능력에 감명을 받았다. 그는 워든에게 제33전투비행단의 검열 임무를 맡기기로 결정했고, 워든이 '비전과 지식, 헌신성을 가지고 훌륭하게 해낼 것'이라고 확신했다. 명목상 워든의 직위는 작전보좌관이었지만, 실제로 그는 비행단의 작전 임무를 설계할 책임을 지게 되었고, 주 업무는 비행단이 상부의 준비태세 검열을 통과할 수 있도록 하는 것이었다. 워든 자신이 이 직책을 선택한 것도 아니었고, 분명히 전투비행대대장 자리보다 보람이 덜한 일이었지만, 그는 새로운 임무에 모든 열정을 쏟았고, 그 직무가 도전적인 동시에 흥미롭다는 사실을 알게 되었다.

당시 공군의 모든 비행단은 언제든지 3가지 종류의 불시 검열을 받을 준비가 돼 있어야 했다. 관리효과검열(MEIs)[67]은 부기[68] 및 부대 관리, 비행단 운영과 관련된 일상 업무와 같은 행정적 절차·계획·과정에 중점을 두고 있었다. 작전준비태세검열(ORI)[69]은 2단계로 나눌 수 있는데, 단계 I 에서는 항공기, 인력 및 다양한 전투물자를 동원하고 배치할 수 있는 비행단의 군수 능력을 평가했다. 마지막으로 단계 II는 실제 전투 임무 수행과 관련된 것으로 소티 창출과 요격, 폭격 정확도

---

67) Management Effectiveness Inspections.

68) 부기: 자산, 자본, 부채의 수지·증감 따위를 밝히는 기장법.

69) Operational Readiness Inspection.

및 무장 전문성에 중점을 두고 평가했다. 비행단은 '아주 우수(Outstanding)', '우수(Excellent)', '만족(Satisfactory)', '최저(Marginal)' 및 '불합격(Failure)'의 5가지 등급을 받을 수 있었다. 마지막 2가지 등급을 받게 될 경우, 비행단은 몇 주 내에 재검열을 받아야 했다.

처음 몇 주 동안 워든은 상당한 시간을 검열 요구조건과 비행단 내부절차를 숙지하는 데 보냈다. 그 후 비행단을 보다 효율적으로 만들기 위해 그는 먼저 비행단의 각 기능이 검열 기준에 부합하는지 확인할 수 있는 자체 검열 시스템을 개발해야 한다고 주장했으며, 그러한 자체 검열을 위한 계획과 점검 목록, 그리고 전반적인 절차를 만들어 갔다. 임기 중 첫 번째 주요 검열이었던 ORI 단계 II 검열은 美 전술공군사령부(TAC)의 검열팀이 비행단의 작전 능력과 생존성을 평가한 검열로, 1981년 8월 13일부터 20일까지 진행되었다. 이 검열에서 제33전투비행단은 '우수' 등급을 받았다.

표면적으로 이는 만족스러운 결과였지만, 워든은 항공전력의 운용 단계보다는 전개 단계에 대해 더 많은 걱정을 했다. 세부 검열 결과에서 비행단은 전력 전개 부분에 많은 문제점이 있음이 드러났다. 즉, 전투 임무 수행은 아주 성공적이었으나, 비행단은 요구 기준 시간 내에 전력을 전개시키지 못했다. 문제의 근원은 제33전투비행단이 '시스템 사령부[70]'에 예속된 부대였기 때문에 항공작전을 실시하기 위해서는 사령부의 인력과 운반수단에 크게 의존해야 한다는 점이었다. 사령부는 항상 비행단의 임무와 우선순위에 부합하지 않는 고유의 임무와 우선순위를 갖고 있었기 때문에 두 부대는 지휘계통 협조에 있어 문제점을 안고 있었다.

워든은 이 문제를 부사관과 병사, 특히 그가 속한 검열과의 선임 부사관인 마일스 상사와 논의했다. 마일스는 해결책이 분명하다고 말했다. 그것은 전력 전개에 필요한 물자처리 과정과 관련이 있었다. 전개 시의 표준 절차는 준비가 끝난 장비 및 보급품 팔레트를 한 번에 하나씩 검열 지점으로 보내는 것이었다. 검열이 끝난 첫 번째 팔레트가 준비되면 가용한 수송기에 적재하기 전까지 대기 구역에 두게 되는데, 이때 다음 팔레트를 준비한다. 이로 인해 지연이 야기됐고 해결 방법이 없었다. 마일스는 모든 팔레트와 장비를 준비가 되자마자 검열 지점으로 전달하자고 제안했고, 워든은 이 절차를 시행해 보았다. 그러자 일련의 순서대로 처리되었던 물자처리 임무가 '동시적으로 실시' 되었는데, 만약 하나의 팔레트에 대한 장비가 부족하여 담당자가 문제점이 해결되기까지 기다리는 동안 다른 팔레트를 준비할 수 있게 되었다.

---

70) 시스템 사령부(System Command): 1957년에 창설된 사령부로 美 공군의 기술 개발, 시험, 생산 담당부대. 이후 시스템 사령부는 美 공군 물자사령부(Air Force Materiel Command)로 재창설(1992).

1981년 10월에 워든이 담당자가 되어 최초로 받은 ORI 단계 Ⅰ 검열에서 비행단은 기존의 표준 시간보다 3배나 빠른 10시간 이내로 전력 전개를 완료했다. 비행단은 '아주 우수'라는 검열 결과를 받을 것이라 확신했지만, 실망스럽게도 전체 등급은 '만족'이었다. 워든이 그 이유에 대해 설명을 요구하자, 전술공군사령부(TAC)의 검열관은 비행단이 목표 및 절차 모두에서 높은 점수를 받았지만, 기존에 마련된 비행단의 자체절차를 따르지 않았기 때문이라고 대답했다. 이는 보안문제도 없었고 능률성을 높였음에도 불구하고 단순히 혁신적이었기 때문에 '만족'이라는 믿을 수 없는 평가를 받게 된 것이었다. 그러나 워든은 높은 등급을 받는 것보다 효율성 개선을 더 중요시했으므로, 1982년 6월에 실시된 2번째의 ORI 단계 Ⅰ 검열에서도 첫 번째 검열에서 적용한 혁신적인 물자처리 절차를 계속 적용했다. 그러자 비행단은 다시 '만족' 등급을 받게 되었다.

아마도 워든에게 F-15 기종에서 근무하는 동안 더 중요했던 것은 공대공 작전에 대한 보다 심도 있는 고민을 하게 됐다는 점일 것이다. 그는 공식적인 검열에서 평가되는 요소에 집중하기보다 향후 몇 년 동안 많은 관심을 쏟아야 할 다음의 3가지 개념에 집중하기 시작했다.

첫째, 그는 미국이 중부유럽에서보다 페르시아만에서 소련과 전투해야 한다는 시나리오에 더 주의를 기울여야 한다고 확신했다. 중동지역에는 전방 배치 기지가 거의 없기 때문에, 워든은 공개적으로 장거리 임무를 옹호했다. 조종사들 사이에서는 공중급유가 필요한 장거리 임무에 대해 논의가 오고 갔지만, 비행단은 시간과 연료를 추가로 소비하게 되고 검열 요목 중에 장거리 임무 비행이 빠져 있었기 때문에 해당 임무에 노력을 기울이지 않았다. 대신 대부분의 훈련은 F-15가 근접한 가상 적기와 교전하는 것이었고, 훈련 시 중시했던 점은 한 소티에 가능한 한 많은 여러 세부훈련 요목들을 실시하는 것이었다. 이로 인해 연료 소모를 줄일 수 있었으며, 신속한 교전이 조종사의 정신적 민첩성을 강화하는 방법이라고 믿었고 전투기는 훈련 공역까지의 입·출항에 거의 시간을 소비하지 않았다. 워든은 장거리 공격이 미래 작전의 핵심이 되어야 하며, 그 중간 기간에 비행단은 적어도 유럽 외부에서의 작전 준비를 시작해야 한다고 상관들을 설득했다. 그는 항공력이 공격적으로 사용될 수 있고 전장을 적의 본토 상공으로 가져갈 수 있음에도, 유럽의 방공 구역으로 공대공 교전을 제한한다는 기존의 주장에 반대했다. 그는 평시훈련이 발생 가능성이 큰 전투 상황 (장거리 공격)과 유사한 조건에서 실시되어야 한다고 주장하면서, 공중급유에 요구되는 기상 조건과 장거리 비행 시의 적시 전장 도착 문제, 항공력이 전장에 접근하는 과정에서 발생할 수 있는 안개와 마찰, 그리고 불확실성이 임무 성공 여부에 중요한 요인이 될 것이라고 지적했다. 제9공군[71]은 워튼의 이 개념에 다소 수긍했다. 지휘관이었던 웰치 중장은 이미 워튼과 동일한 선상에서 생각하기 시작했고, 사실 비행단의 일부 전력을 유럽지역 밖에서 운용할 수 있도록 하는 '체커드 플래그(Checkered Flag)' 계획을 추진하고 있었다. 그러나 이 개념은 비행단 수준에서 동료와 상관들이 받아들이기에는 어려워 보였는데, 이는 아마도 대부분의 조종사들이 자신의 비행시간 중 80% 이상을 훈련 공역 입·출항에 소비할 만큼 열정적이지 않았기 때문이었다.

둘째, 워튼은 비행단장에게 고고도 전장 진입(ingress) 방식을 훈련해야 한다고 강조했다. 이것은 그다지 기발한 아이디어는 아니었지만, 그 당시에는 이례적인 생각이었다. 당시 전쟁 계획은 미국이 중부유럽에서 바르샤바 군과 싸우는 것을 전제로 하였는데, 이러한 상황에서 지대공미사일(SAM) 전력에 항공기가 매우 취약한 중고도 또는 고고도로 전장에 진입하는 것은 무모한 것으로 간주됐다. 베트남전의 교훈을 기억하는 항공작전 계획 입안자들은 전투기가 SAM 레이더 식별구역 아래로 비행하여 SAM과 대공포 중 덜 치명적인 대공포에 노출되는 것이 더 낫다고 믿었다. 그러나 워튼이 속해 있던 반대론자들은 베트남전에서 대공포는 SAM보다 더 많은 전투기를 격추[72]시켰고 전자방해책으로 SAM의 효과를 감소시킬 수 있으며, 대부분의 SAM이 고정형이고 비행궤적을 예측할 수 있는 약점이 있다고 지적했다. 더불어 워튼은 중부유럽 이외에 존재하는 잠재적인 적의 지상 기반 방공능력이 소련보다 약하며 전투기가 미사일 유효사거리 밖으로 회피하거나 그것들을 파괴할 수 있다고 주장했다. 워튼은 전쟁 승리를 위해 전투기는 모든 방향에서 작전을 수행할 필요가 있으므로 고고도 전장 진입 방식을 훈련해야 한다고 주장했다.

셋째, 워튼은 대량 편대군의 구성을 중시했다. 당시 소련과의 전쟁에서 항공작전은 2기로 구성된 분대 또는 4기로 구성된 편대를 기본 단위로 하여 실시되었다. 美 공군은 전투력 행사를 위한 최적의 전술 기본 단위로 4기 편대를 적용해 왔는데, 이는 상호협조가 용이하며, 새로운 상황에 직면했을 때 편대가 고기동을 수행할 수 있고 기민성을 유지할 수 있는 장점이 있었다. 워튼은 바르샤바군이 NATO군보다 수적으로 압도적이라 할지라도 NATO군과 미군은 언제 어디서든 적군에 맞서 항공력을 집중하여 지역적인 공중우세를 달성 및 유지할 수 있다고 확신했는데, 그러기 위해서는 F-15로 구성된 대량 편대군을 구성해야 한다고 주장했다. 그는 또한 여러 회의적인 생각도 하게

---

71) 제9공군: 중동과 중앙아시아 지역을 담당하는 번호 공군으로 F-15/16, C-130 등의 전력 보유.

72) 롤링썬더작전 기간(1965~1968) 동안 격추된 美 전투기 중 SAM에 의한 것은 100여 대, 대공포에 의한 것은 700여 대였음.

됐다. 즉, 왜 비행단은 작전 절차에 정의되지 않은 것을 훈련해야 하는가? 그 외에도 전투기 조종사는 왜 대량 편대군을 에어쇼용으로만 간주하는가? 사실 실제 전투에서 대량 편대군은 국민과 대량 편대군을 구성하는 조종사의 안전을 위한 것이었다.

반면 워든의 첫 번째 기고문이었던 '*승리를 위한 기획(Planning to Win)*'이 '*공군평론(Air University Review)*'에 실렸고, 공군대학에서 특별 기고문상을 받게 되었다. 이는 전략적 사고를 항공력 문제에 연관시키려는 그의 첫 번째 시도였는데, 그 어느 때보다 국가적 전쟁 기획에 대한 비평을 많이 담고 있다. 기고문의 주제는 그의 석사학위 논문에서도 다뤘던 것으로, 전쟁은 영토확보 그 자체가 목적이 아니라고 주장하면서 특정 상황에서 영토 상실을 포함하는 전술적인 후퇴가 미래의 목표 달성에 초석이 될 수도 있음을 강조했다. "전쟁은 일시적인 물리적 승리를 위해서가 아니라 이후에 전개될 평화를 위해 싸워야 한다." 워든은 풀러와 리델 하트의 관점을 빌려 군사적 승리는 전쟁을 끝내기 위한 수단에 불과하다고 주장했으며, 완전 파괴라는 카르타고식 해법에서부터 단순한 국경조정까지 광범위한 전쟁목표를 결정하는 데 있어서 쉬운 일은 없다고 경고했다. 그런 다음 그는 전구 사령관들이 실제 배치되어 사용할 수 있는 전력을 기준으로 기획을 수립해야 한다고 다음과 같이 주장했다.

"투입할 수 있는 전력 이상이 요구되는 전략 또는 전쟁 기획을 준비하는 지휘관은 재난을 맞게 될 것이며, 가용전력만을 적용한 전략 또는 전쟁 기획을 세우지 못하는 기획가는 아직 자신의 직무를 다한 것이 아니다." 지휘관은 기꺼이 '시간을 확보하기 위해 공간을 내줘야' 하고 공중, 지상 또는 해상전력을 '독자적 또는 합동'으로 운용할 수 있어야 한다. 전쟁 기획가는 영토가 군사력과 똑같이 전쟁 종결을 위한 하나의 수단임을 기억해야 한다. 현대전은 3차원 공간에서 이루어진다. 공군은 육군보다 수백 또는 심지어 수천 마일 앞서 적을 공격할 수 있다. 이론적으로 공군은 적의 지상군을 파괴할 수도 있지만, 속도를 늦출 수도 있고, 전진을 중단시킬 수도 있다. 지상기지 혹은 항모에서와 같이 여러 방식으로 운용될 수 있는 항공력은 가장 먼저 공격하는 전력이다. 항공력은 기동성이 매우 좋고 전력을 집중하기가 쉽다. 또한, 공중화력은 동등한 규모의 지상화력보다 훨씬 적은 수송 수단으로 훨씬 빨리 이동시킬 수 있다. 항공력은 평면에서 지상군이 전투를 전개하는 시간을 벌어 주면서 3차원 공간을 통제할 수도 있다. 이와 같은 중대한 능력을 무시하거나 부인해서는 안 된다. 이것은 승리의 핵심요소가 될 수 있다. 한 곳의 전역에서 공격이 발생한다고 해서 전쟁 기획가가 반드시 해당 전구에서만 대응해야 함을 의미하지는 않는다. 그들은 전술적인 측면뿐만 아니라 전략적인 측면도 반드시 고려해야 한다.

또한, 기고문은 학위 논문에서도 약간 다뤘던 전구 분석 문제에 대해서도 논했다. 가장 중요한 것은 워든이 전쟁의 작전적 수준에서 항공력이 어떻게 전쟁에 기여할 수 있는지에 대한 아이디어를 개발하기 시작했다는 점이다. 기고문은 이후 저술에서 나타난 공세적이고 저돌적인 사고방식도 반영됐다.

그러나 그런 이론화는 비행단 검열 장교로서의 직무가 아니었고, 이글린 공군기지에서 워든은 그가 하고 싶어도 앞서 제시한 3가지 개념을 추진할 수 있는 권한이 없었다. 그는 현 절차가 항공력의 잠재력을 완전히 사용하지 못하고 있다고 주장하면서 동료 조종사들과 군사위협 시나리오와 작전 우선순위에 대해 토론했다. 또한, 워든은 동료 조종사들에게 항공력이 보다 공세적으로 사용될 수 있는 운용방식을 개발해야 한다고 강조했지만, 대부분의 동료들은 단순히 일상 업무가 너무 바빠 그가 제안한 아이디어에 대해 진지하게 생각해 볼 여유가 없었기 때문에 실제 작전에 영향을 미치기에는 제한됐다. 그럼에도 불구하고 워든은 대량 편대군을 활성화하는 데 성공했다. 그는 뉴올리언스 공군 주 방위군[73]이 걸프만을 따라 F-4 여러 대를 침투시키도록 하고, 제33전투비행단은 전통적인 4기 편대보다 훨씬 많은 F-15를 투입하여 그들을 요격하도록 했다. 그의 동료 조종사들은 이것을 단순히 흥미로운 훈련으로만 여겼지만 워든은 훈련 결과에 고무됐다. 그는 또한 일반적인 공역보다 더 큰 공역에서 작전을 수행할 수 있도록 허락받았다. 그러나 그의 근무 기간이 짧아 그 기회를 활용할 수는 없었다.

워든은 이글린에서 2명의 비행단장 휘하에서 근무했고, 그 둘 모두는 그의 성과에 만족해했다. 머서 대령은 때로는 변화에 대한 워든의 고집에 화가 나기도 했지만, 그의 '우수한 작전 이해력'을 칭찬했으며 그를 '비전이 있고 충성스러운' 장교라 하면서 워든이 '아주 우수한 성과'를 냈다고 평가했다. 머서는 그러한 모든 장점에도 불구하고 워든에게 한 가지 단점이 있다고 밝혔다. 즉, 그는 인간관계에 충분한 주의를 기울이지 않아서 젊은 조종사들과 잘 어울리지 못했다. 머서 후임으

---

73) 美 공군 주 방위군(ANG: Air National Guard): 전시나 국가 비상사태 시 정규 공군과 함께 작전을 수행하고, 평시에는 주 정부의 요청에 따라 자연재해, 테러 공격 혹은 기타 비상상황에서 지원 임무 수행. 뉴올리언스 주 방위군은 루이지애나주의 주 방위군 중 일부로 제159 전투비행단이라고도 불림.

로 1982년 1월에 비행단장으로 부임한 페트리 대령도 이 견해에 동의하며, "비록 워든은 분석적이며 밝고 열심히 일하며 임무 지향적임에도 불구하고 긴밀한 인간관계를 맺고 유지하는 그런 종류의 장교는 아니었다."라고 썼다. 페트리 대령도 워든의 '인상적인 지적 능력'과 중령으로의 조기 승진이 작전 분야에서의 성과라기보다는 참모업무에서의 성과였기 때문에 동료들 사이에서 질투와 분노를 유발한 것은 아닌가 하고 의심했다. 그럼에도 불구하고 이것은 개인적인 문제였으며, 두 명의 비행단장 모두 그런 약점이 그의 자질에 별로 중요하지 않다고 생각했다. 그들은 또한 항공작전의 복잡성을 개념화하고 개선안을 제안하는 그의 능력을 높이 평가했고, 이와 같은 중요한 능력이 바로 美 공군에 절대적으로 필요한 전문성이라고 여겼다. 워든은 동료 조종사들 사이에서 지속적으로 능력의 한계를 넓혀가고 변화를 원하며, 교리 및 정책에 관해 해박한 지식이 있는 사람이라는 인상을 주었다. 다시 그는 아주 훌륭한 근무평정을 받았다.

무디 공군기지: 항공작전 부전대장

워든은 전투비행대대장 보직을 받기 전에 이미 대령 진급 대상자에 포함되어 있었다. 따라서 그는 이글린 공군기지에서 대대장직을 수행하는 대신 플로리다주 국경에서 북쪽으로 30마일 떨어진 조지아주 남부에 위치한 무디 공군기지의 제347전투비행단 항공작전 부전대장으로 보임되었다. 전투비행단 사이에서 정평이 나 있었던 제347전투비행단에 보직된 것은 美 공군으로부터 인정받는다는 신호였지만, F-15로 전환이 완료된 후, 다시 F-4 기종으로 돌아가야만 함을 의미하기도 했다. 그는 새로운 도전을 환영했고 항공작전 분야에서의 책임이 부과되자마자 그의 아이디어, 특히 대량 편대군 개념을 더 발전시키기로 결심했다.

이글린 기지 F-15 전투기의 기본 임무는 공대공 전투였던 반면, 무디 기지의 F-4는 공대지 임무에 중점을 두고 있었고 특히 근접항공지원 및 차단, 적의 방공망 제압용으로 개발된 공대지 미사일인 AGM-65(Maverick) 운용을 전문으로 하고 있었다. 1970년대에는 대다수가 제347전투비행단을 美 전술공군사령부(TAC) 소속의 최고 비행단으로 여겼다. 당시 *Time*지는 해당 비행단 소속의 F-4 편대 사진을 표지 전면에 실기도 했다.

그러나 보시카 대령이 1981년 8월에 비행단장으로 보임했을 때, 그는 외부로 보이는 좋은 평판이 전부가 아님을 걱정했다. 그가 부임한 후 얼마 되지 않아 비행단은 전개 검열에서 나쁜 성적을 받았지만, 대부분의 비행단 소속 장교들은 그 후 재검열에서 비행단이 합격판정을 받았기 때문에 일시적인 현상이려니 했다. 보시카는 보임 후 몇 주가 되지 않아 개선이 필요한 2가지 문제점을 발견했다. 첫째, 비행단의 이례적인 명성은 일부 장교와 부사관, 병사들에게 건전한 자신감보다는 거만함을 심어 주었다고 판단했다. 둘째, 조종사들은 비행 분야에서는 전문가였으나, 항공임무명령서(ATO)[74]를 해석하는 데 어려움을 겪고 있었다. ATO는 항공작전에 관련된 모든 정보를 제공하는 '단편 명령(Fragmentary Order)'으로 알려져 있다. 항공임무명령서는 조종사들에게 언제 어느 곳에서 비행하고, 어느 무장을 어떤 표적에 투하해야 하는지에 대해 알려 주는데, 내용이 너무 상세하고 약어로 되어 있어 이해하기가 복잡했다. 보시카 대령은 조종사들이 그것을 이해하고 실행하는 것에 어려움을 겪고 있다는 사실을 알았다.

1982년 8월에 워든이 비행단에 도착했을 때, 보시카 단장은 그가 이러한 문제를 해결할 수 있는 적임자라고 생각했다. 가장 중요한 점은 워든이 항공임무명령서를 잘 다룰 수 있다는 점이었다. 보시카는 후에 워든을 "분석적이고 세부 사항을 중시하며, 효과적인 장교로 단편 명령 해석에 있어 매우 유능했다."라고 회상했다. 워든도 보시카 단장과 마찬가지로 비행단의 전투개념과 기강 확립 필요성에 대해 동감했지만, 보시카 단장이 추구했던 것보다 더 큰 개선이 필요하다고 그에게 말했다. 그는 공군 조종사들이 군 역사에 더 익숙해지고 장교로서의 자질을 우선적으로 함양한 후 전문 조종능력을 키우는 방식으로 조종사의 전문성을 개선하고 싶다고 밝혔다. 보시카는 워든의 능동적인 업무 태도를 높이 평가했지만, 그의 동료 조종사들은 그렇지 않았다. 그들 대부분은 역사를 '터무니없는 것'으로 치부하고 스스로에 대해 워든 만큼이나 전문가라고 간주했다.

워든은 항공작전 부전대장으로서의 새로운 보직을 맡은 직후, 네바다주 남부에 위치한 넬리스 공군기지에서 관련 요원들이 정밀하게 계측된 공역에서 여러 임무를 수행하는 전술훈련인 레드 플래그 훈련[75]에 참가했다. 대부분의 장교들은 이 훈련을 조종사, 군수 전문가 및 기술자를 실전에 적응시키는 중요한 훈련으로 여겼지만, 워든은 이 훈련을 통해 美 공군이 미래의 위협 시나리오에 대

---

74) 항공임무명령서(ATO: Air Tasking Order): 공군 구성군사령관이 발간하는 작전명령으로서 비행임무 및 임무 항공기 등에 관한 사항과 공역통제, 통제방책 및 제한조치 등에 관한 모든 사항을 포함하고 있음.

75) 레드 플래그(Red Flag) 훈련: 美 공군 주관으로 네바다주 넬리스 공군기지와 알래스카 아일슨 공군기지에서 주로 실시하는 대규모 다국적 공중전투 훈련.

해 너무 편협하게 생각하고 있다는 확신을 가졌다. 즉, 모든 기획이 중부유럽에서 소련과의 전쟁 수행에 중점을 두고 있었고 대체 우발계획에 대해서는 심각하게 고려하지 않고 있었다. 그는 가상 공격전력에 맞서 자신이 주장했던 고고도 전장 진입 및 이탈 전술을 시험할 기회를 잡을 수 있었지만, 그 이상 더 나아갈 수는 없었다. 그 결과 그는 훈련과 그 뒤에 있는 정책이 전쟁의 작전적 수준에서의 핵심 문제를 해결하지 못한다는 믿음을 갖게 되었다.

워든은 무디 기지에서의 첫해를 즐겼다. 훈련을 계획했고 공대공 전술의 개선을 감독했으며, 3개 전투대대에서 비행했고 국지 절차에 익숙해졌으며, 부전대장 자리에 부과된 불가피한 문서 업무를 처리했다. 또한, 직속 상관(항공작전전대장)인 캐언즈 대령과도 우호적인 관계를 구축했다. 사실 캐언즈 대령의 임기는 1983년 10월 1일부로 끝나기 때문에, 그는 상관에게 워든이 자신의 보직을 이어받아야 한다고 주장했다. 캐언즈는 워든이 '주어진 임무를 아주 훌륭히 했고' 기존의 훈련 절차와 새로운 훈련 절차를 조화롭게 결합했으며, 사기가 높고 성실한 아주 우수한 조종사이자 훌륭한 임무 지휘관이었다고 회상했다. 그러나 떠나기 전에 그는 워든에게 몇 가지 충고를 했다. 즉, "변화를 주장할 때에는 약간 더 사교적이 될 필요가 있고 바꿀 수 없는 규정에는 적응할 필요가 있다."라는 것이었다. 그는 워든이 이러한 충고에 실망한 것처럼 보였지만, 자신의 솔직함에 그가 감사해했다고 회상했다.

워든이 항공작전전대장으로서의 새 보직을 맡았을 때, 헤르메스 대령은 보시카 대령의 후임으로 단장에 취임했고, 맥코이 대령이 새로운 부단장이 되었다. 비행단은 1970년대에 비해 실시 소티가 줄었음에도 불구하고 여전히 바빴다. 전투대대는 여전히 임무 로드가 컸고 번갈아 전개 훈련에 참여했다. 대대장 중 한 명이었던 골든 중령은 18개월 동안 14번의 전개와 8번의 레드 플래그 훈련에 참여했다. 웰치를 대신하여 제9공군 사령관이 된 피오트로스키 중장은 그렇게 바쁜 일정에도 불구하고 비행단이 기본 임무에 충실하지 못한다고 걱정했다. 피오트로스키는 비행단의 현 상태 진단을 위해 검열을 할 것을 지시했다. 1983년 9월 12일부터 26일까지 실시된 관리효과검열(MEI)에서 비행단은 전체적으로 '만족' 등급을 받았고, 9월 26일부터 30일까지 실시된 불시 ORI 단계 Ⅰ에서는 '우수' 등급을 받았다. 사전 예고 없이 MEI에서 ORI로 신속하게 전환하는 것은 그리 쉬운 일이 아니었다. 헤르메스 단장과 맥코이 부단장 둘 다, 그들이 처음 부임해 왔을 때 비행단의 임무 수행 능력에 대해 의심을 하고 있었는데, 이 불시 검열을 통해 제347전투비행단이 주어진 임무에 정통해 있다고 생각했다.

그러나 비행단이 같은 해 11월 30일에서 12월 7일 사이에 받은 ORI 단계 Ⅱ에서 '최저(Marginal)' 등급을 받은 다음에야 문제점이 분명해졌다. 검열 중 대대는 공대공 임무에서 높은 점수를 받았지만, 공대지 임무에서는 표적을 명중시키지 못했다. 검열에 관여했던 사람들은 실제 등급은 '불합격(Failure)'이었지만, 비행단의 해외 임무 기여도가 고려되어 점수가 약간 올라간 것 같다고 생각했다.

MEI 또는 심지어 ORI 단계 Ⅰ에서의 턱걸이 등급은 변명의 여지가 있었으나, 실제 전투 임무 수행과 관련된 ORI 단계 Ⅱ 검열을 통과하지 못하자 모든 비행단 구성원들은 창피해하고 난감해했다. 장교들은 즉시 희생양을 찾았다. 비행단이 작전에서 최저 등급을 받았으므로 항공작전전대장인 워든 대령에게 비난이 돌아갔다. 결국, 그들은 비행단이 예전 항공작전전대장 밑에서 더 잘 운영됐다고 판단했다. 어떻게 위대한 제347전투비행단이 기본 전투 임무 수행능력에서 그렇게 빨리 무너질 수 있었을까?

비난자들은 ORI 단계 Ⅱ 검열 이전에 몇 주 동안 진행되었던 훈련에서 그 해답을 찾았다. 워든은 공대지 작전의 기본 임무 수행능력 향상에 집중하기보다는 더 많은 비행단 전력을 플로리다주 북서쪽에 위치한 틴달 공군기지에서 진행된 대규모 공대공 훈련에 참가시켰다. 그들의 관점에서 워든은 그가 공대지 훈련에 보다 세심한 관심을 기울여야 했음에도 불구하고 그는 대량 편대군 전술과 공대공 작전에 대한 개인적인 집착 때문에 비행단 전력을 희생시킨 것이라고 보았다.

사실 워든의 결정은 실제 전쟁에서 비행단의 F-4 공격 편대군은 공대공 작전에서 성공하여 공중우세를 확보해야만 후속 공대지 작전이 가능하다는 확신에서 나온 것이었다. 그들이 1차 임무인 공대공에서 실패한다면 두 번째 임무는 무의미해진다. NATO군은 4개의 F-15 비행단만을 보유했고 그중 2개는 유럽지역 전용이어서 다른 곳에서 위기가 발생할 경우, 제한된 수의 F-15만 투입할 수 있었다. 더욱이 F-15는 공대지 능력이 없는 반면, F-4는 공중 및 지상 표적에 대한 장거리 식별 시스템을 탑재하고 있어 다중 임무를 수행할 수 있었다. 워든이 아직 항공작전 부전대장이었을 때부터 지난 몇 개월 동안 그는 동시에 최대 24대의 항공기를 투입하는 대량의 공대공 편대군 구성을 시험했었고, 마침내 주요 훈련에서 적용해 볼 수 있는 허락을 받았다. 그는 여전히 더 큰 공격 편대군을 구성할 수 있다면 적이 전체 숫자 면에서 더 많은 항공기를 보유하고 있다 하더라도 주어진 시간과 장소에서 서방국의 항공력이 수적으로 적을 능가할 수 있다고 믿었다. 또한, 단일 지점에 대량 편대군을 적용하면, 전통적인 2기 분대 또는 4기 편대로 대응할 때와 비교하여 항공력 운용 옵션이 상당히 확대된다. 무디 기지의 3개 전투대대는 결코 공대지 작전 훈련을 중단한 적이 없으며, 워든은 대량의 공대공 편대군 편성 숙달에 우선순위를 두었을 뿐이다.

틴달 기지에서의 훈련은 작전 지휘관으로서 워든의 능력에 대한 최초의 중요한 시험대임을 의미했다. 그의 동료 조종사들에게 이 전술이 가치 있음을 확신시키는 것은 결코 쉽지 않았다. 그들 대부분은 그런 거대한 편대군 구성이 정비 및 보급 요원, 그리고 조종사들에게 너무 고된 임무가 될 것이라고 생각했다. 그러나 헤르메스 단장과 제9공군 사령관은 전례 없는 공대공 훈련에 동의했고, 그 결과는 인상적이었다. 심지어 회의론자들조차도 대량의 공대공 편대군과 고고도 전장 진입(ingress) 및 장거리 임무가 실행 가능한 접근이고 꾸준한 훈련이 진행된다면 비행단의 전투능력 향상에 도움이 될 수 있다는 점에 동의했다.

워든은 훈련 결과가 자신의 아이디어가 타당함을 입증했으며, 美 공군은 대량 편대군에 대한 연구를 강화해야 한다고 믿었다. 예를 들어, 전체 지휘통제 체계가 무선 통신에 과도하게 의존하고 있었기 때문에, 그는 대량 편대군이 무선 침묵(Radio Silence) 상태에서 운용해야 한다고 주장했다. 대량 편대군과 같은 개념은 그 자체로 화려하지는 않았지만, 세밀하고 많은 시간을 투자하여 사전 협조가 이루어져야 했기 때문에 그것을 시험하는 데 귀찮게 하는 사람은 거의 없었다. 그다음 조치는 대량 편대군을 야간에도 무선 침묵 상태에서 운용하는 것이었다. 틴달 기지에서의 이와 같은 훈련은 1980년대 후반부터 1990년대 전반에 걸쳐 美 공군이 대량 편대군 전술을 자주 훈련했던 것의 촉매제 역할을 했을 것이다.

개념적 수준에서 새로운 영역을 개척한 이러한 성공에도 불구하고, 훈련 타이밍으로 인해 제347 전투비행단의 진짜 문제(공대지 임무 검열 실패)가 발생했다. 항공작전전대 작전과장이었던 프래터 중령은 검열 이후에 비행단이 검열 준비 과정에서 공대공 훈련을 강력하게 반대하지 않은 것에 대한 비난을 받아야 했다고 회상했다. 그는 아직도 워든이 "항공작전 부전대장으로서의 가장 중요한 임무는 일상적인 훈련 임무를 실행하는 것이었는데, 폭탄을 표적에 투하하는 일상 임무를 무시했고 그것이 문제를 야기했다."라고 믿고 있었다. 작전지원전대장이었던 아토르 대령과 그의 작전장교였던 펙 소령 둘 다 워든이 리더로서 좋은 모습을 보이지 않았다고 회상했다. 검열 팀의 일부 요원들은 워든이 검열 요목으로 채택된 작전에 대해 집중적으로 훈련하지 않는 것을 이상하다고 생각했다. 비록 워든은 공개적으로 처벌을 받지는 않았지만, 그 당시 검열 실패에 대한 책임을 가장 많이 져야 한다는 암묵적인 인식이 비행단 내에 팽배했다.

워든은 분명히 형편없는 검열 결과에 대해 어느 정도 책임이 있었지만, 면밀한 조사결과, 그를 향한 비난의 대부분은 정당화될 수 없음이 확인됐다. 그는 항공작전전대장으로 부임한지 2개월밖에 안 됐고, 틴달기지 훈련 또한 상급 지휘 계통의 승인을 받은 것이었다. 워든은 지휘계통을 무시하지 않았으며, 틴달에서의 훈련이 취소되어야 한다고 주장한 상관은 아무도 없었다. 당시 검열관이었던 듀간 준장은 몇 년 뒤 검열에 대해 생생히 떠올리며, "비행단의 실패는 어떤 방식, 형태 또는 양식으로든 워든 개인에게 책임을 물을 수 없는 집단적인 실패였다."라고 언급했다. 비행단장인 헤르메스 대령과 부단장인 맥코이 대령은 비행단의 검열 실패가 자신들의 책임임을 분명히 했다. 맥코이 대령은 이에 대해 다음과 같이 회상했다.

> ORI 실패 원인을 단기간의 틴달 훈련(워든의 '어리석음')과 연결하는 것은 비만의 원인으로 맥도날드를 비난하는 것과 같다. 워든은 비행단의 드러난 단점 중 주요 원인이 아닌 내용으로 부당하게 비난받고 있었다. 당시를 회상해 보면 나는 틴달에서의 시기적으로 잘못됐던 공대공 훈련 전개는 아주 사소한 문제였다고 확신한다. 확실히 공대공 훈련에서 돌아온 후 즉시 공대지 훈련에 집중해야 했지만, 우리는 거의 모든 분야에서 '너무 안일했다.' 진지하게 말해서 이것이 어떤 차이를 만들지 않았나 하는 의심이 든다. 실패에 대해 모든 기록이 있음에도 불구하고 워든이 가장 무거운 십자가를 짊어져야 했다. 어떤 면에서 나는 그가 실패에 대한 희생양이었다고 생각한다. 더 분명한 것은 비행단이 가상 화학전하에서 작전을 실행하기에는 준비가 돼 있지 않았는데도 요구 소티 비율로 비행하라는 단편 명령을 어길 수 없었고, 더 중요한 것은 공대지 표적을 명중시킬 수 없었다는 사실이었다.

아마 이 이야기의 가장 흥미로운 부분은 실패한 검열이나 워든에 대해 어느 정도까지 비난할 수 있는지의 여부가 아니라 이 일이 발생한 이후 지도부가 비행단의 효율성 제고를 위해 했던 집단적인 노력이었다. 헤르메스 단장은 위기 상황을 극복하기 위해 전 비행단 구성원이 좋아하지 않는 구시대적 방식을 채택했다. 그렇게 하여 개인을 하나의 팀으로 결속시키고 위기의 순간에 필요했던 상호 비난이 아닌 침묵을 고수할 수 있었다. 그는 그의 가장 강력한 동료인 맥코이 부단장 및 워든과 함께 문제점을 파악하고, 필요한 방책을 수립했으며, 본질적으로 기지의 모든 구성원들이 건설적인 태도를 취하는 것과 관련된 계획을 세웠다. 단장은 거의 모든 훈련에 최악의 경우를 고려한 조건을 포함할 것을 지시했다. 예를 들어, 비행단은 화생방 보호의를 착용하고 작전을 실시할 때

성과가 좋지 않았는데, 헤르메스는 이 임무를 완벽하게 훈련해야 한다고 주장했다. 그것은 곧 덥고 습한 조지아주 남부에서 화생방 상황하에 훈련해야 한다는 달갑지 않은 결정이었다. 비행과 관련되지 않는 요원 대부분은 비행단 검열 실패에 대해 자신들은 책임이 없다고 생각하여 이에 반대했지만, 똘똘 뭉친 지도부는 비행단이 이러한 훈련을 수행해야 한다고 확신했다.

몇 달 동안 워든은 비행단이 주어진 임무를 최적으로 수행할 수 있도록 개선하는 것이 최고 우선순위가 되어야 함을 몸소 입증해야 했기 때문에 그의 항공력 운용에 관한 창의적인 아이디어들은 잠시 접어두어야 했다. 그는 자기변명을 하지 않았으며, 검열이 정당했다고 인정했다. 헤르메스 단장은 워든이 매일 밤낮으로 일했고 결코 불평하지 않았으며, 항상 열정적이고 집중력을 유지했다고 회상했다. 워든은 항상 그러했듯이 한계에 도전했는데, 대낮에 모든 생화학 보호장비를 착용하고 뛰어다니는 모범을 보였다. 어떤 장애물도 그를 낙담시키지 못했고, 최상의 해결책을 찾으려는 그의 집념 덕분에 그는 조종사들과 지원 부대원들로부터 존경받는 사람이 되어 갔다. 그는 부하들과 이야기하면서 그들의 관심사와 제안에 귀를 기울였고, 상당한 시간을 단편 명령 해독을 돕는 데 전념했다. 맥코이 부단장은 워든에 대한 신뢰가 있었기 때문에 작전 문제에 대한 재량권을 워든에게 주고 자신은 군수 분야에 집중하기로 결정했다.

워든은 경쟁이 조종사들에게 최상의 동기를 부여한다고 믿었기 때문에 각 대대의 수행 소티 비율 및 폭격 정확도와 같은 작전 성과를 나열한 득점 게시판(흔히 '수치심의 방패'로 불림)을 게시했다. 그는 실시간 피드백의 중요성을 강조하며, 훈련 중 조종사의 임무 수행결과에 대한 신속한 정보제공에 필요한 모든 노력을 기울였다. 또한, 개인적으로 비행 임무에 관심을 가졌는데 특히 비행단의 폭격 정확도에 관심이 많았다.

많은 요인들이 비행단의 대대적인 개선에 기여하여 1984년 4월 23일에서 30일 사이에 실시된 재검열에서 제347전투비행단은 '우수(Excellent)'라는 성적을 받았다. 사실 일부 검열 요원들은 비행단이 '아주 우수(Outstanding)'를 받는 게 당연할 정도로 너무 잘했다고 생각했지만, 2개월 전에 받은 '최저(Marginal)' 등급으로 인해 美 전술공군사령부(TAC)는 그렇게 단기간 내에 등급이 달라지면 전체 검열 시스템에 문제가 있어 보일 수도 있기 때문에 등급을 하나 낮춰서 부여했다.

워든의 헌신은 헤르메스 단장과 맥코이 부단장에게 제347전투비행단을 이전의 우수한 비행단으로 복귀하는 데에 있어 그가 가장 큰 기여를 한 인물이라는 확신을 갖도록 했다. 둘 다 워든의 리더십이 작전 성과뿐만 아니라 훈련 향상에도 도움이 됐다고 주장했다. 그러나 워든이 무디 기지에서의 근무를 마쳤을 때, 동료들은 워든에 대해 복합적인 감정을 가지게 되었다. 대부분은 헤르메스와 맥코이와 같이 그가 비행단의 전투능력 및 기강 향상에 크게 기여했다고 생각한 반면, 몇몇은 여전히 그가 비행단의 검열 실패의 주요 원인이었다고 믿으며, 그를 부적절한 리더라고 생각했다. 워든의 경력 전반에 걸쳐 그랬던 것처럼 이와 같은 상이한 견해는 아마도 그의 사상보다는 성격으로 인해 야기된 것 같다. 워든은 단순히 행동했고 대부분의 동료들과는 다른 방식으로 작전을 수행했으며, 그래서 그들 중 일부는 이러한 차이점을 의심의 눈초리로 바라보았다. 고정관념이 정확하든 그렇지 않든 간에 워든은 다음과 같은 '전형적인 조종사'라는 표현과는 어울리지 않았다.

전투기 조종사의 사적인 생활에서 가장 중요한 곳은 장교 클럽이었고, 술은 근무 시간 후의 동지애 형성에 있어 핵심이었다. 전투기 조종사들은 항상 게임과 경쟁을 좋아했고 특히 술 마시는 게임을 좋아했으며, 장교 클럽의 환경은 이 두 가지 모두에 있어 완벽한 장소였다. 모든 클럽은 여성 출입이 금지된 남성용 바가 있었고 심지어 아내로부터 전화가 걸려 오면 벌칙으로 모든 사람들에게 술 한잔을 돌려야만 했다. 수요일과 금요일 오후의 'Happy Hours' 시간에는 거의 저녁때까지 절반 가격 이하로 술이 제공됐다. 주사위 게임, 'Horses', '4-5-6' 및 '21 Aces'는 한 명의 조종사 또는 후방석 조종사(WSO[76])가 연속으로 게임에서 질 때까지 계속된 후 보통 뒤에 있는 사람에게 술을 사는 방식으로 진행됐다. 저녁 시간이 깊어짐에 따라 주사위 게임, 다트 및 'Dollar Bill' 게임은 더욱 물리적인 이벤트로 진행됐는데, 그것들은 베트남 전쟁 때부터 전시 문화의 일부로 전해져 온 것들이었다. 전 대대원은 바에서 서로 팔짱을 끼고 그들의 이동 경로에 있는 테이블과 의자, 그리고 사람들을 강압적으로 쓸어버리는 '미그기 소탕(MIG Sweep)' 게임을 했다. 또 다른 게임에는 소그룹이 동료 중 한 명을 바(Bar) 위로 던지는 게임도 있었다. 비행과 다량의 음주는 전투기 조종사들 사이에서 당연한 것이었다. 둘 다 하지 않는 사람들은 수상히 여겨졌고 그렇게 한 사람들은 전투기 조종사들의 전형적인 아침 식사였던 콜라와 막대 사탕, 그리고 담배를 피운 후 다음 날의 임무를 완벽하게 수행할 것으로 기대됐다.

그런 모습은 워든에게는 이질적이었다. 그는 '내가 상공 20,000피트에 있을 때 말이지'로 시작하

---

76) Weapon System Operator.

는 일화를 떠벌리는 사람이 아니었고, 욕설, 자랑, 취하거나 사람들에 대해 험담하지 않았다. 그는 결코 대부분의 조종사들이 좋은 비행단이 되는 데에 있어 필수적이라고 생각하는 '사적(buddy-buddy)' 관계를 구축하지 않았다. 워든은 기본적으로 가족 관계를 중시했고 좋은 태도의 중요성을 강조하며, 자신의 감정에 굴복하지 않는 개인주의적인 사람이었다. 그러나 워든은 자신의 지적인 솔직함과 사회적 예의를 결합하여, 본인의 비전에 대해 피력했고 그의 열정은 때때로 그를 가용한 시간과 예산의 현실로부터 눈을 멀게 했다. 동료와 상관들은 그에 대해 본인의 주장에 집착하는 것을 어느 순간에 멈추어야 하는지 몰랐고, 재치 있게 아이디어를 제안할 줄 몰랐으며, 거만해 보인다고 생각했다. 일부는 그의 겸손하지 않은 성격, 분석 기술, 추진력과 주류에 도전하는 방식으로 사고하고 행동하는 용기를 좋아한 반면, 나머지 대부분은 그가 단순히 '평범한 사람'이 아니라고 생각했다. 모든 사람들은 그가 논리적이고 설득력이 있음을 인정했지만, 대다수는 그가 너무 심각하며 냉담했다고 인식했다. 일상적인 이야기를 나누는 것을 좋아하지 않았기 때문에, 그는 대개 아이디어나 의사결정에 대한 허가를 득하기 위해 지휘관 직무실을 방문했고, 더 나은 임무 수행에 대해 논의할 때만 비행 라인의 사람들과 만났다. 사교 행사에서는 정장을 착용했고, 군의 공식 행사에서는 날씨 및 온도와 상관없이 흰색 장갑을 끼고 예도를 착용해야 한다고 주장했다. 그는 상황과 청중에 따라 존경과 사랑, 그리고 조롱을 받았다.

무디 공군기지 근무 중 워든은 일부 사람들이 전투비행단에서는 이례적인 일이라고 여긴 것들을 추진했다. 예를 들어, 그는 군 역사에 대해 관심이 있는 장교들을 발견했고, 이들을 모아 해당 주제로 주기적인 저녁 모임을 가졌다. 그러던 중 그는 맥다니엘 소령과 함께 모임원들에게 역사적 진실과 홍미를 가져다줄 수 있는 맥아더 장군의 업적에 관한 프리젠테이션을 실시했다. 참석 인원 중 전투기 조종사의 1/3 이상은 좋았다고 생각한 반면, 나머지 전투기 조종사들은 육군 지도자에 대해 그렇게 관심을 갖는 것이 이상하다고 생각했다. 워든은 또한 브리핑실을 유명한 군사 전략의 명언으로 장식했는데, 대부분은 좋게 평가한 반면, 몇몇은 이상하고 부적절하다고 보았다.

많은 사람들은 워든이 '처칠 신드롬'을 겪고 있다고 생각했다. 처칠은 항상 여러 가지 아이디어를 제안했는데, 그중 일부는 훌륭했으나 일부는 다소 억지스러웠다. 그러나 그는 좋은 것과 나쁜 것을 구별하지 못했다. 비행단 표준화 평가 과장이었던 무어 소령은 그가 워든으로부터 비행단 개선 방법에 대한 많은 제안을 받았지만, 그는 워든으로부터 들어오는 모든 메모와 주기 그리고 메시지를 3개의 범주, 즉 그날이 끝날 때까지 잊어버려야 할 '미친 아이디어', 그 주가 끝날 때까지 사라지기를 희망하는 '이상한 아이디어', 그리고 장차 워든이 추진하고자 할 것이기 때문에 관심을 가져야 할 '잠재적으로 장점이 있는 아이디어'로 구분해야만 했다고 회상했다. 무어가 첫 번째 범주로 여긴 아이디어 중 하나는 F-4를 기지 외부의 주요 도로에 착륙시키자는 제안이었다. 워든은 전시에 비행장이 공격받아 사용할 수 없게 될 경우, 전투기는 대체 활주로가 필요하다고 언급하면서 고속도로에 착륙하는 것이 생존성 향상에 도움이 될 수 있으며, 과거 유럽 조종사들이 이를 성공적으로 훈련했다고 주장했다. 무디 소령은 무어 기지가 소련 및 예상되는 다른 위협으로부터 멀리 떨어져 있다는 이유로 이 주장에 반대했다. 그는 워든에게 지역 주민들이 주요 도로가 몇 시간 동안 폐쇄되는 것을 호의적으로 보지 않을 것이며, 전선과 전화선을 해체해야 하고 소나무들이 손상될 것이 자명하며, 불필요한 보안 문제가 발생할 것이라고 말했다. 무어는 그의 제안이 그날이 끝날 무렵 철회되자 비로소 안도했다.

워든은 무디 기지에서 당시 제9공군 사령관이었던 피오트로스키 중장과의 회의 중에 그가 원했던 바는 아니지만 좋은 인상을 주기도 했다. 워든은 그에게 F-4의 대체 색상 및 위장 구조에 관한 제안을 했다. 워든은 실제 작전이 중부유럽보다는 사막 지역에서 발생할 확률이 크다고 언급했다. 사막에서 회색과 녹색을 제외한 비행기 색상은 눈에 잘 안 띄게 하므로, 워든은 인상주의 화가이자 미국 태생 이집트 조종사였던 라게브 중위가 제안한 몇 가지 색상을 살펴본 후 핑크가 최적이라고 결론지었다. 회의 참석 인원들은 조종사가 공중에서 그런 색의 도장을 한 전투기를 만나게 될 것이라고 단 한 번도 상상한 적이 없기 때문에 그 제안에 웃음이 나올 수밖에 없었다. 피오트로스키 사령관은 이에 대해 "나는 내 인생에서 수많은 '도장 계획'을 보았는데, 이것도 확실히 그것들 중 하나이다."라고 진지하게 반응했다. 워든의 제안한 것으로 회의는 종결됐다.

이러한 모습에서 워든은 여전히 사람들에게 젊은 미첼[77]과 같은 인상을 심어 주었다. 미첼은 굉장한 항공력 사상가이자 이유를 설명하거나 합의를 구할 인내심 없이 지속적으로 자신과 조직을 개선할 방법을 찾는 반항아였으며, 빠르게 변화시키려는 열망 때문에 정치적이고 개인적인 민감성을 고려하지 않았던 혁명가였고 변함없는 성실함을 가진 신사였다. 동일 인물이 그렇게 다양한 측면을 보여 줄 수 있다는 것은 놀라운 일이다. 그러나 워든은 카멜레온이 아니었다. 그는 항상 똑같았지만, 함께 일한 사람들은 다르게 인식했다. 결과적으로 일부는 워든을 지휘하기에는 부적합한

---

77) 미첼(Billy Mitchell): 美 공군의 아버지로 불리는 초기 항공력 사상가. 독립된 공군 창설과 적 산업시설에 대한 전략폭격을 중시했던 인물(1879~1936).

복잡한 사람으로 여긴 반면, 대다수는 그의 단점은 장점에 비해 별로 중요하지 않다고 믿었다.

위든은 1984년 봄에 이탈리아 사르디니아 섬의 남부 해안에 위치한 데시모만누 공군기지로 이동하라는 전속 명령을 받았다. 위든은 핵심 요직이 아니었지만, 제40전술전대 제4파견대의 지휘관으로서 상당한 작전적 책임을 갖게 된 것에 기뻐했다. 개인적으로 헤르메스 단장은 위든이 떠나는 것에 대해 복잡한 감정을 느꼈다. 그는 자신이 여태껏 만났던 장교 중 가장 똑똑한 한 명을 잃게 될 것을 알았지만, 위든이 또한 '손이 많이 가는(high-maintenance)' 사람임을 인정해야 했다. 항상 변화를 추구하고 새로운 것을 착수할 수 있도록 승인해 주길 원했던 그는 지휘부와 비행단에 큰 부담이 되었다. 그럼에도 불구하고 헤르메스와 맥코이는 위든의 임기가 끝날 때 그에게 우수한 근무평정을 부여했다. 그들은 위든이 어려운 시기에 스스로를 증명해 냈고, 충성스럽고 헌신적인 장교로서 항공작전전대장 직을 잘 수행했다고 인정했다.

무디 기지는 위든의 자녀들이 부대 밖으로 이사 가기 전에 근무한 마지막 장소였다. 막 18살이 되려던 큰딸 벳시는 자신이 선택한 메사추세츠주에 있는 Mount Holyoke 대학의 등록금을 아버지가 지불했음에도 불구하고 경제학을 전공하는 동안 4년 내내 ROTC 장학금을 받았다. 사실 위든은 그녀가 공군에 입대하지 말길 권유했다.

> 아버지는 공군에 있는 모든 사람들이 영웅이며 신사라고 이야기했던 이전의 말들이 틀리며, 내가 공군에서 일부 사람들의 언행에 충격을 받을 수도 있다고 설명하려 애썼다. 일단 내가 공군에 들어갈 것을 결정하자 아버지는 열렬히 지지했고, 자랑스러워했다. 임관식에서 그는 지정 연설자였으며, 나의 소위 계급장을 달아 줬다.

아들인 위든 4세는 일찍이 비행에 관심을 보였고, 공군사관학교에 들어가기 전에 텍사스에 있는 예비 학교에서 일 년을 보내기로 결정했다. 아이들이 떠나고 남편이 혼자 이탈리아에 가게 되자 위든의 부인인 마지는 시카고 외곽의 레이크포리스트에 있는 부모님 집과 이탈리아의 데시모만누 기지를 오갔다.

이탈리아 데시모만누: 제4파견대 지휘관

워든은 데시모만누의 지휘관으로서 이탈리아 북동부에 위치한 아비아노 공군기지의 제40전대 지휘관인 제러 대령의 직속 예하 부대였다. 또한, 독일 남서부에 있는 람스타인 공군기지에 본부를 둔 유럽 주둔 美 공군(USAFE) 사령부의 사령관과 부사령관이었던 도넬리 대장과 캐시 중장의 휘하에 있었다. 데시모만누 또는 대부분이 데시라고 부르는 이곳은 유럽 주둔 美 공군기지에서 가장 넓은 공역과 광범위한 공대공 훈련 장비를 갖춘 기지였으며, 일 년 내내 날씨가 좋아 유럽 내 위치한 공군기지들보다 비행여건이 좋았다. 따라서 그곳에서 훈련 중인 이탈리아와 독일, 영국 및 미국 공군에게 공대공 및 공대지, 저고도 항법 훈련에 적합한 환경을 제공하고 있었다. 기지는 매일 새벽부터 어두워질 때까지 작전이 이루어졌으므로 이·착륙 관점에서 보자면 세상에서 가장 번잡한 기지 중 하나였고, 언제든 데시모만누 지휘관은 다양한 비행단으로부터 전개 온 F-4와 F-15, 그리고 F-16을 볼 수 있었다.

워든의 예하에는 약 100여 명의 부대원이 있었고, 그중 장교는 12명도 안 됐다. 임무 기술서에는 워든의 임무에 대해 다음과 같이 서술돼 있었다.

4개국이 사용하는 연합기지에서 美 공군작전을 지휘한다. 전체 기지를 지휘하는 연합사령부 지휘관으로서의 역할을 수행한다. 전술훈련 기회를 도모한다. 美 공군이 사용하는 시설을 개선한다. 사르디니아섬의 주도인 칼리아리 주변에서 개최되는 다양한 공식 행사에 참가하여 美 공군을 대표한다. 2년에 한 번씩 열리는 4개국 간의 회의를 준비하고 참석한다. 데시모만누 기지 전반을 개선하고, 보다 응집력 있는 4개국 간의 연합작전능력 구축을 위한 프로젝트를 추진한다. 휘하 美 공군 부대원들의 근무평정과 훈장을 추천한다. 공중전투기동장치(ACMI)[78] 및 Dart 표적 운용을 감독한다. 美 공군, 동맹국 및 중립국 방문 장교와 회견하고 그들을 안내한다.

워든이 다시 기존의 전통을 깬다는 평판을 얻는 데는 그리 오랜 시간이 걸리지 않았다. 그는 기지 내·외부에서 기지 운영을 위해 근무하고 있는 이탈리아인들이 영어를 거의 이해하지 못했기 때

---

78)　ACMI: Air Combat Maneuvering Instrumentation.

문에 효과적인 작전 수행과 이탈리아와의 원활한 업무 진행을 위해 최소한의 이탈리아어 구사 능력이 필요하다는 사실을 재빨리 인지했다. 이에 따라 휘하의 모든 장교와 부사관들에게 2주간의 고강도 이탈리아어 수업을 의무적으로 수강하도록 제도화했다. 워든은 본보기로 밀라노의 어학 과정에 출석하여 대부분의 시간을 카세트테이프를 들으면서 보냈고, 이탈리아 출신의 보좌관에게는 근무 중에 이탈리아어로 말할 것을 지시했다. 그는 장교와 부사관, 그리고 병사들에게 이탈리아어를 가능한 한 자주 사용할 것을 권장했고, 일주일에 한 번씩은 이탈리아에 있는 동료들에게 전화하여 이탈리아어로 말하고 답하는 'Italian day'를 제안했다. 그러한 솔선수범은 이 지역에서 미국과 이탈리아의 관계 개선에 도움이 되었다. 워든의 부대원들 대다수는 이탈리아 사람들과 대화할 수 있는 이 새로운 능력에 감사했지만, 나머지 인원들은 그러한 프로그램이 시간 낭비라고 생각했다.

워든은 기지의 일상을 뒤흔드는 또 하나의 변화를 만들었다. 그는 모든 부사관과 병사들이 체계적인 체력훈련을 일주일에 3회 실시해야 한다고 주장했다. 반대파가 형성되는 데에는 많은 시간이 걸리지 않았다. 워든이 '반대 이유에 대해 들으려 하지 않았기 때문에' 일부 장교와 부사관, 그리고 병사들이 그의 지시에 불복종했다. 그들은 규정에 의하면 매년 실시되는 체력 평가만 통과하면 된다고 주장하며, 워든이 추가적인 체력훈련을 요구할 권리가 없다고 언급했다. 워든은 공군이 최소한의 체력 요건을 설정했으나, 더 높은 지휘 목표를 달성하기 위해 기준을 상향 조정하는 것은 그의 책임인 동시에 지시사항이기도 하다고 말했다. 다시 그가 이탈리아어 습득과 마찬가지로 체력훈련에도 솔선수범했지만, 어학 수업과 마찬가지로 업무부담이 늘어나는 것을 환영하는 사람은 거의 없었다. 워든은 또한 그의 부하들에게 근무 중 격식에 맞는 복장을 착용해 군에 대한 존경심을 갖도록 요구했다. 데시모만누는 일 년 내내 더웠고 공군 지휘부의 감시로부터 멀리 떨어져 있었지만, 워든이 보기엔 사람들이 너무 편한 복장을 착용한다고 생각했다. 부대원들이 그가 너무 격식에 얽매여 있다고 생각한 것은 그리 놀라운 일도 아니다.

도넬리 美 유럽공군 사령관이 워든에게 부여한 가장 중요한 임무는 기지를 가족동반 근무가 가능한 장소로 변화시킬 수 있는지를 확인하는 것이었다. 데시모만누 공군기지는 유럽 내 다른 공군기지와는 달리 배우자와 아이들을 수용할 수 있는 인프라가 부족했기 때문에, 부대원들은 단기간에만 이 기지에서 근무한 후 다른 곳으로 이동했다. 이는 그들이 이곳의 업무에 익숙해지질 때쯤 새로운 인원으로 대체됨으로써 기지의 작전 효율성이 떨어지게 됨을 의미하는 것이었다. 워든은 공군 요원들이 비전투 해외 파병 시에는 가족들과 떨어질 필요가 없다고 생각했다. 당시 이탈리아와 영국, 독일 파견대는 배우자들과 함께 데시모만누 기지로 배치됐는데, 워든은 미군 부대원들이 현지 편의시설이 충분치 않다고 말했기 때문에, 그것이 가족동반 거주를 꺼리는 이유라고 생각했다. 그는 초반에 이러한 문제점을 식별한 후, 우편 서비스 및 더 나은 주거 환경과 같은 기지 인프라를 개선하여 배우자들이 데시모만누 기지의 거주를 긍정적이고 매력적으로 받아들일 수 있도록 노력했다. 워든의 팀은 주거지를 찾았고 택배와 보급품이 기지로 배달될 수 있는 여러 옵션을 조사했으며, 환전소 및 마트를 설치하기 위한 자금 마련을 위해 노력했고 학교와 유치원 개설 가능성도 조사했다. 유럽의 미군 기지 대부분은 '리틀 아메리카' 정책에 따라 이곳 기지도 이탈리아 사회로부터 의도적으로 분리됐지만, 워든은 미국, 이탈리아 모두에게 이익이 되는 중도의 길을 찾을 수 있을 거라고 믿었다. 워든은 유럽 주둔 美 공군(USAFE) 사령부로의 보고서에 데시모만누 기지에서의 가족동반 근무를 다음과 같이 평가했다.

> 데시모만누 기지에서의 가족동반 근무 적합성에 관한 유럽 주둔 美 공군(USAFE) 사령부로부터의 질의에 대하여 우리는 긍정적으로 평가한다. 미국은 파견된 4개국 중 유일하게 가족동반 근무를 하지 않는 국가이다. 기지에는 이탈리아 마트와 영국군 BX[79], 독일군 BX 및 의무대를 포함하여 상당히 광범위한 군사지원 시설들이 존재한다. 기지는 인구가 약 25만 명이 살고 있는 사르디니아섬의 주도인 칼리아리에서 15마일 이내에 위치한다. 따라서 주택, 백화점 및 병원을 포함한 가족동반에 요구되는 모든 종류의 서비스를 비교적 저렴하게 이용할 수 있다. 가족동반 근무는 부대운영 측면에서 여러모로 유익하다. 그중 가장 큰 이점은 대다수 부대원들의 근무 기간을 2년으로 확대함으로써 타국군이 3년 혹은 4년씩 근무한다는 사실에 비해 상당히 악화되어 있는 근무 연속성 문제를 완화할 수 있다는 점이다. 가족동반 근무는 현실화되어 가능한 한 빨리 시작되어야 한다.

워든은 또한 상당한 시간을 부대원들의 '사기, 복지, 여가(MWR)'[80] 증진에 할애했다. 그는 이 분야가 상대적으로 소홀히 취급받고 있다고 믿었고, 관료적 시스템을 우회하여 일하는 것으로 명성을 얻게 된 새로운 프로젝트를 시작했다. 부사관과 병사들은 식당에서 제공되는 하루 세끼의 식사

---

79) 군 내 매점으로 육군과 해군은 PX(Post eXchange)로 부르고 공군은 BX(Base eXchange)로 칭함.

80) Morale, Welfare, and Recreation.

가 충분하지 않다고 불평했다. 부대원들은 정해진 시간 외에도 기지 내에서 음식과 음료를 구할 수 있는 장소를 원했다. 워튼은 이에 동의했지만, 처음에 직속 상위부대인 아비아노 기지의 관련 담당자는 그에게 그런 스낵바를 만들 자금이 없고 재무 규정에 의하면 사전에 계획을 수립해야 하며, 심지어 그가 기꺼이 자금을 확보한다고 할지라도 기지에 새로운 건물을 짓는 것은 허가받을 수 없다고 말했다.

워튼은 간이 식당 오픈을 결정했고, 이를 위해 브레인스토밍 회의를 열었다. 테일러 중위가 주도적인 역할을 맡았고, 워튼은 그에게 기존의 미국 소유 건물에 증축하는 임무를 맡겼다. 테일러는 규정을 어기는 것에 대해 아랑곳하지 않고 자원봉사자들로 구성된 팀을 이끌어 격납고 한편에 간이건물을 몰래 지은 후 페인트를 칠했다. 그런 다음 완성된 간이건물을 어둠을 틈타 트럭으로 운반한 후 새벽이 되기 전에 기존 건물에서 배관 파이프와 전기 케이블, 그리고 전선을 연결했다. 간이건물은 기존 건물과 같은 색으로 도색했기 때문에 마치 오래된 구조물을 새로 칠한 것처럼 보였다. 워튼은 다음 날 아침 이탈리아 기지 사령관인 세르바데이 대령과 그의 부인을 초청하여 본 시설에서 아침 식사를 함께했다. 그의 손님들은 기뻐했고 기습적인 간이건물 증축은 대성공을 거두었다. 부대원들은 이 스낵바를 맥데시(McDeci)라고 불렀다. 이곳은 모든 계급이 이용할 수 있었고 부사관들에 의해 운영됐으며, 부대원들에게 식당으로 가는 대신 비행 대기선에서 식사가 가능하도록 했다. 이 일은 먼저 행동하고 이후에 사과했던 여러 사례 중 하나였고, 워튼은 유럽의 변두리 지역에서 그런 창조적인 일을 처벌받지 않고 해낼 수 있었다.

워튼은 또한 공간상의 제약과 공군 요원에게 그러한 시설이 필요치 않다고 믿는 사람들의 반대가 예상됨에도 불구하고 데시모만누 기지에 도서관 건립을 추진했다. 최초 건물은 마분지를 사용하여 조립식으로 만들어졌으며, 워튼이 이임할 때가 되자 노서관은 2천 권의 책을 소상하고 있었고 계속 증가하고 있었다. 또한, 24시간 케이블 TV 시설도 구축했고 식당을 리모델링했으며, 레크리에이션 센터를 개선했다. 워튼은 다시 이러한 프로젝트를 진행시키기 위해 아비아노 기지의 승인과 자금이 필요했고 종종 진행 속도가 느려지기는 했지만, 도넬리 美 유럽공군 사령관이 '사기, 복지 및 여가' 대대장의 현지 구매 권한을 승인해 주면서 대부분의 문제가 해결됐다.

워튼은 또한 작전 분야에서 있어서도 개선을 원했다. 그는 대량 편대군 훈련을 추진하고 싶었지만, 그러한 훈련을 계획할 권한이 부족했기 때문에 축소된 형태로 진행했다. 그는 기존의 공중전투기동장치(ACMI)의 능력이 8대의 고기동 전투기 추적과 30마일 직경의 공역으로 제한되었으므로,

이에 대한 다음과 같은 보강 조치를 제안했다. 그는 플래어(Flare), 채프(Chaff) 및 전자방어책을 공대공 훈련장에서 사용할 수 있도록 승인해 줄 것을 요청했다. 그리고 격렬한 전투 훈련지역에 공중경보통제기(AWACS)[81]를 투입하기 시작했다. 이 당시 상황에 대해 워든은 다음과 같이 진술했다.

> 이글린, 무디, 데시모만누 기지에서의 항공작전을 경험한 후 나는 조직과 훈련의 변화가 공대공 숙련도를 크게 개선시킨다고 확신했다. 훈련 측면에서, 데시모만누는 완벽한 공대공 훈련센터로서 이상적인 기지이다. 훈련센터는 운동 생리학의 최신기술을 활용하여 강도 높은 신체훈련 프로그램과 일반 근육 훈련 및 G-내성 향상을 위한 장치로만 사용되는 원심분리기도 보유하고 있다. 적의 장비와 능력, 그리고 전술에 초점을 맞춘 포괄적인 학술 프로그램도 진행되는데, 비디오와 컴퓨터 프레젠테이션은 이 과정에서 학습 속도를 높여 준다. 실제 공중 훈련의 경우, 개선된 ACMI 체계는 멀티 보기(Multi-bogey) 상황에서의 연습기회를 제공해 주고 패키지 임무에 적용된 성공적인 전술과 실패한 전술의 우수한 재구성 및 디 브리핑 기능을 제공한다.

기지를 여러 차례 방문한 캐시 중장(유럽 주둔 美 공군 부사령관)은 자신이 관찰한 변화에 대해 기뻐했고, 워든이 독일을 여러 차례 방문했을 때 도넬리 대장(유럽 주둔 美 공군 사령관)도 워든의 업적에 매우 만족해했다. 워든은 적극적이고 집중력이 뛰어난 사람으로 인식됐고, 다시 한번 우수한 근무평정을 받았다. 무디에서 워든과 함께 근무한 후 데시모만누로 발령받은 보이드 대위에 따르면, "워든은 이탈리아인들의 사랑을 받는 사람이었다."라고 회상했다. 그는 기지를 어느 정도까지는 이탈리아 관점에서 지역사회로 완전히 통합하려고 노력한 최초의 지휘관이었다. 이탈리아 사람들은 무엇보다도 그가 존중의 표시로 여겼던 그들의 언어를 배우는 데 시간을 할애한 것에 대해 높이 평가했다. 그들은 그의 일화를 좋아했고 군복을 존중하며, 기념식에서 격식을 차리자는 그의 주장에 박수를 보냈다. 또한, 불가능은 없다는 그의 믿음을 환영했으며, 심지어 그가 다소 여느 미군 장교들과 다르다는 점에서 그를 더 좋아했던 것 같았다. 이탈리아인들은 고대 및 현대 역사에 대해 논하는 것을 지루해하거나 당황해하는 대다수의 미국인과는 달리 투키디데스 및 펠레폰네소스 전쟁에 대한 그의 관심을 환영했다. 그는 또한, 나무랄 데 없는 호스트였는데, 공인들을 정중히

---

81) AWACS: Airborne Warning And Control System.

대했고 손님들은 그의 환대를 즐겼으며, 이탈리아 지휘관들과 좋은 관계를 유지했다.

그러나 늘 그렇듯이 워든은 모든 사람들로부터 인정받지는 못했다. 그는 그가 밝힌 대로 기지의 여건을 향상시키는 데 솔선수범했지만, 동료 중 일부는 그에 대해 '뒤돌아보지 않고' 그런 일을 했다고 논평했다. 워든은 확실히 직속 상위부대였던 아비아노 기지의 관리 본부와 불편한 관계를 만들었다. 그의 경력 전반에 걸쳐 그랬던 것처럼, 워든은 법적인 요구조건을 준수하려 했지만, 시스템이 작동하지 않을 경우, 관료주의적 제약에 머물러 있을 이유가 없다고 주장했다. 사람들은 불평하고 수동적으로 있기보다는 더 나은 시스템을 개발해야 한다. 몇 주 후 기지의 획득 및 조달에 필요한 모든 양식(Form)을 확보하지 못해 어려움을 겪는 일이 발생했다. 처음에 워든은 아비아노 본부에 전화하고 출장도 가면서 제도 내에서 해당 업무를 처리하려고 했다. 그러나 그는 결국 "정확한 양식이 없어 업무 진행이 저해되고 있다."라고 결론 내렸다. 결과적으로 참모에게 임시 양식을 만들게 하여 단기적으로 문제를 해결하긴 했지만, 아비아노 관리 본부와 데시모만누 파견대 간의 긴장 관계가 조성됐다.

데시모만누와 아비아노 기지 사이의 물리적인 이격은 시설 및 계약 서비스의 지원 획득을 어렵게 했다. 워든은 아비아노 본부의 '관료주의적' 과정을 통한 업무 진행을 골칫거리로 여겼기 때문에 유럽 주둔 美 공군(USAFE) 사령부에서 직접 승인을 받아 계약 사무소를 설립했다. 이는 시설 유지 보수에 필요한 인력충원 및 수송을 포기한 조치로, 관련된 군인과 민간인 모두 지휘체계가 무시된 것으로 느끼게 했다.

아비아노 기지의 지휘관인 제러 대령은 "기본적인 문제에 대해 워든과 여러 번 충돌이 있었다."라고 회상했지만, 결코 그의 파견부대 지휘관이었던 워든이 명령에 불복종하거나 규정을 위반했다고는 생각하지 않았다고 덧붙였다. 그를 가장 힘들게 했던 것은 워든이 '제4파견대의 독립'을 추진하려 한다는 점이었다. 제러는 아비아노 공군기지가 폐쇄되지 않도록 열심히 노력했던 반면 워든은 데시모만누 기지에서 독립적으로 유럽 주둔 美 공군작전을 시행할 수 있는 전투비행전대가 창설되어야 한다고 강력하게 주장했다. 그는 제16공군으로 다음과 같이 직접 보고했다.

이 제안은 지휘구조를 데시모만누 제4파견대의 활동 및 책임과 일치시키고, 아비아노 전대장(제러 대령)의 주요 관심 분야와 무관한 책임을 덜어 주기 위함이다. 또한, 데시모만누 지휘관(워든)이 포괄적인 항공작전에 대한 책임이 있음을 인정하는 것이다… 상위 본부로의 형식적인 업무 및 성과 보고와 같이 불필요하고 중복되는 관료적 행정업무를 없애 줄 것이다. 데시모만누 기지가 독립하기 위해서는 약 20명의 추가 인원이 필요하다.

제러는 워든에게 이 사안을 추진하지 말라고 했다. 그는 데시모만누가 독립부대가 되는 것을 반대하지는 않았지만, 당시는 적절한 시기가 아니라고 생각했다. 그러나 워든은 계속 해당 사안을 추진했고, 이에 대해 제러 대령은 "워든이 상위 부서의 권위를 전혀 고려하지 않는다."라고 느꼈다. 제러가 보기에 워든은 도넬리 대장과 특별한 관계를 맺고 있는 것이 거의 확실했고, 이따금 워든의 그러한 직접적인 연락과 이례적인 작전 운영 방식에 불편함을 느낀 적도 있다. 그러나 그는 또한 워든이 데시모만누 기지 발전에 상당히 좋은 일을 했다고도 믿었다. 데시모만누와 아비아노 간의 마찰은 일부는 체계상의 문제였고 일부는 개인적인 문제였다.

워든은 데시모만누에서 좀 더 있기를 희망했지만, 1985년 가을에 워싱턴에 위치한 국방대학원(NWC)에서의 교육기회가 주어졌다. 39세에 대령을 달고 3년 후에 국방대학원에 선발된 것은, 그가 더 높은 지휘관이 될 가능성이 큼을 보여 준 것이었다. 美 공군은 그를 군을 위해 헌신하며 열심히 일할 장교로 인정했다. 그는 우수한 참모라는 명성을 얻었고, 이글린과 무디, 그리고 데시모만누에서의 근무기간 내내 우수한 근무평정을 받았다. 근무평정 점수가 높아 국방대학원에 선발되기에는 충분했지만, 도넬리 대장에게서 받은 추천서가 확실히 도움이 됐다.

워든은 '보직 종료 보고서'에서 "지휘관과 장교, 그리고 부사관은 이탈리아어 구사 능력이 절대적으로 필요하다…. 시간과 돈을 투자한 가치가 있었다."라고 기록했다. 그는 또한 "우리는 때때로 미국의 방식이 유일한 방식이라고 생각한다. 이것은 사실이 아니다. 데시모만누의 지휘관과 장교들은 미국의 방식이 통하지 않는 경우가 많다는 것을 깨달아야 한다."라고 주장했다.

그러나 그가 떠난 직후 자유분방한 업무처리 방식의 몇 가지 단점이 나타났다. 워든은 몇 가지 가치 있는 변화를 추진했고 대다수는 좋은 성과를 거뒀지만, 1년이라는 근무 기간의 한계는 복잡한 후속 조치들이 후임에게 전가됨을 의미했다. 워든의 후임자인 와이즈맨 대령은 왜 그렇게 업무가 추진되었는지에 대한 아무런 근거 없이 워든이 남기고 간 많은 과업을 계속해야 하는 문제에 직면했다. 그렇게 하는 와중에 워든이 항상 그 지역에서의 삶에 대해 너무 '긍정적'이었기 때문에 와이즈맨 자신은 '부정적인 사람'으로 인식되고 있다는 사실을 알게 되었다. 와이즈맨은 그가 직면한 최고의 어려움은 무단 계약 및 가족동반 근무의 현실화였다고 회상했다. 와이즈맨은 장비 및 서비스 확보에 사용되고 있던 수많은 임시 양식을 승인하지 않았고, 부임하자마자 실제로 지출된 자금에 대한 조사를 받게 됐다. 서류를 검토하고 현지 계약 및 토목 공사 계약을 확인 후, 아비아노 기지에서 온 감사팀은 전용 자금과 비전용 자금이 모두 의심스러운 용도로 사용됐다는 결론을 내렸다. 워든은 스낵바 건설, 식당 리모델링, 체력 단련실을 마련한 공로에 대해 인정받을 만했지만, 감사관들이 보기에 그는 재정적으로 너무 창조적이었다. 그러나 그의 자유분방한 업무처리 방식에 대해 공식적으로 문책할 근거는 없었다.

와이즈맨이 보기에, 워든은 가족동반을 현실화시킬 수 있는 기반을 거의 마련하지 않았다. 그는 재빠르게 이탈리아 생활 방식으로의 '쉽게 동화'라는 워든의 개념과 데시모만누 기지에 도착한 가족들의 기대치 간의 격차를 알아차렸다. 와이즈맨은 워든이 분명히 "미국 가족들은 본인과 같이 지중해 국가에서의 생활에 있어 가능한 한 많은 경험을 하길 원할 것이며, 세부 사항들은 도착하면 저절로 해결될 것이라 확신했다."라고 생각했다. 와이즈맨이 보기에는, 미국 가족이 이용할 수 있는 주택은 표준 이하였고 의료 지원체계는 부적절했으며, 식품과 석유는 약속한 만큼 제공될 수 없었다. 와이즈맨은 주어진 시간 내에서 필요한 변화를 이끌어 내기에는 인력과 시간이 모두 부족하다고 결론지었다. 다시 한번 와이즈맨은 "워든의 남부 이탈리아에 대한 열정은 대다수의 미군과 그들 배우자들의 공감을 얻지 못했고 그들은 자신들의 일반적인 생활 방식과 비교하여 분명히 낙후된 이탈리아 생활 방식을 발견할 수 있었다."라고 밝혔다. 이탈리아와 지중해 역사에 관한 이해를 증진시키고자 했던 워든의 노력은 미군이 '추한 미국인'이 아닌 다른 문화에 관심을 갖도록 하는 것에는 어느 정도 도움이 됐지만, 미국인보다 이탈리아인들의 호감을 사는 데에 더 성공적이었다.

V.
항공전의 술(Art):
항공전역

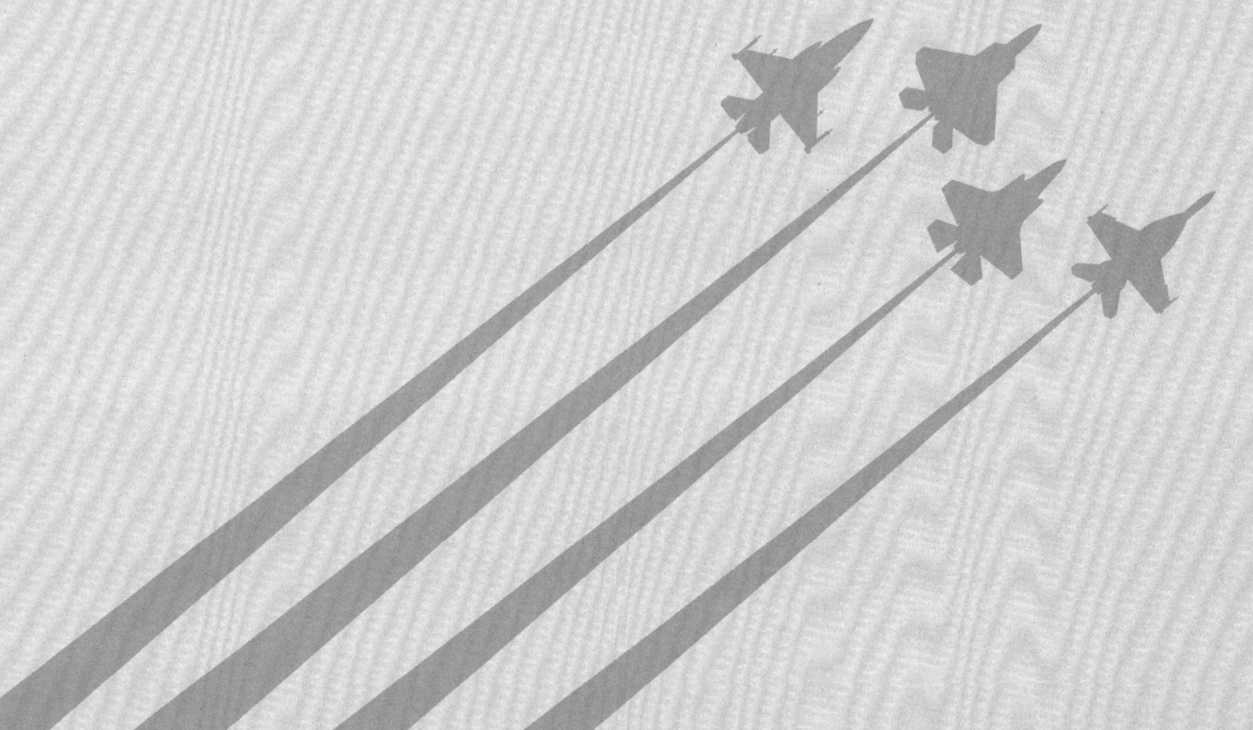

이제 42살이 된 워든 대령은 美 국방대학원(NWC)에 도착하자마자 일관성 있고 통합된 항공전역 설계 방법에 관한 책을 쓰기로 결심했다. 그렇게 함으로써 그는 재래식 항공력의 진정한 잠재력에 대해 열띤 논쟁이 촉발되길 희망했다. 그의 저서인 '*항공전역: 전투를 위한 기획(The Air campaign: Planning for Combat)*[82]'은 전쟁 승리에 필요한 군사목표 달성을 위해 항공력을 어떻게, 그리고 왜에 초점을 두고 작전적 수준에서의 항공전과 관련된 복잡한 철학과 이론을 이해하고자 한 시도였다. 워든은 그의 연구가 탐색 단계였으므로 객관적인 연구 결과를 도출하려 하지는 않았다. 그는 가장 효과적인 항공력 사용에 대한 실제적인 지침을 만들기 위해 이론 및 작전적 원칙, 그리고 역사적인 사례들을 나열함으로써 자신의 주장을 뒷받침했다.

작전술

국방대학원(NWC)의 고위급 프로그램은 각 군과 국방부, 그리고 기타 美 정부 기관에서 선발된 인원들이 고위 지휘관 및 참모 역할을 수행할 수 있도록 역량을 강화시켜 주는 과정이다. 이 과정의 커리큘럼은 국가안보에 대한 교육생들의 지식을 확대하고 심화시키며, 분석 능력을 향상시킬 수 있도록 설계되어 있다. 교육내용은 워든이 입교하기 2년 전에 비교적 큰 변화가 있었는데, 지휘관인 스미스 소장은 교수진과 교육생들이 '작전술'[83]에 초점을 둘 수 있도록 고무했다.

처음에 워든은 제2차 세계대전의 고위급 지휘관들이 고대 전사를 숙지하고 있었다면 다수의 실

---

82) 해당 논문의 한글 번역서는 2001년도 '항공전역'이란 제목으로 연경문화사에서 출판되었음.

83) 작전술(operational art): 목표, 수단, 위험을 통합하여 전역 또는 작전을 구상하고, 군사력을 조직 및 운용하기 위해 지휘관과 참모들이 숙달된 능력·지식·경험·창의력·판단력 등을 활용하는 인지적 접근.

수를 피할 수 있었을 것이라는 풀러 장군의 믿음을 상기하면서, 자신의 연구논문 주제를 '알렉산더 대왕의 작전적 접근법에 대한 현대적 검증'으로 선정하려 했다. 그러나 워튼은 곧 그가 쌓은 전략적 식견과 전쟁에서 경험한 전술적 항공력을 연계할 수 있는 특별한 기회가 있음을 깨달았다. 워튼은 또한 이글린과 무디 기지에서의 훈련을 통해 대량 편대군이 국지적인 공중우세 확보에 중요한 역할을 한다고 확신했다. 그리고 그는 역사적인 예를 인용하여 다른 시대와 장소에서도 자신의 접근법이 옳았음을 검증하고 싶어 했다.

그는 이러한 요소들을 고려하여 전쟁의 작전적 수준에서 항공전역 계획에 연구의 초점을 두기로 결정했다. 즉, 그것은 전투보다는 전역을 다루는 전략과 전술 사이의 차원을 의미했다. 이 개념은 미국 내에서는 비교적 새로운 개념이었지만, 1970년대 군사혁신 운동의 일환으로 '기동전(Maneuver)' 및 '종심 전투(Deep Battle)' 개념이 소개되고 섬머스의 *On Strategy: A Critical Analysis of the Vietnam War*(1984)와 심킨의 *Race to the Swift: Thoughts on Twenty-First Century Warface*(1985)와 같은 출판물을 통해 뿌리를 내리기 시작했다. 육군은 1982년 개정된 야전교범(FM) 100-5를 통해 3군 중 최초로 이 개념을 교리화했지만, 워튼은 이 새로운 '공지전투[84] 교리가 전투에서 항공력의 역할을 적합하게 다루지 못했음을 단호히 주장했다. 4년 뒤의 개정판에서 항공력에 관해 보다 자세히 다뤘지만, 전술적 수준에서 벗어나지는 못했다.

공지전투 교리인 FM 100-5는 분명 중요한 문서였지만, 공군의 역할에 대해 수적으로 우세한 바르샤바 조약기구의 기계화 전력을 공격하고 광활한 중부유럽의 지상전역 수행에 있어 지원 요소로만 보았다는 명백한 결함이 있었다. 즉, 그것은 美 지상군이 고정된 방어 진지를 버리고 적의 측면을 공격한 다음 공격 헬기와 항공기로 적의 후방을 차단하여 보급선을 끊고 지휘통제 본부를 공격하는 개념이었다. 이 개념하에서 항공작전은 지상 기동을 위한 화력을 제공하는 것이었다. 그러나 작전 기획가들은 공군과 해군의 항공력이 지상군을 지원하는 것에 대해서는 고려했으나, 반대로 지상군이 항공작전을 지원해 주는 것에 대해서는 조금도 고려하지 않았다. FM 100-5는 독립적이고 결정적인 방식으로 항공력을 사용하는 것에 대해 반대하지도 않았지만, 이에 대한 중요성을 인정하지도 장려하지도 않았다.

---

84) 공지전투(AirLand Battle): 냉전기에 미국이 유럽에서 양적으로 많았던 바르샤바군을 무찌르기 위해 美 육군 주도하 공군이 함께 창안한 군사력 운용개념으로, 전장주도권을 장악하기 위해 적이 예상치 못한 방향에서 초전에 강력한 공격을 실시하여 적의 균형을 깨뜨린 후 전투력 회복 이전 빠르게 적을 격퇴하는 전투방식.

워든의 견해에 따르면, 공지전투 교리는 육군이 전장의 주요 결정을 내릴 수 있도록 했는데, 그러한 결정은 작전적 수준의 항공전역이라기보다는 전술적이고 육군 중심적인 항공임무명령서(ATO) 수행에 지나지 않는다는 것이다. 이 새로운 교리는 냉전 상황에서 지상 전투에 유용한 요소를 포함하고 있지만, 그는 새로운 전쟁 패러다임에서 항공력의 고유한 특성이 사라질 것에 대해 우려했다. 공지전투 교리는 군단 사령관을 전투의 주인공으로 만들고 결정적인 목소리를 낼 수 있도록 허용했기 때문에 워든은 전구가 항공력의 강점, 즉 전구에서 모든 표적에 대한 공격을 가능케 하는 항공력의 유연성과 기동성, 그리고 대응성을 훼손하는 것에 대해 우려했다.

워든은 또한, 전쟁의 유일한 목표가 적의 군사력을 무찌르는 것이므로, 국가는 그러한 목표를 달성하는 것에 모든 자원을 투입해야 한다는 기본적인 전제에 의문을 가졌다. 그는 항공력의 발전이 국가의 전쟁 수행방식과 군사력 운용방식을 변화시키고 있다고 믿었다. 워든의 관점에서 국가의 지도자 또는 그 지도자의 지지자들이 특정 조치를 취하기로 결정했기 때문에 국가는 그러한 특정 조치를 하는 것이고 따라서 적을 항복시키기 위한 군사 전역은 반드시 적의 지도자를 목표로 삼아야 한다는 점이다. 육군 또는 해군을 지원하고 보호하는 것은 의심할 여지 없이 훌륭한 임무지만, 그로 인해 공군의 독자적인 잠재력이 제한되었고 달성할 수 있는 작전상의 중요한 효과를 얻지 못하는 결과를 초래했다. 다음은 이 책의 핵심 내용을 소개한 것이다.

항공전역 개요

이 책은 먼저 대전략, 전략, 작전 및 전술이라는 전쟁의 4가지 수준을 정의하고 작전적 수준에서의 일관된 교리 부족에 대해 지적하면서, 포괄적인 분석을 위한 일반적인 틀을 제시한다. 워든은 이러한 전쟁의 수준이 두 가지 이유로 무시되었다고 믿었다. 즉, 이 주제는 다루기가 어려운 것으로 여겼고, 핵무기가 '육·해·공군의 통합을 쓸모없는 것으로 만든' 시대를 도래시켰기 때문에 부적절한 것으로 간주됐다.

다음으로 워든은 자신의 전략적 사고를 특징짓는 문제를 제기하면서 전쟁의 4가지 수준 각각이

특징과 능력 또는 위치라는 하나 이상의 중심(CoG)[85]을 포함하고 있다고 주장했다. 그는 행동의
자유, 물리적인 군사력 또는 전투 의지, 가장 취약한 지점과 공격했을 때 결정적인 효과가 발생하
는 지점을 특정 국가의 중심으로 정의했다. 비록 중심이란 용어는 다양한 해석이 존재하며 워든의
정의 또한 논쟁의 여지가 많았지만, 그에게 '중심'은 본질적으로 주어진 수준의 노력이 다른 곳에
적용될 경우보다 많은 것을 달성케 해 주는 지점이었다. 지휘관의 가장 중요한 임무는 중심을 정확
하게 식별하고 적절하게 공격하는 것이었다.

이를 염두에 두고 지휘관은 결정적인 타격을 가하는 데 가장 적합한 군사적 수단을 결정해야 한
다. 즉, 지휘관은 "가용한 모든 군사력이 동등하게(또는 생각할 수 있는 한도 내에서) 참여해야 한
다거나, 특정 군이 타군보다 뛰어나기 때문에 타군의 지원을 받아야 한다거나, 모두가 동시에 동일
한 노력을 해야 한다거나, 적의 작전에 대해 이와 같은 방법으로 대응해야 한다는 것과 같은 기계
적인 결정을 내려서는 안 된다." 특정 상황에서 지휘관은 항공력을 정치적 및 군사적 목표 달성의
주요 수단으로 고려할 수 있는데, 이는 공지전투 교리의 전제에 대해 의문시하는 매우 논쟁적인 개
념이다.

공중우세

*항공전역(Air Campaign)*에서 워든은 공군이 공중우세(air superiority) 및 차단(interdiction), 근
접항공지원(close air support)이라는 3가지 전투 임무를 수행할 수 있다고 논했다. 이 책은 "적이
공중우세를 달성하면 해당 전역에서 우군은 패배할 것이고 과거 많은 전쟁 사례에서 공중우세 장
악만으로도 승리할 수 있었으며, 지상 또는 공중에서의 다른 작전을 실시하기 전에 공중우세 확보
가 반드시 필요하기 때문에 공중우세 달성을 가장 중요한 것으로 간주했다."

독일이 1939년 폴란드를 침공한 이래로 어떠한 국가도 공중우세를 확보한 적에 대항하여 승리
하지 못했고, 공중을 장악한 적에 대한 어떠한 공격도 성공하지 못했으며, 공중우세를 보유하고
있는 적에 대한 어떠한 방어도 성공하지 못했다. 반대로, 공중우세를 유지한 모든 국가는 전쟁

---

85) 중심(CoG: Center Of Gravity): 정신적 또는 물리적인 힘, 행동의 자유 또는 전투 의지를 제공하는 능력이나 힘의 원천.

에서 패하지 않았고 공중우세 확보는 일관되게 군사적 승리의 선결 조건이었다.

워든은 공중우세에 대해 심각한 저항 없이 적을 상대로 공중공격을 가할 수 있는 충분한 공중 통제력이 있고 적의 심각한 공습 위험이 없는 상태로 정의했다. 그는 공중우세 확보를 다른 모든 군사작전의 선결 조건으로 여겼는데, 이는 곧 "모든 다른 작전은 필요한 정도까지의 공중우세를 확보하기 전까지는 후 순위여야 한다."라는 것을 의미했다. 따라서 주어진 임무와는 별개로, 해군 함정은 공중우세 확보를 위해 지대공미사일(SAM) 전력 제압에 필요한 함포사격을 지시할 수 있고 해군의 특수전 전력은 적의 폭격기 전력을 무력화하고 비행장을 탈취하며, 레이더 기지 파괴 임무를 수행할 수 있다. 공중우세 달성은 단순히 공군만의 임무가 아니며, "공중우세가 공군만을 통해 달성되어야 한다는 생각은 승리를 갈구하는 지휘관에게 심각한 제한사항이 된다."

다음으로 워든은 '숙련된 인력(조종사, 비행 관련 요원, 기술자)' 및 '장비(항공기, SAM, 제작 시설, 지원 기간시설)', 그리고 '위치(항공기지/미사일 기지/지상 전선/기간시설의 상대적 위치 및 취약성)'라는 3가지 핵심 요인에 중점을 두고 공중우세 달성 방법을 분석하기 위한 논리적인 틀을 제시했다. 비록 그는 대부분의 분석을 물리적인 표적처리[86]에 할애했지만, 적의 교리를 숙지하는 것에 대한 중요성도 언급했고 거울 이미지[87]에 대해서도 경고했으며, 항공전역 기획가들이 적의 전략 및 교리상의 모순을 이용해야 함에 대해서도 강조했다.

워든은 "전쟁사에서 단 한 가지의 교훈을 꼽는다면, 전투 승리의 열쇠가 적보다 더 많은 병력을 결정적 지점에 투입하는 것인데, 이러한 전력 집중의 원칙이 항공전의 경우 그리 단순하지 않거나 자주 무시되어 왔다는 점이다."라고 논문에서 밝혔다. 그는 작전적 수준에서의 평가와 기획 입안을 위한 이론적 기초로서, 비행장 및 후방 지역의 취약성과 함께 숙련된 인력 및 장비 간의 관계를 나타내는 다음과 같은 5가지 전쟁 상황을 제시했다.

사례 1의 시나리오는 양측 모두가 공격에 취약하고 서로의 공군기지 및 후방 지역을 공격하고자 하는 능력과 의지를 보유한 상황이다. 이 상황에서 지휘관은 적의 공중공격에 맞서 방어를 강조하는 것과 공격작전에 집중하는 것 사이의 선택에 직면하게 된다. 워든은 최악의 해결책이 될 수 있는 공격과 방어에 항공력을 골고루 배분하는 절충안에 대해 경고했다. 그는 일부 상황에서 방어가

---

86) 표적처리(targeting): 표적 선정 및 우선순위 선정 절차이자 작전적 요구사항과 역량을 고려하여 적절한 대응을 선별하는 절차.

87) 거울 이미지(Mirror-imaging): 나의 가치판단 기준과 사고 논리를 상대방도 똑같이 사용할 것이라는 편견.

필요하다는 점에 대해서는 인정했지만, 방어 자체는 기껏해야 무승부에 이르게 하는 '부정적인 개념'인 반면, 공격은 아측이 주도권을 유지하여 적이 수동적으로 대응하도록 강요하고 적지에서 전장이 형성되도록 함으로써 그들을 지속적으로 압박할 수 있다고 주장했다. 그러므로 정치적으로 허용된다면 언제든지 "공격적인 방식을 선택해야 한다."라고 했다. 더욱이 클라우제비츠와는 달리, 워든은 전쟁의 원칙 중 가장 중요한 두 가지 원칙인 '대량과 집중(Mass and Concentration)'은 공격적인 방식으로 적용될 때 가장 효과적이라고 주장했다. "태평양 전쟁에서 우리는 미국이 공중 우세를 달성하기 위해 전체적으로 공격적인 전역을 실행하는 급진적 결정을 내린 사례를 볼 수 있었다. 미국은 주어진 목표에 대량의 전력을 집중하기 위해 혁신적이고 결정적이었던 반면, 일본은 조금씩 공격했고 조금씩 보강했다."

공세적 작전 수행 개념의 반대 논리로 사용된 가장 일반적인 주장은 강력한 방공체계를 가진 적에 의해 많은 전력 손실이 발생할 수 있다는 점이지만, 워든은 그러한 위험에 대해 위협 정보를 지속적으로 검토하고 분석한 다음 해당 정보를 워게임 훈련에 통합함으로써 최소화할 수 있다고 믿었다. 사실 그는 대공포 또는 지대공미사일(SAM)체계와 같은 지상 기반의 방공체계는 공중공격에 결코 효과적인 대응책이 될 수 없다고 주장했다. 그는 만약 지상 기반 방공체계의 파괴가 불가능하다면, "해당 체계의 핵심 부분에 대한 전자공격 및 지휘통제 체계의 무력화, 또는 해당 체계가 보급을 받을 수 없도록 고립시키면" 된다고 제시했다.

사례 2의 시나리오는 자신은 적으로부터 공격을 받지 않는 반면, 적의 모든 표적에 대해서는 공격할 수 있는 상황으로 지휘관 입장에서 가장 이상적인 경우이다. 워든에 따르면, 그러한 상황은 '항공전역만으로 전쟁에서 승리할 수 있을 정도로 결정적인' 기회를 제공한다. 항공력은 본질적으로 공세적인 전력이기 때문에 항공전역 계획가는 장비(항공기 또는 미사일)와 군수(보급의 질과 회복력), 지리(작전 및 지원 시설의 위치 및 수) 및 인력(조종사 숫자 및 자질), 그리고 지휘통제 구조(중요성 및 취약성)라는 5가지의 항공력 관련 중심을 공격함으로써 그 고유의 장점을 활용해야 한다. 이러한 항공력 관련 중심의 공격 우선순위는 각 상황에 따라 달라진다. 어떤 경우에는, 해당 공격이 성공하면 승리로 이어질 수 있는 만병통치약이 될 수도 있다.

워든은 중심과 관련된 표적의 취약성에 초점을 두고 그 범주를 더 세분화했다. 예를 들어, '항공기'를 대상으로 분석할 때, 워든은 비행장, 항공기를 보호하고 있는 엄체호, 엔진 및 기체, 무장과 사격통제장비를 공장에서 비행장으로 이동시킬 수 있는 수송로와 교량 그리고 철도, 항공기 생산을 가능케 하는 원자재 공장 및 발전소가 포함되어야 한다고 주장했다. 그는 그러한 공격 효과는 즉각적이지 않으며 '인내심과 끈기가 핵심'이라고 강조하면서, 다른 중심과 관련된 표적에 대해서도 동일한 논리를 적용했다.

워든은 다음과 같이 지휘통제 체계를 가장 중요한 중심으로 식별했는데, 단기적인 성공 측정의 어려움과 정치적인 제한 및 공격의 난해성 때문에 지금까지 지휘통제 체계를 공격하지 못해 왔다고 믿었다.

> 지휘는 군사작전에 있어 필수 조건이다. 지휘가 없는 군사조직은 오합지졸, 다시 말해, 목 잘린 닭에 불과하다…. 통신과 정보수집 기능이 포함된 지휘는 중심임이 확실하고, 아주 오래전부터 존재해 왔다. 전장에서 왕의 죽음이 곧 해당 군의 패배를 의미했듯이, 현대전에서 지휘구조를 효과적으로 고립시킨다면 이에 의존하는 군사력을 신속히 패배시킬 수 있다.

지휘부에 대한 공격 요소로서 정보 영역, 통신 영역 및 의사결정 영역이 있으며, 공격 범위는 '적 지휘부에 대한 직접적인 공격으로부터 적을 오인시켜 부적절한 행위를 하도록 유도하는 복잡한 작전'에 이르기까지 다양하다. 이러한 맥락에서 워든은 일본과의 태평양 전쟁에서 장거리 폭격기의 가치를 강조하면서 다음과 같은 핵심 주장을 펼쳤다. "적이 공중에서 자유롭게 작전을 펼칠 때, 다시 말해 적이 공중우세를 확보하고 있을 때, 정부는 국가를 제대로 통제할 수 없다…. 이는 목적 자체로서나 목적에 이르는 수단으로서의 공중우세 전역에 대해 깊이 생각할 필요가 있음을 의미한다."

사례 3은 최악의 시나리오로써 적은 언제 어느 곳이든 공격할 수 있는 반면, 아군은 그럴 수 없는 경우이다. 워든은 공세적인 작전의 모든 장점에도 불구하고, 일부 상황에서는 방어적인 작전이 필요하다고 말했다. 예를 들어, 항공전역을 수행하기에 충분한 전투기와 폭격기를 보유하지 않거나 정치 지도부의 공격 의지가 부족한 경우이다. 이러한 상황에서 달성 가능한 유일한 목표는 패배를 막는 것이고, 핵심은 적이 피로스 왕의 승리(얻는 것보다 잃는 것이 많은 승리)와 같이 공격 과정에서 감당하기 어려울 만큼의 큰 피해를 강요하는 것이다. 워든은 공중에서의 대량은 대량으로만 맞설 수 있음을 항공전의 역사에서 증명됐다고 밝혔다. 즉, 적은 숫자의 전력으로 방어하거나 역으로 공격할 경우 분명히 실패한다. 특히 지속적인 경고와 통제 구조를 개발하여 방공체계를 강화하는 것 이외에, 성공적인 방어작전을 위한 그의 처방은 다음과 같은 일반적인 두 가지 원리에 중점을 두는 것이라고 했다. "첫 번째 원리는 전력을 집중하여 특정 전투 및 구역 또는 시간에서 적보다 수적 우위를 점하는 것이다. 두 번째 원리는 모든 곳에서 모든 것을 방어하는 것은 불가능하다는 것인데, 이는 모든 적을 방어하고자 하면 아무것도 방어하지 못한다는 사실을 받아들여야 한다는 점이다." 다시 한번 강조하자면 주어진 모든 교전에서 적보다 수적 우위를 점해야 한다. "전력을 매일 조금씩 잃는 것과 특정한 날에 많이 잃는 것과의 차이는 엄청나다."

사례 4 및 5 시나리오에서는 양측이 정치적 제약 또는 종심 표적을 공격할 수 있는 능력이 없어 전투가 전선으로 국한되는 경우로서, 이 경우의 공중우세 확보는 그 자체로 목표가 될 가능성이 거의 없다. 대신 목표는 "적이 전선과 그 인근 지역에서 우군의 지상작전을 방해하지 못하도록 하는 반면, 해당 지역에서 우군의 그러한 항공작전은 가능케 하는 것"이 된다. 결과적으로 다음과 같은 전술적인 항공작전이 주가 될 것이다. 첫째, 지휘관은 적의 비행기지와 전선 사이에 전투기 스크린을 구축할 수 있다. 이는 적에게 아측의 항공력 존재를 알리고 국지적인 공중우세를 제공하는 이점이 있다. 그러나 이와 같은 접근방식은 비용이 많이 든다. 즉, 적의 공격에 취약하고, 주도권 확보를 포기한 것이며, 아 지상군은 유리한 공중상황의 이점을 활용할 수 없게 된다. 둘째, 지휘관은 전투기로 적의 폭격전력에 대한 공중 회랑을 운용하여 해당 전력과 교전하는 '소탕(sweep)' 작전을 수행할 수 있다. 세 번째 작전형태는, 전투기가 폭격전력에 대한 근접 엄호 상황에서 적기의 직접적인 공격에만 대응하는 것으로, 워든은 이 작전보다는 소탕 작전이 더 효과적인 것으로 간주했다.

항공차단

워든은 차단 작전을 공급원(Source)에서 전선으로 또는 전선 뒤에서 측면으로 병력 및 물자의 공급을 억제하거나 속도를 늦추기 위해 실시되는 작전"으로 정의하고, 다음과 같이 3가지 범주로 구분하였다.

> 우리는 원거리 차단(distant interdiction)을 병력 및 물자 공급원에 대한 공격으로 정의할 수 있다. 또는 군수물자 생산능력이 없는 국가의 경우, 국외로부터 제공되는 군수물자가 국내로 들어올 수 있는 항구나 비행장에 대한 공격… 중간 차단(intermediate interdiction)은 공급원과 전선 사이 지역에서 실시된다… 근접 차단(close interdiction)은 전선 뒤의 측면 이동이 발생

하는 지역에서 실시된다.

그는 원거리 차단을 전체 전구에 걸쳐 '결정적인 결과를 가져올 수 있는 전쟁 승리 전역'으로 여겼지만, 근접 차단 역시 전투가 진행 중일 때에는 매우 유용한 것으로 보았다.

모든 군사력은 병력과 장비, 보급품이 전선에 도달할 수 있도록 통신선이 구축되어 있어야 하고, 지휘관은 적과 자신의 보급 기지 사이에 필요한 전력을 배치해야 한다. 워든은 이처럼 중간에 위치한 전력은 취약하며, 보급선을 공격할 경우 큰 전투 없이도 해당 전력을 무력화할 수 있다고 주장했다. 그는 차단 작전이 베트남전에서 효과적으로 적용되지는 않았지만, 북베트남군 및 베트콩이 대규모 공세를 실시하기 어렵게 만들었고, 미군의 손실률도 상대적으로 낮았던 원인이라고 믿었다. 더욱이 라인베커(Linebaker Ⅰ/Ⅱ) 전역(1972. 5. 10. ~10. 23. /12. 18. ~29.)에서의 차단 작전은 美 지상군이 상당히 적었음에도 불구하고, 북베트남군이 호치민 루트를 방어하고 보수하기 위해 대규모 인력을 투입하도록 만들었다. 워든에게 있어서 당시의 차단 작전에 대한 인식은 해당 항공작전이 끝나자마자 북베트남군이 신속히 전력을 복원할 수 있었다는 것이다.

워든은 전선상에서의 지상작전을 우군의 후퇴, 적 공격에 대한 고수 방어, 양측 모두의 공격, 적 고수 방어에 대한 공격, 퇴각하는 적군에 대한 공격, 게릴라 전력에 대한 공격작전이라는 6가지 범주로 나누었다. 그런 다음 각 범주에 대해서 성공하고 실패한 차단 전역의 역사적 사례를 제시하면서, 공중우세 확보하에서 차단 작전을 지상작전과 결합하는 것은 적의 정규전력에게는 큰 피해를 줄 수 있지만, 지역 주민과 섞여 있는 게릴라 전력과의 전투에서는 거의 효과가 없다고 주장했다…. 분명히 생존이나 전투를 위해 거의 또는 전혀 보급이 필요치 않은 전력(게릴라)은 항공차단을 가치 있게 만드는 보급선 차단이 필요치 않다. 차단 작전은 특히 후퇴 중이거나 추격 중일 때 또는 공격에 대비하여 방어 중일 때와 같이 적이 압박을 받고 주 부대가 신속히 이동해야 할 때 효과적이다. 워든은 차단 전역도 공중우세 전역과 마찬가지로, 즉각적인 효과의 발생을 기대하지 말라고 경고했다. 즉, 아주 짧은 기간 내에 공중공격을 통해 많은 병력을 막을 수 없고 차단 작전은 효과가 발생하는 데에 시간이 걸리며, 전시 생산시설(War Production)에 대한 공격 효과는 더 많은 시간이 걸린다는 것이다. 전쟁에서 시간이 가장 중요한 요소일 경우, 지상군이 핵심 전력이 되어야 하고 지상작전은 공중작전보다 훨씬 빠르게 정치적 목표를 달성할 수 있다. 그는 제2차 세계대전의 태평양 전쟁에서 미군의 잠수함 봉쇄 및 전략폭격 전역의 효과를 기다리지 않고 일본 본토를 공격하기로 한 미국의 결정을 그 대표적인 예로 인용했다.

차단 임무의 모든 장점에도 불구하고, 항공전역 계획가들에게 워든은 다음과 같이 그 효과성에 관해 현혹되지 말 것을 경고했다.

> 차단 작전은 더 중요한 것을 희생하면서 실시해서는 안 된다. 더 중요한 것은 공중우세확보이다. 지상군 지휘관은 대부분의 경우 공중우세가 확보되기 전에 차단을 요구한다. 차단 임무는 그 실행 이익이 위험보다 분명히 더 큰 이례적인 상황을 제외하고는 공중우세 없이 시도되어서는 안 된다. 지휘관은 위험을 무릅쓰고 그렇게 해야 하는데, 이는 미래에 공중우세를 확보할 수 있는 기회를 놓칠 수 없기 때문이다.

근접항공지원

워든은 세 번째 전투 임무인 근접항공지원을 '지상군이 가용한 전력이 충분할 경우, 자체 전력으로 실행할 수 있는 작전과 관련된 모든 항공작전'으로 정의했다. 그는 지상군을 직접 지원하는 근접항공지원 임무기와 적의 기반시설 및 보급품, 전투를 수행하기 위해 전방으로 이동 중인 병력에 대한 차단을 실시하는 전폭기와 경폭격기를 대조시켰다. 워든은 근접항공지원이 여러 전투에서 성공적이었음을 인정했지만, 이 임무가 지나치게 과대평가되었다고 여기는 이유에 대해 다음과 같이 설명했다. 지상군 지휘관은 현재의 전투에 집중하고 지도상의 전선 이동으로만 전투 결과를 판단함으로 다른 두 가지 전투 임무(공중우세 및 차단)보다 근접항공지원 임무를 우선시하는 경향이 있다. 워든은 기 확립된 교리와는 반대로 어떤 상황에서는 항공전역이 지상전역보다 더 중요하며, 지상군 지휘관은 그들의 지상 임무보다 다른 임무에 더 큰 우선순위가 있을 수도 있음을 인정해야 한다고 주장했다. 즉, 공중우세는 해당 전구에서의 필수요소이므로 공중우세가 확보될 때까지 이에 이바지하지 않는 모든 노력은 보류되어야만 한다는 것이다.

근접항공지원 전력을 지상 작전상의 예비전력으로 간주하면, 희소하고 중요한 것으로 볼 수 있다. 이는 공군과 육군 모두가 이해할 수 있는 관점이다. 또한, 근접항공지원 전력은 지상 작전상의 예비전력과 같이 신속하고 결정적으로 사용되어야 한다는 것도 더 쉽게 이해할 수 있다. 가장 효과적인 충격력은 공간과 시간에 집중할 때 발생한다.

이에 따라 워든은 근접항공지원이 "작전적 수준의 지휘관이 작전상의 예비전력을 운용하고 싶을 때, 그리고 지상군 화력으로는 불가능한 대규모 화력에 필요한 경우에만 효과적이었다."라고 언급했다. 그는 또한 잘 실행된 항공전역은 적이 아 지상군과 교전하는 것 자체를 막아 주기 때문에 근접항공지원은 최후의 선택으로 간주해야 한다고 주장했다.

작전적 예비전력

*항공전역(Air Campaign)*의 가장 독특한 특징은 워든이 작전적 예비전력(operational reserves) 운용에 대해 옹호한 점이다. 공군인은 전통적으로 다음의 3가지 이유로 예비전력 보유에 대해 중시하지 않았다. 그들은 전투에 참가하지 않는 전력에 대해 제 임무를 다하지 않는 것이라 믿었고, 대량 및 집중의 원칙에 대해 전쟁 초기부터 모든 자원을 투입하는 것으로 이해했으며, 비행하지 않는 소티는 영원히 상실된 소티로 간주했다. 그들에게 항공력을 비축한다는 것은 사실상의 능력 감소를 의미했다. 지상군은 공군의 예비전력에 대해 단순히 전투력 기여가 부족한 전력으로 보았다. 그러나 워든은 예비전력이 다음과 같은 2가지 방식으로 안개와 마찰, 그리고 전쟁의 불확실성을 줄여 줄 수 있다고 주장했다. 첫째, 예비전력은 적의 공격을 극복하고 방어선을 복원시킬 수 있다. 둘째, 지휘관에게 적의 실수나 약점을 이용할 수 있는 능력을 제공하며, 공격 돌파구를 마련해 줄 수도 있다. 따라서 워든은 예비전력이 전쟁 중에 완전히 새로운 전투, 또는 적어도 독특한 새로운 국면을 형성시키고 활용할 수 있게 해 준다고 주장했다. 성공은 점진주의를 피하는 것에 달려 있다. 즉, "점진적인 전력 투입은… 적의 마음에 혼동과 두려움을 심어 주지 못한다. 특정 상황에서 점진적인 변화에 적응하는 것은 갑작스럽고 커다란 변화에 적응해야 하는 것보다 훨씬 쉽다." 그는 예비전력의 투입을 통한 물리적인 효과보다 심리적인 충격 효과를 더 중요한 것으로 보았다. 워든은 제2차 세계대전의 영국전투에서 영국 공군이 적용한 작전 및 전술적인 예비전력이 승리에 핵심적인 역할을 했다는 점을 예로 들며, 공군의 예비전력은 동등하거나 더 강력한 적군에 대응할 시에 가장 필요한 것이라고 주장했다.

워든은 또한 정치적 목표와 군사적 목표 간의 관계도 연구했다. 그는 군사적 목표에 대해 적의 군사력 일부 또는 전부의 파괴나 무력화, 적의 경제와 산업의 일부 또는 전부의 파괴, 정부 또는 국민의 저항 의지 파괴라는 세 가지 범주 중 하나에 속한다고 언급했다. 그는 도덕적 측면에서 민간인에 대한 직접적 공격에 대해 반대를 표명한 것 외에도 역사적으로 인구에 대한 폭격이 비효과적이었음이 입증됐기 때문에 직접적인 폭격 대신 군병력에 대한 사상자를 많이 발생시키거나 경제적 피해를 주거나 파괴자가 아닌 해방자로서 인식되도록 함으로써 대중의 의지에 영향을 미치는 간접적인 접근방식을 옹호했다. 또한, 워든은 군사적 목표와 전역계획이 적에게 올바른 메시지를 전달할 수 있도록 하기 위해 '자신의 관점이 아닌 적의 과점에서 본 것처럼' 정치적 목표와 연결시켜야 한다고 주장했다. 더불어 그는 자신의 견해가 매우 이례적이어서 반대를 불러올 수 있다는 점도 인정했다.

전구 지휘관은 군사적 목표를 식별하고 그에 따른 중심(CoG)과 관련된 표적이 반영된 개념적 작전 기획을 작성한 후, 그러한 목표 달성에 핵심이 되는 전력을 선택해야 한다. 워든은 이에 대해 다음과 같이 서술했다.

핵심 전력의 운용개념과 지원 부대 간의 관계를 이해하기 위해 또 하나의 술(Art)의 형태인 협주곡과 비교하는 것이 도움이 될 수 있다. 작곡가는 특정 의미를 전달하고 특정 목표를 달성하기 위해 협주곡을 쓴다. 목표를 선택한 후 작곡가는 그 목표를 달성하기 위한 최상의 방법을 결정한다. 피아노 협주곡, 바이올린 협주곡 아니면 플루트 협주곡 중 무엇으로 해야 하는가? 단 한 가지의 악기만이 그가 선택한 목표를 달성하게 해 줄 것이다. 분명히 피아노는 바이올린이 할 수 있는 것을 할 수 없고 반대의 경우도 마찬가지이다. 그가 협주를 주도할 악기를 선택했다고 해서 다른 악기가 아무 역할을 하지 않음을 의미하지는 않는다. 즉, 다른 악기들은 주도 악기가 단독으로 할 수 없는 것을 할 수 있게 지원하기 때문에 다른 악기 또한 중요하다.

협주 과정 동안 주도 악기는 특정 시기에 연주되는 유일한 악기가 되고, 나머지 악기는 쉬면서 자신의 차례를 기다린다. 또 어떤 때는 주도 악기가 쉬고 있는 반면, 지원하는 악기가 전체 진행을 맡는다. 작곡가 그리고 실제 연주 시의 지휘자는 주도 악기든 지원 악기든 관계없이 악기들이 서로 제 역할을 할 수 있도록 오케스트라로 편곡한다. 이 과정에서 그는 한 악기가 다른 악기 처럼 들리게 하거나 다른 악기의 역할을 대신하려 하지 않고, 오히려 각 악기가 서로 자연스럽 게 구성요소가 되어 협주가 진행되도록 한다. 종속이나 통합이 아닌 '조직화(orchestration)'가 전쟁의 필수 조건이다.

협주곡을 전쟁의 영역에 비유할 경우, 해군이 주력 악기라면 특정 전쟁 또는 전역이나 전역의 각 단계는 해상 협주곡이라고 말할 수 있다. 마찬가지로, 공군이 지배적인 역할을 할 경우, 해당 전쟁이나 전역은 공중 협주곡이라고 할 수 있을 것이다. 또한, 전구 사령관은 자신의 군사력을 목표 달성과 관련된 방식으로 '조직화(orchestration)'할 책임이 있다고 할 수 있다.

비평

*항공전역(Air Campaign)*을 꼼꼼하게 읽어 보면, 워든은 항공력 지지자들이 주장하는 것보다 전 쟁에서의 항공력 역할에 대해 덜 객관적이고, 보편적인 해법으로서의 항공력에 대해서는 첫인상보 다는 더 객관적임을 알 수 있다. 그는 항공력이 지형이나 지상군의 영향을 받지 않고 특정 지점에 대량의 전력을 신속하게 투사할 수 있기 때문에 다른 전쟁 수단과 구별된다고 믿었다. 그러나 그의 저서는 항공력을 동등한 파트너로서, 그리고 특정 상황에서는 전쟁 승리의 도구로서 인정할 수 있 는 근거를 제시했지만, 지상 작전의 중요성도 무시하지 않았다. 그는 단순히 지상전을 '최고 우선 순위'로 간주하는 것에 반대했고, 성공의 열쇠로서 '지상을 점령하는 것'에 대한 지독한 집착이 항 공력의 잠재력 개발에 주요 걸림돌이 된다고 주장했다. 그의 관점에서, 해당 영토 내에 중요한 정 치 또는 경제적 중심(CoG)이 존재하지 않는다면 단순히 그 영토를 확보한다고 해서 전쟁에서 승 리하기는 어렵다고 보았다. "영토는 단순히 전쟁이 끝나고 평화회담에서 정치 및 군사, 그리고 경 제적인 상황에 의해 처리될 사안이다."

이 책은 항공력이 지상군에 종속되어야 한다는 당시 美 공군의 지배적인 교리에 반하고 공중우 세의 중요성 및 작전적 예비전력의 가치를 강조하며, 지상군의 개입 여부와 무관하게 항공력만으 로 전쟁에서 승리할 수 있다고 주장함으로써, 1980년대 중반을 지배했던 군사 이론과는 크게 상충 되었다. 당시 워든의 도발적인 주장과 다소 선별적이었던 역사 해석은 논란의 여지가 많았고, 칭찬과 비난을 동시에 받아야만 했다. 지지자들은 워든이 통찰력과 분석, 그리고 해결책을 제공했기 때문에, 그의 논문이 설득력이 있으며, 그의 접근법이 가치가 있다고 보았다. 반대론자들은 그의 저서를 완전히 편향된 것으로 치부해 버렸다. 이러한 양극화된 시각에도 불구하고 이 책은 항공력 이론 발전에 지대한 공헌을 했다. 냉전의 종식과 레이건 정부하에서 미국의 재래식 무기에 적용된 신기술 덕분에 워든의 논문은 특히 대중의 관심을 끌었다.

워든-이론가이자 구시대적인 사람

*항공전역(Air Campaign)*은 작전술과 전쟁의 원칙[88]이 단일화된 항공전역의 설계와 실행에 어떻게 적용되는지에 대한 해박하고도 시사적이며 상상력이 풍부한 담론을 제공했으며, 전쟁에서 항공력의 역할에 관한 전통적인 생각에 이의를 제기했다. 또 다른 측면에서 그것은 초창기 항공력 이론의 답습이기도 했다. 워든의 논거는 초기 항공력 사상가들의 그것과 아주 많이 중복되고 연속성이 있다. 사실 워든의 거의 모든 주장은 이전에 이미 제시된 것들이었지만, 그는 과거의 단편적으로 제기됐던 주장들을 전쟁의 작전적 수준에서 항공전역 실행에 관한 일관된 철학으로 조직화하는 것에 성공했다. 어느 정도는 그의 '오래된' 아이디어가 갑자기 새로운 것으로 보이기도 했는데, 왜냐하면 1980년대 후반에는 美 공군 내에서 그러한 아이디어가 거의 잊혀 있었기 때문이다.

과거 공중우세의 중요성과 "전쟁은 공중을 통해 승리할 수 있다."라고 주장하여 워든에게 확실한 영향을 미친 초창기 항공력 사상가들에는 *The Command of the Air*'(1921)의 저자인 듀헤와 *'Winged Defense'*(1925)와 *'Skyways'*(1930)를 쓴 미첼, 그리고 *'Victory through Air Power'*(1941)의 저자인 세바스키 소령이 있다. 듀헤와 미첼, 세바스키 및 워든은 제공권(command of the air)이 모든 다른 군사작전의 선결조건이고, 특정 상황에서는 공중우세 확보만으로도 승리를 보장할 수 있으며, 항공력은 국가안보를 보장하는 최고의 군사적 수단이 될 수 있고, 본질적으로 군사분야에 혁명을 불러올 수 있는 공격적인 수단이라고 믿었다. 그들은 날카롭고 폭력적인 무력사용을 주장했으며, 지대공 시스템의 역할을 경시했다. 세 명의 선구자들은 지대공 시스템의 효용성을 이해하지 못했고, 워든은 전자전과 같은 대항책을 마련하여 적용하면 해당 체계를 쓸모없게 만들 수 있다고

---

88) 전쟁의 원칙(the principles of war): 전쟁 수행을 위한 계획과 준비 그리고 실시간에 적용하여야 할 지배적인 원리. 전쟁의 전략적, 작전적, 전술적 수준에서 전쟁에 대한 지침과 원칙을 제공함.

믿었기 때문이었다. 네 명 모두는 공군이 항공전역을 통제해야 한다고 주장했고 중앙집권적 통제와 분권적 실행 원칙에 대해 신봉했다. 또한, 그들은 '최상의 방어는 최선의 공격'이라는 격언을 지지했으며, 공중우세 또는 종심 공격에 투입될 항공력을 희생시키면서 지상군 및 해군 지원 작전에 해당 전력을 투입하지 말 것을 경고했다.

아마도 워든과 초기 항공력 사상가들 간의 가장 강력한 유사성은 그들 모두 전략적인 항공력 사용을 강력히 옹호했다는 점이다. 그러나 역설적이지만 워든은 그의 저서에서 해당 주제를 광범위하게 다루지는 않았다. 그는 전략공격을 전구 지휘관의 중요한 임무로 언급했으며, 특정 상황에서는 전쟁 승리의 수단이 될 수 있다고 밝혔다. 그러나 그가 단일화된 전략폭격의 개념을 개발한 것은 'The Air Campaign' 초안을 제출하고 2년이 지난 후였다. 더욱이 전략적 항공력 개념에 대한 워든의 분석(이후 장에서 논의)은 표적처리를 중시하는 그의 철학을 엿볼 수 있는데, 그가 선호한 표적은 초기 항공력 사상가들의 그것과는 달랐다. 'The Air Campaign'은 공중우세 및 차단, 근접항공지원 임무와는 별도로 전략적 항공력 운용이라는 장을 추가하여 내용을 더 풍부하게 할 수도 있었지만, 워든은 작전적 수준의 전쟁에만 전적으로 초점을 맞췄다.

워든이 '이론가인가, 아니면 구시대적인 사람인가'를 논할 때, 美 항공력 분석가인 메츠는 워든의 책이 오래된 항공사상들을 하나의 접근성이 높은 책자 형태로 종합한 것 외에는 특별할 것이 없다 할지라도 마한의 대표작인 'The Influence of Sea Power Upon History'(1660~1783)와 공통점이 많다고 결론지었다. "그 책 또한, 새로운 내용은 없었지만, 해양력 발전에 엄청난 영향력을 미쳤다. 마한은 오랫동안 영국의 해양력 및 해군의 성공에 토대가 된 단편적인 해양 이론들을 읽기 쉽고 요약된 형태로 종합하여 출간했다." 사실 마한의 저서는 뛰어난 군사적 사고를 알려진 사실에 기반하여 새롭게 해석한 것도 아니었고, 알려진 사실을 설명하는 새로운 메커니즘이나 시스템의 발견도 아니었다. 이러한 측면에서 워든은 항공력 발전에 상당히 기여했다. 즉, 초기의 항공력 사상가들은 단지 공상가였으나, 워든은 그의 주장에 신뢰를 가져다줄 수 있는 기술적인 근거와 이론적인 토대를 갖고 있었다. 아이디어의 표현과 그 기원을 분명하게 구별하기는 어렵지만 워든은 분명히 오늘날의 효과중심작전(EBO)에 기반이 된 기획의 논리와 과정을 성문화했다.

또 다른 요소도 개입됐다. 즉, 워든은 초창기 항공력 사상가들의 이론에 동조하면서도 결코 자신의 상상력을 그것에 묶어 두지 않았다. 그는 자신의 저서에서 독자적으로 아이디어를 개발했는데, 이는 그의 작전경험과 직관에 기초한 것이었다. 워든은 한셀 장군의 저서인 'The Air Plan That

Defeated Hitler'뿐만 아니라 *U.S. Strategic Bombing Survey* 문서가 '*The Air Campaign*' 작성에 많은 영향을 주었다고 명시했지만, 초창기 항공력 사상가들보다는 풀러와 리델 하트에게 더 많은 지적인 영향을 받았다.

'*The Air Campaign*'의 기본적인 장점은 내용이 명확하다는 점이다. 즉, top-down 방식의 내용 전개와 체계적인 접근, 그리고 전문용어를 사용하지 않았다는 점으로 인해 기존에 전술·전기적인 개념으로만 검토되던 주제를 쉽게 이해할 수 있게 했고 핵심적인 논제로 인해 이 책을 읽는 것에 대해 흥미를 가질 수 있게 했다. 워든은 작성 내용이 신뢰할 수 있고 생생하며, 독자들이 항공력을 작전적 수준에서의 원칙으로 이해하도록 하는 것에 성공했다. 이 책은 강조하고자 하는 중점이 있고 논리적으로 구성됐으며, 과도한 세부 내용에 대해서는 다루고 있지 않다. 이러한 이유로 '*The Air Campaign*'은 이전의 교리적 형태의 책자들보다 훨씬 많은 관심을 받았다. 항공력 분석에 대한 워든의 접근법은 본 책이 의도했던 독자인 작전적 수준에서 문제를 다루어야 하는 장교들로부터 높은 평가를 받았다.

그러나 그의 방법론은 더 세밀한 조사를 필요로 했다. 워든은 의심할 여지 없이 일반적인 공식과 모델, 원인 및 결과 간의 식별 가능한 연관성에 집착하는 학파에 속해 있었다. 그의 연구는 교훈적이고 규범적이었다. 다시 말해 그는 미래의 항공전을 효율적으로 실행하기 위한 지침으로서 역사적인 추세 또는 불변의 원리를 연역적으로 추론하고자 했다. 워든은 술(art)과 과학(science)의 혼합체인 군사 이론이 복잡한 문제를 단순화하는 환원주의[89]를 사용해야만 발전 가능하다고 확신했다. 워든은 이전의 마한과 같이 이론화 과정에서 반과학적 방법을 사용할 때 피할 수 없는 결과물을 일반화하려는 경향이 있었는데, 이런 방식은 전임자들과 마찬가지로 달리 정의하기 어려운 포괄적인 견해를 허용해야만 했다.

따라서 좋든 나쁘든 워든의 방법론적인 접근방식은 신고전주의적 합리주의 언어로 말하고 글을 쓴 조미니와 아주 유사하다. 둘 다 단순화 및 해결책을 중요시했다. 그들은 전쟁의 본질에 관한 추상적인 철학보다는 전쟁 실행에 필요한 실제적인 지침을 제시하려고 했으며, 전쟁의 복잡성을 소수의 핵심 요인과 규칙, 그리고 원칙으로 줄이려 노력했다. 그 과정에서 그들은 귀무가설[90] 검증을

---

89) 환원주의(reductionism): 복잡하고 높은 단계의 사상이나 개념을 하위단계의 요소로 세분화하여 명확하게 정의할 수 있다고 주장하는 견해.

90) 귀무가설(null hypothesis): 차이가 없거나 의미 있는 차이가 없는 경우의 가설을 말하며, 대립가설이 반대되는 개념임.

하지 않았다. 즉, 그들은 군사적 경험이 공식에 기초한 예측과 일치하지 않는 사례들은 무시했다. 또한, 둘 다 주요 주장을 이끌어 내기 위해 의도적으로 경구[91]를 사용하여 제시된 근거를 초과하는 결론을 제시했다. 결과적으로 클라우제비츠 저작의 특징인 객관적인 확률 접근방식과는 대조적이었다. 그러나 전쟁 수행에 대한 조미니의 접근방식은 놀랍게도 오늘날까지도 지속되고 있다는 점을 주목할 필요가 있다. 이러한 측면에서 클라우제비츠보다는 조미니가 현대 전략의 창시자라고도 볼 수도 있을 것이다. 이 주장에 동의하든 동의하지 않든, 군사 전문가보다는 일반 대중을 대상으로 한 조미니의 저서는 지상전에 대한 광범위하고 엄격한 연구를 촉발시켰다. 워든의 '항공전역(The Air Campaign)'도 항공전에 있어 동등한 가치를 갖고 있다.

항공전역(The Air Campaign)에 대한 시각

부인할 수 없는 사실은 워든의 논리에는 결함이 있다는 점이다. 그는 의도적으로 전쟁의 상호작용성을 경시했는데, 이는 주로 압도적인 항공력이 전쟁에서 결정적인 역할을 할 것이라는 믿음 때문이었다. 워든은 공격적으로 사용된 항공력이 작전적 수준의 전쟁에서 마찰을 상당히 줄여 줄 수 있다고 주장했으며, 그로 인해 일부 학자들은 그가 클라우제비츠가 언급한 전쟁의 불확실성에 둔감하다고 주장했다. 현대의 첨단 군사력이 적의 물리적인 능력에 대한 거의 완벽한 정보를 제공할 수 있다는 그의 믿음은 전쟁의 무형적인 요소보다는 측정 가능한 물리적 효과에 초점을 두도록 했고, 이는 다시 뉴턴의 연역적인 접근방식을 사용하여 불변의 원칙을 찾았던 조미니 식의 접근법과 유사하게 됐다. 워든은 또한, 재래식 전쟁과 장기적인 혁명전쟁 간의 기본적인 차이를 인정하지 않았다는 비판도 받았다.

다른 사람들은 공중우세가 자동적으로 지상전에서의 큰 이점을 가져다줄 것이라고 가정한 워든의 주장을 맹렬히 비난했고, "공중우세를 확보한 국가는 전쟁에서 절대 지지 않는다."라는 그의 주요 가설에 의문을 제기했다. 워든의 가설에 반대되는 예로서 베트남전이 인용됐지만, 그는 미국이 항공력을 철수하기 전까지는 전쟁에서 패배하지 않았다고 주장하면서 해당 비판에 대해 반박했다. 독일이 1942년까지는 공중우세를 확보했음에도 불구하고 전쟁에서 패했다는 사실 또한 반박

---

91)　경구(epigrams): 진리나 삶에 대한 느낌, 사상을 간결하고 날카롭게 표현한 말.

의 예로 인용됐지만, 독일은 본토 상공에서만 공중우세를 확보하여 미국과 영국, 또는 소련의 군사 및 산업 중심부를 공격할 수 없었다는 사실을 간과해서는 안 된다. 더욱이 전쟁은 1945년이 되어서 야 끝났고 그 시점에 독일은 공중우세를 잃었다.

또 다른 비평은 용어와 관련된 것이다. 일부 독자들은 워든이 하나 이상의 중심(CoG)을 식별함으로써 그의 목표인 물리적인 힘과 정신적인 힘을 분산시켰고 이는 대량(mass)과 집중(concentration)의 원칙에도 어긋난 것이라고 논평했다. 또한 중심(CoG)이 무엇을 의미하느냐에 대해서도 의견이 분분했다. 즉, 그것이 장점 혹은 약점인가? 아니면 취약점인가? 그것이 무기체계 또는 능력인가? 아니면 위치인가? 도달할 수 없다면 그것을 중심으로 선정할 수 있는가? 다른 비평가들은 워든이 '항공전역'이라는 용어를 사용하는 것에 대해서도 반대했다. 그들의 관점에서는 합동 군사전역이라는 단일의 '전역'만이 있고 다른 모든 것은, 이 전역을 지원하는 작전이라는 것이었다. 또 다른 비평가들은 공군이 이미 전체 군사력에 완벽하게 통합되어 있어 독립적인 항공전역 개념이 무의미하다고 믿었다. 그러나 이 책은 공군이 작전적 수준의 전쟁에 대해 심각하게 고민하도록 하는 데 큰 도움이 됐고, 오늘날 '항공전역' 및 '중심'과 같은 용어가 서방세계 전반에 걸쳐 교리와 작전 기획 문서상에서 당연한 것으로 받아들여지도록 했다.

아마도 워든의 *The Air Campaign*'에 대한 가장 강력하고 이치에 맞는 비평은 그의 이론적 주장을 뒷받침하기 위해 사용된 역사적 사례에 관한 것일 것이다. 많은 사람들은 역사적 사례 인용을 이 책의 강점 중 하나로 본 반면, 나머지는 그가 편견이 있는 주장이나 결론을 뒷받침하기 위해 역사적 사례 인용에 있어 지나치게 선택적이었다고 보았다. 가장 혹독한 비평은 스웨덴 국방대학 교수인 제털링의 논평이었는데, 그는 궁극적으로 이 책을 '구소련 방식의 선전'에 비유했다. 스웨덴의 역사가들은 워든의 역사 해석에 있어 다음과 같은 여섯 가지의 주요 문제점에 대해 비평했다. 첫째, 저자는 원인과 결과 간의 연관성을 판단할 때 적용해야 하는 요소의 범위를 설명하지 않았다. 둘째, 저자는 결정적 요소와 지원적인 요소를 객관적으로 구분하지 않았다. 셋째, 저자는 항공력의 효과를 필요할 때마다 과대평가했다. 넷째, 저자는 반대 결론을 내릴 수 있는 요소를 무시했고 역사적 사례를 선별적으로 인용했다. 다섯째, 원래의 맥락에서 벗어난 참조와 인용문을 사용했으며, 마지막으로 몇 가지 사실이 단순히 틀렸다는 점이다. 체털링은 여덟 페이지 분량의 부록을 포함하여 워든의 역사 인용에 있어 논리적 오류와 부정확하다고 생각되는 내용을 자세히 설명한 여러 사례를 제시했다.

체털링의 비평은 다소 과장되었음에도 불구하고 무시할 수 없었지만, 역사는 여러 방식으로 해석 가능하며, 워튼은 결코 자신이 역사가라 주장한 적도 없고 항공력의 역사 발전을 위해 이 글을 쓴 것이라고도 하지 않았다. 그는 자신의 저서 의도에 대해 군사 기획가들이 적용할 경우 더 높은 성공 확률을 얻는 데 도움이 될 수 있는 아이디어를 제시한 것이라고 솔직하게 털어났다. 워튼은 사회과학적인 접근방식을 사용했는데, 자신의 기본적인 아이디어는 정확하다고 확신한 상태에서 본인의 주장을 설명하는 데 도움이 되는 사례를 찾았다. 워튼에게 중요한 것은 그것을 실세계에 적용 가능한지 여부였다. 사례를 만들 수 있는 충분한 증거를 찾을 수 있다면 그 사례를 제시할 것이고, 경험적 증거가 없다고 해서 좋은 주장을 포기하지도 않았다. 워튼은 그의 아이디어를 강력하게 뒷받침해 줄 세부정보를 갖고 있었으며, 랑케가 자주 인용했던 "실제로 일어나는 것만 보여 주라."라는 격언을 따르지 않았다. 그는 내면의 의식과 직관에 빛을 비추는 통찰력으로 연구를 시작했고, 통찰력이 결론으로 굳어진 다음에는 삽화와 증거를 모았다.

비록 워튼은 자신의 결론에 대해서 몇 가지 비평을 받을 수는 있겠지만, 항공력의 서로 다른 구성요소를 하나의 큰 그림으로 제시한 것은 당시 유례가 없던 것이었다. 전략의 3가지 구성요소인 목표(정치적 목표) 및 방법(주어진 목표를 달성하는 전략), 그리고 수단(선택된 전략을 실행하기 위한 구체적인 표적 식별)을 체계적으로 연결한 그의 연구는 많은 공군인들이 항공전역을 계획하고 작전적 수준에서 전쟁을 사고하는 데 있어 매우 유용한 지침서가 되었다.

작전적 예비전력 보유에 대한 워튼의 지지는 논쟁의 여지가 있었던 동시에 중요한 주제였으며, 이 책이 독자로부터 더 많은 관심을 끌 수 있었던 이유가 됐다. 비록 거의 공식적으로 인정하지는 않았지만, 대부분의 공군 장교들은 그의 주장을 지지했다. 역사적으로 항공 예비전력은 일시적으로 편성된 것일지라도 대부분 육군의 통제를 받았고 다른 곳에서 아무리 긴박하게 해당 전력을 필요로 할지라도 육군으로부터 자유로워질 수가 거의 없었다. 이는 해당 전역 참가자들에게 매우 좌절감을 안겨 주었다. 아마도 작전 기획가들은 중심(CoG) 식별 측면에서 적·아의 장점과 약점을 평가하는 워튼의 개념이 매우 유용하다는 점을 발견했을 것이다. 비록 美 항공단 전술학교의 선구자들은 적을 하나의 시스템으로 간주했고 공군 장교들은 오래전부터 근접항공지원이 항공력의 가장 효과적인 사용 방법이 아니며, 전투기 소탕(sweep)이 공중호위(escort)보다 더 효과적이라고 주장했음에도 불구하고, 워튼은 이러한 생각을 논제로 다시 선정하여 추가적인 통찰을 얻었다. 그렇게 하여 워튼은 영관급 참모 장교들이 단순히 전술적 수준과 물리적 파괴가 아닌 작전적 체계 효과

(operational system effects) 관점에서 생각하도록 유도했다.

'The Air Campaign'은 확실히 당시 美 공군의 일반적인 항공력 운용방식을 대표하지는 않았지만, 항공전역 계획수립 시 고려해야 할 심오한 아이디어를 제공했다. 이 책은 항공전의 술(art)이 단순히 표적을 고르고 적합한 항공기와 무장을 선정하는 것, 이상이라고 주장한다. 따라서 'The Air Campaign'은 워든이 바라는 대로 작전을 기획하는 데 있어 지휘관 및 참모 장교가 숙고해야 할 지침서로 평가되어야 한다. 'The Air Campaign'의 진정한 가치는 항공력을 지상군과 분리하여 생각하는 방식을 소개한 것이다. 1980년대 중반 당시, 육군과 공군은 협력을 통해 항공작전이 기동전과 지상전에 기여할 수 있는 방식을 중시한 여러 프로젝트들을 진행했지만, 워든만큼 일관되게 단일화된 항공전역을 생각한 사람은 거의 없었다. 워든은 NATO의 유럽 중앙에 전선을 구축하고 수적으로 우세한 전투 및 방어를 중시했던 군사력 운용개념을 받아들이기보다는 공세적인 군사력 운용과 전술적 임무를 뛰어넘는 항공력 사용의 틀을 제공했다. 전쟁의 작전적 수준에서 항공력을 고찰하고 공군 지휘관이 항공전역을 계획 및 조직화, 그리고 구성해야만 한다는 워든의 주장은 공군 장교들에게 당시 지배적이었던 냉전 패러다임을 뛰어넘어 항공전에 대해 숙고할 수 있는 개념적 틀을 제공했다. 이렇게 'The Air Campaign'은 이후 10년 이상에 걸쳐 나타난 항공력에 대한 개념적 변화를 대표했다.

따라서 1980년대의 상황에서 워든이 항공력을 군사 전역의 주도적인 요소로 제시하여 새로운 지평을 열었다고 주장하는 것은 당연하다. 美 공군 역사가인 헬리온은 이 저서가 "美 국방 분야에 심오한 영향을 미쳤다."라고 다음과 같이 언급했다.

> 초기 항공력 사상가인 미첼과 세바스키 이후 가장 명확하고 간결하며, 설득력이 있고 균형 잡힌 항공력에 관한 미국식 표현… 항공력 적용에 대한 신중하고 현실적이지만 본질적으로 희망적인 워든의 'The Air Campaign'은 美 공군 전체에 걸쳐 광범위한 토론과 논쟁, 그리고 비평을 불러왔다. 이 책은 워든을 현대 항공력 이론가 중 최고의 반열로 올려놓았다.

요약하자면 워든은 작전적 수준의 항공력 개념을 구체화하고 그것들을 정교하게 설명할 수 있는 능력을 통해 유능한 전략가라는 명성을 얻었다. 시간이 지남에 따라 그의 항공력 개념은 더 세련되고 구체화됐지만, 4년 뒤 발생한 사막의 폭풍 작전을 위해 개발된 항공전역 개념(인스턴트 썬더)은 이 전쟁이 발생하기 훨씬 전에 그의 책에 이미 제시되어 있었다.

출판

美 국방대학원(NWC) 학장이었던 스미스 소장은 'The Air Campaign'의 최초 초안을 읽고 매우 감명받았다. 그는 최종판을 받고 다음과 같이 주석을 달았다. "이 논문은 과거 수십 년간 작성된 항공력 관련 서적 중 가장 중요한 책이다. 미래 전투에 관심이 있는 모든 사람은 이 책을 반드시 읽어야 한다. 이것은 내가 쓰고 싶었던 바로 그 책이다." 워든은 대학원에서 수여하는 '연구 및 저술 분야 美 공군상'을 수상했고, 스미스는 이 책이 국방대학원(NDU) 출판부에서 발간되도록 허락해 주었다. 美 국방대학교 총장이었던 호스머 중장은 "이 책이 기획 입안자들에게 미래의 다양한 항공작전 상황에서 다양한 적의 능력에 대응할 수 있도록 하는 항공력 적용 방법에 있어 포괄적인 이해를 제공한다."라고 언급했다. 출판 과정이 수개월 정도 소요되는 동안 스미스 소장은 워든의 연구 초안을 당시 유럽 주둔 美 공군(USAFE) 사령관이었던 도넬리 대장에게 보내는 것을 포함하여 다른 여러 공군 장성들에게도 배포했다. 그는 배포 과정에서 장군들에게 다음과 같은 메모를 남겼다. "워든은 찾아보기 힘든 인물입니다. 워든이 공군으로 다시 돌아가게 되면 그에게 비행단장직을 주고 역량을 발휘할 수 있도록 기회가 주어져야 합니다. 이 사람은 작전적으로나 지적인 측면 모두에서 美 공군에게 크게 기여할 수 있는 엄청난 잠재력이 있습니다."

도넬리 장군은 거의 설득할 필요가 없었다. 그는 美 국방대학원(NWC)의 최근 연설에서 작전적 수준에서의 항공력 사용방법을 이해하는 것이 중요하다고 언급했다. 또한, 그는 공중우세 확보가 '전구적 차원에서의 전역 목표 자체로 간주'될 수 있으며, "적군이 전투에 참가하기 전에 공격하는 것이 전쟁 승리의 핵심 요인이 될 수 있다."라고 강조했다. 또한, 도넬리는 "지휘관으로서 평시의 임무를 수행하는 것은 쉬운 일입니다. 여러분 자신의 능력을 확장하고 더 높은 수준으로 생각을 끌어올리시기 바랍니다. 또한, 여러분의 아이디어를 타인에게 전달하세요. 나는 여러분이 상황에 맞춰 즉흥적으로 전쟁을 수행할 수 있는 방법에 대해 생각할 것을 독려합니다."라고 밝히면서 연설을 마쳤다. 그는 워든의 초안을 읽은 후 다음과 같은 소개의 글을 작성했다.

이 책은 역사적 경험을 전쟁 상황에서 항공력을 사용하여 전략적 목표를 달성하기 위한 명확하고 비전 있는 결론과 지침으로 통합하려는 매우 중요한 노력의 시작점이다. 이 책은 국가목표의 선정에서부터 비행단 및 비행대대에서 실시하는 전술적 임무 영역까지를 다룬 최초의 책이기 때문에 특별하다. 우리는 이러한 유형의 책을 오랫동안 갈구했다… 나는 *The Air Campaign* 이 공군 지휘관들에게 패배하지 않기 위해서뿐만 아니라 승리하기 위해 요구되는 지적 능력을 제공할 수 있기 때문에 강력하게 추천한다.

도넬리 대장은 자신이 스페인에서 비행단장으로 있을 때 함께했던 성실하고 지적인 워든의 모습과 美 공군본부에서 그가 이룬 뛰어난 업적을 기억하고 있었으며, 더 최근에는 유럽 주둔 美 공군(USAFE) 사령관으로서 예하 부대인 이탈리아의 제4파견대 지휘관이었던 워든을 지켜봤다. 실제로 도넬리는 워든의 일하는 방식을 좋아했고 그를 통찰력이 우수한 사상가로 인정했으며, 그가 단순히 비행단을 잘 관리하는 것이 아니라 그런 책임이 주어질 때 더 우수한 성과를 낼 것이라고 믿었다.

美 국방대학원(NWC)에서 함께 공부했던 그의 동료들은 그가 학업에 헌신한 점을 인정했고, 학문적 측면에서 그를 상당히 존경했다. 그러나 그는 모든 동료로부터 인정받지는 못했는데, 일부는 워든을 융통성이 없는 사람으로 간주했다. 그는 대학원 수료 여행의 일환으로 남미를 방문했을 때 학생 장교들을 인솔했는데, 이때 이러한 모습이 확실히 드러났다. 국방대학원은 학생 장교들이 콜롬비아, 파나마, 온두라스, 멕시코, 엘살바도르를 방문할 때 그들이 정복 대신 정장을 입도록 결정했다. 그러나 워든은 국가를 위해 헌신하고 미래 미군의 리더가 될 주역으로서 군에 대한 존경심과 자존심의 문제이기 때문에 반드시 타국의 군과 정치 지도자를 만날 때에는 정복을 입어야 한다고 주장했다. 그의 주장은 호응을 얻지 못했고, 정장을 입으라는 결정은 그대로 유지됐다. 워든은 학생들이 피난민 캠프 방문 시 일상복을 입으라는 지시를 받았을 때, 기분이 더 상한 것 같았다. 그들은 너운 날씨에 울퉁불퉁한 시골길을 차를 타고 이동해야만 했다. 워든은 다시 한번 미군을 대표하는 사람들로서 티셔츠에 청바지를 입는 것이 부적절하다고 주장했다. 그러나 그의 주장은 투표를 통해 부결됐다. 결과적으로, 그는 유일하게 정글 한가운데에서 코트를 입고 타이를 맨 사람이 됐다. 그런 예가 너무 과장되어서는 안 되겠지만, 왜 일부 사람들이 워든을 학문적 재능은 있지만, 개인적으로 괴팍하고 융통성이 없으며, 비현실적인 사람이라고 보았는지를 잘 보여 준다. 워든은 학문적 성취로 인하여 워싱턴 D.C.에 있는 美 국방대학원(NWC)에서 보직을 받는 것이 더 유리했음에도 불구하고 그가 제시한 항공이론을 직접 적용해 볼 수 있는 작전 분야로 다시 돌아가길 희망했다.

VI.
비행단장:
93가지 구상

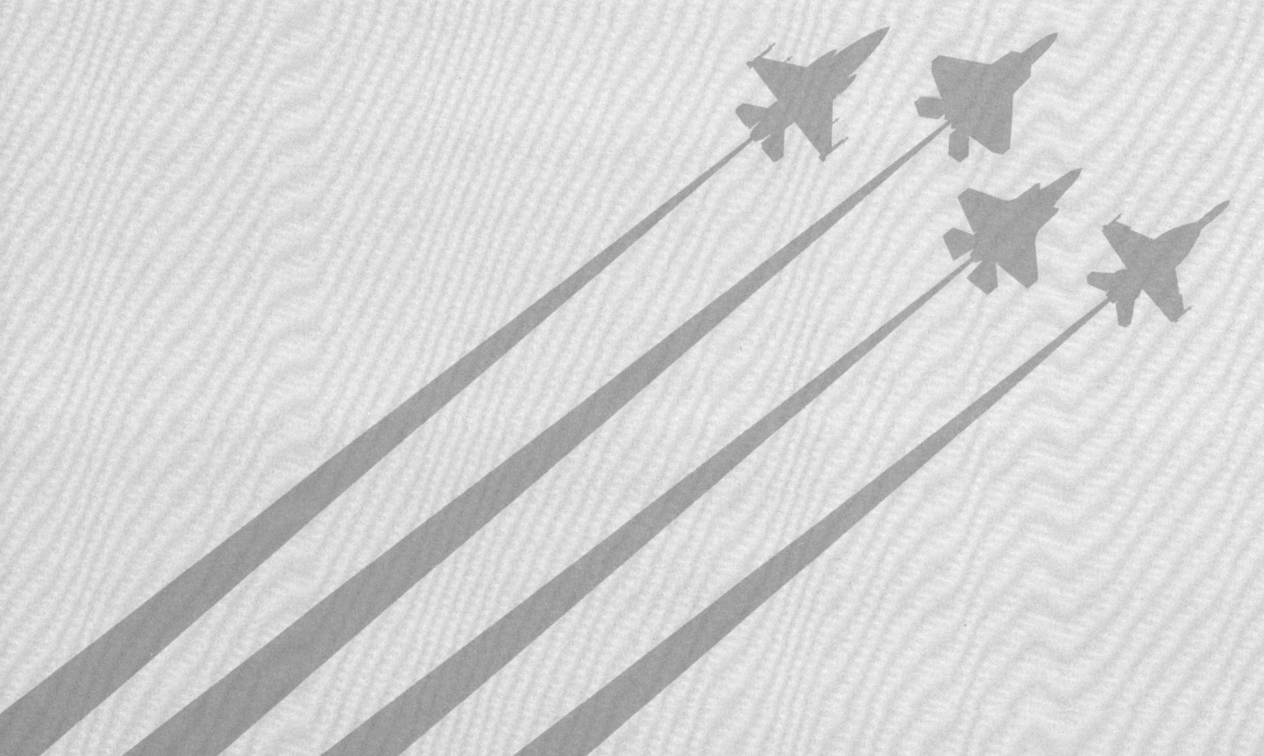

워든은 우수한 근무평정과 도넬리 대장 및 스미스 소장의 개인적 추천이 결합되어 독일 아이펠 지역에 있는 비트부르크 공군기지의 제36전투비행단 부단장 직책을 맡게 되었다. 그는 몇 달 이내로 비행단장으로 취임할 것이 확실했으며, 이러한 기회가 주어진 것에 대해 무척 기뻐했다. 당시 전투기 조종사로서 유럽지역 중심에 위치한 최고의 F-15 비행단에 근무하는 것보다 더 매력적인 것은 없었다. 도넬리 장군은 워든에게 그의 연구 저서에서 제시한 일부 아이디어를 비행단 재직 시절에 구현해 보라고 제안했으며, 부단장직에 있을 때 구체적으로 준비해 볼 것을 조언했다. 예상대로, 워든의 개혁적인 구상(세부 실천과제)은 비행단 구성원들과 상부 모두로부터 강력한 저항에 부딪혔다.

부단장

워든은 1986년 6월 25일부로 비트부르크에서 부단장 직무를 시작했다. 그는 부임 직후 비행단 발행 신문인 'Bitburg Skyblazer' 담당자와의 인터뷰에서 비행단이 전투임무 중심에서 다소 벗어나 있다고 다음과 같이 언급했다. "모든 비행단의 구성원과 조직은 전투임무 성공에 있어 중요한 역할을 해야 한다. 이는 '못이 없어서 말에 편자를 달지 못한다.'와 같은 옛 속담이 있듯이 F-15를 조종하는 사람들은 말 위에 탄 기사와 같지만 누군가가 먼저 그 말에 편자를 끼워야만 한다." 워든이 부임했을 때 제36전투비행단 단장이었던 로빈슨 대령은 워든의 말에 전적으로 동의했다. 사실 그는 비행단이 그러한 관점에서 생각하도록 하는 데 많은 시간을 할애했다.

워든의 임무는 검열과 훈련 준비, 사령부에서 내려온 문서처리, 그리고 필요한 경우 단장을 대리하는 것이었다. 검열 임무는 이글린과 무디 기지에서도 해 봤기 때문에 새로울 것이 없었다.

그 당시 유럽의 공군기지들은 2가지 종류의 주요 검열을 받고 있었는데, NATO 주관의 전술평가 (TACEVAL)[92]와 유럽 주둔 美 공군사령부 주관의 작전준비태세검열(USAFE ORI)[93]이 이에 해당된다. 당시 두 검열의 시기가 거의 비슷해서 비행단 입장에서는 상당한 부담이 있었다. 또한, 평가 기준은 동일한 것에 비해 두 검열 팀이 검열 활동을 잘 조율하지 못했고, 각 팀의 검열 우선순위가 달랐기 때문에 평가 결과가 종종 다르게 나왔다. 이러한 이유로 유럽에 배치된 공군 지휘관은 검열을 준비할 때 동시에 두 팀의 우선순위 모두를 고려해야만 했다. 로빈슨 단장은 첫 번째 검열에서, 두 팀의 검열 보고서가 너무 크게 차이 나서 그러한 불일치에 대해 검열 팀들이 비행단에 사과해야 한다고 느꼈다.

워든은 그러한 딜레마를 인식하고 있었지만, 검열 업무에 대해서는 자신 있었다. 첫 번째 ORI는 워든이 도착한 지 3개월도 채 되지 않은 1986년 10월 14일부터 20일까지 실시되었다. 비행단은 초기대응 분야에서 '우수(excellent)'를 받았고 전투 운용과 작전지속능력, 그리고 준비태세 분야에서는 '만족(satisfactory)'을 받았다. 유럽 주둔 美 공군(USAFE)은 비행단 방어에 적합한 전력배치를 시험할 수 있는 가상 적군 팀의 사용 금지를 철폐했고, 이에 워든은 美 특수부대와 영국 공군의 '침투군(Intruder Force)'을 비행단의 기지방어 훈련에 투입했다. 항공작전 부전대장인 마키 대령이 훈련에 도입한 초경량 항공기는 즉각적이고 정확한 비행장 피해 평가를 가능케 했고, 앞서 실시한 美 특수부대 및 침투군과의 훈련을 통해 기지방어 능력도 확실히 향상되었다. NATO의 전술평가 (TACEVAL) 팀을 지휘한 키랠리 대령은 로빈슨 단장의 검열 준비에 상당히 감동받았으며, 비행단에 아주 높은 검열 성적을 부여했다. 이에 로빈슨 단장은 검열을 준비한 워든을 치하했다.

제36전투비행단의 검열 성적과 세부지표들은 부단장으로서 워든의 훌륭한 직무수행 능력과 시대에 앞선 뛰어난 개인용 컴퓨터 사용 능력, 그리고 그가 워게임 훈련에 특별한 관심이 있음을 보여 주었다. 로빈슨 단장은 워든에 대해 '개념적으로 사고하는 능력이 탁월하고 충성심이 강하며, 책임감이 있고 창조적인 부하'로 기억하지만, 동시에 항상 '자신에게 부여된 권한의 한계'를 인정하지 않는 사람으로도 기억했다. 그는 워든이 무언가를 하기로 마음먹으면 매우 끈기 있게 하지만, 그러한 일을 추진할 수 없다고 지시해도 그는 그 일을 좀처럼 단념하지 않으려 했다고 회상했다. 항공작전전대장이었던 뮬너 대령에 따르면, 부단장으로서 워든의 장점은 항공작전에 관해 전문성

---

92)　Tactical Evaluation.

93)　USAFE Operational Readiness Inspection.

이 뛰어났고, 젊은 장교들이 그들의 임무를 작전적 관점에서 보도록 고무시킨 것이라고 언급했다. 비행단의 모든 동료들은 워든이 전략에 대해 토론하는 것을 좋아하며, 현대 및 고대의 전쟁사에 관심이 크다고 인식했다. 비트부르크에서의 초기 몇 달 동안 그는 '호출 부호(call sign)'로 '최고의 황제'였던 칭기즈칸을 뜻하는 '칭기즈(Genghis)'를 사용했다.

워든은 60년대 후반과 70년대 초반에 전투기 조종사로서 그가 경험한 것을 근거로 전투기 조종사는 경쟁력을 갖춰야 한다고 생각했다. 1980년대 중반의 전투기 조종사 문화는 다면적이었는데, 대다수 조종사는 가장 중요한 세 가지 항목으로 비행 기량(flying skills)과 비행 훈련(flight discipline), 그리고 부대 결속력(unit cohesion)이라고 믿었다. 美 공군 역사가인 안드레그에 따르면

> 비행과 전투기동에 정통한 전투기 조종사는 'Good Stick' 또는 'Good Hands'로, 숙련도가 떨어지는 조종사는 'Ham Fists' 또는 'Hamburgers'로 불렸다. 모든 전투기 조종사는 대대에서 최고가 되고 싶어 했는데, 그들에게 있어 최고의 찬사는 'good stick'으로 불리는 것이었다…. 'Good Hands'로 불리는 조종사는 일반적으로 겸손해 보이지만, 겸손한 모습의 이면에는 모든 패배한 노력을 비참한 실패로 간주하는 경쟁심이 가득 차 있었다…. 이 태도는 "나는 비행을 잘하고, 그것에 대해 잘 알고 있다. 나는 비행에 관한 모든 것을 신속하며 빠르게 배울 수 있다. 불가능한 도전은 없으며, 내가 정통할 수 없는 임무란 없다. 나는 당신이 나를 가르치는 것을 좋아하지만, 당신이 나를 가르치지 않거나 가르칠 수 없다면 내가 스스로 나를 가르칠 것이다. 나는 단 하나의 보상만을 바란다. 그것은 언젠가 누군가로부터 'Good Hands'로 불리는 것이다."를 의미한다.

비록 몇몇 지휘관만큼 자주 비행하지는 않았지만, 워든은 비트부르크에서 F-15 기종의 비행 리더 및 임무 지휘관으로서의 비행자격을 획득하는 기회로 삼았다. 그는 어려움 없이 비행자격 과정을 이수할 수 있었고 전투 임무 투입이 가능한 F-15 조종사로서 인정받았다. 당시 한 잡지와의 인터뷰를 통해, 그가 '능력 있는 조종사'였음을 알 수 있다. 그는 'Good Stick'이라는 최고의 찬사는 받지 못했지만, 그렇다고 'Ham Fists'로 간주되지도 않았다. 부단장으로서의 그의 임기는 논란 없이 지나갔지만, 그것은 폭풍 전야의 고요였다.

어느 한 2성 장군은 도넬리 대장에게 유럽 주둔 美 공군(USAFE) 내에서 워든을 비행단장으로 임

명하는 것이 결코 좋은 선택이 아니라고 조언했지만, 그는 워든이 해당 직책을 잘 수행할 수 있을 거라고 확신했다. 도넬리는 워든을 신뢰하고 있었으며, 그가 과거에 추구했던 장거리 비행훈련 임무를 수행하고 전투비행대대 전력이 대규모로 출격할 수 있도록 하며, 무엇보다도 이전에 워든이 주장한 F-15 전력으로 대량 편대군 훈련을 시도해 보길 바랐다. 반면, 워든이 차기 단장으로 지명됐을 때, 전술공군사령부(TAC)는 비트부르크 기지에 워든을 감시하는 비공식적인 임무를 맡은 장교를 파견했다.

워든의 야망은 분명했다. 그는 수적으로 우세한 상황에서 전투하고 승리할 수 있는 검증된 작전개념을 제36전투비행단과 유럽 주둔 美 공군(USAFE)에게 퍼트리고자 했다. 그는 고성능의 F-15 전투기를 소수만 투입하여 대규모의 적 전투기와 폭격기에 대응하는 방식의 기존훈련은 대참사로 이어질 수 있다고 확신했다. 또한, 워든은 공군 조종사들의 전문성 향상을 위해 특별히 주의를 기울였는데, 그들이 전쟁사에 대해 더 많이 알고 조종사로서뿐만 아니라 장교로서의 전문성을 갖추도록 고무했다. 부단장이었던 워든은 이전의 작전경험과 이론 연구를 통해 이러한 목표에 대한 확신이 생겼고, 비행 이외의 다른 영역에서도 이와 같은 체계적인 접근법을 적용하면, 더 나은 결과를 얻을 수 있을 거라고 생각했다. 비행단은 이미 완벽했지만, 그는 개선의 여지가 있다고 확신했다. "고장 나지 않은 것은 고치려 하지 마라."라는 옛 속담이 있는데, 워든은 "고장 나지 않은 것은 더 열심히 찾아봐야 한다."라고 고집했다.

논란이 많았던 비행단장

워든은 1987년 8월 13일부로 72대의 F-15 전투기와 5천여 명의 비행단원을 이끄는 단장이 되었다. 직무기술서에 따르면 비행단장은 다음과 같은 임무를 수행해야 한다.

공중우세 확보 임무를 준비하고 실행하는 것이 주 임무인 제36전투비행단의 부대운영 및 훈련, 그리고 실제 작전을 지휘하고 통제한다. 3개의 전투비행 대대를 지휘한다. 인사행정, 작전, 정보, 군수, 감찰, 기획 및 계획 관련 참모들과 협조하여 비행단의 임무완수를 보장한다. 전술적인 비행 활동을 감시하고 지휘한다. 비행 안전활동을 관리한다. 전투비행 훈련에 직접 참가하여 전투 효과를 확인하고 기량과 장비, 전술 및 전기를 평가한다. 단장은 임무 준비가 된 F-15 전투 조종사이다.

신임 단장으로 부임한 워튼은 처음부터 비행단의 많은 현안에 대해 상당한 고민을 했고 단기간 내에 많은 변화를 이루려고 했다. 그는 보통 단순히 인사 교환만 이루어지는 취임 첫날의 참모 회의에서 비행단이 실행해야 한다고 생각하는 프로젝트 목록을 발표했다. 회의는 여러 시간 동안 계속되었고, 참모들은 행정 및 작전 관련 문제들을 상세히 검토해야만 했다. 다음 한 달 동안 워튼은 이러한 아이디어를 구체화하고 확대했다. "우리는 사람을 믿는다."라는 신조하에, 그는 '자질 강조, 우수 업무에 대한 보상, 고객 존중, 탈관료화, 탈집중화, 팀워크 구축, 정직, 규제 완화'라는 8가지 핵심 가치를 발표했다. 그런 후 워튼은 '기지 외관, 통신, 정비, 의료지원, 작전, 우편 업무, 삶의 질, 자원 관리, 안전, 보안, 서비스, 생존 및 회복'이라는 12가지의 주안점을 제시했다. 제시된 8가지 핵심 가치와 12가지 주안점으로부터 워튼은 제목과 설명, 그리고 주관부서가 명시된 93개의 구상(세부 실천과제)을 도출했고, 이 내용을 1987년 9월 27일에 18페이지 분량의 보고서로 발간했다. 소개 부분에는 다음과 같이 명시되어 있다.

지난 몇 달 동안 우리는 전투비행단이 효율성, 삶의 질, 고객 서비스, 업무 만족, 작전적 효과성, 그리고 유사시 적과 전투를 수행할 수 있는 능력 측면에서 새로운 지평을 열 수 있는 수많은 세부 실천과제에 대해 논의했다. 다음 페이지부터는 도출된 많은 세부 실천과제가 수록되어 있다. 이 보고서에 제시된 세부 실천과제를 향후 몇 년 동안 비행단이 수행해야 할 전역계획으로 생각해라. 이 계획은 다른 우수한 계획들과 마찬가지로 사람들에게 구체적인 직무 수행방법을 가르쳐 주지 않을 뿐만 아니라 비행단이 향후 12개월 동안 해야 할 모든 직무에 대해 설명하지도 않는다. 오히려 이것은 비행단의 존재 이유를 규정하고 구성원이 함께 작성한 계획이 비행단의 성장에 도움이 될 것임을 강조하고 있다. 그리고 우리는 성장해야만 한다! 세상은 너무 험난하고 경쟁이 치열해서 그 누구도 지나간 시절의 영광에 만족해서는 안 된다. 세상에는 자신의 사업이 완벽하다고 생각하여 성장을 멈춘 회사들로 가득 차 있다. 완벽하다는 것은 그저 환상이다. 그 것은 다른 누군가가 더 나은 어떤 것을 개발하기 전에 아주 잠시만 유효할 뿐이다. 성장하지 않고 매일 더 나은 방법을 찾지 않는 회사와 국가, 그리고 군대는 자멸한다. 우리 모두 성장과 혁신을 선도하자.

이러한 계획 중 일부는 결실을 맺기까지 수년이 걸릴 수 있으며, 이미 시작된 것도 있다. 어떤 계획은 천문학적인 돈이 들 수도 있고, 새로운 우선순위의 선정이 필요할 수도 있다. 비행단 구성원 모두는 새로운 우선순위가 다시 정해지기 전까지 선정된 세부 실천과제를 각자의 여건하에서 최대한으로 적극적이며, 열정적으로 추진해 주길 바란다. 또한, 여러분 각자의 개인적인 목표들이 제시된 세부 실천과제의 추진과 충돌되지 않도록 주의해 주길 바란다. 본 계획은 제목에 따라 알파벳순으로 구성되어 있다. 각 계획의 설명 마지막 부분에는 주관부서가 표시되어 있다.

워든은 자신의 비행단이 유럽 주둔 美 공군 (USAFE) 부대 중에서 최고가 되길 원한다고 선포했다. 이러한 목표는 리더가 작전 및 비행단에서의 삶의 질과 관련된 분명한 비전을 갖고 추진한다면 실현될 수 있다. 세부 실천과제에는 '비행 일정'(프로젝트 35), '대량 발진'(프로젝트 46) 및 '가상 적군 (Red Game) 계획'(프로젝트 60)뿐만 아니라 '크리스마스 장식'(프로젝트 11), '진급 축하의식'(프로젝트 58), '눈 치우기'(프로젝트 71), '도로와 건물 이름 짓기'(프로젝트 75)와 같은 부대 관리 분야도 포함됐다. 그는 세부 실천과제 내용을 전체 비행단에 배포하여 모든 구성원들이 지휘관의 의도를 인지할 수 있도록 했다.

제36전투비행단장 시절의 워든 대령(1987.8.)

비록 워든이 이 세부 실천과제 중 다수에 대해 일부 지휘관 참모들과 논의했음에도 불구하고, 그가 제시한 목록들은 비행단 구성원 모두를 놀라게 했다. 각 개인의 삶과 업무에 큰 영향을 미치는 세부 실천과제 수는 생각보다 적었으며, 대다수의 과제들은 추진하는 데 많은 시간이 필요하지도 않았지만, 대부분의 비행단 구성원들은 이것들을 과다한 업무로 간주했다. 각 세부 실천과제의 가치에 대해서는 논란의 여지가 있었지만, 대부분은 각각의 실천과제가 장점을 갖고 있음에는 동의했다. 다만 그 실천과제의 양이 너무 많다는 것이 문제였다. 더 중요한 것은, 비행단 구성원의 대다수는 세부 실천과제 선정에 참여하지 않았기 때문에 소외감을 느끼고 있었다. 설상가상으로 워든은 지휘관 참모와의 협의 없이 세부 실천과제를 변경하고 과제를 추가했는데, 이는 혼란과 저항을 불러왔다. 또한, 그는 세부 실천과제의 우선순위를 제시하는 데 실패했다. 각 실천과제의 본질적인 내용보다는 이러한 전후 사정상의 문제로 인해 비행 단장과 세부 실천과제 목록은 비행단 구성원들로부터 조롱을 받게 되었다.

작전적 현안 및 교리

워든은 전쟁에 더 잘 대비하기 위해서는 전술적 및 작전적 위험을 감수하려는 의지가 필수적이라고 주장하면서 전투에 대한 비행단의 접근방식에 있어 개념적인 결함과 부적절하다고 판단한 것들을 개선하고자 했다. 사실 그는 새로운 아이디어를 추진하지 않는 것이 군인으로서 주어진 임무를 소홀히 하는 것이라고 간주했다. 특히 그는 비행단 수준에서 대량 편대군 전술의 유효성을 입증하고자 했고, 그 결과를 이용해 NATO군의 방공 및 공중우세에 관한 기존교리를 바꾸도록 설득하고자 했다. 유럽사령부와 예하 유럽 주둔 美 공군(USAFE) 사령부, 그리고 비트부르크의 제36전투비행단은 워든이 판단하기에 충분히 공세 지향적이라고 간주할 만한 항공전역 계획이 부재했기 때문에, 그는 공세적인 항공전역 계획을 개발하기 시작했다. 이것이 당시 유럽 주둔 美 공군(USAFE) 사령관이었던 도넬리 대장의 의도와도 일치한다고 믿었던 그는 바르샤바 조약기구의 항공력을 공격하고 파괴하기 위해 대규모 전투기 패키지 전력이 투입된 고고도 침투, 장거리 임무, 대량 편대전술에 초점을 맞춘 훈련 계획을 확립했다. 그의 관점은 다음과 같다.

작전적 수준에서의 지휘관 임무는 특정 시간과 장소에 대량의 우월한 전력을 집중하는 것이다. 지휘관은 전구 차원에서 전력이 열세하다고 해서 이 임무를 등한시할 수 없다. 사실 이것이 전투 리더십의 본질이다…. 중요한 것은 양측이 실제 전투 공간에서 만났을 때의 숫자(양)이다…. 훈련은 필수적이다. "전투상황에서 수적으로 우세함을 유지하여 승리한다."라는 마음가짐을 갖는 것이 필요하다. 전투 조종사는 용감하게 전장에 뛰어들려는 경향이 있지만, 그런 행동은 불행할 결과를 초래할 수도 있다. 즉, 대담함은 패배로 이어질 수도 있다…. "전체 전력의 수적 우세를 통해 승리하라."라는 정치적 슬로건은 작전적 수준의 전쟁에서는 통용되지 않는다.

워든은 그가 기존에 F-4 기종에서 추구했던 것을 F-15 기종으로 하고 싶어 했다. 제36전투비행단의 공대지보다는 공대공이 주 임무였으므로, 그는 무디 기지에서 경험한 검열 관련 문제는 발생하지 않을 것이라고 결론 내렸다. 워든은 바르샤바 조약기구가 유럽 전구에서 NATO보다 전체 보유 항공기 숫자에서 우세하다고 할지라도, NATO 동맹군이 대규모 비행 편대군을 적용하여 주어진 시간과 공간에서 대량과 집중의 원칙을 준수할 수 있다면, 전술적 수준에서는 수적으로 우세를 유지할 수 있다고 생각했다. 그는 1년 안에 제36전투비행단이 '대량의 전투 임무(Mass Combat Mission)'를 위해 전체 비행단 전력을 동시에 출격시킬 수 있는 능력을 개발해야 한다고 언급하면서, 조종사들에게 56기의 F-15로 구성된 전투비행단 대량 편대군을 운용할 수 있어야 한다고 말했다. 본 편대군 구성에 있어서의 목표는 최단 시간 내에 최소 통신으로 방어 및 공격작전을 위해 대량의 전투기를 출격시키는 것이었다. 또한, 워든은 위기 발생 시 단순히 몇 대의 전투기가 아니라 전체 비행단 전력을 출격시킬 수 있길 원했다.

전투대대 조종사들은 즉시 그와 같은 대량 편대군의 투입이 공중충돌 가능성으로 인해 너무 위험하며, 지휘통제가 곤란하여 적용 불가하다고 말했다. 그들은 공대공 전투의 본질이 적의 공중전술에 신속히 대응하는 것인데, 그러한 대규모 편대는 단시간 내에 신속한 대형 전환을 할 수 없다고 주장했다. 워든은 제2차 세계대전의 유럽전역 중 영국전투[94]에서의 공중전 관련 논란과 영국 공군 원수였던 두드링 및 리맬러리의 항공력 사용 사례를 들며, 전투기 조종사들의 주장을 반박하였고 자신이 제시한 방식(대량 편대군 투입)이 옳음을 피력하였다. 그는 다음과 같은 자신의 저서 내용을 인용했다.

군사력이 더 우세한 측의 경우, 손실률(loss rates)은 해당 비율이 지시하는 것 이상의 전투력 감소를 의미한다. 손실률의 변화는 증가이든 감소이든 선형이 아니라 지수 함수이다. 더욱이 더

---

94) 영국전투(Battle of Britain): 제2차 세계대전의 유럽전역 중 독일이 영국을 점령하기 위해 제공권을 장악할 목적으로 1940년 7~10월에 진행된 공중전. 최초의 항공력은 영국이 900여 대인 것에 비해, 독일은 2,000여 대로 2배 이상 많았기 때문에 독일은 쉽게 승리할 것이라고 판단. 그러나 영국은 레이더/대공포/전투기를 복합적으로 사용하여 독일공군에게 더 높은 손실률을 발생시켰고 전시 항공기 생산에 있어 공대공 전투기 위주의 생산 및 주로 본토 상공에서의 공중전이 진행됐기 때문에 전투기 피격 시 조종사 탈출 후 다시 부대로 복귀하여 조종사 손실을 최소화할 수 있었던 점 등으로 인해 결국 영국공군의 승리로 귀결.

우세한 전력사용에 대한 수확 체감[95]점은 존재하지 않는 것 같다. 즉 전력이 많을수록 손실은 줄어들고, 상대에게는 더 큰 손실을 부과한다.

유럽지역에서 워든의 대규모 전투기 편대군 운용 주장은 전례가 없는 것이었다. 그리고 그의 견해에 대한 회의론자들은 워든이 "유럽 전역에서의 공중전 초기에는 반드시 방어적이어야 한다."라는 NATO군의 기존 원칙에 대해 동의하지 않는다고 했을 때, 적대자가 되었다.

워든은 1987년 11월, 튀르키예의 인시르리크에서 예정된 공대공 훈련에 새로운 대량 편대군 전술을 훈련하기 위해 적어도 비행단 전력의 1/3이 참가해야 한다고 주장했다. 그는 전개를 위한 추가 자금을 포함하여 상급 지휘관으로부터 참가 승인을 받았다. 워든은 고로 소령을 해당 훈련의 책임자로 선택했고, 둘은 훈련을 실행하기 위해 긴밀히 협력했다. 후에 준장이 된 고로는 공중에서의 대량 편대군 대형 유지는 말할 것도 없이, 단순히 해당 전구에 전투기 전력을 배치하는 것만으로도 매우 벅찬 업무라고 생각했다. 그는 그 계획이 동료 전투 조종사들로부터 상당한 반대에 부딪쳤지만, 워든이 목표에 대한 명확한 아이디어를 가지고 있었고 훈련 진행을 위해 세부 사항을 조정하도록 자신을 고무시켰다고 회상했다. 가상 적기 역할을 할 부대가 없음을 알았을 때, 워든은 고로에게 비행단 전력이 두 가지 역할 모두를 할 수 있도록 계획하라고 지시했다. 고로는 완전히 새로운 구상에 대한 워든의 전력투구에 깊은 인상을 받았으며, 워든은 항상 한발 앞서갔고 아무리 강력한 반대에 부딪혀도 자신이 가고 있는 길을 유지했던 사람이라고 회상했다.

삶의 질

전투기 조종사 집단에 도전하는 것은 전문성 측면에서 논란을 불러왔지만, 워든에 대한 많은 비판은 본질적으로 그의 작전상에서의 아이디어가 아니라 행정적인 사항과 관련된 것이었다. 기지에서의 삶의 질을 개선하기 위해, 워든은 우편 서비스를 개선하고 의료 접근성을 개선하고자 했다. 그는 부대원들의 식습관 개선을 장려했고, 체력이 정신적인 경계태세와 준비태세를 지탱한다고 확신했다. 이탈리아 데시모만누 기지 근무 시에 겪었던 부하들의 저항 경험에도 불구하고, 그는 장교

---

95) 수확 체감: 토지의 생산력이 일정 수준을 넘으면 자본과 노력이 증가하여도 이에 비례하지 않고 상대적으로 줄어드는 현상.

들이 "적어도 일주일에 3일은 근무 시간 중에 체력강화 훈련을 해야 하고 다른 모든 부대원들게도 체력을 강화할 시간이 부여되어야 한다."고 주장했다.

워든은 오랫동안 전투 조종사들이 조종사가 되는 것을 최우선적으로 생각해 왔고, 그다음으로 장교가 되는 것을 중요시해 왔다고 판단했다. 그는 이 문화가 선택적 분위기, 심지어 속물근성을 만들며 전투대대의 유대감은 강화시킬 수 있겠지만, 비행단 전체와 공군의 팀워크를 저해한다고 믿었다. 일부 조종사들은 군의 규율과 군인으로서의 직업에 대한 존경심이 거의 없어 보였다. 이에 따라 워든은 전투 조종사들을 나머지 비행단 요원들과 더 잘 융합될 수 있도록 했다. 이를 촉진하기 위해 그는 비행시간을 주 5일 중 최소 3일에서 6시간으로 축소했고, 조종사들이 임무 중일 때만 조종복을 착용토록 했다. 그는 또한, 대부분의 장교들이 장교 클럽에 들어갈 때 입었던 카우보이 복장과 조종복 그리고 정비복 대신, 1600년 이후 장교 클럽 입장 시 공식화된 드레스 코드인 코트와 넥타이를 착용해야 한다고 주장하여 부대원들로부터 강력한 반발을 샀다. 그는 단순히 유럽 주둔 美 공군(USAFE) 규정을 이행하고 있는 것이었지만, 그의 의도와는 반대되는 결과를 불러왔다. 즉, 대다수 장교들은 전투대대 내에 있는 자체 클럽을 이용하거나 단순히 집으로 퇴근하는 방식으로 장교 클럽의 이용을 거부했다.

워든은 전투비행대대 수준에서의 공식적인 진급 행사도 도입했다. 美 공군은 비행대대의 공식적인 행사로 대대장의 이취임식만 있었는데, 워든은 대대원의 진급을 공식화하는 것이 비행대대장의 책임감을 증진시킨다고 믿었다. 일부는 이 행사에 대한 워든의 관심을 높게 평가했지만, 다른 사람들은 불필요하며 부담스럽다고 생각했다. "전술적 수준에서 가장 뛰어난 조종사 확보"와 같은 목표도 조종사들 사이에서 쉽게 웃음거리가 되었다.

가장 논란이 된 변화는 워든이 기지의 심각한 주차 문제 해결책으로 실시한 주요 직위자의 주차 표시 제도를 폐지한 것이었다. 워든은 이 문제를 고민했고 기존의 주차 체계에 두 가지 문제점이 있다고 판단했다. 즉, 그것은 특정인이 다른 사람보다 더 중요한 사람으로 취급받는다는 것과 근무 교대, 휴가 또는 일시적인 출타로 인해 많은 수의 주요 직위자 주차 공간이 일정 시간 비어 있다는 점이었다. 따라서 그는 참모들에게 당장 주차 제도를 바꾸라고 지시했다. 그는 이 문제를 복잡하거나 아주 중요한 것으로 생각하지 않았다. 새로 적용한 제도는 단순히 일찍 출근한 사람들에게 이점을 주는 것으로 '모든 부대원이 동등한 기회'를 갖도록 하는 것이었다. 당시 부단장이었던 클이버 대령은 워든에게 이것이 불필요한 감정을 자극할 수 있기 때문에 재고해 줄 것을 사적으로 요구했지만, 그는 이미 결정했고 해당 결정에 전혀 흔들림이 없었다. 당연히 바람과 비가 많은 유럽의 기후 환경에서 건물 입구 가까이 주차할 수 있는 편리함에 익숙해져 있던 부사관이나 영관급 장교는 아무런 설명 없이 자신이 누리고 있던 특권을 하루아침에 잃게 된 것에 분개했다.

워든은 단장으로 부임하고 몇 주 지나지 않아 예배당을 수리하자는 제안을 거절하여 교회 공동체의 공분을 샀다. 그가 보기에는 200명도 채 안 되는 사람들이 예배를 보고 건물은 특별히 안전 문제가 없었으며, 해당 비용이 다른 목적에 사용될 경우 더 많은 사람들에게 혜택이 돌아갈 것 같았다. 이 결정은 대다수의 사람들에게는 중요치 않았으나, 주차 공간 및 복장 문제에 대한 워든의 결정을 지지했던 단체로부터의 반대를 불러왔다. 더욱이 이런 조치들의 대부분은 기수립된 93가지 세부 실천과제 중에는 없던 것이었는데, 이는 부대원들로 하여금 신임 단장이 임의대로 끊임없이 새로운 규칙을 비행단에 부과하고 있다는 느낌을 갖도록 했다.

마지막으로, 워든은 기지 가족들을 위한 우편배달 서비스 개선을 원했고 내부 우편의 경우 하루 이내로 배달되는 체제를 구축했는데, 이는 비트부르크 기지의 우편배달 체계를 유럽 주둔 美 공군(USAFE) 내에서 최고의 것으로 만들어 주었다. 유럽 주둔 美 공군사령부는 마지못해 워든의 제안을 수락했지만, 처음 몇 주 동안은 잘 작동되지 않았다. 배달 경로에 대한 체계가 마련되지 않았고 아파트 건물에는 아직 개인 우편함도 없었으며, 우편물이 사라지는 경우도 있었다. 심지어 일부 사람들은 자신의 편지가 열린 상태로 우편함에 보관되어 있어 우편물이 더 이상 비공개가 아니라며, 이 제도에 대해 반대했다. 사람들은 완전히 정착되기도 전에 새로운 시스템에 대해 불평을 하기 시작했다. 사실 워든의 우편배달 체계 개선은 공군 배우자들에게 좌절을 안겨 주는 대신 생활을 더 편리하게 만들려 했던 의도였다. 이들은 워든의 세부 실천과제를 환영한 또 하나의 집단이 되었다.

이러한 모든 도전 요소들은 개별적으로는 치명적이지 않았지만, 워든의 임기 초기에 동시다발적으로 발생했다. 부단장이었던 클리버 대령은 워든이 조종사들에게 이유는 말하지 않고 업무를 지시했고, 심지어는 변경사항에 대해 상부에 알리지도 않았으며, 참모회의 시에도 이 문제들을 다루지 않았기 때문에 더 큰 문제가 발생했다고 증언했다. 비행단 구성원들은 단장이 다른 사람들과 협의하지 않고 의사결정을 하며, 그의 세부 실천과제가 아무런 합의 없이 진행되고 있다고 믿었다. 대부분의 군 장교들은 상관의 의도를 예측하려 노력하지만, 워든의 경우에는 그럴 수가 없었다.

처음 몇 주 동안 형성된 워든에 대한 반감은 더욱 확고해졌고, 이로 인해 그의 지시 대부분이 자동적으로 의심받거나 조롱받는 악순환으로 이어졌다. 예를 들어, 유럽 주둔 美 공군(USAFE) 사령부는 모든 비행단이 해당 일에 의무적으로 작전을 중지하는 '안전의 날'을 운영하라고 지시했다. 워든의 '안전의 날' 운영 방식은 단 본부 옥상에서 장교와 비행단 구성원을 모아 놓고 격려 연설을 하는 것이었다. 그는 비행단의 존재 이유와 수행하는 임무가 전반적인 국제 정세와 어떠한 관련이 있는지, 몇 가지 규칙을 준수하면 비행단이 어떻게 잘 운영되는지, 그리고 안전 요구조건을 어떻게 충족시킬 수 있는지에 대해 설명했다. 주제는 진지한 것이었고 그는 연설을 잘했지만, 몇몇 청중은 단장이 건물 꼭대기에서 연설하는 것 자체를 이상하게 여겼다. 워든은 청중들로부터 소외된 것처럼 보였다. 그는 대부분의 참석자들이 '안전의 날' 행사가 지루하고 예측 가능한 행사일 거라고 생각했다. 참석자들이 시간을 투자한 만큼 보상받으려면 행사 내용이 뭔가 달라야 하고 기억될 만한 것이어야 했다. 그는 이 행사를 특별한 것으로 만들기 위해 치어리더들을 초대하여 청중들을 즐겁게 했지만, 이 역시 몇몇 참석자들로부터는 좋지 않은 평가를 받았다. 청중 중 일부 보수주의자들은 이것이 행사를 서커스로 만들어 버렸다고 믿었다. 물론 사람들은 서커스를 기억한다.

순수 의지와 결합된 사명에 대한 워든의 확고한 믿음은 그에게 활력을 불어넣었지만, 비행단 구성원 중 일부는 자신의 삶에 큰 영향을 미치는 것처럼 보이는 그의 행동을 의심의 눈초리로 바라보았다. 워든은 어느 정도까지는 비행단 구성원들의 불만에 대해 알고 있었지만, 불만을 품고 있는 사람들이 그리 많지 않으며, 그들이 비행단 변화의 이점을 알게 됨에 따라 결국 자기편이 될 것이라고 믿었다. 그는 비행단이 무엇을 해야 하는지에 관한 대의에 몰두하면서 비행단의 시너지 창출에 중요한 대인관계의 중요성에 대해서는 과소평가했다. 더불어 워든이 전투대대장직과 넬리스 공군기지에 위치한 美 공군 전투기 무기 학교[96]를 이수하지 않은 것도 지휘관으로서 그의 신뢰성에 대한 의문을 불러왔을지도 모른다. 일부는 분명 4성 장군(도넬리 유럽 주둔 美 공군 사령관)이 그의 뒷배를 봐주는 것이라며 질투하기도 했다.

공식적인 의심

사실 워든은 더 이상 고위급 장군들로부터 지지를 받지 못했다. 도넬리가 워든에게 필요한 자신감을 줄 수는 있었지만, 그는 워든이 단장이 되기 5개월 전에 전역했다. 1987년 5월, 커크 장군은

---

96) 전투기 무기 학교(Fighter Weapons School): 美 해군 전투기 조종사들을 대상의 탑건(TOPGUN) 과정과 유사하게 美 공군이 전투기 조종사들에게 실전과 유사한 훈련을 제공하여 전투력을 향상하고 있는 전술훈련과정.

도넬리의 후임으로 유럽주둔 美 공군(USAFE) 사령관으로 취임했다. 두 장군은 서로를 존중했지만, 리더십은 매우 달랐다. 도넬리는 개방적이고 존경받는 지도자로서 화려한 행사는 즐겼지만, 커크는 수석 전술가이자 최고의 전투기 조종사로서 확고한 명성을 쌓아 왔다. 그의 작전에 관한 지식과 지휘 능력에 대해 의문을 제기한 사람은 거의 없었다. 도넬리는 고위급 장교 및 외교관들과의 관계를 중시하였고, 그들과 함께하는 사교 모임을 소중히 여겼으며, 종종 국회의원과 외국인 지도자들을 초대하여 조달 및 정책에 관해서도 논의했다. 반면, 커크는 철저한 '작전통'이었다. 그는 2대의 미그기를 격추했으며, '베트남 전쟁에서 항공력이 전자전 사용방식을 혁신한' 인물로 널리 알려져 있었다. 美 국방부에서 그는 적 항공기를 탐지 및 식별하는 시스템을 개발한 극비의 'Teaball' 프로젝트를 수행했다. 美 국방부에서의 두 번째 임기 동안에 그는 레드 플래그 훈련을 상당히 개선한 가상적기비행대대 창설에 중요한 역할을 했고, 1982년 7월부터 1985년 7월까지 유럽 주둔 美 공군(USAFE) 사령부의 부사령관으로 재직하면서 전사준비센터[97]를 설립했다. 그 후 그는 피오트로스키 중장 후임으로 제9공군 사령관을 역임했다. 이제 그는 전역 전 그의 마지막 임지가 될 독일로 돌아왔다.

커크가 부임했을 때, 그는 도넬리가 워든을 제36전투비행단의 차기 단장으로 지명한 것 외에는 워든에 대해 거의 알고 있지 못했다. 커크는 워든의 고과표를 읽고 1986년 9월에 캐시 중장을 대신해 유럽 주둔 美 공군(USAFE) 부사령관이 된 맥이너니 중장과 그의 자격에 대해 논의했다. 부사령관으로서 맥이너니는 상급 기관들과 소통하는 접점의 역할을 했다. 그는 워든과 항공력에 대해 여러 번 논의했는데, 대형 편대군 전술에 대해 호의적이었고 워든을 높이 평가했다. 커크가 대화를 나눈 다른 사람들은 워든을 칭찬하는 것에 대해 인색했지만, 그렇다고 단장 임명을 취소할 만한 이유도 없었다.

워든이 단장으로서의 임기를 시작한 지 몇 주 후, 커크 대장은 신임 단장의 초도업무보고를 받기 위해 비트부르크를 방문했다. 워든은 그를 단장 관용차에 탑승시켜 직접 운전하며 기지를 안내하였고 커크 장군은 장교 식당에 도착할 때까지 살펴본 기지 경관에 만족해했다. 그는 자신이 탄 차가 주차 공간을 찾기 위해 장교 식당 건물을 여러 번 돌고 있음을 인지했고, 워든에게 왜 지휘관 전용 주차 공간이 없느냐고 물었다. 워든은 자신의 비행단이 누구도 특권이 없는 하나의 팀이 됐으면

---

97) 전사준비센터(Warrior Preparation Center): 유럽 주둔 미군의 전투 준비를 위한 기관으로 전투 기술, 전술, 전략적 훈련을 포함한 다양한 프로그램 운영 기관.

한다고 대답했다. 이 말을 듣고 커크는 깜짝 놀랐다. 그는 평등이란 개념이 이상적으로는 훌륭하지만, 극한의 상황이 되면 군 지휘권을 무시할 수 있는 요인인 상급자에 대한 존경심을 잃게 할 수 있다고 보았다. 이 상황이 비가 온 그날에 발생했다. 즉, 커크 장군은 워든이 차를 주차하는 동안 장교 식당 입구에서 오랫동안 워든을 기다려야만 했다. 점심 이후 그는 커크 대장에게 '지휘관 초도 업무보고'를 했다. 브리핑에서 그는 제36전투비행단의 비전을 제시했고, 해당 비전이 유럽 주둔 美 공군(USAFE) 및 공군의 전반적인 임무와 어떠한 관련성이 있는지에 대해 설명했다. 커크는 그의 폭넓은 관점과 긍정적인 태도를 인정했고 그가 브리핑받은 작전과 훈련, 그리고 전술에 대한 거의 모든 내용을 높이 평가했지만, 워든의 '항공전역 접근법에 관한 다수의 이상한 아이디어들'에 대해서는 동의할 수 없었다. 구체적으로 일부 생각들은 '오랜 기간 인정되어 온 NATO군의 교리에 위배'되었고 또 일부는 본질적으로 다소 '학술적'이었다. 그는 기지를 떠나면서 워든이 제안한 변화 중 일부에 대해 우려를 표명했지만, 워든에게는 "주차 문제는 해결하라."라고만 말했다.

유럽 주둔 美 공군사령부로 돌아온 후 커크 대장은 워든을 어떻게 보아야 할지 확신이 서지 않았다. 그는 워든이 '미래 예측능력이 뛰어난 똑똑한 인물'이라고 생각했지만, 그의 항공작전 개념은 NATO군이 수립한 방공임무와 비교해 보았을 때 너무 공격적이었다. 그는 워든이 민감한 냉전 시대에 하루아침에 바꿀 수 없고, 이미 적용하고 있는 검증된 기존교리를 존중하지 않는다고 여겼다. 게다가 커크는 NATO의 전략과 새로운 전술에 대해 고민하는 것을 단장의 임무로 보지 않았다. 비행단장은 상부에서 부여한 계획 및 개념을 실행하는 것이 핵심이다. 그러나 이 부분은 커크 대장이 감당할 수 있는 것이었다. 그의 가장 큰 근심은 워든의 리더십 스타일이었다.

유럽 주둔 美 공군(USAFE) 감찰실장은 비트부르크에서 흘러나오는 여러 불만을 듣고 있었고, 유럽 주둔 美 공군(USAFE) 주임 원사도 해당 부대 부사관 및 병사늘이 그들에게 억시로 부과된 변화에 대해 아주 힘들어한다고 커크 대장에게 전했다. 비행단 구성원들이 보기에는 그들은 특권을 잃었고 새로운 임무가 부과되었으며, 이유도 알지 못한 채 이전보다 훨씬 더 많은 업무를 해야만 했다. 비행복 착용 문제 및 엄격한 복장 규정에 대한 소문도 커크의 의구심을 증폭시켰다. 워든의 권위는 그가 지휘해야 할 제36전투비행단 구성원들로부터 의심을 받는 것 같았는데, 이는 최신 기종인 F-15 비행단에서는 용납될 수 없는 상황이었다. 그 둘은 독일 람슈타인 기지에서 열린 지휘관 회의에서 다시 만났지만, 커크는 워든에게 자신이 제36전투비행단에 대해 우려하고 있다는 사실을 밝히지는 않았다. 그러나 얼마 지나지 않아 제36전투비행단의 두 번째 방문을 위해 비트부르크로 갔을 때, 워든에 대한 그의 부정적 견해는 더욱 강화되었다. 워든은 주차 문제를 수정하기는 했지만 커크가 만족할 정도로 '개선'되지는 않았다. 커크는 "그런 사소한 문제에서도 비행단장을 신뢰할 수 없다면 어떻게 더 큰 문제에 있어 그를 신뢰할 수 있겠는가?"라고 생각했다.

커크의 작전 차장인 러더포드 소장과 기획 및 계획 차장인 글로슨 준장으로부터의 보고도 그의 우려를 더욱 증폭시켰다. 글로슨은 최근에 무디 기지에서 근무했었는데, 그는 무디에서 처음에 맥코이 대령 후임으로 부단장직을 맡은 다음 헤르메스 대령 후임으로 비행단장이 되었다. 그는 워든이 무디 기지에서 항공작전전대장으로서의 역할 수행을 잘하지 못했다고 인식하고 있었다. 커크는 글로슨에게 제36전투비행단을 방문하여 보고 느낀 것에 대해 보고하라고 지시했다. 워든은 글로슨에게 진행 중인 세부 실천과제 내용이 포함된 비행단 업무 브리핑을 실시했다. 글로슨은 브리핑과 관련하여 그 어떤 것도 이의를 제기하지 않았다. 또한, 그는 비행을 하기 위해 특정 대대로 가기 전 워든에게 단지 자신은 유지 비행을 위해 이곳에 왔고 상급 부대의 첩자 행위를 항상 혐오해왔으며, 자신이 비트부르크에서 본 모든 것은 비트부르크에 묻고 갈 것이라고 솔직하게 말했다. 그러나 글로슨은 사령부로 돌아와서 워든의 지휘방식에 깊은 인상을 받지 못했다고 커크 대장에게 보고했다.

워든의 입장에서 불리했던 점 중 하나는 불만 사항들이 감찰실장에게 잘 보고됐지만 잘한 사항에 대해서는 그렇지 않았다는 것이었다. 사실 대다수의 세부 실천과제들은 비행단에 확실한 이점을 가져다주었다. 예를 들어, 엔진 배기가스가 항공기 엄체호를 검게 만들었기 때문에, 워든은 벽면을 샌드블라스트[98] 처리하고 하얀색 페인트를 칠하도록 지시하여 작업 환경을 크게 개선시켰다. 군화와 장갑, 그리고 기타 개인 장비와 같은 군장품을 판매하기 위한 비트부르크 기지의 무인 판매대 운용은 당시 혁신적이었을 뿐만 아니라 많은 찬사를 받았으며, 심지어 美 국방부의 신문에도 실렸다. 당시 워든은 개인 군장품의 구입 시간을 50% 이상 줄였다고 평가했다. 그는 또한, 의사 결정자들이 비행 라인과 격납고를 실시간 감시할 수 있는 대규모 TV 모니터를 설치했다. 이는 훈련 비행이 진행되는 동안 주·보조 지휘소 간의 협조 능력을 개선시켰고, 기지경계와 소방 요원들이 실제 사건에 대응하는 것에 큰 도움을 주었다. 그는 체력 단련 장비의 최신화를 감독했으며, 기지 외관을 개선하는 데 실질적인 진전을 이뤘다. 심지어 주차 공간 및 우편 제도에 있어서도 상당한 발

---

98) 샌드블라스트: 모래 분사기로 모래를 뿜어 표면에 붙은 이물질을 제거하는 작업.

전이 있었다.

그러나 커크는 워든의 장점이 전투비행단을 지휘하는 것에 있는 것이 아니라 전략기획 수립에 있다고 확신하여 그를 공군본부로 이동시키기 위한 인사 조치를 취했다. 그는 제36전투비행단의 직속 상위 부서인 제17 공군 사령관이었던 파스코 소장에게 전화를 걸어 워든에게 이러한 사실을 통지하라고 말했다. 파스코는 워든의 비행단을 여러 번 방문했었고 비록 잠재적인 문제점을 식별하기는 했지만, 그것에 대해 크게 걱정하지는 않았다. 그와 커크는 비행단장으로서 워든의 적합성에 대해 결코 논의한 적이 없었고, 파스코는 워든의 전문성이 다른 곳에서 필요하기 때문에 그가 재배치된다는 인상을 받았다. 11월 초, 파스코는 워든에게 그의 전문성이 요구되는 중요한 프로젝트가 진행될 예정이기 때문에 그가 공군본부로 가게 될 것이라고 얘기했다. 워든은 그 당시 이 문제에 대해 별로 신경 쓰지 않았고, 커크가 자신의 지휘 스타일에 대해 큰 우려를 표명하지 않았기 때문에, 그는 튀르키예에서 곧 진행될 대규모 공대공 편대군 훈련을 이끌 수 있을 것으로 기대하고 있었다. 사실 당시 보직 이동은 그의 진급 가능성을 높일 수 있는 조치로 제시되었다.

흥미롭게도 인시르리크에서의 훈련은 엄청난 성공을 거두었고 대량 편대군 구성에 대한 워든의 주장이 옳았음이 입증되었다. 워든은 자신이 주장해 온 중요 아이디어 중 몇 개를 시험하는 데 성공했는데, 공중우세 확보를 위해 F-15 전투기 24대로 구성된 대량 편대군을 투입했고 훈련에 참가한 조종사들은 그 이점을 바로 확인할 수 있었다. 일반적으로 이 대량 편대군은 가상 적기에 맞서 20,000~40,000피트 상공에서 작전을 수행했다. 훈련은 상당한 협조가 필요했지만 참가한 사람들은 이 혁신적인 대형에 압도당했고 초기에 반대했던 대부분의 사람들도 공군이 오래전부터 이러한 접근 방식을 취했어야 했다고 확신했다. 이후 여러 장교들은 이 훈련이 몇 년 후 발생한 걸프전의 항공전역을 성공시키는 데 중요한 역할을 했다고 언급했다.

돌이켜 보면 대량 편대군에 관한 논쟁은 그 자체가 이상한 것 같다. 대량 공격 편대군은 이미 베트남전에서 적용됐었지만, 미군이 동남아 지역에서 철수한 지 십여 년이 지난 당시, 작전적 변화가 거의 없던 유럽 전역에서의 그러한 접근방식은 고려조차 되지 않고 있었다. 수십 년 동안 전술적 방공임무에만 힘써 온 제36전투비행단은 소련의 대규모 공중공격이 이루어질 경우, 이러한 작전 운용이 치명적인 결함이 될 수 있음에 대해 아무도 깊게 고민하지 않고 있었다. 당시 제36전투비행단의 제22전투비행대대 대대장이었다가 나중에 4성 장군이 된 루니 중령은 대량 편대군에 대한 워든의 기여를 '획기적'이라 밝혔다. 그는 워든이 유럽지역에서 이 개념을 실행할 수 있는 지적 통찰과 용기를 준 최초의 인물이며, F-15 기종에 관한 한 "공중에서의 집중(massing) 개념은 튀르키예의 인시르리크에서 워든과 함께 시작되었다."라고 언급했다. 루니는 워든이 기존의 교리를 넘어서는 비전과 모든 계급으로부터 오해와 불평을 받음에도 불구하고 자신의 아이디어를 끈기 있게 구현해 나간 사람이라고 칭송했다. 나중에 사막의 폭풍 작전에서 F-15를 조종한 워든의 계획 장교였던 고렌크 소령도 워든이 걸프전 항공전역에서 처음으로 실전 적용된 후 美 교리로 정착된 대량 편대군 개념을 현실화한 인물이라고 주장했다. 당시 美 공군이 기껏해야 2기 단위의 분대 또는 4기 단위의 편대 관점에서 사고하고 있을 때, 워든은 비전과 용기를 갖고 반대를 견뎌 내며 새로운 영역을 개척했다. 그의 가로세로 5마일 규격에 기반한 대량 편대군 대형은 당시 혁신적이었고, 그는 비행단이 이 대형을 유지하여 고고도 침투를 훈련할 것을 지시했다. 훈련이 끝난 후 워든은 참가자들에게 상을 수여했고, 비트부르크의 사기는 최고조에 달했다.

같은 기간인 1987년 11월 16일부터 23일까지 비트부르크 비행단은 유럽 주둔 美 공군(USAFE) 주관의 부대 효율성 검열을 받았다. 이 검열에서 제36전투비행단은 전체적으로 '만족' 등급을 받았다. 비행단은 26개 분야의 검열에서 '아주 우수' 2개, '우수' 8개, '만족' 15개, 그리고 '최저'(친목 활동) 1개를 받았다. 워든은 결과에 만족해했다. 그는 새로운 개념 도입에 성공했고 비행단은 기존의 검열 기준을 충족시켰다.

실패의 오명

훈련을 뒤로하고 워든은 다음 보직에 관해 더 많은 것을 알고자 노력했다. 그는 곧 그의 새로운 보직이 지금보다 훨씬 덜 중요하고 긴박성도 없다는 사실을 알았다. 심지어 그의 직속 상관이 될 기획 및 작전 부장인 휴즈 중장은 워든이 자신의 부서로 온다는 사실도 알지 못했다. 해당 보직은 부서장으로서의 책임만 지게 되어 있기 때문에 진급을 보장하는 중요한 자리도 아니었다. 워든은 혼란스러웠다. 그는 유럽 주둔 美 공군 부사령관인 맥이너니에게 전화를 걸었고, 맥이너니는 진실을 말해 주었다. 커크 사령관은 자신의 마지막 보직을 조용히 마무리하고 싶어 했으나, 워든이 '그것을 방해했고' 유럽의 미군 기지 중 가장 중요한 비트부르크에서 다양한 새로운 아이디어를 시험하는 것에 대해 심기가 불편했다. 따라서 커크는 비행단장인 워든을 교체하기로 결정한 것이다.

비행단장 직위에서 교체되는 사례는 종종 있었지만, 워든은 '타당한 이유가 있어 교체'된 것이 아니었다. 그의 임기 동안 비행단에는 아무런 사고도 발생하지 않았으며, 그가 무책임하다고 평가된 것도 아니었다. 무엇보다도 그는 매우 이례적인 훈련을 위해 튀르키예에 비행단 전력의 1/3을 보내기로 예정되어 있었다. 또한, 그는 비행단장으로서 재직하는 동안 관리효과검열(MEI)과 작전준비태세검열(ORI) 또는 NATO 주관의 전술평가(TACEVAL)도 받지 않은 상태였고, 비행단 자체 훈련에서 '최저'를 기록한 단 하나의 점수를 제외하고는 내부 훈련이나 부대 효율성 성적이 '만족' 이하를 받은 적도 없었다. 복무기간 동안의 월별 유럽 주둔 美 공군(USAFE) 준비태세 통계에 따르면 제36전투비행단은 아무런 문제도 없었고, 임무 수행률은 78~84%였다. 눈에 띄는 사법적인 처벌도 없었다. 유럽 주둔 美 공군(USAFE) 역사 연구소에 따르면 워든의 비행단이 통계적인 점수나 검열 등급 중 어떠한 것도 표준 이하인 지표는 없었다.

비록 그를 알고 있었던 많은 장군들이 워든의 리더십에 대해 의문을 제기했지만, 그의 능력이 임기 중에 교체될 만큼 형편없다고 생각한 사람은 없었다. 그의 직속상관인 파스코 소장은 워든의 임기 내내 그를 지지하는 듯한 모습을 보이며, "워든은 비행대대 규모의 대규모 공중우세 편대군을 구상 및 발전시키고 이를 검증했으며, 전술적 수준에서부터 국제적 수준까지의 항공력 운용에 관한 폭넓은 지식을 갖고 있다"라고 말했다. 또한, 그는 훈련과 주요 검열, 그리고 고위 인사들을 맞이할 때 "워든은 합리적이고 침착하며, 긍정적이고 적극적인 태도를 유지했다."라고 언급했다. 보고서에 따르면 워든의 임기 동안 비행단은 더욱 민첩해지고 향상된 기량을 갖게 되었다고 밝혔다. 유럽 주둔 美 공군(USAFE) 부사령관인 맥이너니 중장도 파스코 소장의 평가에 동의했고, 비행단을 방문했을 때 긍정적인 인상을 받았다고 했다. 워든은 비행단에 개선이 필요한 문제 요소가 있다는 것을 알고 있었지만, 전반적으로 상위 지휘부로부터 지시를 받고 있다고 확신했다. 단장 보직이 끝나면서 작성된 그의 근무평정표에는 다음과 같이 기술되어 있다.

워든은 비행단의 모든 분야에서 놀라운 발전을 이룩했다. 타의 추종을 불허하는 혁신가인 그는 전력 전개 및 개인 군장 문제, 정보 브리핑과 우편 제도, 지휘통제 및 전술과 같은 다양한 분야에서 독창적인 절차와 기술을 구상하고 발전시켰다. 그는 비행단 구성원의 삶의 질을 눈에 띄게 향상시켰다. 또한, 워든은 기지환경 개선 및 광범위한 인식개선 계획을 세웠고 유럽 주둔 美 공군사령부 소속 부대 중 가장 대규모의 무인 판매대 계획을 추진했으며, 구성원들에게 놀랍고도 파급력이 있는 자신감을 불러일으켰다. 비트부르크 기지의 사기는 최고조에 이르렀고, 정비 분야에서도 항공기 임무 수행률이 지금까지의 비행단 기록 중 최고를 달성했다. 작전 분야에서는 NATO군의 전투력 향상에 중요한 새로운 전술을 개발하고 검증했다. 더불어 그는 비행단 수준에서 훨씬 쉽고 효과적인 전투 지휘를 할 수 있게 하는 TV 감시체계를 개발하여 설치했다. 美 공군에서 가장 능력 있는 장교 중 한 사람인 그는 더 높은 지휘관·참모 직책을 맡을 준비가 되어 있다. [제17 공군 사령관 파스코 소장]

워든 대령은 아주 짧은 기간 내에 비트부르크에서 놀라운 성과를 달성했다. 그는 사령관의 삶의 질 개선 요구를 파악하여 차근차근 세부 실천과제를 실행에 옮겼다. 구체적으로 그는 우체국을 비행단 통제하에 두고 해당 우체국이 고객(비행단원) 서비스의 최선봉을 맡도록 하는 제안서를 작성했다. 나는 그가 제안한 개인 군장품 무인 판매대 계획을 검토한 후, 왜 과거에 공군에서는 그렇게 하지 않았는지 의문이 들었다. 고객 서비스와 기지 외관, 전술 및 삶의 질은 그의 임기 동안에 최상의 상태가 되었다. 그는 잠재력이 무한하다. [유럽 주둔 美 공군(USAFE) 부사령관 맥이너니 중장]

워든 대령은 유럽 주둔 美 공군(USAFE) 사령부와 NATO군에 상당한 기여를 했다. 대량과 집중의 원칙을 F-15의 기술적 우세와 결합할 수 있는 기회를 포착한 그는 비행단 전력의 1/3을 튀르키예로 전개하여 그곳에서 자신의 아이디어를 실현하는 데 필요한 절차를 개발하고 검증했다. 그 결과 전투기 전력 운용 측면에서 큰 진전을 이루었다. 그는 의심할 여지 없이 뛰어난 전술가이다. 나는 단지 그의 새 직책이 너무 중요하기 때문에 그의 임기 단축에 동의했다. 가능한 한 빨리 그를 더 높은 직위로 이동시켜야 한다. [유럽 주둔 美 공군(USAFE) 사령관 커크 대장]

물론 이러한 평정표를 문장 그대로 받아들일 수는 없다. 보통 평정관들은 비난에 대해서 문서화하려는 것을 꺼리며, 행간에는 많은 의미가 담겨 있다. 즉, 종이에 다 담지 못한 내용이 적혀 있는 내용보다 중요할 때가 있고, 언어는 읽는 사람이 이해해야만 하는 특정 '코드'를 포함한다. 워든의 평정표는 의도적으로 애매모호하게 표현되었던 것 같다. 파스코는 그가 인용한 성과들을 뒷받침할 통계 자료를 제시하지 않았으며, 맥이너니는 임무와 관련된 지휘 이슈보다는 행정적인 이슈에 초점을 맞추었고, 커크는 워든의 리더십 역량에 대해서는 아예 언급하지도 않았다. 이 모든 것들은 경고 신호로 해석될 수 있다. 커크의 '새로운 직책이 너무 중요하기 때문에' 워든의 임기를 단축했다는 언급은, 아마 그 직책에 대한 구체적인 내용을 밝히지 않았기 때문에 워든에게 해가 되었을 것이다. 당시 美 공군에서 어떤 경우에도 최신의 F-15 비행단을 지휘하는 것보다 더 중요한 직책은 없었다. 더욱이 '혁신가'라는 꼬리표는 그의 경력에 별로 도움이 되지 않았다. 표면적으로 긍정적인 것 같지만, 특정 핵심 자질과 업적에 대한 칭찬이 없었기 때문에 실제로는 워든에게 부정적일 수밖에 없었다.

결과적으로 워든은 커크와 비행단 운영 방식에 대한 철학이 달랐기 때문에 교체됐고, 그것이 그가 최선의 판단에 따라 행동하는 특권이자 의무였다. 커크가 참모로부터 받은 보고서에는 워든의 비행단 운영 관련 문제점들이 적시되어 있었다. 비행단 내에서의 개인적인 사건은 적었지만, 급속한 변화를 좋아하지 않는 구성원들이 너무 많았다. 커크는 워든이 비행단 구성원들에게 확신을 심어 주지 못했고 그의 리더십에는 중요한 결함이 있다고 결론지었다.

일부는 워든이 이러한 위험을 미리 인식해야 했고 더 수용적이고 유연해야 했으며, 잘 확립된 비행단 일상에 대해서는 간섭하지 말았어야 했다고 주장했다. 사실 워든은 단순히 단장으로서의 지휘 철학을 보여 주기 위해 변화를 시작한 것이 아니었고 본인이 판단하기에는 그 변화 이유가 너무 자명했기 때문에 자신의 행동을 급진적이라고 생각하거나 왜 다른 사람이 그러한 반응을 보이는지에 대해 이해하지 못했다. 그에게 93가지의 구상(세부 실천과제)은 단순히 지휘관의 의도를 공식화하려는 시도에 불과했지만, 그는 93가지 구상의 상대적 우선순위를 무시하여 모든 구상을 동일하게 중요한 것으로 여기고 있다는 인상을 심어 주었다. 게다가 워든은 대부분의 문제에 대해 자신의 견해가 옳다고 확신하는 사람으로 전 세계적인 전략 문제만큼이나 비행단 내 문제에 대해서도 고집을 부릴 수 있다고 생각했다. 안타깝게도 부하들에게 가장 중요한 것은 일상적인 사소한 문제였고, 그들은 워든에 대해 그들의 일상적인 관심사와 연계시킬 수 없는 인물로 여겼다. 이러한 이유로 그의 비행단 발전에 있어 유익한 기여와 지적 능력은 과소평가되었으며, 사실 주위 사람들은 그의 자기 확신과 지적 능력, 그리고 통찰력에 대해 다소 위협적인 것으로 인식했다.

기본적으로 워든은 유럽 주둔 美 공군사령부와의 공적 관계 유지의 중요성을 소홀히 했다. 돌이켜 보면 그는 자신의 부하와 상급자들에게 그가 진심으로 그들을 위해 노력하고 있음을 확신시킬 수 없었던 것 같다. 구체적으로 그는 자신의 아이디어를 독단적으로 발전시켰고, 자신이 정확한 답을 가지고 있다고 확신했으며, 다른 모든 사람들이 동일한 결론을 도출할 때까지 기다려 줄 인내심이 부족했다. 그의 업무방식과 리더십 스타일은 당시 공군의 그것과는 정반대였으며, 그의 군경력 중 어느 때에도 이처럼 문화적 충돌이 심했던 적은 없었다.

비행단장으로의 성공적인 보직 이수는 장군을 앞두고 있는 장교에게 필수적인 것으로 간주됐다. 비트부르크 기지에서 근무했던 10명의 전임 단장 모두는 그들의 임기 중 또는 임기 직후에 바로 장군이 됐다. 비록 워든의 고과표는 기밀이어서 그것에 접근할 수 있는 사람은 거의 없었지만, 전도유망한 비행단장이 해당 직위에서 조기 교체되어 중요도가 낮은 참모 직위로 옮기게 된 것 자체가 사람들의 이목을 끌었다. 그 결과 美 공군 전체, 특히 전술공군사령부(TAC) 소속의 장교들은 그때부터 워든을 실패한 비행단장으로 간주하게 되었고, 비판적인 평가와 추측, 그리고 부정적인 일화가 그의 경력 전반에 걸쳐 그를 따라다니게 되었다. 다수의 전투 조종사들은 그를 '지휘관으로서 부적합한 지적 이단아'로 취급했다. 워든의 이론과 전략에 대한 이해도를 높이 평가했던 스미스 소장은 이렇게 된 이유에 대해 다음과 같이 설명했다.

> 그가 비행단장이 되었을 때, 그는 여러 측면에서 그 직위를 제대로 수행하지 못했다. 그는 아주 짧은 기간 내에 큰 변화를 이루려 했고, 그것은 비행단에 매우 위협적이었기 때문에 비행단 구성원은 다양한 방법으로 그에게 저항했다…. 나는 그가 전투기 조종사 집단 내에서 어려움을 겪었다고 생각한다. 많은 전투기 조종사들은 그를 땀 냄새 나는 인간적인 지휘관이라기보다는 뛰어난 지적 능력을 가진 사람으로 본다. 또한, 그는 그가 어떠한 일을 추진하고 있을 때, 그것을 중단시키기가 매우 어려운 인물이다. 이는 불행한 자질이다. 당신이 사람들을 지휘할 때, 당신은 반드시 유연성을 가져야 한다…. 기존 방식을 변경하고자 한다면, 점진적으로 해야 한다. 해당 업무를 빨리 처리할 필요가 없기 때문이 아니라 구성원들과 함께 가야 하기 때문이다…. 나는 이러한 그의 성격이 지휘관 직위를 수행하는 데에 있어 부정적으로 작용한 요인 중 하나라고 생각한다…. 많은 사람들은 "군내에서 지휘관으로서 성공하지 못한다면 그 직책이 실질적인 리더십을 평가하는 장이기 때문에 더 높은 직위로 올라갈 자격이 없다."라고 말한다…. 나는 일부 사람들이 워든으로부터 위협을 받고 있다고 느꼈을 것이라 생각한다. 워든은 지적 능력이 뛰어난 인물이다. 나는 워든과 대화하는 것을 좋아하고 때로는 그도 완전히 틀릴 때도 있지만, 그는 정말 박식하고 논리적이기 때문에 맞서기가 힘든 인물이다. 그는 읽고 쓰는 방법을 잘 알고 특

정 방식으로 사람들을 협력하게 만드는 기법을 갖고 있다. 비록 그는 많은 부정적인 특성을 지니고 있지만, '한 세대에 한 명 정도 나올 수 있는' 인물이며, 어떤 사람들은 그런 인물 때문에 겁을 먹기도 한다…. 만약 당신이 실제로 제도 내에 잘 구축된 정책과 교리에 도전한다면, 당신은 종종 틀릴 뿐만 아니라 불성실한 사람으로 간주될 것이다. 아마도 그것이 워든과 관련된 감정과 그의 열정에 관한 간접적인 표현이 될 것이다.

제36전투비행단의 역사 저널에 따르면, 워든이 만든 변화가 美 공군의 추가적인 과업을 수행할 수 있게 했다고 명시하고 있지만, 전역한 3성 장군은 이에 대해 다음과 같이 표현했다. "단순히 어떠한 변화가 일어났는지가 중요한 것이 아니라, 공군이 워든을 제도적으로 실패한 단장으로 간주했다는 점이다."

비트부르크 기지로부터의 복귀는 워든의 경력 중 최악이었다. 그는 중요한 비행단장 직위에서 해임되었고 중요도가 낮은 공군본부의 참모 직위에 보임되었다. 워든은 실망했고, 즉시 해당 곤경에서 벗어날 방법을 찾기 시작했다.

VII.
항공력 이론: 창조, 손실, 복구

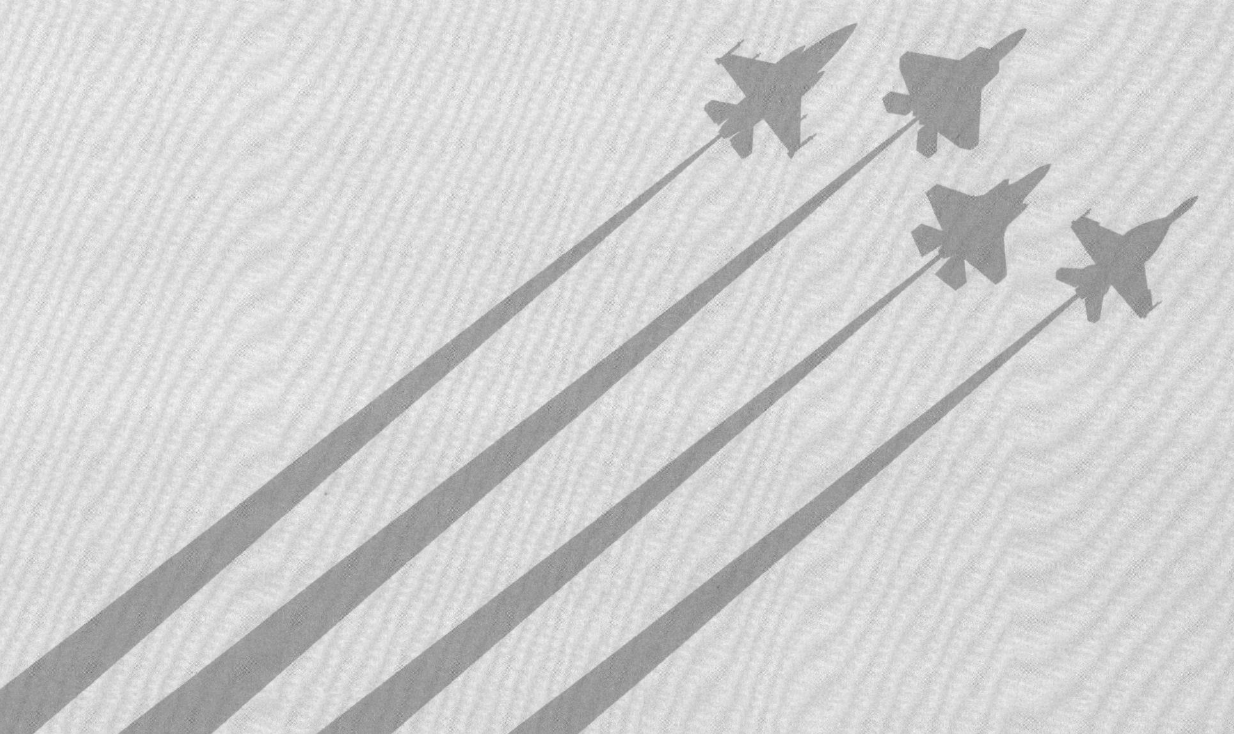

워튼은 공군본부로 돌아온 후 중요도가 떨어지는 보직을 맡고 있었는데, 얼마 지나지 않아 듀간 중장과 보이드 소장이 곤경에 처한 워튼에게 황금과 같은 기회를 제공했다. 두 장군은 워튼이 작전술과 항공전략, 그리고 항공력의 독자적 사용에 중점을 두고 美 공군인들의 사고를 촉진시킬 수 있는 아이디어와 개념을 발전시킬 능력이 있다는 사실을 알았다. 워튼은 이러한 능력을 인정받아 1988년 여름, 전투개념개발처 부처장직을 맡게 되었다. 그는 국가안보 목표를 직접적으로 달성할 수 있는 수단으로의 항공력 사용을 장려하는 분위기를 조성했다. 그 과정에서 워튼의 부서는 항공력을 지상군의 부속물로 간주해 왔던 기존 관념에 반하는 아이디어를 구상하고 개발하며, 이를 널리 홍보했다.

권력 투쟁: 美 전략공군사령부(SAC) vs 美 전술공군사령부(TAC)

워튼이 공군본부에서 맡은 새로운 임무는 1991년도에 시행하기로 예정된 공군기지의 지속운용 가능성을 보장하는 훈련인 'Constant Demo'를 준비하는 것이었다. 그의 임무는 소련이 비트부르크 공군기지를 공격했을 경우의 피해 현황을 연구한 다음, 해당 기지의 생존 확률을 높일 수 있는 방어 조치를 제시하는 것이었다. 이 임무는 1985년 봄에 독일의 스팡달렘 공군기지에서 실시된 'Salty Demo' 훈련과 거의 유사했는데, 당시 훈련은 대규모 공격에 대한 은폐 및 기만의 중요성을 보여준 사례였다. 사후검토보고서에 따르면 심각하지 않은 공중 및 지상 공격에도 비행단의 소티 창출 능력은 급격히 감소할 수 있음을 알 수 있었다. 'Salty Demo' 훈련 이후 美 공군은 기지의 작전 회복 능력을 향상시킬 수 있었지만, 워튼은 훈련 전반에 걸쳐 중요한 점을 놓쳤다고 주장했다. 그의 핵심 쟁점은 바르샤바 군이 하나의 전투비행단 전력과 해당 공군기지를 파괴할 수 있는지의 여부가 아니라, 동시에 여러 비행단을 공격하여 중부유럽의 지휘통제 및 통신체계 전체를 무력화할 수 있는지의 여부가 더 중요한 점이라는 것이었다. 따라서 그는 NATO군의 항공전력 전체를 대상으로 하는 항공전역에 초점을 맞추기 위해 다수의 기지를 포함하는 것으로 훈련 범위를 확대할 것을 주장했다. 워든은 또 다른 문제에 대해서도 지적했는데, 만약 비행단 보유 전체 전력인 72대의 전투기를 무력화하는 것이 목표라면, 적군은 소티 창출에 있어 필수적인 연료 또는 전기공급 체계를 공격함으로써 해당 목표를 달성할 수 있다고 했다. 그러므로 필수 시설과 관련된 표적을 제대로 식별할 수만 있다면 한두 개의 폭탄으로도 원하는 효과를 달성할 수 있다고 주장했다.

'Constant Demo'는 중요한 임무였지만, 워든은 듀간 중장이 1988년 3월 1일부로 휴즈에 이어 공군본부 기획 및 작전 차장으로 임명되기 전까지는 거의 주목받지 못했다. 듀간은 워든의 훈련 범위 확대제안을 지지했고, 워든과 항공력의 커다란 잠재력에 대해 논의하면서 그가 이 분야에 전문성과 열정이 있음을 간파했다. 비록 당시 美 공군은 항공력에 관한 전술·전기 및 관리 측면에서는 뛰어났지만, 듀간은 美 공군이 고유의 정체성 및 전쟁에 모든 항공력의 역량을 집중할 수 있도록 하는 독특한 기여방식을 상실한 것에 대해 우려하고 있었다. 그는 1930년대 후반 美 항공단 전술학교에서 시작된 항공력에 관한 창조적인 사고는 냉전과 함께 사라졌는데, 그 이유가 주로 전술공군사령부(TAC)와 전략공군사령부(SAC) 간의 경쟁으로부터 비롯된 것이라고 믿고 있었다.

전략공군사령부(SAC)는 아이젠하워 대통령이 점점 커지고 있던 소련의 위협에 대응하기 위한 군사전략으로서 '대량보복전략[99]'을 선택한 1954년도부터 경쟁우위를 점하게 되었다. 전략공군사령부(SAC)는 핵 무장 폭격기 및 대륙간탄도 미사일뿐만 아니라 공중 급유기 전력도 통제했기 때문에 핵 억제 임무를 수행하는 데 있어 가장 중요한 부대로 인식되었다. 이러한 이유로 많은 국방비를 지원받을 수 있었고 구성원들은 공군의 핵심 요직에 오를 수 있었으며, 스스로에 대해 '핵 장끝(tip of the nuclear spear)' 부대로 간주하게 되었다. 전략공군사령부(SAC)의 강력한 지도자였던 르메이[100] 장군은 전술공군사령부(TAC)와 기타 공군 부대들에 대해 중요도가 떨어지는 전력으로 간주했던 것은 공공연한 사실이다.

---

99) 대량보복전략(Massive Retaliation): 1954년 美 국무장관이었던 존 델러스에 의해 처음 제시된 개념으로 적이 공격을 가하면 즉시 핵무기를 주요 수단으로 대규모의 반격을 가하겠다고 공표함으로써 전쟁을 억제하는 전략.

100) 르메이(Curtis E. Lemay): 제2차 세계대전 중 美 공군의 전략폭격을 주도한 인물로 특히 태평양 전쟁에서 도쿄 대공습 지휘. 냉전 시기에는 전략공군사령부(SAC)를 이끌며 미국의 핵무기 대부분을 책임지는 역할을 했고, 1961년부터 1965년까지 美 공군참모총장 역임.

미국은 케네디 대통령이 취임한 1961년도에 대량보복전략을 수정한 '유연반응전략(Flexible Response)'을 도입했는데, 이는 위협 상황에 따라 재래식 군사력과 핵무기를 적절하게 혼합 사용하여 전면적인 핵전쟁 위험을 감소시키겠다는 전략이었다. 이러한 국가 정책의 변화는 전술공군사령부(TAC) 역할의 중요성을 입증할 기회를 주었고, 베트남 전쟁을 통해 어느 정도 입증할 수 있었다. 당시 대다수 美 공군인들은 전략폭격이 베트남 전쟁에서 결정적인 역할을 하지 못했다고 믿었고, 지상작전 지원을 이 전쟁에서 항공력의 가장 유용했던 기여로 보았다. 미래의 전쟁이 베트남전과 같이 게릴라 퇴치 작전이 주가 된다면, 전략공군사령부(SAC)는 점점 더 무의미한 존재가 될 것이었다.

베트남전 이후 美 공군은 교리와 전술을 개정했고, 이에 따라 전투기 조종사가 폭격기 조종사를 대신하여 공군의 요직에 오르기 시작했다. 1978년부터 1984년까지 크리치 장군은 전술공군사령부(TAC)가 전략공군사령부(SAC)에 비해 경쟁우위를 점할 수 있도록 이끌었다. 그러나 군 내에서 육군의 역할은 여전히 타군보다 막강했다. 크리치 장군이 전술공군사령관으로 취임했을 때, 그는 전술공군사령부(TAC)가 육군에게 근접항공지원에 대한 확신을 심어 주지 않는다면, 육군이 자체적으로 그 임무를 대신할 것이고, 이에 따라 전술공군사령부(TAC)의 존재 이유가 상실될 것에 대해 우려했다. 크리치는 이 문제를 해결하기 위해 육군과 대립하거나 2개 군(육·공군)의 필요성에 부합하는 역할 분담을 모색하는 대신, 그들과 긴밀히 협력하는 방안을 선택했다. 이후 그는 "공군은 실제로 육군에서 출발했으므로 육군을 지원하는 역할로 돌아가는 것이, 가장 중요한 임무라고 생각했다."라고 회고했다. 크리치 장군은 육군, 특히 교육사령부의 스태리 장군과 협력하면서 전술공군사령부(TAC)가 육군의 요구에 따라 근접항공지원 임무를 수행할 경우, 육군은 공중우세 및 차단과 같은 다른 임무의 중요성을 인정해 줄 것이라고 믿게 되었다. 전술공군사령부(TAC)와 육군교육사령부는 두 부대의 관계를 공식화하고자 공지전력 적용국(Air Land Force Application Agency)을 창설했고, 그 과정에서 크리치는 공지전투 교리의 강력한 지지자가 되었으며, 다음과 같이 언급했다.

공지전투는 공중우세 확보를 위한 전투와 종심 전투, 그리고 후속 증원군을 공격하는 것과 같은 매우 광범위한 작전으로 구성되었다. 즉, 육군이 전통적으로 근접항공지원을 중시해 온 것에 추가하여 공중우세 및 차단이 중요해졌다. 그리고 고고도 전투 및 종심 전투를 수행하는 공군의 역량을 인정받았을 뿐만 아니라, 이러한 임무와 이를 수행하는 데 필요한 공군 자산도 공지전투 교리에 의해 강력하게 지지를 받게 되었다. 이러한 공군의 역량은 육군과 공군 모두의 관심사가 되었고, 두 군 모두가 합동 영역에서 승자가 될 수 있도록 했다…. 그리고 실제로 그러한 일이 발생했다. 우리는 공지전투 교리로 인해 육군으로부터 이전보다 더 많은 지원을 받게 되었다.

공군 내부에는 항공력과 항공력 운용에 대한 전통적이고 편협한 사고방식을 좀처럼 바꾸려 하지 않는 교리 수호자들이 있다. 그러나 우리는 정당한 이유가 있었기 때문에 이들에게 굴복하지 않았다…. 우리는 보통 육군 장군인 합동 지휘관이 항공력을 활용하는 시기와 장소에 대해 지시할 수 있음에 동의했고, 어쩌면 그것은 지휘관으로서의 당연한 권한이었다. 우리는 지상군 사령관에게 항공력의 할당에 더 깊게 관여할 수 있는 권리를 부여했지만, 그것이 결정 권한이나 할당 권한 자체를 의미하는 것은 아니었다. 이는 사실상 피할 수 없는 현실이었다…. 결국, 공군의 회의론자(교리 수호자)들을 설득하긴 했지만, 간단한 싸움도 아니었고 쉽지도 않았다. 이 투쟁은 내가 즐겼던 싸움이었다. 왜냐하면, 美 육군의 전투 이동 요구사항 위원회[101]가 전쟁에서 공군의 역할을 전부 가져가는 동안 육군 주변이나 어슬렁거리면서 아무것도 하지 못하는 것보다는 확실히 나은 선택이기 때문이다.

따라서 항공력이 전쟁 승리의 주역이라는 개념은 공군의 의제에서 사라졌다. 더욱이 이와 같은 항공력 운용개념은 1986년도에 제정된 골드워터-니콜스 법안에 반하는 것으로 인식되었다. 이 법안은 전투 효과를 떨어뜨릴 수 있는 각 군 간의 경쟁을 줄이기 위해 합동성을 크게 강조했으며, 작전 권한을 각 군의 참모총장이 아닌 합참의장에게 주고, 의장이 대통령의 수석 군사 고문이자 국가안보위원회 및 국방부 장관의 최고 군사 고문이 되었다. 또한, 골드워터-니콜스 법안은 기존의 지휘체계에서 각 군의 군령권을 제외하여 대통령으로부터 국방부 장관, 그리고 통합군사렁관으로 이어지는 지휘체계로 간소화시켰다.

1986년 전술공군사령부(TAC)의 지휘관으로 부임한 러스 장군은 "전투기 조종사들에게는 2가지 핵심임무가 있는데, 그것은 북미 대륙을 공중 방어하는 것과 육군을 지원하여 전장 목표를 달성하는 것이다."라고 언급하면서, 육군과의 협력에 대해 중시했다. 그는 다음과 같이 공군의 전술적 임무는 육군을 지원하는 것이라고 강조했다.

---

101) 전투 이동 요구사항 위원회(Howze Board): 1962년 맥나마라(Robert Mcnamara) 국방부 장관의 요청으로 설립된 美 육군 기관으로 헬리콥터 전력을 전투에 통합하는 새로운 개념을 검토하고 시험하는 데 중점을 두었던 기관.

모든 전술 항공 임무는 육군 작전을 지원하는 것이다. 적의 항공기를 격추하든, 탱크 생산공장을 파괴하든, 아니면 전선에서 기갑부대를 파괴하든지 간에 전술 항공의 목표는 아 지상군이 전장에서 유리하도록 만드는 것이다…. 육군이 우리에게 기동 계획과 적에게 행사하고 싶은 우리의 영향력에 대해 알려 주면, 우리는 적절한 전술 항공력으로 그 목표를 달성한다. 최근 우리의 논의는 공지전투 교리에 수록된 대로 1990년대의 치명적이고 동적인 전장에서의 근접항공지원 및 항공차단의 필요성에 중점을 두는 것이다.

크리치 장군과 러스 장군은 확실히 전술공군사령부(TAC)의 중요성을 격상시켰고, 공군이 기술적으로 우세한 무기 확보와 공대공 전술을 발전시키는 데 있어 상당히 기여했지만, 전쟁에서 항공력에 대한 관점을 전술적 수준 이상으로 끌어올리는 것에 대해서는 꺼려 했다. 1945년부터 1975년까지 전술공군사령부(TAC)는 공군 내에서 살아남기 위해 너무 바쁘게 살아왔기 때문에, 사령관은 항공력을 광범위한 관점에서 이해하고자 하는 열정과 동기가 부족했다. 그러나 국가안보전략 수행을 위한 수단의 축소(항공력의 전략적 사용)는 자금과 인력, 그리고 기득권 확보 경쟁 심화로 인해 공군의 어떤 조직도 이득이 없는 '제로섬 게임'이라는 심각한 결과를 초래했다.

전술공군사령부(TAC)는 공군이 합동 지휘관에게 제공할 수 있는 능력인 근접항공지원과 차단, 그리고 방어제공 및 공중급유와 같은 특정 임무 수행을 재정비하는 데 상당한 노력을 기울였다. 그러나 전술공군사령부(TAC)는 핵에 의지하지 않고 전략적 목표를 달성할 수 있는 포괄적인 항공전역에 대해서는 고민하지 않았다. 사실 당시에는 항공력 운용에 대한 공군 내의 실질적인 논의가 없었다. 전술공군사령부(TAC)와 통합사령부는 전장에 도착했을 때 전력을 어떻게 사용할 것인지에 대한 고찰보다는 전력배치 준비에 더 집중한 반면, 전략공군사령부(SAC)는 장기간에 지속되거나 재래식 수단으로 수행될 수 있는 작전에는 별로 신경을 쓰지 않았고 전쟁 개시 후 몇 시간 동안의 핵 공격에만 집중하고 있었다.

이러한 배경으로 인해 1980년대 후반의 美 공군은 통합되고 응집력 있는 정체성이 없던 분열된 군이었다. 듀간 중장은 공군이 전략공군사령부(SAC)와 전술공군사령부(TAC)로 분열되어 있기 때문에, 항공력의 잠재력 극대화가 불가능하다고 생각했다. 공군인들은 전술에 대해 훌륭히 이해하고 있었지만, 전략적 성과를 거둘 수 있는 포괄적이고 단일화된 항공전역 계획에 대해서는 거의 생각하지 않고 있었다. 기획 및 작전 차장으로서 듀간 중장은 이러한 공군인들의 생각을 바꾸기로 결심했다.

프로젝트 항공력

듀간 중장은 워든 대령의 저서인 '*항공전역(The Air Campaign)*'에 대해 '독창적이고 신선하며, 핵심이 분명한 읽기 쉬운 책'이라고 생각했다. 그는 이 책이 전쟁의 작전적 수준에서 항공력에 관한 일관성 있는 사고의 기초를 제시했다고 생각했다. 듀간과 워든이 항공력에 대해 논의하기 시작했을 때, 워든은 듀간에게 비트부르크에서 경험한 바로는 유럽 주둔 美 공군(USAFE) 사령부의 고위급 지휘관이나 비행단 수준의 전술 지휘관(단장) 중, 그 어느 누구도 항공력을 작전술[102] 측면에서 생각하지 않고 있다고 말했다. 그는 또한, 이제 전쟁에 대해 전술적 수준을 넘어서 생각해야 할 시기가 됐다고 주장했다. 듀간은 워든이 '이례적으로 전략적으로 사고할 줄 아는 사람'이며, '공군에서 찾아보기 힘든 인물'이라고 생각했다. 그는 대령을 자신의 개인 보좌관으로 두고, 'Constant Demo' 훈련은 다른 사람에게 맡기기로 결정했다. 듀간은 워든에게 공군의 존재 목적과 그것을 개선할 수 있는 방법에 관해 연구할 것을 지시했다.

이에 워든 대령은 '*프로젝트 항공력(Project Air Power)*'이라는 제목으로 공군의 존재 이유에 부합할 수 있는 일관된 항공전략을 '왜, 그리고 어떻게'라는 관점에서 제시해 준 한 페이지 분량의 계획서를 제출했다. 워든은 그의 이러한 아이디어를 공군과 합참, 그리고 국방부 차원에 걸쳐 발전시키고 확대시키며, 추진할 수 있는 부서를 만들어 줄 것에 대해 요구했다.

듀간 중장은 워든 대령의 계획서에 대해 마음에 들어 했고, 1988년 5월부로 기획부장으로 부임한 보이드 소장에게 그 제안을 실행할 수 있도록 도와줄 것을 지시했다. 보이드는 곧 항공력을 전쟁의 핵심수단으로 등극시킬 수 있는 인물로 워든이 적격임에 동의했다. 비록 항공력에 관한 듀간과 보이드, 그리고 워든의 관점이 전적으로 일치하진 않았지만, 그들은 美 공군이 다시 항공선략과 독자적인 항공력의 사용, 그리고 작전술에 대해 사고하도록 촉진하는 과정을 시작했다.

보이드 소장은 1988년 7월부로 워든 대령을 전투개념개발처 부처장으로 임명했다. 이 새로운 처는 교리와 전략, 소요 및 장기 기획, 그리고 개념이라는 다섯 개의 과로 구성되었고 약 80명의 장교가 근무했다. 전투개념개발처는 국방부와 의회, 국가정보기관 및 합참, 그리고 다양한 싱크 탱크 기관들과 긴밀한 관계를 맺었다. 또한, 이 기관은 美 공군의 여러 주요 사령부로부터 온 장교들로

---

102) 작전술(operational art): 목표, 방법, 수단 위험을 통합하여 전역 또는 작전을 구상하고, 군사력을 조직 및 운용하기 위해 지휘관과 참모들이 숙달된 능력·지식·경험·창의력·판단력 등을 활용하는 인지적 접근.

구성되었고 실질적으로 공군본부의 싱크 탱크였으며, 워든 대령이 본인의 능력을 최대한 끌어올릴 수 있도록 지원해 줄 수 있는 부서였다. 그는 자신이 중요하다고 여기는 사안에 집중할 수 있었으며, 그에 합당한 예산도 책정받았다. 워든은 이러한 지원하에서 아이디어를 개발하고 워싱턴에 위치한 더 큰 군사·정치 기관들과 교류할 수 있었다.

듀간과 보이드, 그리고 워든은 새롭게 창설된 전투개념개발처를 전술공군사령부(TAC)의 지도자들 사이에서 널리 인정받고 있던 공지전투 개념에 맞설 수 있는 새로운 항공력 운용개념 개발 기관으로 생각했다. 이들은 특정 상황에서 항공력이 지상군을 지원해야 한다는 점은 인정하지만, 항공력이 매번 전술적으로만 사용된다면 육군이 전쟁에서 항상 결정적인 역할을 하게 될 것이고, 그에 따라 공군이 육군의 작전에 종속되게 될 것에 대해 우려했다. 워든은 심지어 공군의 임무가 '비행과 전투(fly and fight)'가 아니라 '비행과 승리(fly and win)'라고 주장했다. 8월 초, 그는 전투개념개발처의 목표를 다음과 같이 정하였다.

1) 공군을 대중이 이해할 수 있는 관점으로 정의한다.
2) 국가목표 달성에 이바지할 수 있는 군사전략을 지원하기 위해 항공력 적용과 관련된 일관된 이론을 개발한다. 그리고 이 이론을 정책 입안자와 대중에게 단순하고 간결하게 설명한다.
3) 이론에 부합하고 전투를 지향하며, 읽기에 흥미롭고 군사적으로 적용할 수 있는 교리를 작성한다.
4) 전문적인 군사교육 및 멀티미디어 프레젠테이션을 통해 공군의 참모 기능과 전쟁의 작전적 수준 전반에 대한 이해를 도모한다.
5) 작전적 수준에서 모든 수단을 개발한다.
6) 전략과 정치적·기술적 평가, 그리고 경제적 변화 추세를 바탕으로 향후 25년간의 적합한 전력구조를 제시한다.
7) 전투개념개발처 구성원들의 지식과 경험을 확대하는 데 도움이 되는 프로그램을 구축한다.
8) 영리하게, 그리고 오래 생각한다.

워든은 이러한 목표를 다음과 같은 핵심 아이디어로 정리했다. '고수 방어(Static Defense)' 및 소모전에 반대되는 공격적인 개념으로 전략을 구상한다. 항공력을 단순히 지상군 지원을 위한 전술적 차원이 아닌 국가적 수단으로 생각한다. 실행 소티의 수와 파괴 정도가 아닌 효과 관점에서 생각한다. 단순히 표적에 폭탄을 떨어뜨리는 것이 아닌, '시스템전'[103] 및 전역 목표 관점에서 교육과 교리를 구상한다. 그리고 앞서 제시된 목표에 맞도록 공군을 조직하는 방법에 대해 생각한다.

워든은 처원들에게 "우리는 전술공군사령부(TAC) 또는 전략공군사령부(SAC)에 대해 어떠한 책임도 없으며, 거기에 종속돼 있지도 않다. 우리의 임무는 생각하는 것이며, 생각하고 싶은 어떤 종류의 것도 생각할 수 있으며, 아무런 문제가 되지 않는다. 사실 그것이 우리가 해야 할 일이다."라고 말했다. 워든 대령은 합동성 강화를 목적으로 1986년도에 발효된 골드워터 니콜스 법안의 여파로 인해 합동작전 그 자체가 목적이 되지 않을까에 대해 염려했다. 이에 따라 그는 다섯 개 부서에 항공력이 과거 무엇을 할 수 있었는지와 현재 무엇을 할 수 있는지, 그리고 항공력을 사용하는 이유가 무엇인지 및 언제 어떻게 그것을 사용할 것인지, 그리고 어떻게 이러한 항공력의 특징을 대중들에게 알릴 것인지에 대해 연구하라고 지시했다. 그는 이 다섯 개의 부서들이 공군을 다시 주목받게 할 것이라고 주장했다.

워든은 부처장으로서의 권한과 상관들의 전폭적인 지지를 받으며, 부서원의 토론을 장려하였고 이견을 수용했다. 듀간 중장은 전투개념개발처의 모든 장교들에게 '항공전역(The Air Campaign)'을 읽을 것을 권고했고, 워든은 구성원들이 해당 책의 내용에 대해 비평하고 개선할 것을 지시했다. '항공전역(The Air Campaign)'은 전쟁의 작전적 수준에 대한 일관된 철학을 체계적으로 제시했지만, 워든은 이제 공군 임무에 대한 지적인 기반 역할을 해 줄 항공력의 전략적 사용에 관한 이론을 정립하고자 했다. 그는 처원들에게 고위급 지도자들이 반대할 것이 확실시되는 아이디어를 제시해 줄 것을 기대한다고 말했다. 그는 "아이디어의 90%가 비현실적이며 심지어 조롱거리가 되지 않는다면, 우리 처는 일을 제대로 하지 않는 것이다. 우리의 임무는 한계를 뛰어넘는 것이어야 한다."라고 언급했다.

워든은 자신의 팀과 새로운 개념적 사고의 근거를 발전시켜 줄 것으로 기대되는 예비역 공군 장군이라는 두 개의 그룹을 통해 시너지 효과 창출을 추구했다. 그는 아만과 로손, 그리고 스미스가 포함된 예비역 장군 그룹에게 보내는 서신에서 "우리는 공군의 모든 능력을 활용하지 않고 있고, 국방단체와 대중으로 하여금 공군이 제공할 수 있는 항공-해상 능력에 대해 제대로 알지 못하게 함

---

103) 시스템전(system warfare): 대량의 전력 집중 대신 네트워킹 된 소규모 전력을 투입하여 비대칭적으로 적의 위협을 격파하고 유연하며 탄력적으로 전력을 운용하겠다는 전쟁 수행 개념.

으로써 국가에 큰 피해를 주고 있습니다. 우리는 그러한 상황을 개선하고자 합니다."라고 밝혔다.

결국에는 워든과 그의 아이디어가 처원 대부분으로부터 인정받게 되었고, 일부 처원들은 그의 비전과 용기에 대해 존경하기까지도 했지만, 처음에 대다수의 처원들은 이러한 워든의 생각을 부정적으로 보았다. 그는 1988년도 여름과 가을에 본업 외의 다른 프로젝트에 주로 참여했다. 특히, '스컹크 웍스'[104]와 일반적으로 공군본부의 싱크탱크 부서로 간주되어 온 '전략처(Strategy Division)'는 워든이 너무 공격적이고 야심 차며, 항공력의 독자적 사용으로 달성할 수 있는 것에 대해 지나치게 집착한다고 생각했다. 워든의 부하 중 대다수는 그의 관점과 의도가 육군과의 긴밀한 협력관계 유지에 해가 될 것으로 보았다. 또한, 몇몇 사람들은 항공력의 전략적 역할에 대한 워든의 신념에 동의하지 않았고, 일부는 그가 가장 중요하다고 제시한 '5개 동심원 모델(Five Rings Model)'에 대해서도 회의적인 시각을 표명했다.

5개 동심원 모델

워든은 '항공전역(The Air Campaign)'에서 중심(CoG)에 대한 본인만의 정의를 제시했고, 그의 주장들은 과거 美 항공단 전술학교의 그것과 대동소이했으나, 1988년도 여름에 그는 세부적이고 현대적 관점에 맞는 항공력 관련 개념을 도출할 수 있었다. 워든은 '범세계 전략 개요(Global Strategy Outline)'라는 논문에서 항공력 이론을 제시했고, 기획 수립을 위한 기본 틀과 전문적인 군사교육 및 공군 교리에 모두 영향을 미칠 수 있는 대안적인 '전력구조(force structure)'를 개발했다.

워든 대령이 1988년 여름에 개발한 5개 동심원 모델

---

104) 스컹크 웍스(Skunk Works): 록히드 마틴社의 비밀 연구기관으로 1943년 美 국방부의 요청으로 설립되어 고성능 항공기(P-80/U-2/SR-71/F-1 17/F-22/F-35 등) 개발 주무.

위든은 적을 중심(CoG)이 있는 하나의 체계(system)로 묘사하고, 항공력이 그 체계를 미국의 전쟁목표에 부합하는 모습으로 변화시킬 수 있는 가장 효과적인 수단이 될 수 있음을 제시했으며, 만약 적이 전쟁을 계속하는 데 막대한 비용이 든다는 사실을 깨닫게 된다면 해당 전쟁을 그만두게 될 것이라고 확신했다. 그는 전쟁의 목표를 정의하고 그 목표를 가장 최소 비용으로 달성할 수 있는 전략을 개발하는 기본적인 방식으로 돌아갔다. 이 과정에서 위든은 중심을 구체화할 수 있는 고차원적인 도해를 제시했는데, 다음과 같이 국가를 5개의 '전략적 동심원(Strategic Ring)'으로 정의할 수 있다고 결론 내렸다.

현대전을 수행하는 국가의 경우, 명령을 내리는 민간 및 군사 수준의 지휘구조가 있어야 하고, 전시 생산에 필요한 산업시설을 갖추고 있거나 그러한 시설에 접근이 가능해야 한다. 또한, 보급 및 수송, 그리고 통신을 가능케 하는 인프라가 있어야 하며, 전쟁을 극렬하게 반대하지 않는 인구집단(군인과 노동자 공급원)과 자급자족에 필요한 농업 시스템, 그리고 야전군이 있어야 한다. 이런 요소들은 가장 중요한 것을 가운데에 두는 형태의 동심원으로 표현할 수 있다…. 다음의 사항을 실행하거나, 경우에 따라 다음과 같이 실행할 것이라고 위협함으로써 적에게 비용 혹은 고통을 줄 수 있다. 즉, 최고 민간 지휘부에서부터 적절한 군사 지휘부에 이르는 적 지휘구조의 파괴(동심원 1), 야전군을 지원할 수 없도록 적의 전쟁물자 근원의 파괴(동심원 2), 보급품 및 서비스 제공에 필요한 철도 및 도로와 같은 인프라 시설의 파괴 또는 손상(동심원 3), 적 국민이 전쟁을 지지하지 않거나 지원할 수 없을 만큼의 충분한 고통 부과(동심원 4), 마지막으로 야전군이 효과적인 공격 및 방어작전을 할 수 없도록 파괴 또는 무력화하는 것(동심원 5)이다.

5개의 동심원 모델은 국가 수준 목표들의 상대적인 중요성을 반영한 것이다. 그는 가장 중심에 있는 원을 '지휘부(Command Ring)'로 정했다. 이 원은 국가의 지도부를 의미하는 것으로서, 전쟁의 개시 및 지속, 그리고 종결할 권한이 있는 인물들의 집합체이다. 위든은 과거 대부분의 전쟁 목표가 이러한 지도부로부터 양보를 유도해 내는 것이었다고 주장했다. 지도부는 국가의 전략적인 방향을 제시하고 국내·외 위협에 대응하는 두뇌 역할을 한다. 적의 척추를 절단하여 두뇌가 몸의 나머지 부분과 분리된다면 인체의 사지(군대)는 통제기능을 잃고 죽게 된다. 그러므로 5개 동심원 모델에서 가장 중요한 표적은 국가 지도부 및 이와 관련된 연결 고리인데, 연결 고리에는 통신 장치와 선전기구, 방송 매체 및 친위대, 그리고 정보 네트워크와 같은 다양한 내부통제 체계들이 포함된다.

워든은 가장 내부의 원을 둘러싸고 있는 두 번째 원을 국가 중요 생산시설과 관련된 '핵심 전쟁산업(critical war industry)'으로 선정했다. 이 두 번째 동심원은 석유와 가스, 그리고 전기와 같은 에너지 관련 시설뿐만 아니라 연구 및 산업시설도 포함된다. 그는 국가의 필수 산업이 피해를 받게 될 경우, 해당 국가는 현대식 무기체계를 운용할 수 없게 되어 큰 양보를 얻어 낼 수 있다고 주장했다. 그리고 심지어 강대국조차도 상대적으로 적은 수의 핵심 산업시설을 보유하고 있다고 하였다. 이들 중에 발전 및 석유 정제 시설들은 공격에 취약하긴 하지만, 적의 영토 깊숙한 곳에 위치해 있고 철저하게 방어될 가능성이 크다는 점을 인정했다.

세 번째 원은 국가의 '기반시설(infrastructure)'인 주요 도로와 다리, 그리고 철도와 같은 산업 및 교통망이 선정됐다. 국가는 군사작전과 기타 목적을 위해 상품 및 서비스, 그리고 정보를 한 지점에서 다른 지점으로 이동시켜야 한다. 이 말은 이러한 이동이 불가능해진다면 국가는 그 기능이 중지된다는 것을 의미한다.

네 번째 원은 국가의 구성원 및 식량 공급원인 '인구와 농업(population and agriculture)' 분야가 해당된다. '항공전역(The Air Campaign)'에서 강조한 것처럼, 워든은 인구집단을 직접 공격하는 것은 어렵다고 강조했다. 그는 "표적의 수가 너무 많고, 특히 독재국가의 인구집단에 대한 공격은 해당 정권을 전복시키고 새로운 정부를 세우기까지 큰 희생을 치러야 할 가능성이 크다."라고 밝혔다. 대신 그는 국민의 사기를 떨어뜨리거나 전쟁 노력과 지도부에 대한 지지도를 낮추는 심리작전과 같은 간접적인 공격을 선호했다.

마지막 원은 국가의 '야전 군사력(fielded military force)'을 의미한다. 워든은 "우리는 전쟁에서 군사력을 가장 중요하게 생각하는 경향이 있지만, 사실 군사력은 목적을 위한 수단에 불과하다. 즉, 군사력의 유일한 기능은 내부의 원을 보호하거나, 또는 적의 내부 원을 위협하는 것이다."라고 언급했다. 요약하자면 지휘부에 대한 공격은 질병의 근원을 제거하는 것인 반면, 군사력에 대한 공격은 질병의 증상에 대한 처방에 불과하다는 것이다.

이 모델로부터 워든은 다섯 개의 원 각각을 구성하는 여러 표적에 대해 동시 공격이 이루어진다면 현대 국가에 미치는 영향력은 기하급수적으로 커질 것이라고 추론했다. 그는 대규모 및 지속적인 공중공격에 따른 동심원 각각의 여러 하부체계가 개별적, 혹은 집단적으로 파괴되고, 이러한 파괴 효과가 모이면 국가 전체의 인프라를 무력화시켜 전략적 마비를 달성할 가능성이 커진다고 언급했다. 이러한 접근방식은 전략적 성과를 공격과 파괴의 총합으로 보거나, 심지어 특정 표적에 큰 가치를 두는 기존의 관점과는 상반되는 것이었다. 워든은 하나의 표적 또는 표적군에 대한 공격이 실패하더라도 누적 효과가 유지되기 때문에, 전체 노력을 부정적인 것으로 보지 않았다.

다섯 개 원의 순서는 중심(CoG)의 상대적인 중요도뿐만 아니라 공격에 대한 취약성도 반영된 것이었다. 가장 바깥 원(야전 군사력)은 광범위하게 분산된 다수의 표적으로 구성되고 이들 표적은 공격에 대한 대응능력이 있기 때문에 해당 표적을 파괴하는 과정에서 엄청난 대가가 발생한다. 네 번째 원인 인구집단은 물리적 및 심리적, 그리고 법적 측면에서 공격하기 매우 어려운 표적이다. 한 국가의 인구집단을 의도적으로 공격하는 것은 민간인을 공격할 수 없다는 국제법을 위반하는 것이며, 국내·외적으로 막대한 부정적인 영향을 초래한다. 게다가, 네 번째 원은 공격해야 할 표적이 많은 것에 비해 얻을 수 있는 이득이 적다. 세 번째 원인 '기반시설'은 공격에 취약한 다수의 표적으로 구성되어 있어 이들을 대량으로 제거하면 상당한 효과를 얻을 수 있지만, 표적 특성상 파괴하기가 쉽지 않다. 즉, 세 번째 원을 공격하는 것은 상대적으로 낮은 이득을 얻게 될 것이다. 두 번째 원(핵심 전쟁물자)은 몇 개의 주요 표적을 성공적으로 공격하게 된다면 적의 전쟁 지속능력에 큰 장애가 발생하기 때문에, 앞서 제시된 원들보다 매력적인 표적이다. 즉, 두 번째 원은 공격해야 할 표적의 숫자가 상대적으로 적기 때문에 투입한 노력에 비해 더 큰 효과를 불러올 수 있다. 마지막 원인 적의 지휘부는 가장 중요하고도 취약한 표적이다. 운이 좋다면 단일 공습으로 몇 개의 엄폐된 벙커만을 제거함으로써 정권을 무력화시킬 수도 있다. 가장 안쪽의 원을 구성하는 소수의 표적은 공격하기 어렵지만, 일단 성공하면 아주 큰 효과를 얻을 수 있다. 지금까지의 설명을 다르기 표현할 수도 있는데, 내부 원을 공격했을 때 발생하는 효과가 가장 큰 반면, 바깥 원을 공격했을 내 발생하는 효과는 즉각적이다.

워든은 5개 동심원 이론을 현실 세계에 적용할 수 있다고 믿었다. 그는 전략적 지휘관이라면 최대한 신속하게 최소의 비용으로 적으로부터 양보를 얻어 낼 수 있어야 한다고 주장했다. 그는 항공력이 다음과 같은 명확한 전략이 있다면, 전쟁에서 훨씬 더 많은 것들을 제공해 줄 수 있다고 밝혔다.

> 해군의 해양전략은 적의 전략적 동심원을 대상으로 작전을 수행할 수 있는 해군의 역량을 매우 잘 보여 주는 것으로, 특히 미국과 같은 항공-해양(air-maritime) 국가에 적합한 전략이다.

그러나 공지전투 교리는 단지 적 지상군만을 대상으로 어떻게 싸울 것인가에 대한 육군의 시각을 반영한 것으로, 개념상 전술적 수준을 약간 상회하는 정도밖에 되지 않는다. 美 공군은 이 교리가 작전적 수준 이상의 임무에서 어떻게 적용되는지 명확히 설명하지 않았다. 공지전투 교리는 美 공군의 능력과 해야만 하는 역할 중 아주 작은 부분만을 제시해 준다. 그러나 공군의 능력은 분명히 미국과 같은 항공-해양 국가에 있어 가장 중요한 수단이다. 공군은 타 군이 갖지 못한 능력이 있으므로, 다른 군은 이러한 능력을 이용해야 한다. 공군은 몇 시간 또는 며칠 내에 세계 어느 곳이든 투사될 수 있는 전구 및 범세계적 수준의 수단이다. 공군은 기동성이 있고 공격 또는 방어 목적으로 한곳에 전력을 집중할 수 있어, 적의 공중과 지상 또는 해상전력에 맞서 성공적으로 작전을 수행할 수 있다. 공군의 기동성 덕분에 지휘관은 원하는 시간과 장소에서 전력을 사용할 수 있는데, 이는 제한된 지역이나, 적이 전력을 집중하는 장소에서도 구애받지 않고 작전할 수 있다는 의미이다. 공군은 적 지상군 및 공군을 우회하여 종심을 공격할 수 있으며, 단독으로 적의 모든 전략적 동심원에 대해 전력을 투사할 수 있다. 공군은 모든 전략적 동심원을 공격하거나 방어할 수 있기에, 대부분의 경우 육군이나 해군보다 전쟁 결과에 더 많은 영향을 미칠 수 있다. 공군이 유일하게 할 수 없는 것은 영토를 점령하는 것인데, 이것은 일반적으로 미국과 같은 항공-해양 국가의 주요 전쟁목표라고 볼 수 없는 것이다.

워든은 공군이 중요한 임무를 수행해야 한다고 주장했다. 그 임무는 '대전략(grand strategy)' 차원에서 요구되는 양보를 얻어 내기 위해 적의 전략적 동심원을 대상으로 범세계적인 작전을 수행하는 것이다. 이는 공군 고유의 특성인 거리와 기동성을 이용하고 증대하며, 중요치 않은 전투와 지리적 제약 요소는 최대한 회피하고, 육군과 해군 지원을 통해 더 결정적이고 시간과 비용, 그리고 희생이 덜 발생하는 상황을 조성해 주는 것이다.

워든은 '범세계 전략 개요' 논문 내용이 공군의 사고에 일관성을 제공하고 조직과 전력구조를 평가하는 데 효과적인 도구가 될 수 있다고 믿었다. 직설적으로 표현하자면 美 공군이 '전술적(tactical)' 및 '전략적(strategic)'이란 용어로 조직을 구분하는 것을 멈춰야 한다는 것이다. 그는 또한 새로운 전력구조는 고정된 기지나 특정 지역에 의도적으로 또는 불가피하게 얽매이지 않는 고도의 기동성을 갖추고 있어야 한다고 주장했다. 즉, 그는 美 공군이 "본토 내 위치한 기지에서 전 세계 수천 개의 활주로를 대상으로 대부분의 작전을 수행할 수 있을 때까지 기동성이 증가되어야 한다."

라고 주장했다.

워든의 이 논문은 차후에 효과중심작전(EBO)으로 알려지게 될 표적처리에 관한 철학의 근간이 되었다. 그는 항공전역을 파괴와 살상에 중점을 두기보다는 기능 저하, 지연, 방해, 교란, 고립 및 무력화 측면으로 바라보았다. 그는 일반적으로 전쟁 기획가들에게 혼란과 혼동, 마비라는 관점에서 사고할 것을 권장했다. 워든은 또한 군사적 수단을 정치적 및 경제적 측면과 함께 고려하는 것이 중요하다고 강조하면서, 항공력은 파괴적이고 건설적인 역할을 동시에 할 수 있다고 언급했다. 그는 또한, 적의 사기를 저하시키기보다는 수단을 제거하는 것을 선호했는데, 심리적 효과는 물질적 박탈에서 비롯되기 때문이라고 주장했다.

워든이 보기에는 현대 항공무기체계의 치명성과 기동의 자유, 전투행동반경 및 정밀성, 공중공격의 지속성은 전쟁 수행에 있어 혁명을 불러왔다. 범세계적인 장거리 항공력과 정밀무기의 시너지 효과는 미래에 대한 비전을 더 일찍 현실화시켰다. 그는 전선을 따라 진격하는 지상군이나 바다에서 항행하는 해군이 할 수 없는 방식인 전 세계 어디에서나 언제든지 여러 표적을 동시에 타격할 수 있는 것은 공군뿐이라고 주장했다. 항공력의 시대가 도래하면 더 이상 육군도 해군도 전쟁의 승리를 보장하는 핵심적인 수단이 될 수 없다는 것이다.

이 이론은 우아함과 합리성을 동시에 갖춘 찾아보기 힘든 것이었다. 즉, 쉬운 용어로 설명되었으며, 동시에 복잡한 문제들을 단순화시킨 것처럼 보였다. 중요한 것은 워든이 적의 지휘부를 설득하여 미국이 원하는 대로 행동하도록 하는 전체 전쟁의 목표와 항공전역의 목표를 체계적으로 연결시켰다는 점이다.

듀간 중장과 보이드 소장은 이 논문이 항공력을 국가안보와 연결시키는 출발점으로서 매우 유용하다고 생각했다. 그 당시에는 워든만이 그러한 견해를 갖고 있었기 때문에 그의 아이디어가 항공력에 대한 전투개념개발처의 기본 철학이 되었다. 그는 공군 공보실의 검토를 받은 후, 1990년 3월 초에 '군사작전연구협회'[105]가 후원한 심포지엄에서 자신의 연구 결과를 발표했다. 워든은 또한 '중심: 전쟁 승리의 열쇠(Centers of Gravity: the Key to Sucess in War)'라는 제목의 개정판 논문도 작성·배포하였다.

이 개정판 논문에는 워든이 현대식 전투를 설명하는 모델로 정의한 5개 동심원 모델에 관한 전반

---

105) Military Operation Research Center.

적인 설명을 포함하고 있다. 그는 전쟁의 작전적 수준에 있어서도 전략적 수준과 동일한 접근방식을 취한 경위에 대해서도 이 논문에서 밝혔다. 첫 번째 작전 동심원은 군사 지휘관인 본인을 포함하여 그의 지휘통제 및 통신체계로 구성된다. 두 번째는 탄약과 연료, 그리고 식량과 같은 전투 필수품이 포함된 군수물자였다. 도로와 항로, 해로 및 철로, 통신선과 파이프라인, 그리고 야전군 운용에 필요한 무수한 기타 설비 시설과 같은 기반시설들은 세 번째 동심원이었다. 군수 및 인프라 시스템을 운용하는 지원 인력은 네 번째 동심원이 되었다. 마지막 동심원은 항공기와 함정, 지상군 부대와 같은 야전 군사력이 해당된다. 워든은 일반적으로 다섯 번째 동심원에 중점을 둔 전역은 '때로는 내부의 작전적 및 전략적 동심원에 영향을 미치기 위해 어느 정도는 필요함에도 불구하고' 양측 모두에게 가장 장기적이고 많은 피해를 불러올 가능성이 큰 전역이 될 거라고 확신했다.

　작전적 수준에서 볼 때, 일관된 작전 실행의 결과는 미군의 작전에 대응하는 적의 능력을 거부하고 적에게 계획되지 않은 작전을 수행하도록 강요함으로써, 그들의 군사력에 대한 지휘통제 능력을 상실케 하는 것이다. 워든은 이에 대해 다음과 같이 설명했다.

　　전쟁 수행 시 우리가 집중해야 할 대상은 그 대상이 민간이든 군이든 적의 지휘부이다. 적 지휘부에 영향을 주기 위해서는 반드시 적의 모습을 개념적으로 파악해야만 한다. 만약 적이 개념적으로 중심(CoG)에 둘러싸인 한 명의 지도자라고 상정할 수 있다면, 우리는 적 지휘부에 영향을 줄 수 있는 방법에 대해 더 분명하게 생각할 수 있다. 이렇게 더 큰 전략 및 작전적 수준에서 사고함으로써, 우리는 우리의 임무를 엄청나게 단순화시킬 수 있다. 만약 우리가 수백 개의 연료 또는 탄약 분배 지점을 파괴할 수 있다면, 3만 대의 탱크를 일일이 찾아서 파괴할 필요가 없을지도 모른다. 또한, 만약 우리가 수십 개의 발전 시스템을 파괴하여 적의 전체 사회를 마비시킬 수 있다면, 수백 개의 연료 분배 지점을 파괴할 필요가 없을지도 모른다. 더 나아가 만약 우리가 적의 지도자를 생포하거나 제거할 수 있다면, 수십 개의 발전 시스템을 파괴할 필요가 없을지도 모른다. 우리의 임무는 가능한 한 적의 작전적 및 전략적 동심원의 내부에 집중하는 것이다. 실제 중심이 어디인지 파악했다면, 그 중심을 어떻게 공격할 것인지에 관한 최상의 방법을 선택해야 한다. 만약 우리가 그 과정을 정직하고 엄격하게 수행했다면, 전쟁의 정치적 목표를 달성할 수 있는 우수한 전역계획을 만들었다고 확신할 수 있다.

전쟁 개시 시 대량과 집중, 그리고 공세의 원칙을 적용하여 곧바로 지휘부를 공격대상으로 삼는 것은 워든식 사고방식의 핵심이었다. 그러나 한편으로는 군으로 하여금 기존의 클라우제비츠와 지상전 중심의 전쟁 수행방식 탈피를 촉구함으로써 논란을 불러왔다. 그는 상대국의 지도부에 우리가 원하는 정책 변화를 강요하는 것이 전쟁의 기본 목표가 되어야 하며, 이 목표는 항공력 운용을 통해 실현 가능하다고 주장했다. 군사전략은 서서히 진행되는 소모전 방식이 아닌 '머리를 관통하는 한 발의 총알'처럼 즉각적인 효과를 창출해야만 한다.

워든은 이론을 정립했지만, 이제 이 이론이 실제 세계에 적용될 수 있다는 사실을 증명하고 싶었다. 당시 워게임 및 시나리오 분석, 그리고 다양한 시뮬레이션이 전쟁을 검증할 수 있는 가장 현실적인 접근방법이었다. 포괄적인 워게임을 실시할 수 있는 기회가 1989년 초에 주어졌다. 이때 기존의 전투개념개발처를 개편하면서 '체크메이트과(Checkmate Division)'와 '임무 지역 분석과(Mission Area Analysis Division)'가 통합되어 워든 대령 휘하의 '군사력 평가과(Force Assessment Division)'로 개편됐다. 체크메이트과는 소련의 전투 서열과 교리, 그리고 전투개념에 대한 전문성으로 인해 이전부터 명성이 자자했다. 군사력 평가과에는 작전 및 군수, 그리고 분석 분야에 전문성을 갖춘 장교들이 근무하고 있었다. 1989년 초, 소련의 위협이 거의 사라지게 되자, 듀간 중장과 보이드 소장은 해당 부서의 해체를 고려했지만, 워든은 이를 다음과 같이 '싱크탱크'로 사용할 수 있다고 확신했다.

> 나는 이 부서를 작전적 수준의 개념을 연구하는 부서로 사용하고 싶었다. 나는 중심(CoG)의 실제 예에 대해 몇 가지 식별한 다음 그것을 공격할 계획을 개발하고 싶었다. 나는 이 부서에 대해 거의 불확실한 장기 기획 및 전략과 같은 분야를 실세계와 연결할 수 있는 일종의 통로로 생각하고 있었다. 전쟁에 관한 일반적인 원칙을 어떻게 전술적 수준에서 실행 가능한 작전개념으로 바꿀 수 있을 것인가? 나는 공식적으로 기존의 '적군/우군 시나리오' 연구 방식의 폐지를 주장하진 않았지만, 이를 이용한 연구는 더 이상 많은 관심을 끌 수 없다고 생각한다.

이러한 이유로 군사력 평가과는 공군 장교들이 계속 '체크메이트과'로 부르거나 단순히 '체크메이트'라 칭하였다.

워든은 체크메이트(군사력 평가과) 구성원들에게 공지전투 교리를 넘어서는 관점으로 생각하고 특히 페르시아만에서 발생할 수 있는 잠재적 문제에 집중하라고 지시했다. 당시 美 공군의 전투 모델 개선을 위해 열심히 노력했던 '시너지 社(Synergy Inc)'의 콜빈 대표는 창의적으로 사고하고 새로운 아이디어를 적극적으로 받아 주는 워든의 능력에 깊은 인상을 받았다. 콜빈과 그의 직원들은 워든 대령과 부하 장교들에게 '모델링 기술'을 소개했는데, 이는 어떤 표적을 공격할 것인지, 어떤 순서로 공격할 것인지, 해당 표적 공격을 위해 구체적으로 소티 구성은 어떻게 할 것인지, 마지막으로 달성하고자 하는 효과를 어떻게 정량화할 것인가에 관한 것이었다. 이러한 노력은 체크메이트의 워게임 훈련과 연계되었고, '소모(attrition)'보다는 '효과(effects)'에 중점을 둘 수 있게 되었다.

자신의 중심(CoG) 이론을 적용해 보기 위해, 워든은 체크메이트에게 '소련에 대한 작전적 수준에서의 연료저장소 차단에 관한 연구'를 착수시켰다. 당시 군 정보기관은 연료 관련 시설이 중심(CoG)에 속하지 않는다고 주장했지만, 그는 체크메이트에게 동독의 유류 관련 시설의 취약성 및 중요성에 대해 조사해 보고, 이들을 공격하는 것이 서독으로의 소련군 진입 속도를 늦추거나 심지어 정지시킬 수 있는지에 대해 연구해 보라고 지시했다. 워든은 주로 페르시아만에 관심이 많았지만, 이 사례가 미군에 막대한 영향을 미칠 수 있을 거라 생각했다.

정보보고서에 의하면, 당시 소련은 동독 내에 견고한 저장 시설에 6개월 분량의 연료를 비축해 두고 있었고, 결과적으로 모든 저장 시설을 공격하는 것은 현실적으로 불가능하다고 평가했다. 따라서 문제의 핵심은 연료가 어떻게 비축 장소에서 전선에 위치한 군사력에 전달되는지 조사하는 것이었다. 체크메이트는 만약 미국이 유럽지역의 서부 전선을 지원해 주는 소련의 25개 연료저장소 각각에 설비된 1~3개의 연료 분배기 중 하나 이상을 타격할 수 있다면, 소련군은 3~5일 안에 연료가 부족해질 것이라고 결론 내렸다. 더 큰 장점은, 전선 사령관이 이 문제를 인식하자마자 연료 공급을 줄이기 시작할 것이며, 이는 진격 속도의 감소로 이어질 것이라는 점이었다. 모든 연료 공급선이 파괴되는 것은 아니지만, 연료가 부족해지면 지휘관은 진격하기보다는 재보급을 기다릴 것이다. 만약 F-16 100소티 투입을 통한 25개 연료저장소에 설비된 1개의 연료 분배기만이라도 파괴할 수 있다면, 소련의 군사작전에 치명적인 영향을 줄 수 있다. 이러한 이유로 체크메이트는 소련의 연료저장소가 체계적으로 공격해야 할 중요한 중심(CoG)이라고 확신했다.

워든의 체크메이트는 이러한 연구 결과를 당시 제17대 유럽 사령관이었던 세인트 육군 대장에게 전달했다. 세인트 장군은 매우 만족해했고, 이것이 그가 생각해 왔던 항공력 사용법과 정확히 일치한다고 언급했다. 그는 워든에게 소련군의 탄약 보급소에 대해서도 동일한 분석을 요청했지만, 이

프로젝트는 이라크가 쿠웨이트를 침공함에 따라 중단됐고, 걸프전이 끝날 무렵에는 이미 바르샤바 군이 해체된 상태였기 때문에 분석할 필요가 없어졌다.

위든은 연료체계 및 기타 연구를 통해 5개의 동심원 모델과 그에 따른 체계적인 접근방식을 공중 및 지상작전의 효과를 증대시킬 수 있는 방법으로 구체화할 수 있다고 확신했다. 위든은 제2차 세계대전에서 독일에 대한 전략폭격이 진행됐음에도 불구하고 그들의 전시물자 생산량을 증가했지만, 석유 시설과 수송망에 대한 효과적인 공습으로 이러한 전시물자가 필요한 곳에서 사용되지 못했음을 지적했다. 더욱이, 전략적 항공전역은 독일군이 보유한 수천 명의 병력과 이들이 운용했던 대공포가 다른 곳에서 유용되지 못하도록 독일 본토에 묶어 두는 역할도 했다.

연료체계에 관한 연구는 *범세계 전략 개요* 논문과 마찬가지로, '효과중심작전(EBO)'과 이후에 이와 유사한 더 광범위한 연구를 진행한 '합동전분석센터(Joint Warfare Analysis Center)' 연구의 근간이 되었다. 위든은 그의 부서원들이 연구 결과에 대해 비평케 함으로써 연구의 가치와 효과성을 증대시켰다. 이 방식은 약점과 강점을 식별할 수 있게 할 뿐만 아니라, 해당 장교들이 새로운 개념에 노출되어 보다 창의적으로 사고할 수 있도록 고무시켰다.

항공력에 대한 비평은 주로 비용 및 생산량에 관한 것이었으나, 위든은 5개의 동심원 모델이 각 구성요소 간의 연계성을 제시해 주고 항공전역 기획가들이 한 가지 측면만을 보지 않도록 했다고 믿었다. 이 모델은 항공력 홍보를 위한 수단이자 전략적 항공력 이론의 기초가 되었다. 그는 이론 개발 과정 중에 '전략적 항공전(strategic air warfare)'이 여러 '전(warfare)'의 형태 중 하나라는 분명한 결론에 도달했다. 적을 하나의 '체계(system)'로 보는 것은 새로운 것은 아니지만, 위든은 최소한 단순히 체계의 기계적 측면이 아닌 '상호관계적(societal)'인 측면에 초점을 둔 일관된 모델을 제시했다.

위든은 부서원 중 가장 뛰어난 인물이었던 뎁툴라 및 터너, 그리고 피아자 중령과 함께 이러한 사안에 대해 광범위하게 연구했다. 이 그룹은 곧 스텔스 및 정밀성으로 대표되는 기술적 진보가 전략적 수준의 전쟁에서 중심(CoG)을 동시에 공격할 수 있게 해 줄 거라고 확신했다. 반대로, 순차적 공격은 단지 각 동심원과 그 구성요소들을 차례로 공격하는 것을 말한다. 각각의 동심원과 전체 체계의 결정적 지점을 동시 공격하게 된다면 적 체계에 많은 혼란과 무질서를 발생시켜 모든 대응이 비효과적이게 되고 적국이 급격히 고통을 받게 되거나 마비되는 상태가 될 것이다. 체크메이트는 장거리 항공기와 정밀타격 능력을 이용하면, 이 이론을 효과적으로 실현할 수 있다고 강조했다. 이 새로운 접근법은 전쟁 수행방식이 적의 군사력(군사전: military warfare)이 아닌 국가 조직(시스템전: system warfare)을 대상으로 한 것임을 의미한다. 최고의 표적(전략 표적)을 파괴하면 적의 전략과 의사결정은 무의미해질 것이다.

워든은 그의 참모들과 이 개념을 지속 보완해 나갔고, 그들을 그렇게 하도록 고무시켰다. 또한, 이들은 캔자스주에 위치한 美 육군 사령부와 참모 학교, 맥스웰 공군기지에 있는 美 공군대학과 같은 다양한 학계 및 기관의 청중 앞에서 본 내용을 강의했다.

전문군사교육

1988년 5월 발간된 '*범세계 전략 개요*' 및 5개의 동심원 모델은 워든이 부서장으로 있었던 전투개념발전처 군사력 평가과(체크메이트)에서 진행된 다른 많은 연구과제의 근간이 되었다. 그중, 하나는 공군인으로서의 전문지식을 쌓고 이를 현장에서 응용할 수 있도록 하기 위한 전문군사교육(PME)[106] 과정을 개선하는 것이었다. 워든은 이미 이글린과 무디 기지에 근무하면서 이 주제에 관심이 많았고, 당시 美 공군은 교육 프로그램을 개선해야 한다는 상당한 외부 압력에 시달리고 있었다. 사실 당시 뉴포트 및 웨스트포인트, 그리고 맥스웰 공군기지에서 근무경험이 있던 머레이 군 역사 교수는 전문군사교육에 대해 '지적 불모지'라고 언급했는데, 당시 거의 모든 군 교육기관이 존재 이유에 부합하지 못하고 있었으며, 교육과 훈련을 혼동하고 있는 것 같았다고 회상했다. 그는 미국의 군사 대학을 모두 조사한 후, 해군대학(Naval War College)이 그나마 최상의 교육 프로그램을 운영하고 있다고 결론지었다. 적어도 해군대학은 과정 전반에 걸쳐 학생들을 평가했으며, '비강의식(non classroom)' 교육에 중점을 두고 있어 '학생 장교 스스로가 터득해 가는 교육 방식'을 채택하고 있었다. 美 국방대학원(NWC)은 학교 위치상 초청 강사가 너무 많아 곤란을 겪고 있었으며, 국방산업대학(ICAF)[107]은 조달 및 군수, 동원 교육에만 집중하고 있어 학생들이 전쟁과 관련된 더 큰 정치적·전략적 문제에 대해 대비할 수 없었다. 그리고 육군대학(Army War College)도 읽기 과제가 너무 적어 '상상력이 부족한 교육과정… 토끼 사육장과 같은 교과과정 및 강의'라는 오명이 따라다녔다. 그중 공군대학(Air War College)이 가장 최악이었는데, 단순한 학습 및 심화학습도 할

---

106) Professional Military Education.

107) 국방산업대학(ICAF: Industrial College of the Armed Force): 美 국방대학교(National War University) 예하의 단과 대학.

수 없는 교과과정을 운영하고 있었다. 머레이 교수가 미군의 군사교육에 대해 지나치게 부정적으로 본 것일 수도 있겠지만, 분명히 미군의 교육체계는 좋지 않았다.

이러한 문제점이 식별됨에 따라, '美 하원 군사위원회(House Armed Services Committee)'는 스켈턴(미주리州 민주당 의원)이 위원장을 맡은 군사교육 개선위원회를 1987년 11월에 개설했다. 위원회는 군사 대학이 전쟁과 전략의 역사, 작전의 역사 및 전략 수립 임무가 중심이 된 교육과정으로 개편되어야 한다고 결론지었다. 머레이 교수와 마찬가지로, 위원회는 4개 군(육·해·공군 및 해병대) 중에 공군의 교육이 가장 취약하다고 밝혔는데, 공군전쟁대학(AWC)[108]과 공군지휘참모대학(ACSC)[109]이 현재 가장 수동적인 교과(강의 위주)로 편성돼 있으며, 두 대학 모두 시험에 대해 불필요하며 쓸모없는 것으로 간주하고 있었다. 또한, 두 대학의 교육 철학은 대학이 학생들이 알아야 한다고 생각하는 것 중 일부분만을 가르치는 것이었으며, 교육목표 또한 너무 광범위하고 모호해서 세부 교과과정 개발에 지침이 되지 못했다. 공군지휘참모대학(ACSC)은 전문군사교육(PME) 기관 중 유일하게 전투보다는 참모업무에 더 큰 비중을 두고 있었으며, 교관 요원의 3/4이 공군지휘참모대학(ACSC)을 이수한 장교로 구성되었고, 학생 대 교관 비율은 다른 군사 대학보다 약 2배가량 높았다.

웰치 공군참모총장은 듀간 중장과 보이드 소장에게 문제의 교과과정을 대체할 수 있는 안을 만들라고 지시했고, 그들은 워든에게 이 임무를 맡겼다. 워든 대령과 트레틀러 중령, 그리고 머레이 교수가 포함된 소그룹은 스켈턴 위원회의 권고사항을 준수하며, 새로운 교과과정을 만들었다. 이 안에는 공군전쟁대학(AWC)과 공군지휘참모대학(ACSC)의 존재 이유에 대해 "전략적 및 작전적 수준에서 성공적인 항공우주전을 수행하기 위해 필수적인 '가치(values)'와 '이해(understanding)', 그리고 '관점(perspective)'과 '분석 기술(analytical skills)'을 겸비한 장교를 양성하는 것"으로 정의하였다. 공군 장교들은 전쟁의 본질과 목적, 그리고 전쟁 수행에 정통해야 하며, 단독 및 합동 또는 연합작전 상황에서 전략적 및 작전적 수준에서 지휘통제 할 수 있어야 하고, 군사 문제를 철저히 분석하고 이에 대한 해결방안을 명확히 제시할 수 있어야 하며, 전시 임무를 수행할 수 있도록

---

108) 공군전쟁대학(AWC: Air War College): 중령급 장교를 대상으로 미래 美 공군의 지휘관 참모 역량 강화를 목표로 국가안보전략, 군사작전, 리더십 및 국제관계 등 다양한 분야를 교육하는 전문 군사 교육 과정.

109) 공군지휘참모대학(ACSC: Air Command and Staff College): 한국공군의 고급지휘관 참모과정(CSC)과 유사하게 美 공군대학에서 소령 계급의 장교를 대상으로 한 전문 군사 교육과정.

평시에 공군을 조직·훈련·정비해야 하고, 평시에는 공군이 직면하고 있는 조직적·운영적·정치적·교리적·전략적 문제를 해결하는 데 있어 능통해야 한다는 것이다. 공군 교육기관은 항공우주전의 수행, 공군의 개념과 교리, 지휘관 및 참모 업무, 합동·연합 작전을 가르쳐야 한다. 또한, 이 안은 심지어 제시해야 할 사례 연구와 각 연구에 몇 시간을 할애해야 하는지도 명시했다. 교관 요원에 대해서는 저명한 민간 학자와 군 출신 교수, 그리고 군인과 교수를 혼합하여 구성하는 것이 이상적이라고 제시했다.

1988년 가을부터 1989년 이른 봄까지, 워든과 트레틀러 중령은 전략과 역사에 중점을 둔 새로운 교과과정 안을 많은 고위급 장군들과 기관을 대상으로 브리핑했다. 듀간 중장과 보이드 소장은 워든이 제시한 교과과정 개정안에 대해 지지했고, 월치 참모총장과 공군대학 총장인 헤이븐스 중장, 그리고 대부분의 공군대학 교수진도 이 안을 지지했다. 또한, 1989년 5월에 공군성 장관으로 취임한 라이스도 워든의 교과과정 개정안에 호의적이었으며, 전략공군사령관인 체인 대장도 개정 내용에 대해 만족해했다. 워든과 트레틀러가 제안한 새로운 교과과정 안의 전체 내용이 받아들여지지는 않았지만, 공군전쟁대학(AWC)과 공군지휘참모대학(ACSC)은 전략과 작전술, 그리고 새롭게 정립된 교육목표에 중점을 두어 교육하기 시작했다. 몇 년 뒤에 공군대학 총장직을 수행했던 헤이븐스 중장이 갑자기 사망하자, 라이스와 웰치는 보이드 소장이 공군대학의 차기 총장으로서 적임자라임을 확신했다. 라이스 장관에 따르면

> 우리는 보이드 장군을 지목하여 공군대학 총장으로 보냈고, 항공력과 그 역할에 대한 폭넓은 이해와 항공력을 어떻게 생각해야 하고 이를 기획해야 하는지, 그리고 어떤 종류의 교리가 항공력을 지원해야 하는지…를 중점으로 하여 교육과정을 운영케 했다. 이전의 공군대학은 항공력을 국가안보 및 군사목표 달성을 위한 주요 수단이 아닌 전쟁 수행 시 특정 항공기에 집착하거나 적절하지 못한 명령만 내리는 지휘관을 배출했던 기관이었다.

교육 개혁에 대한 워든의 제안은 비록 많은 부분이 실제로 구현되지 않았음에도 불구하고, 놀랍게도 개념적인 면에서는 거의 저항이 없었다. 가장 차갑게 반응한 부대는 전술공군사령부(TAC)였는데, 러스 전술공군 사령관은 이러한 노력이 특별히 실제 작전과 관련이 있다고 생각하지 않는다고 언급했다. 그는 이후에 다음과 같이 말했다. "나는 전문성을 갖춘 전투 조종사이고, 박사학위 취

득이 도움은 되겠지만, 비행과 전투와는 아무런 관련이 없다." 심지어 일부 인원은 전술공군사령부(TAC) 내의 비행 및 전투 문화에서 지적 능력을 개발한다는 것은 '불필요한' 것으로 간주했다. 워든은 교육이 불필요하든 아니든, 장교들은 자신의 역사를 이해하고 자신의 임무가 '비행 및 전투'라는 인식을 넘어서야 한다고 단호히 주장했는데, 이는 공군인 중 극히 일부만이 전투 조종사였기 때문이다.

전문군사교육(PME) 과정 개선은 워든이 착수한 또 다른 프로젝트와 밀접한 관련이 있었다. 워든은 공군본부에 부임한 직후, 해군은 해군 대장들과 해상 전투에 대한 거대한 그림을 전시하고 있는 것을 보았고, 육군은 지상전의 영웅들과 전투에 대한 그림과 사진, 그리고 조각상으로 그들의 전통을 명예롭게 기리는 것을 보았다. 반면 공군은 과거에 대한 인식이 부족해 보였다. 사무실에는 항공기와 이전 참모총장의 이상한 사진은 걸려 있었지만, 특별히 영감이나 자긍심을 주지는 않았다. 워든은 지휘 및 조직 측면에서만 뛰어난 것이 아니라 항공력에 관한 비범한 사고를 한 인물로 알려진 공군인들의 모습을 전시하고 싶었다. 미첼과 캐니 장군은 유력한 후보자였다. 워든은 이 두 명의 대형 초상화를 구하려고 했지만, 이내 공군 기록물 보관소에는 이들의 사진이 없음을 알았다. 커니 중령이 앨라배마州의 공군대학에서 캐니의 오래된 유화 그림만을 가까스로 찾을 수 있었고, 위스콘신州의 미첼 박물관에서 미첼의 사진을 찾았다. 워든은 각 인물을 유화 스타일의 초상화로 확대하여 복도뿐만 아니라 참모총장과 전투개념개발처, 그리고 체크메이트의 사무실에 걸었다. 워든은 이러한 위인들에게 주목하고 전문군사교육(PME) 과정을 개선함으로써, 공군인들이 이전 전쟁에서의 전략적 항공력과 이를 수단으로 하여 전쟁 승리를 달성했다는 점을 더 높이 평가해주길 희망했다.

공군 교리

군 교리의 중요성은 항상 논쟁의 여지가 있는 주제였다. 특히 조종사들은 그것에 대해 아주 진지하게 생각하는 경우가 드물었다. 전통적으로 그들은 해당 기종의 전술 교범은 상세하게 알고 있었지만, 전쟁과 항공우주력의 본질, 전쟁의 원칙, 전쟁의 다양한 수준에 대해서는 별로 관심이 없었다. 교리는 항공기를 조종하고 표적에 폭탄을 투하하는 것에 대한 지침을 제공하지는 않는다. 1980년대 후반에 공군 장교들의 대부분은 교리 업무가 지루하며 쓸모없는 지적 훈련이라는 태도를 견지하고 있었다. 그러나 워든은 교리를 중요한 것으로 여겼고, 공군 교리과(Air Force Doctrine Division)가 자신의 휘하로 들어온 것에 대해 기뻐했다.

워든 대령은 자신의 팀이 그의 전임자였던 그룹먼 대령이 1984년에 개정한 공군교범(AFM)[110] 1-1인 '*미 공군의 기능 및 기본 교리*'의 내용을 완전히 수정하여 재개정해야 한다고 결정했다. 그의 팀은 AFM 1-1을 수정하는 데 적극적인 역할을 했고, 다른 지역사령부 및 합동교리사령부가 주도하는 우발계획에 대한 수정 의견도 제시했다. 워든은 개정된 교리가 냉전 상황과 관련된 내용을 줄이고 재래식 항공력의 전략적 사용에 대한 강력한 지침을 제시해 주길 바랐다. 그가 이 새로운 교범을 통해 가장 원했던 것은 '작전술(operational art)', '전쟁의 작전적 수준(the operational level of war)', '중심(CoG)', '전역(campaign)'과 같은 용어의 개념을 美 공군 장교들이 명확히 인식하고 적극적으로 사용하는 것이었다.

> '전역(campaign)'은 주어진 시간 및 공간 내에서 전략적 또는 작전적 목표를 달성하고자 하는 일련의 군사작전이다. '주요 작전(major operation)'은 전역을 단순히 더 짧은 기간과 더 제한적인 상황에서 수행하는 것이다. '작전술(operational art)'의 본질은 전역, 즉 각각의 전투 및 교전, 그리고 기동을 결합하고 순서를 정하여 목표 달성을 위해 연결된 일련의 계획 또는 패턴을 말한다.

워든과 함께 전문군사교육(PME) 과정 개선 업무를 수행했던 트레틀러 중령은 교리 개정 작업에 있어서도 다수의 개선 사항과 수정 의견을 제시했다. 워든의 '*항공전역(The Air Campaign)*'은 토론과 개선의 중요한 출발점 역할을 했다. 개정된 AFM 1-1은 공중우세의 중요성과 항공력의 주요 특성인 거리, 속도, 융통성, 정밀성 및 치명성을 강조했다. 또한, 개정된 교리에는 합동군 사령관의 요구를 충족시키기 위해 '독립' '병행' 및 '지원 작전'이라는 용어를 정의하여 제시했다.

개정된 교리에서는 당연히 근접항공지원(CAS) 임무에 거의 주의를 기울이지 않았다. 워든은 육군과 전술공군사령부(TAC)의 강력한 항의에도 불구하고, 항공력을 배당하는 최악의 방식이 자신의 제한된 전투 지역에만 집중하고 있는 육군 사단장의 요구에 즉각적으로 반응하는 것이라고 주

---

110) AFM: Air Force Manual.

장했다. 공군과 육군에게 근접항공지원 임무를 포기하도록 설득하는 것이 불가능하다는 사실을 인식한 뎁툴라 중령은 '전장 항공작전(battlefield air operations)'이라는 대안 개념을 제시했다. 이 작전은 '전장 항공차단(battlefield air interdiction)'과 구별하기 위해 진행 중인 지상 전투에 직접적인 영향을 주기 위한 것을 의미하는 작전이나, 지상군 지휘관은 근접항공지원 임무와는 달리 표적을 선정할 권한이 없었다. 전장 항공작전은 전선 인근의 후방 지역에 있거나 최전방으로 이동하는 적의 전술적 예비전력을 조종사가 판단하여 공격하는 것이다. 그러므로 이때의 항공력은 지상 교전 지역에 매우 근접해 있는 적의 병력과 장비를 직접 공격할 수 있게 된다. 워든은 이러한 공격이 전선에서 5~10마일 떨어진 곳에서 수행될 것으로 예상했고, 이는 진행 중인 지상 전투에 직접 개입할 필요성을 줄여 주는 조치라고 판단했다. 공군은 진행 중인 지상 교전을 육군이나 해병대에게 맡기고 교전을 앞두고 있는 적 지상군을 상대하면 된다. 이는 여러 가지 이점이 있다. 즉, 우군에 대한 오폭의 가능성을 줄이고, 일반적으로 전선 후방의 5~10마일 지역에 적군이 집결하는 경향성이 커, 항공력이 효과적으로 적용될 기회가 증대된다. 또한, 전장 항공작전은 적의 전선 인근에 대한 증원전력 축적을 예방할 수도 있다.

중요한 점은 전장 항공작전이 '직접 공격(direct attack)'이라는 점이었다. 즉, 전장 항공작전은 해당 지역에 아 지상군의 존재 여부와 관계없이 적 지상군만을 대상으로 한 작전이었기 때문에, 반드시 지상군 간의 교전이 필요조건이었던 것은 아니었다. 특정 상황에서의 전장 항공작전은 합동군 사령관의 전반적인 전역 목표를 공군 단독으로 달성할 수도 있었다.

전장 항공작전은 워든과 그의 일부 참모들이 적과 교전하여 그들의 전선 지역 군사 역량을 파괴하고 단일한 교전보다는 더 높은 수준의 일관성에 초점을 두며, 전술적이기보다는 작전적인 관점에서의 항공력에 관한 역량을 공식적으로 정의하려는 시도였다. 이 주장에 반대했던 사람들은 이를 단순히 편향된 개념이라고 간주했다. 태평양 사령관이었던 맥픽 장군은 워든에게 그것이 좋은 아이디어이지만, 근접항공지원(CAS)이 최우선이라는 공군의 공식적인 노선과는 모순되기 때문에, 공개적으로는 지지하지 않겠다고 말했다. 러스 전술공군 사령관은 이 개념이 특별히 흥미롭지 않다고 생각했다. 공교롭게도 이 개념은 전술공군사령부(TAC)가 美 육군에게 '항공차단(air interdiction)' 및 '전장 항공차단(battlefield air interdiction)', 그리고 '근접항공지원(CAS)' 임무를 공지전투 교리에 이미 포함하도록 설득했기 때문에, '전장 항공작전(battlefield air operations)'이란 새로운 개념은 개정된 공군 교리에는 포함되지 못했다. 이에 따라 워든은 기존의 용어를 계속 사용하는 것이 바람직하다는 견해를 어쩔 수 없이 받아들여야만 했다. 그럼에도 불구하고 워든과 다른 사람들이 사막의 폭풍 작전에서 '차단' 및 '근접항공지원'이라는 용어보다는 '직접 공격(direct attack)'이란 용어를 실제로 사용했기 때문에 그러한 논쟁 자체는 주목할 만한 것이었다.

1989년도 여름과 가을에 공개된 공군교범(AFM) 1-1의 개정 초안은 1984년의 그것보다 항공력의 역량에 대해 훨씬 더 야심 찬 견해를 반영했다. 워든은 새로운 아이디어를 교범에 포함시키려는 노력이 만족스럽게 진행됐지만, 교리과는 많은 타협을 해야만 했다고 회상했다. 합동 교범 발간업무를 진행한 트레틀러와 터너 중령에 따르면, 워든의 많은 아이디어는 공군 및 합동교리에 모두 반영됐지만, 5개의 동심원 모델과 같이 극단적인 내용은 빠졌고 '독립적 항공력(independent air power)'에 대한 일부 설명도 완곡하게 표현되었다고 한다. 나중에 트레틀러와 뎁튤라 중령은 체계적이고 연역적인 사고가 과거에는 교리 및 항공력의 이론적 측면에 관심이 없었던 장교들에게 항공작전의 목적을 보다 체계적으로 검토하는 데 있어 도움이 됐다고 단언했다. 아마도 가장 중요했던 것은 새로운 교범이 작전적 수준의 전쟁과 중심(CoG), 그리고 독립적 작전을 논의할 수 있는 하나의 수단으로서 美 공군을 고무시켰다는 점이었다.

그러나 개정된 공군교범(AFM) 1-1을 만들고자 했던 체크메이트의 노력은 같은 팀이기도 했던 공군대학과 경쟁하게 되었다. 드류 대령은 '항공력개발연구교육 센터'[111]에서 독립적인 교리 개정 과정을 추진하고 있었는데, 1989년 후반에 공군참모총장의 지시에 따라 공군대학 버전이 선호되어 워든의 개정 초안은 철회되었다. 워든은 '항공력개발연구센터'가 공군교범(AFM) 1-1의 개정 작업을 인계받은 것이 맘에 들지는 않았지만, 이미 결정된 사안이었기 때문에 해당 업무를 그만두었다. 보이드 장군이 1990년 1월부로 공군대학 총장으로 부임하자, 워든은 그가 공군교범(AFM) 1-1의 개정 업무를 체크메이트에게 다시 맡길 것이라고 기대했지만, 실망스럽게도 보이드는 '항공력개발연구센터'가 그 작업을 계속하도록 지시했다. 새로운 교범은 그달에 최종본이 발표됐지만, 발간은 관료적인 문제와 지속적이고 사소한 교정 작업으로 인해 지연되었다.

워든은 교리도 중요했지만, 부서원들에게 페르시아만 지역의 우발계획인 작전계획(OPLAN)[112] 1002-90 및 기타 지역사령부에 대한 작전계획을 검토하라고 지시했다. 이러한 계획은 모두 공지전

---

111) 항공력개발연구교육센터(CADRE: Center for Airpower Development, Research, and Education): 항공력과 관련된 새로운 기술이나 전략을 연구하고 이를 기반으로 미 공군의 역량을 향상시키기 위해 설립된 기관.

112) Operations Plan.

투 교리에 근거한 것이었다. 근접항공지원(CAS)을 최우선시하는 관점을 뛰어넘어야 한다고 주장한 워든의 참모들은 지역사령부가 해당 지역의 상황에 맞게 조정하고 잠재적 위협에 대처하는 방법을 결정하기보다는 기존의 전력구조를 그대로 반영하여 우발계획을 수립하는 경향이 있다고 국방부에 보고했다. 또한, OPLAN 1002-90은 냉전적 사고방식이 적용된 것이었고, 이라크에 대한 국방부의 정보는 오래된 것이라는 점이 점차 명확해졌다. 워든의 전투개념개발처는 구체적인 변화를 이루어 낼 수는 없었지만, 적어도 항공력이 더 큰 역할을 할 수 있도록 보장했다.

항공군단

워든과 그의 부서원들이 제안하고 옹호한 항공력 이론과 전문군사교육(PME) 과정 및 교리 개선에 대한 아이디어는 美 공군인들이 국가안보에 대해 자신들이 기여할 수 있는 부분에 대해 더 명확하게 이해하는 데 있어 큰 도움이 됐다. 그러나 워든과 그의 핵심 참모들이 공군 조직을 '혼성 비행단(Composite Wings)'으로 재구성하자고 제안했을 때, 공군의 고위 지도부로부터 상당한 주목을 받긴 했으나, 여기에는 찬사와 비난이 동시에 존재했다.

1988년 12월, 워든 대령과 터너 중령은 美 공군 조직에 대해 논의하기 위해 소규모의 공군 참모진으로 구성된 그룹과 3일 동안 회의를 열었다. 그는 개회 연설에서 소련의 '개혁·개방(Glasnost and Perestroika)' 정책 추진으로 인해 기존의 유럽에 대한 대규모의 전방배치 전력구조가 더 이상 적합하지 않은 새로운 안보 상황에 직면해 있다고 주장했다. 자신의 항공력 이론과 5개 동심원 이론을 제시하고 전쟁에서 전략적 항공력의 중심적인 역할을 강조한 후, 워든은 나음과 같은 기본적인 질문을 던졌다. 즉, 美 공군의 비행단 조직이 전 세계 어느 지역이든지 신속하고 결정적인 전력투사를 보장하기 위해 어떻게 재편되어야 하는가?

회의 참가자들은 워든의 기본적인 전제에는 동의했지만, 당분간은 소련이 군사적 위협을 계속해서 가할 것이라고 주장했다. 터너 중령은 회의가 곧 진전을 이룰 것 같다고 생각할 때마다 누군가가 "이건 그냥 멍청한 짓이고 시간 낭비야!"라고 언급하여 회의 진행을 막았다고 회상했다. 워든과 터너는 회의를 중지하고 다음 날에 다시 모여 다양한 비행단 전력구성 방식을 모색하기로 했다. 그들은 15개의 비행단은 현역군인으로, 10개를 비행단은 예비군으로 운영할 경우, 美 공군은 상당한 전투력을 발휘할 수 있다는 결론에 도달했다. 문제는 항공력투사 역량을 최적화하기 위해 美 공군이 어떻게 25개의 비행단 전력을 구성해야 하는가였다. 워든은 이에 대한 답으로 혼성 비행단을 제시했다. 비행단 대부분이 단일 기종의 항공기로만 구성된 현 구조와는 달리, 미래 비행단은 임무완수에 필요한 여러 기종으로 구성되어야 한다는 것이었다. 따라서 비행단은 다양한 항공기 기종의 혼합으로 구성되어야 하며, 이러한 항공기는 일상적인 훈련과정에서 함께 운용되어야만 한다.

이 방안은 30년 이상 지속되어 온 기존 방식과는 크게 상반된 것이었다. 美 공군은 본토나 유럽 및 태평양 지역에 많은 비행단을 갖고 있었지만, 조직적·군수적 이유로 하나의 능력만을 발휘할 수 있는 단일 기종으로 구성되어 있었다. 만약 위기가 발생하면 지역 전투사령관은 각 군에게 특정 군사력을 요청하는데, 전력 전개는 냉전 시대의 소련봉쇄 교리에 기반한 세부 우발계획에 따라 진행된다. 각 군에 대한 지역 전투사령관의 모든 전력 요구사항이 완료되면, 해당 전력은 정해진 일정에 따라 해당 전구에 전개되고, 그 후 며칠, 몇 주, 또는 몇 달 동안 함께 훈련하면서 임무를 준비한다. 따라서 미군은 전시에 싸울 때와 같이 평시에 훈련하지 않았다.

워든은 각 비행단이 단일 기종의 능력에만 집중함으로써 항공력의 전술적 수준 적용과 연관된 사고방식만을 키워왔다고 믿었다. 비행단은 작전적 수준의 항공전역 계획에 대한 책임이 없었고, 기본적으로 상위 사령부로부터 전달된 계획에 의거 소티를 운용하면 됐다. 이러한 구조는 냉전 상황에서 유럽지역에서의 막대한 존재감 과시와 세밀한 실행 계획 측면에서는 유용했지만, 미래에는 국지적인 위기에 더 집중해야 할 것이 예상됐기 때문에, 이에 대한 대응과 전력투사를 위해서는 더 유연한 능력이 요구됐다.

혼성 비행단의 아이디어는 간단했다. 즉, 비행단은 폭격기와 전투기, 정찰기 및 수송기, 그리고 공중 급유기와 같은 여러 항공기를 함께 운용하는 것이다. 그리고 이러한 전력은 단일 지휘관의 지휘하에 매일 함께 훈련한다. 합동군 지휘관은 필요할 경우, 하나의 능력만이 발휘되는 특정 기종의 항공기가 아닌 다중 능력을 갖춘 혼성 비행단에게 전력을 요청한다. 각각의 혼성 비행단은 다양한 항공기와 전문 지원 요원을 보유하고 있어 美 공군이 모든 범위의 분쟁에 적절하게 대응할 수 있도록 한다. 또한, 필요한 정비와 지원 인력을 갖추고 있는 비행단은 급작스러운 해외 전개 상황에도 잘 대처할 수 있다.

워든과 그의 팀은 혼성 비행단 개념이 기존 비행단의 전력구성에 비해, 여러 가지로 장점이 있다고 주장했다. 즉, 혼성 비행단은 전력 운용에 있어 전술적이 아닌 작전적 측면에 집중할 수 있고,

전 세계에서 발생하는 다양한 위기에 유연하게 대응할 수 있으며, 전력투사 능력이 뛰어나고, 다양한 기종 운용에 대한 전문지식을 보유한 요원을 보유할 수 있게 된다. 더욱이, 혼성 비행단은 적의 대응 전략을 어렵게 만들 수도 있다. 워든은 이러한 참신한 아이디어가 '집중(mass)'의 원칙에 부합하지 않는다는 지적을 받자, 기술발전이 이러한 단점을 보완해 줄 수 있다고 대답했다. 그는 혼성 비행단이 전개 및 훈련, 전력 운용방식을 개선하고, '전투기 비행단'과 '폭격기 비행단' 간의 인위적인 이질감을 줄여 줄 수 있다고 했다. 워든은 항공력이 이상적으로 운용되려면 공군의 임무를 '전략적 및 작전적'으로 구분하기보다는 '핵 및 재래식'으로 구분해야 한다고 다음과 같이 확신했다.

우리는 항공력을 더 이상 전술적 및 전략적으로 구분하면 안 된다. 오늘날의 '전술적' 전폭기는 적의 모든 전략적 동심원을 공격할 수 있으며, 가능하다면 이런 용도로 사용해야 한다. 리비아 작전[113]을 생각해 보라. 어느 면에서 보나, 해당 작전은 리비아의 최고 리더십에 영향을 주기 위해 계획된 전략적인 작전이었다. 그러나 이 작전은 우리가 전술공군사령부(TAC)의 전력을 투입시켰다는 이유로 '전술적' 임무인 것으로 평가받게 되었다. 용어 자체가 우리의 사고를 전술적 목표 달성만을 추구하는 아주 낮은 수준의 작전으로 유도하는 경향이 있다. 공군은 전쟁을 승리로 이끌 수 있는 아주 큰(전략적) 무기(수단)이다.

워든은 또한, 비행단을 당시 표준으로 여겼던 대령이 지휘하는 것이 아닌 준장이 지휘해야 한다고 주장했다. 이는 비행단의 동격으로 볼 수 있는 육군의 사단과 군단이 2성 및 3성 장군에 의해 지휘되는 것과 유사하게, 단장의 권한을 증대시켜 줄 수 있다는 것이다. 또한, 그는 혼성 비행단의 지휘관이 항공작전의 수립과 실행에 있어 적극적인 역할을 하기를 원했다.

워든은 듀간 및 보이드 장군과 이 새로운 개념을 검토한 후, 이 개념이 큰 장점을 갖고 있다고 확신했다. 그는 이 개념을 추진하는 데 있어 기억에 남을 만한 제목이 필요하다고 생각했고, 이를 '항공군단(Air Legion)'으로 정했다. 로마 제국은 '군단'을 이용하여 대륙을 정복했다. 이제 세계 최고의 항공우주력을 보유한 美 공군이 항공우주 공간의 지배자가 될 것이다. 비록 혼성 비행단에 관한

---

113) 리비아 작전: 1986년 4월 15일에 미국이 리비아 독재자 카다피를 겨냥해 주요 군사 기지와 테러 관련 시설들을 공습한 작전. 이때 투입된 주요 전력은 美 전술공군사령부(TAC) 소속의 F-111 전투기였으며, '엘도라도 협곡 작전(operation El Dorado Canyon)'으로도 불림.

철학은 더 큰 공군의 그림을 그리기 위한 하나의 요소에 불과했지만, 변화를 떠올리게 하는 하나의 유행어가 되었다. 티서츠 및 자동차 범퍼 스티커, 그리고 시계를 통해 선전된 이 개념은 다음 몇 달 동안 상당한 주목을 받았다.

'항공군단'은 여러 가지 새로운 요소도 있었지만, 그 자체로는 새로운 것이 아니었다. 이미 전술공군사령부(TAC)는 6·25전쟁에서 '복합항공타격전력'[114] 구조를 사용했고, 1950년대 중반부터 재래식 및 핵 공격 임무뿐만 아니라 수송기와 급유기, 그리고 전술적인 정찰기와 함께 지휘 요소 및 통신 부대를 함께 전개할 수 있는 신속대응전력을 시험하기 시작했다. 美 국방부는 '복합항공타격전력'의 장점을 이용하여 1961년도에 엘리트 지상 부대와 전투기 전력으로 구성된 '타격사령부(Strike Command)'를 창설했으며, 이 사령부는 1972년도에 '준비태세 사령부(Readiness Command)'로 변경됐다.

그러나 '복합항공타격전력'은 1973년 7월에 공식적으로 해체됐고, 준비태세 사령부도 1987년도에 역사 속으로 사라졌다.

당시 비행단 재편에 반대하는 가장 일반적인 논리는 이미 美 공군이 레드 플래그 훈련과 기타 훈련에서 이기종 항공기 간의 공중전투 훈련을 실시하고 있었다는 점이었다. 워든의 팀은 이에 다음과 같이 주장하며 반박했다.

> 레드 플래그 훈련은 흥미로운 모순점을 갖고 있다. 공군의 여러 부대 소속의 전력은 훈련 기간에만 함께 모여 전투 준비를 해야 했고, 대다수의 시간 동안에는 각 기종이 혼합되지 않고 개별적으로 일일 단위의 훈련만을 실시한다. 즉, 레드 플래그 훈련 및 유사한 훈련 시에만 실제 전투에 필요한 여러 시스템과 역량을 통합하여 전투하는 훈련을 한다는 것이다. 조종사들은 평균 3년에 한 번씩 레드 플래그 훈련에 참가했고, 이때 얻게 된 전투 역량은 해당 부대로 복귀한 후 일반 훈련이 진행되면서 바로 감소했다. 공군은 실제 전투와 같이 훈련을 받도록 편성되어 있지 않았다.

워든의 팀은 훈련이 매우 복잡하며, 사람과 기계가 매일 함께 운용되어야만 비행단이 주어진 상

---

114) 복합항공타격전력(CSFE): Composite Air Strike Force.

황에서 각 팀원들이 어떻게 행동해야 하는지에 대해 본능적으로 이해할 수 있는 올바른 정신과 필요한 직관력을 갖춘 팀으로 발전할 수 있다고 했다.

'항공군단' 개념은 수기로 작성된 6장의 슬라이드에 의해 최초로 제시되었고, 워든이 피아자와 뎁튤라 중령에게 이 프로젝트에 대해 구체적으로 연구할 것을 지시했다. 이들은 지정학적인 변화와 기존의 작전적 요구사항, 그리고 최근의 군수 지원 분야에서의 발전을 근간으로 연구를 시작했다. 우선 NATO에 대한 바르샤바군의 위협이 감소하면서 유럽 내 전력 감축이 거의 확실해졌다. 반면, 정책 결정자들은 부상하고 있는 새로운 위협에 적합한 군사력의 규모와 그에 적합한 전력구조로의 변화를 지지했다. 만약 워든의 전투개념개발처가 美 공군을 미래의 핵심적인 군사적 수단으로 제시할 수 있다면, 향후 타 군과의 예산 경쟁에서 경쟁우위를 확보할 수 있을 것이다.

둘째, 혼성 비행단의 전력구조는 항공력 적용을 최적화할 수 있는 응집력 있는 전투 구조를 보장해 줄 것이다. 즉, 이러한 구조를 통해 지휘계통은 간소화되고, 군수 및 정보조직은 전투력의 일부로 통합될 것이다. 만약 항공 자산이 신속하고 일관된 방식으로 배치되고 운용될 수 있도록 한 명의 지휘관에게 모든 권한이 부여된다면, 美 공군은 최소 방어선 역할을 할 것이며, 위기관리를 위한 실행 가능한 정치적 옵션도 제공할 수 있을 것이다.

셋째, 혼성 비행단 개념을 반대하는 가장 일반적인 주장은 비용 문제였다. 많은 공군인들은 다기종 항공기를 하나의 비행단에서 운용하게 되면, 운용유지비가 엄청나게 증가할 것을 우려했다. 다시 한번, 레드 플래그 훈련이 그러한 모순을 입증했다. 즉, 레드 플래그 훈련에서의 군수는 다양한 종류의 항공기와 능력을 지원해 주고 있었지만, 美 공군에서 가장 높은 작전 '준비태세율(readiness rate)'을 보였다. 워든은 RAND 연구소의 공군 전문가에게 '항공군단'의 편성 비용에 대해, 연구해 달라고 요청했다. RAND 연구소는 美 공군이 혼성 비행단 편성 과정에서 일부 필요 없는 일일 업무를 없앨 수만 있다면 비용이 실제로 축소될 것이라고 결론 내렸다. 워든의 팀은 RAND 연구소의 결과를 인용하여, 공군이 장비의 신뢰도 및 정비도 향상과 더불어 지휘, 통제, 통신, 및 정보체계(C3I)[115] 및 우주 분야에서의 기술이 발전됨에 따라 혼성 비행단의 작전 효과성과 군수 효율성 간의 균형을 최적화할 수 있다고 설득했다.

워든은 혼성 비행단이 또 하나의 긍정적인 효과를 가져올 수 있다고 믿었다. 그가 언급한 것처

---

115) Command, Control, Communication and Intelligence.

럼, 장교들은 먼저 작전 및 정보 또는 정비와 같은 특기로 자신들을 분류했고, 두 번째로 F-15 조종사, 표적 획득 장교 또는 창 검열관과 같은 세부 기능에 따라 자신들을 분류했다. 혼성 비행단은 기존의 특기 지향적인 공군 문화를 비행단의 전체 임무에 대한 일체감 문화로 변화시킬 수 있다는 것이다.

워든과 그의 팀은 처음부터 '항공군단'의 아이디어를 좋아하지 않거나 이해하지 못하는 한 명의 의사 결정자에 의해 좌절될 수 있음을 알았다. 그들은 변화에 대한 관료주의적인 저항에 따른 반대를 가장 크게 예상했다. 이를 극복하기 위해 워든과 피아자, 그리고 뎁툴라는 공군의 다양한 계층에 걸쳐 이 개념에 대한 애착을 갖도록 할 필요가 있다고 생각했다. 그들은 먼저 워든의 전투개념 개발처를 중심으로 美 공군 참모부서 전체에 대한 실무 책임자 그룹을 구성하기로 결정했다. 이를 통해 핵심 그룹은 군수 및 작전, 인사와 연구개발 분야의 전문 장교로부터 얻은 정보를 활용하여 세부 개념을 발전시킬 수 있다. 핵심 그룹은 복합 비행단 조직의 장·단점을 검토하고, 추가적 연구가 필요한 문제를 식별하여 메모하고 발표를 준비했다. 그들은 또한 보이드 소장에게 진행 상황과 애로사항에 대해 지속적으로 보고했다. 반면, 핵심 그룹의 실무 장교 중 일부는 몇몇 예비역 장군과 항공우주산업의 핵심 관계자, 그리고 RAND 연구소와 긴밀한 관계를 유지하여 혼성 비행단 개념에 대한 견고한 인적 네트워크를 확립해 갔다. 하위 수준에서의 추진과제를 완료한 후, 핵심 그룹은 이미 혼성 비행단 개념을 공유한 공군의 주요 참모부서 소속의 2성 장군으로 구성된 작업 그룹을 구성했다. 마지막으로, 그들은 유럽과 알래스카, 그리고 태평양 사령부의 지휘관들과 전술공군사령관 및 공군참모총장, 최종적으로는 공군성 장관에게 브리핑을 실시할 계획이었다.

실무 책임자 그룹과 산업·학계·연구 관계자들은 처음부터 이 개념에 대한 강력한 지지자가 되었다. RAND 연구소와의 긴밀한 협력은 그들이 군수적 측면에 집중하여 워든 팀의 주장을 뒷받침하는 역할을 하게 했다. 반면 방산 업체의 대표자들은 지휘·통제 및 정보 문제 해결을 위한 분석 모델 및 워게임, 그리고 시뮬레이션을 개발했다.

그러나 공군의 주요 참모부서 장군들에 대한 설득은 예상보다 더 어려웠다. 1989년 5월, 듀간 장군은 커크 장군을 대신하여 유럽 주둔 美 공군(USAFE) 사령관으로 부임했다. 그를 이어 공군본부 기획 및 작전 부장으로 부임한 애덤스 중장은 자신과 전술공군 사령관인 러스 장군은 '항공군단'의 개념을 신뢰하지 않는다고 워든에게 말했다. 통합사령관이 특정 시나리오에 대해 자신이 원하는 것을 결정하면, 공군이 그가 필요로 하는 항공 자산을 제공해 주면 된다. 이러한 시스템은 지난 수십 년간 운용돼 왔으며, 애덤스 장군은 전체 공군의 고위급 지휘관들 모두가 지지하지 않는 새로운 아이디어를 워든 대령이 공개적으로 옹호하는 것은 옳지 않다고 여겼다. 이러한 현실에도 불구하고, 워든과 그의 팀은 계속해서 그들의 주장을 굽히지 않았다. 애덤스 장군은 6월 말까지 공군의 조직 및 사고방식을 바꾸고자 하는 워든의 일관된 주장과 그의 자유분방한 업무 스타일로 인해 너무 짜증이 난 나머지 본인의 승인 없이는 대외적으로 절대 이 내용에 대해 브리핑하지 말라고 지시했다. 이는 분명히 美 공군의 미래를 계획하기 위해 매달 수십 건의 브리핑을 해야 하는 워든의 팀에 큰 부담을 안겨 주었다.

얼마 지나지 않아 애덤스 장군은 공군대학의 연례 항공력 심포지엄에 참석했다. 행사를 추진했던 장교가 '항공군단'의 개념에 대해 이미 잘 알고 있었으므로 워든이 소속되어 있던 공군본부 기획 및 작전부에서 제안한 의제인 '혼성 비행단'을 심포지엄 주제 중 하나로 결정했다. 이에 따라 애덤스 중장은 공군대학에 도착했을 때, 자신이 이에 대한 토의를 주도해야 한다는 사실을 알게 되었고, 그 과정에서 그는 주로 현역 장교와 예비역 장군, 그리고 방산 업체 관계자로 구성된 청중 앞에서 해당 개념에 관해 토론하고 변론해야 했다. 전해진 바에 의하면, 러스 장군은 상당히 불쾌해했고, 애덤스는 분노했다. 그는 공군본부로 복귀하자마자 워든과 뎁툴라, 그리고 피아자를 직무실로 불러 단호하게 혼성 비행단의 개념 추진을 중지할 것을 지시했다. "나는 이 아이디어를 지금 당장 갖다 버리고 당신들이 시작했으니 다른 사람들에게 이 아이디어가 잘못됐으며, 美 공군 발전에 전혀 쓸모가 없는 것이라고 밝혀라."라고 소리쳤다. 지금까지 아무도 워든에게 그렇게 큰 소리로 질책한 적이 없었고, 워든은 당분간 해당 프로젝트의 진행을 보류했다.

그러는 동안, 라이스가 새로운 공군성 장관으로 취임했다. 그는 1972년 4월부터 1989년 5월까지 RAND 연구소에서 고위직으로 재임하는 동안, 美 공군의 가장 큰 문제점이 개념석으로 생각하지 못한다는 결론을 내렸다. 해군 장교는 해양력과 600척의 함대에 대해 논의할 수 있었고, 육군 장교는 자신의 존재 목적에 대해 장황하게 설명할 수 있었다. 그러나 "밝은 청색 제복을 입은 사람들은 자신들의 항공기와 지휘구조에 대해서만 말할 뿐, 항공력에 관해서는 아무런 언급도 하지 못했다." 처음 몇 개월을 美 의회에서 청문회 준비로 보낸 라이스 장관은 항공력의 전개와 운용을 위한 더 나은 옵션을 개발하는 것에 점점 더 흥미를 갖게 되었다.

1989년 9월, 라이스 장관과 웰치 참모총장은 다음과 같은 질문에 답을 구할 실무그룹을 구성해야 함에 동의했다. 즉, "미래의 제한된 국방비 및 급변하고 있는 지정학적인 환경하에서의 우발사태에 대비하여 신속하고 초대응적이며, 국가통수기구(NCA)[116]에 부합하는 전력이 되기 위해, 우리는 美 공군을 어떻게 조직해야 할 것인가?" 때마침 라이스 장관의 정책 참모 그룹에 배정된 뎁틀라 중령은 실무그룹이 워든과 그의 팀이 개발한 아이디어 중 일부를 활용할 수 있을 것이라고 제안했다. 라이스 장관은 보이드 소장에게 워든과 그의 팀이 개발한 아이디어를 본인과 웰치 장군에게 직접 보고할 것을 지시했다. 그는 공군의 전력구성 대안을 포함하는 광범위한 새로운 아이디어를 원했기 때문에, 혼성 비행단의 개념이 매력적으로 들렸다. 뎁틀라 중령이 장관의 집무실에서 해당 질문에 대한 답을 찾는 동안, 보이드 소장은 워든과 피아자가 공군본부의 대표자로서 해당 과제 해결에 도움을 주라고 지시했다. 실무그룹은 6주 동안 혼성 비행단의 개념 발전에 많은 노력을 기울였으나, '정치적 이유'로 그 명칭을 '항공군단(Air Legion)'에서 '항공전투군(Air Battle Force)'으로 변경했다.

핵심적인 쟁점은 새롭게 제시된 해결책이 항공력의 계획과 훈련, 그리고 적용 분야에서 '응집력 있는 전투력의 이점'을 제공해야 한다는 것이었다. '항공전투군'은 확장된 비행단이 제공 및 차단 작전, 근접항공지원과 정찰, 공중급유 및 공수 작전, 그리고 기타 작전을 수행할 수 있도록 한다. 의사 결정자들은 당면한 특정 문제 해결에 적합한 전력을 구성할 수 있다. "나는 전체 '항공전투군'의 전력에서 이 기종으로부터는 72대를, 저 기종에서는 48대를, 그리고 또 다른 기종에서는 12대를 선택할 것이다." 이 새로운 전력구조는 수많은 장점을 제공할 수 있다. 즉, 전쟁의 작전적 수준에서 영향을 미칠 수 있고, 항공력 사용을 최적화할 수 있으며, 대응에 필요한 유연성과 능력이 발휘되고, 실제 전투상황과 유사하게 훈련할 수 있으며, 비행단 전력을 보호할 수 있는 능력이 향상되고, 단일 기지에서 패키지 전력조합이 가능하며, '항공전투군'의 지휘관(단장)이 전투 지휘관이 될 수도 있고, 전투력 복구능력이 향상된다. 또한, 미래의 위협 상황에 부합할 수 있으며, 적의 전략을 복잡하게 만들 수 있다.

웰치 공군참모총장이 1989년 10월 11일에 이에 대한 발표를 들었을 때, 그는 확신은 없었지만, 일부 아이디어는 더 발전시켜야 한다고 생각했다. 웰치는 임시 조치로서 '원정군(expeditionary)'을 창설하는 것이 유용할 수 있다고 제안했으며, 워든과 뎁틀라, 그리고 피아자에게 전술공군사령관인 러스 장군에게 이 주제에 대해 브리핑할 것을 지시했다. 전술사령관 브리핑에 앞서 워든과 뎁틀

---

116) National Command Authority.

라는 먼저 전술공군사령부(TAC)의 기획참모차장인 라이언 준장과 부사령관인 에쉬 소장에게 보고했다. 장군들은 이 제안에 대해 지지하지는 않았지만 반대하지도 않았다.

위든과 그의 핵심 참모가 1989년 10월 30일에 러스 장군을 만나러 갔을 때, 그들은 많은 청중 앞에서 브리핑할 것을 기대했으나, 러스 대장은 에쉬 부사령관과 그의 수행부관, 그리고 마틴 대령만을 참석시킨 상태에서 브리핑을 받기로 했다. 위든과 뎁튤라, 그리고 피아자는 할 수 있는 모든 최선을 다했지만, 두 장군 모두 '항공전투군' 개념에 매료되지 않았음이 분명했다. 러스 장군은 '항공전투군'을 '아주 흥미로운 연습과제'라고 표현했지만, 현 수준의 혼성 전력구성과 레드 플래그와 같은 훈련만으로도 충분히 그 역할을 해 왔고, 위든의 팀이 제안한 조직은 상당한 취약점이 있는 육상 항공모함에 지나지 않는다고 단언했다. 러스 장군은 또한 실질적인 문제점도 지적했다. 즉, 이런 종류의 전력을 수용할 만큼 큰 기지가 거의 없고, 그와 같은 다양한 항공기를 지원할 수 있는 군수 능력 확보가 어렵다는 것이었다. 그는 "가장 중요한 점은 우리는 우리가 맡게 될 임무가 무엇인지 알고 있음을 전제로 한다…. 우리는 전투사령관이 요구하는 능력을 제공할 수 있다."라고 언급했다. 그는 계속해서 다음과 같이 말했다.

우리는 과거에 어떤 전력이 부족한지 또는 필요한지 알지 못했다. 우리는 우발계획에 대해 당신이 일반적으로 필요하다고 식별한 전력 목록이 항상 틀렸음을 알고 있다. 다시 말해, 당신은 결코 당신이 계획한 전력을 정확하게 전개시킬 수 없다. 사실, 내가 사람들에게 수년 동안 강조해 온 교훈 중 하나는 당신의 계획은 한 가지 목적에만 부합한다는 점이다. 즉, 당신의 계획은 어떤 것을 종합적으로 판단하고 어떤 일이 발생하는지 보기 위한 한 가지 목적에는 유용하다. 그러나 실제로 우발사태가 발생하면, 나는 당신이 결코 계획서에 작성된 전력의 규모와 종류를 정확하게 전개하지 못할 것이라고 장담할 수 있다. 그런 일은 일어나지 않는다.

위든과 핵심 참모들의 회상에 따르면, 전체적으로 러스 장군은 기존 조직 구성에 아무런 문제가 없다고 생각했다. 러스 장군은 "지금까지 전술공군사령부(TAC)는 최고의 조직이었고 최상의 훈련을 받았으며, 최고의 지휘를 받고 있으므로, 나는 아무런 변화도 필요치 않는다고 생각한다."라고 언급했다. 부사령관인 에쉬 소장도 마찬가지였다. "지난 10년 동안 전술공군사령부(TAC)는 성공적으로 작전을 수행해 왔다. 그런데 왜 변화해야 하는가?"

러스 장군은 워든과 그의 팀이 학문적 관점에서 연구를 수행했고, 전술공군사려부(TAC)를 어설프게 개혁하려 하고 있다고 믿었다. 이제 러스는 자신의 견해를 피력했기 때문에, 워든이 '항공전투군' 개념 추진을 그만둘 것이라고 기대했다. 웰치 참모총장은 임기가 거의 끝나 가고 있었으므로, '항공전투군'의 유용성에 대해 완전히 확신할 수가 없었다. 그러나 그는 이 프로젝트가 몇 가지 중요한 아이디어를 제시했음을 인정했고, "항공력은 부슬부슬 내리는 빗방울이 아니라 강력한 소나기처럼 적을 타격해야 한다."라는 슬로건에 동의했다. 결론적으로 라이스 공군성 장관이 혼성 전력구성의 아이디어를 전적으로 지지했다 하더라도, 당시 공군의 4성 장군들로부터 구현에 필요한 지지를 얻어 내지는 못했다. 각각 유럽과 태평양 공군 사령관을 맡고 있었던 듀간과 맥픽 장군은 이 아이디어를 강력히 찬성했지만, 채택을 강요하지는 못했다.

워든의 궁극적인 목표는 美 공군의 사고방식을 바꾸는 것이었는데, '항공군단'은 그가 공군인들의 갇혀 있는 사고방식의 한계를 넓히기 위해 사용한 유일한 수단이었다. 워든과 뎁튤라는 '적으로부터 효과를 창출할 수 있는 새로운 항공력 관련 이미지와 능력'을 추구했으며, '공군을 항공기 보유량과 출격횟수의 관점에서가 아닌 전투능력과 작전적 수준에서의 효과 측면에서 생각해 볼 것'을 제안했다. 1990년 6월, 듀간이 웰치 장군에 이어 공군 참모총장이 됐을 때, 美 공군은 마침내 혼성 비행단의 아이디어를 다음과 같은 개념으로 받아들였다.

> 우리는 공군의 전력구조 개편을 위한 새로 개념을 찾고 있다. 그것은 혼성 전력구조로, 장·단거리 전 범위에 걸쳐 항공력을 투사할 수 있는 능력을 보유한 다양한 기종으로 구성된 부대 및 단위 부대의 조합을 말한다…. 단일 지휘관의 지휘하에 있는 자체 전력으로서, 필요에 따라 근접 항공지원과 제공작전, 차단작전 및 기타 항공작전을 수행할 수 있는 부대이다.

1990년도 말, 태평양 공군 사령관이었던 맥픽이 듀간에 이어 공군 참모총장이 됐을 때, 그는 공군의 전력구성 방식에 대해 듀간과 동일한 노선을 표명했다. 즉, "공군은 통합 부대로서 전투에 요구되는 다양한 기종으로 구성된 전술 비행단 창설을 고려해야 한다…. 전력은 우리가 싸우고자 하는 방식으로 조직되어야 한다." 1990년 11월과 12월 사이에 맥픽 장군은 워든을 호출하여 혼성 전력구조의 실행 방안에 대한 새로운 아이디어를 제시해 줄 것을 몇 차례 요청했고, 마침내 2개의 혼성 비행단이 창설됨으로써 워든의 아이디어가 실제로 구현되었다. 하나는 아이다호州 남서부에 위치한 마운틴 홈 공군기지에 장거리 타격 비행단으로 창설되었고, 다른 하나는 노스캐롤라이나 州 포트 브래그 인근의 포프 공군기지에 창설된 비행단이었는데, 필요할 경우 육군과 합동으로 지상군과 함께 전개되는 개념이었다. 이 새로운 전력구조는 원래의 '항공군단' 개념과 비교해 봤을 때 그 규모가 작았다. 맥픽 총장은 자신이 선호하는 구조에 맞도록 비행단의 수와 그 전력구성을 모두 축소했으나, 아무튼 워든과 그의 팀은 수십 년간 잊혀 왔던 개념을 공군에 재도입하는 데 성공했다. 1991년 라이스 장관은 의회에 다음과 같이 보고했다.

> 공군의 조직 개편은 항공력이 비행 라인으로부터 공군본부에 이르기까지 조직적인 효율성을 증대시킬 수 있도록 하는 데 중점을 두고 있다. 혁신적인 조치 중 하나는 하나의 기지에 한 명의 지휘관이 혼성 전력 운용에 필요한 모든 자원이 포함된 전력을 지휘하는 혼성 비행단을 창설한 것이다. 한 명의 비행단장이 '임무형' 명령을 실행하는 데 필요한 모든 자원을 보유하게 되어, 지휘, 통제 및 통신(C3) 관련 문제를 크게 줄일 수 있다.

혼성 비행단의 철학은 어느 정도는 워든의 '항공군단' 개념에서 시작된 것이지만, 美 공군에 영구히 자리 잡지는 못했다. 그러나 웰치 장군에 따르면, 형식이나 기능 면에서가 아니라 美 공군이 정적인 냉전 구조를 뛰어넘어 사고를 확장할 수 있었다는 측면에서 이후에 제시된 '항공원정군'[117] 개념의 초석이 되었다.

항공력 옵션

워든이 소속되어 있던 전투개념개발처는 국방부에서 발간하는 2년 주기의 '국방기획지침서(DPG)'[118]에 국방에 대한 기존의 항공력 기여방법을 변화시킴으로써 美 공군이 냉전 중심적 사고에서 벗어나도록 하는 데 있어 중요한 역할을 맡게 됐다. 국방기획지침서는 미래의 전력을 개발하고 배치하기 위한 국방부 장관의 전략기획을 대표하는 문서이다. 이 문서에는 국방전략 수립과 해

---

117) 항공원정군(Air Expeditionary Force): 美 공군이 1990년 초반에 걸프 전쟁을 겪으면서 빠르게 반응할 수 있는 부대의 필요성을 깨닫고 고위험 지역에 신속하게 대응할 수 있도록 하기 위해 1990년대 중반에 제시한 전 세계 대상 항공우주력 투사 개념.

118) Defense Planning Guidance.

당 국방전략의 주요 기획 및 계획 우선순위에 대한 지침이 포함되어 있으며, 합참과 각 군에서 제공하는 군사 자문과 정보가 반영되어 있다. 일반적으로 각 군은 국방기획지침서 작성과정에서 국방부 장관실에 가장 그럴듯한 미래위협 시나리오와 그러한 위협에 대응하기 위한 각 군의 전력을 제시한다. 그러면 국방부 장관은 국방기획지침서 내용을 토대로 각 군의 주요 무기체계 획득 계획과 그에 따른 예산을 편성한다.

워든은 기존의 문서를 검토하면서, 각 위협 시나리오에 대한 대응방안들이 거시적 관점에서 공군을 2순위 또는 3순위로 여기고 있었으며, 미국이 '지상군 옵션(Land Option)' 또는 '해양 옵션(Maritime Option)' 중 하나를 선택하여 왔음을 알았다. 워든의 지휘하에 있던 '장기 기획과(Long-range Planning Division)'는 국방기획지침서 작성에 필요한 정보를 제공할 의무가 있었고, 그는 1989년 초 기존 옵션 외에 위기관리를 위한 세 번째 옵션이 있다고 주장했다. 그것이 바로 신속한 항공력의 전개와 운용을 통해 공중에서 적을 저지하고 고립시키며, 심지어 패배시킬 수 있다는 '항공력 옵션(Air Option)'이었다. 이러한 조치는 엘도라도 협곡 작전(1986년 4월 리비아 공격)과 같은 보복성 공격에서부터 소련이 페르시아만 지역을 공격하겠다고 위협하거나 실제로 공격하는 작전까지 다양할 수 있다. 워든은 국방기획지침서에 들어갈 공군의 내용에 항공력이 국가안보에 기여할 수 있다는 독특한 특성이 반영되어야 한다고 상위 지도부를 설득하고자 했다. 이 업무를 주도한 터너와 뎁튤라 중령은 경제 및 군사적 관점으로 항공력의 이점을 강조했다. 냉전 종식으로 국방예산이 감소되는 상황에 항공력 옵션은 좋은 선택이 될 수 있으며, 미국의 경제 및 기술적인 기반을 강화한다. 군사적 관점에서 항공력은 타 군의 군사력보다 신속하고 적은 비용으로 분쟁지역에 도달할 수 있고, 일반적으로 인명피해 발생 위험도 줄여 줄 수 있다.

워든의 팀이 전 세계적인 전력투사에 관한 사례를 제시하면서, 그들은 '항공군단(Air Legion)' 개념에서 제시된 동일한 주장들을 많이 인용했지만, 다음과 같은 4가지 추세를 강조했다. 첫째, 억제는 여전히 기본 임무이지만, 제한된 위협에는 더 작은 전력 투입이 적합하다. 둘째, 미래에는 NATO군의 전력구조보다 더 규모가 작고 기민한 전력이 요구된다. 셋째, 전력의 현지 배치 능력보다는 전력의 투사 능력이 더 중요하다. 마지막으로, 각 군은 단순히 광범위한 국방 임무 중 일부를 실시하는 것이 아니라, 그에 가장 적합한 특정 기능을 수행해야 한다. 결론적으로 공군의 핵심임무는 다음과 같다.

핵 억제(기본 임무), 항공우주력 통제 및 적용(전략적 방어, 항공우주 우세), 항공력의 투사(전 세계에 있는 표적을 공격하고 적시에 전력을 전개할 수 있는 능력), 지상전력 공격(동맹국과 협력할 가능성이 높음), 국가적 영향력의 공중 이동(군사력의 이동을 초월), 전 세계적인 감시 및 정찰(필수적인 국가 자산).

기본적으로 워든의 팀은 새로운 세계 질서 상황하에서 항공력을 설명했다. 그들의 주요 논지는, 해외에 배치된 전진기지가 감소함에 따라 항공력이 국방에서 차지하는 비중이 커질 것이고, 국제 정세가 점점 더 복잡해지고 예측이 어려워짐에 따라 신속한 대응능력이 중요해졌다는 것이다. 이러한 환경에서 항공력은 핵 억제에서부터 재난 구호에 이르기까지 다양한 영역에서 중요한 역할을 해왔다. 이라크가 쿠웨이트를 침공하기 10일 전, 워든은 다음과 같이 놀랄 정도로 정확한 예측을 했다.

우리가 직면하게 될 가능성이 가장 높은 전쟁은 자국의 국내 정치 상황을 유리하게 조성하려 하거나 미국 혹은 다른 국가로부터 무언가를 약탈하려고 시도하는 국가, 또는 우리가 결코, 용납할 수 없는 행위를 중단시키기 위한 전쟁이 될 것이다. 이는 우리가 세계의 경찰국가이기 때문이 아니라, 적들이 미국의 합법적인 이익을 침해하기 때문이다. 우리가 다른 국가의 공격 행위를 중단시키기 위해 수행하는 이러한 전쟁은 최단기간 내에 미군의 사상자가 거의 발생하지 않거나 전혀 없도록 신속하고 결정적이어야 할 것이다. 또한, 우리가 설정한 정치적 및 군사적 목표를 달성하는 과정에서 적국의 사상자 발생도 최소화해야 할 것이다.

기획문서에 미친 '항공력 옵션(Air Option)'의 영향력을 평가하긴 어렵지만, 1989년 후반기와 1990년 전반기 동안 국방부 장관과 공군성 장관이 군사 역량에 대해 논할 때 '항공우주 옵션(aerospace option)'이란 용어를 언급했고, 시간이 지남에 따라 국방기획지침서 및 *4개년 국방정책 검토 보고서(QDR)*[119]는 전장에 대한 항공지원 작전과는 별도로 항공력이 달성할 수 있는 것들을 적절하게 통합하기 시작했다. 여러 해 동안, 이 주제에 밀접하게 관여해 온 배스 소장에 따르면, '워

---

119) 4개년 국방정책 검토 보고서(QDR: Quadrennial Defense Review): 美 국방부가 4년마다 작성한 보고서로 미국의 국방전략, 위협 평가, 군사력 개발 등의 내용을 종합적으로 제시한 문서. 1997년에 최초 발행됐었고 2014년도에 마지막으로 발행되었으며, 현재 에는 '국가안보전략서'로 대체되었음.

든파'에 의해 추진된 항공력에 대한 기본 아이디어가 1990년대 후반에 작성된 QDR에 대폭 반영되었다고 밝혔다. 그는 "워든이 공군의 새로운 선구자였으며, 그의 아이디어 대부분이 그가 예상했던 것을 훨씬 뛰어넘어 발전했고, 다른 사람들이 거의 손대지 않은 분야를 발전시켰음에도 불구하고, 그의 아이디어는 1990년대 이후에서야 美 공군의 조직과 교리 전반에 걸쳐 깊숙이 뿌리내릴 수 있었다."라고 말했다.

항공력 옵션은 분명히 美 공군의 역할을 규정하고, 군사력 투사를 하나의 제도로 인식시키는 데 도움이 되었다. 사실, 워든과 그의 팀에 의해 개발된 슬로건은 '범세계적 항공력은 전력투사 능력이다(global air power is power projection)'였다. 워든은 항공력이 본질적으로 해당 지역에 대한 접근과 이동을 통제함으로써 그 지역을 점령할 수 있다고 확신했다. 당시에는 생각지도 못했지만, 극단적으로 생각하면 항공력 옵션은 영국이 1920년대와 1930년대에 지상군이 매우 부족한 상황에서 중동과 북아프리카 지역에서 실시한 '공중 감시(Air Policing)' 작전을 연상케 하는데, 이는 공중을 통해 한 국가를 점령할 수 있다는 의미였다. 물론 그러한 상황은 1990년대 전반에 걸쳐 걸프전(1991)과 코소보전(1999)에서 실현되었다.

미래에는 유럽에서의 대규모 전쟁보다는 그 주변부에서의 소규모 충돌이 발생할 것이라고 예측한 워든과 그의 팀은, 美 공군이 2가지 우발계획을 동시에 수행할 수 있어야 한다고 주장했다. 이를 위해 워든의 팀은 24개의 공군 전투비행단과 12개의 현역 육군 사단, 그리고 12개의 항모 전력이 필요하다고 밝혔다. 전투개념개발처는 '동시에 발생하는 2가지 우발계획(two concurrent regional contingencies)' 개념을 합참에 전달했으며, 이 초안은 향후 10년간의 미군 전력구조 결정에 있어 기반이 되었다. 이 개념은 해외 전진기지의 축소를 의미했기 때문에, 해외 사령부의 반대에 부딪혔지만, 美 합참은 이를 채택하여 국가 정책으로 확대했다.

공군의 현재 모습

1989년도 여름과 가을에 워든의 참모 중 3명은 美 공군 내부의 문제점을 파악할 수 있는 연구가 부족하다는 점을 지적하면서, '공군의 현재 모습(A View of the Air Force Today)'이라는 논문을 작성했다. 주 저자인 헤이든 중령과 공동 저자인 왓슨 및 바넷 대령은 핵심적인 비전의 부재가 美 공군의 장기적인 존재 이유의 근거를 잃게 하고 있다는 우려를 표명하면서, 공군 지도부에 대한 도발적이고 건설적인 비평을 제시했다. 이 논문은 美 공군이 다음과 같이 임무와 역할에 중점을 두기보다는 항공기와 시스템이 주 관심사라는 결과와 함께, 스스로를 항공무기로 간주하고 기술적 우위에 대한 헌신에 중점을 두려 하고 있다고 주장했다.

구성요소를 통합할 수 있는 포괄적인 전략의 부족으로 인해, 美 공군 내에서 이례적인 보수주의가 조장되었다. 신기술을 흥미로운 업무수행 방식에 적용하는 것 외에는 전체(임무와 전략)보다는 부분(시스템 및 지휘)에 집중하는 경향 때문에 혁신을 기회가 아닌 위협으로 간주하는 경향이 있다… 궁극적으로 우리는 우리와 의회가 美 공군에서 진행되는 다양한 계획의 의미와 정당성을 이끌 수 있는 일관된 전략적 비전을 제시하는 데 실패했다는 점을 인정해야만 한다. 우리가 주장하는 바는 현재의 美 공군 '문화'가 그러한 비전의 개발조차도 어렵게 만들었기 때문에 공군인들에게 비전을 제시하지 못했다는 것이다… 공군의 초급 장교 중 40~50%는 본인에 대해 전문적인 군 장교라기보다는 공군을 위해 일하는 전문가로 여기고 있다.

논문 저자들은 앞으로 나아갈 방향이 '작전술'에 집중하는 것이라고 제안했다. 이는 첫째, 모든 군의 전투 임무를 관통하는 공통 요소를 식별하는 것, 두 번째로는 항공력을 작전적 수준의 전쟁 수단으로 간주하는 것, 세 번째로는 항공력을 하나의 통합된 전체로 보고 상상력을 발휘하여 적용했던 캐니 장군이 제시한 美 공군의 풍부한 유산을 이해하는 것, 그리고 마지막으로는 합동작전의 중요성을 재확인하는 것이라고 구체적으로 밝혔다. 워든은 논문 작성에 밀접하게 관여한 적은 없지만, 세 저자 모두 워든이 美 공군의 실제적인 문제점을 표현하도록 격려했고, '항공력에 관한 멘토' 역할을 했다고 언급했다. 또한, 그들은 워든이 군인으로서의 직업직 소명과 국가안보에 대한 역할에 대해 진지하고 비판적으로 생각하도록 고무시켰다고 회상했다.

이 논문은 공군 내 큰 파장을 불러왔고, 많은 고위급 공군 장군들은 해당 논문을 매우 싫어했다. 그러나 듀간과 보이드 장군 모두 이 논문의 내용을 칭찬했고, 당시 유럽 주둔 美 공군(USAFE) 사령관이었던 듀간 대장은 이것을 유럽 주둔 美 공군(USAFE) 소속의 일부 인원에게 배포하라고 지시했다. 이 '민감한 논문'은 철저히 관리되어 전체적으로 출판된 적은 없지만, 일부 인용구가 1991년도 5월에 *Inside the Air Force*'지에 실렸고, RAND 연구소의 선임 분석가인 빌더가 3년 뒤에 자신의 저서인 '이카루스 신드롬*(The Icarus Syndrome)*'에 이를 요약하여 게재했다.

범세계적 도달-범세계적 전력투사

지적인 측면에서 전투개념개발처의 교리적이고 교육적인 영향력의 최고점은 *'범세계적 도달-범세계적 전력투사(Global Reach—Global Power)'*였다. 처음에는 단순히 브리핑 자료였으나, 이 내용을 바탕으로 항공력이 국가목표를 달성하는 데 어떻게 사용될 수 있는지를 규정하고, 美 공군에게 항공력 사용에 대한 통합된 관점을 제시해 줄 수 있는 공군 백서의 형태로 발전되어 제작됐다. 이 백서는 1990년 6월에 초판이 발행되었고, 걸프 전쟁이 끝난 이후 개정되었다. 두 번째 판은 내용보다는 스타일 면에서 초판과 달랐는데, 초판의 내용에 비전적인 성격이 잘 드러나도록 화려한 양식으로 개선했다. 이후 백서는 공군 안팎의 광범위한 독자들에게 배포되었다.

1990년 6월에 출판된 *'범세계적 도달-범세계적 전력투사'*는 현대 사회에서 항공력이 지금까지 알려지지 않은 수준의 영향력을 제공할 수 있다고 대담하게 주장했다. 백서의 간결하고 강력한 메시지는 美 공군 지도부의 강력한 지지를 받았으며, 공군인들에게 분명한 지침을 제공하는 동시에 교리와 예산, 그리고 전력구조 분야에 청사진을 제공했다. 백서는 또한, 속도, 거리, 융통성, 정밀성 및 치명성과 같은 항공력의 고유 특성이 급변하는 세계에서 국가안보에 기여할 수 있는 구체적인 관점을 제공했다. 백서에는 기존에 해 왔던 특정 항공기 종류와 임무 지역 간의 연계성을 제시하지 않고, "미군은 우수한 장비를 갖춘 적에 맞서 싸우고 강력한 공격을 가하여 전쟁을 조기에 종결시킬 수 있는 역량을 갖춘 신속하고 맞춤화된 대응능력을 제공할 수 있어야 한다."라고 강조했다. 이는 미군의 전력구조가 신속하고 기민하며, 첨단화된 재래식 능력이 필요함을 의미한다. 페르시아만 지역이나 다른 더 외딴 지역에서, 장거리 폭격기는 분쟁 초기 중요한 몇 시간 또는 며칠 내에 표적을 위협하거나 공격할 수 있으며, 실제로 그렇게 할 수 있는 유일한 자산일 수 있다. 폭격기의 확장된 도달 거리는 미국이 매우 짧은 시간 안에 전력을 투사하고 현시할 수 있으며, 다른 군사 옵션보다 경제적임을 의미한다. RAND 연구소의 선임 분석가인 빌더에 따르면, 이 백서는 다음과 같이 공군 역사에 중요한 전환점을 만들어 주었다.

이 백서는 최고위급 공군 지도부에서 나온 것으로, 그들의 인식과 정책에 관한 것이었으며, *'공군의 현재 모습(A View of the Air Force Today)'* 논문에서 제기한 美 공군의 문제점을 부분적으로나마 해결해 주는 역할을 했다. 백서의 약식 제목인 *'범세계적 도달-범세계적 전력투사'*

는 미래 美 공군의 역할에 대한 모토 또는 슬로건이 되었다. 그리고 이 문서는 탈냉전 시대의 도래에 따라 국방비가 축소되고 제도적으로 불확실한 시기에 확실히 좋은 소식이었다. 적어도 이 문서는 불안해하는 공군 추종자들에 대한 비난을 달래고 안심시키는 역할을 했으며, 또한 미래 국가안보에 있어 공군의 중추적 역할을 규정하는 대담한 시도였다.

무엇보다도 기존의 백서는 현재의 공군 능력과 항공력의 특성에 관한 것이었지, 미래의 공군이 무엇이 되어야 하는지에 관한 내용은 없었다. 놀랍게도 이 문서는 과거의 연장선에 있지만, 미래의 환경으로 연결시켜 주는 국가이익과 안보 요구에 대한 관점을 제시한다. 또한, 본 백서는 다른 문서에서는 별로 중요시하지 않았던 공군인 및 기술과 관련된 내용을 다루고 있고, 경외시되어야 하고 보존되어야 하는 항공력의 속성에 대해서도 언급했으며, 과거의 전통적인 공군 임무로 돌아가야 함을 강조하고 있다.

아마도 본 문서의 약식 제목은 가장 영향력이 크고 오랫동안 남게 될 공군의 공헌이 될 것이다. *'범세계적 도달-범세계적 전력투사'*는 미래의 항공력과 관련돼 있어 보이는 새로운 무언가를 제시한다. 항공력은 폭격기와 전투기, 수송기 및 공중 급유기뿐만 아니라 대륙간탄도미사일과 범세계적인 우주력을 통해 마침내, 분명하고도 일반적인 '범세계적 도달(Global Reach)' 능력을 확보했다. 그리고 그러한 전력을 전 세계 모든 곳에 투사하려는 열망은 변화하는 세계와 국가이익에 대한 불확실성과는 무관해 보였다.

워든의 핵심 참모 중 한 명인 뎁튤라 중령이 백서의 주요 저자였다. 워든의 전폭적인 지지로, 그는 1989년 9월에 전투개념개발처에서 공군성 장관실로 자리를 옮겼고, 두 사람은 여전히 긴밀한 관계를 유지하고 있었다. 뎁튤라는 워든과 함께 백서 프로젝트에 내해 논의했고, 워든에게 캐치프레이즈와 핵심 내용에 대해서도 생각해 달라고 요청했다. 며칠 후, 워든은 여러 캐치프레이즈 후보 중 *'범세계적 도달-범세계적 전력투사'*를 추천했다. 뎁튤라는 자신의 아이디어를 토대로 여러 다른 출처를 찾아본 다음 '최고의 인재(Best of Breed)'라는 캐치프레이즈가 항공력이 국가목표에 기여하는 것에 대한 최고의 문구라고 생각했다. 그는 이 문구를 라이스 공군성 장관의 브리핑 제목으로 사용했고, 장관도 이를 좋아했다.

워든은 백서의 핵심 내용에 관한 3페이지 분량의 메모를 제공했다. 뎁튤라 중령은 자신의 의견과 함께 라이스가 처음 제시한 아이디어를 토대로 15페이지 분량의 초안을 작성했다. 이 과정에서 워든은 중요한 의견과 통찰력을 제공했지만, 이것을 영향력 있는 문서로 만들 수 있었던 것은 라이스 장관의 비전과 결단력, 추상적인 아이디어를 명확하고 강력한 문장으로 바꿔 준 뎁툴라 중령의 글쓰기 능력, 문제의 핵심을 분석하는 크리스토퍼 보위의 분석 기술 및 브룩스 대령의 편집 능력이 있었기 때문에 가능했다.

당시 항공모함을 신속한 전력투사를 위한 주요 수단으로서 간주하고 있던 미국 내 시각과는 달리, 백서는 장거리 및 지상 기반의 항공력 투사를 옹호했다. 백서의 내용은 합동성을 강조했지만, 원거리 육상 깊숙이 위치한 지상 표적에 대응하는 항공모함의 역할에 대한 평가는 이미 오래전에 이루어졌음을 밝히고 있다. 백서에는 국방기획 입안자들에게 비용과 인력이 많이 들어가는 항모전단이 이러한 상황에서 실제로 어떠한 결과로 가져올지에 대해 재고해 볼 것을 촉구했다.

'범세계적 도달-범세계적 전력투사'는 정치인들과 군 장교들이 위기 상황에서 항공력이 어떻게 기여할 수 있는지를 각인시켰다. 항공력 역사학자인 핼리온에 따르면, 그것은 "국방 공동체 내에서 즉각적인 주목을 받았는데, 특히 이제 지상 기반 항공력(공군)이 국가의 존재감 및 전력투사에서 있어 비교우위를 차지하게 되었다는 인식에 대해 '항공력 현대주의자(air power modernists)'와 '해양력 전통주의자(sea power traditionalists)'들 간의 직접적인 논쟁을 촉발시켰다."라고 언급했다. 또한, 이라크가 쿠웨이트를 침공했을 때, 이 백서는 항공력이 지상작전을 지원하는 것, 이상으로 기여할 수 있다는 이론적 근거를 제시했다. 돌이켜 보면 이것은 사막의 폭풍 작전에서 구현된 지상 기반의 항공력 속성 대부분을 제시해 주었다. 이 백서는 또한 1992년에 출간된 후속 백서인 *미래의 재구성(Reshaping for the Future)*'에 대한 개념적인 기초가 되었다. 후속 백서에는 '전술 및 전략 무기와 조직 사이의 오래되고 인위적이었던 구별'을 이제는 버리자고 제안했다. 이러한 권고에 따라, 美 공군은 전략공군사령부(SAC)와 전술공군사령부(TAC), 그리고 항공수송사령부(MAC)[120]를 해체하여 공군전투사령부(ACC[121]: 전투기, 폭격기, 정찰기, 지휘, 통제 및 통신(C3) 항공기, 일부 수송기 및 공중급유기, 대륙간탄도미사일)와 공중기동사령부(AMC[122]: 대부분의 수송기 및 공중급유기)로 재편했다. 아이러니하게도, 통합된 사령부의 장성 중 일부는 항공력에 대한 통합된 비전을 반영하려는 이러한 시도를 오해하여 美 공군이 기존에 해 왔던 '전략적'과 '전술적'인 구분을 '전력

---

120) Military Airlift Command.

121) Air Combat Command.

122) Air Mobility Command.

투사(Power)'와 '도달(Reach)'로 다시 구분하도록 하기도 했다.

대인관계

1980년대 후반은 여러 면에서 美 공군이 작전적 및 전략적 항공력 운용에 관한 자체 이론을 부활시킨 시기였는데, 이는 1980년대 중반에 시작되어 1990년대가 되면서 정점에 달했다. 설득력 있는 항공력 이론을 개발하고 제안함으로써, 워든과 그의 팀은 탈냉전으로 급변하는 시기에 美 공군의 임무를 명확히 식별하는 데 큰 도움을 주었으며, 잃어버리고 있었던 작전술과 전략적 항공력을 다시 일깨워 주는 것에 주도적인 역할을 했다. 워든의 전투개념개발처는 항공력이 국방에 어떻게 기여할 수 있는지에 대해 설명하고, '혼성 비행단(Composite Wings)' 개념을 재도입하여 기존의 전력 구조에 도전하였고, 새로운 전문군사교육(PME) 과정을 설계했으며, 美 공군의 기본 교리 개정에 커다란 영향을 미쳤고, '*범세계적 도달-범세계적 전력투사(Global Reach—Global Power)*' 백서 작성에 중요한 역할을 했다. '*범세계적 도달-범세계적 전력투사*'는 논란의 여지가 있긴 하지만, 1947년도에 육군으로부터 독립한 이후 美 공군이 국가안보에 있어 어떠한 역할을 할 수 있는지에 관한 가장 중요한 진술서였다.

1988년과 1990년도 사이에 美 공군이 경험한 지적 및 개념적 발전에 워든이 어떠한 영향을 미쳤는지를 평가하기는 어렵지만, 적어도 그는 촉매제이자 선구가의 역할을 했다. 듀간 참모총장과 라이스 장관 모두 지적 영향력으로서 워든의 중요성을 인정했고, 라이스 장관의 대변인이었던 피아자는 다음과 같이 워든을 평가했다.

워든의 아이디어는 라이스 장관이 공군에서 장관으로 근무하는 동안 모든 주요 연설에 반영되었다. 나는 연설을 준비할 때마다 워든에게 연락했고, 우리는 산업계 관계자와 재계 대표, 상원 및 美 공군 또는 전 세계 다른 공군 조직과 같은 다양한 청중을 위해 어떤 주제로 논의를 해야할지에 대해 의견을 나눴다. 그는 공군에서 가장 진보적인 사고를 하는 장교였다. 그는 아낌없이 시간을 할애해 줬고, 그것을 통해 얻을 수 있는 명성에 대해서는 전혀 생각하지 않고 자신의 아이디어를 기꺼이 공유해 줬다. 그는 한계를 뛰어넘기 위해 분명한 목적과 정확한 능력에 따라 행동했다.

워든은 뎁툴라와 피아자 중령을 통해 공군성 장관과 간접적으로 좋은 관계를 맺고 있었고, 다른 장군들과의 호의적인 관계는 대부분 그들의 부하들로 인해 가능했지만, 그가 지휘계통을 부적절하게 우회하며 업무를 하고 있다고 믿고 있었던 직속 상관인 애덤스 중장은 그를 좋아하지 않았다. 둘의 긴장 관계는 그 후 몇 개월 동안이나 지속됐다. 핼버스탬에 따르면, 1990년도 여름에 이미 워든은 '우회하는 워든(Right Turn Warden)'이라는 별명을 얻었다. 그 이유는 '만약 그가 좋은 아이디어를 가지고 있는데 직속 상관이 이를 받아 주지 않을 경우, 그는 쉽게 해당 상관을 우회해서 다음 상관에게 갔고, 그곳에서도 거절당하면 그는 또다시 차차기 상관을 찾아갔는데, 이 과정에서 수많은 상관들을 격분시켰기 때문'에 얻게 된 악평이었다. 워든은 단지 중요한 변화는 반드시 관철시켜야 한다고 믿었고, 이 믿음에 따라 그는 본인이 할 수 있는 모든 수단과 방법을 동원했다. 그는 "항공력의 잠재력을 실제로 활용하는 것은 우리가 할 수 없다고 생각했던 것을, 할 수 있다고 가정할 때에만 가능하다…. 우리는 항공력이 과거에 했던 것만 할 수 있다는 전제가 아니라 항공력으로 모든 것을 할 수 있다는 가정하에 생각하기 시작해야 한다."라고 주장했다.

사실 워든은 그의 통찰력을 인정받기도 했지만, 말도 안 되는 아이디어도 생각해 냈다. 예를 들어, 그는 장기 기획과의 부서장인 로 대령에게 美 공군이 향후 5백 년 후에 예상되는 전쟁 시나리오에 대비할 수 있는 계획을 개발하라고 지시했다. 로 대령은 이 과제는 노력할 가치도 없다고 판단했고, 철회되기만을 바랐다. 나중에 워든이 진척이 없음에 대해 유감스럽다고 말했을 때, 로 대령은 비유적으로 "자신은 1492년도에 산타마리아호[123]의 갑판에 서서 서쪽으로 항해하여 전기와 컴퓨터, TV 및 고무 타이어의 발명을 예견하라는 명령을 받았다"라고 비유했다. 더 긴급한 현안들이 많았고, 더욱이 그 업무는 워든이 신뢰를 잃을 만한 '웃기는 요소'를 많이 포함하고 있었다. 로는 워든에게 그가 이 업무를 위해 추진했던 대다수의 세부 구상들이 과 내에서 상당한 논란을 일으키고 있고, 이 업무는 공군발전에 아무런 도움도 되지 않으면서 해야 할 일만 늘리고 있다고 솔직히 말했다. 워든 대령은 마지못해 해당 업무의 추진 보류에 동의했다. 그러나 로 대령은 "워든이 그런 아이디어를 생각해 내는 것과 동일한 과정으로 일부 최고의 아이디어도 생각해 냈다. 객관적으로 말하자면 그는 엄청난 수의 좋은 아이디어와 말도 안 되는 아이디어 모두를 생각해 냈다."라고 회상했다.

---

123) 산타마리아호: 콜럼버스가 아메리카 신대륙을 발견하기 위해 타고 왔던 배.

워든이 단장으로 있었던 비트부르크의 구성원들은 그에 대해 일상적인 관심사에 공감할 수 없는 사람으로 인식한 반면, 전투개념개발처의 구성원들은 그와 그의 아이디어를 매우 높게 평가했고, 기꺼이 워든이 추진하는 업무를 도와주기 위해 위험을 감수하겠다는 다수의 지지자들도 생겼다. 그는 모든 부하들의 이름과 배경을 기억했으며, 그들에게 개인적인 잠재력에 따라 업무를 배정했다. 많은 사람들은 그가 기존 체제에 대한 자신의 의구심을 주저 없이 표현했고, 참신하고 혁신적인 아이디어를 장려하면서 부하들에게 美 공군의 존재 이유에 대해 사고하도록 고무시켰다고 워든을 칭송했다. 美 공군본부에서 그는 지적인 개방성과 창조성, 그리고 열정을 가진 사람으로 명성을 쌓았다. 워든은 중요한 항공력과 관련된 아이디어에 깊은 관심을 가졌으며, 계급에 관계없이 관심을 보이는 사람들과 토론하고 해당 아이디어를 정제해 갔다.

그러나 워든 대령은 모든 사람을 자기편으로 만들지는 못했다. 그는 매일 그와 함께 일했던 사람들, 특히 주어진 프로젝트를 위하여 그의 팀에 속한 부하들이나 아이디어를 교환했던 사람들로부터는 상당한 존경과 관심을 받았지만, 멀리서 그를 지켜보기만 했던 사람들은 그를 지나치게 열정적이고 유머가 없는 사람으로 생각했다. 그의 참모들 중 지적인 성향의 참모들은 워든이 자신들을 생각하도록 자극했기 때문에 그를 '정신적 자극'을 주는 인물로 간주했다. 그는 브레인스토밍과 분석을 통하여 항공력과 전략에 관한 대안적인 아이디어를 창안할 수 있는 환경을 조성했다. 일부 사람들은 이러한 모습이 기존의 패턴을 비판하고 제도적인 변화를 촉진할 수 있는 이상적인 리더십의 전형으로 보았다. 그러나 또 다른 일부 사람들에게는 현 조직과 운용 절차에 대해 의구심을 품는 불충한 행위로 보았다.

워든은 전투개념개발처를 이끌면서 부서원들 모두가 협력해야 한다고 강조했고, 그들을 개인의 전문성과 지식, 관심사에 따라 업무에 배치됐다. 예하 과장들은 그로부디 세부적인 업무추진 명령을 받기보다는 자유재량으로 업무를 처리했다. 그는 가능한 한 많은 부서원들과 함께 월간 회의를 개최했고, 예하 과장과 프로젝트 진행에 있어 핵심역할을 한 장교들과는 매주 만났다. 그의 '느슨한' 리더십 스타일은 어떤 면에서는 최상이었지만, 그는 단순히 모든 사람들이 직무에 대해 본인 수준의 열정과 헌신을 보여 줄 것이라고 전제하면서 부대 관리와 동기부여에는 신경을 덜 썼다. 더욱이 워든은 항상 업무를 분명하게 위임한 것은 아니었기 때문에 결과적으로 그의 부하들은 흥미로운 프로젝트 추진에 대한 주도권을 갖기 위해 경쟁했다. 반면, 흥미가 덜한 업무는 대부분 아무도 손을 대지 않은 상태로 남아 있었고, 이것은 워든의 '무질서 이론(chaos theory)'에 의한 관리 방식에 회의를 불러왔다. 워든은 참모들이 감독이 필요 없이 자발적으로 일하는 유능한 사람이기를 기대했지만, 대부분의 장교들은 그렇지 않았다.

부하들은 때때로 워든이 진정으로 배려심이 깊은 리더로 느꼈지만, 다른 때에는 단순히 본인 아이디어의 실행 수단으로 보는 것 같았다고 회상했다. 이런 언급은 로렌스[124] 경이 영국 공군의 아버지였던 트랜차드 장군에 대해 제일 똑똑하면서도 자신의 일을 방해하거나 도우려는 주변 사람들의 영향을 받지 않는 대단한 인물이라고 묘사한 것을 떠올리게 한다. 이러한 비유는 워든이 진심으로 애정을 갖고 있었던 부하들과 상급자들 모두로부터 신뢰를 얻지 못한 이유를 설명하는 데 도움이 된다.

이전에 다른 보직에서 그랬던 것처럼, 워든은 전투개념개발처 내에서도 호불호가 있었는데, 일부는 '성인 존(Saint John)'이라 생각했고, 다른 일부는 '미친 존(Mad John)'으로 간주했다. 그러나 워든은 비트부르크 시절의 재앙으로부터 나와 자신에게 맞는 환경인 공군본부 내에서 항공전략에 관한 최고의 권위자가 되었다. 워든이 1990년 8월에 발생했던 이라크의 쿠웨이트 침공에 대응하기 위해 제안한 항공전역 계획은 갑작스러운 창의성의 발로가 아니라, 전투개념개발처에서 2년 이상 갈고닦은 전문성이 발휘된 것이었다. 이라크가 쿠웨이트를 침공했을 때, 그는 결정적인 차이를 만들 수 있는 아이디어와 팀을 갖고 있었다.

---

124) 로렌스(T.E. Lawrence): 1914년 영국 정보국 소속의 중위로 중동지역에 파견되어 오스만 지배하에 있던 아랍인들을 지원하여 반란을 일으킨 인물. 1962년에 나온 영화 '아라비아의 로렌스'의 실제 인물이었음.

VIII.
인스턴트 썬더: 항공력을 통한 승리

쿠웨이트 해방을 위한 전쟁 기획은 美 공군의 항공력 옹호론자들로 구성된 워든의 그룹에서 시작된 것이었다. 이들은 이라크 정권과 지휘부 마비를 목표로 한 효과 중심의 항공전역 개념을 제안했다. 워든의 그룹이 제안한 '인스턴트 썬더(Instant Thunder)'는 항공력을 지상군의 지원 수단으로 간주했던 페르시아만에 대한 기존의 작전 계획과는 완전히 대조된 것이었다. 워든의 이러한 초기 항공전역 개념은 당연히 엄청난 논란을 불러왔는데, 특히, 공지전투 교리에 입각한 항공전역 계획안을 제시한 전술공군사령부(TAC)로부터 심각한 반대에 부딪혔다. 항공력 중심의 전쟁 기획 수립 과정에서의 이견을 살펴보면 워든의 아이디어에 대해 중부사령관이었던 슈워츠코프 대장이 이를 왜 높이 평가했는지, 전술공군사령관이었던 러스 대장과 그의 참모들은 왜 단호하게 반대했는지, 그리고 중부사 공군 구성군사령관이었던 호너(Charles A. Hornor) 중장은 왜 복잡한 심정이었는지에 대해 이해할 수 있을 것이다.

배경: 페르시아만 우발계획

1989년 가을, 파월 합참의장은 당시 중부사령관이었던 슈워츠코프 장군에게 이라크가 사우디아라비아 및 쿠웨이트를 침공하는 상황을 가정하여 즉시 실행할 수 있는 작전계획을 작성해 달라고 요청했다. 이에 슈워츠코프는 1990년 4월에 미국이 군사력을 어떻게 배치하고 활용할 것인지가 제시된 OPLAN 1002-90의 초안을 제시했다. 이 우발계획은 미군이 침공 전에 전력을 배치할 수 있는 충분한 시간을 확보할 수 있으며, 항공력은 적군이 근접할 때 지상군을 지원하는 것을 전제로 하고 있었다.

당시 슈워츠코프와 그의 참모들은 항공력을 페르시아만 지역으로의 안전한 전력 전개 시 요구되는 공중우세 확보 및 유지 수단으로서, 지상군 방어작전 및 분쟁 이전으로의 국경선 회복을 위한 지상군 공세 시 보조적인 화력 수단으로 간주했다. 공지전투 교리에 따라, OPLAN 1002-90은 3단계(억제, 방어, 그리고 지상군 중심의 반격) 국면으로 작성되었는데, 첫 번째 단계는 무력시위를 통하여 이라크군의 공격을 단념시키는 것으로 항공력의 전방배치와 필요한 경우 몇몇 고가치 표적에 대한 시범적 공격이 포함된다. 두 번째 단계는 공중우세를 달성하기 위한 제공 작전과 적의 지상공격 부대를 지연 및 와해 또는 파괴하는 '차단 전역(Interdiction Campaign)으로' 구성되었다. 세 번째 단계는 적군의 전투력이 미군에게 유리한 수준으로 감소됐을 때 시작되는 단계로 이때의 항공력은 근접항공지원의 형태로 아 지상군과 함께 적 지상군을 국경 밖으로 밀어내는 데 사용된다.

당시 중부사 공군 구성군사령관이었던 호너 중장은 1990년도 4월에 슈워츠코프 중부사령관에게 항공력을 매우 짧은 시간 내에 이 지역에 전개시켜 이라크의 예비전력 및 보급선을 차단하거나 지상군과 함께 방어 또는 공격작전을 수행함으로써 그 효과성을 입증할 수 있다고 보고했다. 호너 장군은 1985년 5월부터 1987년 3월까지 전술공군사령부(TAC)의 기획 차장으로서 육군교육사령부와 긴밀히 협력한 경험이 있었다. 그는 공지전투 교리가 합동작전의 맥락에서는 유용한 항공력 운용 방식이지만, 최상의 항공력 운용방식이라고는 생각하지 않았다. 구체적으로 그는 공지전투 교리가 단순히 美 육군이 어떻게 '군사력 대 군사력(Force-on-Force)' 간의 지상 전투를 수행할 것인지에 대해 수록한 것에 불과하다고 생각했다.

호너는 슈워츠코프에게 고려해야 할 몇 가지 요소에 대해 제안했다. 그는 사우디-미국 간의 연합작전을 자세히 설명한 후 공군이 이라크 남부의 방공망을 공격하고 후속 부대와 교전하여 후방 지역의 보급로 및 인프라를 파괴할 수 있도록 조기에 국경을 넘을 수 있는 권한을 부여받아야 한다고 주장했다. 가장 중요한 점은, 호너가 반격작전 중 수행하는 전통적인 근접항공지원 작전을 'PUSH CAS'[125]로 바꿀 계획이었다는 것이다. 그는 모든 투입 항공기에 '제공(counterair)' 또는 '차단(interdiction)' 임무를 부여하고자 했다. "나는 모든 항공기가 항상 표적을 공격했으면 한다. 만약 체공 중에 육군이 항공력을 요구할 경우, 해당 체공 전력을 근접항공지원(CAS) 임무에 투입하면 된다…. 만약 체공 중에 육군을 지원할 필요가 없는 경우, 즉 지상군 간의 교전 상황이 없는 경우에는 해당 소티는 제공 또는 차단 임무를 지속할 것이다. 그 후 기지로 귀환하여 연료 보급과 재무장

---

125) PUSH CAS: 공중 대기지점에 항공전력을 체공 대기시켜 근접항공지원(CAS) 작전 요청 시 즉각 지원할 수 있도록 하는 것으로 전력을 밀어내어 사용한다는 의미로 PUSH CAS라 부름.

후 다시 출격하는 것이다. 이런 식으로 나는 휘하의 항공력을 투입해 왔다." 호너는 지상작전 지원에 대해 "항공력을 긴 호스처럼 사용하여 지상 지휘관이 필요하다고 판단한 지점에 화력을 지원할 것이다."라고 언급했다.

호너는 또한 이라크가 화학 또는 생물학 무기를 사용할 경우, 미국의 결의를 보여 주기 위해 보복 공격을 감행할 수 있다고 했다. 그는 처벌과 억제, 그리고 보복을 목적으로 하는 표적처리에 대해 언급했으며, 이것을 이라크의 고가치 자산에 대해 '전략적 표적(strategic targets)'이라고 불렀다. 슈워츠코프는 이러한 표현을 마음에 들어 했지만, 호너는 '전략적(strategic)'이라는 단어를 언급한 순간 그것을 사용한 것에 대해 후회했다. 그 말은 비핵 환경에서는 사용해서는 안 될 단어인 것 같았다.

7월에 완성된 OPLAN 1002-90의 두 번째 초안은 기존 내용과 큰 차이가 없었다. 이 두 번째 초안은 방어 태세에 중점을 두었고, 호너의 보복 공격 제안은 포함되지 않았으며, 대규모의 공격작전 구상도 없었다. 또한, 전략적 항공전역과 유사한 내용도 전혀 포함되지 않았다. 그달에 실시할 자체 점검 지휘소 훈련을 준비하면서 중부사령부와 중부사령부 계획 입안자들은 대부분의 시간을 군수와 정비 문제를 검토하고 지휘통제 관계를 파악하며, 전개 자산을 적시에 해당 지역으로 이동시킬 수 있는 계획을 수립하는 데 할애했다.

자체 점검 훈련을 위한 시나리오에는 이라크군이 쿠웨이트를 침공하여 해당 지역을 점령한 후 두 개의 경로로 사우디아라비아를 공격한다는 내용도 포함되어 있었다. 이에 호너가 지휘하는 중부사 공군 구성군사령부의 참모들은 다음과 같은 6가지 목표 달성을 위한 항공전역 계획을 수립했다. ① 후방 지역 방어 및 전장에서의 공중우세 유지, ② 전진 배치된 적 방공망 제압, ③ 아 지상군에 대한 근접항공지원, ④ 전진하고 있는 적군을 지연 및 손실시키기 위한 차단, ⑤ 이라크 남부 비행장에 대한 공세적 제공작전 실시, ⑥ 적 후방 지역에 대한 지휘통제 및 통신선 정찰이 그것이다. 호너는 11개 범주 및 218개 표적으로 구성된 표적 목록을 승인했는데, 대부분이 이라크 남부와 쿠웨이트, 그리고 사우디아라비아 북부에 위치한 것들이었다. 그러나 중부사 공군 구성군사령부는 해당 표적 중 절반 정도가 영상 또는 정보가 부족했기 때문에, 공격작전 수행이 불가능함을 인정했다. 자체 점검 지휘소 훈련 시 모의 국가통수기구는 훈련의 마지막 2일 동안에만 국경 침범을 허용해 줬는데, 이는 적국의 본토 공격에 대한 민감성이 반영된 것이었다.

중부사령부와 해당 구성군사령부들이 자체 점검 훈련에 집중하고 있을 때, 이라크군이 쿠웨이트 국경에 실제로 집결함에 따라 훈련 시나리오가 현실이 될 가능성이 커졌다. 1990년 8월 1일 14시(美 동부 표준시), 체니(Richard B. Cheney) 국방부 장관은 사태에 대한 최신 정보를 얻기 위해 파월과 슈워츠코프를 국방부로 소환했다. 슈워츠코프는 이라크 위협에 대해 유가 인상을 위한 허세라고 설명했다. 그는 단순히 이라크가 쿠웨이트 및 다른 아랍국들에게 진 빚을 탕감해 줄 것을 원하고 있다고 믿었다. 그는 이라크가 국경 인근에 있는 바르바 및 부비얀 섬과 쿠웨이트의 일부 항구, 그리고 분쟁 중인 루말니아 유전지역을 공격할 수는 있겠지만, 쿠웨이트를 전면적으로 침공할 것이라고는 믿지 않았다. 그는 체니와 파월과 함께 OPLAN 1002-90을 검토한 후, 해당 지역에 충분한 전력이 없으므로 비록 대통령과 의회, 그리고 아랍 국가들이 군사력 사용을 승인한다고 할지라도 강력한 이라크군을 처리하기 위해서는 충분한 자산을 전개시킬 수 있는 몇 주의 시간이 더 필요하다고 설명했다.

이라크 공격에 대한 미국의 대응

美 동부 표준시로 8월 1일 18시에 개시된 이라크의 쿠웨이트에 대한 전면 침공은 미국의 정치 및 군사 수뇌부들을 놀라게 했다. 중부사령부는 신속대응계획 1307-88에 따라 12대의 F-16 또는 8대의 F-15와 2대의 E-3 공중경보통제기(AWACS), 한 대의 RC-135 Rivet Joint 및 3대의 KC-10으로 구성된 전력을 사우디아라비아에 급파될 수 있도록 준비할 것을 중부사 공군 구성군사령부에 명령했다. 최악의 가능성은 후세인이 사우디아라비아를 추가 침공하여 북동 지역의 핵심 유전 시설을 점령하는 것이었으므로, 미국은 이라크가 이러한 유혹을 행동에 옮기지 못하도록 억제력으로서 전투기와 폭격기를 배치할 계획이었다. 이 계획은 48시간 안에 해당 전력이 중동지역에 도착하여 96시간 안에 작전 준비태세를 갖추는 것으로 계획되어 있었다. 또한, 필요할 경우 신속대응계획 1307-88과 동일한 규모의 전력이 추가 파병될 예정이었다.

8월 2일 8시, 부시 대통령은 체니와 파월, 그리고 슈워츠코프가 참석한 가운데 국가안전보장회의를 열었다. 슈워츠코프는 이라크 공격에 대항하여 사우디아라비아를 방어할 수 있을 정도의 전력을 전개하려면 3개월은 족히 걸릴 것이고, 쿠웨이트를 해방시키는 데에는 추가적으로 5~7개월이 더 걸릴 것이라고 설명했다. 그날 오후 체니 국방부 장관은 파월 합참의장에게 "대통령께 제시할 수 있는 기존계획 이외의 대안적인 군사 옵션이 필요하다."라고 말했다. 그는 강력한 보복 공격을 포함한 상상력이 풍부한 계획이 제시되길 원했다. 체니는 공군본부에서 제시했던 '항공력 옵션 (Air Option)'과 *범세계적 도달-범세계적 전력투사(Global Reach-Global Power)*' 개념을 떠올리며, 파월에게 이라크를 공격할 강력한 항공전역을 준비하자고 촉구했다.

　다음 날 아침, 슈워츠코프 장군은 참모들을 심하게 질타했다. 그의 주요 목표는 OPLAN 1002-90 에 의거 사우디아라비아를 방어할 전력 전개 계획을 수립하는 것이었다. 그는 중부사령부의 전반 적인 준비 과정에 불만이 있었고, 특히 항공력 부분에 대해 마음에 들어 하지 않았다. 슈워츠코프 는 중부사 작전부장인 무어 소장에게 실망감을 토로한 후, 중부사 공군 구성군사령관인 호너에게 도움을 청했다. 그날 저녁에 플로리다州 탐파에 도착한 호너는 회의 분위기가 다음과 같이 매우 경 직돼 있었다고 회상했다.

> 슈워츠코프와 나는 참모들로부터 브리핑을 받았고, 슈워츠코프는 해당 브리핑 내용에 대해 매 우 실망한 것처럼 보였다. 슈워츠코프가 화나 있었던 관계로, 나는 밤 11시쯤에 그에게 브리 핑 자료를 준비하여 대통령께 보고하자고 제안했다. 내가 그 브리핑 내용 중 항공력 관련 부분 을 작성하는 동안, 그는 이라크가 사우디아라비아를 침공할 경우, 어떤 종류의 지상작전이 포 함될 것인가에 대한 브리핑을 준비하였다. 우리는 새벽 3시 정도까지 해당 업무를 했다. 우리가 C-21을 타고 워싱턴으로 날아갔을 때, 브리핑 슬라이드는 잉크가 채 마르지도 않았다.

　8월 4일, 캠프 데이비드(Camp David)에서 슈워츠코프는 부시 대통령과 체니 국방부 장관, 그리 고 파월 합참의장이 참석한 브리핑에서 사우디아라비아 방어를 위해 5개 사단이 필요하다고 주장 했다. 그는 단기적으로는 상륙작전이나 공정작전[126] 또는 특수부대 작전 없이 진행되는 방어적인 지연 작전을 제안했다. 슈워츠코프의 브리핑이 끝난 다음 호너는 사우디아라비아 방어를 위해 항 공력이 이라크군의 핵심 표적을 무력화할 수 있다고 설명했지만, 그는 먼저 이라크군의 군수 지원 능력, 특히 식량과 식수, 연료 및 탄약 공급을 차단하기 위한 후속 제대를 공격하는 방책을 추천했 다. 호너는 항공력이 슈워츠코프의 지상작전계획을 지원해야 한다고 언급했다. 기본적인 계획은 적의 공격력을 약화시키고 이라크군의 사우디아라비아 공격에 필요한 군수지원 능력을 차단하는

---

126) 수송기로 전투 부대와 장비를 목표지역으로 이동시켜 공두보를 확보한 후 제한적인 지상작전을 실시하는 작전.

것이었다. 호너는 또한 이라크가 화학 탄두가 장착된 스커드 미사일을 미군에 발사할 경우, '이라크에 대한 징벌적 공습'도 가능함을 밝혔다.

브리핑은 사우디아라비아의 방어에 중점을 두고 있었지만, 슈워츠코프는 쿠웨이트 해방 명령을 받게 된다면, 공격 대 방어 전력의 비율을 5:1로 하면 좋겠다고 언급했다. 이는 쿠웨이트에 9개의 이라크 지상군 사단이 주둔하고 있었기 때문에 슈워츠코프는 해당 전력의 5배에 해당하는 45개의 사단을 원한다는 의미였다. 미군에게 이런 규모의 전력배치는 불가능하기에 그는 "성공적인 공격을 위해서는 사전에 상당한 규모의 공습이 필요하다."라는 슬라이드를 보여 주면서 항공력이 지상작전 진행의 필수요소임을 밝혔다. 또한, 그는 미군이 이러한 공격 준비를 위해서는 8~10개월이 필요하다고 언급했다.

브리핑은 호평을 받았고, 다음날 체니 국방부 장관은 사우디아라비아의 지다를 방문하여 파드 국왕에게 미군의 사우디 내 주둔을 허락해 줄 것을 설득했다. 체니는 슈워츠코프에게 이 방문에 동행하라고 말했고, 슈워츠코프는 다시 호너에게 동행할 것을 명령했다. 사우디 정부는 미국의 제안을 신속하게 수락했고, 체니는 슈워츠코프에게 전력배치를 개시하라고 명령했다. 또한, 그는 슈워츠코프 장군에게 "후세인이 쿠웨이트 시민들을 살해하거나 쿠웨이트 또는 이라크에 거주하고 있는 외국인들의 살해와 같은 추가적인 적대 행위나 용납할 수 없는 행동을 할 경우, 美 대통령이 사용할 수 있는 새로운 '공격 옵션'을 개발하라고 지시했다.

슈워츠코프는 체니와 함께 美 본토로 돌아오면서 호너 장군에게 사우디아라비아에 남아서 전개되는 전력을 수용하고 OPLAN 1002-90에 따라 사우디아라비아 방어를 위한 항공임무명령서(ATO)를 개발하라고 지시했다. 또한, 슈워츠코프는 호너에게 국방부가 체니가 주장한 보복 공격에 부합하는 일부 전략적 표적을 찾고 있음을 알려 주었다. 그는 호너에게 "자네는 여기에 있게 될 거고, 자네를 도울 공군본부 소속의 참모들이 본토에서 올 거라네. 그 기간에 나는 합참에 가서 전략적 효과를 낼 수 있는 표적을 찾아보려 하네."라고 말했다. 이 말은 호너를 불안하게 만들었다. "장군님, 어떠한 일이 있어도 워싱턴이 표적을 선택하여 실패했던 베트남 전쟁이 재현되어서는 안 됩니다. 표적 선택은 장군님 휘하에 있는 공군 구성군사령관의 임무입니다." 슈워츠코프는 호너에게 준비 작업만 착수한 다음 해당 임무를 그에게 넘겨줄 것에 대해 약속했다. 호너는 중부사령관인 슈워츠코프가 약속을 지킬 것이라고 믿었지만, 워싱턴이 표적 선정에 관여할지도 모른다는 의심도 계속했다.

워든은 이와 같은 진행 상황에 대해 전혀 모르고 있었다. 그는 이라크가 쿠웨이트를 침공했을 당시, 아들의 비행 훈련 수료를 축하하기 위해 카리브해에서 유람선을 타고 가족여행 중이었다. 워든은 마이애미로 돌아오는 중에 쿠바 남부에서 오션 뉴스를 통해 이라크의 침공 소식을 접했다. 아내 마지는 워든이 그 즉시 이렇게 말했다고 회상했다. "어리석도다. 어리석은 후세인, 이건 전쟁을 하자는 말이잖아." 비록 여행 기간이 남아 있어 그는 가족과 함께 있었지만, 마음은 이미 다른 곳에 가 있었다. 8월 5일까지 공군본부로 돌아갈 수 없었던 그는 유람선 객실에 머물면서 후세인이 쿠웨이트에서 그의 부대를 철수하도록 강요할 수 있는 공세적인 전략적 항공전역 계획 개발에 대해 고민하고 있었다.

워든은 합참과 중부사령부, 또는 중부사 공군 구성군사령부에서 수립한 작전 및 개념 계획이 전략적인 항공전역에 대한 옵션을 포함하지 않을 것에 대해 우려했다. 그는 1990년 7월에 검증된 대로 OPLAN 1002-90에 입각한 항공전역 계획은 항공력이 전장을 주도할 수 있게 하기에는 미흡한 계획이며, 적을 후퇴시키기 위한 중부사 공군 구성군사령부의 일련의 공습에 불과하다고 확신했다. 그는 중부사 공군 구성군사령부가 지상전투에 앞서 독립적 또는 반-자율적인 항공전역에 관심을 기울이지 않을 뿐만 아니라, 심지어 적 후속 제대에 대한 차단이나 경고성 보복 공격조차도 고려하지 않았을 것이라고 생각했다. 그가 예상한 대로 중부사 공군 구성군사령부는 적의 급소를 공격할 계획이 없었다. 더욱이 워든은 신중한 계획수립 과정을 통해서는 전략적 효과를 창출할 수 있는 방안이 나올 수 없다고 생각했다. 그는 기존의 사고방식으로는 단순히 이라크 지상군에 중점을 둔 지상군 지원 중심의 항공전역 계획이 나올 뿐이라고 확신했다.

그가 8월 5일 전투개념개발처에 도착했을 때, 그의 의심은 현실이 되었다. 그는 첫날 공군본부에서 위기 상황에 대한 최신 정보를 듣고 그 상황에 어떻게 대처해야 할지 고민하는 데 시간을 보냈다. 그는 당시 전략 과장이었던 던 대령과 이야기를 나눈 후, 합참이 제한적인 냉전 시나리오의 관점에서 이라크의 쿠웨이트 점령을 바라보는 것 외에는 아무것도 하지 않고 있다고 결론 내렸다. 이러한 위기 상황과 관련된 모든 계획은 작전개념보다는 전력 전개에 중점을 둔 것처럼 보였다. 공군은 가끔씩만 언급되었는데, 그것도 특정 지역 방어와 관련해서만 언급되었다. 워든은 '전쟁이 발발했으므로' 자유롭게 의견을 제시하기로 결심했다.

워든은 지금이 이라크 지휘부를 대상으로 신속하고도 치명적인 공중 기반의 전역계획을 해당 지휘관에게 제공할 순간이라고 믿었다. 그는 5개 동심원 모델을 사용하여 표적 선택의 이론적 근거를 제시할 수 있었다. 그는 이 임무에 적합한 팀을 갖고 있었고, 적용할 개념도 이미 머릿속에 있었다. 단지 구체적인 계획을 개발하기 위해 일반적인 항공력 이론을 이라크라는 특정 상황에 적용하기만 하면 되는 문제였다. 진정한 도전 과제는 워든이 개인적으로 친분이 없었던 슈워츠코프 또는 호너에게 이러한 계획을 어떻게 전파할 것인가였다. 당시 그가 연락하고 지내는 고위급 장교들은 모두 걸프전의 지휘계통에서 배제된 인물들이었다.

워든은 다음 날 참모 회의에서 공군본부 기획 차장인 알렉산더 소장에게 "저는 이 사태가 어떻게 진행될지 모르지만, 어쨌든 우리가 무엇인가 대안을 내놓은 후 어떤 일이 일어날지 지켜봐야 할 것 같습니다."라고 말했다. 알렉산더는 대안이 존재한다는 것이 더 낫다는 것에 동의했다. 그는 워든의 공세적 항공력 사용에 관한 아이디어에 익숙해져 있었고, 워든의 '항공력 옵션(Air Option)' 홍보계획을 지지했으며, 폭격기 조종사로서 전략 표적의 개념에 대해 잘 알고 있었다. 워든은 스스로의 추진력과 직속 상관의 지원에 힘입어 부서의 핵심 팀원들에게 5개 동심원 모델에 기초하여 독립적이고 승리를 가져다줄 수 있는 이라크 표적군을 선정해 보라고 지시했다.

워든은 또한 중부사 공군 구성군사령부의 전력배치 계획에 접근할 수 있는 권한을 부여받은 뎁툴라 중령에게 연락했다. 두 사람은 중부사 공군 구성군사령부가 방어작전만을 준비하고 있는 것 같아서 우려했다. 그 계획은 스텔스기인 F-117의 투입이 없었고, 정밀무장을 운용할 수 있는 F-111F보다는 그러한 능력이 없는 F-111D의 투입을 더 선호했다. 알렉산더 장군은 워든이 "적절한 우선순위에 따라 최적의 전력을 투입해야 한다."라고 말했다고 회상했다. 워든과 뎁툴라는 이라크의 쿠웨이트 침공이 그들이 공유하고 있던 '범세계적 노달-범세계적 전력투사(Global Reach—Global Power)' 비전의 가치를 입증할 기회라고 믿었지만, 먼저 중부사령부 및 중부사 공군 구성군사령부, 또는 합참이 그들의 이야기를 들어줄 기회를 잡아야만 했다.

공교롭게도 워든과 뎁툴라가 중부사령부의 작전계획에 영향을 미칠 수 있는 방법을 찾고 있는 동안, 슈워츠코프는 예하 참모들에게 구체화해 보라고 지시했던 공중을 통한 보복 공격 옵션이 점점 마음에 들지 않았다. 그들은 순항미사일의 사용과 심지어 핵무기를 투발하여 위협하거나 바그다드 북쪽에 있는 댐을 공격하는 방안을 제시했다. 첫 번째 방안은 후세인을 화나게 하는 것 이상의 아무런 가치가 없었으며, 두 번째와 세 번째 제안은 심각한 정치적 문제를 야기할 수 있었다. 슈워츠코프는 파월 합참의장에게 합참에서 공세적 항공전역 계획을 작성해 달라고 요청했지만, 파월은 합참이 그럴 능력이 부족하다고 대답했다.

이후 이 2명의 육군 대장(슈워츠코프, 파월)은 공군본부에 연락해 보기로 했다. 1990년 7월부로 공군 참모총장에 취임한 듀간 대장은 기회가 있을 때마다 항공력이 지상군에 의존하지 않고도 놀라운 결과를 달성할 수 있다고 주장해 왔었다. 8월 8일 수요일 오전 8시, 슈워츠코프는 듀간에게 전화했으나 듀간이 부재중이었기 때문에 참모차장인 로 장군이 전화를 받았다. 10분간의 통화에서 슈워츠코프는 중부사령부 및 중부사 공군 구성군사령부 참모들의 업무량이 너무 많아 다른 업무를 수행할 여유가 없음을 설명한 후, 후세인이 일종의 '극악한' 행위를 할 경우, 그에게 보복 공격을 하기 위한 전략 표적을 제공할 수 있는 인재가 공군본부 내에 있는지 물었다. 슈워츠코프는 이라크의 종심을 타격하여 이라크 지휘부와 관련된 고가치 표적에 손상을 주거나 파괴할 수 있기를 원했다. 그는 "미군이 공지전투 교리에 따라 점진적으로 공격할 순 없다. 나는 최대한 신속히 후세인의 심장을 타격하고 싶다!"라고 언급했다. 로 장군이 기억하는 바에 따르면, 슈워츠코프는 단순히 '근접항공지원 및 차단 작전의 수행과 몇 개의 종심 표적에 대한 공격'이 아니라, '이라크의 기반 시설과 관련된 광범위한 전략 표적'을 원했다. 로는 기꺼이 도와주겠다고 대답했다.

이런 경우, 로 장군은 보통 기획 및 작전 부장인 애덤스 중장에게 해당 임무를 맡겼는데, 애덤스는 당시 부재중이었다. 로는 장기 기획 수립 업무를 담당하는 기획 부서에 연락해야 할지 또는 현행 작전을 담당하는 작전 부서에 연락해야 할지를 결정해야 했다. 기획 차장이었던 알렉산더는 그에게 기획 부서에서 이미 공세적인 항공전역 계획에 대해 논의하고 있다고 말했기 때문에, 로 장군은 알렉산더에게 이 임무를 맡겼다.

로는 또한 러스 장군과도 상의했다. 전술공군사령인 러스 대장은 공군이 슈워츠코프의 요청에 응해야 한다는 것에는 동의했지만, 중부사 공군 구성군사령관인 호너가 포함되어야 하며, 이 임무를 전술공군사령부가 전반적으로 주도해야 한다고 주장했다. 로는 러스의 요구가 마음에 들진 않았지만, 선택의 여지가 없었다. 로 장군은 그다음으로 전략공군사령관인 체인 대장에게도 연락했고, 그는 즉시 부하들을 보내 해당 임무를 돕겠다고 제안했다. 마지막으로 로는 듀간 참모총장에게 지금까지의 진행 상황에 대해 보고했고, 듀간은 슈워츠코프에게 연락하여 공군이 중부사령관의 요구를 완전히 이해했다고 안심시켰다. 슈워츠코프는 듀간에게 즉시 실행 가능하며, 지상군과는 무관하게 일관성이 있고 전략적인 측면에 중점을 둔 항공 옵션을 원한다고 말했다.

듀간은 지금까지 경험한 바에 의하면, 그러한 항공 옵션은 러스 예하의 전술공군사령부나 워든 예하의 전투개념개발처가 작성할 수 있다고 판단했다. 이전에 러스의 작전 차장으로 근무한 적이 있었던 듀간은 전술공군사령관과 그의 참모들이 전략적 항공전역보다는 지상작전 지원 또는 기껏해야 차단 작전 측면에서만 중점을 두고 있다는 점을 우려하고 있었다. 반대로 워든은 '더 짧은 기간 내에', '개념적으로 더 나은' 계획을 고안할 수 있을 거라고 생각했다. 듀간은 또한 이 임무를 수행함에 있어 공군본부의 환경이 전술공군사령부가 위치한 랭글리 공군기지보다는 더 유리하다고 생각했다. 가장 중요한 것은 그가 "워든을 믿고 있었다."라는 점이었다.

워든은 '슈워츠코프의 놀라운 전화'를 받으면서 매우 흥분했다. 슈워츠코프가 보복 표적과 전략 표적을 구별하지 못하거나 보복성 공중공격 및 전략적 항공전역 계획을 구별하지 못할 수도 있겠지만, 워든은 확실히 이를 구별하고 있었다. 슈워츠코프나 로 장군이 '전략적 항공전역(strategic air campaign)'이라는 용어를 사용했는지의 여부와 관계없이, 워든에게 이러한 이라크 본토에 대한 종심 타격 임무가 배정됐다는 것은 완전한 전략적 항공전역을 계획하라는 것을 의미했다. 워든은 기회를 잡았다. 공군 역사가인 데이비드는 당시 상황을 두고 다음과 같이 언급했다. "사람과 기회가 만나서 하나로 도약했다."

美 공군 최고의 계획

워든은 단장으로 있었던 비트부르크 시절의 독단적 의사결정으로 인한 실패 경험과 피터스의 저서 '*혼돈 속에서의 성장(Thriving on Chaos)*'에서 느낀 영감을 바탕으로, 이번 임무에서는 '개방적인 계획'의 원리를 적용해 보기로 했다. 그는 많은 사람들이 모여 브레인스토밍을 하길 희망했고, 이번 임무가 아주 짧은 기간 내에 진행되어야 하는 방대하고도 복잡한 작업이었기 때문에, 다양한 배경을 가진 사람들과 함께 일하고자 했다.

먼저 워든은 8월 8일, 30여 명의 장교와 사병으로 구성된 계획 팀과 최초 회의를 했다. 브리핑은 美 공군본부의 지하 2층에 있는 체크메이트 사무실에서 진행됐는데, 동굴과 같은 오래된 방(BF 922B)이었다. 바닥에서 천정까지 낡은 벽을 덮고 있는 지도를 배경으로 서 있던 워든은 그곳에 모인 사람들에게 역사적인 기회가 우리에게 주어졌다고 말했다. 그는 이러한 노력이 훈련이 아니라 군사력을 국가목표와 일치시키는 진지한 시도로서 생사가 걸린 문제라고 말했다. 워든은 신속하고 결정적인 전역계획을 세우는 것이 중요하며, 우리의 항공전역이 전쟁 기간을 단축시켜 사상자와 피해를 최소화할 수 있도록 맹렬하고 집중적이어야 한다고 언급했다. 그는 또한 화이트보드에 목표와 임무, 그리고 잠재적인 표적 목록을 적어 나갔다.

워든이 광범위한 지침을 제시한 후, 계획 팀은 개념을 설명할 수 있으면서도 눈길을 끌 수 있는 문구의 제목을 정하기로 했다. 누군가가 점진적인 확장 개념이 적용된 항공전역 계획이 더 나은 선택지가 될 수도 있다고 제안했을 때, 워든의 참모였던 커니 중령이 어떤 경우에도 베트남 전쟁에서의 롤링 썬더(Rolling Thunder) 전략이 반복되어서는 안 된다고 말했다. 워든이 듣고 있다가 "바로 그거야! 롤링 썬더가 아니라 인스턴트 썬더(Instant Thunder)!"라고 소리쳤다. 워든은 이 명칭이 우리가 추구하고자 하는 가치를 잘 드러나게 할 뿐만 아니라 설득력도 있어 보인다고 생각했다. 즉, 이 전역계획의 명칭은 적군이 회복할 틈을 주지 않겠다는 의미가 담겨 있었다. 이로써 그의 계획은 '이라크 항공전역 인스턴트 썬더'로 명명되었다.

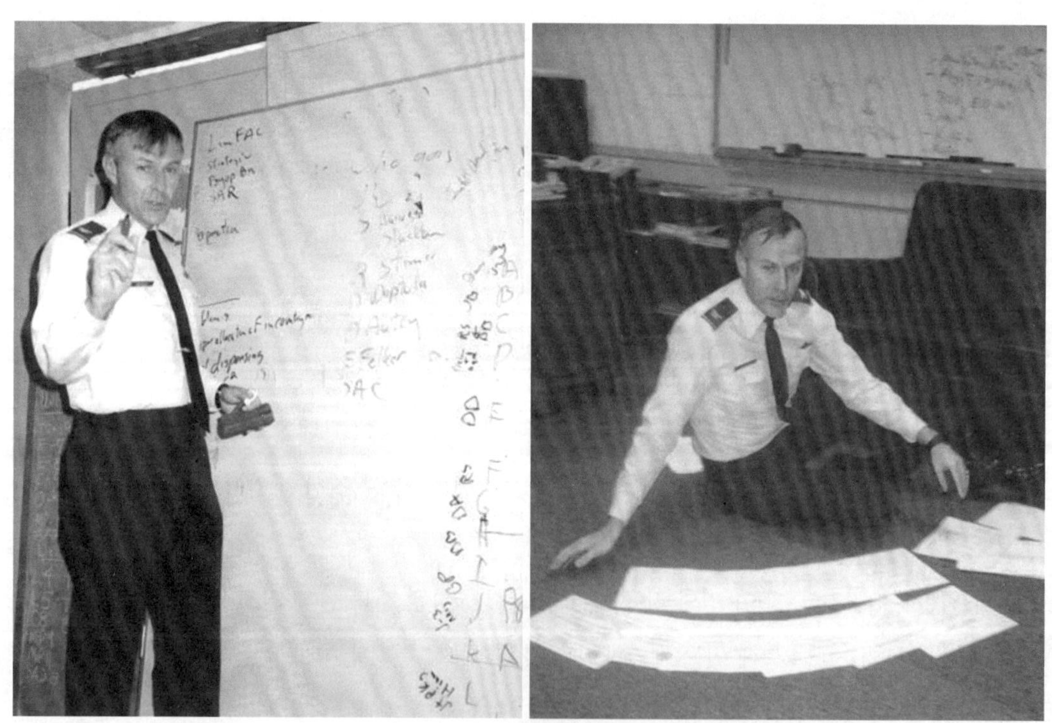

체크메이트 사무실에서 인스턴트 썬더 브리핑을 준비하는 워든 대령(1990년 8월 중순)

 현대 항공우주전략의 창시자 존 워든

워든 휘하의 부서는 지난 수개월 동안 항공력을 독자적으로 적용할 수 있는 최상의 방법을 연구해 왔으며, 지난 이틀 동안은 연구된 핵심 아이디어를 어떻게 이라크 전장에 적용할 것인지에 대해 조사했다. 그렇게 하여 최초의 초안이 몇 시간 만에 내부 검토를 거쳐 작성이 완료되었다. 워든은 8월 8일 오후, 참모차장인 로 중장과 기획 차장인 알렉산더 소장, 그리고 애덤스 중장을 대신해 참석한 메이 소장에게 정치적 목표 및 군사적 목표, 군사전략과 전략적 고려요소, 전략적 및 작전적 수준에서의 5개 동심원 모델과 관련된 표적 목록, 마지막으로 이러한 표적 목록 공격에 적용될 공군의 무기체계가 포함된 계획을 발표했다.

워든과 그의 부서원은 대통령의 연설과 기자 회견, 그리고 뉴스 기사로부터 정치적 목표를 유추하여 '① 쿠웨이트로부터 이라크군 철수, ② 쿠웨이트 주권 회복, ③ 석유 공급망 확보, ④ 미국인 생명 보호'를 정치적 목표로 제시했다. 군사적 목표로는 '① 쿠웨이트에서 이라크군 축출, ② 이라크군의 공격 능력 감소, ③ 석유 시설 보호, ④ 아랍 세계 지도자로서 후세인의 영향력 감소'를 선정했다.

워든은 이러한 정치적 및 군사적 목표를 감안하여 이라크 국민이나 지상군이 아닌 후세인과 그의 정권을 대상으로 항공력이 적용되어야 한다고 강조했다. 이와 같은 결의를 입증하기 위해 미국은 항공력을 단계적이기보다는 공세적이고 집중적으로 적용해야 하며, 항공전역은 스텔스기 및 정밀유도무기와 같은 최첨단 기술을 적극적으로 활용해야 한다고 주장했다. 그는 미국의 강점이 이라크의 약점에 투사될 것이며, 계획대로 실행될 경우, 이라크 지도부가 쿠웨이트를 점령하고 있는 이라크군의 철수를 지시할 것이기 때문에, 쿠웨이트 내에 위치한 표적을 공격할 필요가 없다고 언급했다. 사실, 이러한 전략은 다음과 같은 여러 가정 상황에 기반을 둔 것이었다. 즉, 이라크는 확실한 동맹국이 없는 상태에서 전쟁을 수행한다. 이 항공전역은 대량 파괴보다는 선택적 파괴의 결과를 가져올 것이다. 그리고 미국인 및 이라크 민간인의 사상자 발생과 부수적 피해를 최소화할 수 있다는 것을 가정한 것이었다. 만약 항공전역이 사상자 수를 최소화하는 데 성공한다면, 미국 국민은 이 전쟁을 지지할 것이고, 심지어 이라크 국민도 미군의 개입이 자신들에게 더 좋은 결과를 가져다줄 것으로 여길 수도 있을 것이다.

그런 다음 워든은 표적 범주로 넘어가서 전략적 및 작전적 수준에서의 5개 동심원 모델을 소개했다. 전략적 동심원은 ① 지휘부(후세인과 민·군 지휘통제 체계), 필수 산업(석유 및 전기, 화학 공장과 핵 연구 시설), ③ 기반시설(철도 및 항구, 고속도로와 민·군 비행장), ④ 인구집단(이라크 국민과 외국 근로자에 대한 물리적 공격이 아닌 심리작전만 허용), ⑤ 야전 군사력(화학 탄두를 장착한 미사일과 관련된 전략적 공세 및 방어 능력)으로 구성된다. 그는 이라크와 관련된 대부분의 문제 원인이 후세인이라고 주장하면서, 내부 동심원에 집중하는 것이 중요하다고 강조했다. 후세인을 공습하여 제거한다는 것은 엄청난 행운이 따라야만 하기에, 워든은 고도로 중앙집권화된 의사결정 체계와 이라크 국민, 보안군 및 야전군 간을 연결하는 리더십 관련 시설과 통신선을 공격하여 그를 군대와 국민으로부터 고립시키기를 원했다. 이러한 시스템을 무력화하면 정권이 당황하게 되고 신뢰도를 추락시킴과 동시에 군사작전에 대한 지휘통제 능력을 감소시킬 수 있다. 후세인이 살아남는다 해도 그의 통치력은 약화될 것이고, 권좌에서 물러나야 될 수도 있다. 더불어 TV와 라디오 방송국에서는 이러한 공격이 이라크 국민이 아닌 후세인 정권임을 강조하는 방송이 계속 나가도록 해야 한다고 워든은 설명했다.

워든은 첫 번째 동심원에서 두 번째 동심원인 핵심 전쟁산업으로 주제를 옮기면서, 특정 표적 간의 상호 의존성에 대해 강조했다. 이라크 전력망에 대한 성공적인 공격은 이라크 내 모든 종류의 정보 흐름을 중단시키게 될 것이다. 그는 전력망을 공격하여 이라크 국민에 대한 정치적 영향력이 미칠 수 있길 희망했다. 수도 바그다드에 대한 전기공급을 차단하여 추가적인 심리적 영향을 줄 수 있길 원했다. 일단 국가 전력망이 그 기능을 멈추면 예비전력망만으로는 장시간 전력을 공급할 수가 없다. 전력망의 붕괴는 군사 장비에도 상당한 영향을 미칠 것이다. 컴퓨터에 의존하는 레이더 체계와 통신본부가 특히 취약할 것이다. 워든은 또한, 유전을 파괴하기보다는 이라크 내 소비에 사용될 수 있는 석유 생산량을 70%로 줄이길 원했다. 그는 스커드 미사일에 생물학 탄두보다는 화학 탄두를 이용한 공격 가능성을 더 높게 봤다.

워든은 이라크의 산업 및 기반시설의 경우, 종전 후 미국의 도움으로 쉽게 복구될 수 있도록 승리에 필요할 정도로만 파괴되어야 한다고 강조했다. 그는 전쟁이 단기전이 되어야 할 뿐만 아니라 미국의 폭격이 다른 시설에는 영향을 주지 않고 필요한 시설만을 파괴할 수 있을 정도로 정밀해야 한다고 주장했다. 워든이 보기에는 새로운 정밀성과 치명성을 갖춘 항공무장의 등장으로 인해 미국이 최초로 비핵 무기를 사용하여 적의 전략적 심장부를 직접적이고 결정적으로 타격할 수 있게 될 것으로 전망했다. 비행장은 한동안 세 번째 동심원에서 가장 중요한 표적이 될 것이다. 공중우세의 확보는 전쟁 승리를 위한 핵심요소이며, 활주로는 폭탄에 의해 커다란 구멍이 생길 것이고 자탄 지뢰가 살포됨으로써 사용 불가한 상태가 될 것이다.

네 번째 동심원인 인구집단의 경우, 심리전만을 적용해야 한다. 이와 관련된 전역은 물리적 공격 효과 증대에 있어 가장 중요한 요소이며, 물리적 및 심리적 압박은 '정보전'과 연관될 것이다.

워든의 발표 중 가장 논란이 많았던 것은 항공력이 이라크군 및 탱크, 그리고 각종 포병 전력을 공격대상으로 선정해서는 안 된다고 강조하며, 지상전은 쿠웨이트 해방에 있어 불필요하다고 분명히 밝힌 부분이다. 그러나 워든의 팀은 이라크 전투기 전력에 연합군 항적에 관한 추적 정보를 제공하고, 해당 항적에 지대공미사일(SAM)을 발사할 수 있도록 하는 방공체계는 공격목표로 선정했다. 이러한 정보 흐름에 혼란을 줄 경우, 이라크의 방공능력이 급감하는데, 미사일을 레이더 추적 정보 없이 맹목적으로 발사하는 상황을 조성함으로써 실제로 요격이 거의 불가능하도록 할 것이다. 따라서 첫 번째와 두 번째, 그리고 다섯 번째 동심원에 대한 공격은 작전 전반에 걸쳐 이라크의 정보 노드에 압박을 가하기 위한 것이다. 작전적 수준에서의 5개 동심원 모델과 관련된 표적 목록에는 군 지휘부와 전쟁물자, 기반시설 및 지원 인력, 그리고 야전 부대와 같은 추가적인 세부 사항들이 포함됐다.

발표의 마지막 부분에서는 이러한 효과를 불러올 수 있도록 하는 다음과 같은 무기체계를 제시했다. 14~32대의 B-52G(지역 폭격 및 지뢰 살포), 48대의 F-15C(사우디 공군의 공대공 능력 강화), 다수의 F-117과 F-111F/F-15E 및 F-16 전투기, EC-130E(심리전 임무 수행을 위한 항공기), 그리고 필요할 경우 특수작전용 불특정 항공기가 이에 포함되었다. 워든은 이러한 초기 항공전역 계획을 작성하는 동안, 이라크 전 지역에 걸친 표적에 F-117 전력을 할당하고, 이라크 북쪽 지역의 표적은 공중 발사 순항미사일을 투입하는 계획을 세웠다.

워든과 체크메이트의 계획 입안자들은 공습의 타이밍 및 순서가 성공에 큰 영향을 미칠 수 있다고 확신했다. 이들의 항공전역 계획은 이라크 방공망에 대한 야간 공습을 시작으로 개전 48시간 내에 모든 주요 표적에 대한 최초 공격을 가한다는 것이었다. 워든은 "단기간 내에 광범위한 피해를 주는 것이 장기간에 걸쳐 동일한 피해를 주는 것보다 더 큰 심리적 충격을 불러온다."라는 연구 결과에 대해 잘 알고 있었다. 그는 잘 훈련된 군에서 이러한 현상이 발생했다면, 민간 지도부는 더 큰 효과가 발생할 수 있을 것으로 예상했다.

8월 8일 발표된 인스턴트 썬더는 이라크의 국가적 마비 상태를 초래하기 위해 집중적이고 지속적인 압박을 가하는 항공전역 계획이었다. 워든은 이러한 마비가 이라크 정권의 통치력을 약화시킴으로써, 미국의 요구에 순순히 응하거나 정권을 전복시킬 수도 있다고 주장했다. 본질적으로 이 계획은 이라크의 전략적 중심(CoG)에 대한 강력하고도 집중적인 공중공격을 가하는 것으로서, 전략적 마비와 공중우세를 달성하기 위해 적 지휘부와 전략적 방공망, 그리고 전력망에 대한 지속적인 공격이 포함됐다. 물리적으로는 손실에 대한 시스템 복구능력을 압도하는 것이 중요했는데, 이라크의 군사 시스템은 견고하게 설계되었으므로, 이를 극복하는 것이 특히 중요한 과제였다.

인스턴트 썬더는 OPLAN 1002-90과 거의 상반된 개념이었다. 이 항공전역 계획은 지상 전력보다는 항공력을 전쟁의 핵심수단으로 간주했고, 단순 파괴가 아닌 항공력을 사용해 특정 효과를 달성하는 방법과 이유, 그리고 시기에 중점을 두고 있었다. 이 계획은 전략적 방향성을 가지고 있었으며, 수개월이 아닌 며칠 만에 실행 가능하였고 신속하고도 결정적인 결과를 보장하였다. 그리고 전투가 발생하는 전장보다는 정권에 초점을 두고 있었다.

로와 알렉산더, 그리고 메이 장군은 짧은 시간 내에 작성된 항공전역 계획의 범위와 그 일관성에 깊은 감명을 받았다. 로는 상위 지휘부에 대한 브리핑을 승인했고, 워든에게 이 대략적인 발표 내용을 실행 가능한 전략적 항공전역 계획으로 구체화시킬 것을 지시했다. 그는 또한 워든에게 2일 내로 슈워츠코프 중부사령관에게 브리핑하라고 말한 후 워든이 지금껏 살아오면서 들어본 것 중 가장 기분 좋은 말을 해 줬다. "이것이 美 공군 최고(No. 1)의 계획이네. 언제 어디서든 필요한 게 있다면 나에게 요구하게." 워든 대령은 그 말을 액면 그대로 받아들였다.

계획작성에서 인적지원 확보의 어려움

워든과 그의 팀이 구체적인 항공전역 계획작성에 집중하고 있는 동안, 기획 차장인 알렉산더는 초기부터 다양한 인원들이 참여하여 작성된 계획의 완전성을 높이려고 노력했다. 그러나 상황이 녹록지 않았다. 그는 중부사 공군 구성군사령부가 이 계획작성에 참여하지 않는 것의 보완책으로 쇼(Shaw) 공군기지[127]의 제9공군에 연락했지만, 당시 제9공군 인원들의 대부분은 전력 전개 준비에 바빴고, 나머지 인원들도 과도한 업무에 시달리고 있었다. 또한, 파병되는 제9공군을 대신할 예비전력인 제10공군은 아직 구성되지도 않았다. 알렉산더는 "아무도 없다면 우리끼리 할 수밖에 없다."라고 생각했다.

---

127) 쇼(Shaw) 공군기지: 사우스캐롤라이나州 섬터(Sumter) 인근에 있는 공군기지.

그러나 계획수립 과정에서의 처음 이틀 동안 가장 큰 어려움은 항공전역 계획가들과 정보기관 요원들 간의 갈등 관계였다. 알렉산더 장군은 정보 차장인 클래퍼 소장에게 도움을 요청했지만, 클래퍼는 공군본부의 정보부서가 중부사 공군 구성군사령부가 관여하지 않는 항공전역계획 수립에 참여하는 것은 부적절하다고 판단했다. 그는 공군본부 내 참모 부서(워든과 체크메이트)가 지휘체계상 정보부서에 지시할 아무런 권한이 없다는 것을 분명히 했고, 알렉산더가 이 요청이 슈워츠코프에게서 직접 온 것이라고 언급했음에도 불구하고 별다른 반응을 보이지 않았다. 당시 클래퍼는 예외적인 것을 원할 때마다 상부의 요청이라고 주장하는 사람들에게 익숙해 있었다. 더욱이 그는 중부사 공군 구성군사령부가 '인터널 룩(Internal Look)' 훈련 목적으로 작성한 표적 목록이 슈워츠코프가 요청했다는 표적 목록에 대한 적절한 답이 될 것이라 믿었다.

알렉산더가 로 참모차장의 지시로 클래퍼에게 두 번째로 전화했을 때, 그는 요청의 급박성을 강조했고, 결국 클래퍼는 해당 요청을 받아들여 공군정보국(AFIA)[128] 소속의 표적 처장인 블랙번 대령을 보냈다. 그러나 블랙번과 워든이 만났을 때, 확실히 두 사람은 다음과 같은 관점에서 합의할 수 없었다. 첫째, 블랙번은 워든 팀의 계획이 '지휘관의 의도'가 분명히 드러나지 않았다는 이유로 반대했다. 둘째, 그는 워든이 정보 장교가 작전 실행에 기반이 될 수 있는 표적 목록을 만드는 데 몇 주가 걸린다는 점을 인지하지 못한다고 생각했다. 셋째, 그는 워든의 효과 중심적 사고가 비현실적이라고 생각했다. 예를 들어, 정보 데이터베이스에는 이라크 지도부가 TV 및 라디오 방송을 하지 못하도록 파괴해야만 하는 모든 방송국과 통신 시설을 식별할 만큼의 충분한 정보를 갖고 있지 못했다. 더욱이 이라크의 크기를 고려해 봤을 때, 미국은 모든 정보 및 통신 흐름을 차단할 정도의 능력이 없었다. 넷째, 블랙번은 특정 표적군의 80% 정도를 파괴하는 데 몇 소티가 필요한지와 같은 측정 불가한 것을 정량화하려는 워든의 시도에 못마땅해했다. 블랙번은 이는 기껏해야 추정치에 불가한 것이라고 믿었다. 예를 들어, 그는 "70%의 리더십이라는 것은 존재하지 않는다. 대화나 지휘통제 메시지의 흐름을 측정할 수는 없다."라고 말했다. 다섯 번째, 블랙번은 후세인이 이라크군의 총사령관이긴 하지만, 개인을 표적으로 삼는 것을 금지한다는 '행정명령 12333'에 의거 그

---

128) Air Force Intelligence Agency.

가 직접적인 표적이 될 수 있는지에 대해 의문을 제기했다. 여섯째, 워든은 뎁튤라 중령이 개발한 고유 표적 체계의 사용을 주장했는데, 뎁튤라는 이미 워든의 그룹에 의해 개발된 고유 표적 체계를 실행 가능한 작전 표적으로 바꾸는 작업을 하고 있었다. 당시 국제 정보 기구는 이미 확립된 표적 분류체계를 사용하고 있었는데, 전 세계를 대상으로 데이터베이스화된 각 표적에는 일련으로 할당된 10개의 알파벳문자와 숫자로 구성된 전문 번호(BEN)가 부여되어 있었다. 정보 비전문가들에 있어 이러한 수천 개의 숫자는 무작위로 보였고 기억하기도 어려웠다. 블랙번은 워든과 그의 팀이 그들이 논의 중인 표적이 무엇인지에 대해 처음부터 알 수 있도록 지휘부 표적은 'L', 전기 관련 표적은 'E', 석유 관련 표적은 'O'와 같이 5개의 동심원 범주에 따라 철자 화하여 식별하는 방식을 사용하자고 한 것에 짜증을 냈다.

　블랙번은 특히 워든이 기존의 절차와 체계를 무시하는 것에 화가 났다. 대부분의 정보 장교들과 같이 블랙번도 지휘계통과 기존 절차를 벗어나 정보 업무를 하는 것은 절대 불가하다고 생각했다. 그는 또한 워든의 이러한 노력이 다른 조직과 개인을 통제하여 독자적인 추진력을 얻게 됨으로써, 그동안 신중하게 형성된 공식적인 절차와 체계를 무력화시킬 것을 우려했다. 특히 그는 워든이 하고 있던 여러 정보기관으로부터 의견을 받는 것에 대해 반대했는데, 이는 숙련된 정보 융합 부서의 도움을 받을 수 없게 하기 때문이라고 생각했다. 그러나 블랙번은 이러한 의구심과 불만에도 불구하고 워든의 노력을 지지한다고 8월 9일에 언급했다. 워든의 주장에 따라 이틀 뒤 블랙번은 볼링 공군기지(공군정보국)에서 공군본부로 왔고, 13명의 정보 장교로 구성된 정보 지원 조직을 구축했다. 시간이 지남에 따라 2명의 대령은 합리적인 협력 관계를 구축했지만, 결코 완전한 신뢰 관계를 쌓지는 못했으며, 워든은 블랙번이 계속 자신의 업무를 방해한다고 믿었다.

슈워츠코프 중부사령관에 대한 브리핑 준비

　워든과 그의 팀은 슈워츠코프에게 실시할 브리핑을 준비하기 위해 24시간 일했고, 팀원들 대부분은 5개 동심원 모델이 공통의 초점과 목표를 제시하고 있다는 사실을 인식하고 있었다. 워든은 휘하 참모들에게 그들이 선택한 모든 표적이 "이라크의 리더십에 어떠한 영향을 미치는가?"라는 핵심 질문에 답할 수 있어야 한다고 언급했다. 그는 팀이 5개 동심원 모델을 사용하여 체계적이지만 창의적으로 표적을 생각하도록 고무시켰다. 또한, 그는 해당 표적에 적절한 항공력을 사용할 수 있도록 무기체계 전문가가 팀 내에 배정되어야만 한다고 확신했다.

워든은 계획수립 과정의 처음 48시간 동안 주로 세 사람에게 의존했다. 공군성 장관 밑에 파견돼 있던 뎁툴라 중령과 파나마 침공 작전(1989)의 전략기획을 주도했고 현재 전략과에 근무하고 있던 하비 중령, 그리고 엘도라도 협곡 작전(1986) 계획팀의 일원으로서 체크메이트에 소속돼 있던 스탠필 중령이 이들이었다. 뎁툴라는 항공전역 계획의 전반적인 목표와 달성해야 하는 효과를 연계시키는 임무에 주력했고, 하비는 정보 관련 문제를 주도했으며, 스탠필은 무기체계를 담당했다.

8월 10일 아침, 워든은 다시 참모차장인 로 중장과 알렉산더 기획 차장, 그리고 메이 소장을 만나서 그들에게 그날 늦게 슈워츠코프에게 실시할 예정인 최신 브리핑 내용에 대해 간단히 보고했다. 그는 변경된 전력 전개 내용을 포함하여, 슈워츠코프 장군이 인스턴트 썬더를 8월 12일까지 수락할 경우, 8월 18일에는 항공전역 계획을 실행할 수 있을 것이라고 단언했다. 또한, 그는 그럴 경우, 그의 팀이 기만 계획을 실행할 충분한 시간을 확보할 수 있을 것이라고 밝혔다. 즉, 미군 전력이 쿠웨이트를 직접 공격할 것같이 기만하는 동안 실제 공격은 바그다드의 후세인을 목표로 이루어질 것이다.

워든이 슈워츠코프를 위해 준비한 브리핑은 초안과 비교해 보았을 때 세부 내용 측에서만 약간 달랐다. 제목은 '이라크 항공전역 인스턴트 썬더'에서 '인스턴트 썬더: 중부사령관을 위한 전략적 항공전역 옵션'으로 바뀌었다. 슈워츠코프가 전략적 항공전역을 요구했기 때문에, 새 버전은 작전적 동심원 및 이와 관련된 표적 목록이 삭제됐다. 그 외에도 전술공군사령부의 부참모장이자 워든의 사관학교 동기였던 라이언 소장은 인스턴트 썬더의 최초 초안을 검토한 후 워든에게 5개 동심원 그림은 '학술적인 헛소리'에 불과하니 없애라고 직언했으므로, 마지막 슬라이드에 들어간 해당 그림도 삭제됐다. 라이언은 이렇게 평했다. "(브리핑 내용은) 모두 마음에 들었다. 마지막 슬라이드 전까지는 말이다. … (마지막 슬라이드는) 내가 지금껏 본 것 중에 가장 말도 안 되는 계획이었다." 최종적으로, 새 수정안은 간단한 종전 시나리오와 방책 개요를 포함하여 가정사항과 목표에 더 주의를 기울였다.

이 수정안은 또한 84개로 구성된 전체 표적 목록과 능력 요약, 전력배치 및 실행 흐름, 기만 계획과 심리전에 관한 더 많은 아이디어도 포함하고 있었다. 심리전은 이라크의 선전 내용에 불신을 조장하자는 것이었다. 계획 입안자들은 후세인의 군사작전에 대한 지지 철회와 미군의 군사작전에 대한 반대 여론을 무마시키기 위해 이라크 내 외국인 근로자들과 이라크 국민을 심리전 표적으로 삼았다.

단일화된 전략적 항공전역 계획은 개념적으로도 기술적으로도 과감한 것이었다. 성공의 관건은 지금까지 입증되지 않은 스텔스기와 정밀무장의 결합으로, 이는 전쟁에서 '집중(mass)'의 원칙을 재정의하였다. 수정안은 두 가지 무기체계, 즉 B-52G와 F-117A를 강조했다. B-52G는 장거리 원격 무장 및 일반 재래식 폭탄을 운용할 수 있는 반면, F-117A는 전례가 없는 정밀도와 위력으로 벙커를 파괴할 수 있는 GBU-27을 탑재할 수 있었다.

로와 알렉산더, 그리고 메이 장군은 이 계획에 만족했고, 전화로 브리핑을 받은 라이스 장관과 듀간 참모총장도 이 시점에서 슈워츠코프에게 필요한 것이 바로 인스턴트 썬더라고 생각했다. 라이스 장관은 애초부터 사우디아라비아를 방어하기만 하는 것은 '너무 근시안적'이므로 중부사령부가 개발한 계획은 부적합하며, 공군본부는 부시 대통령과 체니 국방부 장관, 그리고 파월 합참의장에게 '활용 가능한 모든 군사적 옵션'을 제시해야 할 의무가 있다고 주장했다. 라이스와 듀간은 5개 동심원 모델이 군사적 사고에 있어 유용한 자극제 역할을 하며, 최소한 지휘부는 워든이 제안한 개념을 고려해 보아야 한다고 생각했다. 또한, 그들은 인스턴트 썬더가 단순히 표적 집단을 분류한 것 이상이라고 믿었다. 즉, 인스턴트 썬더는 어떤 표적이 왜 타격되어야 하는지에 대한 이유뿐만 아니라 당면한 문제를 해결하기 위한 객관적인 틀도 제공했다. 더욱이 그들은 워든의 팀만이 그러한 관점으로 생각하고 있다고 믿었다. 합참의 전략기획 및 정책부장인 버틀러 중장 역시 전날에 전체 브리핑을 받은 후 강력한 찬성 의사를 표했다. "훌륭하네, 훌륭해! 우리가 베트남전에서 한 것과는 완전히 반대되는 개념이군! 우리가 원하던 계획이 바로 이거야!"

대장 슈워츠코프: "아주 마음에 들어!"

워든이 포함된 공군본부의 보고 팀이 맥딜 공군기지에 도착했을 때, 중부사 작전부장인 무어 소장은 팀원들에게 중부사령관과의 회의에서는 저자세를 취해야 한다고 말했다. 유일하게 브리핑에 참석한 중부사 소속의 공군 장교로는 중부사 부사령관이었던 로저스 중장뿐이었다.

워든은 이라크와의 전쟁에서 추구해야 하는 4가지 정치적 목표를 다음과 같이 열거하면서 브리핑을 시작했다. "① 쿠웨이트에서 모든 이라크군의 즉각적이고 무조건 적이며, 완전한 철수, ② 쿠웨이트의 합법적인 정부 복원, ③ 페르시아만의 안보와 안정 유지, ④ 해외에 거주하는 미국 시민의 생명 보호"가 정치적 목표였다. 기존의 초안 내용과의 차이점은 '석유 공급로 확보'가 '페르시아만의 안보와 안정 유지'로 대체된 점이었다. 전역 목표로는 다음과 같이 초안에서 제시된 군사목표를 반영했다. "① 이라크가 쿠웨이트를 지속 점령할 경우, 감당하지 못할 수준의 대가를 치르게 한다. ② 쿠웨이트 내 주둔하고 있는 이라크군을 이라크 정권으로부터 고립시킨다. ③ 후세인 정권을 무장 해제시킨다(후세인을 표적으로 삼는 것은 정치적으로 부적절함)"가 그러한 전역 목표였다. 워든은 슈워츠코프가 정치와 군사 목표 간의 밀접한 연계성과 표적군과의 상호관계를 인식하고 있다고 확신했다.

최초 브리핑에서 워든이 로 참모차장에게 '가정사항'으로 제시한 것이 이제는 계획 수립에 있어 5가지 고려사항으로 바뀌었다. 즉, ① 미국의 강점(항공력)으로 이라크의 약점(경직된 방공체계) 상대, ② 쿠웨이트에 주둔하고 있는 이라크군보다는 이라크 정권과 그 권력 구조를 대상으로 항공력 집중, ③ 정밀성을 바탕으로 핵심 표적에 대한 선택적 파괴로 대규모 피해 회피, ④ 스텔스기와 정밀무장을 이용하여 민간인 사상자 및 부수적 피해 최소화, ⑤ 가능한 지상군들과의 교전을 줄여 미군 손실 최소화가 그 5가지 고려사항이었다. 워든은 광범위한 심리전이 동반된 이라크 정권에 대한 신속하고도 집중적인 항공전역이 민간인과 쿠웨이트 점령 이라크군에게 피해를 거의 주지 않음으로써, 미국이 정복자라기보다는 해방자로 인식될 수 있다고 강조했다. 전체적인 목표는 '마비와 충격(paralysis and shock)'을 가하는 것이었다. 선택적 파괴를 통해 미국은 전후 이라크의 산업과 경제를 신속하게 복구할 수 있을 것이며, 그 결과 이라크와 우호적인 관계를 유지할 수 있게 되어 수용 가능한 가격으로 원유를 공급받는다는 국가적인 최종 목표를 달성할 수 있을 것이다.

또한, 워든은 이러한 전역계획 수립 초기 단계에서노 종선 시나리오 구상의 중요성을 강조했다. 이런 맥락에서 그는 이라크가 너무 약화될 경우, 종전 이후 인접국이 이라크를 침공할 수도 있으므로 모든 이라크 지상군을 공격대상으로 하는 것은 부적절하다고 언급했다. 또한, 그는 쿠웨이트에 주둔하고 있는 엄청난 수의 이라크군 포병과 탱크를 파괴하는 데 장기간이 소요될 것이므로, 해당 전력에 집중하는 것은 전략적 초점 유지에 방해가 될 수 있다고 말했다. 그 외에도 불필요한 다수의 사상자 발생을 초래할 수 있으며, 쿠웨이트 자체가 초토화될 수도 있을 것이라고 언급했다. 그러나 워든은 이라크가 사우디아라비아도 침공할 경우, 예비전력을 투입하여 해당 이라크군을 공격할 수 있다고 제시했다.

워든은 전략적 항공전역만으로도 후세인 정권이 더 이상 공격작전을 수행할 수 없을 정도로 마비될 수 있다는 자신의 신념을 공개적으로 천명했다. 즉, 이라크 정권은 경제를 유지하고 쿠웨이트 주둔 이라크군에 대한 군수지원을 지속하며, 공중공격으로부터 이라크를 방어할 수 있는 방공능력을 유지할 수 없게 될 것이라고 했다. 그는 항공전역 계획을 실행한다고 해서 이라크 정권이 몰락한다고 보장할 수는 없지만, 우리의 국가적 목표인 '후세인 정권에 대한 공격과 전략적 방어 능력, 그리고 핵 및 생화학 능력의 상실'은 달성된다고 했다. 다시 말해 워든은 후세인이 여전히 권력을 유지할 수도 있겠지만, 더 이상 타국에 위협이 되지는 못할 것이라고 밝혔다.

전략적 5개 동심원 모델은 '5개 열(five columns)'로 바뀌었지만, 표적군은 8월 8일 로 참모차장에게 제시한 것과 동일했다. 워든은 전략과 과업의 연결성을 논리적인 용어로 설명했다. 즉, 이라크 송전체계의 일부 핵심요소를 파괴할 경우, 바그다드 지역 대부분의 전기공급을 차단할 수 있으며, 6개의 주요 유류(POL) 시설을 제거하여 군사와 민간 영역에 즉각적인 영향을 미칠 수 있다고 했다. 또한, 여러 개의 핵심 수송 노드를 차단하여 쿠웨이트와 이란 국경 지역으로의 이라크군 증원을 막고 그들의 작전을 중단시킬 수 있을 뿐만 아니라 통신 시스템 및 후세인의 최정예 전력인 공화국 수비대를 약화시켜 독재자를 대중들과 단절시킬 수 있다고 설명했다. 추가적으로 이라크에 대한 끊임없는 공습이 이라크 국민에게 미치는 심리적인 영향은 후세인 정권의 무능과 붕괴의 강력한 신호탄으로 작용할 것이라고 했다.

워든은 계획 입안자들이 체계적인 관점으로 생각해야 한다고 강력하게 주장했다. 즉, 전역의 목표가 마찰과 혼란, 불확실성을 초래하여 방어력이 급감할 수 있도록 이라크의 전반적인 지휘통제 능력을 저하시키는 것이란 것을 항상 염두에 두고 계획에 임해야 한다고 했다. 이라크의 방공망에 대한 공격은 공중우세 확보를 가능하게 할 수 있는 반면, 리더십 표적과 관련된 전략적인 공격과 화생방(NBC)[129] 연구 시설에 대한 공격은 이라크가 인접국에 가해온 단기 및 장기적인 위협을 감소시킬 수 있다고 했다. 워든은 화생방 생산 및 연구 시설이 제거되어야 하지만, 종전 후 이라크가 전쟁부채를 청산하고 번영토록 하기 위해서는 이라크의 석유 생산 관련 시설은 파괴하지 말아야 한다고 주장했다.

그런 다음 그는 필요한 전력을 제시했다. 워든의 팀은 30대의 F-117A와 32대의 F-111F, 48대

---

129) Nuclear, Biological, Chemical.

의 F-15C 및 24대의 F-15E, 72대의 F-16과 24대의 F-4G, 18대의 OA-10 및 6대의 EF-111, 36대의 F-111D/E와 72대의 A-10, 5대의 공중경보통제기(AWACS) 및 20대 이상의 B-52G이면 충분하다고 제안했다. 그는 최대한 빨리 작전을 실행하는 것이 중요하다고 강조했다.

워든은 브리핑의 상당 부분을 심리전에 할애했다. 심리전의 2가지 목표는 후세인 정권을 국제 사회와 이라크 국민으로부터 고립시키고 아랍 국가들의 미국에 대한 협력을 증진시키는 것이었다. 이러한 작전은 타국 정부와의 협조가 필요했으며, 미국의 국가 정책과도 일치되도록 해야 했다. 심리전의 개념은 물리적 타격 작전을 지원하는 것으로서, 미군의 방송이 이라크 방송을 대체하여 이라크가 국제 사회의 일원으로 돌아올 때 군사작전이 종료될 것이라는 메시지를 널리 알리는 것이었다. 미군은 이러한 계획을 개발하고 실행하기 위해 정보기관의 도움이 필요했으며, 이라크 내부의 저항 세력과도 접촉할 필요가 있었다. 만약 내부 저항 세력이 없다면, 이들을 양성해야 한다. 미국은 이를 위해 이중간첩과 반군, 그리고 군내 반체제 인사들을 필요로 했다.

브리핑이 끝나 갈 때 워든은 24시간 동안 3개의 파로 나눠 공격할 것을 제안하면서 항공전역 전개 방식을 설명했다. 이 시기 인스턴트 썬더의 중요한 목표는 이라크군이 미군에 대한 공습을 단행하지 못하도록 하는 것이었다. 첫날 아침이 지나면 공중우세가 확보될 것이고, 6~9일 내에 선정된 모든 표적군들이 파괴되거나 무력화될 예정이었다. 그는 첫날 1,200소티를 계획했는데, 그중 700소티가 공격 소티였다. 전역의 나머지 기간에는 매일 900소티가 실시될 예정이었다. 워든은 스텔스기와 정밀무장의 결합을 통해 미국이 공중우세를 확보하기 이전에 이라크의 지휘부와 그들이 사용하는 지휘, 통제 및 통신(C3) 시설들을 공격할 수 있을 것이라고 말했다. 그 후 공중우세 확보를 위한 2가지 옵션을 제안했다. 첫 번째 옵션은 바그다드 남쪽 지역에서 F-15로 전투공중초계 비행을 실시하다가 이라크 항공기가 활동할 경우 북쪽으로 이동하여 제거하는 것이었다. 두 번째는 공세제공작전[130]을 실시하여 이라크의 지상과 공중에 위치한 항공기 및 방공전력 모두를 적극적으로 파괴하는 방법이었다. 그는 후자의 경우, 개전 첫날 아침까지 이라크 공군으로 하여금 자율작전[131]을 실시하도록 강요할 수 있을 것이라고 주장했다.

---

130) 공세제공작전(OCA: Offensive Counter Air): 공중우세를 확보하기 위해 적 지역에 대해 항공우주력을 공세적으로 운용하여 적의 C4I 및 방공체계(항공기,SAM, 대공포), 비행장과 지원 기반시설 등을 우리가 의도한 시간과 장소에서 파괴·무력화·저지·제한하는 작전.

131) 자율작전: 항공우주력을 중앙집권적으로 통제하지 못하고 비행단 자체적으로 임무를 수행하는 방식.

워든이 40분에 걸친 브리핑을 끝냈을 때, 슈워츠코프 장군은 다음과 같이 말하며, 굉장한 열의를 표했다.

> 그대로 실행하게! 100% 승인하네. 이 항공전역은 절대적으로 필수적인 것이야. 나는 오늘 합참의장에게 전화하여 자네에게 즉시 세부 계획을 수립할 수 있는 권한을 부여하라고 할 것이네. 나는 이미 대통령께 이 작전의 상당 부분에 대해 브리핑했지만, 많은 사람들이 실행하기가 너무 어렵다고 말하면서 뒤로 물러서고 있다네. 자네는 美 공군에 대한 나의 신뢰를 회복시켜 주었네. 현재 중부사 공군 구성군 사령관 및 부사령관은 사우디로 떠나서 부재중인 상태이고, 다른 참모들도 전력 전개에 매우 바쁜 관계로 중부사 공군 구성군사령부에서는 항공전역 계획을 수립할 수가 없다네. 자네가 원하는 곳에서 계획을 수립하게. 공군본부에서 결정할 일이야. 아주 좋아! 우리는 미친 사람을 상대하고 있고 그는 격렬하게 덤벼들 것이네. 우리는 물러설 수밖에 없는 상황이야. 후세인은 사우디를 공격할 것이고 인질들을 살해하려 하겠지. 자네가 이 작전을 실행한 후, 이라크 전방 부대에 전단을 투하하여 그들이 패배했다고 알려 줄 것이네. 믿지 못하겠다면 집에 전화해 보라지. 자기들이 다음 차례라는 걸 알게 될 거야. 만약 우리가 쿠웨이트를 침공한다면 이라크군이 쿠웨이트를 파괴할 걸세. 이 작전이 성공하면 쿠웨이트가 온전하게 보존될 수도 있겠는걸…. 나는 자네를 지지하네. 이 작전이 손실을 줄여 줄 수 있을 거야.

브리핑이 끝난 후 슈워츠코프의 질문 대부분은 언제 항공전역 계획이 완료될 수 있는지와 해당 계획을 실행하기 위해 어떠한 전개 전력이 필요한지에 관련된 것들이었다. 실행 가능한 계획이 8월 22일까지 준비되도록 하는 것이 중요했다. 그는 후세인의 권력을 제거한다는 것이 마음에 들었고, 그의 즉각적인 관심사는 대량파괴 무기라고 말했다.

슈워츠코프는 또한 전쟁을 6~9일 내에 종결할 수 있다는 제안을 좋아했지만, 공격 시 후세인이 조기 항복하면 적 군사력을 충분히 파괴하기 전에 유엔이나 美 정부가 전쟁을 중지시킬지도 모른다고 우려하고 있었다. 슈워츠코프 중부사령관은 광범위한 표적군 중에서 가능한 한 고가치 표적을 공격하는 것이 바람직하다는 것에 동의했다. 그 결과 전쟁이 조기 종결되더라도 항공전역을 통해 식별된 모든 핵심 표적군이 적어도 최소한의 피해는 받게 될 것이다.

슈워츠코프는 항공전역의 군수적 측면에 대한 보다 상세한 내용을 원했고, 워든에게 며칠 내로 실행 가능한 계획을 들고 다시 오라고 했다. 이때 공군본부 기획 차장인 알렉산더 소장은 워든의 팀이 그들의 전문성을 넘어서는 세부 사항을 다루게 될 것을 우려하여 개입했다. 그는 "이 계획을 전술공군사령부로 보내 전술공군사령부가 이 작업을 하도록 해야 합니다."라고 말했다. 그러나 슈워츠코프는 동의하지 않았고, 워든에게 "자네가 하게."라고 말했다.

슈워츠코프가 브리핑실을 나갈 때, 워든은 "장군님, 장군님은 이제 맥아더 장군의 인천상륙 작전 이후로 미군 장군들이 실행한 것 중 가장 뛰어난 작전을 수행할 기회를 얻으신 것입니다."라고 말했다. 이에 알렉산더는 아첨에 불과한 '기이한 언급'이라 생각했으나, 슈워츠코프는 그 비유를 좋아하는 것 같았다. 그는 활짝 웃으며, 가슴을 펴고 그 방에서 자신 있게 나갔다. 사실 워든은 장군이 역사적인 기회를 맞이하고 있다고 진심으로 믿고 있었다. 어쨌든 슈워츠코프는 나중에 "나는 브리핑실에 들어올 때보다 나갈 때 훨씬 기분이 좋아졌다. 워든은 아이디어가 번뜩이는 사람이었다."라고 회상했다.

로저스와 무어 장군은 워든의 몇 가지 약속, 특히 항공력이 전례에 없는 그러한 결과를 빠르게 달성할 수 있다는 것에 대해 개인적으로 의구심을 품었지만, 상관인 슈워츠코프가 마음에 들어 했던 관계로 전반적으로 그 계획에 만족해했다. 성격 거친 노르만인(슈워츠코프의 별명)이 기분이 좋아졌기 때문에 주위 사람들과의 관계도 훨씬 순탄해졌다. 무어는 슈워츠코프가 1990년 8월 초에는 휘하의 참모들에게 유난히 불만을 표현했었다고 회상했다.

돌이켜 보면 슈워츠코프는 인스턴트 썬더를 후세인이 어떤 식으로든 공격을 계속할 경우 실행해야 할 보복 옵션으로 간주한 반면, 워든은 그것을 이라크의 행동 여부와 관계없이 실행해야만 하는 독립적인 전쟁 승리 전역으로 보았다. 요점은 슈워츠코프는 항공력 옵션(Air Option)을 원했던 반면, 워든은 후세인 정권이 불러온 문제에 내한 군사적 해법을 제시히고 슈워츠코프가 그 관점을 공유했다고 믿었다는 점이다. 슈워츠코프는 워든이 후세인 정권을 공격하는 이유가 자신과 다르다는 것을 알아챘을 수도 있지만, 워든이 선정한 표적군 및 공격계획의 강도, 전역의 단기성과 이라크 지도부에 대한 예상되는 무력화 효과를 좋아했기 때문에 문제되지 않았다. 가장 중요한 것은 이제 체니 국방부 장관에게 결정적인 결과를 낼 수 있는 '진지한 항공력 옵션'을 제공할 수 있게 됐다는 점이었다. 이리하여 슈워츠코프는 거의 무의식적으로 항공전역 계획의 문을 열게 되었다. 그의 전략적 항공전역에 관한 관심은 항공력에 대한 믿음 때문이라기보다 지상군 옵션의 부족으로부터 기인한 것이었다.

모든 사람이 인스턴트 썬더를 좋아한 것은 아니었다. 워든과 그의 팀이 계획을 구체화하고 있는 동안, 인스턴트 썬더 초기 버전을 팩스로 받아본 러스 전술공군 사령관과 그의 참모들은 인스턴트 썬더의 개념적 기반에 강력한 반대를 표명했고, 해당 계획이 공개되지 않는 것이 좋을 것 같다고 말했다. 인스턴트 썬더는 고도로 복잡한 전력 전개 계획에 혼란을 불러올 수 있었으므로 당시 밤을 새워 일하고 있던 전술공군사령부 소속 장교들에게는 매우 당황스러운 일이었다. 러스는 슈워츠코프에게 인스턴트 썬더를 브리핑하기 전에 전술공군사령부로 오라고 워든의 팀에게 명령했다.

워든은 무엇보다 인스턴트 썬더 계획이 러스에게 알려지는 것을 강력하게 반대했고, 이 단계에서 러스를 만나고 싶지 않았다. 그는 전술공군 사령관과 그의 계획 팀이 워든이 추구하고 있던 전략적 중점을 희석시키지 않을까 우려했다. 러스가 슈워츠코프보다 먼저 그 계획을 보아야 한다고 참모차장인 로가 결정했을 때, 워든은 심하게 반대했고, 대신 중부사령부를 도와 항공전역 계획을 작성하라고 워든에게 지시한 듀간 참모총장에게 먼저 보여 주자고 제안했다. 듀간은 이러한 논쟁에 대해 전해 듣고 워든이 러스를 뛰어넘어 슈워츠코프에게 직접 브리핑해야 한다고 결정했다. 듀간은 워든이 유용한 제안을 할 것이라고 확신했고, 시간도 촉박했다. 워든은 이것에 대해 중요한 관료주의적 승리로 보았다.

러스 장군은 그 계획이 국가이익에 부합되지 않는다고 믿었기 때문에 인스턴트 썬더와 워든에 대해 강력히 비난했다. 워든은 美 공군이 전력을 가능한 신속하게 전구에 배치해야 한다고 권고했지만, 러스는 언론이 군사 활동의 증가 상황을 보도할 것을 우려해 가능한 늦게 전개시키고 싶어 했다. "나는 우리가 최종 의사결정자보다 너무 앞서가지 않았으면 한다. 그럴 경우, 언론에 공개될 수도 있고 그러한 행동이 예기치 못한 결과를 유발할 수도 있기 때문이다."

러스는 또한 공군본부 소속의 참모가 작전 수행에 대한 책임을 지고 있는 본인의 관여 없이 계획을 작성한다는 것을 반대했다. 이런 상황은 그에게 242번의 전투 출격과 그중 50번을 북베트남 상공으로 출격했던 베트남전 상황을 떠올리게 했다. 당시 대부분의 베트남 참전 군인들처럼, 러스도 존슨 대통령과 그의 행정부가 군사작전에 깊게 관여했던 것에 질려 있었고, 또다시 워든이 워싱턴에서 표적을 선정한 후 그것을 전역에 있는 계획 입안자들에게 제시할 수도 있다고 생각했기 때문에 우려하고 있었다. 러스는 "처음에 공군본부로부터 약간의 도움을 받은 것이 곧 점점 더 많은 '도움'으로 발전하고 곧 대통령까지 참여하게 된다…. 그다음은 백악관에 있는 사람들이 자리에 앉아 표적을 결정하게 될 것이다. 이런 식으로 전쟁을 해서는 절대 안 된다!"라고 생각했다. 그는 전구에 있는 사령부, 즉 '비행복 입은 사람들'이 작전계획을 세우고 이를 실행해야 하며, 공군본부의 참모는 그 개입 범위를 전쟁의 정치적 요소로 한정해야 한다는 전형적인 믿음을 갖고 있었다. 워든이 포토맥강 서쪽에 있는 각 군 본부가 포함된 펜타곤을 군사작전의 계획수립과 자문 역할 기관으로, 동쪽에 위치한 백악관은 간섭의 기관으로 본 것과는 상이하게, 러스는 워싱턴D.C. 전 지역을 달갑지 않은 간섭의 존재로 여겼다.

워든에 관한 러스의 또 다른 비판은 워든이 인스턴트 썬더를 항공력을 통한 승리의 시나리오로 제시한 점이었다. 러스는 다음과 같이 말했다.

전술공군사령관으로 재직하면서 배운 것 중 하나는 육군 및 기타 군에도 신경을 써야만 한다는 것이다…. 나는 공군본부 내부에 전쟁에서 항공력만으로 승리를 추구하려고 하는 세력이 존재한다는 것을 직감적으로 알았다. 그들은 공군력만을 사용하여 전쟁에서 승리하려고 할 것이다. … 나는 합참에서 오랜 기간 근무하면서 이러한 상황들을 자주 목격해 왔으며, 누구든 이러한 현상에 대해 어떤 조치를 취해야만 한다.

러스는 이라크가 사우디아라비아를 추가 침공할 수 있다고 믿었기 때문에 지상군을 배치하지 않고 바그다드를 공격하는 것에 부정적이었다. 더욱이 그는 공중우세 확보에 필요한 전자전 수행을 고려하지 않은 워든의 계획이 며칠 내에 실행될 수 있다고 제안한 것에 대해 용납할 수 없다고 생각했다. 따라서 전자전 전문가인 헨리 준장을 중동으로 보내 조사하도록 했다.

러스는 또한 슈워츠코프가 다수의 항공력 옵션을 요구했다고 믿었고, 인스턴트 썬더는 그중에 하나일 뿐이라고 생각했다. '지휘관 의도'에 대한 명확한 진술 없이 공군이 제공할 수 있는 것은 기껏해야 슈워츠코프가 선택할 수 있는 여러 옵션을 제공하는 것뿐이다. 그는 "지침 없이 전략을 개발하는 것은 아주 어려운 일이다…. 나는 '이러한 정치적 문제가 있는데 우리가 할 수 있는 것은 이런 것이고 할 수 없는 것은 저런 것이다'라는 지침을 받아 본 적이 없다. 나에게 제공된 것은 아무것도 없었다."라고 언급했다. 러스는 또한 "이번 경우에는 계획을 세우는 것이 내일 당장 필요한 긴급한 일인 것 같지도 않았다."라고 말했다. 그는 전역계획을 세우는 데 제한사항이 없는 것에 대해 불편해했다. 이러한 이유로 러스는 항공전역 계획이 아직 분명히 제시되지 않았지만, 정치적 제한하에 실행될 거라고 믿었다.

궁극적으로, 러스 전술공군사령관은 워든의 전역계획이 지나치게 공력적이라고 생각했다. 즉, 그는 인스턴트 썬더가 이라크 본토에 대한 대규모 폭격작전이라는 사실을 간과하고 있는 것으로 믿었으며, 이는 美 공군이나 미국에 있어서 최선책이 아니라고 보았다. 그는 미국 국민이 전면전을 지지하지 않을 것이며, 무작정 쳐들어가 대규모 공격을 감행하는 항공작전도 지지하지 않을 것으로 생각했다. 러스 장군은 통제 불가능한 연쇄 반응을 일으킬 수 있는 선제공격으로 '미국을 제3차 세계대전의 촉발 국가'로 만들 수 있는 계획에 참여할 준비가 돼 있지 않았다. 그는 슈워츠코프에게 있어 더 나은 항공력 옵션으로 미국의 결의를 보여 주거나, 후세인에게 현재 상황을 재평가한 후 조금이라도 피해가 적은 상태에서 후퇴할 수 있는 시간과 기회가 제공될 수 있는 점진적 확대방식의 항공전역 계획을 더 선호했다.

이러한 이유로 러스는 8월 9일에 전술공군사령부 기획 차장인 그리피스 준장에게 인스턴트 썬더에 대한 대안 계획을 개발하라고 지시했다. 그는 참모들에게 '육군과 협력'해야만 하며, '합동이 아닐 경우 합참의장의 재가를 받을 수 없을 것이므로 본질적으로 합동작전'이어야만 한다고 말했다. 그리피스는 그의 가장 우수한 대령 참모 4명을 모아 워든의 인스턴트 썬더를 상세하게 분석했다. 전술공군사령부의 계획 입안자들은 공지전투 교리에 입각하여 미국이 쿠웨이트를 점령한 이라크군의 직접적인 위협을 무시할 수 없다는 결론을 내렸다. 그들은 인스턴트 썬더를 '전술적 시각'이 부족한 계획이며, 미국의 군사력이 사우디 및 쿠웨이트 국경 방어선 유지에 집중되지 못하도록 하고, 전반적으로 지상군과의 합동작전을 등한시하고 있다고 평가했다. 그리피스는 美 지상군이 배치되기 전에 폭격을 시작하는 것은 너무 큰 도박이 될 것이라고 확신했다.

전술공군사령부 참모들은 먼저 국경 인근에서 이라크군을 격퇴함과 동시에 쿠웨이트에 주둔하고 있는 이라크군을 공격하기 위한 집중적인 항공전역 계획을 제안했다. 러스는 이라크 지상군에 대한 공격 필요성에는 동의했지만, 워든의 전략적 표적에 항공력을 집중적으로 사용하는 것에 대한 명확한 대안이 필요하다고 강조했다. 러스는 그의 팀에게 예를 들어, 중첩된 방공망으로 보호받고 있는 바그다드 외곽의 오시락 원자로를 공격하여 "우리는 언제 어디서나 이라크 내의 모든 표적을 제거할 수 있는 능력을 보유하고 있다."라는 메시지를 보내는 것이라고 말했다. 러스는 이 계획을 국방부가 활용할 수 있는 일방적인 일회성 옵션으로 간주했다. 그는 다음과 같이 언급했다.

내 생각은 이랬다. 우선, 우리 사령부의 계획은 미국이 보유한 엄청난 능력을 보여 줌으로써 우리가 언제 어느 표적이든 타격할 능력이 있음을 보여 주는 것이다. 사실 우리가 원하는 대로 하지 않는다면 쓸어버리겠다고 밝힌 후, 적이 순응하지 않을 경우, 실제 그렇게 함으로써 미국 항공력의 위용을 입증할 수 있다. 둘째, 나는 이러한 공격을 통해 이라크의 핵무기 개발 능력을 제거하여 전 세계가 원하는 비핵화를 달성할 수 있다고 믿는다. 이라크의 원자로를 파괴할 경우, 대중은 좀 더 안심할 것이고 "우리가 공격하지 않더라도 향후 10년간은 이라크의 핵 원자로가 작동하지 않을 거야."라고 말할 것이다. 전체적인 목표는 미국의 항공력이 언제든 이라크 내의 어느 표적이든 파괴할 수 있다는 것을 후세인에게 보여 주는 것이었다. 특히 가장 밀집된 방공망으로 보호받고 있는 표적을 인명 손실 없이 제거함으로써 말이다. 그것이 내 생각이었다.

전술공군사령부의 대안은 여러 형태로 수정됐지만, 슈워츠코프가 8월 10일 늦은 저녁에 이미 인스턴트 썬더를 '중부사령부의 항공전역 계획'으로 받아들였기 때문에 전술공군사령부도 이에 동의할 수밖에 없었다. 전술공군사령부의 계획 팀은 그들의 옵션이 '정치적으로 타당'했고 공지전투 교리와 해당 지역의 우발계획과도 일치했기 때문에 더 훌륭하다고 판단했다. 전술공군사령부의 옵션은 미국이 그 지역에서 '능동적 방어'와 '가시적인 공격'에 기초한 '억제 태세'를 구축할 것을 권고했다. 이를 전제로 계획 입안자들은 두 가지 가능한 전략을 제시했다. 첫째, 이라크가 사우디아라비아를 공격할 경우로 그들은 슈워츠코프가 사우디 방어를 위한 공격작전을 실행할 것을 제안했다. 구체적으로 포괄적인 제공 작전을 통해 공중우세를 확보하고 이라크의 모든 화학 무기를 파괴하며, 지상군 기동 작전 지원 및 이라크 야전군에 대한 핵심적인 보급능력을 차단하는 것이 포함되었다. 둘째, 이라크가 사우디아라비아를 공격하지 않으면서, 쿠웨이트에서 철수도 하지 않을 경우로 이때 전술공군사령부는 슈워츠코프에게 미국이 선정한 이라크 표적에 대한 공격 능력이 있음을 보여 주는 전략을 적용하여 교착상태를 방지하고 쿠웨이트를 해방시킬 수 있 는 공격작전을 해야 한다고 권고했다. 좀 더 구체적으로 모든 중요 표적이 파괴될 때까지 단계적으로 공격을 확대하여 이라크의 군사력이 충분히 감소되 지역 안정이 회복될 때까지 압력을 계속 가할 것을 권장했다. 대다수의 표적군은 인스턴트 썬더의 그것과 동일했지만, 우선순위는 반대였다. 즉, '군사력'이 첫 번째 우선순위였고 '전략적 표적'은 최하위에 있었다.

전술공군사령부의 계획은 전술적인 요소와 전략적인 요소가 모두 포함되어 있었다. 전술적 요소는 기갑 및 포병 전력의 격멸(이라크 지상군에 대한 대규모 공습)이 포함되었고, 전략적 요소는 미국의 결의를 보여 주는 것으로서 고가치 표적에 대한 시범적 공격 후 모든 중요 표적이 파괴될 때까지 단계적으로 공격을 확대하는 것이었다. 전술공군사령부의 계획은 후세인에게 현재 상황을 재평가한 후 조금이라도 피해가 적은 상태에서 후퇴할 수 있는 시간과 기회를 주는 것이었다. 항공력은 본질적으로 우군의 능력을 감소시킬 수 있는 표적(예: 야전 군사력)과 그들의 공격작전을 지원해 줄 수 있는 기반시설에 집중해야 한다. 그리피스 준장은 전략적 공격작전이 이라크 지도자인 후세인의 주의를 끌 것이라고 주장했다. 예를 들어, 美 공군이 이라크 핵 연구센터를 폭격한 다음 12시간 정도 휴지기를 가진 후 다시 한두 개의 고가치 표적을 공격한 다음 또다시 휴지기를 가진 후 3개의 시설을 추가로 공격하는 방식이 그러할 것이다. 그들은 전술공군사령부의 계획이 슈워츠코프에게 다양한 옵션을 제공할 수 있는 반면, 인스턴트 썬더는 압도적인 항공력에 기반한 단일의 전략적인 항공전역 옵션만을 제공한다고 주장했다.

　내용에 대한 차이 외에도, 러스와 계획 입안자들이 공군본부 참모들의 개입에 대해 느낀 적대감은 기존의 지휘계통 내에서 모든 전역계획이 수립되어야 한다는 뿌리 깊은 신념에서 비롯된 것이었다. 만약 외부로부터의 도움이 필요하다면, 이러한 도움은 공군본부와 같은 참모 부서가 아니라 전술공군사령부와 같은 주요 사령부로부터 제공되어야만 한다는 것이다. 또한, 개인적인 측면도 있었다. 러스는 모든 공군 장교 중에 워든이 그러한 노력의 선봉에 서야 한다는 사실을 받아들일 수가 없었다.

파월 합참의장: "나는 적 탱크가 불타는 걸 보고 싶네."

　워든이 8월 10일 저녁에 공군본부로 돌아왔을 때, 그는 파월 합참의장이 다음 날 아침 브리핑을 받았으면 한다는 소식을 들었다. 워든은 회의를 준비하는 동안 전술공군사령부가 작성한 계획안을 팩스로 받아 보았는데, 몇 초 정도 슬라이드를 살펴본 다음 해당 대안이 쓸모없다고 결론지었다. 그는 단순히 베트남전 시의 롤링썬더 작전 재탕에 불과한 전술공군사령부 대안을 좋아할 수가 없었다. 그리고 이미 슈워츠코프가 망설임 없이 인스턴트 썬더를 승인한 상태였다.

　공군본부 사무실에서 파월의 직무실로 가기 전에, 워든은 참모들에게 '전술적인 세부 내용에만 집중하지 말고 '전략적 수준'에 중점을 두라고 지시했다. 그들은 '전략적이며, 정치-군사적 전역으로서 순수하게 클라우제비츠 적'일 수 있는 실행 가능한 결과물을 산출하고자 했다. 이러한 관점에서 볼 때 "정치적이지 않은 폭탄은 없었다." 워든은 또한, 그들에게 만약 우리가 계획한 항공전역 계획이 전쟁에서 성공하면 "역사책에 최고의 전략적 성공사례로 기록될 것이다."라고 말했다.

워든은 파월에게 전날 슈워츠코프에게 했던 것과 동일한 브리핑을 했다. 청중들은 훨씬 더 많았다. 파월은 합참 차장인 제레미아 제독과 작전부장인 켈리 중장, 그리고 기획부장인 버틀러 중장을 포함하여 여러 명의 장교를 브리핑에 참석시켰다. 워든도 공군참모차장인 로 중장과 공군본부 기획 차장인 알렉산더 소장, 메이 소장 및 워든 예하의 계획 입안자들을 포함하여 여러 명의 공군 장교들을 동반했다.

브리핑은 큰 중단 없이 진행됐고 브리핑이 끝난 후 의장은 그 노력에 대해 치하했다. "우수한 계획이네, 아주 걸작이야." 파월은 슈워츠코프와 마찬가지로 8월 22일까지 계획 실행 준비를 완료하기 위해 해결해야 할 문제가 무엇인지에 대해 관심이 많았고 군수 및 전력 전개에 관한 많은 질문을 던졌다. 이러한 논의는 파월이 단순한 질문을 던질 때까지는 원만하게 진행되었다. "좋네. 오늘이 전쟁 개시 6일째고 전략적 항공전역이 종결되었다고 치세. 자 그럼 이제 무엇을 해야 하는가?" 워든은 이라크가 철수하도록 유도해야 한다고 분명히 주장했다. "이 계획만으로 전쟁에서 승리할 수도 있고, 지상공격이 필요 없어질 수도 있습니다… 저는 이라크에 대한 전략적 항공전역만으로도 쿠웨이트에서 이라크군을 철수시킬 수 있을 거라 생각합니다." 그는 최전선에 배치되어 있던 병사들이 본토로 철수할 가능성이 크고, 이라크 정권이 전복될 수도 있을 거라고 자신 있게 주장했다.

파월은 이러한 워든의 관점에 동의하지 않았고, 딱 잘라서 자신은 "전쟁을 종결하기를 원하며, 그러기 위해 이라크 지상군이 파괴되길 원한다."라고 말했다. 파월은 전략적 항공전역을 동해 적의 '심장과 창자'를 제거할 수 있다는 것은 인정했지만, 그는 적의 '손'도 없애기를 원했다. "나는 이라크군 탱크가 파괴되는 것을 봐야 행복할 것 같아. 나는 이라크군이 집에 돌아가는 것을 원하지 않네. 나는 바그다드로 가는 길이 불타는 탱크로 이정표가 되길 원하네."

워든은 이 제안에 반대한다고 말했다. 그는 미국이 이라크군에 대한 공격을 자제해야 하며, 대신 이라크군을 대상으로 심리전을 실시한 후 이라크군을 이용하여 후세인 정권을 몰락시켜야 한다고 믿었다. 적어도 그는 이라크 지상군에 대한 공격이 더 중요한 목표 달성을 늦추도록 하는 시간과 에너지의 낭비라고 생각했다. "장군님, 우리가 정말 주의해야 할 점은 지상에서 어떤 작전이 시작될 경우, 전략적 항공전역을 다시 수행할 수 없다는 점입니다. 우리는 제2차 세계대전에서 이러한 실수를 저질렀고 다시는 그러한 실수를 반복해서는 안 됩니다."[132] 일부 장군들은 워든의 그러한 대담함에 놀랐지만, 파월은 그 사실을 간과하였다.

그러나 합참 작전부장인 켈리는 "과거 전쟁사에서 항공력만을 사용해 이러한 효과를 얻은 적은 단 한 번도 없습니다. 이 작전은 성공하지 못할 것이며, 항공력은 결정적인 역할을 할 수 없습니다."라고 주장했다. 반면 공군참모차장인 로 장군은 파월과 켈리가 '지상작전과 함께' 인스턴트 썬더를 실시하자고 주장하지 않을까 봐 두려워했다. 그와 알렉산더는 이라크 지상군이 아니라 전략적 표적에 중점을 두어야 한다고 하면서 워든의 주장을 강력하게 지지했다. 로 장군은 합참의장에게 "이 계획은 베카(Bekaa) 계곡 전투[133]와 같이 고도로 통합된 계획이면서도 베트남전의 라인베커 Ⅱ[134] 작전보다도 규모가 큰 항공작전입니다."라고 말했다. 그러나 파월은 공세적인 항공전역을 시행하는 것만으로는 다시 말해, 단순히 보복 공격만을 하는 것에 전부를 걸 수 없다고 말했다. 즉, '히로시마에 원폭을 투하한 후 미국이 했던 것처럼 가만히 앉아서 결과만을 기다릴 수는 없는 일'이라는 것이다. 그는 전략적인 항공전역이 희석되어서는 안 되며, 지속 가능한 노력이 되어야 한다는 점에는 동의했지만 '대통령에게 전략적 항공전역만을 추천'할 수는 없었다.

파월은 슈워츠코프의 항공전역을 통한 보복 개념 이상의 것을 생각하고 있었고, 쿠웨이트를 이라크로부터 해방시키기 위해 항공력을 공세적인 방식으로 사용하는 아이디어도 갖고 있었다. 그러나 쿠웨이트와 남부 이라크에 주둔하고 있는 이라크군을 공격 표적으로 삼지 않고도 이러한 목표를 달성할 수 있다는 워든의 관점에는 기본적으로 동의하지 않았다. 후세인이 처벌 없이 물러나게 놔둘 수 없기 때문이라도 항공력은 쿠웨이트를 점령하고 있는 이라크군의 기계화 부대를 파괴해야만 했다.

이러한 의견 불일치는 제레미아 합참 차장이 전략적 항공전역을 먼저 수행한 후 이라크 지상군

---

132) 제2차 세계대전에서 미국의 항공력은 적의 산업시설과 도시를 공격하는 전략적 항공전역도 실시했지만, 전선에서 지상군 지원을 위한 전술적 항공전역에도 상당한 노력을 기울였다. 워든은 당시의 전술적 항공전역이 오히려 전략적 항공전역에 전력을 집중하지 못하도록 함으로써 전쟁의 장기화와 피해 발생을 키웠다고 보고 있다.

133) 베카 계곡 전투: 1982년 레바논 북동부 베카 계곡에서 이스라엘과 시리아의 항공력 간에 발생한 공중전투. 이스라엘의 F-15/16 전투기가 시리아의 MiG-21/23/25 및 Su-22 전투기를 86대 격추하는 동안 단 한 대의 손실도 없이 승리함으로써 서방 무기체계의 우수성을 입증한 전투.

134) 라인베커(Linebaker) Ⅱ 작전(1972.12.18.~29.): 미국이 베트남전의 수렁에서 빠져나오기 위해 북베트남과의 평화협상을 체결할 목적으로 B-52 폭격기 200대를 위시하여 수도 하노이와 하이퐁과 같은 전략 표적을 고강도로 폭격한 작전.

에 집중하자고 제안하면서 해결되었다. 워든은 이에 동의했다. 그의 그룹은 제안한 대로 이라크 지휘부에 대한 전략적 항공전역을 수립할 수 있으며, 전략적 공격 이상이 필요할 경우 쿠웨이트 내에 주둔하고 있는 이라크의 탱크와 장갑차를 체계적으로 파괴하는 작전적 수준의 항공전역도 수립할 수 있었다. 2시간의 긴 회의 끝에 파월은 작전적 수준의 추가계획 수립을 지지했지만, 전역계획이 합동계획이어야만 하고 이라크 지상군을 소모시키기 위한 인스턴트 썬더 II가 마련되어야 하며, 마지막으로 본인이 곧 체니 국방부 장관과 어쩌면 부시 대통령에게 제시할 수 있는 전체 계획의 요약본을 워든이 작성해야 한다는 단서를 달았다.

워든은 엇갈린 감정으로 자신의 사무실로 돌아왔다. 그는 파월이 그의 계획을 좋아하고 앞으로도 계속 항공전역 계획을 수립할 수 있게 되어 기뻤지만, 한편으론 파월이 모든 노력을 적의 내부 동심원인 리더십에 집중해야 한다는 그의 이론과 상반되는 '군사력 대 군사력(force on force)' 관점으로 전역을 생각하고 있음에 실망했다. 비록 워든은 합동작전을 준비하는 데 지나치게 열정적이지는 않았지만, 이제 그의 팀이 사실상 합참의 일부가 됨으로써 추가적인 계획수립이 '합법화'됐음에 기뻐했다.

파월이 워든의 항공전역 개념을 수용한 후 이를 확장하여 종합적인 공격계획인 전략적 항공전역을 먼저 수행한 후 지상전역의 여건조성을 위해 이라크 지상군을 공중 공격하는 방식을 제안한 것은 논쟁의 여지가 있을 수 있다. 공군본부 기획 차장인 알렉산더 소장은 당시 파월이 단지 공군 출신 인원들을 존중해 주는 의미로 인스턴트 썬더 실행으로 이라크군이 쿠웨이트로부터 철군할 것이라는 공군의 주장을 공개적으로 반대하지 않았을 뿐이었다고 회상했다. 파월은 그의 자서전에서 "워든의 접근방식은 후세인 정권을 파괴하거나 심각하게 무력화시킬 수 있었다. 그러나 우리는 그를 쿠웨이트에서 몰아내는 데 도움이 되는 항공전역 계획도 필요했다."라고 밝혔다.

비록 인스턴트 썬더 계획이 그 중요성을 인정받았지만, 워든은 이제 전략적 항공전역 개념을 지속시키기 위해서 쿠웨이트 주둔 이라크 지상군에 대한 공격계획을 수립해야만 한다는 현실을 자각했다. 슈워츠코프에게 실시할 후속 브리핑을 준비하는 동안, 워든의 팀은 대부분 전략적 항공전역 위주로 작업을 계속했지만 '쿠웨이트 주둔 이라크군에 대한 직접 공격'이 포함된 '작전적 수준의 항공전역' 계획수립도 시작했다. 워든은 휘하에 있던 키랄리 대령에게 '인스턴트 썬더 단계 II: 쿠웨이트 주둔 이라크군에 대한 항공전역' 계획수립을 맡겼다. 단계 II는 파월의 지시에 따른 것으로서, 워든은 인스턴트 썬더 단계 II에는 큰 관심을 쏟지 않았다. 당시 교리처에 근무하고 있었던 메일링거 중령도 단계 II를 중요하지 않은 계획으로 간주했고, 워든이 최초 제안한 인스턴트 썬더 내용에 대해서만 칭찬을 아끼지 않았다. 그는 최초의 인스턴트 썬더를 독일의 슐리펜계획[135]에 뒤지지 않는 '항공 슐리펜계획'으로 생각했다. 다시 말해, 항공전역 계획 입안자들은 이라크 지상군을 공격하는 데 항공 자산을 전용하여 전략적 항공전역을 희생시키지 않아야 한다고 생각했다.

다음 날 아침 늦게 전술공군사령부의 대안을 작성한 3명의 대령이 공군본부에 도착하여 그들의 계획에 대한 워든의 의견을 물었을 때, 워든은 단순히 그들에게 "그 계획은 사용하지 않기로 결정됐다."라고 말했다. 이에 3명의 대령은 자신들이 어떻게 도울 수 있는지 물었다. 워든은 그들이 인스턴트 썬더 II 작성에 도움을 준다면 키랄리 대령이 고마워할 것이라고 답했다. 전술공군사령부 소속 3명의 대령은 그들의 임무가 '계획에 약간의 전술적인 감각을 보태는 것'이라 생각했지만, 동시에 '워든도 계획이 있고 그가 어떤 외부의 변화나 정보에 주의를 기울이지 않을 것'임을 직감했다. 그들은 본인들의 희망과는 달리 체크메이트로 배치됐고, 유용한 정보를 일부 제공했을지는 몰라도 워든의 팀원과는 결코 좋은 관계를 유지하지 못했다. 사실 그들은 계속해서 러스와 라이언 장군에게 체크메이트의 항공전역 작업에 대한 최신 정보를 제공하고 있었기 때문에 '전술공군사령부의 스파이'로 불렸다.

듀간 공군 참모총장: "계속해서 전략적 공격을 강조하라."

공군본부의 기획 및 작전 부장인 애덤스 중장이 8월 12일부로 공군본부에 돌아왔다. 애덤스 중장 부재 시에 워든은 로 참모차장에게 직접 보고할 수 있었는데, 워든은 그 기회를 최대로 활용했다. 애덤스는 부재중에 휘하의 기획 및 작전 차장인 메이 소장으로부터 보고를 받고 있었고, 그의 친한 친구이자 멘토이면서 이전 상관이었던 러스가 인스턴트 썬더와 공군본부의 항공전역 계획작성 개입을 싫어한다는 사실을 잘 알고 있었다. 이로 인해 애덤스가 돌아왔을 때, 그는 워든에게 자신을 항공전역 계획수립에 포함시킨 것에 대해 공개적으로 화를 냈다. 그는 워든이 '너무 앞서가고' 있다고 생각했고 그가 계급에 걸맞지 않게 공군의 지휘체계상 중심에 서 있다고 생각했기 때문에 워든의 항공전역 계획수립 노력을 회의적으로 보았다. 이러한 이유로 슈워츠코프가 도움을 요청

---

135) 독일제국의 총참모장이었던 알프레트 폰 슐리펜 원수가 1905년 12월에 작성한 전쟁 계획으로 프랑스의 강력한 방어선을 회피하기 위해 벨기에와 네덜란드를 통과하여 프랑스를 침공하는 기동전 계획.

했다는 것을 들었을 때, 애덤스는 워든이 배후에 있다는 의심을 떨쳐 버릴 수가 없었다. 애덤스는 "전에도 워든으로부터 임무를 부여받은 적이 있으므로 이번 일도 별로 놀랍지는 않다."라고 생각했다. 반면 워든은 슈워츠코프에게 이러한 놀라운 요청을 해달라고 하지 않았다고 맹세할 수 있었다. 어쨌든 애덤스는 워든이 '문제를 일으키는 재능'이 특출나다 생각했으며, 그를 신뢰하지 않았다. 애덤스는 직속 부하인 워든을 통제하고 중부사 공군 구성군사령관인 호너에게 사전에 이러한 정보를 제공하는 것이 그의 임무라고 생각했다.

이후 합참에서 근무하는 고위급 장군을 만났을 때, 애덤스는 공군본부가 중부사 공군 구성군사령부의 항공전역계획 수립에 개입하는 것에 대해 상당히 우려하고 있다고 말했지만, 그는 합참이나 중부사 인원 중 누구도 해당 계획을 수립할 능력이 없다고 말했다. 그러자 애덤스는 계획수립이 합동으로 이루어지기보다는 공군본부 단독으로 진행되고 있다는 것에 대해 우려를 표명했다. 합참과의 협력을 증진하기 위해 합참 작전부장인 켈리 중장은 비공식적으로 애덤스 중장을 합참 작전차장으로 임명하여 예하에 있던 워든 팀의 지위를 합참의 예속기관으로 반공식화했으며, 애덤스에게 그가 애초부터 싫어했던 계획 임무를 맡게 했다.

업무 진행과 관련된 지휘계통의 문제가 해결되자, 애덤스 중장은 워든에게 인스턴트 썬더 브리핑을 요청했다. 애덤스가 공중급유 고도 및 무선 주파수와 같은 전술·전기적인 내용에 대한 질문을 고집했기 때문에 브리핑이 끝난 후 둘의 관계가 더 나빠졌음은 놀라운 일이 아니었다. 애덤스는 자기가 생각하기에 인스턴트 썬더의 상당 부분이 피상적이고 지나치게 이론적이며, 너무 낙관적인 결과를 보장하는 것 같다는 점을 분명히 했다. 그는 워든에게 예측한 결과를 달성하는 데 걸리는 기간을 제시한 것에 대해 그만두라고 지시했다. "내가 관심을 갖고 있는 것은 전체적인 접근방식이며, 예측한 것보다 네 배나 많은 시간이 걸린다고 해도 나는 상관하지 않는다…. 워든의 예측은 너무도 낙관적이고 이는 공군의 능력을 상당 부분 과장한 것이라고 느꼈다. 우리는 우리가 제일 잘났다고 생각하기 때문에 나는 이 계획이 합참에서 수용하기 어려울 것이라고 말했다." 그러나 워든은 항공전역이 본인이 처음부터 주장한 6~9일 이내에 끝날 것이라는 믿음을 버리지 않았다. 따라서 그는 여러 장교와 고위 관료들에게 항공전역 계획을 발표하면서 이와 같은 주장을 반복했다. 사실 그는 9일보다는 6일이 더 현실적이라고 생각했고 그렇게 말하는 것에 대해 전혀 부끄러워하지 않았다.

애덤스는 또한 이라크 지상군을 간과하는 것은 이치에 맞지 않는다고 언급했다. 그는 워든에게 전역계획을 2단계로 나누자고 제안했는데, 이라크 지상군을 공격하는 단계와 나머지 항공력으로 전략적 전역을 실시하는 단계였다. 워든은 그러한 제안이 슈워츠코프의 지시에 반하는 것이라고 주장했다. 게다가 이라크군을 완전히 괴멸시킬 경우, 대통령이 구상하고 있는 바람직한 종전 상태와 반대되는 걸프 지역에서의 권력 공백이 발생할 수 있다고 말했다. 애덤스는 우리의 임무가 옵션을 제공하는 것이고 확정된 것은 아무것도 없다고 응답했다. 이에 워든은 "우리는 불완전한 전략적 항공전역 계획을 원하지 않습니다."라고 응수했고, 그에 애덤스는 "좋네, 그러나 우리는 이라크군이 그곳에 남아서 20만 명의 미군을 공격하는 것도 원하지 않네."라고 답했다. 애덤스는 합동 항공력을 이용하여 이라크 지상군에 대한 공격과 전략적 공격을 동시에 실시하는 아이디어를 언급하며 워든에게 2단계의 항공전역 계획을 동시에 실시하는 것이 가능한지 검토해 보라고 지시했다.

애덤스는 또한 항공전역을 조기에 실행하기 위해서는 공중급유와 군수지원, 소티 비율 및 광범위한 제한사항과 같은 모든 측면이 고려된 상태에서 해야 한다고 지적했다. 그는 이 계획이 단기간 내에 실시될 수 없는 계획이며, 워든이 완전한 항공임무명령서(ATO) 실행에 요구되는 시간을 크게 과소평가했다고 결론지었다. 워든은 그가 전술공군사령부의 반대를 극복했다고 느꼈을 때, 자신의 직속 상관인 애덤스 중장이 슈워츠코프가 요구한 개념과는 반대로 가고 있음을 알아챘다. 그러나 워든은 자신이 라이스 공군성 장관과 듀간 참모총장, 그리고 로 참모차장의 든든한 지원이 있다는 것을 알고 있었기에 지나치게 걱정하지 않았다.

지휘 계통상에서 애덤스와 워든 사이에 끼어 있던 알렉산더 소장은 자신의 위치가 바늘방석이라는 것을 느꼈다. 듀간 참모총장과 로 참모차장은 그에게 직속 상관인 애덤스가 승인하지 않은 업무를 하라고 지시했다. 애덤스가 공군본부로 돌아왔을 때 그는 알렉산더에게 더 이상 필요 없다고 말하면서 그를 한동안 업무에서 배제시켰다. 이후 알렉산더는 "워든의 팀과 나에게 있어 애덤스가 돌아온 후 며칠 동안은 거의 징계 기간과 같았다."라고 회상했다. 그러나 슈워츠코프 중부사령관이 전략적 항공전역 계획을 전적으로 지지하고 있다고 믿고 있던 워든은 이에 별로 개의치 않았다.

그렇다 하더라도 워든은 파월과 애덤스의 지시를 무시할 순 없었다. 그는 팀에게 인스턴트 썬더 II가 4단계로 이루어져야 한다고 지시했다. ① 쿠웨이트 상공에서의 공중우세 확보, ② 이라크군의 화학 무기 운반체계 타격, ③ 쿠웨이트 내의 이라크군 지휘, 통제 및 통신(C3) 체계와 군사지원 체계 공격, ④ 쿠웨이트 내의 이라크 지상군에 대한 공격이 이러한 4단계였다. 이와 관련된 표적군은 이라크의 방공망과 쿠웨이트 내에 있는 이라크군 군단 및 사단의 C3 노드, 군단 및 사단의 군수

지원체계와 통신선, 그리고 탱크와 야포 전력이었다. 워든은 단계 Ⅱ가 결코 실행되어서는 안 된다고 믿었다. 그는 "전쟁 진행 과정에 대한 나의 개인적 관점은 쿠웨이트 내의 이라크군이 종전 후 후세인을 공격하는 전력으로 사용되길 원했기 때문에, 이들에 대한 공격은 의도적으로 자제해야 한다는 것이었다."라고 말했다.

워든은 슈워츠코프에게 전략 부분을 심도 있게 브리핑할 것이며, 그가 이라크군에 대해 질문을 할 경우에만 인스턴트 썬더 단계 Ⅱ를 제시할 것이라고 애덤스에게 말했다. 애덤스는 마지못해 이를 수락한 후 워든에게 이라크가 바그다드 공습에 대한 보복으로 사우디아라비아를 침공할 가능성이 있느냐는 질문에 대한 답변을 준비하라고 권고했다. 이에 워든은 이라크군이 자국의 보급능력을 초과할 수 있는 남쪽으로의 전선 확장을 원치 않을 것이라고 응답했다. 그러나 만에 하나를 대비하여, 그는 "만약의 경우: 이라크가 인스턴트 썬더에 대한 보복으로 사우디아라비아를 침공할 경우?"라는 별도의 슬라이드를 준비했다. 워든의 팀은 96대의 A-10과 40대의 AV-8B, 36대의 F/A-18 및 30대의 AH-1W, 그리고 75대의 AH-64 전력이면 충분히 이라크군의 추가 진격을 막을 수 있다고 추산했다. 워든은 이 항공기와 헬기 전력을 '항공전역(The Air Campaign)'에서 제시한 '작전 예비대' 개념과 같이 예비전력으로 유지해야 한다고 확신했다. 미국은 이러한 예비전력을 이용하여 대규모적이고 집중적인 전략적 공세를 유지하는 가운데, 필요할 경우 특정 지점에 신규 전력을 투입할 수 있게 될 것이다.

그 주 내내 워든의 부서는 계속해서 인스턴트 썬더 계획을 구체화해 나갔고, 가능한 모든 정보기관으로부터 정보를 수집하기 위해 노력했다. 부서 방문 대장에 의하면, 8월 10에서 17일 사이에 400명 이상의 인원들이 워든의 부서로 와서 정보를 제공하거나 수집해 갔다. 항공전역 계획을 구체화하기 위해, 워든의 팀은 이라크 및 후세인 정권과 관련된 고위급 인물과 조직 관련 체계도를 작성했다. 그 과정에서 워든의 팀은 중앙정보국(CIA)[136]뿐만 아니라 국가정보위원회(NIC)[137]에게도 도움을 받았다. 이러한 정보 수집은 워든 휘하에서 근무했고 지난 2년 동안 다양한 정보 수집망을 구축한 스티머 중령과 헤지 대위의 도움이 컸다. 군 내에서 이와 같은 정보를 요청하기 위해서는 일반적으로 공식적인 절차를 거쳐야 했지만, 워든의 팀은 단순히 그들이 적절하다고 생각한 방식으로 정보를 수집했다. 그들은 슈워츠코프에게 제시할 항공전역 계획을 완성하기 위해 관료주

---

136) Central Intelligence Agency.

137) National Intelligence Council.

의적인 절차를 가능한 회피했고, 그 과정에서의 비공식적인 인적 네트워크를 매우 잘 활용했다.

워든이 8월 14일에 듀간 참모총장에게 브리핑했을 때, 듀간은 생산 및 기반시설에 대한 공격이 필수 옵션이 아닐 수 있다고 말했다. 그는 지휘부 관련 표적을 후세인과 이라크 정권에 가장 큰 영향을 줄 수 있는 표적으로 보았다. 따라서 모든 노력은 내부 동심원에 집중되어야만 했다. 또한, 그는 이라크의 화학 무기를 최대 위협으로 간주했기 때문에, 화학전에 관한 포괄적인 분석도 원했다. 듀간은 이라크인의 시각으로 작전계획을 세우고 그 결과를 해석할 수 있는 레드 팀 구성을 제안했고, 워든에게 이라크에 대해 정통해 있으며, 아랍인의 시각에서 전쟁 수행방식을 제시해 줄 수 있는 혁신적인 사상가를 찾아보라고 말했다. 듀간은 후세인이 군사 또는 경제적인 표적에 대해서는 개의치 않으며, 단지 자신과 가족과 여자들에 대해서만 관심이 있다고 믿었지만, "아랍권의 문화에서 어떤 종류의 표적이 해당 요망효과와 깊게 연관돼 있는지"를 알고 싶어 했다. 마지막으로, 그는 워든에게 쿠웨이트 주둔 이라크군의 철군을 유도할 수 있는 옵션을 찾아보라고 명령했다. 그는 "적군 소탕은 전술적인 일이다…. 전략적 공격에 역점을 두어야 한다. 쿠웨이트 내의 이라크군에 대한 작전·전술적인 사항 때문에 노력을 분산시키지 마라…. 인스턴트 썬더 계획수립을 지속적이고 강력하게 추진하라…. 대담하고 풍부한 상상력으로 추진하라."라고 언급하며, 전략공격의 중요성을 강조했다. 듀간의 충고는 전략적 공격을 강력하게 추진하려고 했던 워든의 결심을 더욱 굳건히 했다.

한편 인스턴트 썬더 계획의 초기 슬라이드 일부가 국가통수기구(NCA)[138]에게 제출되었다. 8월 14일 슈워츠코프는 파월에게 인스턴트 썬더와 매우 유사한 중점 사항과 표적군이 포함된 공세적 항공전역 계획을 제시했다. 다음 날 파월은 해당 개념을 체니 국방부 장관과 검토한 후 승인했다. 그날 오후 슈워츠코프는 인스턴트 썬더 브리핑에서 사용된 슬라이드에 기초한 공세적 옵션을 대통령에게 요약하여 설명하였다. 그 옵션은 후세인 정권을 무력화시키거나 신뢰도를 추락시키고 이라크군의 공격 및 방어 능력을 제거하며, 쿠웨이트 주둔 이라크군의 철수를 가져올 수 있는 계획이어야만 했다. 슈워츠코프는 분명히 인스턴트 썬더를 지상공격으로 완결될 다면적인 전역계획 중 일부로 간주했다. 즉, 전략적 항공전역이 완료된 다음, 이라크군에 대한 공습이 진행되고 그 후 지상공격이 뒤따를 예정이었다.

브리핑 직후, 부시 대통령은 美 국방부 직원 대상으로 연설을 했다. 그는 이 연설에서 후세인을

---

138) National Command Authority.

히틀러에 비유했다. 그가 연설에서 사용한 일부 표현들은 인스턴트 썬더 슬라이드에 포함된 내용
이었다. 워든 그룹에 의해 개발된 슈워츠코프의 실질적인 공세적 항공전역 옵션이 부시 행정부에
게 자신감을 더해 주어, 일찍이 8월 중반에 그러한 공격적인 발언을 할 수 있게 된 것이다.

항공전역 계획수립 과정에 대한 정보를 계속 듣고 있던 라이스 공군성 장관은 8월 15일에 워든
으로부터 인스턴트 썬더 계획 전반에 걸쳐 브리핑을 받았다. 그는 많은 질문을 했지만, 그 계획에
매우 만족감을 나타냈다. 사실 라이스 장관은 이미 슈워츠코프로부터 공군본부의 지원에 흡족해
한다는 말을 들었으며, 체니 국방부 장관도 인스턴트 썬더 계획에 만족하고 있다고 생각했다.

중부사 작전부장인 무어 소장은 8월 17일에 개인적으로 워든에게 전화해 슈워츠코프가 인스턴
트 썬더 계획의 최신 버전을 원한다고 알려 주었다. 무어는 워든의 노력을 지지했고, 적어도 중부
사령부 작전계획 수립 인원과 워든의 팀원들 간에는 적의가 없어 보였다. 듀간 참모총장은 슈워츠
코프에게 미리 전화해, "자신은 인스턴트 썬더를 개념적으로 우수한 계획이라고 믿고 있으며, 해당
계획을 지지한다."라고 말했다. 듀간은 개인적으로 이러한 옵션을 갖는 것이 대통령에게도 유용하
며, 짧은 기간 동안 실행 가능한 옵션이라고 믿었다. 듀간은 '역풍이 있을 것으로 예상했기 때문에'
호너 중부사 공군 구성군사령관도 계획작성에 포함돼야 한다고 말했다. 슈워츠코프는 그의 걱정
에 대해 공감했고 '처리 방법'에 대해 알려 주었다.

워든은 슈워츠코프에게 할 이번 브리핑이 이전 브리핑보다는 훨씬 많은 세부 내용이 준비돼 있
어야 한다고 들었다. 워든은 브리핑 준비 과정에서 합참과 공군본부 간의 연락 장교로 임명된 합
참 국가군사지휘체계(J-36) 차장인 마이어 소장의 도움을 받았다. 마이어는 이미 8월 12일에 뎁틀
라 중령으로부터 인스턴트 썬더에 대해 브리핑을 받았는데, 기껏해야 마지못해 지원하는 정도였
다. 브리핑을 준비하는 과정에서 그는 워든의 팀을 곤경에 빠뜨렸다. 공군본부의 기획 및 작전 부
장인 애덤스 중장은 워든에게 항공임무명령서(ATO) 수준의 세부 내용은 브리핑에서 다루지 말라
고 지시한 반면, 마이어는 지금 단계에서는 그런 세부 내용이 필요하다고 주장했다. 그는 "세부 내
용이 부족해! 이런 자료를 중부사령관에게 제시할 순 없네! 중부사령관은 이런 계획이 아닌 구체
적인 전쟁 계획을 원한단 말이야. 그는 세부 내용을 알고 싶어 해! 4성 장군에게 제출하기에는 내
용이 미흡하네."라고 언급했다.

마이어는 워든의 팀원들이 브리핑을 연기해야 할지도 모르겠다고 생각할 정도로 많은 변경을 요
구했다. 워든은 밤샘 작업에 서서히 화가 났고, 회의 진행 중에 다음과 같이 분노를 표현했다. "장

군님 잘 보십시오. 이것이 우리가 중부사령관님의 지시로 작성한 내용이기 때문에 이대로 제출되어야 합니다." 기나긴 밤이었지만 워든은 마침내 마지막으로 소티 비율과 목표공격 예정시간(TOT)[139], 임무 횟수 및 항공기 종류가 포함된 개전 후 24시간 동안의 전반적인 항공작전 계획안을 마이어로부터 승인받는 것에 성공했다. 마이어가 브리핑을 누가 할 것이냐고 워든에게 묻자, 그는 마이어에게 브리핑 소개 부분만 담당해 달라고 말했다. 마이어는 브리핑에서 무엇을 해야 할지 워든에게 물어보는 것이 모욕적이라고 생각했기에 제비뽑기를 제안했다. 그러자 워든은 제비뽑기 방식은 자신이 지금껏 들어 본 것 중에 가장 어리석은 방법이라고 말했다. 약간의 토의 후 마이어는 워든에게 알아서 하라고 지시했고, 대신 그에게 '2성 장군이 할 만한' 의견만 말하겠다고 언급했다. 워든은 공군정보국 표적 처장인 블랙번 대령이 하기로 한 정보 부분을 제외한 전체 브리핑 진행을 맡기로 했다.

마이어가 사무실을 떠나기 전에 마지막으로 한 말은 브리핑에 '최소한의 인원'만을 참여시켜야 한다는 것이었다. 워든은 본인이 대형 항공기로 슈워츠코프가 있는 탐파로 이동한다는 사실을 알았을 때, 그는 '최소한의 인원'에 대해 슈워츠코프와 중부사령부 참모들의 질문에 답할 수 있는 전문지식을 보유한 약 15명의 팀원을 의미하는 것이라고 자의적으로 판단했다. 더욱이 워든은 그의 팀원들이 역사에 남을 수 있는 해당 브리핑에 참여시킴으로써 그동안의 고된 임무에 대한 보상을 해 주고 싶어 했다.

슈워츠코프 장군: "이 계획 때문에 무척 흥분되네."

최초의 브리핑은 복사본 자료를 나눠 준 상태로 회의 테이블에서 진행된 반면, 두 번째 브리핑은 공식적인 것으로서 슈워츠코프의 고위급 참모들 대다수가 참석했다. 마이어 장군이 개회 연설을 했지만, 슈워츠코프는 "대령의 이야기를 듣고 싶네."라고 말하면서 신속하게 그를 내려오게 했다. 워든은 자신 있게 다음 내용의 슬라이드로 브리핑을 시작했다. "기본계획: 이라크의 기반시설에는 피해를 주지 않으면서 단기간 내 이라크 지휘부를 무력화하고 이라크의 핵심적인 군사 역량을 파괴하기 위한 집중적인 항공전역. 기본계획 시행이 불가능할 경우: 이라크의 반응에 단계적으로 대응할 수

---

139) Time Over Target.

있는 옵션을 제공하기 위한 점진적인 장기전역 계획." 인스턴트 썬더 자료는 두 부분으로 나눌 수 있었는데, 합참 마크를 배경으로 한 30장의 슬라이드와 미완성의 작전명령 내용을 담은 180장의 슬라이드가 그거였다. 워든은 그가 8월 10일에 브리핑한 대부분의 주장을 반복했고, 정치 및 군사, 그리고 전역 목표 간의 연결성과 그들이 추구하는 바람직한 결과 및 5개 동심원 이론에 근거한 표적군을 강조했다. 워든의 브리핑이 끝난 다음 블랙번 대령은 기능적 분류에 따라 10개의 표적군과 그 예하의 84개 표적에 대해 발표했다. 이때까지 아무 열정도 보이지 않았던 슈워츠코프는 블랙번이 실제 표적에 대한 위성사진을 보여 주면서 해당 표적을 어떻게 공격할 것인지에 대해 설명하자 갑자기 흥분했다. 블랙번은 브리핑을 훌륭히 끝낸 후 다시 워든에게 발표 진행을 인계했다.

워든은 전쟁 초기부터 전략적인 초점을 유지하고 이라크 후세인 정권을 직접 공격하는 것이 중요하다고 재차 강조했다. 그는 표적군에 대해 언급하면서 다시 한번 전략적인 항공전역이 이라크의 국가 기능을 마비시키고 충격을 주게 될 것이란 걸 다음과 같이 구체적으로 설명했다. 이라크 정권은 공화국 수비대와 정규군, 그리고 시민들과 소통할 수 없게 될 것이고, 발전 시설에 대한 공격으로 후세인 정권이 효과적인 작전을 수행할 수 없게 될 것이며, 석유 유통과 정제 시설에 대한 공격으로 민간 및 군수 물자의 유통이 어렵게 될 것이다. 또한, 철도 수송 능력을 감소시켜 물자와 서비스의 이동을 어렵게 하고 화생방(NBC) 연구 시설과 무기체계 연구·생산·저장 시설을 파괴하여 이라크의 공격 능력을 감소시킴으로써 대량살상무기에 의한 걸프 지역의 장기적인 위협이 줄어들 것이다. 워든은 공중우세 확보의 필요성을 강조하면서, 방공체계가 파괴되면 이라크가 무기력하게 될 것이라고 주장했다. 따라서 최초 이틀 동안의 항공작전은 고속대레이더유도미사일(HARM)[140]을 사용하여 이라크군의 지대공미사일(SAM) 기지를 무력화하거나 파괴하는 대규모적인 적 방공망제압(SEAD)[141] 작전을 실시해야만 한다고 말했다.

워든은 인스턴트 썬더 계획 실행에 지휘통제 체계 외에도 전투기 30개 대대와 폭격기 4개 대대, F-117 스텔스기로 구성된 1개의 특수 대대가 필요하다고 밝혔다. 그는 최초 브리핑에서 개전 첫날 밤 3파의 공격을 권장했던 것과는 달리, 이번 브리핑에서는 뎁툴라 중령이 입안한 공격계획을 사용했는데, 그것은 일몰 한 시간 후 첫 번째 공격을 실시하고 일출 한 시간 전에 두 번째 공격을 실시하겠다는 안이었다. 조종사들은 개전 첫날 24시간 동안 1,200소티를 실시한 후, 다음 5일 동안은

---

140) High-speed Anti-Radiation Missile.

141) Suppression of Enemy Air Defense.

매일 900소티를 수행하게 된다. 애덤스 장군이 목표 달성에 요구되는 공격 기간을 언급하지 말라는 지시에도 불구하고, 워든은 6일 안에 목표를 달성할 수 있다는 주장을 반복했다. 공격 규모는 엄청났지만, 워든은 개전 첫날 밤 화학 무기를 발사할 수 있는 스커드 미사일 능력을 제거하기 위해 75~100소티 분의 예비전력을 남겨 두어야 한다고 제안했다. 이전 브리핑 자료와는 달리, 이번 계획은 타 군 및 동맹국의 항공기도 전투에 투입시키는 것에 역점을 두었다. 가장 분명한 차이는 사우디아라비아가 전투공중초계 임무를 실시하고 영국이 이라크의 비행장 공격에 참여한다는 점이었다.

'작전 분리 구역(Deconflicting Airspace)'의 경우, 공군은 바그다드 서부와 남중부 이라크 상공을 담당하고, 동쪽 및 남동부 이라크 상공은 해군이 담당하며, 남부 이라크 상공은 해병대가 담당할 예정이었다. 이러한 구분은 베트남전 이후 적용이 금지된 전력 운용철학인 구역 분할에 해당되나, 그나마 가장 현실적인 해법으로 보였다. 더욱이 워든은 이번에는 통합공군 구성군사령관(중부사 공군 구성군사령관)이 모든 작전을 지휘하고 공격은 단 며칠간만 진행될 것이기 때문에, 베트남전 때와 같이 구역 분할로 인한 문제가 발생하지 않을 것으로 기대했다.

워든은 표적의 범주 및 공격했을 때의 효과뿐만 아니라, 해당 효과를 발생시키는 무장 및 표적 공격 순서, 투입 전력의 규모와 능력, 작전 소요시간, 공중우세 및 방공망 제압의 중요성에 대해 상세히 설명했다. 이러한 설명은 모두 워든의 참모가 뎁튤라 중령의 작전적 관점을 참조하여 개전 후 48시간 동안의 공격계획에 포함시킨 내용이었다. 워든은 일단 이라크 정권이 무력화되면 전역 내 적의 움직임이 거의 없을 것이라고 믿었지만, 이스라엘 및 사우디아라비아에 대한 스커드 공격 가능성에 대해서는 인정했다. 그리고 만약 이라크가 사우디아라비아를 침공할 것을 대비해 미국은 공대지 공격 임무를 수행할 수 있는 예비전력을 충분히 보유하고 있기에, 전략적 항공전역에 미치는 영향을 최소화하면서 지상군의 진격을 저지할 수 있을 것으로 판단했다.

슈워츠코프에게 한 첫 번째 브리핑에서와 마찬가지로 워든은 물리적 공격만으로는 이라크 정권과 국민 사이를 이간하여 정권에 저항하도록 만들 수 없다는 점을 언급하면서, 심리전을 공격계획의 중요한 요소로 강조했다. 또한, 이라크 경제를 전후에 신속히 복구할 수 있는 방식으로 공격해야 한다고 언급했으며, 무장 분배와 공중급유기의 가용성, 그리고 아주 단순하고 직접적인 항공우주작전 계획의 필요성에 대해서도 언급했다.

워든은 인스턴트 썬더 계획이 '이례적으로 합동성과 협조'가 필요하다고 주장했는데, 이는 다소 과장된 것이었다. 그는 슈워츠코프가 전력 전개 계획을 변경하지 않는다면 항공전역은 9월 말까지는 수행할 준비가 될 것이라고 밝히면서 브리핑을 끝냈다. 슈워츠코프는 전개 계획의 변경 없이 작전을 조기 실행할 수 있는지를 물었고, 이에 마이어와 무어 장군은 미국이 유럽 내 항공 자산을 투입할 경우 9월 중순까지는 준비할 수 있다고 했으나 그럴 경우, 감수해야 할 위험이 증가할 것이라고 대답했다.

슈워츠코프가 이 작전에서의 예상 항공기 손실 숫자를 물었을 때, 워든은 "아직 정확한 숫자를 추정하진 않았지만, 제가 판단하기에는 개전 첫날 밤 10~20대의 항공기가 손실될 것으로 보고 있습니다."라고 대답했다. 공군 출신의 중부사 부사령관이었던 로저스 중장은 그 예상치가 너무 높다고 말했지만, 워든은 이 수치가 최소치라기보다는 최대치라고 주장했다. 그는 "이라크 방공체계는 개전 후 첫 15분 동안 집중적으로 공격을 받게 되어 혼동과 마비가 초래될 것이기 때문에 손실률은 낮아질 것입니다."라고 말한 다음 최초 공격전력 투입 시 본인도 참여하고 싶다고 언급했다. 워든은 공중우세를 논의하면서 이라크 항공력은 방공망이 무력화된 개전 첫날 아침부터는 자율작전 형태로 운용될 거라고 예상했다.

워든은 또한 그럴 확률은 매우 낮다고 보지만 이라크 지상군이 사우디아라비아를 침공할 경우, 인스턴트 썬더 계획에 이라크군의 이러한 추가 공격을 저지할 수 있는 일부 전력을 예비대로 대기시킨다는 내용이 포함되어 있다고 언급했다. 그럼에도 불구하고 그는 전략적 항공전역이 반드시 우선되어야 한다고 강조했다. 워든은 작전 진행 과정을 손으로 그려 보이면서 항공 버전의 슐리펜 계획이라고 비유했는데, 슈워츠코프가 그러한 비유를 좋아하지 않는다고 말하자 워든은 이렇게 비유했다. "그렇다면 이것은 3차원적인 슐리펜계획입니다."

중부사령부 참모장인 존스톤 소장은 '이라크군이 초기 작전에 어떻게 대응하는지를 파악할 수 있도록 더 점진적인 전역' 계획을 제안했다. 워든은 그 말에 속으로 화가 났지만, 슈워츠코프가 공격적인 접근방식이 더 좋다고 말하자 그의 제안은 무시됐다. 중부사 부사령관이었던 로저스가 기본적으로 워든이 쿠웨이트에 주둔하고 있는 대규모의 이라크 지상군을 무시한다고 비평했을 때, 슈워츠코프는 다음과 같이 언급했다.

나는 쿠웨이트 내의 이라크 지상군을 걱정하지 않네…. 이런 점 때문에 미국이 초강대국이 될 수 있었던 거야. 이 작전을 적용하면 이라크의 대규모 지상군을 소수의 美 지상군으로 대응하는 것이 아니라, 그들의 약점에 우리의 강점을 사용할 수 있다네. 우리의 항공력으로 이라크군을 맞서는 것이 최선책이네. 내가 제일 먼저 여러분들을 소집한 이유도 바로 그 때문이야…. 이 계획 때문에 나는 무척 흥분되네.

워든은 쿠웨이트를 점령하고 있는 이라크 지상군에 대한 처리 방법이 있었지만, 슈워츠코프가 구체적인 설명을 요구하지 않았기 때문에 인스턴트 썬더 단계 II 계획에 대해서는 발표하지 않았다. 그러나 슈워츠코프가 "아군 항공기가 쿠웨이트 상공에서 자유롭게 작전을 수행하기 위해서는 어떻게 해야 하나?"라고 질문하자 워든은 이라크의 방공체계를 파괴하면 된다고 단순하게 답변했다.

브리핑이 끝난 후 추가 논의가 2시간 동안 계속되었다. 마지막에 합참의 마이어 소장은 슈워츠코프에게 우리가 더 도와줄 게 없냐고 물었다. 이에 중부사령관은 워든을 가리키며 말했다. "최소한 한 명을 데리고 사우디 리야드로 가게. 리야드로 가서 호너 중부사 공군 구성군사령관에게 이 내용을 브리핑하게. 그리고 그곳에서 진행되고 있는 항공전역 계획작성을 그만두라고 전해 줘. 당신이 이 계획을 계속 발전시켜 실행할 수 있는 구체적인 작전계획으로 만들게."

슈워츠코프는 이미 쿠웨이트를 해방하라는 명령을 받게 된다면 이라크군을 공습으로 괴멸시킨 후 결국에는 지상작전을 수행해야 할 것이라고 마음속으로 결론지었다. OPLAN 1002-90은 이런 전략을 지지하고 있었고, 호너는 이미 슈워츠코프에게 항공력으로 무엇을 달성할 수 있는지에 대해 언급했다. 슈워츠코프도 미군이 공대지 공격을 실행하기 전에 해당 전구에서 공중우세를 확보해야 한다는 것과, 인스턴트 썬더 계획이 자신의 중부사 참모들이 제안한 지상작전 계획과 필적할 만한 가치가 있음을 알고 있었다. 따라서 인스턴트 썬더는 체니가 요구한 보복 공격 옵션과 전면전의 첫 번째 단계라는 두 가지 기능을 수행하게 될 것이었다. 중부사령관은 워든이 브리핑을 듣는 동안 만약 대통령이 그에게 쿠웨이트 해방을 위해 공세적인 작전을 실시하라고 명령할 경우, 그는 수뇌부에게 다음의 4단계로 구성된 계획을 제시하겠다고 결심했다. ① 이라크에 대한 공중우세 확보 및 이라크 정권을 무력화시키기 위한 전략적 항공전역, ② 쿠웨이트 상공의 공중우세 확보를 위한 항공전역, ③ 쿠웨이트 주둔 이라크군의 작전 효율성을 대폭 감소시키기 위한 탱크 및 야포, 그리고 병력에 대한 일련의 공습, ④ 쿠웨이트의 해방을 보장하는 지상전역이 여기에 해당된다.

호너 중장: "놀라움을 금할 수 없네."

한편 8월 6일부터 사우디 리야드에 있던 호너 중부사 공군 구성군사령관은 여전히 걸프 전역에 항공력을 전개시키는 데 힘쓰고 있었다. 그는 이라크가 언제든 사우디아라비아를 침공할 수 있다고 우려했으며, 그의 참모들은 매일 밤낮으로 그와 같은 공격을 막기 위한 계획을 수립하고 있었다. 8월 중순까지 호너는 두 가지 항공 옵션을 마련했다. 첫 번째 옵션은 'D-Day ATO'로서 이라크가 사우디로 진격하는 것을 저지하는 것이었다. 이 옵션은 가용한 지상 군사력이 기동전을 실시하는 동안 항공력은 이라크 병참시설에 대한 공습에 역점을 두는 것이었다. 두 번째 옵션인 'Punishment ATO'는 이라크 본토에 대한 제한적인 보복 공격이었다.

호너는 바그다드에 대한 포괄적인 공습은 고려하고 있진 않았지만 이미, 인스턴트 썬더 계획에 대해 알고 있었다. 전술공군사령부는 중부사 공군 구성군사령관인 호너에게 최신 정보를 제공해 줄 목적으로 워튼의 인스턴트 썬더와 전술공군사령부의 대안을 모두 팩스로 보냈다. 호너는 그의 눈을 믿을 수가 없었다. 공군본부의 워튼 팀과 전술공군사령부의 계획안 모두 그의 요구사항과 해당 전구의 특수성에 대한 이해 없이 작성된 것들이었기 때문이다. 물론 그는 항공력 적용방법에 대한 아이디어를 원했지만, 그에게 제공된 안은 자신이 추진하고 있던 항공전역 방식이 아니었다. 그는 잠시 두 가지 계획안을 살펴본 다음, 부사령관인 올슨 소장에게 휘갈겨 쓴 짤막한 메모를 남겼다. "마음대로 하게. 전장에서 떨어져 상아탑에 갇혀 있는 사람이 무얼 해야 하는지도 모르면서 어떻게 이런 안을 작성할 수 있는 거지? 놀라움을 금할 수 없네."

공군본부 기획 및 작전 부장이자 워튼의 차상위 직속 상관인 애덤스 중장은 호너에게 전화를 걸어 공군본부는 호너의 계획 부서 권한을 침범할 의도가 전혀 없으며, 이는 단지 제안의 의미라고 알려 주었다. 호너는 자기의 목표는 명확하다고 답했다. 자신의 임무는 이라크가 사우디 국경을 침범할 경우, 이라크군으로부터 사우디를 방어하는 것이지 공격적인 항공전역 계획을 개발할 의무는 없다고 밝혔다. 그는 수용적인 사람이었지만, 그 순간은 참모 부서가 '잘못된 계획'을 수립하고 있다고 믿었다. 애덤스 장군은 워튼의 사우디 방문이 원활하게 진행될 수 있도록 조정자의 역할을 해 줄 수 있는 윌슨 대령을 먼저 사우디로 보냈다. 출발에 앞서, 애덤스는 윌슨에게 호너가 '많은 질문을 하고', '소리를 지르며', '못 들은 척' 할 때도 있지만 기본적으로 좋은 사람이라고 말했다. 윌슨은 자신이 아무런 이유 없이 사자의 동굴에 던져지는 것 같은 느낌을 받았으며, 출발하기 전에 인스턴트 썬더 계획을 완벽히 파악하기 위해 뎁튤라 중령과 많은 시간을 함께 보냈다.

중부사 공군 구성군사령부의 전투계획 처장인 뱁티스트 대령은 윌슨이 8월 14일 호너에게 인스턴트 썬더 계획안을 제시할 때 같이 있었는데, 호너가 "유쾌하지 않은 표정으로 처음 몇 페이지를 훑어본 다음 나에게 자료를 던졌다."라고 회상했다. 호너는 윌슨에게 임박한 위협이 사우디 국경에 있기에 자신은 '전략적 표적'에 우선순위를 두는 것에 관심이 없다고 말했다. 호너는 계획에 사용된 용어들도 싫어했다. '중심(CoG)'은 '학술적 용어'이고, '전략적(strategic)'이란 '핵'을 의미하며, '인스턴트 썬더'는 베트남전의 느낌이 물씬 풍긴다고 했다. 더 중요한 것은, 호너는 이 안이 계획이라고 할 정도의 것이 못 된다고 느꼈다. 인스턴트 썬더는 단순히 승리하기를 희망하면서 바그다드를 공습하는 것에 불과해 보였는데, 희망은 계획을 수립하는 데 있어 좋은 근거는 아니었다. 윌슨의 설명 능력 부족도 호너의 인스턴트 썬더에 대한 부정적인 선입견을 키웠다.

그리스에서 사우디 리야드로 가는 중 재급유를 받는 동안 인스턴트 썬더 계획을 검토하고 있는
하비 중령, 워든 대령, 뎁튤라 중령, 스탠필 중령(좌에서 우로)
뎁튤라 중령 제공(1990.8.18.)

워든과 그의 핵심 팀원들이 5일 뒤 사우디 전구에 도착했을 때, 윌슨은 그들에게 호너가 공군본부의 관여에 화가 나 있고, 그는 공격보다는 방어 계획에 중점을 두고 있다고 말했다. 워든은 그의 말에 크게 신경 쓰지 않았다. 파월과 슈워츠코프가 이미 이 계획을 지지하고 있으며, 본인에게 인스턴트 썬더 계획을 논리적으로 설명할 기회만 주어진다면 바로 호너를 자기편으로 만들 수 있다고 믿었기 때문이다. 그는 호너가 도전받는 것을 좋아하며, 모든 측면을 고려했는지를 확인하기 위해 많은 질문을 던진다고 들었다. 워든의 개인적인 목표는 호너가 인스턴트 썬더 계획 추진을 승인하고 그를 사우디에 남도록 허락하는 것이었다.

워든은 인스턴트 썬더 계획 개발에 깊이 참여하고 있는 세 사람인 뎁툴라와 하비, 그리고 스탠필 중령으로 구성된 브리핑 팀과 함께 사우디 리야드로 날아갔다. 8월 19일 사우디에 도착한 그들을 중부사 공군 부사령관인 올슨 소장이 맞이했다. 그는 워든의 팀에게 인스턴트 썬더 계획을 중부사 공군 핵심 참모들을 대상으로 브리핑해 줄 것을 요청했으며, 다음 날 호너와의 회의가 계획되어 있다고 말했다. 올슨과 뱁티스트, 그리고 먼저 도착해 있던 윌슨 대령 외에도 그 브리핑에 참석한 중부사 공군 소속 고위급 장교들에는 폭격기 전력 지휘관인 카루아나 준장과 전자전 전력 지휘관인 헨리 준장, 작전 처장인 크리거 대령 및 정보 처장인 레오나르도 대령이 있었다. 워든은 브리핑을 시작하기에 앞서 슈워츠코프가 인스턴트 썬더 계획 작성을 요청했고 지지하고 있으며, 비록 공군

하비 중령, 워든 대령, 뎁툴라 중령, 스텐필 중령(좌에서 우로)
뎁툴라 중령 제공(1990.8.19.)

본부의 체크메이트 부서가 주도하긴 했으나, 타 군과 합동하여 계획을 수립했고, "말이 되면 사용하고, 그렇지 않으면 버린다."라는 정신으로 제안한 계획이라고 설명했다.

인스턴트 썬더 계획에 대해 호너의 참모 중에 올슨 부사령관이 가장 긍정적이었고 헨리가 가장 회의적이었지만, 참석한 모든 사람들은 워든의 팀이 쓸 만한 계획을 갖고 왔다는 데에는 동의했다. 카루아나 준장은 인스턴트 썬더가 "상당한 호소력이 있었다…. 우리는 그 계획에 감명받았다."라고 당시를 회상했다. 그럼에도 불구하고 그는 '너무 추상적'이었다는 점을 인정했으며, 인스턴트 썬더가 칭찬할 만한 많은 요소가 있다 하더라도 중부사 공군은 그 당시 실행 가능한 사우디아라비아의 방어 계획을 구상하는 것에 몰두하고 있었다는 크리거와 뱁티스트의 평가에 동의했다. 올슨 소장은 워든의 팀이 이곳에 와 줘서 기쁘다고 말하면서 회의를 끝냈다. 그는 그들의 도움이 필요했고, 그들이 남아 주길 바랐다.

다음 날 아침, 중부사 공군 참모들은 새로 도착한 워든 팀에게 사우디아라비아 유전 지대에 대한 이라크군의 추가 공격을 방어하기 위한 계획인 'D-Day ATO'를 브리핑했다. 그들은 그 계획에 대해 찬반 논의를 한 다음 인스턴트 썬더 계획으로 돌아왔다. 워든이 중부사 공군 참모들에게 인스턴트 썬더 계획의 개선점에 대해 물었을 때, 크리거 작전 처장이 인스턴트 썬더가 중부사 공군 계획 입안자가 제시하지 못한 광범위한 깊이와 폭을 갖춘 표적군을 제시하고 있다는 점을 인정하면서 몇 가지 전술적인 제안을 제시했다. 다시 한번 분위기는 긍정적으로 보였다. 올슨 부사령관은 오후에 워든이 호너에게 인스턴트 썬더를 브리핑할 수 있도록 자리를 주선해 주었다. 이 회의는 아주 바빴던 지난 12일간의 계획수립 과정의 마지막이 될 것이었다.

호너는 그동안 진행된 전체적인 항공전역 계획과 관련된 여러 노력에 복잡한 감정을 갖고 있었다. 그는 공군본부 참모들이 그를 배제하고 계획을 세운 것에 화가 나 있었다. 호너는 윌슨과 뱁티스트 대령에게 분명한 어조로 전쟁 계획이 워싱턴에서 개발되어서는 안 된다고 말했다. 그는 또한 러스와 애덤스, 라이언 및 듀간 장군들과의 통화를 통해 인스턴트 썬더 계획에 대해 어느 정도는 알고 있었고, 전술공군사령부가 이 계획에 대해 부정적이라는 사실도 알고 있었다. 올슨 부사령관은 호너에게 인스턴트 썬더 계획이 특별한 장점이 있으며, 전구 내에 확실히 워든과 같은 유능한 인물이 있어야 한다고 말했다. 대조적으로 전자전 전력 지휘관인 헨리 준장은 그에게 계획이 불완전하다는 점을 강조했다. 슈워츠코프는 그 계획에 상당한 열의를 보였으나, 호너에게는 본인이 적합하다고 생각하는 계획을 실행하라고 지시했다. 호너는 이 브리핑에서 양질의 토론을 기대했지만, 워든은 확실히 인스턴트 썬더의 가치를 입증해야만 했다. 장군은 이번 브리핑을 워든의 면접으로 간주했다. 호너는 워든이 잘하면 그를 전구에 남도록 할 것이고, 그렇지 않으면 공군본부로 다시 보낼 생각이었다.

브리핑은 시작부터 별로였다. 워든은 회의가 14시에 시작된다고 알고 있었기 때문에, 호너가 13시 55분에 도착했을 때 다른 방에 있었으며, 중부사령관이 대령을 기다려야 하는 상황이었다. 공식적인 소개나 인사도 없었다. 호너가 자리에 앉았을 때, 워든은 사탕 상자를 장군 앞에 놓으면서, 바닥에 놓여 있는 과자와 스킨로션 및 립밤, 선크림과 일회용 면도기로 가득 차 있는 가방에 대해 설명했다. "이것들은 이곳에 이런 물품이 부족할 거라고 생각한 애덤스 장군이 보낸 것입니다." 워든은 이런 우호적인 태도가 딱딱한 분위기를 풀어 줄 것이라고 생각했으나, 호너는 우리를 비하하는 것으로 생각하여 찌푸린 얼굴로 불쾌함을 표현했다. 그는 "나는 이따위 것들은 하나도 필요 없네."라고 말한 후, 해당 물건을 한쪽으로 치운 후 워든에게 "브리핑하게."라고 명령했다. 워든은 "그 후 브리핑 분위기가 전혀 나아지지 않았다."라고 회상했다.

워든은 3일 전에 슈워츠코프에게 한 것과 동일한 브리핑을 실시했다. 워든은 공격적인 항공전역의 필요성을 설명하며 브리핑을 시작했지만, 호너는 조바심을 내며 워든에게 "기초적인 항공력 강의는 넘어가라."라고 지시했다. 긴장한 워든은 브리핑 속도가 빨라졌고 거의 중단하지 않고 발표했다.

뼛속까지 전투 조종사였던 호너는 여러 가지 호전적인 비평과 질문을 계속했다. 워든은 미국이 더 늦기 전에 신속하게 작전을 수행해야 한다고 제안했을 때, 호너는 후세인이 궁지에 몰려 있기 때문에 시간은 미국 편이라고 주장했다. 워든이 스텔스기와 정밀무장에 대해 호평하자, 호너는 F-117이 실전에서 제대로 검증된 적이 없다는 점을 들며, 레이저유도무기를 장착한 F-117을 공세적인 항공전역의 주역으로 사용하는 것을 주저했다. F-117은 1989년 12월에 있었던 파나마 침공 작전에 투입됐지만, 호너는 F-117이 별다른 성과를 보여 주지 못했으며, 사후 검토 보고서 내용도 실망스러웠다고 생각했다. 그는 워든이 정밀유도무기에 비중을 두는 것을 강력히 비판했다. 그는 실제 주안점은 '무기의 정밀 투하'이며, "표적을 명중시킬 수만 있다면 사용하는 폭탄의 종류는 아무런 문제가 되지 않는다."라고 강조했다. 호너는 또한 "표적은 표적일 뿐이다."라고 말하면서 워든에게 전략적 및 전술적 표적이라는 용어 사용을 그만두라고 지적했다. 호너는 해군의 토마호크 순항 미사일에 대해서는 탄두가 소형이며, 이런 순항 미사일을 개발한 것은 군수업체가 무기를 판매하고 해군의 예산 사용을 정당화하기 위한 시도일 뿐이라고 말했다. 워든이 항공력 적용에 있어 타군과의 구역 분할을 제안했을 때, 호너는 그가 정신 나갔다고 생각했다. "구역 분할을 들먹이지 말게. 베트남전에서 그렇게 했다가 실패했는데 다시는 그런 짓은 안 할 거네." 워든이 심리전을 적용하여 전략적 전역을 보완할 필요가 있다고 말했을 때, 호너는 "그건 전술적 수준에서 추진해야 할 사안이며, 대부분 육군이 담당해야 할 임무야."라고 주장했다.

호너는 워든에게 인스턴트 썬더 계획이 몇 가지 좋은 점을 갖고 있다고 말했다. 지휘부와 지휘통제 체계 표적화에 대해서는 긍정적이었지만, '후세인을 제거하는 것'에 대해서는 회의적이었다. 그는 "머리와 몸통을 분리시킨다는 기본적인 전제가 마음에 안 드네…. 후세인 정권을 변화시키고 싶다면 이것을 운에 맡길 수는 없는 일이네."라고 말했다. 호너는 미국이 후세인을 제거하고자 한다면 정보가 충분해야 하며, 항공전역이 최소한 이라크의 지휘통제 체계는 파괴해야만 한다고 주장했다. 워든은 자신이 아직 복잡한 이라크의 지휘통제 체계에 대해 충분한 정보를 갖고 있지 않음을 인정했고, 호너는 이에 대해 정보를 얻는 것은 공군본부의 참모가 아닌 중부사 공군 구성군 참모의 임무라고 했다. 워든은 또한 이라크 지휘통제 체계를 완전히 파괴하는 것이 불가능할 수도 있으며, '후세인을 잠시 동안 고립'시키는 것만으로도 충분하다고 언급했지만, 호너는 후세인을 제거할 경우 누가 후계자가 될 것인지 알 필요가 있다고 응수했다. 호너는 워든의 주장에 대해 "뱀의 목을 자르는 계획처럼 들렸다. 나는 이 계획이 교묘한 계획이 아니라 정면돌파 계획으로 들렸다."라고 말했다.

호너는 또한, 바그다드 중심부를 공격하면 단기적으로는 이점이 있을 수 있으나, 향후 200년 동안 미국과 아랍 국가 간의 관계가 좋지 않을 거라고 언급했다. 호너는 추가적으로 워든에게 이런 전역을 수행할 수 있을 정도의 충분한 전력배치와 지원 요소들이 언제쯤 완료될 수 있는지에 대해 질문했다. 이에 워든은 9월 중순까지는 항공전역이 실행 가능할 수 있다고 언급했는데, 호너는 워든이 해당 항공전역에 대한 항공임무명령서(ATO) 작성에 요구되는 작업량을 너무 과소평가한다고 생각했다.

호너는 워든이 '학술적 연구'를 수행했고, 이제 중부사 공군이 "이를 현실화해야 한다."라고 결론 내렸다. 그는 인스턴트 썬더의 전략적 측면을 이해했지만, 확신하지 못한 상태였다. 그는 생사가 달린 문제였기에 전략적 공격의 성공 여부에 도박을 걸지 않을 생각이었다. 호너의 생각에는 인스턴트 썬더 계획이 여러 요소를 고려하는 측면이 부족했고, 특히 사우디 국경 인근에 배치되어 있는 이라크 지상군을 고려하지 않는 점이 매우 마음에 들지 않았다. 워든은 후세인 정권에 대한 전략적 공격이 가장 중요하다고 강조했지만, 호너는 이라크군이 8~12시간이면 사우디 다란에 도착할 것이라고 응수했고 그러한 위협에 대응하지 않을 수 없다고 말했다. 지상의 위협은 실제였고, 그 당시 호너의 주요 관심사였다. 그에게 지상군에 대한 공격을 포함하지 않는 항공전역은 있을 수 없었다. 중부사 공군의 계획 입안자들은 표적처리에 관한 철학과 기준시간에 대해 다시 생각할 필요가 있었다. 워든은 다시 슈워츠코프 중부사령관이 이 계획을 수락했음을 언급했을 때, 호너는 인스턴트 썬더가 사우디에 대한 이라크군의 공격을 유발할 수 있기에, 오히려 역효과가 발생할 수도 있다고 말했다.

워든은 브리핑 중에 이전에 작성했던 "만약의 경우: 이라크가 인스턴트 썬더에 대한 보복으로 사우디아라비아를 침공할 경우?"에 대한 추가 슬라이드를 제시하며, 예비전력으로 충분히 이라크 지상군의 진격을 저지할 수 있다고 밝혔으나, 호너의 걱정을 덜어 주지는 못했다. 워든은 브리핑 슬라이드로 다시 돌아와 호너에게 전략적 공격을 받는 국가가 왜 제대로 된 추가적인 지상 공세를 실시할 수 없는지에 대해 상세히 설명했다. 또한, 워든은 휘하의 키랄리 대령 주도로 작성된 '인스턴트 썬더 단계 II: 쿠웨이트 주둔 이라크군에 대한 작전'을 언급하며, 그의 팀이 이라크 지상군에 대한 위협도 연구했고, 해당 위협을 처리하기 위한 옵션도 개발했다고 밝혔다. 그러나 그는 이 주제를 다음의 세 가지 이유에서 구체적으로 브리핑하지는 않았다. 첫째, 그는 이 논의가 인스턴트 썬더 계획의 전략적인 중요성을 희석시키지 않을까에 대해 우려했다. 둘째, 그는 지상군을 표적으로 삼는 것이 옳지 않다고 믿었으며, 마지막으로 슈워츠코프가 호너에게 브리핑 시 본인에게 한 것과 똑같은 내용으로 하라고 지시했기 때문이었다.

워든은 자신 있게 이라크 지상군 위협이 중요지 않다는 설명을 반복했다. 그는 "장군…. 장군께서는 적 탱크에 대해 너무 많은 신경을 쓰며, 지나치게 걱정을 하고 계십니다…. 장군은 지상전에 대해 지나치게 비관적이십니다."라고 말했다. 이런 발언은 브리핑 참석자들에게 큰 충격을 주었다. 대령이 이런 단어를 사용하여 3성 장군에게 말하는 것은 예의에 어긋나는 행위였다. 뎁툴라 중령은 모든 사람들이 "깊은 한숨을 내쉬고 있었으며, 핀 떨어지는 소리도 들을 수 있을 정도였다."라고 당시를 회상했다. 모두들 호너 장군이 대령을 회의실 밖으로 쫓아내 버리고 브리핑을 끝낼 것이라고 예상했지만, 호너는 서서히 헨리 준장 쪽으로 돌아본 후 살짝 웃으면서 다음과 같이 말했다. "나는 매우 참을성이 많은 사람이네. 그렇지 않은가…. 나는 아주 관대한 사람이지 않은가…. 나는 지금 자네들 모두가 예상했던 반응을 보이지 않기 위해 노력하고 있다네. 그렇지 않은가?" 호너와 헨리는 워든이 거기에 없는 것처럼 대화했고, 대령은 장군이 '겸손한 척'하고 있다고 느꼈다. 워든은 사과했고, 호너는 이 사과를 받아들였지만, 워든은 곧 브리핑이 갈 때까지 갔다는 것을 깨달았다.

호너는 워든이 '주고받는 것'에 유연하고 팀워크의 기술을 알고 있으며, 그가 전적으로 신뢰할 수 있는 공군 장교이길 바랐다. 중부사 공군 구성군사령관으로서 그는 세부 사항에 관해서는 기획부장에게 맡기곤 했다. 그의 즉각적인 평가는 워든이 항공전역 기획 총책임자로서 적절하지 않다는 것이었다. 호너는 워든 휘하 3명의 중령에게 각각 내 밑에서 일할 수 있는지에 대해 질문했고 그들은 수락했지만, 워든에게는 가능한 한 빨리 이곳을 떠나라고 말했다. 워든은 즉시 출발했다. 이후 두 사람은 결코 다시 만나지 않았다.

호너는 그의 불안감을 이렇게 요약했다.

> 공군본부에서 일할 때는 다양한 것을 생각하고 그것에 대해 말하는 것은 쉽지만, 여기는 최전선이므로 생각하는 방식과 우선순위를 바꾸어야 한다. 우리의 목표는 항공임무명령서(ATO)를 작성하여 그것을 실행하는 것이다…. 여기에는 정해진 답이 없어야 한다…. 우리의 목표는 이라크군을 제거하는 것이다. 항공력만으로는 그러한 목표를 달성할 수 없다.

호너는 워든이 이라크 지상군 위협을 무시하는 것에 대해 무책임하다고 생각했고, 전체 계획의 한 요소로서 지휘부를 공격하는 아이디어는 좋다고 생각했지만, 워든이 이에 대한 성공적인 방법을 제시하지 못했다고 결론지었다. "비전을 갖는 것과 그 비전을 실현시키는 것은 다른 문제이다." 따라서 호너는 인스턴트 썬더 계획을 폐기했다. '미완성'이고 '미숙'했던 이유로 호너의 시험을 통과하지 못한 것이다. 호너의 회고록인 *Every Man a Tiger*에서 그는 당시 상황에 대해 이렇게 썼다.

> 불행하게도 브리핑은 삐걱거리며 시작됐다. 문제는 워든 대령이 수년 동안 페르시아만 전역을 연구해 왔고 수십 년간 항공력을 연구해 왔던 나와 같은 사람이 아닌 다른 청중들을 대상으로 브리핑을 준비했다는 점이었다…. 그것은 불필요한 상투적인 내용이 눈에 많이 띈다는 의미였다…. 인내심은 나에게 어울리지 않았고 나는 학술적으로 설명하는 것을 좋아하지 않았으므로, 워든에게 그가 준비한 발표 내용 말고 핵심만 발표하라고 했다. 내가 지적인 것(워든은 확실히

지적이었다)을 원했다면 대학원 1년 차의 과정을 들었을 것이다. 이라크 지상군을 어떻게 다룰 거냐는 나의 질문마다 워든 대령은 그 사항이 중요치 않은 것처럼 취급했다. 설령 그가 옳았다(상당히 의심스럽지만) 할지라도 그는 나를 바보로 취급하지 않는 게 현명했을 것이다. 현장 지휘관이 바보일 수도 있으나, 그런 지휘관도 바보 취급을 당하는 것을 좋아하지는 않는다. 워든의 문제점은 부분적으로는 개인적 오만함에 기인한 것이라고 확신한다. 논의가 지리멸렬해짐에 따라 회의실의 긴장감도 고조되었다. 워든과 나는 항공전역 계획을 다른 시각으로 바라보고 있다는 한 가지 사실은 분명해졌다. 그는 최종적으로 항공전역을 표적 목록이 포함된 뉴턴식의 과학으로 본 반면, 나에게 항공전역이란 항공임무명령서(ATO)와 군수, 타 군 및 연합군 간의 조율, 그리고 공군본부에서 근무하는 워든으로서는 전혀 걱정할 필요가 없는 엄청난 수의 사소한 문제들을 다루는 것이었다. 슬프게도 나는 사상가로서의 그의 뛰어난 능력이 중부사 공군 구성군사령부의 항공전역 계획팀과 함께 일하는 것에 걸림돌이 된다는 사실을 깨달았다. 워든은 자신의 이론을 너무 많이 사랑했고, 중부사 공군이 요구하는 의사소통을 감당하기에는 너무 까다로운 사람이었다. 워든은 본토로 돌아갔고 그곳에서 중요한 계획수립 및 표적 관련 정보를 제공함으로써 우리를 계속 지원했다. 그러나 내가 보기에 그는 전쟁의 본질로부터 동떨어진 인물이었다.

호너는 워든의 의견 제안 방식이 마음에 들진 않았지만, 그의 팀(체크메이트)이 자랑할 만한 '걸작'인 표적군에 대해서는 높이 평가했다. 그는 인스턴트 썬더 계획이 훌륭한 점도 있고 워든이 표적을 전체적인 정치적 목표와 연관시킬 수 있는 뛰어난 능력이 있다고 인정했다. 사실 그는 워든이 징치직 목표를 식별한 다음 국가선략을 _1_가 제시한 항공전역과 연결한 것에 대해 좋은 인상을 받았다. 그럼에도 불구하고 호너는 워든의 지나친 전략적 동심원 관점에서의 사고와 적의 급소를 직접 공격하는 방법 말고도 더 적절한 공격 방법이 있지 않을까 하는 느낌을 떨쳐 버릴 수가 없었다. 그는 "우리의 지상군이 공격받고 있는데 적의 중심을 공격하는 것이 무슨 의미가 있겠는가…? 천재적인 만큼 비상식적인 계획이었다."라고 생각했다.

의심할 여지 없이 이 회의는 두 인물의 성격뿐만 아니라 아이디어 간의 충돌이었지만, 핵심은 워든과 호너가 기본적으로 전략적 공격작전의 상대적인 중요성에 대해 이견을 갖고 있다는 점이었다. 호너는 이라크 지상군을 극복하기 어려운 실질적인 위협으로 간주했으며, 인스턴트 썬더를 조기에 실행할 경우 연합군이 격퇴하기 어려운 이라크 지상군의 공격을 촉발시킬 수 있다고 우려했다. 반면 워든은 그러한 공격이 다음과 같은 이유로 방지될 것이라고 믿었다.

> 나는 이라크 본토 방어선이 붕괴되는 상황에서 이라크군이 연합군의 감시를 피해 부대를 조직하여 반격작전을 감행할 가능성이 매우 낮다고 본다. 보통은 그렇게 할 수 없다. 일어날 수 없는 일인 것이다. 역사상 그런 사례는 없었고, 그런 일이 지금 일어날 거라고 생각할 만한 근거도 없다. 물리적으로 통신 및 군수 지원과 훈련 시간 등의 부족으로 반격 상황은 발생하기가 매우 어렵다. 그럼에도 불구하고 이러한 상황이 발생할 경우를 대비하여 우리는 A-10을 예비전력으로 유지하는 것을 권고했다… 이후에 우리는 전략적 임무에 필요치 않은 AV-8과 A-10, 그리고 일부 F-16을 예비전력에 추가하였다. 이라크가 반격할 경우, 우리는 진격 중인 이라크 지상군을 대상으로 전략적 공격 능력이 없는 이러한 항공기를 투입할 것이다. 이를 통해 우리는 이라크 지상군을 저지하거나 진격 속도를 충분히 늦출 수 있으며, 그들이 작전 또는 전략적으로 중요한 위치에 도달하지 못하도록 할 수 있을 거라고 확신한다.

돌이켜 보면, 두 사람은 각각 상대방이 큰 비중을 두고 있던 자신의 관심 사항을 무시했다고 느꼈다. 이후 워든에게 당시 브리핑 시의 느낌이 어땠냐고 물었을 때, 그는 잔인한 환대였다고 답했다. "우리는 실수를 했고 바보짓을 했다. 분명히 더 나은 방식으로 브리핑을 할 수도 있었을 것이다. 완전히 망쳤다고 생각했지만, 인스턴트 썬더의 내용을 알고 있었던 세 명의 중령이 여전히 호너 밑에 있었기에 모든 희망을 잃은 것은 아니었다."

흥미로운 점은 호너와 워든 둘 다 상대방이 베트남전의 교훈을 이해하지 못했다고 생각했다는 점이었다. 호너는 워든의 팀이 백악관에서 대통령과 앉아서 화요일 점심 만찬을 즐기면서 표적을 골랐을 것으로 생각한 반면, 워든은 호너가 항공력을 올바르게 적용하지 않을까 봐 걱정했다. 중부사 공군 참모들은 인스턴트 썬더를 '좋은 아이디어였지만 환대받지 못한 계획(a good idea, but a bad sell)'이었다고 요약했는데, 이는 반박하기 어려운 결론이었다.

워든은 워싱턴의 공군본부로 돌아왔을 때 분명히 최악의 상태였다. 심지어 일부는 그의 영향력이 이제 끝난 것으로 보았으나, 그는 상황이 생각만큼 나쁘지 않다고 결론 내렸다. 그는 그의 표적 선정 철학을 항공전역계획 과정에 주입시켰고, 그가 공군본부 내 그의 부서(체크메이트)를 사우디에 남기고 온 세 사람을 지원하는 기관으로 사용할 수만 있다면 그가 뿌려 둔 씨앗이 결실을 맺을 수 있을 거라고 보았다. 결국, 파월과 슈워츠코프 장군은 이러한 그의 노력을 지지했고, 호너의 축복도 원했지만, 중부사 공군 구성군사령관이 그러한 그의 노력을 좌절시킬 만한 권한이 없다고 확신했다.

워튼이 워싱턴행 비행기에 탑승했을 때, 그가 모르고 있었던 사실은 호너가 이미 전략적 항공전역 계획과 관련된 항공임무명령서(ATO) 개발 임무를 수행할 수 있는 전문팀의 구성을 지시했다는 점이었다. 뎁툴라 중령이 책임자로 임명된 이 팀의 구성은 인스턴트 썬더 철학의 대부분이 살아남을 수 있음을 의미하는 것이었다.

인스턴트 썬더 계획수립 과정이 제시해 주는 핵심적인 교훈은 강력한 정신과 비전을 소유한 소수 개인이 전쟁 계획수립과 관련하여 기존의 지휘계통을 거치지 않은 상황에서 사건의 흐름을 포착하고 일관성과 확신, 그리고 비전을 무기로 전쟁 계획을 기존과 다른 방향으로 이끄는 것에 성공함으로써 가능성을 현실로 구현했다는 점이다. 워튼과 그의 팀은 위기 상황에서 전략적 관점을 견지하고 이라크 정권과 그 지휘부를 직접적인 표적으로 하는 공세적 계획을 제시함으로써, 누구도 채우려 하지 않았고 또한 채울 수 없을 것 같았던 결정적인 공백을 메웠다.

IX.
체크메이트:
군사적 전역 지원

사우디 리야드에서 돌아왔을 때, 워든은 항공전역 계획수립 과정에 도움이 될 수 있는 전문가들을 자신의 팀으로 끌어들이기 위한 일련의 노력을 시작했다. 이 중에는 육·해·공군 및 해병대 출신의 장교들뿐만 아니라 정부와 민간 기관의 중간급 직위의 인원들이 포함되었는데, 해당 분야의 전문성과 중요한 정보를 제공해 줌으로써 항공전역 계획입안자들에게 큰 도움이 되었다. 그 과정에서 워든의 팀은 공식적인 전시 정보보고와 항공전역 계획 개발에 큰 영향을 미친 비공식적인 조직이 되었다. 결과적으로 워든과 새롭게 구성된 그의 팀은 사우디 리야드에 있던 계획입안자들이 항공전역 계획을 확장하고 구체적으로 완성할 수 있도록 도와줌으로써 사막의 폭풍 작전이 실행 가능한 계획이 될 수 있도록 하는 데 있어 결정적인 기여를 했다.

애벌레에서 나비로

워든은 8월 20일에 아주 낙담한 심정으로 사우디 리야드를 떠났지만, 호너가 하비와 스탠필, 그리고 뎁툴라 중령을 중부사 전구에 남겨 두기로 결정했기 때문에 완전히 희망을 잃은 것은 아니었다. 그러나 이 세 명은 기존의 중부사 공군 참모들에게 환영받지 못했다. 그들은 주로 사우디 방어 계획 임무를 맡고 있었고, 호너가 비난한 워든의 항공전역 계획의 목적이나 긴박감에 대해서는 전혀 알지 못한 상태였다. 항공전역 계획 전문가와 컴퓨터, 그리고 시간이 부족했던 중부사 공군은 아직 구체적인 지시가 내려온 것도 아닌데 귀찮기만 한 공세적 항공전역계획 수립 임무를 달가워하지 않았다. 3명의 중령은 '유배자'가 된 느낌이었고, 하비는 그의 일기장에 "호너의 공세적 항공전역에 대한 부정적인 태도는 슈워츠코프의 긍정적인 태도 및 전투 정신과는 완전히 반대였다."라고 적었다.

중부사 전구와 워싱턴에 있던 정보특기 장교들은 그들의 공세적인 공중 공격 옵션 개발 노력을 의도적으로 평가절하하려는 것 같았다. 하비는 정보부서들이 그들을 배척하고 있다고 다음과 같이 기록했다. 그들은 "우리에 대해 중부사 공군에서 빈둥대고 있는 유배자이고, 인스턴트 썬더 계획은 공군대학의 한 연구논문에 불과하며, 호너가 그들을 다시 워싱턴으로 보내는 것은 시간문제이다."라고 생각했다. 스탠필 중령은 기존의 표적 목록과 인스턴트 썬더 표적을 표시해 둔 지도, 그리고 심지어 슈워츠코프 장군 브리핑 시 사용한 표적 영상 자료와 같은 기초적인 정보를 확보하는 데에도 어려움을 겪고 있었다. 공군정보국 표적 처장인 블랙번 대령은 84개의 인스턴트 썬더 표적에 대한 영상 정보를 제공하지 않았으며, 워든이 자신의 표적 선정 요원들을 제대로 대우해 주지 않았다고 생각했기 때문에 사우디 리야드로 가는 것도 거부했다.

하비는 워든에게 전화해, 그들이 받고 있는 대우에 대해 좌절감을 느끼고 있으며, 인스턴트 썬더가 운이 다한 것 같다고 말했다. 그러자 워든은 공군본부에 있는 그의 팀을 최대로 활용하여 3명의 중령이 필요로 하는 정보를 제공해 주겠다고 약속했다. 그는 전략적 관점을 유지하는 것이 얼마나 중요한지에 대해 다시 한번 강조했고, 필요한 무엇이든, 자신에게 전화하라며 세 사람을 격려했다.

'인스턴트 블런더'

반면 호너는 또 다른 새로운 전역계획이 고위지휘부로부터 선택받기 전에 슈워츠코프가 지시한 공세적 항공전역 계획을 빨리 시작해야만 했기에, 공격작전을 개발할 적임자로 글로슨 준장을 임명했다. 당시 글로슨 준장은 페르시아만에 배치된 美 함정 라살레호에 있던 합동기동부대의 부사령관이었는데, 이전부터 호너에게 자신이 해당 직위를 그만두고 공군으로 돌아와 실제 작전에 투입되길 간절히 원한다고 말했었다. 이 둘은 이미 서로 잘 알고 있었고, 호너는 글로슨에게 '특별 계획 그룹(Special Planning Group)'의 수장을 맡겼다.

8월 22일 글로슨이 리야드에 도착했을 때, 전자전 전력 지휘관인 헨리 준장은 그에게 호너 장군이 인스턴트 썬더 계획의 미흡함을 발견했다고 말했다. 헨리의 관점에서 이 계획은 '즉각적인 실수(Instant Blunder)'로 불려야 한다고 생각했다. 왜냐하면, 그는 '바그다드에서의 지옥 같은 6일'로는 전쟁이 끝날 것 같지 않았기 때문이었다. 헨리는 "히틀러가 이런 실수를 했지. 안 그런가? 우리가 런던을 폭격하면 그들이 항복하겠지. 그러나 그런 일은 일어나지 않았어. 인스턴트 블런더도 똑같을 것이네."라고 말했다. 그는 글로슨에게 자신은 워든과 그의 팀이 '학술기관'에 불과하다고 생각하며, 호너가 워든을 거의 바보로 만들어 본국으로 돌려보낸 것은 당연하다고 말했다. 글로슨에 따르면

리야드 위치한 사우디 공군본부로 차를 몰고 갔을 때, 헨리는 나에게 비옥한 땅에서 '움푹 들어간 곳과 하수구 구멍'까지 중부사 공군의 지세에 관한 최신 정보를 알려 주었다. 그는 이틀 전에 워든 대령이 했던 브리핑을 하수구 구멍으로 비유했다. 헨리는 나에게 호너가 워든이 제시한 많은 핵심 주장들을 어떻게 비난했고, 그를 어떤 방식으로 본국으로 쫓아냈는지에 대해 이야기해 주었다⋯. 저녁을 먹은 후, 호너와 나는 다시 사우디 공군본부로 돌아와서 개인적인 시간을 가졌다. 그가 가장 크게 걱정하고 있던 것은 본토에 위치한 美 공군본부의 참모들이 항공전역 실행과정에서 자신을 통제하려 하고 있다는 점이었다.

호너는 글로슨에게 항공임무명령서(ATO) 개발에 5일의 기간을 주면서, 백지상태에서 시작하거나 인스턴트 썬더 계획의 일부를 사용해도 좋다고 말했다. 뎁튤라 중령이 글로슨에게 인스턴트 썬더 계획을 브리핑하자, 그는 놀라워하면서 "계획이 매우 훌륭했다⋯. 브리핑은 단 84개의 표적만을 제시했지만, 그 당시 제시된 84개의 표적은 중부사 공군이 보유하고 있던 것보다 훨씬 가치가 있었다."라고 인정했다. 또한, 그는 인스턴트 썬더 계획이 제공작전의 중요성을 충분히 반영하지 않았고, 이라크 정권을 지탱하는 군사력에 대해 제대로 파악하지 않았으며, 전역을 6~9일 이내에 끝내겠다는 비현실적인 약점이 있음을 재빨리 알아차렸다. 그는 자신의 일기에 "3개의 파가 아니라 15개 파로 구성된 항공전역이 필요하다. 6일은 어처구니없다."라고 썼다. 2개 또는 3개 파로 구성된 항공전역으로는 '후세인의 코피나 흘리게 할 뿐'이라고 주장했다. 글로슨은 "워든의 노력은 분명 가치가 있었지만, 인스턴트 썬더를 계획한 사람들 모두는 호너의 직책이나 그의 관심사에 대해서 전혀 고려하지 않았다⋯. 그들 모두는 워든이 중요시했던 부분이나 자신들이 중요하다고 생각한 것들만을 고려했을 뿐이었다."라고 결론지었다. 동시에 그는 다음과 같이 인스턴트 썬더가 향후 항공전역 계획에 있어 기초 자료가 될 것이고, 호너가 워든을 본국으로 돌려보낸 것에 대해서는 '워싱턴의 간섭 우려와 워든이 자신을 대하는 태도에 대한 분노의 과잉 반응'이었다고 판단했다.

내가 리야드에 도착해서 중부사령부 또는 중부사 공군 구성군사령부의 공격계획을 보여 달라고 했을 때, 그들은 아무것도 제시하지 못했다. 그래서 나는 전술공군사령부(TAC)나 합참이 수립한 계획을 보여 달라고 요청했다. 그러자 그들은 사우디 방어 계획과 이라크에 대한 제한적인 공격 옵션을 제외하고는 보유하고 있는 것이 없다고 했다. 그들은 아무것도 제공해 주지 않았다…. 상상해 보라. 우리가 美 대통령에게 제시해 줄 실행 옵션도 없이 그곳에 앉아 있는 모습을…. 내가 받은 유일한 정보는 워든의 체크메이트 부서가 만든 인스턴트 썬더가 전부였다.

이후, 글로슨 준장은 가용자원과 인력, 업무공간 및 필요 물품들을 준비하여 항공전역 계획수립을 위한 기반 여건을 구축했다. 반면 뎁툴라 중령은 대부분의 인스턴트 썬더 철학이 그대로 반영된 '공격 흐름(Attack Flow)'에 관한 초안을 작성했다. 따라서 뎁툴라는 전략적 항공전역 계획수립 임무에 있어 핵심 인물이 되었다.

글로슨은 전략적 옵션 개발에 있어 물리적 장애와 관료주의를 극복해 나갔고, 그 과정에서 뎁툴라, 하비, 스탠필 중령은 더 이상 유배자 신세가 아니었다. 그들은 글로슨에게 공중공격 계획이 쿠웨이트에 있는 이라크 지상군이 아니라 후세인 정권을 목표로 해야 한다는 확신을 심어 주었고, 호너가 제기했던 문제점의 해결책을 찾으면서도 비화 전화로 워든과 긴밀한 연락을 취하고 있었다. 뎁툴라는 신속하게 인스턴트 썬더의 표적 목록을 수정하고 투입 패키지 전력을 보강했으며, 공격 계획 수립을 완료하는 데 앞장섰다.

글로슨은 전략적 공격 임무에 중점을 둔 반면, 호너는 중부사 공군의 작전 처장인 크리거 대령과 전투계획 처장인 뱁티스트 대령에게 이라크 지상군을 표적으로 하는 공격계획을 개발하도록 지시했다. 호너는 이렇게 하면 인스턴트 썬더 계획의 기본적인 결함이 수정될 수 있다고 생각했다. 두 대령은 사우디 방어 계획에 전적으로 집중해야 했기 때문에, 그들의 유일한 출발점은 워든 팀이 작성한 인스턴트 썬더 단계 Ⅱ라는 것을 알았다. 하비 중령은 그들과 함께 해당 계획을 검토했고, 중부사 공군 소속의 계획 입안자들은 그것이 아주 유용하다고 판단하여 제목과 포맷, 그리고 내용의 대부분을 그대로 사용했다. 중부사 공군에게 작전명령을 개발하라는 지시가 떨어지자, 그들은 워든이 슈워츠코프 장군의 브리핑 자료로 제시했던 180페이지 분량의 미완성 작전명령서를 근거로 그것을 작성했다.

글로슨은 8월 26일에 '인스턴트 썬더 개념 및 실행(Instant Thunder Concept and Execution)'이라는 제목으로 호너에게 공세적인 항공전역 계획을 최신화하여 발표했다. 호너는 불만족스러워하며, 그에게 터무니없는 제목을 붙이지 말고 슈워츠코프가 공식적인 명칭을 제시할 때까지 '공세적 전역 단계 Ⅰ(Offensive Campaign Phase I)'이라는 임시 제목을 사용하라고 지시했다. 호너 장군은 향후 전역의 제목이 '사막의 XX'[142]가 될 것이라고 덧붙였다. 그는 글로슨이 결점이라고 생각한 인스턴트 썬더의 일부 내용을 삭제한 것에 대해서는 잘한 일이라고 생각했지만, 그가 그것을 제시하는 방식에는 크게 실망했다. 그 회의에 참석했던 헨리 준장은 이후에 그 계획에 대해 '준비가 부족했고 발표도 형편없었으며, 단순히 폭력적인 실행 계획'이었다고 평가했다. 그 발표는 호너에게 워든을 떠올리게 하는 브리핑이었다. 호너는 브리핑에서 사용된 용어들이 공군본부의 참모들이 사용하는 용어로, 전구 지휘관에게 사용하기에는 부적절하다고 언급했다. 그는 글로슨에게 계획의 최초 단계로 다시 돌아가고, '전략적'이라는 단어를 사용하지 말라고 명령했다.

글로슨과 뎁튤라는 밤새 브리핑 양식을 수정했고, 다음 날 호너는 브리핑의 내용 자체가 크게 바뀐 것이 없었음에도 불구하고 그 계획에 꽤 만족해했다. 표적의 수는 84개에서 127개로 늘었고, 항공전역은 3일에서 6일까지 지속될 것으로 예상했다. 글로슨은 단계 Ⅰ의 실행으로 적의 내분을 유도할 수 있는 결속력 약화와 공포 유발이 가능하다고 주장했다. 더욱이 군사력이 파괴되고 정부의 통제력이 떨어지게 되면 후세인 정권이 축출될 것이라고 예상했다.

호너는 8월 27일에 인스턴트 썬더와 아주 유사한 항공전역 계획을 승인했다. 이를 근거로 이틀 뒤 중부사 공군은 최초의 항공임무명령서(ATO)를 발간했는데, 이것은 향후 몇 주 동안 슈워츠코프가 사용할 수 있는 유일한 공격 옵션이었다. 글로슨과 뎁튤라 모두는 8월 29일 이후로 공세적 전역 단계 Ⅰ 계획과 관련해서 그들이 한 일이란 처음 인스턴트 썬더를 수정한 것과 유사하게 표적과 자산만 추가했을 뿐 항공력 운용 철학은 그대로 유지되었다고 언급했다. 뎁튤라 중령은 그저 인스턴트 썬더 계획을 '중부사 공군화'했을 뿐이라고 하며, 가장 큰 차이는 호너가 자신의 책임 범위 밖이라고 주장했기 때문에 심리전이 더 이상 항공전역 계획에 포함되지 않았다는 점이라고 언급했다.

---

142) 사막의 XX(Desert Something): 후에 '사막의 방패 작전(Operation Desert Shield)'과 '사막의 폭풍 작전(Operation Desert Storm)'으로 명명됨.

워든과 뎁툴라에게는 이라크를 재건하고 개혁하는 것이 궁극적인 목표였다. 그들은 이라크의 석유와 전력 체계를 복구할 수 있는 능력이 후세인 정권에 대한 미국의 영향력을 결정적으로 미칠 수 있는 지렛대라고 믿었다. 따라서 인스턴트 썬더는 민간인 사상자와 부수적 피해에 대한 인식과 민감성을 모두 반영했다. 뎁툴라가 작성하여 9월 2일 호너 장군으로부터 승인받은 작전명령 '공격 전역-단계 I'에는 "민간인 사상자와 부수적 피해는 최소로 유지될 것이다. 표적은 이라크 국민이 아니라 후세인 정권이다…. 이라크 국민에 대한 테러 또는 공격으로 간주될 수 있는 모든 행위는 피해야 한다."라고 적혀 있다. 중부사 전구에서의 계획수립은 "이라크 국민에게 문화적으로 그리고 종교적으로 의미가 있는 시설들은 그대로 남겨 두어야 한다."라는 워든과 뎁툴라의 지침을 준수했다. 또한, 가능한 한 이라크의 산업과 경제는 군사적 목표 및 전후 재건을 염두에 두고 공격목표로 삼아야만 했다.

크리거 대령은 쿠웨이트에 주둔하고 있는 이라크 지상군을 처리하기 위해 쿠웨이트 상공의 공중 우세를 확보한 다음 인스턴트 썬더 단계 II에서 제시된 바와 같이 이라크 지상군을 격퇴하자는 개념을 호너에게 제안했다. 호너는 크리거가 전력 재편성을 위해 한 템포 쉬어가자고 했을 때 이의를 제기한 것 말고는 전반적으로 이 제안에 만족해했다. 그는 또한, 크리거에게 해당 공격이 전략적 공격(공격 전역-단계 I)과 동시에 진행될 수 있도록 하라고 말했다.

정보 — '골칫거리'

8월 말, 항공전역 계획 입안자들의 가장 큰 좌절감은 정보 부족에서 비롯됐다. 글로슨의 특별 계획 그룹은 호너로부터 그달 말까지 항공임무명령서(ATO) 작성을 완료하라는 명령을 받았지만, 공군정보국 표적 처장인 블랙번 대령은 슈워츠코프 브리핑 시 사용됐던 영상 정보조차도 제공을 거부했다. 그는 그들이 가지고 있는 영상과 분석 자료가 실제 공격 표적으로 적용할 만큼 충분히 검증되지 않았기 때문에 줄 수 없다고 주장했다. 블랙번은 불완전하더라도 적시에 제공되는 정보가 너무 늦게 제공되는 완전한 정보보다 더 유용하다는 워든의 주장에도 흔들리지 않았다. 그는 워싱턴의 여러 정보기관이 제 역할을 하여 그 결과를 중부사 공군 구성군사령부의 정보처로 제공되는 기존의 절차를 따르고자 했다. 워든 휘하에 있다가 중부사 공군에 남게 된 3명의 중령은 중부사 공군 정보처장인 레오나르도 대령에게 워든이 블랙번 대령 때문에 느꼈던 것과 똑같은 좌절감을 경험했다. 글로슨 준장은 워싱턴과 리야드에 있는 정보부서가 그의 계획 그룹을 제대로 지원해 주지 않는 현실을 개탄했다. 그는 "이제껏 군 생활을 하면서 중부사 공군의 정보처와 같이 무능한 부서는 본 적이 없다."라고 말했다.

중부사 공군의 항공전역 계획입안자들을 곤경에서 구해 준 것은 워든의 팀이 지휘계선상에 있지 않던 기관들로부터 획득한 정보였다. 8월 22일, 하비 중령은 워든에게 정보 자료를 요청하는 팩스를 전송했다. 공군 역사가인 푸트니는 "이것이 해당 전구의 계획 입안자와 공군본부 간의 특별한 유대관계를 맺게 한 시초가 되었다. 이러한 유대는 사막의 방패 작전과 사막의 폭풍 작전 전반에 걸쳐 지속됐으며, 항공전역 계획의 개발 및 실행에 있어 상당한 영향을 미쳤다."라고 언급했다. 이 과정에서 워든은 정보 공동체 내에서 친구와 적을 동시에 얻게 되었다. 정보병과 개개인들은 워든의 헌신과 업적을 칭찬한 반면, 정보기관들은 워든이 기관의 권위를 실추시켰다고 생각했다. 정보장교들이 '규정에 따른 운용(operating by the book)'과 '훈련한 대로 임무 수행(functioning as trained)'을 주장했을 때, 워든은 기존의 절차가 부적절할 때는 "현 상황에 적합하게 임무를 수행하고 이후에 절차를 변경해야 한다."라고 반박했다. 워든의 주장에 전적으로 공감한 체크메이트 소속의 한 장교는 공군본부 정보 차장인 클래퍼 소장과 부차장인 빙햄 준장, 그리고 매일같이 체크메이트와 협업하고 있던 블랙번 대령까지도 '골칫거리(a thorn in our side)'로 묘사했다.

'항공력의 선각자'

중부사 전구에 도착한 지 2주가 채 되지 않아 스탠필과 하비 중령은 워든이 있는 공군본부로 돌아가기로 결정했다. 그들은 낙담했고 글로슨과 함께 일하는 것이 어려웠기에 워싱턴으로 돌아가 워든을 돕는 것이 더 유용할 것이라고 결론지었다. 호너는 그들을 다음과 같이 '가벼운 존재'라고 생각했다.

> 나는 인생에서 단 한 번뿐일 참전경험을 거부하고 리야드를 떠나는 그들에 대해 동정심이 전혀 없었다. 그들이 환영받지 못한다고 느꼈다면 그 이유는 여기에 있을 만큼 강인한 군인정신이 없기 때문이다. 진정한 전사라면 죽어도 리야드에 있고 싶어 했을 것이다. 단지 자신들의 아이디어가 받아들여지지 않는다고 해서 황급히 도망칠 때가 아니다. 나는 때때로 글로슨을 호되게

나무라지만 그에게서 우는소리를 들은 적은 없다.

반면 뎁틀라 중령은 그의 가치를 입증했고, 호너와 글로슨 모두는 성과를 내기 위해 애쓰는 그의 헌신을 높이 평가했다. 뎁틀라는 "당신의 아이디어가 받아들여지기를 원한다면 보스에게 그것이 정말로 본인의 아이디어라는 것을 확신시키라!"라는 방식을 적용하여 성공했다. 그리고 그는 "인정받을 수 있을 것인가에 대해 신경 쓰지 않을 수 있다면 모든 것을 성취할 수 있다."라고 생각했다. 그럼에도 불구하고 그는 워든과 전달에 논의했던 아이디어를 중부사 공군에서 구현하려 했을 때 엄청난 도전에 직면하게 됐다.

중부사 공군의 일부 참모들은 '효과를 지향하는 표적처리(targeting for effects)'라는 개념에 대해 이해하지 못했다. 뎁틀라는 적을 하나의 시스템으로 보았고, 표적군 간의 연계성을 보여 줌으로써 전역이 물리적인 섬멸보다는 마비를 달성하는 것에 중점을 두어야 한다고 계획입안자들을 설득하고자 했다. 따라서 그는 항공력이 여러 표적군을 동시에 공격함으로써 파괴보다는 분열 및 지연, 무력화와 기만 또는 기능장애를 지향해야 한다고 주장했다. 뎁틀라가 미국이 군사 표적에 집중하기보다는 지도부를 괴롭히는 관점에서 생각할 필요가 있다고 덧붙였을 때, 중부사 공군 소속의 계획입안자들은 효과를 지향하는 표적처리에 대해 항공력을 낭비하는 것이며, 중점이 없는 항공전역을 초래할 것이라고 했다. 그들은 견고한 기반시설을 파괴할 수 있는데도 라디오 및 TV 송신기, 통신 장비에 폭탄을 투하하는 것이 어리석은 짓이라고 생각했다. 심지어 글로슨 장군도 처음에는 "도대체 '효과를 지향하는 표적처리'라는 것이 무슨 뜻이냐?"라며 불만을 드러냈다. 그러나 뎁틀라가 그 개념을 구체적으로 설명해 주자 글로슨은 워든과 뎁틀라의 가장 강력한 지지자가 되었기에 뎁틀라는 이 개념의 적용에 희망을 가질 수 있었다.

또한, 중부사 공군의 일부 참모들은 항공임무명령서(ATO) 작성이 공격계획으로부터 시작되어야 한다는 뎁틀라의 주장에도 문제를 제기했다. 장교들로 구성된 항공임무명령서(ATO) 작성 팀은 표적 목록을 받은 다음 각각의 표적을 제거하기 위해 항공기와 투하 무장, 그리고 미사일의 조합을 지정한다. 뎁틀라의 관점에서 항공임무명령서(ATO)는 단순히 공격계획을 실행하기 위한 수단이기에 항공임무명령서(ATO)의 작성은 '기계적인 과정'이지 공격계획이 아니었다. 그는 연합군이 효과를 지향하는 표적처리에 성공하려면, 전체적인 공격목표를 식별하는 것이 중요하다 주장했고, 이것은 종합공격계획(MAP)[143] 작성을 통해 달성될 수 있다고 언급했다. 뎁튤라는 이 개념을 제시하여 항공임무명령서(ATO)만으로는 부족한 공격 타이밍과 일관성을 도입한 선구자였다. 종합공격계획(MAP)은 24시간을 주기로 하는 일련의 공격으로 구성되며, 동시공격시간(TOT)[144]과 표적의 숫자, 각 표적에 대한 설명, 무장의 종류 및 수량, 각각의 공격 패키지 전력에 대한 지원체계를 포함하고 있다. 그러므로 종합공격계획(MAP)은 공격계획의 핵심이며, 무엇이 발생할지와 언제 발생할지, 그리고 누가 할지에 관한 명확한 정보를 제공한다. 종합공격계획(MAP)은 컴퓨터 체계에 입력되어 공중급유기의 경로와 고도, 연료 급유 및 재급유 일정이 포함된 공중급유 계획과도 통합된다.

중부사 공군의 대다수 참모들이 인스턴트 썬더 계획의 철학을 이해하지 못했기 때문에, 뎁튤라가 체크메이트의 도움을 받아 무기체계를 선정하고 공격 패키지 전력을 구성하는 임무를 맡았다. '인스턴트 썬더'는 항공전역이라는 '전략'을 제시했고, 종합공격계획(MAP)은 그 전략에 대한 '작전적 수준'의 계획이었으며, 항공임무명령서(ATO)는 실행에 요구되는 상세 내용이 추가된 실행 계획이었다. 그리고 비행 단위 부대는 계획 실행을 위한 전술을 세웠다. 뎁튤라 중령에 대해 일부 중부사 공군 참모들은 "계획수립과 항공임무명령서(ATO) 작성과정을 모른다."라고 생각했기 때문에, 글로슨의 지원이 없었다면 아마도 그는 새로운 접근방식을 실행해 볼 수 없었을 것이다.

또한, 계획수립 초기 단계에서 중부사 공군의 일부 참모들은 항공임무명령서(ATO)에 전략공격이 포함되어야 한다는 뎁튤라의 제안을 문제 삼았다. 그들은 항공작전에는 제공 및 차단, 그리고 근접항공지원이라는 3가지 종류만 있다는 전통적인 확신에 기반하여 그의 주장을 반박했다. 그리고 뎁튤라 중령이 그런 관점으로 생각하지 않으면, 그가 주장하는 공격은 절대로 일어날 수 없을 것이라고 했다. 뎁튤라는 전략적 항공전역의 소티를 반영하기 위해 '차단'이라는 용어 사용을 받아들여야만 했지만, 그는 브리핑과 작전명령에 '전략적(strategic)'이라는 용어를 사용할 수 있도록 글로슨을 설득했다. "우리는 바그다드의 대통령궁을 공격할 때 어떠한 것도 '차단'하지 않고 문제의 근원으로 바로 가서 직접 공격합니다. 그것이 '전략적(strategic)'이라는 용어가 의미하는 바입니

---

143) 종합공격계획(MAP: Master Attack Plan): 현재는 종합공중공격계획(MAAP: Master Air Attack Plan)으로 명칭이 변경되었으며, 항공임무명령서(ATO) 작성의 기초가 되는 핵심정보(공군 구성군사령관의 지침과 목표, 전력 배당 및 할당, 표적 공격 및 항공전력 운용개념 등)가 포함된 계획서임.

144) 동시공격시간(TOT): Time On Target.

다." 처음에는 '전략적'이라는 개념이 '핵'을 의미한다고 주장했던 글로슨은 그 개념의 예찬론자가 되어 뎁툴라 중령이 슈워츠코프와 호너를 위해 준비 중인 작전명령서에 그 용어를 사용할 수 있도록 허락했다. 추가적으로 글로슨은 '전략적'이라는 용어가 항공전역과 표적군을 설명하기 위한 적절한 용어라고 호너를 설득했다. 호너는 모든 사람이 비핵 환경하에서 이 용어를 이렇게 쉽게 받아들일 수 있다는 사실에 놀라움을 금치 못했지만, 그의 전형적인 실용주의 방식으로 다음과 같이 용어 사용에 동의했다. "좋네, 단 너무 자주 사용하지는 않도록 하게!"

마지막 논쟁거리는 표적을 범주화할 때, 정보기관에서 사용하는 전문 번호(BEN) 체계가 아닌 뎁툴라와 워든이 제시한 5개의 동심원 범주에 따라 철자화하여 식별하는 방식을 사용하자는 뎁툴라의 주장이었다. 글로슨의 특별 계획 그룹에 배치된 정보 장교 중 한 명인 글락 대위는 전문번호(BEN) 체계가 단지 정보기관의 표적 분류 방식으로 사용되고 있다는 이유로 이 체계를 사용해야만 한다고 주장했다. 결국에는 뎁툴라가 여러 면에서 우세하긴 했지만, 상당한 인내심이 필요했고 일부 중부사 공군 참모들은 이를 지켜보면서 그를 '항공력의 선각자(ProAP: Prophet of Air Power)'라 불렀다. 시간이 지나면서 특별 계획 그룹은 '블랙홀'로 불리게 되었다. 중부사 공군 전투계획 처장인 뱁티스트 대령은 "우리가 그 부서에 사람을 보내면 그들은 그곳에서 결코 빠져나오지 못했다. 단지 그곳에 배치됐다는 이유만으로 다시는 그들을 볼 수 없게 됐다."라고 말했다.

'내가 지금껏 본 것 중 최고인 항공전역 계획'

호너는 8월 31일에 슈워츠코프로부터 지시를 받은 후, 글로슨에게 이라크군 중 '공화국 수비대(Republican Guard)'가 공격 표적에 포함되어야 한다고 말했다. 해당 지시의 논리적 근거는 공화국 수비대를 공격하면 이라크가 정치·군사적으로 약화 된다는 것이었다. 즉, 공화국 수비대는 이라크 정권과 쿠웨이트 점령군의 핵심적인 전력이며, 중동지역에서 다른 국가들을 공격할 수 있는 군사력이자 후세인 정권의 자존심이라는 상징적인 의미도 있었다. 그래서 해당 전력을 약화시키면 중동지역에서 이라크의 전후 입지가 약화된다는 것이었다.

그러나 워든은 공화국 수비대 공격을 다음과 같은 이유에서 반대했다. 첫째, 그들은 상당한 정보와 정찰 능력이 요구되는 찾기 어려운 표적군이었다. 둘째, 분산배치돼 있는 해당 전력을 공격하려면 다량의 항공기 투입이 필요했다. 셋째, 공화국 수비대가 이라크 국경에서 철수했으므로 연합군에게 더 이상 위협이 되지 않았다. 넷째, 공화국 수비대에 항공전력을 투입하게 되면 그만큼 더 중요한 지휘부와 지휘, 통제 및 통신(C3) 체계 관련 표적에 소티를 투입하지 못하게 된다. 다섯째, 심리전 전역이 잘 진행된다면 해당 정예 부대가 후세인 정권을 전복시키는 역할도 할 수 있다. 뎁툴라는 이러한 워든의 주장에 동의했다. 그는 '항공력이 지상군을 신경 쓰다가 망한다."라고 불평했다. 그러나 그는 이 문제에 이의를 제기할 권한이 없었다. 슈워츠코프와 호너가 공화국 수비대 공격을 원한다면 그렇게 해야만 하는 것이었다.

인스턴트 썬더의 표적군이 바뀐 것은 호너가 글로슨에게 스커드 미사일을 포함하라고 지시했던 9월 2일이었다. 호너는 스커드를 군사적 측면에서 중요치 않다고 보았지만, 이스라엘에 대한 스커드 공격이 이스라엘의 이라크에 대한 보복 공격으로 이어질 수 있고, 또 이것이 중동국가를 포함하고 있는 다국적군의 결속력을 약화시킬 수 있으므로 해당 임무를 진지하게 받아들였다.

슈워츠코프는 본토에서 중부사에 도착한 지 일주일 만인 9월 3일에 처음으로 중부사 공군의 항공전역 브리핑을 받았다. 임무 기술서에는 "美 중부사령관의 지시가 내려지면, 중부사 공군 구성군사령관은 이라크의 국가 지도부를 고립 및 무력화시키고 핵심 통제본부를 파괴하며, 쿠웨이트와 남부 이라크에 진출한 이라크군의 공세적 능력을 무력화하는 전략적 항공전역을 실시한다."라고 기술돼 있었다. 그런 다음 호너는 일반사항에 대해 브리핑을 했고, 이후 글로슨이 뎁툴라가 만든 '공세적 전역 단계 Ⅰ'이라는 제목의 슬라이드 내용을 발표했다. 이 슬라이드에는 실행개념(흐름도)과 중심(지도부, 기반시설 및 군사력), 공격 및 가용전력 현황(9월 중순까지 가용한 자산), 공격강도(처음 24시간 동안의 공격 및 방공망제압 소티에 관한 막대그래프), 3~6일간의 공격계획, 그리고 결과(후세인 정권 무력화 및 정권 교체로 이어질 수 있는 내전 발생)로 구성되었다.

5개 동심원 모델의 범주에 따라, 표적 목록에서는 지도부(15), 통신(26), 전기(14), 유류(8), 철도(12), 군수물자 생산 및 저장(41), 전략적 방공망(21), 전략적 화학전(20), 비행장(13) 및 항구(4)가 제시되었다. 10개의 표적군과 그에 따른 174개의 표적 목록에는 화학전 범주에 포함된 서부지역에 있는 5개의 이라크 스커드 미사일 기지뿐만 아니라 공화국 수비대도 포함되어 있었다. 글로슨은 처음 24시간 동안 최초 제시된 인스턴트 썬더 표적의 70% 이상을 타격할 것이고, 6일 안의 항공전역을 통해 승리하게 될 것이라고 단언했다. 그는 또한, 아직 무기체계 관련 제한사항은 없다고 밝혔다. F-117의 경우, 전술공군사령부(TAC)가 18기를 전구로 보내기로 약속했고, 향후 더 많이 전개될 것이라고 했다.

9월 2일에 제시된 작전명령서 내용은 워든이 8월 17일에 슈워츠코프에 제시했던 작전명령서 내용과 거의 유사했다. 왜냐하면, 해당 작전명령서는 슈워츠코프를 대상으로 했던 인스턴트 썬더의 작전명령서를 근간으로 작성된 전략적 항공전역이었기 때문이었다.

전략적 항공전역에 대한 브리핑이 끝난 후, 중부사 공군의 작전 처장인 크리거 대령은 고정 및 이동식 지대공미사일(SAM) 기지와 대공포(AAA) 체계를 공격하여 쿠웨이트에 있는 이라크 방공체계 무력화에 중점을 둔 2단계로 구성된 항공전역에 대해 브리핑을 했다. 그는 일단 공중우세가 확보되면 항공력은 쿠웨이트 주둔 이라크군과 그들의 지휘통제 노드, 그리고 군수시설에 집중할 것이라고 했다. 크리거는 단계 Ⅱ가 방공전력과 다연장 로켓 발사대 그리고 미사일에 중점을 두고 있는 적 방공망제압(SEAD) 작전인 반면, 전장 준비를 위한 단계 Ⅲ는 이라크의 탱크와 장갑차, 그리고 각종 야포 전력의 50% 파괴를 목표로 한 항공전역임을 강조했다. 그리고 이 목표는 24대의 F-18 및 96대의 A-10, AV-8B 40대와 AH-64 132대, 그리고 AH-1 헬기 전력으로 달성할 수 있다고 했다.

호너는 항공전역을 크게 두 가지 부분으로 나누어 볼 수 있다고 말하며, 브리핑을 끝냈다. 즉, 공중우세 확보와 스커드 및 대량살상무기(WMD)와 같은 고가치 표적을 대상으로 한 공세적 항공전역과 사우디를 위협하는 이라크 지상군을 대상으로 하는 방어적 항공전역이 그것이었다. 그는 공격과 방어 계획이 동전의 양면과 같아서, 동시에 실행하는 것이 더 낫다고 말했다. 또한, 호너는 단계 Ⅱ가 단계 Ⅰ의 항공전역에서 이미 이라크와 쿠웨이트 상공에서의 공중우세 확보를 보장해 줄 수 있을 것이기 때문에, 거의 의미가 없을 것이라고 언급했다.

슈워츠코프 중부사령관은 항공전역의 3가지 단계가 순차적으로 실행되길 원한다고 말했다. 그는 8월 17일 워든에게 브리핑을 받는 동안 이러한 결론에 이미 도달했었고, 체니와 파월도 8월 25일에 이 개념에 대해 승인했다. 이후 그는 오늘 브리핑에서 제시된 내용이 '내가 지금껏 본 것 중 최고의 항공전역 계획'이라고 칭송했다. 슈워츠코프는 '독자적인 작전으로서 또는 전쟁 단계의 일부로서 실행될 수 있는' 광범위한 항공력 옵션을 갖게 됐다는 것에 대해 매우 기뻐했다. 그는 호너와 글로슨에게 해당 계획을 지속 구체화하고 9월 중순까지는 보복 옵션 계획이 실행될 수 있도록 준비를 완료하고, 가까운 시일 내에 파월 합참의장에게 이 내용을 브리핑할 수 있도록 준비하라고 지시했다.

뎁튤라 중령은 처음부터 워튼에게 중부사 공군에서 진행되고 있는 상황을 알려 주고 있었고, 워튼은 뎁튤라에게 필수적인 정보, 특히 표적처리와 관련된 정보를 제공했다. 그러나 처음에는 호너와 글로슨 장군이 공군본부 출처의 모든 것을 아주 적대시했기 때문에 그는 워튼과의 접촉 사실을 숨겼다. 뎁튤라는 중부사 공군에 온 이후 처음 며칠 동안, 워튼의 체크메이트가 중요한 조직으로서 역할을 할 수 있을 거라고 글로슨 준장을 설득했다. 글로슨은 전구 내에 적절한 항공전역 계획수립에 요구되는 분석 및 정보 수집에 필요한 자원과 인력이 부족했기 때문에 그 제안을 수용했다. 그는 후에 심지어 "공군본부 및 체크메이트의 지원을 받지 못한다면 우리는 이 임무에 실패했을 것이다."라고 언급했다. 글로슨은 뎁튤라에게 본토와의 관계 유지를 지속하라고 했지만, 호너가 '워싱턴의 멍청이들'이 여전히 개입하고 있다는 사실을 알게 되면 화낼 것이란 걸 매우 우려하였다. 따라서 본토에서 제공되는 정보는 '글로슨 준장의 개인적인 정보'로 취급했고, 가능한 한 해당 정보에서 출처 표기를 삭제하라고 명령했다.

워튼은 이에 기꺼이 동의했고, 개인적으로 글로슨에게 9월 1일에 공세적 방공작전과 적 방공망 제압(SEAD) 작전, 그리고 스커드 및 비행장 공격작전에 필요한 정보와 분석 자료를 보내 줬다. 워튼의 팀은 중부사 공군이 인스턴트 썬더의 신속한 실행을 위해 극복해야 할 제한사항과 더 많은 GBU-15 및 GBU-24 공대지 무장을 중부사 전구에 제공해야만 한다는 내용의 보고서를 작성하여 제공했다. 사실 글로슨은 워튼의 체크메이트가 아주 유용하다고 판단하여 그 역할을 '공식화'해야 겠다고 결심하여, 9월 4일에 공군본부 기획 및 작전 부장인 애덤스 중장에게 전화를 했는데, 그는 다음과 같이 경고하며 이에 동의하게 했다.

> 워튼은 특히 그가 항공전역으로 간주하는 내용의 순수성이 희석되었다고 느끼는 순간 손을 떼버리는 경향이 있으니, 자네는 실제 항공전역 수립에 대해 작업하고 워튼에게는 이론적인 부분만을 맡겨야 한다고 생각하네. 워튼은 본인의 이론이 자신이 의도한 바와 같이 정확하게 실행되지 않았을 때 화를 낸다네…. 워튼이 너무 지나치다고 생각되면 나에게 말해 주게. 그럼 내가 워튼의 개입을 중지시킬 테니.

글로슨은 자신이 워든의 충고를 받아들일 때와 무시할 때를 잘 알고 있다고 대답했다. 애덤스는 "실제 항공전역을 계획하는 것은 중부사 공군의 임무이고 우리는 그들이 필요로 하는 무엇이든 지원해 줄 것이다…. 그러나 워든은 여전히 그가 하는 것이 실제 항공전역 계획이 될 것이라고 믿을 만큼 순진한 사람이다."라고 생각했다.

8월 8일 슈워츠코프가 공군본부에 전화했을 때 워든의 항공전역 설계가 정당화된 것처럼, 글로슨의 전화 연락은 워든의 체크메이트를 중부사 공군의 공식적인 항공전역 계획 지원 조직으로서 '합법화'시켰다. 이후 워든의 직속 상관인 알렉산더 기획 차장은 체크메이트를 '글로슨을 통해 다시 중부사 공군과 긴밀히 협조할 수 있는 일종의 탯줄'로 묘사했다. 애덤스 장군의 공식적인 승인 후, 워든은 공군과 타 군 인원들을 체크메이트에 합류시켰고 오랫동안 그들과 함께 일할 수 있게 되었다.

글로슨의 인정에 고무된 워든은 그에게 9월 8일 또 하나의 포괄적인 메시지를 보냈다. 그 정보에는 전쟁 개시 날 소모되는 무기체계의 양과 무인 기만체(Decoy)를 항공전역 계획에 통합하는 방식, 정밀유도무기의 예상 효과 및 통신 연결과 관련된 고려사항, 그리고 종교 유적지 훼손을 방지하는 방법이 제시됐다. 이후 공군본부에서 더 많은 정보를 입수할 수 있게 되면서, 워든은 계획입

뎁툴라 중령(우)이 블랙홀 사무실에서 중부사 공군 구성군사령관인 호너 중장에게
최신 항공전역 계획 내용을 보고하는 모습
뎁툴라 중령 제공

안자들이 화학 및 생물학 기지를 어떻게 다루어야 하는지에 대한 정보도 제공했다. 그는 비록 그 명칭이 중부사 공군에서 사용이 금지되었다는 사실을 알고 있었음에도 불구하고 계속해서 항공전역 계획을 '인트턴트 썬더'로 칭했으며, 호너 장군에 의해 좌절된 심리전 내용도 항공전역 계획에 포함할 것을 주장했다.

반면, 글로슨과 뎁튤라는 워든의 지속적인 개입 사실을 호너가 알지 못하도록 하는 데에 최선의 노력을 다했다. 그들은 중부사 공군 구성군사령관인 호너에게 브리핑 시 체크메이트와 인스턴트 썬더에 관한 모든 언급과 출처를 삭제했다. 그들은 워든이 여전히 항공전역 계획에 관여하고 있다는 사실을 호너가 알게 될 경우, 공군본부와의 연락을 중단하라고 할까 봐 걱정했다. 글로슨은 뎁튤라에게 워든으로부터 도움을 요청하고 받는 것이 꼭 "살얼음판을 걷는 것과 같다."라고 고백했다. 그러나 호너는 '워싱턴의 미친 사람'이 비밀리에 배후에 있음을 처음부터 알고 있었다. 그는 다음과 같이 말했다.

나는 워든이 체크메이트에서 밤낮을 가리지 않고 일하며 보내고 있다고 들었다…. 공군본부에는 '통나무 조정(Steering the Log)'이라는 말이 예전부터 있었다. 워싱턴 포토맥강을 따라 흘러가는 통나무 위에 10,000마리의 개미들이 있는데, 각각의 개미들은 자기가 통나무를 조정하고 있다고 생각한다. 나는 워든의 개입이 '통나무 조정 이론의 예'라고 생각한다.

호너는 그러한 귀중한 정보의 출처를 차단할 의도가 없었고, 체크메이트와 같은 지원 기관을 갖는 것에 반대하지 않았다. 호너는 베트남전에서의 사례처럼 워싱턴에서 세부적인 지시 및 표적을 선정하는 것과, 해당 전구에서 계획하여 실행하는 작전을 지원하는 것 사이에는 분명한 차이가 있다고 생각했다. 만약 워든과 체크메이트가 생명을 구하는 데에 도움이 되는 정보를 갖고 있다면, 그는 그 정보를 환영할 것이었다.

워든은 그의 상급자였던 라이스 공군성 장관과 듀간 참모총장, 로 참모차장 및 알렉산더 기획 차장의 적극적인 지지에 힘입어 중부사 공군의 항공전역 계획 입안 작업을 돕는 데 최선의 노력을 기울일 수 있었다. 그는 주로 계획입안자들에게 중요 정보를 제공하는 것에 집중했다. 워든은 9월 중순에 그의 부서(체크메이트) 이름을 전승 개념과로 명명했다.

체크메이트의 구조

하비 중령이 사우디에서 공군본부로 돌아왔을 때, 워든은 그에게 체크메이트에서 공군정보국(AFIA)[145]과 국군전자전본부(AFEWC)[146], 국방정보국(DIA)[147] 및 국가안보국(NSA)[148], 국가사진판독본부(NPIC)[149]가 소속된 중앙정보국(CIA)[150]을 포함하는 다양한 정보기관들로부터 정보를 수집하는 총괄 업무를 맡겼다. 중앙정보국(CIA)은 정치·경제적 측면을 다루었고, 국방정보국(DIA)은 통합사령부에 모든 출처의 정보와 작전적 지원을 제공했으며, 국가안보국(NSA)은 신호 및 전자 정보를 제공했다. 중앙정보국(CIA) 소속의 국가정보위원회 징후경고 담당 장교인 앨런은 워든의 가장 중요한 정보 요원이 되었다. 앨런은 워든과 그의 인스턴트 썬더 계획에 상당히 감명받았고, 자신이 할 수 있는 모든 방법을 동원하여 그 계획을 지원하는 것이 본인의 임무라고 생각했다.

중부사령부 지원 시 각 부서 간의 표적 정보와 전투 평가를 조정해 줄 중심적인 기관이 없었기 때문에, 워든은 체크메이트가 정보를 수집하고 분석한 다음 시기적절하게 배포하는 '융합 본부'로서의 역할을 해야 한다고 판단했다. 중부사의 항공전역 계획입안자들은 정보가 필요하면 워든의 부서에 전화해 거대한 장애물로 작용했던 관료주의적인 정보 확보 문제를 해결해 나갔다. 그러나 이 방법은 단기적으로는 그들에게 도움이 됐지만, 중부사 공군의 항공전역 계획입안자와 전구에 배치된 정보부서 요원들 간의 관계를 악화시켰다.

워든 팀의 참모들은 공군역사실(OAFH)[151] 및 RAND 연구소와도 연락을 취하여 공군 역사가인 톰슨과 RAND 연구소의 중동 전문가인 칼리자드를 체크메이트로 영입했다. 또한, 워든의 부서는 미국 지리 조사팀 소속의 로디를 불러 이동식 스커드 발사대의 추적을 돕도록 했다. 9월 초에 바그다드의 한 건물이 이라크 통신체계의 핵심노드로써 운용되고 있다는 사실을 알게 되자, 워든은 로저스 소령에게 해당 표적을 직접 파괴하거나 간접적으로 전기공급을 차단하여 그 기능을 하지 못

---

145) AFIA: Air Force Intelligence Agency.

146) AFEWC: Armed Forces Electronic Warfare Center.

147) DIA: Defense Intelligence Agency.

148) NSA: National Security Agency.

149) NPIC: National Photographic Interpretation Center.

150) CIA: Central Intelligence Agency.

151) OAFH: Office of Air Force History.

하도록 하는 방법을 포함한 표적 정보를 중부사 공군으로 보냈다. 로저스 소령은 그 건물을 'AT&T 빌딩'으로 불렀고, 결과적으로 뎁틀라 중령이 그것을 종합공격계획(MAP)에 포함시켰다. 또한, 워든은 국무부와 국방부의 다른 부서 인원들과도 인맥을 맺으려 했고, 라이스 공군성장관 및 듀간 그리고 로 장군에게 이틀마다 한 번씩 진행 상황을 보고했다.

글로슨과 뎁틀라는 체크메이트를 가장 중요한 지원부서로 인식하게 되었다. 체크메이트와의 연계는 9월 12일에 호너가 글로슨을 단계 I 뿐만 아니라 단계 II 및 III의 총책임자로 임명하게 되면서 전체 전역계획 수립에 있어 훨씬 더 중요한 역할을 하게 되었다. 이 시점부터 글로슨의 '특별 계획 그룹'은 항공력만 독자적으로 사용되는 3단계까지의 계획수립을 맡게 되었고, 다른 중부사 공군 참모들은 지상군이 투입되는 단계 IV에서 그들에 대한 근접항공지원을 구체화하는 데 집중하게 되었다. 글로슨과 뎁틀라는 만족해했다. 이제 그들은 항공전역 계획을 전략적인 효과 창출에 중점을 두고 개발할 수 있게 되었고, 투입 전력 확보 때문에 중부사 공군과 싸울 필요도 없게 되었다. 또한, 이는 그들이 단계 I을 훨씬 더 중요하다고 보았기 때문에 단계 II와 III에 대해서는 많은 노력을 기울이지 않을 것이란 걸 의미하기도 했다.

9월 중순부터 글로슨의 '블랙홀'과 워든의 체크메이트는 단일팀으로 운용되었는데, 전자가 주도적인 역할을 한 반면, 후자는 주도권을 갖고 있었다. 워든은 '화학전'을 표적 목록에 추가하는 데 성공했다. 그의 최초 분석에서는 화학 연구 및 생산, 그리고 저장과 관련된 8개의 시설을 표적으로 추천했었다. 그러자 글로슨과 뎁틀라는 이 시설을 그들의 표적 목록에 통합한 후, 군수물자 생산 및 저장 표적군을 확대하여 화학 탄두의 개발과 저장 또는 발사와 관련된 더 많은 표적들을 이 범주에 포함시켰다. 또한, 체크메이트 인원들은 생물학 및 핵 표적과 그것의 처리 방법과 관련된 무수한 정보 보고서를 확보하여 연구했으며, 국방정보국(DIA) 출처의 중요한 생물학 무기 생산 및 저장시설에 대한 정보를 블랙홀로 전달했다. 호너는 이 정보를 중부사 공군이 체크메이트로부터 입수한 가장 중요한 정보로 여겼다.

글로슨 장군은 9월 13일에 비록 최초 이틀 동안의 전략적 항공전역 계획에 집중하긴 했지만, 파월 합참의장에게 단계 I 및 II, 그리고 III에 대해 브리핑했다. 그는 기본적으로 열흘 전 슈워츠코프에게 했던 브리핑 내용을 반복했는데, 선정된 174개의 표적을 일주일 내에 공격하게 되면 이라크 정권이 마비될 수 있을 거라고 했다. 의장의 주요 관심사는 작전 개시 시간에 관한 것이었고, 호너와 글로슨은 둘 다 9월 15일까지 작전 준비가 완료될 수 있다고 말했다. 파월이 브리핑에 감명을 받은 것은 분명했으며, 이 시기에 파월과 슈워츠코프는 만일 전쟁이 시작된다면 공세적인 항공전역이 전쟁을 이끌 수 있게 할 것이라고 결심했다.

이러한 지지는 워든이 가진 비전의 위대한 승리를 의미했다. 즉, 워든은 군사 분야에 전략적 항공전역을 소개했고, 이것은 "항공력이 어떻게 사용되어야 하는가?"에 대한 시발점이 되었다. 중부사 공군에 있던 뎁툴라와 공군본부 지원 기관(체크메이트) 간의 긴밀한 협조로 인해 인스턴트 썬더의 작성철학 대부분이 살아남을 수 있게 되었다. 뎁툴라는 해당 철학이 반영된 종합공격계획(MAP)의 창시자이자 파수꾼이 되었다. 그리고 호너는 기꺼이 '애벌레(인스턴트 썬더)'가 '나비(사막의 폭풍 작전)'로 진화될 수 있도록 도와주었다.

듀간 참모총장 해임

전략적 항공전역 계획이 실행 준비가 되었을 때, 워든과 그의 팀은 큰 좌절을 경험했다. 듀간 참모총장은 언론에 걸프전에서 항공력의 결정적 역할에 대해 언급했고, 그로 인해 그가 해임된 것이다. 듀간은 그가 총장으로 부임한 날로부터 언론에 개방적이어야 한다고 주장해 왔고, 사우디 리야드의 공군기지를 방문했을 때 3명의 기자와 동행했다. 중부사 전구로 가는 도중에 듀간은 그들에게 워든의 저서인 '항공전역(The Air Campaign)'을 건네줬다. 워싱턴 포스트의 앳킨슨 기자는 그것을 읽고, 출장에서 돌아온 다음 전쟁이 발발할 경우 공군의 역할에 대한 광범위한 질문을 듀간 총장에게 했다. 9월 16일 자 '로스앤젤레스 타임스'지와 '워싱턴 포스트'지의 헤드라인에는 각각 "미국의 대이라크 전쟁 계획: 지도부 무력화", "전쟁 발발 시 미국은 공중공격에 의존"이라고 적혀 있었다. 듀간은 기자들에게 다음과 같이 말했다.

나는 합참의장이 전쟁 발발 시 이라크군을 쿠웨이트에서 몰아내기 위해 후세인을 표적으로 선정하여 바그다드에 대한 집중적인 공중폭격을 하는 것만이 유일하게 효과적인 방법이라고 결론지었다…. 그는 항공전역에 중점을 두어야 한다…. 유사시에 전장은 바그다드 시내가 될 것이다. 이는 가장자리부터 잠식해 나가는 방식이 아니다…. 상대를 다치게 하려면 숲 어딘가로 나가는 것이 아니라 그의 집으로 가야 한다…. 우리는 전쟁 초반에 항공력이 결정적인 역할을 할 수 있게 하기 위한 적의 중심(CoG)을 찾고 있다…. 우리가 결국, 물리적 공격을 본격적으로 시작하게 된다면, 내 생각이지만 이것이 유일한 방법이다…. 나는 우리가 대규모 지상공격을 실제로 감행할 것이라고는 생각지 않는다…. 미국은 수십 년간 기계와 기술로 병력을 대체하는 정책을 추진해 왔다. 특히 이라크의 쿠웨이트 침공과 같은 상황이라면 이 정책은 더 적극적으로 추진되어야 할 것으로 믿는다.

또한, 듀간은 기자들에게 '이스라엘 소식통'에 따르면 미국이 실제로 후세인을 공격하려면 '그의 가족과 친위대, 그리고 내연녀들'을 표적으로 삼아야 한다고 말했다. 그는 부시 대통령의 이라크를 대상으로 한 공세적인 발언의 실질적 근거를 제공하고 많은 사상자가 발생하지 않고도 쿠웨이트를 해방시킬 수 있다는 사실을 국민들에게 널리 알리기 위해 이러한 발언을 했다. 그는 해임된 이후 "나는 내가 기자들에게 말한 것이 미국의 여론과 국방부, 그리고 대통령에게 도움이 될 것으로 생각했다. 나는 그 당시 대통령의 정책에 부합하여 행동했다고 생각한다."라고 말했다.

그러나 파월 합참의장은 듀간의 발언에 머리끝까지 화가 났다. 그는 9월 초 이후, 슈워츠코프에게 항공력이 '문제에 대한 해답'으로 묘사되고 있는 것에 대해 불평했고, 공군이 전역을 '공군만이 할 수 있는 쇼'로 만들고 싶어 하는 것 같다고 말했다. 파월은 "항공력 사상가들이 우리를 잘못된 길로 몰아갈 것이다."라고 말했다. 처음부터 그는 쿠웨이트를 원상회복하기 위해서는 지상군이 필요하며, 전역이 합동으로 수행되지 않는다면 목표를 달성하는 것이 불가능할 것이라고 언급했다. 파월은 또한 듀간에게 사우디로의 출장에 기자들을 데리고 가지 말라고 경고했다. 그러나 파월보다 더 화가 난 사람은 체니 국방부 장관이었다.

워든은 공군 장교 중 유일하게 이것이 중대한 문제라는 것을 바로 인지했으며, 듀간에게 전화해 언론에 나온 그 이야기가 그도 모르는 사이에 의도적으로 만들어진 것인지를 물었다. 워든의 이러한 행동은 두 사람의 관계가 밀접하다는 것을 의미하는 것으로, 그런 민감한 문제에 대해 대령이 4성 장군에게 전화하는 것은 아주 이례적인 일이었다. 듀간은 워든에게 자신이 의도적으로 해당 내용을 기자들에게 말한 것이라고 언급했다. 듀간은 그 기사에 민감한 정보가 포함되어 있지 않다고 생각했지만, 워든은 후세인을 제거하려 한다는 전술적 상황의 노출 외에도 공식적으로 한 개인을 표적으로 삼음으로써 백악관과 국방부가 국제법에 저촉될 수 있음이 우려된다고 말했다. 듀간은 미국이 군인이었던 일본의 야마모토 제독과 리비아의 카다피 대령, 그리고 파나마 독재자인 노리에가 장군을 표적으로 삼았던 적이 있었으므로 '개인을 표적으로 삼는 것'이 미군의 작전 개념과 상반되지 않는다고 반박했다. 그리고 어쨌든 후세인도 당시 군복을 입고 있었다.

스코크로프트 국가안보보좌관은 텔레비전 방송에 출연하여 듀간이 전쟁 지휘체계상에 있는 사람이 아니며, 정부를 대표해서 발언한 게 아님을 해명했을 때까지만 해도 몇몇 사람들은 듀간이 해당 언급으로 인한 처벌을 면할 수 있길 희망했다. 이 소식이 전해진 그날 저녁, 워든은 자진하여 참모총장을 방어하기 위한 입장문과 듀간의 발언이 실제 항공전역 계획과는 무관하다는 성명서를 작성했다. 그러나 다음 날 체니가 듀간을 해임시켰기 때문에 워든의 이러한 노력은 무의미해졌다. 체니는 해임 결정을 내린 것에 대해 다음과 같은 9가지 이유를 제시했다.

① 듀간 장군의 잘못된 판단, ② 작전계획 및 표적 우선순위에 관한 표명, ③ 합참 및 중부사령부의 대변인임을 자처, ④ 美 공군인에게 나쁜 선례를 남김, ⑤ 사상자 발생에 대한 무신경한 태도, ⑥ 암살을 금지하는 행정명령 위반 의도의 언급, ⑦ 비밀 정보로 분류된 투입 미군 전력의 규모와 배치에 관한 누설 가능성, ⑧ 타 군의 역할 무시, ⑨ 이스라엘로부터의 표적 정보를 획득하는 것을 포함한 민감한 외교 사안 제기.

확실히 듀간은 경솔했지만, 공군인의 대다수는 그를 해임하는 것에 대해 과한 조치라고 생각했다. 듀간은 본인 책상에 다음과 같은 메모를 남기고 떠났다. "공군인에게: 국가에 항공우주력을 제공하는 귀하의 임무는 필수적이며 영원할 것입니다. 나는 고개를 들고 마음속으로는 창공을 높이 날며 깃발을 휘날리면서 귀하들에게 애정이 담긴 작별 인사를 드립니다. 세계에서 제일 위대한 美 공군에 행운이 함께하기를, 그리고 신의 가호가 있기를."

워든은 가장 강력한 지지자를 잃었고, 또한 그 사건은 그에게 또 다른 근심거리를 안겨주었다. 부시 정부는 듀간을 해임했지만, 다행히도 수립된 항공력 위주의 군사전략에 대해 의심하거나 거부하지는 않았다. 그는 후세인이 미국의 뉴스를 봤을 것이고, 따라서 인스턴트 썬더 계획이 위태롭게 됐다는 것을 전제로 해야만 했다. 워든은 팀원 중 호웨이와 사익스 소령에게 필요할 경우 이라크에 의도적으로 유출시킬 기만 계획을 개발하라고 지시했다. '인스턴트 앵거스(Instant Angus)'로 불린 이 계획은 후세인 정권을 국민과 군사력으로부터 고립시키려는 전략이었다. 수도 자체를 표적으로 삼기보다는 바그다드 밖에 있는 벙커와 비행장, 그리고 통신본부를 공격하는 것이었다. 인스턴트 앵거스는 이라크 중부지역을 공격할 40기의 항공전력을 제시했는데, 대부분은 후속 전력인

F-16이 원활하게 공격할 수 있도록 공중우세를 확보하기 위한 방공망제압 작전을 수행하는 전력이었다. 기만 계획은 또 다른 목적이 있었다. 후세인이 인질을 인간 방패로 사용하려 할 경우, 이들이 공중공격 표적에 무관한 장소에 배치되도록 하는 것이었다. 이 기만 계획은 해당 계획이 실제 계획으로 보이기 위해 실제 표적의 10~20%를 그대로 유지하였고, 이라크가 워든 대령에 관해 조사했을 경우를 대비하여 워든의 연구 이력에 전형적인 역사적 일화를 포함시켰다. 이때 호웨이는 풀러의 논문 'Plan 1919' 내용을 일부 참조했고 목표를 설명하기 위해 '전략적 마비'라는 용어를 사용했다. 기만 계획은 10월 5일 중부사로 전송됐지만 사용되지는 않았다.

듀간 참모총장의 불행한 리야드 여행에는 한 가지 긍정적인 측면이 있었다. 글로슨은 워든에게 듀간 장군의 리야드 방문 시에 그가 중부사 공군의 항공전역 계획 팀에 도움을 줄 수 있는 표적 이미지를 제공해 줄 수 있는지를 물었다. 워든은 두말할 필요도 없이 그의 팀에게 본토에서 찾을 수 있는 최상의 이미지 자료를 수집하여 듀간의 항공기에 실을 것을 명령했다. 출장 기간 중에 듀간을 수행한 애덤스 중장은 중부사 공군에 도움이 될 만한 정보가 부족하다는 사실을 몸소 경험했다.

무인 기만체: 가상의 공중 편대

8월 말, 프리랜서 국방 컨설턴트였던 예비역 대령 웜서(Owen Wormser)는 워든에게 다양한 항공기의 반사파 면적을 레이더상에 표현할 수 있는 비밀로 분류된 무인 기만체 개발계획 정보를 제공했다. 워든은 즉각적으로 해당 드론에 관심을 보였고, 또 하나의 기만전술인 항공기 공격 상황을 가상으로 적에게 부과할 수 있는 전자전 개념을 검토하기 시작했다. 그는 "공중우세를 확보하기 위해, 적 방공망 제압(SEAD) 전력 투입에 앞서 일련의 무인 기만체를 먼저 투입하는 것이 타당하다. 무인 기만체는 이라크의 레이더 화면상에 항공기처럼 식별될 것이고, 이라크가 이 항적에 지대공미사일(SAM)을 발사하려면, 추적 레이더를 작동시켜야만 한다. 이로 인해 레이더 위치가 노출되면, 미군은 고속대레이더유도미사일(HARM)로 해당 레이더 시설을 파괴하여 스텔스 기능이 없는 항공기가 중고도에서 자유롭게 작전할 수 있는 상황을 조성할 수 있다."라고 생각했다. 공군이 보유하고 있던 무기체계에는 해당 무인 기만체가 없었으므로, 워든은 단기간 내에 해당 무기체계의 도입 방안을 조사해 보라고 스티머 중령에게 지시했다. 이에 그는 한 업체가 공군의 요구사항을 충족시킬 수 있다고 답변했다.

9월 3일, 워튼은 글로슨과 헨리에게 무인 기만체를 전장에 투입하자고 제안했지만, 두 장군들은 거의 관심을 보이지 않았다. 당시 전자전 전력 지휘관이었던 헨리는 종합공격계획(MAP) 실행을 지원해 줄 수 있는 전자전 전술을 개발하고 있었다. 그는 레이더와 지대공미사일(SAM), 지휘통제 체계 및 대공포를 포함하는 이라크군의 방공망을 상세히 연구했기 때문에, 모든 전자전 자산을 단일화된 방공망 제압(SEAD) 작전으로 통합하는 임무를 총괄하고 있었다. 그리고 이러한 노력은 사우디아라비아를 방어하고 이라크 및 쿠웨이트 상공에서의 공중우세를 확보하기 위한 항공전역 계획에 통합되었다. 헨리는 이미 해군의 전술항공모의기(TALD)[152]를 중부사 전구에서 사용할 수 있었기 때문에 무인 기만체를 사용하자는 워튼의 제안을 거부했다. 사실 그는 당시에 지나치게 도움을 주려고 하는 워튼의 간섭이 성가시다고 생각했다.

중부사 공군이 비타협적인 태도를 보인다고 해서 포기할 수 없었던 워튼은 적 방공망 제압(SEAD) 임무에 무인 기만체가 투입되어야 한다고 지속적으로 주장했다. 그는 이 문제를 로 및 애덤스 장군과 집중적으로 논의했고, 두 장군 모두 호너가 이러한 무인 기만체를 요청하기만 한다면 제공할 수 있다고 응답했다. 며칠 뒤 워튼은 뎁툴라에게 해군의 전술항공모의기가 투입되더라도, 전략적 항공전역 실행 시 공군과 해군은 이라크의 지대공미사일(SAM)에 의해 20기 이상의 항공기를 잃을 수 있다는 분석 결과를 사우디로 보냈다. 이에 대한 해결책으로 워튼은 공중 발사 BQM-35와 지상 발사 BQM-74 무인 기만체를 투입하여 적 레이더 기지를 기만하자고 제안했다. 워튼은 BQM-74 용도와 운용개념에 대해 다음과 같이 제시하였다.

① 적이 무인 기만체를 실제 공격전력으로 착각하도록 사용, ② 적의 지대공미사일을 소모시키기 위해 사용(이스라엘이 베카 계곡 작전에 이와 같은 무인 기만체를 사용했을 때, 시리아군은 다수의 지대공미사일 발사), ③ HARM 공격이 가능하도록 공중에서 레이더 반사파 방출기로 사용하는 등 다양한 용도로 사용될 수 있다. 해당 무인 기만체는 F-15의 레이더 반사 면적과 거의 동일한 반사파를 갖고 있다. 적이 최소한 4대의 항공기 출현으로 착각할 정도의 레이더 반사 면적이 필요할 것이다. 적이 대규모 공격이 있을 것이라 확신하도록 하려면, 아마도 레이더상에 '4기 편대'로 보이는 '블립(blip)' 2개의 시현이 필요할 것이다.

뎁틀라는 그 분석 자료를 글로슨에게 전달했고, 헨리는 이 '가상의 공중 편대(the imaginary air armada)'에 약간의 관심을 보였지만, 무인 기만체의 활동 범위가 제한된다면 그 활용도가 적을 것이라고 말했다. 점점 더 조급해진 워든은 글로슨에게 다시 전화를 걸어 그가 공식적으로 무인 기만체를 요청해야 한다고 주장했다. 글로슨이 이에 응하지 않자, 그는 권한이 없음에도 불구하고 직접 노드롭(Northrop)사에 BQM-74 주문을 결정했다.

9월 14일, 공군본부의 기획 및 작전 부장인 애덤스 중장은 획득부서를 통해 BQM-74 구매 소식을 들었다. 애덤스는 워든이 이번에는 너무 지나쳤다고 생각했다. "나는 워든이라면 이제 지긋지긋하다. 그의 연줄은 이제 다했고, 나는 그를 이제 제거할 것이다. 더 이상 참을 수가 없다. 그는 부서장으로서의 내 권한뿐만 아니라 지휘계통에 있는 모든 사람의 권한을 무시하고 있다." 애덤스가 워든 대령을 다른 부서로 보내고자 했던 것이 한두 번의 일도 아니었지만, 그는 결코 그의 충동적인 감정을 실행에 옮기지는 못했었다. 왜냐하면, 한편으로는 워든이 항공전역 계획에 너무 깊게 관여되어 있었고, 또 한편으로는 라이스 공군성 장관과 로 참모차장의 든든한 지원을 받고 있었기 때문이었다. 워든이 이후에 자신이 애덤스를 격분시켰던 모든 상황을 회상했을 때, '통계적 관점에서 자신이 살아남았다는 것이 거의 기적'이었음을 인정해야만 했다.

워든은 단념하지 않고, 다시 뎁틀라 중령에게 전화해 중부사에서 합참에게 무인 기만기를 중부사 전구로 보내 달라고 요청해 준다면 매우 고맙겠다고 말했다. 이에 뎁틀라는 일정 수의 무인 기만체와 지원 트럭, 무전기 및 기타 장비에 대한 필요성에 대해 중부사 작전부장인 무어 소장에게 설명했고, 무어는 그 아이디어가 훌륭하다고 생각했다. 이후 며칠 내에 합참은 무인 항공기에 대한 공식 요청서를 중부사로부터 받았고, 뎁틀라는 BQM-74 전력을 종합공격계획(MAP)에 포함시켰다. 중부사의 공식적인 요청에 따라, 워든은 전술공군사령부(TAC) 라이언 소장에게 연락하여 캘리포니아 소재 해군 시설에서 무인 기만체 시험을 진행하기에 적합한 인물을 찾는 데 도움을 받았다. 공군의 획득 담당자였던 맥만 대령이 행정적인 부분을 맡았고, 워든은 자신의 팀원이었던 로저스 소령을 통해 무인 기만체가 인스턴트 썬더의 철학에 따라 사용될 수 있도록 하였다. 10월 초에 시험이 성공적으로 끝나자, 체크메이트 소속의 스티머 중령은 40기의 무인 기만체와 16기의 발사대를 비밀리에 사우디로 보냈다. 종합공격계획(MAP)의 창시자인 뎁틀라는 이미 무인 기만체를 어떻게 항공전역 계획에 통합할지에 대해 잘 알고 있었다. 뎁틀라는 헨리의 전자전 지식이 잘 드러나도록 고무하여 초기에 도입을 반대했던 그를 지지자로 바꾸는 데 성공했다. 이후에 무인 기만체 계획은 헨리의 별명을 따서 '푸바의 파티(Poohbah's Party)'로 불렸다.

그렇다 하더라도 헨리는 워든이 관여하는 것을 달가워하지 않았다. 그는 "왜 워싱턴의 전문가들이 전화로 자꾸 조언하는지 모르겠다. 매일 워싱턴의 누군가가 주위에 있는 것 같았고, 다른 곳에서 온 누군가가 있는 것 같았다. 때때로 그들은 내가 생각하기에 워든이 무인 기만체에 대해 나에게 전화했을 때, 내가 생각했던 것과는 다른 측면에서 무인 기만체의 필요성에 대해 제시하며 나타났다."라고 회상했다. 또 한 명의 중부사 공군 요원은 "베트남전에서처럼 워싱턴에서 어떤 일을 꾸미려고 시도하는 집단이 있었다."라고 언급했다.

비록 걸프전에서 무인 기만체를 사용하자는 주장의 시발점에 대해서는 아직도 의견이 분분하지만, 공군 역사가인 푸트니는 '체크메이트에서 주장한 아이디어'라고 결론지었고, *걸프전 항공력조사 보고서(GWAPS)*에는 이에 대해 다음과 같이 설명하고 있다.

> 중부사 공군의 항공전역 계획은 항공전역 초기에 바그다드에 대한 대규모 방공망 제압(SEAD) 작전을 수행해야 한다는 체크메이트의 개념이 적용되었음을 보여 주고 있는데, 이는 이라크 정권으로 하여금 연합군이 수도에 대한 대규모 공습을 가함으로써 전쟁을 시작할 것이라는 착각을 불러왔다… 최종 목표는 이라크 방공망의 중심을 공격하는 것이었다. 즉, 이라크군이 보유하고 있는 다수의 레이더와 미사일 체계를 효과적으로 지휘통제하여 통합방공작전을 수행할 수 있도록 해 주는 KARI 체계의 노드 간 연결을 차단하여 방공망이 작동되지 못하도록 하는 것이었다.

글로슨, 부시 대통령에게 브리핑하다!

10월 6일, 파월 합참의장은 슈워츠코프에게 걸프전의 군사전략을 대통령에게 브리핑해 달라고 요청했다. 파월은 "공세적인 공중공격 계획이 너무 훌륭해서 워싱턴의 주요 관계자들에게 그 내용을 들려주고 싶다… 그러나 공중공격 계획만 브리핑할 수는 없으니 지상공격 계획도 브리핑해 주길 바란다."라고 말했다. 이 임무는 슈워츠코프를 불편하게 했다. 그는 글로슨 준장이 항공전역 계획을 브리핑하게 되어 기뻤지만, 지상전에 대한 발표는 자신이 없었기 때문이다. 슈워츠코프는 중부사 참모장인 존스톤 소장에게 "현재의 전력으로서는 지상전을 수행할 수 없으니, 성공적인 지상전역을 위해 대규모의 추가적인 전력배치가 필요하다."라고 대통령에게 브리핑할 것을 지시했다.

체니와 파월은 10월 10일에 실시된 글로슨의 브리핑에 긍정적인 반응을 보였다. 글로슨은 "체니 국방부 장관이 강력한 전략적 항공전역을 맘에 들어 했고, 파월 합참의장의 주된 관심사는 항공전역이 너무 많은 것의 달성을 보장하는 것이 아니냐는 것이었다."라고 언급했다. "완곡한 표현을 쓰게. 나는 대통령이 항공전역을 모든 것에 대한 해법으로 보는 것을 원치 않네." 파월은 글로슨에게 "브리핑 속도를 좀 더 빨리하고, 너무 확신에 찬 어조로 말하지 말라"고 지시했다. 글로슨은 10월 11일에 부시 대통령과 퀘일 부통령, 체니 국방부 장관 및 베이커 국무장관, 스코크로프트 국가안보보좌관과 스누누 백악관 비서실장, 파월 합참의장 및 기타 국가 지도자들에게 30여 분간의 브리핑을 했다. 글로슨은 이전과 같이 단계 I에 중점을 두어 브리핑 했고, 단계 II 및 III에 대해서는 간략하게 설명했다. 그는 중부사 공군의 공중우세 확보방안과 표적처리 전략에 관해 설명했다. 구체적으로 글로슨은 그래프로 공격 순서와 목표를 보여 주는 아세테이트 필름을 씌운 이라크 지도를 제시하며, 최초 24시간 동안 822소티로 구성된 공격계획에 대해 설명했다. 글로슨은 중부사 공군이 최초 공격에 이라크 수도인 바그다드를 표적으로 삼았다는 사실을 거리낌 없이 발표했다. 정보가 추가되면서 표적의 숫자는 218개로 늘어났지만, 표적군은 9월에 제시된 것과 동일하게 유지됐다.

글로슨은 전략적 항공전역이 이라크 지도자가 효과적으로 국민과 소통하고 군대를 지휘통제할 수 없게 할 것이라고 설명했다. 즉, 전략적 항공전역으로 인해 후세인은 쿠웨이트에 주둔하고 있는 이라크 지상군을 지휘하고 지원하는 것에 어려움을 겪게 될 것이고, 국가 전체의 혼란에 대처해야 할 가능성이 크다고 주장했다. 글로슨의 브리핑 슬라이드 중 '결과' 슬라이드에는 단계 I 실행이 완료되면 이라크의 '군사적 능력 파괴' 및 '정부 통제력 상실' 효과가 발생하며, 이는 곧 정부 신뢰도의 하락으로 이어져 '후세인 정권이 전복'될 것으로 예상했다. 베이커 국무장관은 '정부 통제력 상실'이라는 문구 대신 '정권 무력화'라는 용어를 사용하자고 제안했다. 이에 글로슨은 해당 문구가 후세인이 국민과 군대를 통제하는 것에 어려움을 겪게 되고 국가가 혼란에 빠지게 될 것임을 시사한 것일 뿐이라고 대답했다. 회의실에 있었던 그 누구도 해당 브리핑이 이라크 정권에 중점을 두고 있고, 효과를 지향하는 방법론 적용과 전략적 마비를 목표로 하고 있다는 사실을 의심할 수 없었다.

글로슨은 또한 단계 II 및 III에 대해서도 핵심내용 위주로 브리핑했다. 단계 II는 이라크 방공망을 제거하고 쿠웨이트 전구에서 지대공미사일(SAM)과 대공포 위협을 무력화하여 쿠웨이트에서의 공중우세를 확보하는 것에 중점은 둔 반면, 단계 III은 먼저 남부 이라크에 주둔하고 있는 공화국 수비대를 처리한 다음 쿠웨이트 주둔 정규 이라크 지상군을 공격하는 것이었다. 단계 Ⅱ와 Ⅲ는 달성해야 할 3개의 주요 목표를 제시했는데, 첫 번째는 이라크 방공체계를 무력화하는 것이었고, 두 번째는 쿠웨이트 주둔 이라크군의 기계화전력과 지휘통제 체계 그리고 군수시설에 대한 공격, 마지막 세 번째는 후속 전력에 대한 차단이었다. 부시 대통령은 브리핑이 끝난 후 후세인이 이라크 TV 방송에 나와서 자신이 건재하다는 사실을 알릴 가능성에 대해 질문했다. 글로슨은 "후세인이 살아 있을 수는 있겠지만, TV나 라디오 방송에 나오지는 못할 것입니다."라고 답했다. 그 대답이 채 끝나기도 전에 파월은 "우리 국민들이 단계 Ⅰ에서 후세인이 제거될 것이라는 기대를 갖게 해서 는 안 됩니다."라며 끼어들었다.

부시 대통령의 즉각적인 우려 중 하나는 왕궁과 같은 지도부 표적 공격에 따른 민간인 피해 발생 과 역사적이고 종교적으로 중요한 유적지 손상과 같은 부수적 피해 발생에 관한 것이었다. 글로슨 은 그러한 피해 발생을 방지하기 위해 가능한 한 모든 수단과 방법을 동원할 것이라고 말하며, 대 통령에게 정밀유도무기의 정확도에 대해 확신시켜 주었다. 체크메이트의 '민간인 사상자 발생 비 율이 상대적으로 낮을 것'이라는 예측은 중부사 전구에 있던 계획입안자들의 결의와 전략적 항공 전역에 대한 글로슨의 자신감 모두를 고취시켰다. 워든은 진심으로 스텔스 기술을 믿었고, F-117 이 노동자들이 일하지 않는 밤에 가장 중요한 표적을 정밀 공격할 수 있기에 해당 임무에 최적이라 고 주장했다. 따라서 그는 부수적인 피해는 기술적인 결함보다는 잘못된 표적 식별로 야기된다고 결론지었다. 파월은 글로슨이 백악관 인사들을 확실히 감동시켰음을 인정했고, 미국의 국가 지도 부는 항공전역 계획에 대해 매우 만족해했다.

대조적으로 지상전역에 대한 브리핑은 만족스럽지 못했다. 슈워츠코프는 지상군을 투입해 이라 그 방어선을 쿠웨이트 이북으로 밀어내는 지상전역 계획을 발표했는데, 미군 사상자가 만 명에 이 르고 이 중 2천여 명이 전사할 수 있다고 예상하였다. 체니와 스코크로프트는 그 계획에 대해 불신 과 당혹감을 표했으며, 부시 대통령은 "왜 단계 Ⅰ, Ⅱ, Ⅲ만을 수행한 다음 중지하지 않는가?"라고 물으면서 우려했다. 글로슨은 미군이 지상전을 하지 않고도 쿠웨이트를 해방시킬 수 있음을 회의 참가자들에게 확신시키고 싶었지만, 파월이 다음과 같이 말하면서 기선을 빼앗았다. "단계 Ⅰ 수행 으로 후세인은 매우 큰 고통과 혼란을 겪게 될 것입니다. 그러나 후세인이 그 이후에 어떻게 반응 할지는 알 수가 없습니다. 단계 Ⅱ 및 Ⅲ로 인해 그는 더 어려운 처지가 될 것입니다. 그러나 이 두 가지 단계 또한, 쿠웨이트 주둔 이라크 전력을 이라크 본토로 몰아낼 수 있다고 보장할 수 없습니다. 결론적으로 우리는 3가지 단계만 실행한다고 해서 그가 쿠웨이트를 떠날 것이라고 확신할 수 없기에 단계 IV를 준비해야만 합니다." 체니와 스코크로프트, 파월 및 슈워츠코프 모두는 미국의 승리를 보장하기 위해서는 중부사 지역에 현재보다 두 배나 많은 지상 병력이 투입돼야 한다고 주장했고, 슈워츠코프는 다음 날부터 더 뛰어나고 구체적인 전역계획을 수립하라는 명령을 받았다.

부시 대통령은 나중에 슈워츠코프와 파월이 이와 같은 반대 의견을 피력하지만 않았다면, 10월부터 편안하게 해당 계획(단계 Ⅰ, Ⅱ, Ⅲ)으로 전쟁을 진행했을 것이라고 말했다. 그는 당시 상황을 다음과 같이 기억했다.

스코크로프트 국가안보보좌관은 쿠웨이트 해방을 위해서는 결국 지상군이 투입되어야 할 것이며, 지상전 수행이 준비되기도 전에 너무 빨리 공중공격을 하게 되면 반전 여론의 형성으로 지상전역을 할 수 없게 될 수도 있다고 우려했다. 그렇게 되면 후세인의 지상군은 쿠웨이트에 남게 될 것이고, 지상전 수행을 준비하지 않았던 우리로서는 더 이상의 군사적 선택지가 없게 된다고 설명했다.

항공전역 계획입안자들은 대통령에게 한 브리핑으로 인해 그들이 큰 승리감과 함께 좌절감도 겪게 되었음을 깨달았다. 즉, 국가통수기구가 만약 전쟁이 발생할 경우, 항공력이 첫날과 몇 주 동안 주도적인 역할을 할 수 있도록 허락했다. 그러나 슈워츠코프는 지상전역을 실행하기 위해 추가적인 지상전력을 받게 되었고, 이는 항공전역 계획입안자들이 생각하기에 미국이 지상군을 전쟁에 투입하기로 결정했음을 의미했다. 글로슨은 다음과 같이 항공력이 단계 Ⅲ에서 이라크 지상군을 격퇴할 수 있는 소모전 모델을 준비했더라면 궁극적으로 백악관에서 항공력만을 통한 승리 논의가 가능했을 것이라고 회상했다.

내가 파월에게 브리핑했을 때, 우리 팀은 항공전역의 단계 II와 III에 대한 아주 간략한 윤곽 정도의 내용만을 준비했었다…. 나는 워든의 체크메이트 인원들에게 이라크 공화국 수비대와 쿠웨이트에 주둔하고 있던 다른 이라크 정규군을 대상으로 한 소모전 모델을 요구한 적이 없었다…. 나는 브리핑에 그 내용을 포함시키지 않았다. 솔직히 말해, 내가 망친 것이었다.

단계 II 및 III에 대한 체크메이트의 기여

위싱턴을 방문한 글로슨 준장은 체크메이트를 이끌고 있던 워든을 만나 그들의 지원에 감사를 표했다. 글로슨은 이 자리에서 워든에게 부시 대통령이 참석한 10월 11일의 브리핑 경과를 말했을 때, 그는 전혀 좋아하지 않았다. 미국은 항공력으로 전쟁에서 승리할 준비가 돼 있었고, 아랍국들의 지상군은 정치적인 관점에서 필요성과 타당성만 인정된다면 투입될 수도 있는 상황이었다. "미군은 대규모 지상공격이 필요치도 않은 상황에서 단지 美 육군이 현재보다 2배나 많은 병력을 배치해야 한다는 이유로 승리를 미뤄야 하는 이유가 무엇인가?" 워든의 관점에서는 지상군 병력이 많아질수록 이라크군에게 더 많은 공격대상을 제공해 주는 꼴이 되어 사상자가 더 많이 발생할 거란 걸 의미했다.

글로슨은 워든에게 전략적 항공전역 계획작성이 완료됐고, 지금부터는 약간의 미세 조정과 정보 최신화만 이루어진다면 된다고 말했다. 그는 워든에게 단계 I 은 더 이상 신경 쓸 필요가 없으므로, 쿠웨이트 주둔 이라크 지상군에 대한 처리방안과 아이디어에 대해 생각해 보라고 요청했다. 두 사람 모두 이 임무가 항공력이 탱크와 포병 전력을 파괴하여 대규모 지상전역을 피할 수 있게 해줌으로써 수천 명의 생명을 구할 수 있는 방책으로 여겼다.

이라크 지상군 섬멸

글로슨은 대통령에게 브리핑한 후에야 단계 III 작성에 도움을 받을 목적으로 워든에게 연락했지만, 워든은 이미 다른 이유로 해당 주제에 대한 구상을 시작했었다. 9월 말, 라이스 장관은 RAND 연구소에 이라크 지상군을 대상으로 한 공세적 항공전역에 관한 컴퓨터 시뮬레이션 수행을 요청했다. RAND 연구소에서 분석을 수행하는 동안, 워든은 사익스 소령에게 항공력이 단계 III에서 지상군을 상대로 어떤 성과를 거둘 수 있는지를 분석하고, 그 과정에서 공화국 수비대보다는 정규 육군 전력에 중점을 두라고 지시했다. 그는 여전히 전략적 항공전역이 이라크군의 철수를 이끌 것이며, 지상 병력을 공격할 경우 후세인 정권의 전복 가능성이 줄어들 수 있다고 확신했지만, 전장에서 이라크 군사력을 직접 파괴하는 것도 어느 정도는 유용할 것으로 판단했다. 초기에 사익스는 '최후의 탱크와 최후의 소대'까지 파괴하는 것은 '건초더미에서 바늘 찾기'와 유사하다고 생각했기 때문에 성공 가능성이 없다고 보았다. 더욱이 조종사들이 공중에서 운용 가능한 무기체계와 운용 불가한 무기체계를 어떻게 구별할 수 있겠는가? 그는 '이라크군 파괴(destroy Iraqi army)'를 어떻게 정의해야 할지도 몰랐고, 워든이 이미 그에게 우선순위가 더 높은 많은 다른 임무를 부여한 상황이었기에 단기적으로는 그 일에 신경 쓰지 않기로 했다.

10월 6일에 제시된 RAND 연구소의 '*걸프 위기 분석(Gulf Crisis Analysis)*' 보고서는 전략적 항공전역이 필요하지만, 쿠웨이트 주둔 이라크군의 철수를 보장하기에는 충분치 않다고 결론지었다. 또한, 그것으로 인해 민란이나 쿠데타가 발생하지 않을 것이므로 현 정권이 그대로 유지될 것이며, 더욱이 이라크 육군은 후세인 정권이 전략적 공격을 받는 와중에도 지상전을 감행할 것이라는 분석 결과를 내놓았다. 따라서 RAND 연구소는 승리를 보장하려면 지상전이 필요하다는 시각을 견지했다. 이 관점의 구체적인 의미는 항공전략은 바그다드에 있는 후세인 정권을 대상으로 한 전략적 항공전역과 쿠웨이트에 전개된 이라크군에 대한 강력한 공중공격이 모두 이루어져야만 한다는 것이었다. RAND 연구소는 후세인이 아마도 항공력의 위력에 대해서는 이해하지 못하겠지만, 전장에서의 패배는 이해하고 있을 거라고 조언했다.

워든은 당연히 그 연구 결과에 동의하지 않았으며, 연구팀이 전략적 마비의 가치와 정권의 심장을 겨냥한 정밀유도무기의 효과를 제대로 이해하지 못하고 있다고 주장했다. 그는 자신의 항공력 이론을 제시하고 RAND 연구소의 가정에 이의를 제기했다. 즉, 그는 연구팀이 영토확보를 전쟁의 가장 중요한 가치로 보고 있으며, 그러한 선입견이 "확실한 승리를 위해서는 지상전이 반드시 필요하다."라는 잘못된 믿음을 뒷받침하고 있다고 주장했다. 또한, 그는 RAND 연구소가 냉전적 사고방식에 기초하여 연구를 진행한 것에 대해 비판했고, 그들이 이라크 지상군의 가치는 과대평가한 반면, 이라크 경제에 대한 후세인의 중요도 인식에 대해서는 과소평가했다고 지적했다. 그러나 RAND 연구소의 연구원들은 워든이 자신의 주장을 입증할 수 없다는 점을 발견하고, 계속해서 정권보다는 탱크에 중점을 두는 시각을 견지했다.

RAND 연구소가 위와 같이 결론을 내렸음에도 불구하고, 워든은 참모차장인 로 장군에게 전략적 항공전역에 대한 확신을 가질 것을 촉구하며, 왜 해당 계획이 하루빨리 실행되어야 하는지에 대한 5가지 이유를 다음과 같이 제시했다. 즉, "① 이라크군은 쿠웨이트에서 점점 더 강해지고 있다. ② 기상 조건은 시간이 갈수록 악화될 것이다. ③ 이스라엘과 관련된 사건으로 인해 다국적군이 분열되거나 혹은 선호하는 일정에 맞춰 행동하지 못할 수 있다. ④ 이라크의 핵무기 프로그램이 후세인에게 더 많은 외교적 영향력을 제공할 것이다. ⑤ 이라크가 연합군에 대한 재래식 또는 테러 공격을 선제적으로 가할 수도 있다."라는 것이었다. 그 외에도 이라크가 일부 전력만 철수할 경우, 정치적 측면에서 작전이 더 어려워질 수도 있었다.

RAND 연구소의 연구 결과는 공군으로 하여금 이라크군을 약화시키는 데 항공력이 어떻게 직접적인 역할을 할 수 있는지에 대해 분석해야 한다는 압력으로 작용했다. 워든은 10월 10일에 미국의 정치 및 군사 지도부가 항공력이 단계 Ⅲ에서 효과적일 것이라고 확신하지 못한다면 단계 Ⅰ에서도 확신하지 못할 수 있음을 깨달았다. 로와 애덤스 장군은 워든에게 그의 지식과 동원할 수 있는 모든 자원을 최대로 활용하여 그에 대한 대응방안을 마련하라고 명시적으로 지시했다. 애덤스는 워든에게 '이라크군을 섬멸하기 위해' 얼마나 많은 양의 항공력이 요구되는지에 대해 제시할 것을 지시했다.

따라서 글로슨의 요청은 공군본부 내에서 나온 명령과도 일치했으며, 이에 따라 워든의 체크메이트는 단계 Ⅲ에 대한 분석을 주도했다. 그들은 2가지의 상호 관련된 질문에 대답할 수 있어야 했다. 즉, 이라크 지상군을 '무력한(inoperable)' 상태로 만드는 데 얼마의 시간이 걸리는가? 그리고 그러한 목표를 달성하기 위해 최상의 항공력 운용방법은 무엇인가? 이에 대한 해답이 슈워츠코프에게는 지상공격의 시작인 D-Day 선정에 대한 지침을 제공할 것이기 때문에 중요했고, 워든에게는 항공력이 쿠웨이트 해방이라는 목표 달성에도 최고의 수단임을 주장을 할 수 있게 해 줄 수 있기에 중요했다.

워든은 다시 사익스 소령과 이야기를 나누며, 자신이 이 임무를 최우선으로 고려하고 있음을 확실히 했다. 그는 사익스가 4가지 전제조건을 바탕으로 지상군 소모율을 분석해야 한다고 판단했다. 첫째, 고려해야 하는 유일한 지상군은 쿠웨이트를 점령하고 있는 이라크 성규 육군이다. 워든은 이라크 정규 육군에게 대량피해를 줄 수 있다면 이라크 정예 부대인 공화국 수비대는 전투에 참여하고 싶지 않을 정도로 두려워하게 될 거라고 믿었다. 더불어 후방에 배치된 이 정예 부대는 연합군에게 즉각적인 위협이 되지 못하며, 워든은 여전히 공화국 수비대가 후세인 정권을 전복시킬 수 있는 세력이고 전후 이라크 재건에 도움이 될 수도 있다고 믿었다. 둘째, 역사적 사례를 보면 지상군 전력의 20~40% 정도가 파괴되면 전투 효과성이 상실되게 된다. 셋째, 이 임무에 투입되는 항공기는 A-10과 F-15 그리고 F-16으로, 이들은 비유도 폭탄을 이용하여 주간에만 임무를 실시한다. 넷째, 사익스 소령은 95%의 '표적 식별률(target acquisition rate)'을 전제로 분석해야 한다. 이는, 조종사들이 체공 시간 동안 기선정된 표적의 95%에 폭탄을 투하할 수 있음을 의미한다.

다음 며칠간 사익스는 컴퓨터 소프트웨어 개발업자인 애슐리 및 정보 분석가인 캠벨과 함께 '거대한 엑셀 스프레드시트' 자료를 만들었다. 그들은 이 스프레드시트를 통해 항공기와 무장의 종류를 표적에 일치시켰고, 시간의 흐름에 따라 폭격 피해 현황을 보여 주는 그래프를 제시했으며, 95%의 표적 식별률이 고려된 다양한 수준의 파괴율을 달성하는 데 소요되는 일수를 산출하였다. 사익스는 날씨가 좋아서 매일 1,000소티 정도의 공격이 가능하다면, 2주 이내에 '쿠웨이트시(Kuwait City)'에 있는 병력을 제외한 쿠웨이트 주둔 이라크 지상군을 전멸시킬 수 있다고 예측했다. 워든은 이를 근거로 10월 14일에 "항공력만으로 쿠웨이트시의 병력을 제외한 쿠웨이트 주둔 이라크 지상군을 거의 전멸시키는 것은 얼마든지 가능하다."라고 언급했다. 워든은 도시에서 지상군을 공격하면 민간인 사상자가 발생할 수 있음을 알았지만, 반면 10일 이내에 미군 손실은 거의 없이 쿠웨이트 주둔 이라크 지상군을 작전 불능 상태로 만들 수 있다고 예측했다. 일단 워든이 적 지상군 공격에 중점을 두기 시작하자, 그는 단계 III의 결과도 단계 I만큼 낙관적일 거라고 예상했다.

10월 15일, 사익스 소령은 쿠웨이트에 배치된 지대공미사일(SAM) 기지를 제거하는 데 하루가 필요하고 앞서 워든이 제시한 4가지 전제조건을 바탕으로 쿠웨이트 주둔 이라크군의 기계화 및 야포 전력, 그리고 병력을 파괴하기 위해 9일이 소요된다는 분석 결과를 워든에게 제출했다. 워든은 이 프로젝트 결과에 매우 흥분했고, 다음 날 아침에 그의 체크메이트 팀원들에게 단계 III 연구가 '지금 공군본부에서 가장 중요한 일'이라고 말했다. 체크메이트 분석가들은 개활지에 배치된 병력에는 집속탄이, 기계화 및 야포 전력에는 정밀유도무기가 사용되어야 한다고 가정했다. 워든은 사익스 소령에게 공군본부 기획 차장인 알렉산더 소장에게 해당 내용의 브리핑을 준비하라고 지시했다. 알렉산더는 그 브리핑에 너무 강한 인상을 받아 일부 의사결정권자들이 미국은 단계 III 작전만 수행해야 한다고 주장할 수도 있겠다고 말했다. 워든은 단계 I 이 공중우세 달성을 위한 선결 조건이기 때문에, 단계 I 이 먼저 실행되어야 한다고 주장했다. 그는 자신의 저서인 '항공전역(The Air Campaign)'에서 밝힌 바와 같이, 공중우세가 달성되기 전까지는 다른 어떤 항공작전도 이보다 우선순위가 되어서는 안 된다고 했다.

단계 III에 대한 과업이 진행됨에 따라, 사익스와 캠벨은 라이스, 애덤스, 알렉산더, 클래퍼, 그리고 RAND 연구소에 해당 결과를 브리핑했다. 10월 20일, 그들은 로 참모차장에게도 단계 II 및 III에 대해 브리핑했다. 로 장군은 "이라크군은 숨지도, 위장하지도 않았다. 적절한 은신처와 요새도 없으며, 보급선도 열악하다. 지상 환경(물과 식량)이 열악하다. 반면 비행하기에 날씨가 좋다(시정과 깨끗한 공기)."라는 부분을 지적했다. 사익스 소령은 워든이 평소 중시한 "전략적 항공전역 또는 이라크 남부지역 차단 작전을 위해 매일 80소티의 예비전력이 준비되어 있어야 한다."라는 내용을 강조했다. 예상되는 궁극적인 결과는 "쿠웨이트에 주둔하고 있는 이라크군이 효과적으로 파괴되고, 쿠웨이트 탈환은 최소의 저항으로 달성되며(연합 지상군 간의 의견 일치를 보는 것이 바람직하며, 쿠웨이트/아랍 지상군에 의한 재점령 가능성도 있다), 美 지상군의 큰 인명피해 없이 대통령의 목표가 달성된다."라는 것이었다.

이후 3개월 동안 사익스는 단계 II와 III의 분석 및 브리핑을 주도하는 핵심 인물이 되었다. 워든과 그는 공군본부의 여러 장군에게 이라크군의 소모율과 충원율이 다양하게 조합된 결과를 브리핑했다. 워든은 20일간 지속되는 항공전역에 대해 기획 및 작전 부장인 애덤스 중장에게 직접 브리핑했다. 20일 중 6일은 단계 I에, 1일은 단계 II에, 그리고 나머지 2주 정도는 이라크 지상군 격파와 관련된 단계 III가 소요될 것으로 예상됐다. 그는 단계 III에 비행장 지원시설, 지휘통제본부, 탱크 및 장갑차, 병력, 트럭이라는 5개의 표적 우선순위를 선정했다. 야포는 연합 지상군에게 위협이 되지 않기 때문에, 우선순위에 포함되지 않았다. 보병은 광범위한 지역에 퍼져 있는 인원들을 살상하는 데 시간이 너무 많이 걸리고 이들은 장비가 없으면 우군에게 거의 피해를 줄 수 없기에 역시 우선순위에서 제외됐다. 추가적으로, 보급선이 피해를 입으면, 병력은 식량과 물이 부족하게 되어 전투력을 발휘하기가 어렵게 된다. 그러나 워든은 여전히 단계 III 항공전역을 통해 지상전역 없이 국가안보 목표를 달성할 수 있다고 주장했다.

애덤스는 많은 질문을 했으며, 워든의 답변에 만족스러워했고 그의 노력을 치하했다. 그는 체크메이드에게 먼지 로 침모차장을 대성으로 해딩 진역계획을 브리핑한 다음, 중부사에 있는 글로슨의 블랙홀에게 해당 내용을 보내고, 마지막으로 합참에 보내라고 말했다. 전체적으로 로는 그 계획에 만족해했지만, 그는 워든이 해당 항공전역 수행과정에서의 마찰과 불확실성에 대해 좀 더 검토하기를 원했다. "화학전이나 테러 공격 상황이 발생하면 어떻게 할 것인가? 이란이 개입한다면? 둘째 날에 수백 기의 항공기를 잃는다면?" 워든은 그러한 질문에 대해 개념적이고 논리적으로 답했지만, 로는 제시된 답변이 충분히 구체적이지 않다고 생각했다. 워든은 사막과 같은 개방된 지형에서 지상군을 공격하는 것은, 구체적일 필요가 없다고 대답했다. 또한, 그는 지상전역 수행을 위한 준비 단계로 항공전역을 생각하지 않는다고 말했다. 대신 그는 지상공격에 대한 더 안전하고 보다 효율적인 대안으로서 항공전역을 제안했고, 지상전이 발생한다면 아랍군의 병력이 투입되는 것이 이치에 맞다고 주장했다. 로는 이러한 주장이 설득력 있다고 판단하여 추가적인 계획작성을 독려했고, 고위 의사결정자들이 폭격 대상을 알 수 있도록 브리핑 자료에 사진이 포함되면 더 좋겠다고 덧붙였다.

단계 Ⅲ에 집중하기 시작하면서, 워든은 사단과 군단 그리고 집단군과 같은 대규모 부대가 단기간에 걸쳐 큰 손실이 발생했을 때, 어떻게 반응할지에 대해 특히 주의를 기울였다. 워든은 그의 개인적인 경험과 국방대학원(NWC)에서의 작전술에 관한 연구를 근거하여 판단컨대 이러한 대규모 부대는 단기간에 걸친 큰 충격을 견딜 수 없다고 확신했다. 또한, 그는 전술적 및 작전적 수준의 부대는 다르게 대응할 거라고 믿었다. 전술적 수준의 소대는 말 그대로 동기 부여와 능력에 따라 마지막 한 사람까지 싸울 가능성이 크다. 반면, 작전적 수준의 부대는 복잡한 내부 통신과 지시, 그리고 지원에 크게 의존하므로 전술적 부대에 비해 적은 손실만 입게 되어도 전투능력이 상실된다. 따라서 일부 통신 장비와 병력을 잃은 군단은 다른 연대와 포병 제대, 정찰 및 기타 자산과의 유기적인 협조가 어렵게 되고, 연료 부족이나 지도부를 상실했을 때에도 심각한 혼란이 발생할 수 있다. 워든은 다음과 같이 작전적 수준에서 장비와 병력의 25%가 감소되면 예하 전술적 부대의 큰 손실이 없다 하더라도 상위 제대는 무력화된다고 가정했다.

> 쿠웨이트시에 주둔하고 있는 이라크군을 제외한 쿠웨이트 주둔 이라크군은 공중공격을 통해 거의 전멸시킬 수 있다. 그러나 역사적 경험에 따르면, 대부분의 부대는 사상자 수가 전체 전력의 25%에 이를 때 항복 및 후퇴 또는 철수를 선택한다. 쿠웨이트에 주둔하고 있는 이라크군도 아무런 이득이 없는데도 모든 기계화전력과 통제본부 그리고 보급 체계가 파괴되는 것은 물론, 수만 명의 사상자가 발생하는 상황에 직면하고 싶지 않을 것이다…. 이 분석을 통해 얻은 결론은 일주일에서 10일 이내에 쿠웨이트에 주둔하고 있는 이라크군을 작전적 수준에서 무력할 수 있다는 것이다. 이러한 전장 환경에서 미군의 전체 사상자 수는 수십 명에 불과할 것이다.

워든은 자신의 주장을 검증하기 위해, 이전에 공군본부에서 근무할 때 알게 된 예비역 육군 대령인 뒤푸이에게 모델링을 이용한 검증을 부탁했다. 워든은 뒤푸이와 그 문제를 검토한 후, 25%보다는 50%가 모든 경우의 수를 포함할 수 있고, 상대적으로 짧은 기간 내에 그러한 손실이 발생한다면 사실상 해당 부대는 작전적 수준에서의 전투 효과성을 상실하게 될 것이라고 결론지었다. 따라서 워든은 이라크 지상군의 작전 불능 기준점으로 전력의 50% 소모를 적용하기로 했다. 이러한 논의 후, 뒤푸이는 워싱턴포스트지에 백악관이 받고 있던 일부 군사적 조언에 대해 이의를 제기했고 단기전을 예측하는 기사를 썼다. 당시 美 합참은 부시 대통령에게 전쟁 개시 후 처음 20일 이내에 3천에서 3만 명의 미군이 희생될 수 있다고 조언했지만, 뒤푸이는 3천이라는 숫자는 "거의 정확하지만 약간 높고, 3만은 터무니없는 숫자다."라고 주장했다.

워든은 10월 22일에 로 장군이 언급한 내용과 함께 단계 Ⅱ 및 단계 Ⅲ에 관한 연구 내용을 리야드에 있는 글로슨에게 보냈다. 글로슨 준장은 분석 결과가 마음에 들었고 50% 기준점에 동의했다. 이미 지상전역 계획입안자 중 한 명인 퍼비스 중령도 글로슨에게 육군 교리에 따르면 단위 부대의 전력이 50%까지 감소하면 작전불능 상태로 간주한다고 알려 주었다. 워든의 분석은 수치에 관한한 글로슨에게 확신을 주었고, 그는 "우리는 적 지상군 전력(병력, 기계화전력, 야포)을 50%까지 감소시키는 데에 총력을 다할 것이다."라고 수첩에 기록했다.

그러나 글로슨은 그 연구 내용을 슈워츠코프와 호너에게 제시하기 전에 다른 전제조건에 대해서도 고려해야만 했기에 체크메이트의 연구 내용은 단계 Ⅲ 계획수립 과정을 구체화하기 위한 기준점으로만 사용했다. 그는 워든의 인스턴트 썬더의 작전 중점이 너무 좁고 낙관적이라고 판단했던 것처럼, 단계 Ⅲ의 성공에 필요한 워든의 요구 소티도 지나치게 낙관적이라고 생각했다. 글로슨의 입장에서 가장 중요시해야 했던 것은 단계 Ⅲ의 공격대상에 공화국 수비대를 포함시켜야 한다는 점이었다. 왜냐하면, 슈워츠코프가 이 정예 부대를 중심(CoG)으로 식별했고, 호너 또한, 해당 전력을 골칫거리로 인식했기 때문이었다. 워든은 다시 한번 단계 Ⅲ에서 공화국 수비대를 대상으로 대규모의 공격을 가해서는 안 된다고 주장했지만, 어쩔 수 없이 글로슨 준장의 선택을 따라야 했다. 그와 사익스 소령은 공화국 수비대를 작전 불능 상태로 만들려면 각 사단당 약 36시간이 필요하다고 계산했다. 이제 단계 Ⅲ는 두 가지 국면, 즉 공화국 수비대에 대한 공격과 정규 육군에 대한 공격으로 나누어졌다. 글로슨은 자신과 뎁툴라가 슈워츠코프 및 호너가 좋아할 만한 브리핑을 준비하는 동안 새로운 변수에 대해 고려해 보라고 워든에게 말했다.

글로슨의 블랙홀과 워든의 체크메이트 부서는 우군 지상군이 적 지상군과 교전하기 전에 항공력으로 해당 전력의 절반을 파괴하는 임무를 계획함으로써 전쟁사에 길이 남을 만한 일을 하려던 참이었다. 중부사에 있던 일부 장군들은 연합 공군이 항공작전을 시작하기에 앞서 60일 분량의 항공무장이 준비돼 있어야 한다고 주장했지만, 체크메이트의 컴퓨터는 60일분의 항공무장이면 이라크의 잠재 표적을 포함해 모든 표적에 대해 여러 번 공격할 수 있는 양이라고 분석했다. 컴퓨터를 이용한 계산은 어렵지 않았지만, 워든의 체크메이트만이 이와 같은 방식으로 분석할 수 있었다. 그 결과, 글로슨은 워든에게 그러한 데이터를 생산하여 항공전역 계획작성을 도와줄 수 있는 인원을 중부사 공군으로 보내 달라고 요청했다. 글로슨은 "중부사 공군에는 우리의 주장을 뒷받침해 줄 수 있는 분석 결과가 없었다."라고 회상했다.

워든과 뎁툴라는 누구를 보낼 것인지에 대해 논의했다. 그들은 전략적 항공전역 계획을 잘 이해하고 있고 단계 Ⅲ에 대한 합리적인 지식을 갖고 있으며, 블랙홀과 체크메이트 간의 결속을 강화해 줄 수 있는 누군가를 원했다. 뎁툴라는 친한 친구이기도 한 로저스 소령을 제안했고 워든도 이에 동의했다. 로저스는 10월 27일에 사우디로 출발했다. 당시, 모든 군 수송은 중부사 공군의 승인을 받아야만 했으므로 중부사 공군 참모가 '공군본부 참모부의 추가적인 도움'을 환영할 것 같지 않았기 때문에, 워든은 그를 민항기로 보낼 것을 결정했다.

로저스가 글로슨에게 전해 준 분석 결과는 이라크 부대가 참호를 파고 있고 위장술을 구사하고 있다는 최신 정보가 고려되지 않은 것이었다. 글로슨은 뎁툴라 및 로저스와 함께 분석 결과를 검토한 후, 그들에게 그 내용이 마음에 들고 특히 표적 범주화 자료에 동봉된 사진을 맘에 들어 했지만, 몇 가지 수정을 했으면 한다고 워든에게 전해 달라 지시했다. 예를 들어, 글로슨은 4기의 전투기 중 한 대가 표적을 찾지 못하고 다른 3기의 전투기 중 단 2대만이 표적 공격에 성공했을 경우를 가정하여 분석을 다시 해 보길 원했다. 워든은 글로슨이 지나치게 비관적이라고 생각했지만, 이에 응했다. 그 후 글로슨과 워든이 수행해야 할 작업에 동의하면, 체크메이트의 사익스 소령과 블랙홀의 로저스 소령이 보안 전화를 사용하여 세부 사항을 해결하는 것이 일반적인 업무진행 방식이 되었다. 로저스는 중부사 공군 소속의 정보부서가 여전히 항공전역 계획수립에 도움을 주지 않으려한다는 사실에 그저 놀랐다. 그는 필요한 정보 확보를 위한 유일한 방법은 워싱턴의 다른 정보부서 사람들과 공조하고 있는 체크메이트 팀원들과 협력하는 것이라고 판단했으며, 이로써 비공식적인 조직이 공식적인 조직의 정보 업무 중 상당 부분을 담당하게 되었다.

10월 27일, 글로슨은 다시 워든에게 공화국 수비대의 무력화 방안을 개발해 달라고 요구했다. 워든은 그 임무가 전쟁목표 달성에 있어 불필요하다고 언급했지만, 글로슨은 각 사단을 파괴하는 데 2일이 채 걸리지 않을 것 같다고 주장하며, 방안개발을 독려했다. 그러자 워든은 단계 Ⅲ에서는 쿠웨이트 주둔 이라크 정규 육군에 중점을 두고 단계 IV에서 공화국 수비대 무력화에 중점을 두자고 제안했다. 그러나 글로슨은 두 지상군을 모두 단계 III에서 공격하길 원한다고 언급했고, 워든에게 공화국 수비대를 정규 육군보다 먼저 공격하는 방안을 개발해 달라고 요청했다. 워든은 그 요청이 마음에 들지 않았지만 즉시 그렇게 하겠다고 동의했다.

10월 29일, 워든은 단계 II와 III를 듀간에 뒤를 이어 신임 참모총장으로 취임한 맥픽 장군에게 브리핑했다. 맥픽은 공군이 근접항공지원(CAS) 임무에 최선을 다할 때, 많은 지상군의 생명을 구할 수 있게 되기 때문에 공군인들의 전성시대가 올 것이라 말한 것으로 유명한 인물이었다. 더욱이 그는 "나는 듀간 전 참모총장과 같이 항공력 예찬론자가 아니다."라고 공공연하게 말하곤 했다. 워든은 이미 그에게 전략적 항공전역(단계 I)에 대해 브리핑했고, 그에 대해 맥픽은 열광적인 칭찬을 아끼지 않았지만, 지상군 지원에 항공력을 투입하는 것에 더 큰 관심을 보였다.

워든은 쿠웨이트 주둔 이라크군에 대한 공중공격이 그들로 하여금 북쪽 지역으로의 철수, 해당 위치에서 항복 또는 전멸이라는 3가지 중 하나를 선택하게 할 것이라고 확신했다. 그들이 어떤 선택을 하든지 간에 아랍 지상군이 궁지에 몰린 그들을 처리할 것이고, 이에 따라 미군은 쿠웨이트 국경을 침범할 필요가 없을 것으로 생각했다. 체크메이트의 분석은 미국이 탱크와 야포, 장갑차 및 지휘통제 시설, 활주로와 비행장 지원시설, 그리고 병력과 같은 지역 표적을 공격하는 과정에서 66기의 항공기를 잃을 수 있다고 밝혔다. 표적 식별률을 75%로 가정하고, 기상 상태가 좋은 조건에서 연합군이 매일 1천 소티를 실시할 수 있다면 항공력은 15일 이내에 쿠웨이트 인근에 진출한 이라크 지상군 전력의 95%를 파괴할 수 있다고 확신했다. 워든은 95%라는 파괴율 달성을 규정하기 위해 4개의 표적군을 선정했으며, 각 표적군 공격에 소요되는 시간에 대해 교량은 3일, 야포/기계화전력/병력은 각각 4일로 규정했다.

워든의 브리핑은 맥픽이 총장으로 취임한 후 최초로 받는 것이었으며, 비록 그 브리핑이 군사력에 대한 포괄적인 설명이 부족했고 이라크군 및 일부 핵심노드의 정확한 위치를 제시해 주지 못했음에도 불구하고 그는 워든의 브리핑을 긍정적으로 생각했다. 브리핑이 끝난 후, 맥픽 총장은 애덤스와 알렉산더를 내보내고 워든과 90분 동안 단둘이서 세부 내용에 대해 다시 검토했다.

그사이에 RAND 연구소는 체크메이트의 단계 III 분석 결과에 대한 피드백을 제공했는데, 워든이 적용한 전제조건과 방법론 모두를 비판했다. RAND 연구소는 워든 팀이 탱크와 장갑차, 그리고 트럭을 파괴하는 데 요구되는 소티 수를 너무 과소평가했다고 지적했다. 또한, 그들은 일부 무기체계에 대한 표적 식별률이 비현실적으로 높고, 장비 주변에 이중으로 난 길로 인해 표적 식별이 더 어려울 것이며, 아군 항공기 예상 손실 대수가 체크메이트가 분석한 것보다 클 거라고 판단했다. 더욱이 정보 보고서도 체크메이트의 분석 결과를 지지해 주지 않았다. 해당 보고서에는 워든의 그룹이 부수적 피해를 충분히 고려하지 않았으며, 테러리스트 공격도 분석에 포함됐어야만 했고, 포를 견인하고 군수물자를 운반하는 데 사용되는 트럭의 손상으로 인한 야포의 파괴량을 과대평가했다고 지적했다. 워든은 여전히 확신하지는 못했지만, 자신의 전제조건이 너무 낙관적이라는 글로슨의 경고와 RAND 연구소의 전반적인 비판을 받아들여 계획작성에 더 신중한 접근을 하게 되었고, 기꺼이 다른 사람들이 그의 계획을 검토할 수 있게 하여 설득력 있는 주장은 받아들였다.

대조적으로 단계 Ⅱ에 대한 계획 입안은 무리 없이 진행되었다. 체크메이트는 데이터를 제공해 주고 문제점을 분석해 줬으며, 대안을 제시했고, 블랙홀의 뎁튤라는 해당 자료 중에 적절하다고 판단한 정보를 단계 Ⅱ에 적용했다. 예를 들어, 전자전 전력 지휘관인 헨리가 이라크와 쿠웨이트 상공에서의 공중우세 달성을 위한 전술에 대해 고려할 때, 그는 체크메이트가 관계를 맺은 기관인 해군의 전력투사 및 대공방어(SPEAR)처[153]의 보고서 자료에 의존했다. SPEAR처는 해군만을 위한 작전적 수준의 정보를 제공했지만, 정보 장교들만 정보를 수집하고 분석하는 것이 아니라 작전 경험이 있는 장교들도 참여했다. 워든은 공군의 씽크탱크가 된 체크메이트가 얼마나 많은 정보를 제공해야 하는지를 깨닫고 SPEAR처의 처장인 존슨 대령과 유대관계를 구축했다. 존슨의 처원들은 이라크의 방공체계가 어떻게 운용되는지에 대해 상세히 알고 있었다. SPEAR처는 이라크 방공체계인 KARI가 400개 이상의 육안 감시소와 73개의 레이더 기지, 17개의 요격 본부로 구성된 '다중 체계(system of system)'라고 규정했다. 10월까지 SPEAR 팀은 다중 체계 내의 핵심노드를 제거하는 방법에 대한 충분한 지식을 쌓았고, 체크메이트는 그 분석 자료가 블랙홀에게 전달되어야 한다고 확신했다. 워든은 자신의 부하 중 한 명인 킹 소령에게 체크메이트와 SPEAR처 간의 연락책 역할을 맡게 했고, 킹은 블랙홀의 뎁튤라 중령에게 진척 상황을 보고했다.

쿠웨이트에 대한 공중우세 확보를 목표로 한 체크메이트의 단계 Ⅱ 계획은 레이더 기지와 운용 요원, SA-2 및 SA-3 미사일 발사대를 포함하여 26개의 지대공미사일(SAM) 기지를 파괴할 것을 권장했고, 항공력은 하루 만에 이러한 기지를 모두 제거할 수 있다고 예상했다. 공격 완료 후에도 이

---

153) 전력투사 및 대공방어(SPEAR: Strike Projection Evaluation and Anti Air Research)처: 美 해군작전의 효과적인 전력투사 및 대공방어 능력을 평가하고 연구하는 기관.

라크는 여전히 대공포와 휴대용 SA-7을 보유하고 있겠지만, 적어도 중고도에서의 안전은 보장될 것이었다. 글로슨은 그 정보에 매우 만족스러워했으며, 헨리에게 '체크메이트의 단계 II 결과물을 수정하여 적용'하라고 지시했다.

'전장 준비'

11월 2일, 사익스 소령과 그의 팀원들은 쿠웨이트 주둔 정규 육군과 공화국 수비대의 전투능력을 50%까지 감소시키는 것을 목표로 한 항공전역 계획을 완성했다. 체크메이트는 이제 50% 감소를 달성하는 데 걸리는 기간이 23일이라고 제시했다. 이 결론은 추가적인 모델링 결과와 결합되어 중부사 전구에서 발생할 수 있는 항공무장의 부족에 대한 염려를 덜어 주었다. 체크메이트의 예측은 중간에 발생할 수 있는 美 항공력의 증강분을 고려하지 않았으므로, 글로슨은 이라크 군사력을 50%까지 감소시키는 데 걸리는 기간이 23일이 아니라 17일이 될 것으로 예상한다고 밝혔다.

중부사 공군 구성군사령관인 호너 중장은 11월 7일에 단계 I, II 및 III에 대한 포괄적인 브리핑을 받고 대체적으로 만족해했다. 그러나 그는 글로슨에게 항공력이 적 지상군 대부분을 파괴할 수 있게 하여 '육군의 급소를 찌르지 않도록' 단계 III에서 탱크보다는 야포의 파괴에 중점을 두라고 말했다. 그리고 단계 III를 뎁튤라가 선호하는 '전장 파괴(Destroying the Battlefield)'라는 문구 대신 '전장 준비(Preparing the Battlefield)'라는 문구를 사용하라고 했다.

이러한 모든 계획 입안 요소들은 11월 중순까지 슈워츠코프에게 전달되었다. 국가 지도부는 단계 I인 전략적 항공전역 계획을 10월 10일과 11일에 승인했다. 글로슨과 뎁튤라는 단계 II와 III의 개념을 구체화시켰고, 슈워츠코프의 지상전역 계획입안자들은 워싱턴이 수용할 만한 2개의 군단을 투입한 단계 IV인 지상공격 계획을 수립했다. 11월 14일, 호너와 글로슨, 그리고 헨리는 슈워츠코프가 중부사 전구에 있는 모든 지휘관을 대상으로 브리핑한 '다가올 전쟁을 위한 전략' 회의에 참석했다. 브리핑에서 슈워츠코프는 3개의 이라크 중심(CoG)으로 식별된 후세인 정권과 대량살상 무기 그리고 공화국 수비대를 제시했다. 그는 미국이 "더 뛰어난 항공력과 우세한 기술, 그리고 잘 훈련된 리더들"이라는 강점이 있는 반면, 이라크의 강점은 대규모의 지상군과 화학 무기라고 언급했다. 그런 다음 그는 "① 이라크의 지휘통제 체계 및 지도부 공격, ② 공중우세 확보, ③ 이라크의 보급로 차단, ④이라크의 화생방(NBC) 능력 파괴, ⑤ 공화국 수비대 파괴"라는 5가지 전장 목표를 제시했다. 최종 목표와 관련하여 그는 오해의 여지를 남기지 않았다. "우리는 공격하고(attack) 손상을 주며(damage) 포위하는(surround) 것이 아니라 파괴(destroy)해야 한다. 나는 그들이 실제적인 전투력으로 남아 있는 것을 원치 않는다." 그는 연합작전의 실행 준비가 1월 중순까지는 완료되어야 한다고 언급했고, 1990년 8월 17일에 워든과의 논의에서 결정된 것처럼 "단계 Ⅰ : 전략적 항공전역, 단계 Ⅱ : 쿠웨이트 전구에서의 공중우세 확보, 단계 Ⅲ: 전장 준비, 단계 Ⅳ: 지상공격"이라는 네 단계가 순서대로 실행되어야 한다고 설명했다.

회의 과정에서 제101 공수사단의 지휘관인 피이 소장은 노골적인 질문을 던졌다. "3주 이내에 50%까지 그들을 폭격할 수 있다면, 왜 다음 3주 동안 나머지 50%를 폭격하지 않습니까?" 그러나 슈워츠코프는 전쟁을 끝내기 위해서는 지상군이 투입되어야 한다고 주장했다. 브리핑은 전통적이며 일관된 사고방식을 보여 주었다. 즉, 항공력은 지상군을 파괴할 수 있지만, 美 지상군이 이라크의 패배를 마무리해야 한다는 것이었다. 그러나 슈워츠코프는 항공력이 전쟁을 주도하도록 허락했다. 그는 전장에서 美 지상군이 적과 교전하기 전에 항공력이 후세인 정권을 마비시키고 쿠웨이트 주둔 이라크 군사력을 절반까지 감소시킬 수 있도록 허락했다.

심리전

11월의 브리핑은 또 다른 측면에서 중요했다. 즉, 그것은 중부사령부가 전략적 차원에서의 심리전에 대한 고려를 중단했음을 의미했다. 워든이 8월에 슈워츠코프에게 인스턴트 썬더 계획을 제안하는 과정에서 그는 심리전이 무엇보다 중요하다고 주장했다. 브리핑을 준비하면서, 그는 국방부의 심리전 단장인 야코보비츠 대령에게 전화했고, 그는 기꺼이 워든의 계획에 참여하고 싶어 했다. 야코보비츠는 '심리전'이 베트남전 이후로 그 의미가 변질되었다고 생각했다. 그가 아는 한, 워든은 심리전을 전쟁이 시작된 후에 추가하는 작전적 요소로 보지 않고 실제로 전쟁 계획에서부터 통합하려고 노력한 최초의 장교였다. 실제로 야코보비츠는 효과를 지향하는 표적처리와 전략적 마비, 그리고 정권 표적화라는 전체 개념이 심리전과 물리적 작전을 조화롭게 작동하도록 한다고 생각했다. 그들이 인스턴트 썬더 작전 명령을 위해 제시했던 문장 중 하나가 9월 2일에 호너가 승인한 중부사 공군의 작전명령에 다음과 같이 포함되었다. "심리전은 본 항공전역 계획에 내재되어 있으며, 타격 작전만큼이나 중요하다. 모든 임무에는 중요한 정치적 및 심리적 의미를 내포하고 있으며, 마찬가지로 모든 폭탄도 심리적인 영향력을 가지고 있다."

9월 19일, 슈워츠코프는 '버닝 호크(Burning Hawk)'로 불린 전체 중부사령부의 심리전 계획을 승인했다. 이때 심리 전역에 대한 책임은 육군 제4 심리작전연대장인 노먼드 대령에게로 넘어갔다. 체크메이트는 우리의 적이 이라크 국민이 아닌 타락한 독재자와 그 정권임을 강조한 심리전 분석 내용을 노먼드에게 제공했다. 버닝 호크에는 "이라크군의 전투 효과 및 기강 저하, 탈영 조장, 이라크군에게 무력 충돌에 관한 법률 교육, 그리고 후세인 정권의 전복 조장"이라는 4가지 작전목표가 제시됐다. 연합군은 라디오 및 TV 방송, 심리전 전단과 기타 매체를 통해 이러한 목표 달성이 가능할 것으로 판단했다. 그러나 버닝 호크는 전술적 수준의 작전과 쿠웨이트 주둔 이라크군에게만 초점을 두고 있었는데, 이에 워든은 전략적 항공전역에 통합된 심리전 적용이 추진력을 잃게 되었음을 인지했다.

곧 합참은 전역계획에 심리전을 포함시키는 것을 시급한 과제로 보지 않게 되었다. 심리전 계획과 관련된 여러 요소들은 국방부와 백악관의 다양한 부서에서 사라졌고, 워든은 워싱턴에서의 진행이 늦어지자 분노를 드러냈다. 그는 당면한 문제가 행정명령 12333[154]으로 인해 미국이 개인을 표적화하는 것을 금지하는 것이라고 들었다. 걱정이 된 워든은 11월 1일에 참모차장인 로 중장에게 편지를 썼다. 이 편지에서 워든은 다음과 같이 적었다. "우리가 알기로는 전략적 폭격작전과 함께 실행되는 심리전 전역은 없습니다…. 로 장군님이 초기에 슈워츠코프 장군이 전쟁에서 이기기 위해 필수적이라고 생각했던 전략적 심리전 실행에 대해 도움을 줄 수 있는지 슈워츠코프 장군께 물어봐 주신다면 많은 도움이 될 것 같습니다."

12월이 되어서야 슈워츠코프는 심리전 계획을 요구했지만, 워싱턴의 개입을 바라지는 않았다. 그러나 호너는 사우디 지도부가 이라크 지도부에 대한 반란을 조장하는 심리선 선역을 원하지 않고 있음을 알아챘다. 왜냐하면, 이는 사우디 국민으로 하여금 이들의 선례를 따르도록 유도할 수 있기 때문이었다. 호너는 "사우디가 심리전을 통제하고 싶어 했으므로 우리는 구체적인 심리전 전역계획을 시작할 수 없었고, 그들은 실제로 이라크 국민을 설득하여 정부에 반란을 일으키도록 하는 데에는 관심이 없었다. 결론적으로 그들은 심리전 전역에서 미군의 역할이 축소되기를 원했다."라고 회상했다. 심리전은 누구도 지지할 수 없는 아주 민감한 문제가 되었다. 워든과 뎁툴라가

---

154) 행정명령(Executive Order) 12333: 1981년 레이건 대통령이 서명한 행정명령으로 미국 정보기관의 권한과 책임을 확장한다는 내용을 담고 있다.

바그다드 내의 표적, 특히 후세인 동상을 제안했을 때, 그들의 요청은 거부됐다. 마찬가지로, 워싱턴은 바그다드에 대한 적은 양의 심리전 전단 투하 준비와 이라크의 시민 및 군인들이 그들의 지도부에 대항하도록 자극하는 메시지 중계 기인 EC-130 Volant Solo를 최소한도로만 사용할 것을 마지못해 승인했다.

전쟁 종결 계획

워든은 1988년 중반에 그의 항공력 이론을 최초로 제시한 후, 군사력을 전쟁의 종지부를 찍기 위한 수단으로 간주하는 전역계획을 선호했고, 전쟁에서의 궁극적인 성공은 물리적 승리가 아닌 평화를 얻는 것이라고 주장했다. 이러한 철학은 인스턴트 썬더 계획에 영향을 미쳤고, 이후에 RAND 연구소의 중동 전문가인 칼리자드와 함께 평화 조약의 형태로 전쟁 종결 계획을 만든 동인으로 작용했다. 9월에 워든이 틀을 잡았고, 칼리자드는 이를 바탕으로 주요 내용을 작성했다. 연구 제목은 '전쟁 승리-그리고 평화: 이라크와의 적대 행위 종식'이었으며, 내용은 다음과 같다.

이라크의 불법적이고 기습적인 침략행위를 감안했을 때, 일부 사람들은 이라크가 전쟁 종결 전 제조건으로 쿠웨이트에서 철수하여 이전 정부가 다시 복귀할 수 있도록 하고, 재침략을 하지 않겠다고 맹세하며, 인질을 풀어 주는 것뿐만 아니라, 배상금을 지불하는 데 동의하고 리더십에 대한 뉘른베르크식의 전범 재판[155]을 받도록 요구하는 것이 당연한 것으로 생각할 수 있다. 그러나 후자의 두 가지 조건(배상금 지불 및 전범 재판 수용)에 대한 주장은 전쟁 기간을 늘어나게 할 가능성이 크다. 즉, 이라크 지도부는 이러한 무조건적인 항복을 받아들이느니 차라리 전쟁을 지속하려고 할 확률이 훨씬 높다는 것이다. 그러한 상황이 되면 우리는 어쩔 수 없이 이라크를 점령해야 할 것이며, 그로 인해 비용과 사상자, 그리고 전쟁 기간이 늘어날 것이 자명하다. 배상금 지불 및 전범 재판과 같은 위협은 전쟁 발발 이전에 쿠웨이트에 대한 이라크 침공의 억제력으로서는 가치가 있겠지만, 전쟁이 시작된 후 이러한 주장을 고집하는 것은, 오히려 역효과를 낼 것이다. 이러한 이유로 전후 이라크와의 휴전 협상에서 배상금 지불과 전범 재판 문제는 제

---

155) 뉘른베르크식의 전범 재판: 제2차 세계대전 직후인 1945년부터 1946년까지 나치 독일 전범들의 전쟁범죄를 처벌하기 위해 독일 뉘른베르크에서 진행된 재판.

기하지 않아야 한다. 대신 우리는 이 문제를 당사자인 쿠웨이트와 이라크 정부가 해결하도록 간접적이고 애매하게 접근해야 한다.

이라크가 배상금을 지불하도록 강제하는 아이디어는 매력적이다. 그러나 이라크의 재정 상태는 원유 판매 수익을 무한정 쏟아붓지 않는 한 배상금을 지불할 수 있는 상태가 아니다. 배상금의 부과는 전쟁의 여파와 지난 10여 년간 잘못된 경제 관리의 결과로부터 이라크가 경제적으로 회복되는 것을 어렵게 할 것이다. 우리의 목표는 이라크가 장기적인 평화와 안정, 비호전적이며 민주국가가 되는 것이기 때문에, 이 지역에서 우리의 국익에 반하는 행위인 배상금 지불 강제 조치는 피해야 한다. 누구도 보복 주의의 온상이 될 가난한 이라크를 원하지 않을 것이다….

우리는 쿠웨이트에 배치된 장갑차 및 야포와 같은 이라크군의 중무장에 대해 그들이 본토로 가져가지 못하도록 요구해야 한다. 이러한 요구는 단기적으로 이라크 지도부와 전장에 배치된 장교들에게 계속 싸우려 하는 동기를 부여할 수도 있겠지만, 전후 이라크가 또 다른 침략을 시도하려 하는 것에 있어서는 억제 요인으로 작용할 수 있다.

미국과 동맹국의 공격은 이라크의 군사력과 경제력을 심각하게 약화시키고, 후세인 정권에게 굴욕감을 안겨 줄 것이다. 그러나 이러한 공격에 의한 전체적인 이라크 내부와 중동지역의 변화를 예측하는 것은 매우 어렵다. 이라크 군사력의 일부 약화와 침략에 대한 처벌은 지역 안정성을 높일 수 있다. 사실, 이라크의 군사적 우세 및 걸프 지역에서 힘의 균형 부재가 쿠웨이트 침공의 주원인이 되었다.

이라크 군사력의 일부 약화는 미국의 국익에 부합되지만, 반대로 완전한 파괴는 그렇지 않다. 즉, 이라크가 군사적으로 완전히 무력화된다면 이란의 위협에 대응할 수 없게 된다. 이러한 상황이 되면 이란이나 이라크 주변 국가들의 침략 의지가 높아져 이라크를 침공할 가능성이 커지고, 이는 곧 해당 지역의 불안정성 증가로 이어질 것이다.

체크메이트는 11월에 이 연구물을 배포했고, 칼리자드와 워든은 전쟁 종결에 영향을 미칠 수 있는 미국 내 주요 인물들의 주의를 끌기 위해 열심히 노력했지만, 아무도 전쟁 종결 계획을 자신의 책임으로 보지 않았다. 미국은 각각 수개월의 기간을 걸프전과 십여 년 뒤에 발생한 아프가니스탄 전쟁(2001) 및 이라크 전쟁(2003)의 전역계획 수립에 보냈음에도 불구하고 전후와 관련된 목표 설정에는 시간을 거의 할애하지 않았다는 것은 아이러니 중 하나이다.

아마도 체크메이트가 걸프전의 전역계획 과정에 관여하지 않았다면, 틀림없이 전쟁은 다른 양상으로 진행되었고 그로 인해 다른 결과를 낳았을 것이다. 특별 계획 그룹(블랙홀)이 결성된 초창기에는 글로슨과 그의 부하들에게 있어 가장 중요한 시기였는데, 당시 체크메이트가 그들의 유일한 정보 및 계획의 원천이었다. 더욱이 워싱턴은 여전히 항공력이 전장에 단순히 화력으로서만 지원 역할을 해 주는 지상전 중심의 전역을 모색하고 있었기 때문에, 체크메이트는 미국의 정치 및 군사 지도부에게 대안적인 전략을 제공한 유일한 조직이기도 했다. 돌이켜 보면, 항공전역 계획수립에 긴밀하게 관련된 사람들은 워든이 이 부분에 상당히 기여했다는 사실을 모두 인정했다. 전쟁 기간에 매일같이 종합공격계획(MAP)을 작성한 뎁툴라는 워든의 인스턴트 썬더와 단계 I 계획이 철학적이며 개념적인 측면에서는 전혀 차이가 없었다고 밝혔다. 비록 여러 번의 수정과 변경이 있었지만, 진정으로 변화가 있었던 부분은 5개월 동안 진행된 표적 정보의 추가 및 최신화가 유일했다.

듀간(참모총장), 로(참모차장), 무어(중부사 작전부장), 애덤스(공본 기획 및 작전 부장), 메이(공본 기획 및 작전 차장), 알렉산더(공본 기획 차장) 그리고 글로슨 장군(중부사 항공전역 계획 총책임자)은 모두 사막의 폭풍 작전에서 실행된 계획이 인스턴트 썬더의 변형임을 확신했다. 글로슨 준장은 워든의 노력 덕분에 중부사가 9월 중순에 큰 노력 없이도 실행 가능한 옵션을 보유할 수 있었음을 인정했다. 그는 "체크메이트의 노력이 없었다면 그러한 옵션은 결코 존재하지 않았을 것이다."라고 말했다. 이후 글로슨은 다음과 같은 측면에서 워든의 노력을 칭찬했다.

> 내가 한 일이라고는 [체크메이트]에게 전화해 "이 사항을 분석해 주었으면 합니다. 이 나라와 이 관계자에게 연락해 취해 주세요. 이것에 관해서 나는 충분히 알지 못합니다."라고 말한 것이 전부였다…. 나는 그러한 지원을 받을 수 있을 것이라고는 꿈도 꾸지 못했다…. 나는 역사가 워든에 대해 호의적이었으면 한다. 내가 다른 사람들에게 말할 수 있는 워든에 대한 가장 큰 칭찬은, 만약 그에게 주어진 일과 그렇게 짧은 기간이 나에게 주어졌다면 나는 그가 한 것만큼, 그렇게 빨리, 그렇게 많은 정보를 반영하고 그렇게 많은 범위를 다루는 것에 있어 그만큼 잘하지 못했을 것이라는 점이다. 사실, 그보다 더 좋은 칭찬이 떠오르지 않는다…. 그의 노력은 경이로웠다…. 지구상의 그 누구도 이러한 일을 또 할 수 있을지 의심이 든다…. 아무도 그렇게

짧은 시간과 제약 조건하에서 워든의 체크메이트보다 잘할 수는 없다. 개념적인 몇몇 아이디어들을 결합하고 믿을 수 없는 양의 정보를 제공하며, 핵심 표적에 집중한 그들의 노력은 아주 인상적이었다.

워든을 싫어했던 애덤스 중장도 감명을 받아 "워든은 여러 분야의 전문가들로 구성된 중요한 네트워크(체크메이트)를 구축하여 세부 계획을 세우는 데 큰 도움을 주었고, 글로슨은 거의 매일 그들에게 전화하고 팩스나 메시지를 보내어 세부계획작성에 있어 그들로부터 받은 정보를 활용했다."라고 말했다. 워든은 협력관계가 "잘 이루어졌다."라고 결론지었고, 리야드와 체크메이트 소속의 장교들 간에 '공생적 관계'가 형성되었다고 말했다. 그러나 그는 체크메이트의 관여를 명백히 지원 노력으로서만 간주했다. "우리는 전쟁을 어떻게 진행해야 하는지에 대해서는 그들에게 말하지 않았다. 단지 정보만 제공했을 뿐이다."

체크메이트가 사막의 폭풍 작전계획 수립에 있어 상당히 기여한 것은 분명한 사실이다. 그러나 워든이 독립적인 항공전역 계획수립의 아이디어를 제공했다 하더라도, 다른 사람들이 그의 아이디어를 현실화하는 데 있어 중요한 역할을 하지 않았다면, 그러한 성공적인 전쟁 결과는 결코 달성할 수 없었을 것이다. 사실, 인스턴트 썬더에 자신의 아이디어를 추가하여 호너와 글로슨이 수락할 만한 계획으로 만든 인물은 바로 뎁툴라 중령이었다. 뎁툴라의 개념적인 통찰력과 작전적 안목, 유연성 및 계획수립에 있어서의 중심적 역할이 없었다면, 워든의 아이디어 대다수는 결코, 실현되지 못했을 것이다. 워든과 뎁툴라는 두뇌의 양면과 같았다. 즉, 워든이 창조적이고 예술적인 우뇌라면, 뎁툴라는 과학적이고 꼼꼼한 좌뇌였다. 둘은 서로를 보완했으며, 서로가 없었다면 각각의 효과는 크게 제한됐을 것이다. 워든은 정성적이고 동적인 복잡성에 중점을 두어 대략적인 설계를 했고, 뎁툴라는 이러한 내용을 현실적이고 적용 가능하며, 정량적인 작전계획으로 바꾸었다.

글로슨도 성공적인 항공전역에 중요한 역할을 했다. 그는 현명했고 실용적이었으며, 카리스마가 있는 사람으로서 체크메이트의 결과물들을 호너가 수락할 만한 형태로 바꾸었고 승리할 수 있는 개념을 실행할 수 있는 구체적인 작전계획으로 만들었다. 또한, 글로슨과 호너는 그들이 체득했던 전술·전기 및 작전적 지식을 실제 작전에 반영했고, 워싱턴(체크메이트) 출처의 정보를 최대한으로 활용할 수 있는 리더십을 갖고 있었다.

워든과 체크메이트는 1990년 8월 후반부터 10월 중순까지 단계 Ⅰ을 세부적으로 조정하고 개선하는 데 필요한 데이터와 아이디어를 제공했고, 10월 중반부터 1991년 1월 중반까지는 지상공격을 개시하기 전 단계인 '단계 Ⅲ'에서 항공력이 이라크군을 50%까지 감소시킬 수 있다는 주장을 뒷받침할 수 있는 다양한 분석을 주도적으로 수행했다. 워든은 인스턴트 썬더를 구상하고 작성했는데, 그것은 기존의 공지전투 교리 및 우발계획 개념을 완전히 깨는 것이었다. 그는 전략공격과 함께 항공전역을 시작하는 것이 중요하다고 슈워츠코프와 국가 지도부를 설득했는데, 이것은 전술공군사령부(TAC)가 대안으로 제시한 항공전역 개념과는 상반된 것이었다. 그는 공식적인 조직과 업무협조 체계로는 여러 면에서 정보 지원이 부적합하다고 판명된 당시 상황에서 비공식적인 정보융합센터(체크메이트)를 운영하여 중부사 전구에 정보 및 분석내용을 전달했다.

워든은 8월 말에 호너가 "워든의 면접 성적은 낙제점이다."라고 결론지었을 때에도, 애덤스 중장이 공군본부는 "중부사 공군과 관련된 업무에서 손을 떼야 한다."라고 생각했을 때에도 굴복하지 않았다. 호너의 가혹한 대우와 애덤스의 열정 부족에도 불구하고 항공전역계획 수립에 지속적으로 관여하겠다는 워든의 결의는 '실망을 해도 다시 일어서는 회복력과 끈기, 부지런함, 그리고 단기 목표가 완전히 실현되지 않았음에도 단호하게 결단을 내리는 과단성'과 같은 그의 성격을 잘 보여준 사례였다.

X.
체크메이트:
정치적 전역 지원

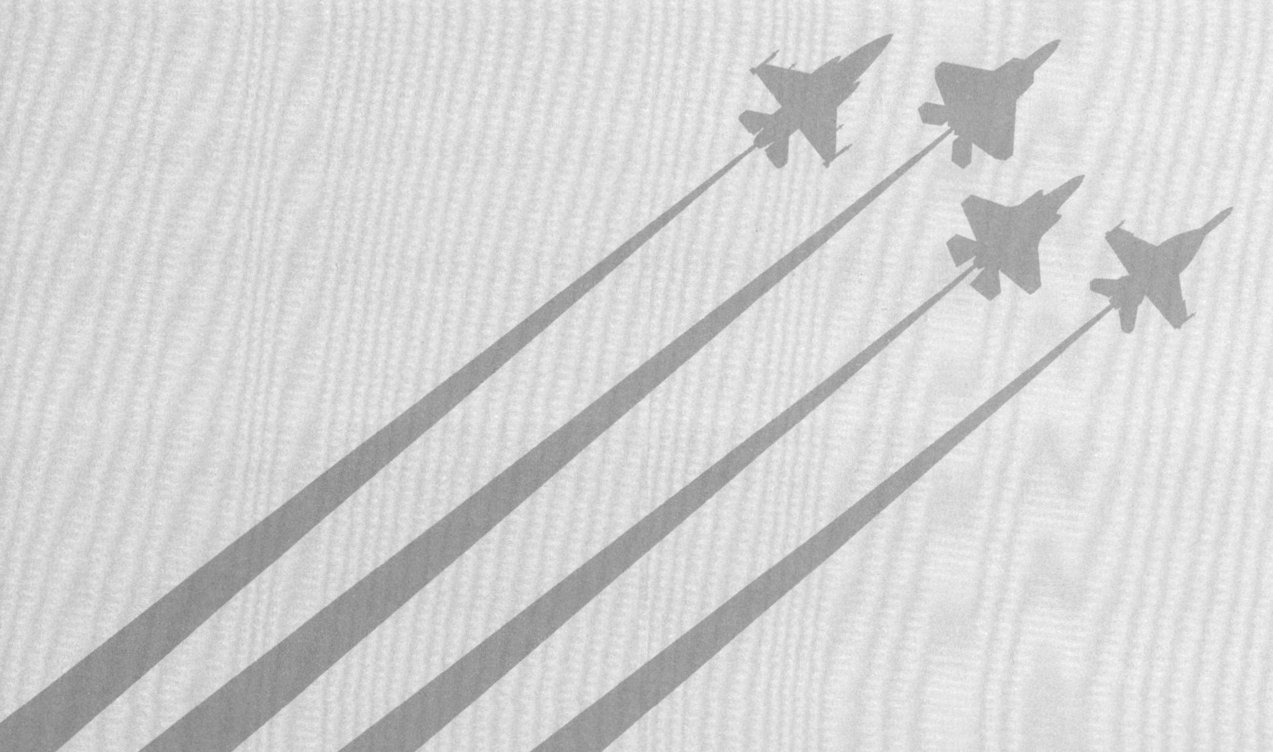

워든이 인스턴트 썬더 계획을 구상하기 시작한 1990년 8월 초에, 그는 그가 만든 항공전역 계획이 성공적으로 실행되기 위해서는 '정치적 전역'도 함께 수반되어야만 한다는 사실을 깨달았다. 그는 자신의 체크메이트 부서를 계획 입안을 담당하는 두 부분인 정치적 전역과 작전적 전역 간의 연결 고리로 보았다. 워싱턴을 대상으로 한 정치적 전역은 정책결정자들에게 항공력의 역량에 대해 확신시키려는 목표로 시행됐고, 리야드를 대상으로 한 작전적 전역은 그의 인스턴트 썬더 개념을 실행할 수 있는 구체적인 항공작전 계획으로 바꾸는 것을 목표로 했다. 따라서 체크메이트는 전략적 항공전역을 개발하고 중부사 공군의 중요 정보제공자로서 단계 II 및 III 작성에 도움을 제공하는 역할 외에, 워싱턴의 고위 정치 및 군사 지도자들에게 항공전역과 항공력의 잠재력을 인정받게 함으로써 전쟁 계획에 있어 세 번째로 크게 이바지했다.

소문의 확산

걸프전에서의 성공적인 항공력 적용은 사막의 폭풍 작전을 시작한 지 며칠 후 분명해졌는데, 그것은 얼마 전까지만 해도 상상할 수 없었던 일이었다. 항공력 회의론자들은 대중들에게 항공력이 제2차 세계대전과 6·25전쟁, 특히 베트남전쟁에서 결정적인 역할을 하지 못했음을 지속적으로 환기시켜 주었다. 대부분의 사람들은 특정 시점이 되면 쿠웨이트에 주둔하고 있는 이라크 부대를 철수시키기 위해 지상작전이 개시되어야만 한다고 생각했는데, 그렇게 되면 "미국인 사상자는 폭발적으로 증가할 것이고 사기는 저하되며, 베트남전식의 반전 운동이 다국적군을 분열시킬 것이다." 라고 생각했다. 육군 교리와 과거의 전쟁 경험을 바탕으로 한 통계학적 모델은 수천 명의 전사자 발생을 예상했고, 비평가들은 항공력의 지나친 기술 의존도에 대해 우려하고 있었다. 그들은 "결국

M-16을 사용한 지 19년 차인 미국과 AK-47을 사용한 지 19년 차인 이라크가 지상전역을 벌일 것이
고, 그로 인해 끔찍한 사상자 발생이 초래될 것이다."라고 주장했다. 이전에 육군 참모총장을 지낸
메이어 장군은 전사자가 10~30만 명에 이를 것으로 추정했고, 브루킹스 연구소 선임 연구원인 엡
스타인은 사망자가 1,049~4,136명, 부상자는 최대 16,059명에 이를 것으로 예측했다.

지상전역에 맞선 정치적 전역

워튼은 최악의 경우 재앙에 가깝고, 잘해야 희생이 큰 피로스의 승리[156]가 될 것이 자명해 보이
는 이러한 사상자 발생 예측에 맞서, 워싱턴에 있는 고위 의사결정자들을 대상으로 직접 나서서 항
공력의 역량에 관해 설명하기 시작했다. 그는 지상전역이 수행되지 않도록 자신이 할 수 있는 모
든 것을 다 하겠다는 개인적인 목표를 세웠다. 워튼은 9월부터 다양한 경로로 백악관의 고위 관료
들에게 정보를 전달하기 시작했고, 그 후 몇 개월 동안 그는 대통령과 그의 측근들이 항공력의 결
정적인 효과를 이해할 수 있도록 하기 위한 노력으로, 여러 저명한 정치인과 많은 고위급 장군들을
설득하여 체크메이트를 방문하게 했다. 물론 이러한 일은 일개 공군 대령에게 주어질 임무는 아니
었지만, 워튼은 그러한 관료주의적인 경계를 중시하지 않았다.

워튼은 "파월 합참의장이 국방부와 하원, 백악관 및 대통령에게 전달되는 아이디어를 통제하고,
정보 흐름을 차단하기 위해 많은 노력을 기울이고 있다."라고 확신했다. 워튼은 파월이 군사적 공
세를 취할 경우, 2개의 지상군 군단이 필요하다고 대통령을 설득하면서 이라크를 대상으로 몇 달
동안 군사적 조치 없이 경제·외교적 제재만 부과하는 것에 미국이 동의하게 되었다고 믿었으며,
파월의 의견이 국회의원들에게 영향을 주고 있다고 의심했다.

9월 중순, 상원 군사위원회 개최에 앞서, 이라크에 대한 '제제와 외교, 전쟁'을 다루는 청문회에서
상원의원들의 의견이 분열돼 있음이 확인됐다. 상원의원 중 한 명인 샘 넌은 이라크군을 쿠웨이트
에서 추방하는 미국의 지상작전에 대해 강력히 반대했다. 워튼은 그에게 다음과 같이 항공력의 장
점을 제시하는 편지를 보냈다.

---

156) 피로스의 승리(Pyrrhic victory): 승자에게 너무나 막대한 희생을 초래하여 사실상 패배나 다름없는 승리.

상당한 규모의 화력을 수일 또는 수 주 내로 이동시킬 수 있는 유일한 군은 공군입니다. 이것은 타군을 폄하하기 위한 것이 아니라 단순히 물리적인 사실을 말하는 것입니다. 때로는 해군이 공군보다 더 빨리 전구에 도착할 수 있지만, 일반적으로 해군은 지상 기반의 공군으로부터 공중급유 및 전자전 능력을 대규모로 지원받아야만 합니다. 육군은 상당한 화력을 제공할 수 있지만, 주로 해상을 통해 이동해야 합니다. 따라서 지역 사령관은 장기간에 걸쳐 항공력(주로 지상 기반 항공력)에 의존해야만 합니다. 항공력의 두 번째 장점은 전선 뒤에 위치한 적군의 중심(CoG)을 타격할 수 있는 능력입니다. 이러한 중심은 전략적이거나 작전적 수준의 표적과 관련이 있습니다. 항공력은 몇 가지 예외를 제외하고 잠재적인 적을 대상으로 미국에게 가장 큰 이점을 제공합니다. 우리가 항공력을 이라크의 전략적 및 작전적 중심을 대상으로 적용했을 때, 우리의 지상군은 원하는 장소에서 유리한 상황하에 싸울 수 있게 될 것입니다. 페르시아만에서 전쟁이 발생한다면 우리는 이라크 지상군과 다국적 지상군 숫자 간의 거대한 불균형을 해소하기 위해 항공력에 의존해야만 할 것입니다.

10월 초 워든은 로 참모차장에게 그렇게 하지 않으면 아무도 주의를 기울이지 않을 것이기 때문에, 美 공군이 '항공력의 역량'에 대한 소문을 확산시킬 필요가 있다고 말했다. 이에 로 장군은 이미 누구와 연락해야 할지 알고 있을 것이며, 그 누구와 접촉해도 좋다고 답했다. 워든에게 그 이상의 격려는 필요치 않았다. 로는 파월이 "워싱턴 주변에 돌고 있는 항공력 우선주의 기류"에 대해 깊은 우려를 표명했다고 회상했다. 즉, 그는 항공력이 후세인을 쿠웨이트에서 철수시키고 항복하는데 있어 결정적인 역할을 할 수 있다는 아이디어가 '백악관' 안에서 퍼지고 있음을 두려워하고 있었다. 파월은 "대통령에게 항공력이 전쟁에서 결정적인 역할을 할 수 있고, 항공력이 준비 완료된 90년 10월 15일 이후 언제든지 전쟁을 개시할 수 있다고 주장하는 공군 녀석들이 여기저기서 활동하고 있다."라며 짜증을 냈다.

워든은 라이스 장관과의 특별한 관계 및 공군본부 고위급 장교와의 직접적인 접촉을 통해 자신의 주장을 확산시킬 수 있었다. 그에 못지않게 중요한 것은, 워든이 체크메이트를 여러 기관의 주요 보직에서 일하고 있는 공군 장교들에게 정보를 제공하는 구심점으로 전환시켰다는 것이었다. 예를 들어, 체크메이트는 국방부 군사담당 보좌관인 배리 중령과 국방부 군사담당 부차관보인 트렉슬러 중령, 합참의 전략 과장인 로터너 중령 및 공군성 비서실장인 커니 중령, 그리고 국가안보

위원회 참모인 헤이든 대령에게 체크메이트의 분석 및 평가 내용을 전파했다. 이 모든 공군 출신 장교들은 워든을 알았고, 그의 팀이 제안한 논리의 전문성을 높이 평가했으며, 종종 그 정보를 자신의 상급자들에게 전달했다.

그러나 '항공력 우선주의' 기류 확산에 대한 파월의 우려로 인해 워든은 워싱턴의 주요 인사들과 직접 만나는 것이 점점 더 어려워졌다. 11월 초, 워든이 그의 성격대로 비밀리에 월포비츠 국방차관 및 그의 부관인 리비와 연락하면서 그들에게 최신화된 항공전역 계획에 대해 알려 주려고 했을 때, 합참은 그에게 공군의 공식적인 입장을 대표하지 않으며, 지휘 계통상에 있지 않기 때문에 그들에게 브리핑을 해서는 안 된다고 말했다. 워든은 이러한 '절차상의 문제'에 구애받지 않으려고 체니 국방부 장관에게 직접 이야기할 수 있는 라이스 공군성 장관에게 이 문제를 제기했고, 체니는 공군의 내부적 관점을 수용하자는 라이스의 제안을 받아들였다. 파월은 워든이 월포비츠와 리비에게 브리핑한 것을 알자, 맥픽 공군참모총장에게 이러한 비공식적인 정보 전달 방식에 대해 불만을 토로했다. 그 결과, 맥픽은 부하를 제대로 통제하지 못했다는 이유로 워든의 차상급 상관인 애덤스 중장을 질책했으며, 애덤스는 워든에게 너무 나댄다는 이유를 들며 분노했다. 과거에 그랬던 것처럼 애덤스는 그를 보직 해임시키고 체크메이트 조직을 영원히 폐쇄하길 원했으며, 그렇게 하는 편이 더 나을 거라고 생각했다. 워든의 직속 상관이었던 알렉산더 소장은 이와 유사한 다수의 사건을 기억해 냈다.

파월은 12월에 다시 한번 의회의 브리핑 자리에서 다음과 같이 항공력이 쿠웨이트에서 이라크군을 철수시키는 것에 있어 신속하고 경제적이며, 확실한 방식이 아니라고 경고했다.

> 이 도시의 많은 전문가와 아마추어, 그리고 기타 사람들은 이라크와의 전쟁에서 정밀 공중공격이나 지속적인 공중공격으로 목표를 달성할 수 있다고 믿고 있습니다. 그리고 그 밖에도 훌륭하고 깔끔하며, 비용도 적게 드는 실현 가능한 작전적 방안이 얼마든지 있을 수 있습니다. 그러나 이러한 항공력 우선주의 전략의 치명적인 결함은 후세인에게 주도권을 넘겨준다는 것입니다. 그는 쿠웨이트에서의 철수 여부뿐만 아니라 그가 새로운 정치적 노선을 취할 만큼 피해를 입었는지의 여부도 스스로가 결정을 내릴 것입니다. 이러한 전략은 효과가 있을 수도 있지만, 그렇지 않을 수도 있습니다. 주도권은 후세인의 손에 있습니다.

파월 합참의장은 항공력이 몇 가지 장점을 갖고 있지만, 근본적으로 '지원 전력(supporting arm)'이며, 오직 지상군만이 전쟁을 종결시킬 수 있다는 전통적인 관점을 다시 한번 언급했다. 그는 "항공력이 해상 또는 지상에서의 작전 없이는 승리할 수 없다."라는 견해를 고수했고, 정밀유도무기와 스텔스 기술이 승리를 보장할 것이라는 믿음을 받아들이지 않았다.

파월의 이러한 주장은 워든을 화나게 했다. 사실 그가 본 실제 상황은 그 반대였다. 즉, 전략적 항공력은 후세인을 물리적으로 무력화시킴으로써 모든 의사결정과 주도권이 연합군의 손에 놓이도록 했기 때문이었다. 그는 합참의장의 주장에 대해 글로슨과 뎁튤라와 논의한 후, 라이스 장관에게 반론을 제기하는 의견서를 보냈다. 라이스는 항공력이 지상전역의 필요성을 완전히 없앨 수는 없지만, 더 중요한 것은 '많은 사상자가 발생하는 지상전'을 막을 수 있다고 파월을 설득하고자 했다. 회의에서 파월은 로 공군참모차장에게 "미국은 무자비한 폭격을 가할 수 없다."라고 말하자, 로는 "공군은 폭격을 통제하고 시간이 지남에 따라 이라크의 상황을 계속 악화시키기 위해 항공력을 매우 정밀하게 적용하는 방안에 대해 논의하고 있다."라고 응답했다.

뎁튤라 중령도 체니와 월포비츠, 그리고 리비에게 항공전역의 잠재력과 적용 원리를 설명하는 데 있어 중요한 역할을 했다. 뎁튤라는 전역계획 수립 기간 중인 1990년 9월 22일부터 10월 12일까지, 1990년 11월 5일부터 1991년 1월 2일까지 두 차례에 걸쳐 원소속이었던 공군성 장관실로 잠시 복귀했다. 이 두 시기에 그는 비밀리에 라이스 장관과 함께 항공력의 잠재력과 적용 원리에 대해 합참뿐만 아니라 정치인들에게 널리 알리는 역할을 했다.

맥픽 공군참모총장, 대통령을 만나다!

이 시기에 워든은 자신의 주장을 대통령에게 직접 전달해야 한다고 생각했기에 인적 네트워크를 확장하기로 했다. 워든은 골드워터-니콜스 법안에 따라 각 군의 총장은 대통령이 직접 조언을 구하거나 긴급상황이 발생하지 않는 한, 그를 만나는 것이 금지되어 있음에도 불구하고, 그나마 공군에서 만날 수 있는 가능성이 가장 큰 인물은 맥픽 참모총장이라고 결론지었다. 대통령은 11월 말까지 각 군 총장들과의 만남을 요구하지 않았으므로, 워든은 자신의 우려를 '전략 및 국제 연구센터(Center for Strategic and International Studies)' 의장인 루트윅에게 공유했고 그는 다시 버지니아주 공화당 상원의원인 워너에게 이를 알렸다. 루트윅은 워너에게 전쟁이 어떻게 전개되어야 하는

지에 대해 각 군 총장들 간에 의견 차이가 있을 수 있으므로 대통령이 그들의 의견을 충분히 경청해야만 한다고 언급했었다. 루트웍은 "상원의원 중 한 사람의 마음을 바꾸는 것은 일반적으로 자기선전을 하기 위한 정보누설의 위험성을 내포하고 있지만, 워너의 경우는 아니었다. 워너는 엘리자베스 테일러의 전남편으로서 자기선전이 필요한 사람이 아니었으며, 사실 자유로운 영혼이었다."라고 회상했다. 루트웍에게 말한 직접적인 결과이든 아니든 간에, 며칠 후 대통령은 각 군 총장들을 '캠프 데이비드'에 초청하여 발생 가능한 전쟁 양상에 대한 그들의 의견을 청취했다.

맥픽은 갑작스러운 회의 소집의 이유를 몰랐지만, 대통령에게 자신의 의견을 제시할 수 있게 되어 기뻐했다. 그는 의견 제시를 위해, 워든의 체크메이트에게 광범위한 브리핑 및 보고서 자료, 그리고 데이터를 요구했다. 그는 워든과 몇 시간을 함께 보낸 뒤, 체크메이트는 "내가 캠프 데이비드에서 진행될 발표를 준비하는 데 있어 큰 역할을 했다."라고 인정했다. 12월 1일, 대통령이 각 군 총장의 의견을 묻자 맥픽은 항공력이 이라크의 중심인 바그다드와 전장에 미칠 결정적인 영향력에 대해 강력한 주장을 펼쳤다. 그는 항공전역이 30일간 지속될 경우, 이라크 지상군의 전투력이 약 50% 이하로 떨어질 것으로 예측했다. 맥픽은 시간이 미국의 편에 있진 않으나, 공군은 최대한 빨리 작전을 수행할 준비가 되어 있다고 언급했다. 그는 체크메이트의 분석 자료와 워든의 주장에 근거하여, 대부분이 생각하는 것보다 이라크의 군사적 능력이 미약하다고 자신 있게 주장했다.

부시 대통령은 후에 맥픽 장군만이 유일하게 공격적이고 적극적으로 의견을 내놓은 총장이었다고 언급했으며, 항공력에 대한 맥픽의 자신감은 그에게 깊은 인상을 심어 주었다. 美 의회는 상원의원 투표 중 찬성 52표, 반대 47표로 쿠웨이트 해방을 위한 군사력 사용을 승인했다. 부시 대통령은 이틀 후인 1991년 1월 14일에 체니 국방부 장관과 맥픽 공군참모총장, 그리고 스코크로프트 국가안보보좌관을 초청해 백악관에서 비공개 오찬을 했다. 이라크 철수에 대한 UN의 최후통첩은 그 다음 날인 1월 15일에 이루어졌고, 파월은 항공전역 시작에 앞서 모든 지상군의 전투 배치를 권고했으며, 세계 각국의 여러 지도자들은 부시의 군사적 공격이 미루어져야 한다고 주장했다. 부시는 맥픽의 의견을 물었고, 장군은 자신이 지금 막 중부사 전구에서 돌아왔는데, 공군의 관점에서 보았을 때 더 늦기 전에 한시라도 빨리 전쟁을 시작하는 것이 낫다고 대답했다. 그러자 부시 대통령은 12월 1일 맥픽 장군에게 물었던 것처럼 항공력의 역량에 대해 자신이 있는지 다시 한번 물었고, 이에 그는 "그렇습니다."라고 대답했다.

워든은 일찍이 그의 체크메이트 팀원에게 대통령의 측근 인사가 항공력에 대해 어떠한 입장인지 조사하라고 지시했다. 파월은 확실히 항공전역을 필수 불가결한 지상전역에 앞서 실시되어야 할 선행 작전으로 보았고, 초기 보고서에 따르면 스코크로프트도 같은 견해라고 밝히고 있다. 반면 체니는 워든의 희망이었고, 국방부 장관인 그가 이 주제에 관해 어떠한 입장인지 실제로 아는 사람은 거의 없었다. 라이스 공군성 장관은 체니와의 사적인 자리에서 항공전역의 개시 결정이 반드시 지상전이 필요함을 의미하는 것이 아니며, 체크메이트의 분석이 이러한 주장을 뒷받침한다고 말했다.

체니는 라이스의 제안에 따라 사우디 방문 직전인 12월 11일에 워든과 만날 것을 결정했다. 워든은 전략적 항공전역과 효과를 지향하는 표적처리 철학에 대해 거의 2시간 동안 브리핑했고, 4,600소티가 6일이라는 기간에 어떻게 후세인 정권을 마비시키고, 이라크의 전략적 공격 및 방어 능력을 제거하며, 경제에 혼란을 주되 그들의 석유 수출 능력에는 거의 영향을 주지 않을 것인지에 대해 설명했다. 워든은 스텔스 및 정밀공격 능력이 어떻게 제2차 세계대전 시의 대량 파괴를 대체할 수 있는지에 대해 중점을 두면서, 국방부 장관에게 단계 III에 대한 체크메이트의 최신 분석 결과를 알리는 데 있어 상당한 시간을 할애했다. 워든은 늘 그랬던 것처럼 전략적인 공세가 성공할 것이라고 확신했지만, 그 시점에는 이라크군을 대상으로 한 항공전역의 효과에 대해서도 관심과 열정을 갖고 있었다. 그는 공군이 어떻게 쿠웨이트 주둔 이라크군을 대상으로 항공전역을 수행하는지와 예상되는 효과, 전투 출격횟수 및 표적, 이라크군의 예상 소모율과 전투능력이 50%까지 감소되는 데 걸리는 시간에 관해 설명했다.

워든은 단계 III 초기에 쿠웨이트 및 남부 이라크 지역에 배치돼 있는 이라크 방공망을 제거한 후 공화국 수비대를 공격할 것이라고 설명했다. 그는 이라크의 최정예부대인 공화국 수비대가 무력화된다면, 정규 육군의 사기가 급격히 저하될 것이고, 그로 인해 미국은 이라크 지상군의 대규모 조기 항복에 대비해야 할 것이라고 말했다. 워든의 견해에 따르면, 8일간의 집중 공격으로 쿠웨이트에 배치된 야포의 절반이 파괴되고, 9일이면 기계화전력의 절반이 제거될 것이며, 결과적으로 단 15일 만에 쿠웨이트에 배치된 전체 이라크 야포 및 기계화전력의 90%가 파괴될 것이라고 했다. 워든의 예측은 좋은 날씨와 공격 소티로 매일 1,000소티를 실시할 수 있으며, 75%의 표적 식별률을 전제로 한 것이었다. 따라서 단계 III가 시행되면 쿠웨이트 주둔 이라크군이 제거될 것이고, 최소의 저항하에 쿠웨이트 탈환이 가능할 것으로 보았다. 그는 아랍 국가의 지상군을 사용하여 쿠웨이트를 해방시키는 것이 가능하고 또 바람직하며, 美 지상군은 우발사태를 대비한 예비전력으로서 유지되어야 한다고 제안했다. 워든은 이렇게 하는 것이 '지상군의 큰 인명피해 없이 대통령의 정치적 목표를 거의 확실하게 달성'할 수 있는 방법이라고 주장했다. 그는 적 탱크에 대한 최상의 대응수단이 탱크가 아니라 항공기라고 언급하며, 자신의 주장을 요약했다.

브리핑 내내 워든은 라이스가 이미 체니에게 여러 번 강조한 '항공전역의 개시가 자동으로 지상전이 필요하다는 의미가 아님'을 강조했다. 필요하다면 항공력은 이라크가 항복할 때까지 계속해서 압력을 가할 수 있으며, 아군에 대한 큰 위험 감수 없이 그렇게 할 수 있다고 강조했다.

체니의 항공기 손실에 대한 우려에 대해 워든은 최악의 경우 1단계에서 40대, 2단계에서 5대, 3단계에서 35대, 마지막 단계에서 66대로, 총 146대의 손실이 있을 수 있다고 추정했다. 워든은 아마도 조종사 중 절반은 구조될 것이고, 1/4은 사망할 것이며, 나머지 1/4은 전쟁 포로가 되어 이라크 TV에 나올 수 있다고 언급했다. 또한, 그는 이라크 민간인 사상자가 4백에서 2천여 명이 발생할 것이라고 예상했다. 체니는 여러 구체적인 질문을 했지만, 변경할 사항을 제안하지는 않았다. 그는 워든의 브리핑 내용에 대해 수용적인 것처럼 보였지만, 평소와 같이 자신의 생각을 드러내지는 않았다.

워든은 글로슨과 뎁툴라에게 그가 국방부 장관에게 발표한 브리핑 및 체니가 질문한 내용에 대해 전해 주었는데, 이는 사우디 리야드에 국방부 장관이 방문했을 때, 그들이 잘 대처할 수 있도록 하기 위함이었다. 9일 뒤인 12월 20일, 중부사 공군 구성군사령관인 호너는 항공전역 계획에 대해 체니와 파월에게 브리핑했다. 이 자리에서 그는 중부사 공군의 분석 결과에 따르면 단계 Ⅰ은 6일간 진행될 것이고, 단계 Ⅱ는 1일, 단계 Ⅲ는 11일이 걸릴 것이라고 언급했다. 체니는 실세로 공군이 단계 Ⅲ의 목표인 '이라크군의 전투능력 50% 감소'를 달성하는 데 11일이 소요될 것[157]이라는 걸 믿는지에 대해 물었고, 호너는 자신의 직감으로는 2배는 더 걸릴 것이라고 대답했다. 또한, 호너는 각 단계의 실행이 반드시 독립적이거나 순서대로 진행될 필요가 없으며, 가용자원의 여부 또는 공격 우선순위의 변경에 따라 중첩될 수도 있다고 말했다. 체니는 슈워츠코프와 오랫동안 이야기를

---

157) 실제 걸프전(Operation Desert Storm)에서는 단계 Ⅰ이 2일, 단계 Ⅱ가 7일, 단계 Ⅲ가 29일 소요되어 지상작전이 개시되기 전에 38일 동안 항공전역만 실시된 후 4일간의 지상전역(단계 Ⅳ로 항공력은 지상군에 대한 근접항공지원)이 실시된 다음 전쟁이 종결되었음.

나누었고, '항공전역은 UN의 최후통첩 일자인 1월 15일 이후 즉시 시작될 것이고, 지상전은 이라크 지상군의 전투력이 50%로 떨어지는 2월 중순에 시작될 것'이라는 기본 전략에 만족해한다고 중부 사령관에게 말했다.

항공전역의 시작

문서상으로 항공전역은 항공전의 세부 내용을 담은 3개의 종합공격계획(MAP)으로 구성되었다. 처음 72시간의 공격계획은 분 단위 및 항공기 기종별, 그리고 표적 단위별로 작성되었다. 워든은 바그다드에 첫 번째 폭탄이 떨어지기 전에, 전화가 불통되고 전기는 차단되며, 후세인 정권은 공격 받지만, 시민들은 안전한 상황을 상상했다.

1991년 1월 16일, 워든은 라이스 공군성 장관과 공군본부 기획 차장인 알렉산더 소장, 그리고 체크메이트의 여러 핵심 관계자들과 함께 모여 있었다. 수도 바그다드가 '정전'되고 전쟁 상태로 돌입한 지 45초가 되었을 때, 워든은 당시 상황을 다음과 같이 기억하고 있다. "약간 과장될 수도 있겠

올슨 소장, 호너 중장, 글로슨 준장, 슈워츠코프 대장, 뎁툴라 중령(좌에서 우로)
블랙홀 사무실에서 뎁툴라 중령이 슈워츠코프 장군에게 전쟁 개시에 앞서 최초 공격 시간에 대해 브리핑하는 모습
뎁툴라 중령 제공(1991.1.16.)

지만, 나는 의자에 앉은 후 팔을 위로 들며 '전쟁은 끝났고 우리가 이겼습니다. 이제 이라크가 우리 군을 막기 위해 할 수 있는 것이라곤 없습니다.'라고 말했습니다. 여러분은 이의를 제기할 수도 있 겠지만, 나는 단 45초 만에 그런 말을 한 것이 합당했다고 주장할 것입니다."

이후 며칠간의 공중공격은 순조롭게 진행되었고, 1월 27일에 워든은 전략적 항공전역이 너무 성 공적이어서, 이제 연합군은 전쟁을 어떻게 끝낼 것인지에 대해 진지하게 고민해야 한다고 느꼈다. 이에 그는 라이스 장관에게 보낸 편지에서 다음과 같이 제안했다.

우리가 전략적 항공전역의 다음 단계인 '쿠웨이트 주둔 이라크군 격퇴 및 쿠웨이트 해방'으로 이동함에 따라, 우리는 몇 가지 중대한 질문에 직면하게 됩니다. 첫 번째는 지상전에 수반되는 미군의 희생을 막기 위해 항공력만으로 전쟁을 지속해야 하는지에 관한 여부입니다. 제 생각엔 이 방법이 좋은 것 같습니다. 우리는 이미 쿠웨이트에 주둔해 있는 이라크 지상군을 제거하기 위한 충분한 예비 소티와 무장을 보유하고 있습니다. 그러나 저는 일반 시민으로 구성된 이라크 정규 육군을 대상으로 대규모의 사상자 발생을 부과하는 것은 불필요하다고 생각합니다. 만약 우리가 수만 명의 이라크 군인들을 추가로 죽이거나 다치게 한다면, 달성 가능성이 큰 깨끗한 승리가 불가능하고 퇴색될까 봐 우려됩니다. 예상되는 여러 진행 과정들이 이를 암시해 줍니다. 앞으로 며칠 내에 연합군이 국내외에서 일반적인 행동 기준을 준수하기로 선언한 이라크 정부 와는 평화협의를 진행할 준비가 돼 있고, 이라크를 파괴시킬 수도 있지만, 우리는 그것을 바라 지 않으며, 대규모의 외부 지원 없이는 불가능한 이라크 재건을 위해 가능한 한 신속하게 모든 지원을 아끼지 않을 것이라고 발표하십시오. 우리는 이러한 접근방식을 취함으로써, 비록 후세 인이 이에 동참하지 않더라고 곤경에 처한 이라크의 상황을 이해하는 올바른 이라크인들이 우 리와 협조할 수 있길 희망합니다. 이제 우리는 애국적이거나 실용적인 이라크인들에게 대다수 가 우려하는 무언의 '무조건적인 항복' 외에 분명한 선택권을 부여했습니다.

이라크 정규군은 심각한 타격을 받고 있으며, 지난 2주 동안 주요 공격전력을 소모했기 때문에 그들은 자신을 방어할 능력도 없는 상태입니다. 이라크 지상군과 해당 부대 지휘관들(특히 제 3군단 지휘관)은 곧 철수 또는 항복에 대해 고민하고 있을 것입니다. 우리는 둘 중 어느 것이든 그들이 선택할 수 있는 상황을 조성해야 합니다. 우리는 그들이 두 경우 모두를 선택할 수 있도 록, 유선상이나 직접적인 접촉을 통해 명예로운 항복이나 철수를 할 경우, 추격하지 않겠다는 점을 확신시켜 줘야 합니다. 쿠웨이트에 주둔해 있는 이라크 군대가 스스로 철수할 경우, 추격하는 것이 군사 이론상으로는 이치에 맞을지 몰라도 이들을 추격해서는 안 됩니다. 이렇게 하는 것이 과도한 사상자의 발생을 피하고 적절한 규모의 전력이 이라크로 복귀하는 것을 허용케 함으로써 우리의 정치적 목표 달성에 더 부합하는 것입니다. 만약 공화국 수비대가 철수하지 않는다면, 우리는 그들에 대한 공격을 계속할 수 있도록 준비된 상태이어야 합니다.

쿠웨이트에 美 지상군이 투입되지 않는다면, 우리는 공화국 수비대를 대상으로 최대한의 공세적인 항공전역을 펼칠 수 있고, 예상치 못한 지상전 상황이 전개될 경우에만 지상군을 투입하면 될 것입니다. 만약 우리가 공화국 수비대를 무력화한 후에도 쿠웨이트 주둔 이라크 정규 육군이 북쪽으로 철수하지 않는다면, 우리는 그때 항공력을 다시 투입하면 됩니다. 마지막으로 앞서 설명한 평화 제안을 그들이 받아들일 경우, 유혈 사태 발생의 부담은 우리가 아닌 이라크에 있을 것입니다.

사실 워든은 파월 합참의장이 4일 전에 아래와 같이 발표한 것에 대한 대응으로 라이스 장관에게 편지를 보낸 것이었다. 걸프전 첫 주의 전투를 요약하기 위해 마련된 국방부 기자 회견에서 파월은 쿠웨이트에 주둔하고 있는 50만 이상의 이라크군이 "참호를 파고 그곳에서 공격받기를 기다리고 있으니, 그들은 공격을 받을 것이다."라고 발표했다. 파월은 미군이 지상전역을 계획하고 있으며, 전략은 매우 간단하다고 다음과 같이 말했다. "이라크군을 무력화하기 위한 우리의 전략은 매우 간단합니다. 즉, 보급선을 끊은 다음 제거할 것입니다." 파월 옆에 있던 체니는 이라크의 통신체계 손상으로 인해 후세인은 "자신이 얼마나 심각하게 공격받았는지를 알지 못하고 있습니다."라고 언급했다. 그는 이라크가 공중공격과 테러 행위, 그리고 미사일 공격으로 연합군을 기습할 수도 있지만, 전쟁 패배는 불가피할 것이라고 말했다.

세상에 알리기: 언론매체와 협력한 체크메이트!

전쟁이 시작된 날 밤, CNN은 전문 군사 논평가로 국방대학원 학장이었던 스미스 예비역 소장을 긴급히 호출했다. 그는 방송국으로 가는 도중 워든에게 전화를 걸어 항공전역에 대한 정보와 통찰력을 얻을 수 있었다. 스미스는 "아마도 그 통화가 내가 지난 10여 년간 했던 전화 통화 중 가장 유익한 것이었다."라고 회상했다. 그는 전쟁 중 거의 매일 워든과 체크메이트 부서에 연락했고, 그로 인해 청중들에게 전략적 항공력의 역량을 알려 줄 수 있었다. TV로 전쟁을 보도한 것은 항공력에 대한 워든의 주장을 세상에 알리는 데 있어 큰 도움이 되었다. 워든은 또한, CBS 방송사의 전문 해설자가 된 듀간 예비역 장군을 통해 그의 견해를 세상에 널리 알렸다. 항공력의 특성과 장점을 잘 알고 있었던 스미스와 듀간은 대중들에게 항공교리와 표적 선정에 관한 철학, 그리고 공중전의 실상에 대해 알려 줬다. 워든은 그들에게 국민과 국가 지도부가 항공력의 잠재성과 그것이 전쟁 수행 방식을 어떻게 변화시켰는지 알 수 있도록 하는 기회를 얻게 된 것이라고 말했다. TV 논평에서 두 장군은 항공력의 사용은 새로운 전쟁 패러다임의 등장이자 교리적 변화를 의미한다고 밝혔다. 워든은 두 예비역 장군이 필요로 하는 구체적인 사실과 분석, 그리고 예측에 대한 정보를 제공하여 그들이 논평가로서 성공할 수 있도록 도왔다. 더욱이 일부에서 연합군이 '잔인한 폭격'을 실시하고 있다고 주장하자, 스미스는 국방부를 설득하여 위성 및 정찰기 출처의 사진을 공개하게 함으로써 민간 지역에 대한 피해가 거의 없음을 증명해 주었다. 전쟁이 끝난 후 스미스는 "내가 CNN에서 일하는 동안 워든은 정보와 통찰력의 주요 원천이었다."라고 인정했다.

TV 방송국들이 스미스와 듀간과 같은 전문가들의 논평과 함께 걸프전의 영상을 방영함에 따라, 항공전역에 대한 대중의 태도가 바뀌기 시작했다. 美 공군 역사가인 헬리온에 따르면, "환기구 및 엘리베이터 통로를 관통한 정밀 폭격 사진은 항공력이 대규모의 인명피해 발생 없이도 치명적이고 정밀하게 전투력을 투사할 수 있다는 사실을 보여 주었고, 그로 인해 기존의 항공전역에 대한 회의론과 의심은 칭찬과 희망으로 바뀌었다."라고 밝혔다.

지상전역 시행을 회피하기 위한 시도

공개 토론은 지상공격을 언제 시작해야 하는지를 중심으로 진행됐으며, 그 숨은 의미는 항공력의 효과가 언제 수확 체감[158] 지점에 도달하는지에 관한 것이었다. 워든은 체크메이트 사무실에서 이러한 상황을 지켜보며 다음과 같이 평가했다.

---

158) 수확 체감: 일정 크기의 토지에 노동력을 추가로 투입할 때, 수확량의 증가가 노동력의 증가를 따라가지 못하는 현상을 말하는데, 문맥적 의미로는 투입된 항공력의 효과성이 떨어질 때를 의미한다.

우리는 동시에 2개의 전쟁을 치르고 있다…. 첫 번째 전쟁은 후세인에 대항하여 지금까지 승리
하고 있는 군사적 전쟁이다. 하지만 두 번째 전쟁은 어떤 측면에서 더 어려운 전쟁으로, 여기 워
싱턴에서 진행되고 있는 정치적 전쟁이다. 만약 우리가 정치적 전쟁에서 지면, 미국은 군사적
전쟁에서도 질 수 있을 뿐만 아니라 수만에 이르는 지상군의 목숨을 잃을 수도 있다.

1991년 2월 5일 중부사령부에서 열린 참모 회의에서, 슈워츠코프는 파월이 며칠 내에 지상전역
을 시작할 가능성에 대해 언급했다고 밝혔다. 최종 개시 일자는 체니와 파월이 중부사 전구에 도
착할 때 정해질 예정이었다. 워든은 이에 대해 매우 우려하며, 항공력이 전쟁에서 승리를 가져다줄
수 있다고 국방부 장관을 설득하는 데 주력했다. 체니는 그의 직무실에서 워든이 체크메이트 부서
로부터 받은 다양한 보고서를 계속해서 검토하고 있었는데, 워든의 팀만이 연합군이 지금까지 달
성한 것을 분석하는 데 필요한 통찰력을 제공해 줄 수 있다고 믿는 것 같았다. 이러한 이유로 지상
전역의 시기를 결정해야 하는 리야드로의 출장을 준비하면서 그는 참모들에게 체크메이트 사무실
에서의 회의 개최를 지시했고, 2월 6일에 그곳에서 약 70여 분간 머물렀다. 워든은 체니와 함께 모
든 표적군을 검토했다. 각 슬라이드는 세 부분으로 나뉘어 있었는데, 첫 번째는 특정 표적범주로
부터 요구되는 목표가 제시되었고, 두 번째는 우리가 지금까지 달성한 결과에 관한 것이었으며, 세
번째는 남은 과제에 대한 것이었다.

회의 중에 체니는 불안감을 내비쳤다. 그가 국가 정보기관으로부터 보고받은 폭격피해평가
(BDA)[159]에 따르면, 항공전역이 기대했던 것만큼 효과적이지 않았기 때문이다. 워든은 단계 III인
전장 준비 관련 소티가 전쟁 첫날 밤부터 투입되긴 했으나, 총 출격횟수는 계획했던 것보다 훨씬
못 미쳤기 때문이라고 답변했다. 체크메이트는 쿠웨이트 주둔 이라크군의 전투력을 50%까지 감소
시키기 위해 하루 평균 1,500소티의 공격전력 투입을 가정했으나, 전쟁 초기 10일 동안에는 하루
평균 약 200소티만이 실시되어 실제로는 전체 하루 평균 500~600소티만이 수행되었다고 분석했
다. 이라크에 투입된 공격 소티 중 대략 절반은 스커드 관련 표적과 항공기 엄체호 공격, 그리고 해
상작전으로 전환됐거나 기상 악화로 인해 취소됐다. 더욱이 항공기의 폭격 정확성은 떨어졌고, 조

---

159) 폭격피해평가(BDA): Bomb Damage Assessment.

종사들은 너무 높은 고도에서 비행하여 공격에 의한 피해 효과를 정확히 파악할 수 없었으며, 구름의 영향으로 위성사진에 실제 피해 규모가 제대로 드러나지 않았다. 스탠필 중령은 항공력의 실제 효과성을 보여 주기 위해, 항공기 엄체호와 화생방무기 저장소, 도로 및 탱크에 대한 정밀유도무기의 위력을 보여 주는 전투기에 장착된 '건 카메라 필름(Gun camera Film)'에 담긴 8분간의 영상을 체니에게 보여 주었다.

워든을 중심으로 체니와 그의 수행원들이 표적 및 평가, 그리고 과제가 제시된 지도와 정보 자료로 가득 찬 체크메이트 사무실에 시계방향으로 모이자, 그는 바그다드에 대한 전략적 항공전역을 수행한 이유와 작전적 수준의 항공전역에 의한 누적적 효과를 상세히 설명했다. 워든은 지상작전을 연기하거나 가능하다면 실행을 막을 수 있는 유일한 방법이 체니에게 사실상 항공력이 미국의 전쟁목표를 달성시키고 있다는 것을 납득시키는 것이라고 믿었지만, 그것을 제시해 줄 객관적인 자료가 그에게는 없었다. 그는 전략적 및 작전적 수준의 전역 효과 측정을 위해 전술적 결과를 사용하는 것에 대한 문제점을 자세히 설명하면서, 다시 한번 항공력의 성과를 치켜세웠다. 그 예로서, 그는 이라크 AT&T 건물의 통신체계가 더 이상 작동하지 않음에도 불구하고 그 건물이 여전히 존재한다는 이

워든 대령(좌), 라이스 공군성 장관(가운데), 체니 국방부 장관(우)
체크메이트 사무실에 체니 국방부 장관이 방문했을 때의 모습
美 공군 제공(1991.2.)

유로 국가정보 기관이 AT&T 건물에 대한 공격을 실패한 사례로 분류했다고 지적했다.

워든은 체니가 지상작전의 개시를 기꺼이 며칠 동안 연기할 의향은 있지만, 이미 그가 지상전에 집중하고 있음을 확신했다. 월포비츠 국방차관은 한 가지 방안으로 3월 말까지는 항공전역을 지속하는 것이 있을 수 있으나, 승리를 위해 결국에는 지상작전이 개시되어야 한다고 주장했다.

체니가 다양한 질문을 했고, 라이스와 애덤스가 몇 가지 발언을 하긴 했으나, 워든이 회의를 주도했다. 애덤스 장군이 워든에게 5분 남았다며 브리핑 속도를 올리라고 신호를 보냈으나, 체니는 "됐네, 천천히 하게."라고 말했다. 브리핑이 끝나 갈 때쯤, 체니는 "여러분이 이 모든 것에 대해 왜 그렇게 확신하는지 처음으로 이해했습니다."라고 말했다.

회의가 끝난 후 라이스는 체니와 개인적으로 이야기를 나눴고, 그는 체니가 '몇 주간 더 항공전역의 지속'을 지지할 것 같다고 워든에게 말했다. 체크메이트 소속 한 장교는 당시 상황을 "체니 국방부 장관의 방문에 모두가 매우 기뻐했으며, 워든 대령은 하루 종일 들떠 있었다."라고 기록했다.

워든은 글로슨과 뎁툴라에게 전화를 걸어 그들이 중부사 전구에서 체니에게 브리핑해야 하는 내용에 대해 다시 한번 상세하게 논의했다. 그는 또한 그들에게 필요한 슬라이드와 메모, 그리고 일부 추가 논의 주제들을 보내 주었다. 그날 늦게 함참 기획부장인 칸스 중장은 체크메이트에서 체니에게 실시된 동일한 브리핑을 받았고 그 역시 '꽤 수용적인' 태도를 보였다.

체니가 2월 9일 사우디에 도착했을 때 글로슨이 제시한 여러 증거는 항공전역이 이라크군에게 심각한 피해를 주고 있다는 확신을 국방부 장관에게 심어 주었다. 체니가 다음날 워싱턴으로 돌아왔을 때, 그는 체크메이트로부터 추가 보고서 및 분석 자료를 받았고, 부시 대통령에게 미국이 지상전역을 실시하기 전에 항공전역을 2주간 더 실시해야 한다고 조언했다. 그러자 부시는 기자들에게 항공전역이 '매우 효과적'이었으며 미국은 '당분간' 항공전역을 지속할 것이라고 밝혔다. 후에 美 공군 역사가인 헬리온은 "만약 당시 미국의 의사결정자들이 항공전역을 할 만큼 충분히 했다고 결론 내렸다면, 그것은 엄청난 사상자가 발생되는 때 이른 지상 공세로 이어졌을 것이다."라고 언급했다.

2월 11일, 러시아는 별도의 평화주선 회담을 이라크와 시작했다. 러시아 외교관인 프리마코프는 바그다드에서 후세인을 만났고, 후세인은 이라크가 쿠웨이트로부터 경제적 또는 영토적 보상 없이 철수하라는 프리마코프의 제안에 "알겠다. 군대를 쿠웨이트에서 철수시키겠다. 단, 우리가 철수할 때 등 뒤에서 쏘지는 마라."라고 답하여 겉으로는 프리마코프의 제안을 수용하는 것처럼 보였다.

부시 대통령과 핵심 참모들이 이미 후세인의 이러한 제안을 '수용할 수 없는 조건'으로 규정했다는 사실을 알지 못했던 워든은 이것을 승리로 간주했다. 즉, 그는 이 제안이 진실된 것이며, 이로 인해 지상전역의 필요성이 사라졌다고 믿었다. 또한, 그는 전략적인 항공전역이 이라크 지도자로부터 양보를 불러왔다고 생각했고, 외교적인 문제를 마무리하는 동안 연합군은 공습만 계속하면 된다고 주장했다. 워든은 전쟁이 2월 20일부로 '본질적으로 승리한 것'이라고 말한 중앙정보국 소속의 앨런을 신뢰했다.

2월 13일에 발생한 알-피르두스 사건[160]으로 F-117이 수도인 바그다드를 공격할 수 없다는 소식을 접한 워든은 라이스에게 이의를 제기했고, 자신의 부하를 보내 체니의 참모진에게 불만을 전달했다. 워든은 F-117을 투입하여 이라크의 핵심 시설을 공격하는 것을 선호했고, 지상전을 회피하기 위해 전략적인 항공전역을 강화해야 한다고 주장했다.

워든은 라이스의 동의를 얻어 월포비츠 국방차관과 그의 부관인 리비를 설득하여 2월 16일 오전에 체크메이트를 방문하도록 했다. 그 두 사람은 3시간가량 그곳에 머물렀으나, 그들이 떠나자 라이스와 워든은 '국방부의 주요 관계자들이 지상전을 수행하기로 이미 결정했고 이를 곧 수행할 것'이라는 인상을 받았다. 그러나 워든은 이에 굴하지 않고, 체니가 세 번째로 체크메이트에 방문할 수 있도록 주선해 줄 것을 라이스에게 말했다. 사실 체니는 워든이 알지 못하는 사이에, 이미 체크메이트로부터 추가적인 브리핑을 받기로 결정했다. 그는 자신의 참모에게 말하지 않고 승강기를 타고 체크메이트 사무실이 있던 지하로 내려갔다. 공교롭게도 그는 체크메이트 사무실로 가는 도중 2층에 잠시 내렸는데, 신분증을 가져오지 않아 사무실에 들어갈 수가 없었다. 체니는 자신을 다시 데려가 달라고 사무실에 연락했고, 위층으로 올라가면서 국방부 군사담당 보좌관인 배리 중령에게 체크메이트에서 브리핑을 받을 것이라고 워든에게 전해 달라 말했다.

체니는 2월 20일에 체크메이트 사무실에서 워든과 30분간 시간을 보냈다. 워든은 지상전을 치르지 않고 이라크군을 철수시킬 수 있도록 가능한 한 모든 기회를 항공전역에 주길 바라면서, 항공 소티와 그 외 화력 자산을 통합하여 쿠웨이트 전구에 있는 이라크군을 공격할 수 있도록 즉각적이고 강력한 노력을 기울이자고 체니에게 말했다. 그는 승리를 달성하기 위해 2~3주 동안 최대의 노력을 기울여야 한다고 체니에게 권고했다. 워든은 제2차 세계대전 중인 1944년 2월 말에 수행

---

160) 알-피르두스(al-Firdos) 사건: 미군이 바그다드 인근의 이라크 방공 지휘통제 시설로 알고 폭격(1991. 2. 13.)을 했으나, 실제로는 여성과 아이가 포함된 이라크 시민 400여 명의 사상자가 발생했던 오폭사건.

된 'Big Week'[161] 공습을 예로 들면서, 'Big Week Ⅱ'라는 용어를 사용하여 3일간의 집중적인 항공작전을 제안했다. 이 작전은 바그다드의 핵심 시설을 겨냥한 F-117과 토마호크 순항 미사일 전력 외에, 공화국 수비대를 대상으로 한 일일 1,400소티의 공격도 포함한다. 그는 '이라크 최고사령부의 균열'을 활용하는 것이 필수적이라고 제안했다. 워든은 이러한 공격이 이라크군의 대규모 탈영과 항복을 유도하여 전쟁 종식을 앞당기고 후세인 정권에 대항한 쿠데타를 일으킬 수 있다고 주장했다. 그는 "Big Week Ⅱ 작전이 러시아의 평화회담과 결합된다면 후세인으로부터 무조건적인 항복을 받아 낼 수 있거나, 적어도 그 작전 자체가 지상전에 앞선 전장 준비 단계가 될 것이다."라고 생각했다.

한 회의 참석자는 "체니가 워든 대령의 말에 최대한 집중하고 그의 제안을 수용하는 것처럼 보였다."라고 언급했으나, 그러한 바람은 헛된 것으로 드러났다. 워든은 "체니가 지상전역을 진행할 것이라고 결론 내렸음이 분명했다…. 그는 최초 브리핑 때처럼 반응하지 않았다."라고 당시 상황을 회상했다. 흥미로운 사실은 회의가 끝날 때쯤 워든이 체니에게 미국이 지상전을 해야만 한다면 그것이 가져올 모든 불행 때문에, 어떠한 수를 써서라도 이라크 영토 점령은 피해야 한다고 말했고, 체니는 이 의견에는 전적으로 동의했다는 점이다.

워든은 파월이 2월 21일 美 상원 군사위원회가 개최되기 전에 진행된 연설을 통해 몇 가지 위로를 받을 수 있었다. 같은 날, 모스크바는 이라크 지도자가 쿠웨이트로부터의 '완전하고도 무조건적인 철수'가 포함된 소련의 평화안을 수용했다고 공포했다. 파월은 연설에서 "항공력이 지금까지 결정적인 전력이었으며, 지상군과 해병대가 투입되더라도 항공력은 더욱 결정적인 전력이 될 것으로 예상된다."라고 언급했다. 그러나 실제로는 그와 슈워츠코프는 지상공격 개시 시점을 조율하고 있었으며, 스코크로프트 국가안보보좌관도 승리를 달성하기 위해 지상전역이 필요하다는 것에 동의했다.

워든은 지상전역을 개시하도록 체니를 설득한 사람이 파월이라고 확신했다. 며칠 전 슈워츠코프가 G-Day[162]의 개시를 연기했을 때, 파월은 화를 내며 "나는 오래 기다리는 것을 싫어합니다. 대통령께서도 지상작전을 시작하길 바라고 계십니다."라고 언급했다. 워든은 진정한 승리는 정권을 무너뜨리는 것이며, 이라크 군대는 최우선적인 표적이 아니라고 계속해서 주장했다. 심지어 워든

---

161) Big Week: 영국과 미국이 연합으로 대량의 폭격기를 동원하여 1944년 2월 20일부터 25일까지 독일의 항공산업과 독일공군을 대상으로 한 공격작전.

162) 쿠웨이트 해방을 위한 지상작전 개시일.

은 라이스 공군성 장관에게 메모를 작성하여 보내기도 했다. 이 메모에서 그는 미국이 이라크 제3군단 지휘관과 접촉하여, 그가 후세인에게 대항하여 쿠데타를 일으킨다면, 바그다드에 진입하도록 제3군단에게 공수물자와 근접항공지원을 아끼지 않겠다는 내용의 협상을 해야 한다고 제한했다. 라이스는 이 의견에 만족해하며 체니에게 전달했으나, 그는 이 의견을 결코 따르지 않았다.

'체크메이트 부서의 모든 구성원들이 피했으면 했던 날'인 지상전역이 2월 24일에 개시됐다. 항공력은 중부사 공군의 단계 IV 계획에 따라 근접 항공지원에 많은 소티가 투입됐다. 워든은 지상전이 필요하지 않다고 정부를 설득하지 못한 것을 안타까워했다. 그는 미군이 이라크군을 이용하여 후세인 정권을 무너뜨릴 수 있는 큰 기회를 놓친 것이라고 확신했다. 또한, 워든은 이라크 지상군이 크게 저항하지는 못할 것이라고 예상했지만, 미군의 사상자 발생에 대해 우려했다.

리더십 촉진 팀

체크메이트와 공군 정보기관 간의 관계는 최초에는 적대적이었으나, 워든이 이라크 정권에 대한 분석을 수행하는 '리더십 촉진 팀(Leadership Facility Team)'이라는 특별 기획팀을 구성한 10월부터 실질적으로 협력하기 시작했다.

체크메이트 부서에서 가장 중요한 인물 중 한 명이었던 하비 중령은 전략적 항공전역 계획의 실체에 대해 국방정보국(DIA)과 중앙정보국(CIA), 그리고 다른 정보기관의 각 대표에게 브리핑하기 위한 회의를 주선했다. 그리고 리더십 촉진 팀은 이라크 지도부 및 안보 기관, 지휘, 통제 및 통신(C3) 표적과 같은 내부 동심원 표적군에 대한 더 나은 정보와 영상을 획득하기 위해 정보 요원들과 협력을 강화해 나갔다. 팀은 이라크의 티크리트 지역과 후세인의 이동로 및 숙소, 지도부 은신처와 정부 기관, 군대와의 소통을 촉진하여 후세인 정권 유지에 애쓰고 있는 바트당에 대해 집중했다. 이러한 구상의 일환으로 팀은 이라크 통신체계를 개발한 기술자들과 상당한 시간을 보냈는데, 주로 AT&T 및 캐나다 노던 텔레콤사의 직원들이었다. 그들은 관련 정보를 획득하는 즉시 중부사 공군의 블랙홀 팀에 전달했고, 블랙홀에서 뎁튤라 중령은 이 정보를 활용하여 표적 목록을 최신화하고 공격계획을 적합하게 수정해 나갔다.

이러한 개방적인 업무수행 방식은 항공전역 개시 3일 전에 국방정보국(DIA) 소속 분석가인 카

셀이 바그다드에서 모술과 바스라 지역에 위치한 사령부뿐만 아니라 이라크 내에 산재되어 있는 지휘소를 연결하는 광통신망에 대한 정보를 가지고 왔을 때, 그 가치가 입증됐다. 그는 워든의 팀원에게 스커드 미사일 발사 명령을 전송하는 광섬유 케이블이 바그다드 내에 위치한 두 개의 주요 다리를 지나간다고 말해 줬다. 따라서 이 두 개의 주요 다리를 파괴할 수 있다면 발사명령 전송을 저지하고 이라크 지도부와 미사일 지휘관 간의 통신을 방해할 수 있으므로, 특히 중요한 임무였다.

공중전이 시작된 직후, 워든은 넬리스 공군기지에 위치한 '전투기 무기 학교(Fighter Weapons School)'와 연락을 취했다. 비록 전술공군사령부(TAC)는 체크메이트의 개입에 대해 지속적으로 반대했으나, 워든이 걸프전에서 체크메이트의 역할을 설명하자, 여러 명의 장교가 체크메이트 임무에 합류했고, 이는 전쟁이 진행되는 동안에도 지속되었다. 이 장교들은 표적을 최적의 무장과 연계시키고 블랙홀에 해당 정보를 제공하는 중요한 역할을 했다.

폭격피해평가

전쟁 중에 체크메이트 부서는 항공전역에서 가장 논란이 된 이슈 중 하나인 폭격피해평가(BDA)에 특히 관심을 쏟았다. 항공력에 의한 성취도를 평가하는 기존 방식에 불만이 많았던 워든은 1990년 9월 24일에 공군본부 기획 및 작전 부장인 애덤스 중장에게, 자신의 부서가 국방정보국(DIA)과 공식적인 관계를 맺을 수 있도록 해 달라고 요청했다. 그의 주요 우려는 국방정보국의 폭격피해평가팀이 이라크 지상군을 대상으로 적용하고 있던 항공력의 전략적 효과나 작전적 영향력 평가 방법이 미흡하다는 점이었다. 워든은 12월 중순에 몇몇 국방정보국의 중간급 관계자들과 이야기를 나눈 후, 하비 중령 및 호웨이 소령에게 국방정보국 분석가들과 함께 정확한 폭격피해평가를 내릴 수 있는 절차와 방법을 개발하라고 지시했다.

체크메이트 부서는 국방정보국 영상 분석가들에게 무장 및 그 효과에 대한 전문지식을 제공했고 '효과를 지향하는 표적처리(targeting for effects)' 개념에 관해 설명했다. 폭격피해평가 임무를 담당했던 주요 국방정보국 소속 장교들은 관통형 무장의 성능을 이해할 수 있도록 교육한 체크메이트의 지원을 환영했다. *걸프전 항공력조사 보고서(GWAPS)*에는 이에 대해 다음과 같이 설명하고 있다.

체크메이트는 영상 분석의 첫 번째 단계에서 폭격피해평가 과정에 24시간 내내 조언을 아끼지 않으며 깊숙이 관여했다. 두 번째 단계에서 체크메이트는 한 명의 공군 분석가를 국방정보국에 파견했고, 항공무기체계 전문가를 대기시켰다. 또한, 체크메이트는 세 번째 단계에서도 한 명의 분석가를 국방정보국에 파견했고, 심층적인 자문을 위해 항공무기체계 전문가들과 항공전역 계획입안자들을 대기시켰다.

이러한 양 기관의 협력은 큰 도움이 되긴 했으나, 주요 문제점을 해결하지는 못했다. 구체적으로 지도부와 통신체계, 그리고 전력 체계에 대한 전략적 공격의 효과 측정에 필요한 검증된 방법론이 존재하지 않았고, 군과 정보기관 간의 전장 피해평가 기준이 일치하지 않았다. 즉, 일반적으로 정보기관은 보수적으로 피해평가를 내리는 경향이 컸던 반면, 항공전역 계획입안자들은 지나치게 낙관적으로 평가했고 조종사들의 교전 후 보고서 및 건 카메라 영상과 같은 직접적인 증거에 의존하는 경향이 강했다. 또한, 정보 장교들은 '효과를 지향하는 표적처리'라는 새로운 개념에 대해 제대로 이해하지 못했으며, 다수의 분석가들은 '표적에 대한 물리적 파괴에 초점을 둔 베트남전 방식의 폭격피해평가 기준'을 여전히 준수하고 있었다.

예를 들어, 항공전역이 실시된 지 며칠 후, 워든은 국방정보국으로부터 이라크 전력 체계에 대한 폭격 임무를 실패한 것으로 평가한 보고서를 받았다. 해당 정보 장교는 자신의 평가가 200개의 전기 설비 중 20개가 파괴되어 파괴율이 10%인 직접적인 수리적 분석 결과에 기반한 것이라고 하며, 해당 공격 사례를 실패한 것으로 간주했다. 이에 워든은 그러한 전술적인 평가가 바그다드 및 그 외 지역에서 전기가 공급되지 않고 있다는 전반적인 전략적 결과를 간과하고 있다며, 이를 반박했다. 이라크 통신체계의 핵심노드인 AT&T 건물과 살만 파크[163]에 대한 폭격 사례에도 유사한 평가방식이 적용됐다. 즉, 생물학전 수행을 위한 냉장 저장고 네 개 중 세 개를 파괴하였으나, 국방정보국은 네 번째 저장고가 파괴되기 전까지는 표적이 '무력화'되었다고 인정하지 않았다. 워든은 평가 기준이 실질적 효과에 근거해야 하며, 이러한 측면에서 해당 공격의 목표가 달성된 것이라고 주장했으나, 국방정보국 소속의 정보 장교는 자신이 받은 교육과 공식적인 절차에 따라 수학적 접근방식만을 고집했다.

설상가상으로 F-117 레이저유도폭탄(GBU-27)[164]에 대한 정보는 극비로 취급되었고, 그에 따라

---

163) 살만 파크(Salman Park): 이라크 바그다드 인근에 있던 시설로 美 군사정보 기관이 걸프전 당시 생화학전 무기의 핵심 저장소로 지목.

164) 레이저유도폭탄(GBU-27): 美 레이시온사에서 생산하는 벙커버스터 능력을 보유한 레이저유도폭탄.

'표적 추천가(Targeteer)'와 정보 분석가들은 해당 무장에 대해 무지한 상태였으며, 이에 따라 해당 무장의 효과를 평가하기 어려웠다. 더불어 전술적 수준에서의 물리적이고 구조적인 손상보다는, 전략적·작전적 수준에서의 기능적이며 시너지 효과를 평가한다는 체크메이트 부서의 평가 개념은 또 다른 도전 과제를 불러왔다.

국가정보기관에 대한 많은 반감으로 인해, 체크메이트는 美 본토에서 중부사 공군에게 제공된 주요 정보의 근원지가 되었고, 이러한 역할은 사막의 폭풍 작전에서도 계속되었다. 워든의 폭격피해평가팀은 기본적으로 보수적인 국방정보국의 평가보고서와 중부사 및 중부사 공군으로 받은 평가보고서를 비교하여 분석 결과를 내놓았다. 호웨이 소령은 2월 3일에 "우리는 제시된 평가보고서들이 무엇을 의미하는지에 대한 우리만의 해석을 내놓아 전쟁에서 항공력이 효과적이라는 사실을 입증했다…. 피해가 클 것으로 예상되는 지상전역의 실시는 아직, 시기상조이다."라고 결론지었다.

정보기관들의 폭격피해평가 추정치는 차이가 있었지만, 지상공격 시기의 결정에는 실질적인 영향을 미치지 못했다. 왜냐하면, 중부사 공군 계획입안자들은 조종사들이 제공하고 체크메이트가 검증한 건 카메라 영상과와 같은 다른 출처의 정보에 더 의존하고 있었기 때문이었다. 그럼에도 불구하고, 항공력에 대한 슈워츠코프의 낙관적인 평가에 동의하지 않았던 지상군 사단장들은 정보기관들의 보수적인 평가보고서에 더 의존하여 그들의 눈앞에 있는 표적만을 공격대상으로 선정하고자 했다. 그리고 이는 곧 중부사령관의 전체적인 전구 요구에 따라 표적 우선순위가 신중하게 선정되었을 때만 나올 수 있는 항공전역의 효과성을 감소시켰다.

사실, 워든은 국방정보국(DIA)을 새로운 전투개념을 이해하는 기관으로 변화시키지는 못했다. 즉, 분석가들은 여전히 전체 표적군을 종합적으로 보고 해석할 수 있는 역량을 갖추지 못했다. 그러나 워든의 팀원들과 정보 장교들 간의 교류는 분석에 대한 전반적인 품질을 개선시켰다. 워든은 파괴된 탱크의 숫자에 대해 토론이 격해지자, 정확한 숫자는 무의미하다고 말했다. 작전적 관점에서, 이라크군은 전투 수행을 거부했고 병사들의 대규모 탈영이 발생했기 때문에, 더 이상 우리에게 위협이 되지 않는다는 것이었다. 시간이 지남에 따라 국방정보국 소속의 분석가들은 물리적 또는 구조적 손상보다는 가능적 피해를 평가하는 방법을 배웠고, 시너지 효과를 중시하게 되었다. 전쟁이 끝난 후 국방정보국의 고위 정보 장교들은 폭격피해평가 임무에 대한 체크메이트의 전반적인 지원에 깊은 감사를 표했다. 중부사 공군에서 표적 선정 반장이었던 텔벗 대령은 '다양한 분석과 풍부한 정보, 그리고 안정적인 통신망'하, 워싱턴으로부터 받은 정보에는 별 문제가 없었으나, 해당 정보가 중부사 공군에 제공되던 방식에 대해서는 불쾌했다고 후에 언급했다.

워든의 폭격피해평가 임무에 대한 '개입'은 정보기관과 항공전역 계획입안자들 간의 커다란 논쟁과 우발적인 마찰, 심지어는 작전에 부정적인 효과도 불러왔지만, 항공전역 실행을 실질적으로 책임지고 있었던 뎁툴라는 체크메이트가 지속적으로 제공해 준 폭격피해평가 자료에 크게 의존했다. 사실, 워든의 체크메이트는 공군본부에서 항공전역 계획에 담긴 철학을 이해하는 유일한 부서였기 때문에 폭격피해평가 임무에 중심적인 역할을 했다.

워든은 여러 국가정보기관 소속의 고위 인사들과도 연락을 취했다. 전쟁이 진행됨에 따라, 체크메이트는 각각의 주요 전략적 표적군에 대한 전출처 분석에 기반을 둔 전쟁 진행 평가보고서인 '*전략 평가보고서(Strategic Assessment Point Paper)*'를 일일 단위로 작성하여 그들에게 제공했다. 워든은 해당 보고서가 의사결정자들에게 많은 도움을 줄 것으로 확신했으며, 거의 매일 공군 참모총장과 공군성 장관에게 전쟁 진행 상황에 대해 이 자료를 갖고 브리핑했다.

전쟁 종결

지상전역의 놀라운 성과에도 불구하고, 워든은 불필요하게 미군의 생명을 위험에 빠뜨린 국가통수기구의 지상전 개시 결정을 유감스러워했다. 하지만 연합 지상군이 이라크군을 채 100시간도 되지 않아 패배시켰을 때, 그 또한 매우 기뻐했다.[165] 워든은 이라크 영토에 대한 점령이나 막대한 사상자 발생 없이 전쟁이 끝났다는 사실에 안도했으나, 여전히 미국이 '전후 정책에 대한 합의'를 이루지 못한 것에 대해 걱정하고 있었다. 그럼에도 불구하고, 그는 체크메이트가 전쟁 승리에 크게 기여했기 때문에 그 공로를 인정받을 것이라 믿었다. 워든과 그의 부서는 2월 28일에 샴페인괴 케비어를 비롯해 온갖 것들이 갖춰진 전승 기념행사를 체크메이트 사무실에서 열었다. 월포비츠 국방차관과 라이스 공군성장관, 그리고 알렉산더 공군본부 기획 차장이 참석했으나, 공군 참모총장인 맥픽 장군은 노골적으로 참석하지 않았다.

---

165) 양측 피해 현황: 다국적군[전사 149명(미군 89명), 전차 11대, 장갑차 4대, 야포 20문, 항공기 49대] vs 이라크군(전사 10만여 명, 포로: 17만 5천여 명, 전차 3,802대, 장갑차 1,858, 야포 2,140문, 항공기 283대/140대는 이란으로 도주).

라이스 장관, 워든 대령, 칼리자드 박사, 월포비츠 국방차관(좌에서 우로)
체크메이트 사무실에서 걸프전 승전을 축하하며
美 공군 제공(1991.2.28.)

워든 대령(앞줄 중앙)과 1990년 8월~1991년 3월 기간에 체크메이트 부서원으로
근무한 많은 장교와 업무 관계자들(공군본부 입구 계단)
美 공군 제공(1991년 3월 초)

전후 평가

전쟁이 끝나고 며칠이 지나면서 워든과 그의 부서는 일상으로 복귀했다. 원래 체크메이트 구성원(군사력 평가과 인원)이 아니었던 사람들은 본래 소속의 부대와 기관으로 복귀했고, 워든은 결과 보고서 작성에 집중했다. 그리고 전쟁이 끝나자 여러 공군 출신의 '고위 예비역 장성'들이 공군 본부를 방문했다. 그중에는 이전 공군 참모총장이었던 존스 장군과 전술공군사령관으로 퇴임한 모마이어 장군이 있었는데, 워든은 이들에게 걸프전에서의 항공전역과 전쟁에서 체크메이트의 역할에 대해 브리핑했다.

워든은 1991년 3월 13일에 맥픽 참모총장이 다음 날 CNN에서 생방송으로 진행될 브리핑 자료를 입수하여 살펴보았는데, 그 내용이 좋지 않다고 생각하여 그의 부서원과 함께 대안을 마련했다. 그러나 맥픽 장군은 체크메이트의 대안 자료를 수용하길 거부했고, 호너와 워든 둘 다, 다음 날 그의 브리핑이 형편없었다고 회상했다. 체크메이트 부서원들은 "너무 따분했고, 폭탄 투하량과 같은 통계수치 자료로 넘쳐 났으며, 항공력을 어떤 식으로 운용했는지에 대한 요약 발표도 없었고, 일반 TV 시청자들이 보기에는 부적절한 영상이 방영됐다."라고 평가했다.

워든은 실제 항공전역이 시작되기 6일 전인 1991년 1월 11에 이미 전후의 항공전역에 관한 분석 필요성을 제기했다. 당시 그는 계획된 대로 항공전역이 수행된다면, '폭격 조사결과가 매우 유용할 것'이며, 이 조사는 그 누구의 영향도 받지 않는 '독립된 부서'에서 수행되어야 한다는 내용의 메모를 참모차장인 로 장군에게 전달했다. 객관성을 담보하기 위해 이러한 보고서는 공군 내부에서 작성될 수 없었다. 전쟁이 종료되기 전까지는 이에 대한 어떠한 조치도 이루어지지 않았으나 전쟁이 끝난 직후 다시, 이 문제를 제기한 사람도 바로 워든이었다. 그 계기가 된 사건은 걸프전에서 항공력이 달성한 성과를 강하게 비판한 니츠의 신문기사였다. 당시 미국에서 존경받는 사상가였던 니츠는 제2차 세계대전에서 전략폭격의 역할을 연구한 '미국 전략폭격조사단(USSBS)'[166]의 일원이었는데, 워든은 군사적으로 영향력이 있는 사람이 그렇게 함부로 말하는 것은 부적절하다고 생각했다. 워든은 니츠에게 걸프전에서의 항공력 역할에 대해 발표할 준비를 했고, 니츠는 그의 브리핑을 다 듣고 난 후에 자신이 전반적으로 걸프전에서의 항공력을 과소평가했다는 점을 인정했다. 니츠

---

166) 미국 전략폭격조사단(USSBS: U.S. Strategic Bombing Survey): 1944년에 설립되어 1945년까지 운영된 기관으로서 제2차 세계대전에서 전략폭격의 효과를 분석한 기관.

는 브리핑이 끝난 직후 워든에게 걸프전에서의 정밀유도무기는 방사능과 부수적 피해 없이도 전쟁의 목표를 달성할 수 있었기 때문에 핵무기를 대체할 수 있음이 증명됐고, 이에 따라 새로운 '효과성(effectiveness)'의 시대가 도래했다고 말했다.

워든은 상당한 시간을 걸프전의 항공전역 결과 보고서 작성에 할애했으며, 1991년 3월 5일에 쓴 편지에 다음과 같이 기록했다.

> 우리는 걸프 전쟁에서 다음과 같은 2가지 교훈을 얻었으며, 여러 상황에 이를 구체화하여 적용할 수 있을 것이다. ① 우리는 '전략공격(strategic attack)'이라는 범주가 필요하다. 우리가 걸프전에서 기울인 노력의 약 30%는 이라크 지도부 무력화, 핵 및 생화학 연구·생산 시설의 파괴, 전력 및 정제유 공급 중단과 같은 광범위한 전략적 목표 달성과 직접 관련된 전략 표적을 대상으로 한 것이다. ② 또한, 우리는 적 지상군에 대한 공중공격을 의미하는 '직접공격(direct attack)'이라는 범주도 필요하다. 이 경우, 그러한 공격은 아군의 지상공격 여건을 조성하기 위한 전통적인 근접항공지원(CAS)이 아닌 적 지상군을 결정적으로 공격하는 주요 수단으로서 간주되어야 한다.

워든은 1991년 3월 10일에 맥픽 공군 참모총장에게 보낸 서신에서 공지전투 교리에 대한 재평가를 요청했는데, 이 교리가 '적 후방에 위치한 후속 지상군 전력이 특정 美 지상군 부대를 공격하기 위해 수백 마일을 이동하고, 美 지상군 부대는 해당 공격을 막는 데 결정적인 역할을 할 것'이라는 가정에 기반하고 있다고 밝혔다. 걸프전에서 '전략공격'과 '직접공격'이 성공함에 따라, 워든은 다음과 같은 의문을 제기했다. "미국 대통령이 능력이 향상된 항공전역을 수행하기 전에 대규모의 지상군을 투입하여 전투를 벌일 일이 미래에 있을까? 특정 지상군 군단이 단독으로 운용될 일이 미래에 있을까?"

걸프전 항공력조사 보고서

워든은 제2차 세계대전의 '미국 전략폭격조사단(USSBS)'을 모델로 한 독립적인 조사가 걸프전에서 美 항공력의 결정적인 역할을 보여 줄 수 있는 좋은 사례가 될 것이라고 믿었기 때문에, 공군성 장관실에서 체크메이트로 돌아온 뎁툴라 중령을 설득하여 해당 업무를 추진했다. 1991년 7월 24일, 라이스 장관은 공군본부가 공군역사실(OAFH)과 전술공군사령부(TAC), 그리고 RAND 연구소의 통제하에 걸프전에서의 항공력 운용과 관련된 세 가지 주제에 대한 조사를 제안했다는 사실을 인지하고, 워든이 로 장군에게 보냈던 메모 내용과 유사하게 "만약 우리가 정보를 조작했다는 단 한 가지 증거라도 나온다면 조사결과는 무용지물이 될 것이다."라고 말했다. 그는 모든 검토가 민간 주도로 이루어져야 하고 독립적으로 실시되어야 함을 강조했다. 뎁툴라의 제안에 따라 라이스는 존스 홉킨스 대학 폴 H. 니체 국제문제연구소의 전략학 교수인 코헨을 '걸프전 항공력조사 보고서(GWAPS)'의 편집장으로 추대했다. 라이스는 코헨에게 이 보고서에 미래 공군의 조직과 훈련, 그리고 전력구조에 영향을 미칠 수 있는 함축적인 결론이 담겨 있어야 한다고 말했으며, 신뢰성을 담보하기 위해 '최고 수준의 전문성과 지적 성실성, 그리고 객관성을 바탕으로 연구를 수행'해야 한다고 강조했다.

이 연구는 저명한 정치인과 퇴역 장교, 외부 자문과 비판을 제공해 줄 학자들로 구성된 검토 위원회를 포함하여, 100여 명 이상의 민간 및 군사 분석가가 참여한 민간 주도의 연구였다. 또한, 이 연구는 '미국 전략폭격조사단(USSBS)'의 일원이었던 니츠가 주관했다. 조사단은 1991년 8월부터 1993년 초까지 광범위한 조사를 수행하여 총 다섯 권 분량의 보고서를 완성했다. 검토 위원회는 바그다드에 접근할 수 없으므로 '전략적 항공전역'의 효과를 다루는 것이 가장 어려운 문제가 될 것이라고 예상했다. 실제로 키니와 와츠가 작성한 전략적 전역 내용이 제시된 책자의 '효과와 효과성(Effects and Effectiveness)' 부분에 가장 중대한 결점이 있었는데, 그 결점은 이라크 지도자들을 신문할 수 없다는 것과 전쟁 전에 그들이 세운 이라크의 전쟁 계획을 알 수 없다는 점 때문에 발생한 것이었다.

워든에게는 실망스러운 일이었지만, 저자는 항공력 사용이 군사 분야에서의 혁명을 일으켰다는 전제를 거부했고, 걸프전이 '제2차 세계대전 때부터 직면해 온 전략공격의 한계'를 다시 증명했다고 결론지었다. 이 조사에 참여하지 않았던 워든은 당연히 걸프전에서의 전략적 항공전역의 효과가 제대로 인정받지 못했다고 믿었다. 그는 이러한 결과에 대해 저자가 체계적 효과에 대한 포괄적인 이해를 추구하기보다는 표준화된 전술적 및 소모 지향적인 효과 측정 방법을 사용했기 때문이라고 보았다.

워든은 다음과 같은 전쟁 직후의 이라크 상황들이 "적의 체계가 와해됐다."라는 자신의 이론을 입증해 준다고 주장했다. 첫 번째로 이라크를 구성하는 세 민족 중 피지배 계층인 북부의 쿠르드족과 남부의 시아파 세력이 공개적으로 반란을 일으켰고, 두 번째로는 이라크 시민들이 수도 바그다드 거리에서 전 세계 언론에 후세인 정권을 공개적으로 비판했으며, 세 번째로는 통신과 전기, 그리고 급수와 같은 일상을 유지하기 위한 기본 설비들이 완전히 파괴된 것은 아니지만 제대로 작동하지 않았으며, 네 번째로는 핵 및 화학 프로그램과 같이 후세인 정권이 중시했던 활동들이 와해됐거나 작동하지 않고 있다는 것이었다. 그는 단일 표적 공격에 의한 이라크 체계의 작동 불능 사례를 식별해 낼 수는 없지만, 전략적 항공전역에 의해 야기된 혼란과 누적적인 영향을 이라크 정권 약화의 핵심 요인으로 간주했다.

사막의 폭풍 작전에 대한 회고

사막의 폭풍 작전의 인상적인 성공에도 불구하고, 전략적 항공전역에 대한 효과는 여전히 논쟁거리로 남아 있다. 듀간의 전임 공군 참모총장이었던 웰치 장군은 호너와 글로슨이 슈워츠코프가 무분별하게 승인해 준 인스턴트 썬더 계획의 위험성을 실체적 위협이었던 쿠웨이트 주둔 이라크 지상군을 상대로 한 훨씬 더 광범위한 항공전역을 통해 성공적으로 은폐했다고 언급했다. 웰치와 다른 사람들은 진정한 전쟁 승리의 원인을 '전장 준비(preparation of the battlefield)'에 있었다고 믿었다. 그들은 바그다드에 대한 전략공격보다는 쿠웨이트에 주둔하고 있던 이라크 병력과 탱크, 그리고 각종 야포에 대한 폭격을 통해 훨씬 더 많은 것을 달성할 수 있었다고 생각했다.

워든은 '*21세기의 항공력 적용*'[167]이라는 논문에서 자신만의 견해를 밝혔는데, 이 논문은 최근 전쟁의 결과를 이용하여 미래 항공력의 역할에 대해 제시한 글이었다. 논문은 앞부분에서 냉전의 종식과 글로벌 군사 행위자로서 소련의 영향력 약화라는 전략적 맥락에 관해 설명하고 있다. 그는 미국이 더 이상 기존의 '봉쇄(containment)' 정책에만 의존해서는 안 된다고 주장하며, 새로운 국가 정책을 수립하기 위한 논거를 제시했다. 그런 다음 그는 이러한 새로운 정책하에 향후 미국이 20년 동안 겪게 될 가능성이 가장 큰 전쟁의 종류와 항공력이 해당 정책에 어떻게 부합해야 하는지에 대해 제

---

167) 21세기의 항공력 적용(Employing Air Power in the Twenty-First Century): 워든이 1992년 발표한 논문으로 항공력이 기존의 지상군 지원 역할이 아닌 5개 동심원 모델을 적용하여 전쟁 승패를 결정지을 수 있는 전략적 역할 수행에 대해 강조했고 정밀공격과 정보우세 확보가 미래 공군의 핵심역할이 될 것이라고 주장한 논문.

시했다. 그리 놀랄 일은 아니지만, 워든은 항공전역 자체를 미국식 전쟁 방식으로 간주했다. 그 이후 이 논문에서는 전쟁의 목표를 중심(CoG) 개념과 어떻게 연결해야 하는지에 대해 논하였다.

홍미롭게도, 워든은 사막의 폭풍 작전이 시작되기 이전에 이 글의 주요 내용을 완성했다. 앞부분의 내용은 1990년 7월에 그가 발표한 '*항공력의 미래: 변화하는 세계를 위한 전략*'이라는 제목의 브리핑 자료에서 발췌했고, 뒷부분의 내용은 그가 훨씬 이전에 쓴 '*중심: 전승의 열쇠(Center of Gravity: the key to Success in War)*' 논문 내용을 그대로 사용했다. 그는 걸프전 이전에 그가 작성한 전쟁 이론의 핵심 주장들을 이 글에서도 그대로 사용했는데, 상당 부분이 이 전쟁을 통해 입증됐다.

워든은 이 논문에서 걸프전에서의 항공전역에 관한 전반적인 효과를 다음과 같이 기술했다.

1991년 초, 항공력은 이라크를 압도하여 전략적이자 작전적으로 그들을 마비시켰다. 구체적으로 항공력은 이라크 지도부를 무력화시켰고, 통신을 거의 할 수 없게 만들었으며, 전기와 정제유 생산을 방해했고, 주요한 이동을 하지 못하게 했으며, 각종 기계적 설비를 파괴했다. 미국은 놀라울 정도의 적은 희생으로 1,600여만 명의 이라크 시민과 백만여 명의 병력을 완전히 통제할 수 있게 됐다. 이러한 대단한 승리는 양측 모두의 인명손실을 최소화할 수 있도록 첨단 기술을 전쟁에 도입하라는 미국민의 정당한 요구에 부응한 것이자, 미군의 21세기의 군사작전에 있어 전략적인 모델이 될 것이다.

워든은 가장 안쪽에 있는 동심원에 대한 표적화의 중요성을 강조했지만, 다른 동심원에 대한 공격도 전략적 마비효과 달성을 위해 필수적이라고 언급했다. 그는 또한 "항공전역은 이라크 전 지역에 대한 전략적 마비뿐만 아니라 쿠웨이트 주둔 이라크군에 대한 작전적 마비도 달성하였다."라고 주장했다. 워든은 역사적인 측면에서 과거 7년여간의 베트남전쟁 중에 800만 톤 이상의 폭탄을 투하한 것과는 대조적으로 걸프전에서는 만여 개의 공격 소티와 2만여 톤의 폭탄으로 승리할 수 있었음을 강조했다.

이 논문은 1991년 걸프전에 대한 함의를 제시하는 것으로 마무리됐다. 워든의 주요 논지는 스텔스기와 정밀무장이 결합되어 전례 없는 규모의 '기동(maneuver)'과 '대량(mass)', 그리고 '집중

(concentration)'의 효과를 달성할 수 있었다는 것이었다. 실제로 스텔스기와 정밀무장은 집중과 기동에 대한 기존의 개념을 재정의했다. 즉, 스텔스기는 항공전에 있어 기습을 재도입했고, 정밀무장은 대량으로 요구되는 소티의 수를 획기적으로 줄여 줬으며, 무장의 치명성은 대부분의 잠재적 표적이 공중공격에 취약하게 만들었다. 워든은 걸프전을 최초의 '초월적 전쟁(Hyperwar)'으로 보았다. 구체적으로 그는 걸프전이 고도의 첨단 기술과 전례 없는 정확성, 스텔스기를 통한 전략적·작전적 기습, 그리고 적의 전략적·작전적 핵심노드들을 거의 동시에 공격할 수 있는 능력이 적용된 최초의 전쟁이라고 규정했다.

워든은 자신의 이론에 대한 설득력 있는 예시를 들었다. 그의 이 논문은 걸프전에 대한 최초의 분석 자료 중 하나로, 전략폭격 옹호론자들의 견해를 대변해 준 논리로 널리 인용되었다. 대부분의 저술에서와 마찬가지로 그는 거시적 관점을 제시하기 위해 세부사항들은 생략했다. 또한, 그는 전쟁에서 본인의 기여도나 체크메이트 부서의 역할, 그리고 인스턴트 썬더나 해당 계획의 입안 과정에 대해서는 밝히지 않았다. 즉, 논문은 전략과 아이디어를 현실화시킨 사람들의 이야기가 아니라 그 전략과 아이디어 자체가 중심이 되어 전개되었다. 그는 모든 영광을 항공력에 돌렸으며, 항공력의 지배도 언젠가는 끝날 것이라고 다음과 같이 예견했다.

> 세계는 지금 막 '초월적 전쟁'이라는 새로운 형태의 전쟁을 목도했다. 세계는 항공력이 지배적인 역할을 하게 된 것을 보았으며, 영토와 지상군 위에 존재하는 공중에 대한 통제력을 상실한 국가가 얼마나 무력한지에 대해 알 수 있었다. 세계는 공세적인 항공력이 경이롭다는 것과 그것에 대항하는 것이 거의 불가능하다는 것을 보았다. 세계는 전략공격 이론의 타당성이 입증되는 것을 지켜보았다. 세계는 기존의 전쟁과는 전혀 다르게 승리 달성에 있어 거의 사상자가 발생하지 않는 전쟁의 형태를 보았다. 향후 20년 또는 그보다는 조금 더 먼 미래에, 워싱턴의 대통령이든 전장의 장군이든 부시 대통령과 슈워츠코프 장군이 이번 전쟁에서 그러했듯이 항공력을 최우선적인 수단으로 여기게 될 것이다. 우리는 말과 범선의 시대로부터 전함과 탱크의 시대를 거쳐 항공기로의 시대로까지 변화해 왔다. 과거에 다른 수단들이 그러했듯이 항공기는 향후 얼마간 최절정기를 맞이할 것이고, 이 또한 다른 수단으로 교체될 것이다. 세상에는 영원한 것이 없고 결국 모든 것은 사라지게 된다.

돌아보면, 워든의 체크메이트 부서는 걸프전에서 공식적인 역할을 하지 않았던 조직이었으나 전쟁 승리에 놀라운 기여를 했다. 사막의 폭풍 작전을 계획하고 실행하는 동안 다양한 정부 기관과 각 군 소속의 사람들이 체크메이트 부서에 모여들었다. 이와 같은 워든의 팀이 없었다면 전구에 있었던 항공전역 계획입안자들은 공격계획 수립에 필요한 각종 지원과 정보를 충분히 얻지 못했을 것이다. 체니 국방부 장관은 체크메이트를 통해 함참으로부터 받은 정보를 검증했는데, 육군과 해군으로부터는 이와 같은 지원을 받지 못했다. 니체 국제문제연구소의 코헨 교수에 따르면, 체크메이트는 일종의 '중앙집권화된 표적처리 참모부서(centralized targeting staff)'의 역할을 했다고 밝혔다. 그는 "비록 표적처리 업무의 대부분이 중부사 공군 구성군사령부에서 이루어졌지만, 체크메이트와의 비공식적인 관계 유지가 있었기 때문에 성공적인 항공전역이 될 수 있었다."라고 언급했다.

정보와 계획 간의 관계에 대해 '*걸프전 항공력조사 보고서(GWAPS)*'에서는 "정보는 계획 수립을 가능하게 해 주지만, 계획수립 자체를 해 주지는 못한다."라고 다음과 같이 결론지었다.

인스턴트 썬더를 개발한 공군본부의 체크메이트 계획입안자들이 정보를 이용하여 그들의 항공전역을 구상했다는 증거는 없다. 오히려 그들은 획득한 정보를 이용하여 그들의 계획, 특히 걸프전 항공전역계획 수립의 기초가 된 광범위하고 목표 지향적인 공격 표적을 정하였다.

공군본부는 체크메이트를 통해 매우 짧은 기간 내에 중부사 공군의 계획입안자들을 대상으로 여러 가지를 지원해 줬는데, 이는 공식적인 정보유통 과정으로는 상당한 시간이 소요되는 업무들이었다. 체크메이트 소속 장교들은 모든 주요 정보기관(국방정보국, 중앙정보국, 국가안보국) 및 합참의 실무자들과 관계를 맺고 이를 발전시켰다. 또한, 공군본부 소속의 작전 장교들은 정보기관에 파견되어 체크메이트 및 중부사 전구의 계획입안자들에게 필요한 정보를 수집하여 제공했다. 이러한 비공식적인 인적 네트워크 유지 결과, 정보기관에 있는 첩보와 정보가 중부사 전구에 있던 정보참모 부서에 의한 병목현상과 방해 없이 사용자들에게 직접적이고 빠르게 제공될 수 있게 되었다.

'*걸프전 항공력조사 보고서(GWAPS)*'에는 "체크메이트는 차후의 공격 표적 추천을 포함하여 핵심적인 정보와 전략적인 사고 내용 모두를 제공했다."라고 기술됐다. 공군 역사학자 데이비스는 "체크메이트의 업무수행 구조는 워든이 추진하고 있던 계획을 보다 효과적으로 추진하기 위해 조직과 특정 전문지식을 보유한 개인 간의 업무를 조정해 가는 독특한 모습을 보여 준 좋은 예였다." 라고 언급했다. 체크메이트와 블랙홀에서 모두 근무해 본 로저스 소령은 "전략적 항공전역의 실행과 성공은 체크메이트의 많은 실무 장교들과 워든이 1990년 8월부터 전쟁이 끝날 때까지 해당 부서를 유지하려고 애썼던 선견지명 덕분이었다."라고 말했다. 심지어 워든을 싫어했던 애덤스 중장도 그가 걸프전에 매우 크게 기여한 사실을 인정했다. 애덤스는 "전술공군사령부(TAC) 내에는 이런 종류의 일을 수행할 수 있는 참모 부서가 없다고 확신한다. 나는 사실 15년 동안 전술공군사령부에서 근무했고, 사령관을 제외한 대부분의 고위직을 역임했지만, 전술공군사령부는 이와 같은 계획업무를 수행할 능력이 없다."라고 말했다.

맥픽 공군 참모총장은 이러한 상황이 편하지만은 않았지만, 라이스 장관과 워든에 대해 "그들이 해 주어야 할 일들보다 훨씬 더 많은 것들을 해 주고 있다."라고 말했다. 맥픽 장군은 때때로 워든이 왜 걸프전의 항공전역 계획작성에 관여했는지 의문을 제기하기도 했지만, 다음 날 이에 대한 종합적인 브리핑을 요구했다. 그는 워든의 체크메이크 부서를 여러 번 방문하여 그들과 시간을 함께 보냈다. 맥픽은 당시 상황을 다음과 같이 기억하고 있다.

나는 체크메이트 부서를 자주 방문했는데, 대략 일주일에 3번 정도였던 것 같다. 나는 그곳에서 표적처리에 대한 그들의 접근방식과 그들이 벽에 붙여 놓은 것들, 그리고 업무 우선순위를 정하는 방식 등에 대해 매우 주의 깊게 살펴보았다…. 나는 이러한 일 처리 방식이 합리적이라고 생각했다. 우리는 공군본부 내에 있는 체크메이트 부서에서 우리가 항공전 관련 원하는 것은 무엇이든지 만들 수 있었고, 그 결과를 중부사로 보내면 그들은 그것을 필요에 따라 단순히 무시하거나 받아들이면 됐다. 이 부분에 대한 나의 견해는 워싱턴에 있는 우리가 사우디 리야드에 있는 항공전역 계획 장교들이 접할 수 없는 일부 정보와 전문가들에게 접근할 수 있었기 때문에, 계획수립에 필요한 많은 정보와 도움을 줄 수 있는 위치에 있었다는 것이다. 이와 같은 측면에서 나는 정말 많은 주의를 기울였다. 즉, 중부사의 블랙홀 팀에서는 할 수 없는 일들을 여기에서 수행하여 그들에게 최대한 도움을 주려고 노력했다…. 그들에게 도움을 주는 것과 항공전역 계획 자체를 제공하는 것에는 큰 차이가 있다. 나는 우리가 그들에게 도움을 주려고만 해야지 실제로 항공전역 계획을 제공해서는 안 된다고 생각한다. 그래야 그들이 우리가 주는 도움이 필요하지 않다고 판단할 경우, 그것을 과감히 버릴 수 있다.

워든이 항공전역 계획 입안에 참여할 수 있도록 자리를 마련해 준 로 참모차장은 그가 가끔 항공력 옵션을 극단적으로 알리고자 한 점은 있지만, 워든이 없었다면 걸프전의 성공적인 항공전역은 없었을 것이라고 언급했다. 그는 "체크메이트가 중앙정보국(CIA) 및 기타 익명의 다른 기관들로부터 제공받은 표적 정보를 평가한 후 해당 표적 정보를 중부사 공군의 뎁튤라에게 전달하여 실제 항공전역에 적용할 수 있었기 때문에, 그들의 존재가치와 계획 입안에 참여한 정당성이 확보될 수 있었다."라고 주장했다. 로의 관점에서 체크메이트는 중부사령부의 합동기획[168] 과정에 개념과 분석, 그리고 아이디어를 제공하는 동시에 워싱턴의 의사결정권자들에게는 이러한 진행 상황을 알리는 중요한 역할을 했으므로 칭찬받아 마땅했다. 그러나 로는 워든이 간혹 자신을 곤경에 처하게 했다는 사실도 인정했다. 워싱턴의 주요 고위 지도자들은 체크메이트의 부서장인 워든에게 중부사 전역계획에 대해 브리핑해 달라고 여러 번 요청했으나, 사실 그 임무는 중부사에서 담당해야 하는 일이었으며, 합참도 이러한 상황에 대해 매우 못마땅해했다.

워드의 직속 상관인 알렉산더 소장도 대령을 양날의 칼로 보았다. 알렉산더는 인스턴트 썬더 계획수립이 시작될 때부터 사막의 폭풍 작전이 끝날 때까지, 직속 상관인 애덤스 장군을 이 임무로부터 완전히 소외시키지 않으면서 워든의 자유분방한 아이디어와 활동을 관철시키는 과정에서 여러 차례 곤경에 처할 수밖에 없었다. 그는 당시 상황에 대해 다음과 같이 기억했다.

워든은 비공식적인 네트워크를 통해 업무를 수행했다. 그는 비공식적인 방식으로 체니 국방부 장관의 방문을 추진했고, 나에게 체니의 수석부관에게 전화를 걸어 그들이 체크메이트 사무실로 내려올 수 있게 해달라고 부탁했다. 이는 정상적인 업무처리 방식이 아님을 누구나 알 수 있을 것이다. 그는 라이스 공군성 장관을 통해 업무를 추진했고, 장관은 체니에게 직접 이야기하거나 그의 군사 보좌관인 로페즈를 통해 업무를 추진했다. 애덤스 장군은 슈워츠코프나 파월이 참석하지 않은 상태에서 워든이 국방부 장관에게 브리핑을 하는 자리에 있으면 문제가 될 수 있

---

168) 합동기획(Joint Planning): 군사목표를 달성하기 위하여 전략 환경을 평가하고 최선의 군사전략을 수립하며, 군사력을 운용하는 일련의 과정.

기에, 참석하지 않겠다고 했다…. 나는 워든을 통제할 수가 없었다. 나는 단지 그를 계속 통제하려고 노력했으나, 그렇게 할 수 없었다…. 우리는 격렬하게 말다툼을 했다. 나는 그를 불러 소리를 질렀으나, 그는 꿈쩍도 하지 않았다….

워든은 중대한 임무나 목표가 있으면 실로 진취적이었다…. 그를 만나기 전까지 나는 이처럼 열정적인 사람을 본 적이 없었다…. 워든은 항상 나에게 문젯거리였고, 그를 주의 깊게 관리하지 않으면 그는 그의 수많은 계획들로 스스로를 위험에 빠뜨렸다…. 워든은 항공력으로 달성할 수 있는 것들에 대한 자신의 믿음을 절대적으로 광신했다…. 워든은 자신의 신념을 결코 의심하지는 않았으나, 그 자신감만큼 이론적 근거를 갖고 있지는 않았다. 그는 그저 느낌대로 움직였다…. 워든의 항공력에 대한 자신감은 열정 이상이었다. 항공력의 우수성 및 능력을 찬양할 때 그는 거의 이성을 잃었다…. 돌이켜 보면, 그가 얼마나 예언적이었는지 믿기지 않는다. 다른 사람들도 알다시피, 그는 실로 뛰어난 인물이다.

알렉산더 소장은 워든이 '美 공군에서 가장 뛰어난 전략가 중 한 명'이었고, 끊임없이 '자신의 책임 대비 기여도를 평가'해야 한다고 말했으며, 간혹 이러한 균형이 그 자신에게 약간 유리한 쪽으로 맞춰졌음을 상기했다.

끝으로 라이스 공군성 장관은 다음과 같은 더 큰 교훈을 얻어야 한다고 주장했다.

전략적 항공전역을 계획하는 데 있어 어떤 요소들이 관여됐는지를 고려해 보았을 때, 이러한 계획이 체크메이트의 다양한 도움 없이 중부사 공군 단독으로 이루어졌을 것이라고는 상상할 수 없을 것이다. 전투 현장에서는 그렇게 할 수 없다. 물론 중부사 공군도 일정 수준의 전략적 항공전역 계획을 수립하는 데 기여했겠지만, AT&T와 다른 협력업체들로부터 확보한 통신체계의 작동방식이나 지하 벙커에 대한 실질적 건설 및 배치도, 지휘통제 체계와 주요 이라크 건물 및 후세인 궁에 관한 세부정보, 엄체호의 건축 방식과 공격 대상 건물의 세부 설계도와 같은 다양한 출처로부터 나온 전략정보가 체크메이트를 통해 수집되고 중부사 공군에게 제공되지 않았다면 해당 계획의 수립은 불가능했을 것이다. 나는 사우디 리야드에서 이 일을 했을 것이라고는 생각지 않는다…. 전략적 항공전역과 관련해 중부사 공군 사령관인 호너에게 나간 지시는 하나도 없었다. 그는 전략적 항공전역 계획을 채택하거나 변경, 그리고 실시할 수 있는 모든 권한을 갖고 있었지만, 그 권한을 사용하진 않았다. 나는 이러한 방식이 옳았다고 생각한다. 내 생각으로는 미래에 이와 유사한 전쟁 상황이 또 전개된다면 우리는 지금과 같은 방식으로 전쟁을 계획하고 수행해야 할 것이다. 즉, 외부의 도움 없이 해당 전구에서 모든 것을 수행할 수 있다고 생각하는 것은 순진한 발상이다. 훌륭한 항공전역을 구상하는 데 필요한 기술적이고 분석적이며, 정보적인 기반과 전문지식은 해당 전구 내에서는 확보할 수 없는 것들이다.

제재 조치

사막의 폭풍 작전이 끝난 후, 공군본부의 몇몇 장군들은 워든과 체크메이트의 명성을 없애고자 해당 부서를 기획부에서 작전부로 이동시켰다. 그러한 이동 조치는 조직의 기능적인 관점에서는 이해될 수 있는 조치였지만, 어느 3성 장군은 공군 내부적으로 "관료적 조직인 공군은 사막의 폭풍 작전이 진행되는 동안, 워든 및 체크메이트 부서의 영향력에 대해 달가워하지 않았다."라는 메시지의 표현이라고 했다. 전쟁 직후 워든의 후임으로 부임한 고프 대령은 자신이 '훌륭한 팀'을 인계받았으나, 체크메이트의 역할에 대해서는 '매우 매우 민감한 사안'이었다고 회상했다.

워든은 걸프전의 항공전역에 기여한 공로를 단 한 번도 제대로 인정받지 못했지만, 가끔씩 그의 공로를 알아봐 주는 것만으로도 만족해했다. 전쟁이 끝난 후, 부시 대통령은 국가안보위원회 위원으로 근동 및 남아시아 문제 담당 부서장이었던 하스에게 모범 시민 대통령 표창을 수여했다. 그는 사막의 방패 및 사막의 폭풍 작전 중 미국의 중동 정책을 개발하고 반영한 공로를 인정받았다. 전쟁 중 체크메이트를 두 번 방문한 적이 있었던 그는 "전략적 항공전역을 구상하고 워싱턴의 정치인들에게 정보와 분석, 그리고 제안 및 예측 자료를 제공함으로써 전쟁 승리에 크게 기여한 체크메이트에 몹시 감명받았다."라고 말했다. 하스는 이라크 지도부와 지휘통제 시설에 대한 항공력 사용을 선호했으며, 워든이 해당 공격의 이면에 숨겨진 의도에 대해 일관되고 설득력 있게 표현했다고 생각했다. 그는 자신감과 열정, 그리고 지식을 갖춘 워든의 브리핑이 신선하면서도 통찰력이 있었다고 기억했다. 하스는 개인적으로 워든을 시상식에 초청했고, 워든에게 "당신이야말로 진정으로 이 메달을 받아야 할 사람입니다."라고 말했다.

XI.
공군지휘참모대학
개혁

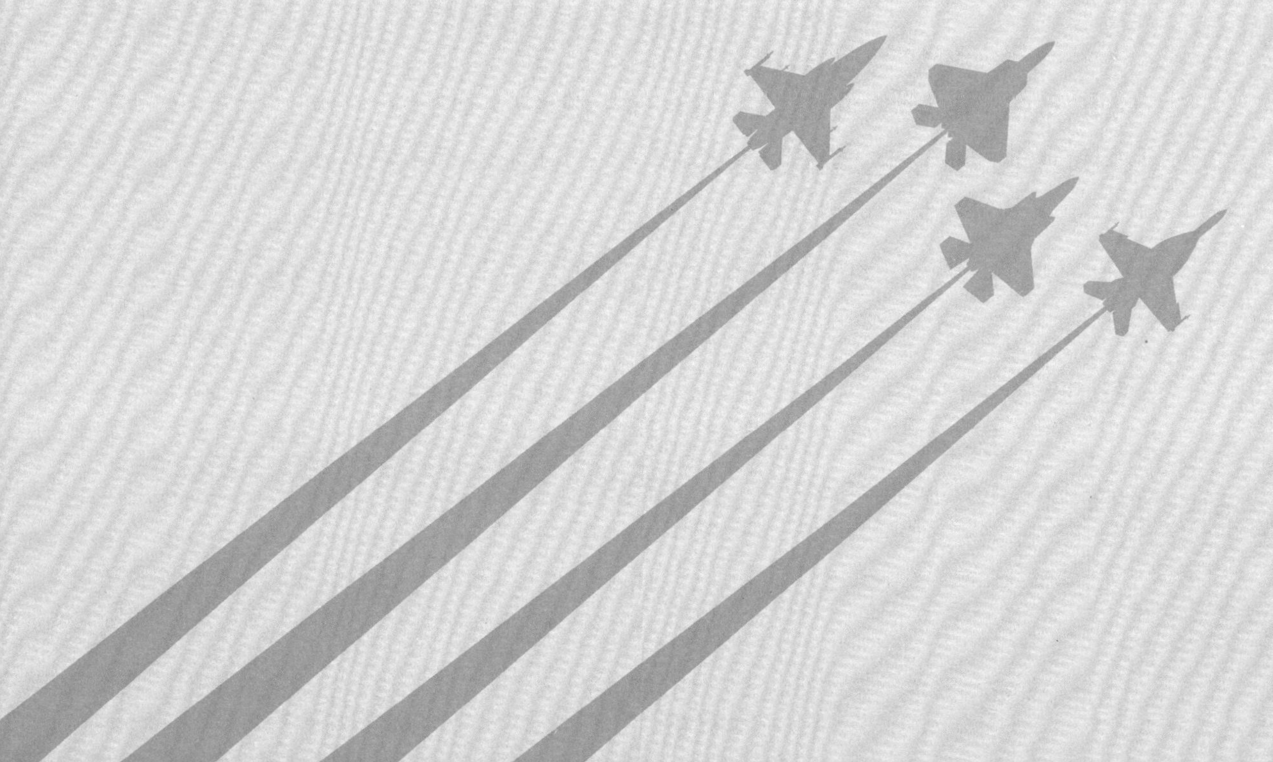

워든은 1991년 7월에 라이스 공군성 장관과 칸스 공군참모차장의 추천으로 퀘일 부통령의 정책연구 및 국가안보 분야 특별보좌관이 되었다. 백악관 참모진들과의 짧은 근무 연을 맺은 후, 워든은 공군지휘참모대학(ACSC)[169] 교육과정을 개선하는 데에 노력을 기울였다. 그는 공군지휘참모대학 학장으로서 3년간 근무하면서 많은 변화를 이루었는데, 그중 몇 가지는 대학이 창설된 이후 가장 혁신적인 것들이었다. 워든은 공군지휘참모대학의 교육과정을 전역계획 수립과정과 유사하게 개편했는데, 목표 및 표적처리 전략과 같은 요소들에 가용자원 및 제한사항, 그리고 통제사항을 적용해 보는 것이 핵심이었다. 또한, 교수진에 대한 자질을 높이는 데 관심을 기울였고, 교육과정에 첨단 기술이 적용된 교육 장비가 도입될 수 있도록 힘썼으며, 학생들에게는 美 공군 창설과 관련된 역사 및 이론 자료들을 읽게 함으로써 공군인으로서의 전문성을 키울 수 있도록 장려했다.

부통령 특별보좌관

라이스 장관 및 칸스 참모차장은 워든이 좋은 근무평정을 받아 준장으로 진급할 수 있도록 공군본부에서 백악관으로 보직을 옮기는 것을 도와주었다. 그의 상관이었던 애덤스 장군은 1991년 2월에 공군본부를 떠나 태평양 공군 구성군사령관으로 승진했는데, 그와 그의 후임자인 넬슨 중장은 워든이 절대 장군이 돼서는 안 될 인물임을 분명히 밝혔다. 넬슨 중장은 '미국의 전통적인 봉쇄 정책이 어떻게 신뢰성을 잃었는지', 미군이 왜 '강화된 범세계적인 역량'을 필요로 하는지, 그리고 美 공군이 미군 중에서 어떻게 중심적인 역할을 할 수 있는지에 대해 워든이 연설하는 것을 몹시 못마

---

169) 공군지휘참모대학(ACSC: Air Command and Staff College): 한국공군의 고급지휘관 참모과정(CSC: Command Staff Course)과 유사하게 美 공군대학에서 소령급의 장교를 대상으로 한 전문 군사 교육과정.

땅해했다.

워든은 새로운 보직에 대해 매우 흥미롭게 생각했는데, 무엇보다도 의사 결정자 및 정책 입안자들과 함께 일할 수 있다는 점에서 그러했다. 그는 "전체 업무 중 가장 매력적인 부분은 군사 계획이 군과 거의 관련이 없다는 점이었다…. 업무의 5%만 군 관계자들을 설득하거나 납득시키는 것이었고, 나머지 95%는 민간인의 서명을 받아야 하는 것들이었다."라고 언급했다.

워든이 1991년 7월에 보임할 당시, 퀘일 부통령은 경쟁력 자문 위원회(Competitiveness Council)의 위원장이었는데, 워든은 새로 부여받은 직책에서 미국이 경제적으로 좀 더 생산적이고 경쟁력을 갖추는 방안을 제시하는 데 집중하며, 처음 몇 달을 보냈다. 그는 부통령실에서 차관급이 수행하던 여러 부처 간의 정책 조정 업무를 맡았다. 워든은 미국이 교육과 기술을 생산성 및 긍정적이고 건전한 업무 태도와 연계함으로써 '한 차원 높은 아이디어를 얻을 수' 있는 포괄적인 프로그램의 개발과 지원에 중점을 두어야 한다고 제안했다. 그는 이에 따른 과제와 해결방안으로 '새로운 시대를 여는 새 정책'이라는 보고서의 요약본을 1991년 11월 중순에 부통령에게 제출했다. 보고서에서 워든은 다음과 같이 기술했다.

우리의 나아갈 방향을 바꾸고, 특별한 잠재력을 구현하기 위해서는 냉전 시대의 봉쇄전략만큼이나 포괄적이고 진행 상황을 측정할 수 있는 장기적인 프로그램 개발이 필요하다. 그리고 이 프로그램을 구축하는 데 있어 무엇보다 중요한 것은 목표의 설정이다. 이 목표는 쉽게 이해할 수 있고, 대부분의 미국인이 정치적으로 수용할 수 있어야 하며, 장기적으로 나아갈 방향을 제공할 수 있어야 하고, 기존의 수많은 하위 프로그램과 향후 제시될 프로그램들의 평가에 있어 척도가 되어야만 한다.

워든은 한 세대가 끝나기 전에 미국인의 생활 수준을 두 배로 높이고자 하는 목표를 달성하기 위해, 경제적 번영과 교육, 정의 및 환경문제, 그리고 국가안보라는 다섯 가지를 축으로 한 프로그램을 제안했고, 각각의 축에 대해 측정 가능한 목표를 제시했다. 워든은 특유의 연역적 방법으로 그의 다양한 가설을 제시한 후 전 세계에서 성공한 기업들을 사례로 해당 가설을 증명해 갔다. 그는 이 보고서가 의사결정권자들의 계획에 대해 다루고 있으며, 부통령이 언급한 '냉전을 가리켰던 바늘의 위치를 바꾸기 위한 나침반' 역할을 할 수 있다고 강조했다.

워든이 가장 크게 노력한 분야는 국가안보와 관련된 것이었다. 그는 미국이 세계 유일의 초강대국이라는 사실이 국내에 미치고 있는 영향을 자각해야 한다고 주장했다. 워든은 항상 그러했듯이 미래 지향적이고 낙관적인 태도로, 200,000피트 상공에서 마하 10으로 비행하는 폭격기 개발을 예로 들면서, 민간 및 군사 목적의 연구를 결합하는 것에 대해 언급했다. 그는 미국이 '항공기술 분야에 있어 세계적으로 선두'가 되어야 하며, 그러기 위해서는 사관학교 및 ROTC 출신 임관자 중 기술 인력들은 1~2년 동안 일본으로 보내, 그곳에서 사업 진행방식을 배워야 한다고 주장했다. 워든은 이들이 귀국하면 군에서 복무를 계속하거나 미국 기업에 취직할 수 있는데, 둘 다 국가를 위해 봉사할 수 있는 길이 될 거라고 말했다.

1991년 7월부터 1992년 7월까지 퀘일 부통령(오른쪽)의
정책연구 및 국가안보 분야 특별보좌관으로 근무한 워든 대령(왼쪽)
백악관 제공

해당 보직을 통해 워든은 그가 항공전역 계획을 개발하는 과정에서 얻은 다수의 아이디어와 원칙이 백악관의 정치적 환경에서도 적용될 수 있다고 확신했다. 그는 대전략 차원에서 사업 추진과 관련된 업무와 군사작전의 유사성을 활용했다. 워든은 신속한 결과를 중시하는 정책 결정 환경에

서 편안함을 느꼈고, 엄격한 군사 지휘구조와 위계질서를 중시하지 않는 백악관의 문화를 높게 평가했다. 그러한 환경에서 거시적인 안목과 결합된 워든의 설득력 있는 발표 능력은 큰 호응을 얻었으며, 그곳 사람들에게 논리적이고 효과적이며, 활력이 넘치는 사람으로 인정받았다.

대부분의 군인들은 백악관에서 업무하는 것을 진급을 위한 기회로 활용했지만, 워든은 아니었다. 그는 업무에 도움이 되는 인맥은 쌓았지만, 사교모임과 비공식적인 토의와 같이 사적 인맥을 강화할 수 있는 자리에는 참여하지 않았다. 워든은 분명히 장군이 되고 싶었으나, 업무능력만으로 가능할 거라고 믿었다. 일부는 이러한 워든의 모습을 청렴함으로 본 반면, 다른 일부는 단순히 "이 세계의 작동방식을 모른다."라고 판단했다.

워든은 부통령의 특별보좌관으로서 일하는 것을 좋아했으나, 백악관에서 1년을 보낸 뒤 이상적인 보직 기회를 제안받게 되었다. 즉, 칸스 참모차장은 이 선구적인 항공력 이론가를 공군지휘참모대학(ACSC)의 학장으로 임명하여 미래의 공군 지도자 육성을 담당하도록 제안한 것이다. 라이스 공군성 장관은 이 지명에 대해 전적으로 지지했으며, 맥픽 참모총장은 마지못해 동의했다. 워든이 실패한 단장에서 공군본부로 전입 왔을 당시 직속 상관이자, 現 공군대학 총장인 보이드 중장은 두 말할 필요도 없이 그의 학장 보임에 대해 대찬성했다. 라이스와 칸스, 그리고 보이드는 워든의 항공력에 관한 아이디어가 추가적인 탐구가 필요하며, 전략공격에 대한 그의 비전이 美 공군의 존재 이유를 부활시켰고, 그가 이론적 토대를 지속 가능한 교육 프로그램으로 바꾸는 데 있어 필수적인 리더십을 갖추고 있다고 믿었다. 세 명의 장군 모두 워든의 학문적 성향과 항공력에 대한 헌신, 장기적이고 포괄적인 관점에서 바라볼 수 있는 능력, 그리고 필요할 경우 관료주의적인 틀을 뛰어넘을 수 있는 그의 의지를 높게 평가했다. 이러한 자질과 전시 항공전역 계획 작성의 성과가 결합되어 그는 논리적인 선택을 할 능력이 있었다. 워든은 새로운 보직에 대해 항공력과 美 공군에 장기적으로 기여할 수 있는 좋은 기회라 생각하여 매우 만족해했다. 게다가 새로운 보직은 장군 진급에 있어서도 유리했는데, 지난 30년 동안 모든 공군지휘참모대학(ACSC)의 학장이 준장으로 진급했다는 사실이 그러했다.

아이러니하게도 워든을 경멸했던 사람들도 그의 학장 임명에 대해서는 지지했다. 왜냐하면, 공군지휘참모대학은 워싱턴에서 멀리 떨어진 교육기관이며, 해당 업무는 현행 업무와는 관련성이 거의 없기 때문이었다. 어느 4성 장군이 "저 외진 몽고메리에서 워든이 어떻게 문제를 일으킬 수 있겠나?"라고 말했듯이 말이다.

비록 퀘일 부통령은 워든과 긴밀한 관계를 유지한 것은 아니지만, 그의 업무 성과에 깊은 인상을 받은 것은 확실했다. 퀘일은 워든이 미국 기업이 일본의 생산 기술을 점진적으로 도입하는 상호 협정이었던 '제조업 기술 구상(Manufacturing Technology Initiative)'을 체결한 공로를 크게 봤다. 또한, 그는 워든이 품질 관리 개선이라는 '식스 시그마(Six Sigma)' 개념을 정부 고위 관리자들에게 소개하고 방산 기업들이 탈냉전하의 경제 환경에 적응할 수 있도록 다양한 방식으로 규제 개혁을 추진한 공로에 대해서도 인정했다. 이러한 이유로 부통령은 워든이 백악관을 떠날 당시, 다음과 같은 공적을 열거하며, 워든의 준장 진급에 대해 강력히 지지했다.

워든의 국가안보 계획과 방위 산업 전문성, 신기술의 활용 및 거시경제 계획 분야에 있어서의 창의적인 능력은 탈냉전 시대에 정부 고위 인사들이 산업 경쟁력을 향상시켜 국가안보를 강화할 수 있도록 하는 기회를 제공해 줬다. 그는 이 업무를 백지상태에서 그 누구의 도움도 없이 혼자 수행했다. 워든은 지적인 능력과 탁월한 비전을 바탕으로 장기적인 국가안보 및 경제 분야 계획을 개념화하고 구체화했다. 그의 분석은 '군사 분야에서 개발된 신기술을 민간분야로 확산, 각 생산 공정 단계에서의 품질 관리 향상, 해외로의 수출물량 확장, 산업 경쟁력을 저해하는 정부규제 제거, 미국의 상품 및 서비스 수요를 촉진시킬 수 있는 분야로의 해외지원 확대'라는 5가지 분야로 구체화하여 제시됐다.

워든 대령의 업적은 아무리 강조해도 지나치지 않는다. 그의 뛰어난 비전과 우수한 지적 능력, 근면성, 폭넓은 경험과 도덕성을 근거로 판단컨대 나는 그가 장군이 되기에 충분한 자질이 있다고 생각한다. 또한, 워든 대령은 정부 최고 수준의 정책 개발과 관련된 복잡성을 이해하고 있어, 공군의 고위 지도자 직책에 적합한 인물이다.

공군지휘참모대학 학장

美 공군의 장기복무 장교는 일반적으로 공군대학(AU)[170]에서 세 개의 교육과정을 이수받게 된

---

170) 공군대학(AU: Air University): 앨라배마州 몽고메리 맥스웰 공군기지(Maxwell AFB)에 위치하며, 美 공군 장교들을 대상으로 한 전문 군사교육 기관.

다. 첫 번째는 비행대대지휘관(SOS)[171] 과정으로서 대위급 장교를 대상으로 주로 전쟁의 전술적 수준과 초급 장교의 업무능력 향상에 대해 중점을 둔 교육과정이다. 두 번째인 공군지휘참모대학 (ACSC)은 소령급 장교를 대상으로 한 중급 교육과정이며, 마지막인 공군전쟁대학(AWC)[172] 과정 은 중령급 장교를 대상으로 한 대전략 중심의 고급 교육과정이다.

공군지휘참모대학(ACSC) 과정은 1921년도에 육군항공대(AAS)[173]에서 개설한 야전 장교 과정 (FOC)[174] 중 하나로 항공군 고급지휘관을 양성할 목적으로 개설됐다. 육군항공대(AAS)는 항공대 전술학교(ASTS)[175]를 거쳐 1931년도에 항공단 전술학교(ACTS)[176]로 명칭을 변경하였는데, 항공력 이론과 전략, 그리고 교리를 중점적으로 가르치면서 빠르게 육군 항공단(Air Corps)의 두뇌 역할로 서 자리 잡았다. 그러나 항공단 전술학교(ACTS)는 1946년도에 공군대학(AU)이 되면서 그 위상이 쇠락하기 시작했다. 1974년도에 국방부 교육 우수 위원회(DDCEE)[177]는 공군지휘참모대학(ACSC) 과정에 많은 문제점이 있다는 것을 식별했다. 이에 1975년 8월부터 1976년 6월까지 공군대학 총장 을 지낸 펄롱 중장과 1976년 6월부터 1981년 7월까지 그의 후임자로 역임했던 엄스테드 중장은 해 당 문제점을 해결할 수 있는 방안을 모색했으나 진척이 별로 없었다.

1989년에 스켈튼 위원회는 공군지휘참모대학(ACSC) 과정의 기록들을 정리하면서 실질적인 교 육과정 개선이 잘 이루어지지 않았음을 확인했고, 2년 후 RAND 연구소의 분석가였던 빌더도 국회 에서 유사한 결론을 내렸음을 확인했다. 빌더는 1991년 봄에 공군지휘참모대학(ACSC) 과정의 학 생들을 직접 방문하여 그들의 군사 전문성을 확인하려고 했는데, 당시 학생 장교들이 공군과 해당 교육에는 별 관심이 없다는 사실만 확인할 수 있었다. 그들은 보직 관리와 진급에만 관심을 보였 다. 그는 美 공군이 제대로 된 비전을 제시해 주지 못했기 때문에 학생 장교들의 군사 전문성이 저 하됐다는 사실을 알게 되었으며, 대부분의 문제점이 "임무 또는 존재 이유의 근간인 항공력 이론을

---

171) 비행대대 지휘관 과정(SOS: Squadron Officer's School): 한국공군의 초급지휘관참모과정(SOC: Squadron Officer Course) 과 유사하게 美 공군대학에서 대위급 장교를 대상으로 한 전문 군사 교육과정.

172) 공군전쟁대학(AWC: Air War College): 중령급 장교를 대상으로 미래 美 공군의 지휘관 참모 역량 강화를 목표로 국가안보전략, 군 사작전, 리더십 및 국제관계 등 다양한 분야를 교육하는 전문 군사교육 과정.

173) AAS: Army air Service.

174) FOC: Field Officer's Course.

175) ASTS: Air Service Tactical School.

176) ACTS: Air Corps Tactical School.

177) DDCEE: Department of Defense's Committee on Excellence in Education.

등한시한 데에서 온 것이 아닌가?"라고 의심하게 됐다.

자신의 저서인 '이카루스 신드롬(The Icarus Syndrome)'에서 빌더는 수단(항공기, 미사일, 폭탄)과 목적(억제 이론)에 집중하기 위해 항공력 이론을 포기함으로써 美 공군은 냉전의 시작이었던 1950년대에 과거 공군을 최고로 이끌었던 가치를 등한시한 것이라고 결론지었다. 이 가치는 공군과 공군 장교들이 전쟁의 수단에만 집중하기보다는 전쟁의 목표와 방법에 집중하는 것이었다. 빌더의 책에는 증명보다는 주장에 의한 일반화 내용이 많았고, 귀에 쏙 들어오는 은유와 읽기 쉬운 스타일로 독자를 설득하려고 했지만, 그가 주장하는 기본 전제는 다음과 같이 타당했다. 즉, 美 공군은 초창기 재래식 전략폭격을 기반으로 한 항공력 이론을 통해 성장했으나, 냉전기가 되면서 공군의 존재 이유를 제시했던 이론적 토대를 상실했다는 점이다.

워든이 1992년 여름에 공군지휘참모대학(ACSC)에 도착했을 때, 그는 '졸린 골짜기(sleepy hollow)'로 비유될 수 있는 학문적 전문성이 거의 없는 과정을 인계받았다. 공군지휘참모대학(ACSC) 과정에 들어온 장교들은 일반적으로 해당 연도를 작전 분야에서 벗어나 가족과 더 많은 시간을 보내고 미래를 위해 인맥을 구축할 수 있는 시간으로 여겼다. 또한, 대다수의 교수진은 학문적 주제에 관해 거의 또는 전혀 관심이 없었다. 외래강사로 초빙된 예비역 장군들의 특강 주제도 해당 과정과의 교육적 연계성이 거의 없었다. 학생들은 "저 자리에 제 이름이 있습니다. 제가 저기서 잤거든요. 이 과정에 들어온 이후 저에게 가장 큰 변화는 골프 실력이 향상된 것입니다."라고 공공연하게 떠들어 대곤 했다.

美 공군 지도부에서는 학장으로서 워든의 자질에 대해 의견이 분분했고, 그들 중 일부는 해당 보직이 그동안 워든이 쌓아 온 다양한 전문성을 더 이상 발전시키지 못하도록 하는 것이 아니냐고 우려했다. 그러나 워든은 자신의 기준에 따라 대학을 만들기로 결심했다. 이를 위해 그는 대학의 존재 이유인 '소령급 장교들이 지휘관 참모로서의 직책을 훌륭하게 수행할 수 있도록 역량을 갖추는 것과 공군지휘참모대학(ACSC)을 세계적 수준의 교육과정으로 개선'하는 것을 중시하기로 했다. 워든은 과거 참모와 학생들이 항공단 전술학교(ACTS)에 애착을 갖도록 했던 항공력에 대한 열정과 관련 지식을 부활시키고자 했다. 즉, 전쟁사와 항공력 이론, 그리고 전쟁의 전략적 및 작전적 수준에서의 항공전역 계획수립 내용을 교육과정에 최대한 빨리 반영하고자 했다.

워든은 이것이 결코 쉬운 일이 아니라는 것을 잘 알고 있었다. 그는 지난 27년 동안의 군 경험으로 판단해 보았을 때, 공군 장교는 인문학적인 모호함보다는 과학에 훨씬 더 익숙해져 있는 사람들이었다. 조종사는 표적에 폭탄을 떨어뜨리도록 훈련을 받고, 무기의 정확성과 파괴력, 그리고 항공기의 속도와 행동반경, 장비 및 기동성에 관해 생각하는 사람들이었다. 이들은 교리와 계획, 그리고 리더십의 근간인 전쟁사와 전략적 사고에는 별 관심이 없었으며, 사실 전술·전기를 연마하는 것 이외의 교육에는 별 흥미가 없었다. 항공인들은 행동 지향적이고 미래 지향적인 경향이 강했으며, 깊이 있는 성찰과 주관적인 분석은 등한시하면서 기술 및 숫자에만 집착하는 경향이 컸다. 또한, 대다수 교수진 및 참모들의 수동적인 업무 태도와 비전 결여, 지적 호기심이 거의 없는 학생 장교, 그리고 공군본부와 같은 핵심 부대로부터 멀리 떨어진 맥스웰 공군기지의 지리적 위치도 주요 장애 요인으로 작용했다. 그럼에도 불구하고, 워든은 대학의 전문성을 높이고, 그것을 통해 美 공군을 이카루스 신드롬[178]에서 벗어나게 해야겠다고 결심했다.

교과과정 재설계

워든은 공군대학에 도착하자마자 전임자와는 다른 방식으로 공군지휘참모대학(ACSC)을 이끌기 시작했다. 그는 학생들의 배우자 앞에서 줄곧 해 왔던 환영 연설 시간에, 몽고메리 지역이 가족 친화적인 곳이라 말하며 그들을 안심시키는 대신에 항공전역 계획에 대한 강좌로 청중들을 어리둥절하게 했다. 워든은 이 강의가 남편 또는 아내가 내년에 어떤 일을 하게 될지 아는 것에, 더 도움이 될 거라 판단했다. 변화를 추구하는 워든의 모습은 교수진을 대상으로 한 '환영 인사' 시간에 더욱 분명하게 드러났다. 그는 으레 했던 가벼운 농담으로 대화를 시작하지 않고, 기존의 각 교과과정에 대해 검토하고 대학이 잘못된 과목을 가르치고 있다고 생각하는 이유에 대해 자세히 설명하는 한편, 자신이 생각하는 대학의 미래 비전을 제시하는 것으로 시간을 보냈다. 워든은 기존의 교과과정을 바꾸기보다는 아예 재설계해야만 한다는 등 교관들에게 혁신적인 변화를 강요했다. 그는 공군지휘참모대학(ACSC)이 항공력에 관한 포괄적이고 창의적이며, 미래지향적인 교과과정으로 운영되어야만 한다고 역설했다. 그는 학장으로서의 목표를 "공군지휘참모대학(ACSC)을 지적인 측면에서 과거의 항공단 전술학교(ACTS) 수준으로 끌어올린다."라고 제시하고, "전통에 구애받지 않고 진보한다."라는 학교의 오랜 모토를 높이 평가했다. 워든은 항공력 이론을 근간으로 하여

---

178) 그리스 신화에서 태양에 너무 가까이 날아갔다가 날개가 녹아 떨어져 사망한 이카로스 이야기에서 유래된 말로 성공에 대한 지나친 욕망으로 무모하게 덤비다가 실패하는 걸 의미.

교관들이 교과과정을 개발하고 제안하며 개선할 수 있도록 하는 새로운 교육체계를 구축하기로 결심했다.

교직원 대부분은 새로운 직책에 대한 워든의 준비성과 헌신에 감명받았으나, 많은 사람들은 그가 과연 진정한 변화를 이루어 낼 수 있을지에 대해 의심했다. 교직원들은 워든에 대한 고위급 공군 지휘부들의 지지와 공군지휘참모대학(ACSC) 교육과정을 변화시키라는 비공식적인 상부 지시를 알고 있지 못했기 때문에, 그가 곧 장군으로 진급해서 교육과정에 혼란만 초래해 놓고 학교를 떠나게 될까 봐 우려했다. 거창한 학장의 포부를 제시한 것은 이번이 처음은 아니었으며, 이전 4명의 학장 모두는 1년도 채 있지 않고 떠났기 때문이었다.

항공전역 과정

비록 워든의 계획은 조직원들로부터 상당한 저항에 부딪혔지만, 일부 교관으로부터는 따뜻한 환영을 받았다. 최근 공군지휘참모대학(ACSC)을 졸업하고 교관으로 남아 있던 위버 중령은 처음 몇 주 동안 워든의 비전을 구현하는 데 있어 중심적인 역할을 했다. 그는 '혁명 위원회(Revolutionary Committee)'를 발족하고, 프랑스 혁명가 로베스피에르[179]가 되었다. 세 명이 더 워든의 팀으로 합류하였는데, 멀러는 '까르노', 틸포드는 '세인트 저스트', 그리고 미첨 중령은 '불'로 불렸다. 위버는 '혁명 성공의 핵심이 교관의 능력'이며, 교관의 능력이란 '비판적 사고'의 이해라고 믿었다. '비밀 결사단'으로도 불린 이 네 사람은 변화에 적극적인 8명의 교관 요원들을 추가로 영입했다. 이 위원회는 1992년 가을에 정기적으로 회의를 개최하여 학생과 동료 교수진이 대전략의 맥락하에 작전적 수준에서 항공력 및 항공전역에 대해 사고할 수 있는 새로운 교과과정을 개발했다.

워든과 그의 혁명가들은 공군지휘참모대학(ACSC) 과정이 크게 의존하고 있던 '세미나 프로그램(Seminar Packages)'을 본 교육과정을 망친 주요 원인이라는 사실을 재빨리 알아냈다. 이 프로그램은 겉보기에 수년간 누적된 세미나들이 무작위로 구성된 것처럼 보였다. 교관들은 학생 장교들에게 그들이 임의로 준비한 읽을거리와 지침을 배포하고, 학생 장교들은 혼자서 그 주제를 공부하는

---

179) 로베스피에르(Maximilien Robespierre): 프랑스 대혁명의 핵심 인물 중 하나로, 자코뱅파의 지도자이자 공포정치의 상징적인 존재였음. 그는 혁명 정부의 공안위원회를 이끌며 수많은 반대파를 처형했고, 그 또한 1794년 쿠데타로 인해 처형당함.

것이었다. 많은 경우, 교수가 학생보다 해당 내용에 대해 잘 알고 있지 못했기 때문에, 세미나 과정을 통해 학생 장교들은 전문성 있는 교관으로부터 해당 주제의 핵심 내용과 교훈에 대해 배울 수 없었다. 교관들은 수업보다는 행정업무에 더 많은 시간을 할애했다. 실제로 대학 측에서는 교수진의 주 업무가 사회 활동에 참여하는 것으로 생각하는 것 같았다. 그 결과 통일된 주제 없이 무질서한 일련의 교과과정이 진행됐다. 그러나 학생 장교들이나 교관 요원들 모두 과정에 대한 기대나 의욕이 거의 없었기 때문에 이에 불평하지 않았다.

위버의 지침에 따라, 워든의 혁명가들은 교육과정에 전례 없던 '항공전역 과정(Air Campaign Course)'을 개설했다. 이 과정은 다음과 같이 학생 장교들이 국가적이고 전략적인 수준에서 군사작전을 검토하는 방법을 배우는 것에서부터 '표적에 폭탄을 떨어뜨리는 것'과 같은 세부적인 전술·전기까지 항공력과 우주력의 모든 측면을 포괄하도록 설계되었다.

> 본 과정은 학생 장교가 항공전역계획 과정을 더 쉽게 이해할 수 있도록 설계되었으며, 학문적 분야와 작전술이 결합된 학제 간[180] 접근방식을 적용했다. 또한, 본 과정은 성공적인 항공전역계획 수립에 도움이 될 수 있는 질문과 답변을 제공할 것이며, 항공전역계획 과정과 항공전역계획의 맥락적 요소, 작전술 및 실습이라는 네 가지 주요 교육과정으로 구성되어 있다.
>
> 항공전역계획 과정의 첫 번째 부분에서는 전역계획의 이론과 적용에 대해 고찰한다. 두 번째 부분에서는 아군과 적군의 강점 및 취약점 파악의 중요성에 대해 논한다. 세 번째 부분에서는 전역계획의 작전적 요소를 살펴본다. 마지막 부분에서는 전역계획을 세우고 실행한다.
>
> 본 과정은 학생 장교들이 전쟁의 전술적 수준을 뛰어넘어 전략적 및 작적전 측면에서 사고하도록 장려한다…. 본 과정은 다음 목표를 달성해야 한다. 즉, 오늘날의 '전쟁 혁녕(revolution in warfare)'을 이해하고, 항공우주 영역에서의 작전술을 이해하며, 전구 전역계획에 대한 항공력의 시너지 효과를 이해하고, 작전술을 항공우주 영역에 적용하며, 모든 영역에서의 작전술 적용 사례를 분석한다.

학생 장교들에게 제공되는 독서 자료에는 과거 및 현대의 전쟁사가 포함되며, 대학은 오래된 군

---

180) 학제 간(interdisciplinary): 둘 이상의 학문 분야를 넘나들거나 관련시키는 연구 및 교육, 또는 활동.

사 사상의 논리에 대해 재고해 보는 풍토를 조성하고자 하였다. 학생 장교들은 필수적인 항공력 사상과 교리에 대해 읽고 공부하며 토의해야 했고, 정치적이고 기술적인 측면에서 전역계획을 생각하도록 요구받았다.

워든은 학생 장교들이 배우는 내용뿐만 아니라 배우는 주제에 대한 접근방식에 대해서도 똑같이 중시했다. 학생 장교들은 필수적인 학문적 기초를 쌓기 위하여, 항공력 개념에 대한 폭넓은 이해와 창의적이고 개방적인 마인드, 그리고 문제를 심층적으로 검토할 수 있는 능력이 필요했다. 워든은 문제를 생각하는 방법에는 두 가지가 있다고 언급했다. 한 가지는 귀납법(많은 개별적 요소들을 수집하여 이들이 나타내는 의미를 추론하는 것)이고, 다른 하나는 연역법(일반 원리를 먼저 식별하고 이를 뒷받침하기 위해, 필요한 세부사항을 찾는 것)이었다. 워든은 "공군에서는 임관 후 초기 훈련의 대부분이 귀납적 과정과 관련이 있다. 그러나 훌륭한 작전술가 및 전략가가 되기 위해서는 연역적 사고를 할 줄 아는 법을 배워야 한다."라고 주장했다. 이러한 방법론을 항공력 이론의 일관된 주제에 적용함으로써, 그는 공군지휘참모대학(ACSC) 과정에 다음과 같이 근본적으로 새로운 교육 철학을 주입할 계획이었다.

> 우리는 항공기, 전차, 전함 및 그것들은 조종하는 사람들과 같은 전쟁 수단에서부터 전쟁에 관한 사고를 시작해서는 안 된다. 이러한 수단들은 중요하고 각각의 역할도 있지만, 우리의 출발점이 될 수 없을뿐더러 전쟁의 본질로 볼 수도 없다. 전투는 전쟁의 본질이 아니며, 심지어 바람직한 부분도 아니다. 진짜 핵심은 우리의 목표를 어떻게 적들이 그들의 목표로 받아들이게 하느냐인 것이다.

'혁명 위원회'는 1992년 가을에 '항공전역 과정'을 개설하기 위해 집중적으로 노력했으며, 다음 학년에 해당 과정을 도입할 계획이었다. 그러나 워든은 위원회가 11월 중순까지 과정의 설계를 완료한 사실을 알고는, 추수감사절 휴가를 떠나기 전 학생 장교들에게 돌아오는 2학기부터 '항공전역 과정'을 선택적으로 수강할 수 있다고 발표했다. 갑작스러운 과정 개설에 교수진과 학생 장교들 모두 어안이 벙벙했다. 심지어 워든의 가장 강력한 지지자인 위버 중령마저도 해당 조치에 대해 부정적으로 생각했다. 새로운 '항공전역 과정'은 공군지휘참모대학(ACSC)에 자질을 갖춘 교수가 부족하다는 문제점을 드러나게 했는데, 위버는 "우리는 구식 운전자들로 최신의 페라리를 몰아야 하는 상황이었다."라고 당시를 회상했다. 더욱이 워든은 교관 요원들에게 새로운 과정뿐만 아니라 기존 과정도 교육하도록 요구하는 한편, 교육의 질에 대해서도 큰 기대를 했기 때문에, 이에 필요한 시간과 노력의 양은 일반인으로서는 실현 불가능해 보였다.

반지의 제왕

상당한 공부량을 요구한다는 사전 예고에도 불구하고 580명의 학생 장교 중 103명이 '항공전역 과정'에 지원했다. 워든은 이 과정에서 전쟁의 전략적 및 작전적 수준과 1991년도에 발생한 걸프전의 맥락에서 강의를 진행했다. 이 두 가지 맥락을 강조하는 것은, 이전의 수업방식에서 탈피하거나, 더 정확히는 제2차 세계대전 이후 소홀히 해 왔던 개념적 접근방식으로의 회귀를 의미하는 것이었다. 과정이 진행된 지 몇 주 후, 공군지휘참모대학(ACSC)에서는 작전적 수준에서의 항공력 적용방안과 효과중심작전(EBO) 차원에서 정치적 목표를 달성시킬 수 있는 군사적 목표 설정 방안에 대한 진지한 토론이 활성화되었다.

워든은 '항공전역 과정'의 핵심으로, 5개 동심원 모델을 분석 도구로 제시했다. 이 모델은 거시적인 사고능력과 정치적 목표를 구체적인 표적군과 연계시킬 수 있는 체계적 접근법을 제공했다. 그는 이것을 하나의 해결책으로 제시한 것이 아니라, 적국의 중요한 특징을 간단히 형상화하는 데 있어 유용한 도구가 될 수 있다고 설명했다. 많은 사람들은 적어도 5개 동심원 모델이 전투에 대한 새로운 접근방식을 제공해 줄 수 있을 것으로 믿었으며, 보편적인 적용이 어렵다고 생각한 사람들조차도 표적을 분류하고 우선순위를 정하며, 그것에 공격전력을 배분하는 데 있어 유용한 도구라는 점에는 동의했다. 여러 면에서 이 모델은 전역계획 입안을 위한 술(art)과 과학(science)의 결합이었다. 즉, 작전술(operational art)은 전략적 목표를 고려하여 적절한 표적군들을 선택하는 것을 의미하는 반면, 전술 과학(tactical science)은 해당 표적들을 파괴할 수 있는 가장 완벽한 방안에 대해 다루고 있었다.

그러나 일부 교관 요원들은 표적처리 이론(Targeting Theory)으로서 5개 동심원 모델은 그 논리가 의심스러우며, 지나치게 기계적인 접근방식을 취했다고 비평했다. 또한, 그들은 적국이 비전통적이고 이념적으로 동기 부여된 국가이며, 적응력이 뛰어나고 비대칭적인 전력을 보유한 국가라면 해당 모델을 적용하기가 어렵다고 주장했다. 전쟁은 이처럼 예측이 가능하고 공식화될 수 없다는 것이었다. 더욱이 그들은 워든의 이론이 적의 계획과 의도, 전략 및 심리, 그리고 독특한 문화를 고려하지 않고, 단순히 그들을 '수동적인 표적의 집합체'로 격하시켰다고 비판했다. 워든은 이러한 비판에 대해 전략적 수준의 동심원 모델로 시작한 다음 복잡성을 고려하여 작전적이거나 전술적인 동심원 모델로 정교화하면 이러한 문제점들이 상당 부분 해결될 수 있다고 반박했다. 그는 다음과 같이 말했다.

> 우리는 적의 체계를 유용하고 이해하기 쉽게 형상화하기 위해 동심원 모델을 단순화해야 한다. 우리는 해당 모델을 매일 사용하고 있고, 그것이 현실 세계를 그대로 반영하지 않고 있음을 인지하고 있다. 그러나 이 단순화된 모델은 복잡한 현상을 이해하기 쉬운 그림으로 보여 주어 우리가 그것으로 무언가를 할 수 있게 한다. 전략적 수준에서의 동심원 모델은 발생 가능한 가장 간단한 거시적 그림을 보여 주는 것이다. 더 자세한 모델을 원할 경우, 전략적 수준의 동심원 모델을 확장하면 되고 그럴 경우, 우리는 더 자세한 내용을 알 수 있다.

어쨌든 5개 동심원 모델은 우군이 적의 행동을 예측하기보다는 적을 이해하는 데 도움을 주기 위한 것이었다. 예상되는 모든 제한사항에도 불구하고, 이 모델은 학생 장교들과 교수진 모두에게 전쟁을 분석할 수 있는 기본적인 틀과 당시 전술공군사령부(TAC) 및 전략공군사령부(SAC)에서 제시됐던 것과는 근본적으로 다른 항공력에 대한 관점을 제공했다. 워든은 학생 장교들이 자신의 특정 접근방식을 수용할 것을 요구하지 않았다. 오히려 그는 그들이 전쟁의 전략적, 작전적, 전술적 수준을 이해하고, 더 중요한 것은 전략이 단순한 전술의 확장이 아니라, 완전히 다른 사고방식을 필요로 한다는 점을 강조했다.

'항공전역 과정'은 그것을 수강한 학생 장교들과 그렇지 않은 학생 장교들 사이를 분열시켰지만, 이 과정을 시작한 지 1년 뒤에 교관 요원들은 학생 장교들로부터 매우 고무적인 피드백을 받았다. 새로운 과정은 조직과 실행 측면에서 많은 개선의 여지가 있었지만, 수강한 대부분의 학생 장교들은 학습 내용과 방법론이 미래 공군의 리더를 훈련시키는 데 있어 올바른 접근방식이라는 점에는 동의했다.

공군지휘참모대학(ACSC)은 워든의 영향력이 매우 커져서 '항공전역 대학' 또는 '존 워든의 항공력 학교'로 불리게 되었다. 워든의 5개 동심원 모델은 '죽음의 다섯 개 반지'로 불렸고, 예상대로 그의 별명은 '반지의 제왕'이 되었다. 5개의 동심원 모델은 1993년도 공군지휘참모대학(ACSC)의 연감에서 'Doing Time with the Warden'이라는 제목으로 집중 조명됐다. 이 주제에 맞춰 표지에는 미국 국기 색의 옷을 입은 공군지휘참모대학(ACSC) 학생 장교들이 기존의 학문 세계(포로수용소)로부터 뛰쳐나와 작전(자유)의 세계로 나가는 사진이 실렸다. 워든의 왼손에는 전역의 구성요소인 지상과 해상, 그리고 공중을 의미하는 세 개의 전구가 들려 있었고, 오른손에는 5개의 동심원이 새겨진 방패가 들려 있었다. 그의 이마에는 1920년대부터 맥스웰 공군기지의 상징이 되어 왔던 항공력 옹호론자들의 전통과 열정을 의미하는 항공단 전술학교(ACTS) 로고가 새겨져 있었다. 이전의 어떠한 연감도 학생들이 올해의 인물로 선정한 지휘관에게 이렇게 많은 공간을 할애한 적이 없었고, 항공력 이론 및 항공전역 계획에 대해 집중적으로 다룬 사례도 없었다. 워든과 교수진은 연감의 디자인이나 내용 구성에 전혀 관여하지 않았으므로, 그에 대한 강한 조명은 그의 인기가 그대로 반영된 것이었다. 워든은 아마도 자신의 인기에 기쁘긴 했으나, 비행 단장으로서 그러한 인정을 받았더라면 더 좋았을 것이라는 다소 서글픈 생각도 들었을 것이다.

워든과 교수진들은 해당 과정의 강의 내용을 지속적으로 최신화하고 수정했는데, 워든은 1994년 학기가 시작될 즈음이 되자 그의 팀이 이룬 성과에 만족해했다. 그는 학기가 시작되기 몇 달 전, 선발된 학생 장교들에게 보낸 편지에 사전 준비 과정으로써 읽어야 할 책을 추천했고, 개인용 컴퓨터 사용에 익숙해질 것을 권고했다. 또한, 그는 다음과 같이 자신의 목표가 최초의 '탈냉전 시대의 교육과정'을 통해 학생 장교들을 '세계 최고의 승리자, 지휘관, 참모'가 되도록 돕는 것이라고 선언했다.

여러분은 급변하는 세계에 대처할 수 있도록 특별히 설계된 교육과정에 참여하게 될 것입니다…. 우리는 이 새로운 교육과정이 상호 연계될 수 있도록 각 세부 과정을 수평석으로 통합했습니다. 즉, 각 세부 과정은 모두 이전의 세부 과정과 연계성을 갖고 있습니다…. 여러분은 올 한 해 동안 그리고 이후의 군 복무기간에 사용할 수 있는 직무수행 기법을 익히는 것으로 과정을 시작할 것입니다. 이후 정치적 목표를 실행 가능한 군사적 목표로 전환하는 법을 배우고 광범위한 전쟁사를 접하게 될 것입니다. 또한, 전략적 및 작전적 중심(CoG)을 식별하고 그것을 활용하는 법과 다양한 합동전력 적용방안에 대해 배우게 될 것입니다. 여러분은 모든 작전 영역에서 전군이 보유하고 있는 항공력과 우주력을 적용하는 항공전역 계획수립 방법을 배우고, 전쟁을 종결하는 방법, 다시 말해서 평화를 쟁취하는 법에 대해 배울 것입니다. 더불어, 미래 전역에 대비하여 항공우주력을 설계하고 개발하며, 획득하는 방법을 배우게 될 것입니다. 전체 교육 과정 중, 여러분은 많은 사례 연구와 워게임을 수행할 것입니다. 여러분은 이러한 '하향식(top down)' 접근법을 통하여 국가가 군을 '어떻게' 그리고 '무엇을' 사용하는지와 그 이면에 숨어 있는 '왜'에 대해 알게 될 것입니다.

1994년도의 공군지휘참모대학(ACSC) 교육과정은 항공전의 술과 과학을 숙달하는 것과 관련된 개념적이고 실제적인 쟁점들을 다룬 완전한 과정이었다. 이 과정은 직무수행능력 향상, 전쟁, 분쟁, 군사 임무, 군사 이론, 전략 구조, 작전 구조, 전역 개념, 항공전역, 전역 종결, 전역 2000+, 그리고 최종 연습이라는 10개의 세부분야로 구성되었다. 이러한 분야 중에는 워든과 그의 팀원들이 기존의 것을 수정만 한 것도 있고, 완전히 새로 만든 것도 있었다. 워든은 이에 대해 다음과 같이 말했다.

역피라미드 모습의 이 새로운 교육과정은 정치-군사 활동과 같은 거시적 문제로부터 시작해서 실질적인 사례 연구로 종결될 것이다. 학생 장교들은 사례 연구에서 본인의 지식과 항공력을 작전적 수준에서 신중하게 선정된 사례에 적용할 것이다…. 새로운 교육과정의 핵심은 전역 수립, 특히 항공전역 수립이 조종사들만의 단독 영역이 아니란 걸 이해하는 것이다. 성공적인 항공전역 수립을 위해서는 공보에서 군수에 이르기까지 사실상 美 공군의 전 분야가 참여해야 한다…. 교육과정을 임의의 분류방식을 적용하여 개별적인 세부 과정으로 나눴던 기존의 체계는 교육의 연속성을 위해 없앨 것이다…. 모든 교관 요원들은 항공전역 수립이라는 하나의 중점으로 학습 준비에서 교육에 이르기까지의 모든 문제를 풀어 갈 수 있다. 이 새로운 교육과정의 통합적 특성은 이전과 같은 부서 간의 업무 분리 관행을 없애고 교수진 간의 소통을 촉진시킬 것이다.

워든은 교육과정을 개발하고 감독하는 것에 적극적으로 관여했을 뿐만 아니라, 전임자들보다 더 많은 시간을 강의했다. 강단에서 그는 상호연결성을 강조했다. 즉, 항공력 이론은 공군의 임무에 있어 통합된 핵심 주제를 제공했고, 5개 동심원 모델은 표적을 분류하는 도구로서 역할을 하여 학생 장교들이 효과중심작전(EBO)의 관점에서 사고할 수 있도록 했다. 또한, 최종 상태 및 정치적 목표로 시작하여 표적에 대한 폭격으로 끝나는 하향식 접근법은 학생 장교들이 항공력에 대한 포괄적이고 전반적인 이해를 도모할 수 있도록 했다.

　교육과정을 개정하면서, 워든은 행정 및 관리와 관련된 과목의 수를 크게 줄이고 학교의 교육목
표와 관련성이 없는 선택 과목들은 없앴다. 이에 해당하는 과목으로는 1992년도 이전에 개설된 '건
강관리 및 체력증진, 메일함 정리하기, 다음 보직: 공군본부, 자산관리'가 있었는데, 해당 과목들은
워든의 재임 기간에는 개설되지 않았다. 또한, 워든은 기존의 리더십 관련 수업이 영관급 장교들보
다는 위관급 장교들에게 더 적합하며, 체계적이지도 못하다고 생각했다. 그는 학생 장교들이 개인
적으로 쉽게 찾아볼 수 있는 사실을 배우는 것에 너무 많은 시간을 할애하고 있고, 해당 과정이 일
관된 메시지를 제공하지도 않으며, 리더와 관리자를 제대로 구분하지 못한 상태로 교육하고 있다
고 믿었다. 이에 따라 워든은 기존의 '직무수행능력 향상 과정'을 '리더십과 지휘' 과정로 변경하고,
위대한 군사 지도자들의 전기를 다루는 과목을 개설했다. 최종적으로 워든은 제2차 세계대전의 태
평양 전역에서 케니 장군이 항공력을 어떻게 사용했는지에 관한 것보다는, 그의 리더십에 대해 배
우는 것이 더 낫다고 주장했다.

교육체계 개혁

　워든의 '항공전역 과정'은 새로운 교육 접근방식의 전형적인 상징이 됐지만, 학교 교육을 개선하
기 위한 추가적인 노력도 대학에 지속적인 영향을 미쳤다. 그는 20여 년 전 헌팅턴 교수가 쓴 *군인과
국가(The Soldier and the State)*'에서 제시된 이론에 동의했다. 즉, 전문 군사교육은 다른 직업에서도
요구되는 폭넓고 자유로운 주제뿐만 아니라 군인으로서 전문성을 향상하기 위한 특화된 교육도 필
요하다는 것이었다. 그리고 두 분야 모두 역사와 전쟁의 본질에 대한 상당한 연구가 필요했다.

서적 중심 교육과정

　워든이 부임하기 전, 공군지휘참모대학(ACSC) 학생 장교들에게 부여된 독서 과제는 체계적이지
않았으며, 대부분 각종 세미나에서 발표자들이 작성한 논문을 주제에 따라 적절하게 발췌한 내용
으로 구성돼 있었다. 그리고 교육과정 중 전쟁사와 교리 분야의 독서 목록에는 단 세 권의 책만이

제시돼 있었다. 워튼은 기본적으로 공군 장교들이 자신의 전문 분야인 항공력에 대한 심도 있는 교육도 필요하지만, 좀 더 폭넓은 차원의 교육도 필요하다고 생각했다. 그래서 그는 각 학생 장교들이 군인으로서의 전문성과 관련된 독서 목록을 개발할 수 있도록 서적 중심의 교과과정을 도입했다. 이에 따라 학생 장교들은 스스로가 다양한 책을 접하며, 자신이 특히 관심 있거나 관련성이 있다고 생각하는 주제를 택하여 심층적으로 공부할 수 있게 됐다. 그는 학생 장교들이 그들만의 도서관을 만들 수 있도록 대학에서 책을 구매해 주어야 한다고 주장했다. 워튼은 다소 낙관적으로 각 학생 장교들이 졸업할 즈음에는 100권의 책은 읽어야 한다고 제안했다.

워튼은 공군지휘참모대학(ACSC)이 구매할 도서 목록 검토에 적극적으로 관여했으며, 의견을 표명하는 데 주저하지 않았다. 그러나 그러한 목록에는 단순히 자신이 지지하는 결론이 제시된 도서만으로 국한되지 않았다. 예를 들어, 워튼은 클라우제비츠의 '*전쟁론(On War)*'에 기술된 모든 가치 있는 내용이 이미 이후에 제시된 군사 사상에 반영돼 있기에 별도로 배울 필요가 없다고 생각했다. 그러나 역사 과목을 담당하고 있던 뮐러 교수가 이에 반대하며 정당한 이유를 제시하자, 그는 이를 인정하고 '*전쟁론*'을 읽어야 할 도서 목록에 포함시켰다. 워튼이 추천한 책에는 '*손자병법*'과 같은 군사 고전에서부터 '*케니 장군의 보고서*' 및 '*스타십 트루퍼스*'와 같은 공상 과학 소설까지 다양했다. 그는 '*스타십 트루퍼스*'를 차세대 전쟁 양상에 대한 풍부한 상상력 증진과 더불어 학생 장교들이 읽어야 할 필수 도서량을 줄여 주고자 하는 목적으로 제시했다. 또한, 그는 1994년과 1995년도의 공군지휘참모대학(ACSC) 학생 장교들이 읽어야 할 도서 목록에 수록된 책을 그들이 사본으로 소장할 수 있도록 조치했다. 당연히 워튼은 예산을 오용했다는 비난을 받았지만, 그는 전체 도서구입 비용이 F-15 전투기의 한 시간 훈련에 드는 비용보다도 훨씬 적다고 대응했다.

그동안 공군지휘참모대학(ACSC)은 교관 요원들이 진행하는 강의 내용을 보완하기 위해 관련 분야에서 세계적인 명성을 가진 인물들을 초청 강사로 섭외해 학생 장교들에게 특강을 실시하고 있었다. 그러나 워튼은 초청 강연이 너무 많으면 오히려 학생 장교들의 학업에 방해가 된다고 생각해서 전체 초청 강연 횟수를 줄였다. 사실 엄청난 양의 독서 과제로 인해, 워튼과 그의 교육체계 개혁 팀원들은 학생 장교들이 강의로 보내는 시간을 훨씬 줄여야 한다고 결정했다. 이 결정은 '교실에 앉아 있는 시간'이 교육의 질을 결정하는 가장 좋은 척도이며, 학생 장교들이 과연 자율 시간을 잘 활용할 수 있을 것인지를 의심하던 원로 교수진들로부터 심한 반대에 부딪혔다. 이에 워튼과 그의 팀원들은 학생 장교들이 美 공군의 상위 20%에 속하는 우수한 인원이며, 교수진의 임무가 학생

장교들에게 배움의 기회를 제공하는 것이지 그들을 감독하는 것이 아니라고 주장하며, 교수진들의
반대 의견을 일축했다.

첨단장비 도입

1990년대 후반에 공군지휘참모대학(ACSC)이 첨단장비의 교육 분야 적용으로 유명해지게 된 계기는 워든의 재임 기간에 시작된 것이었다. 그 시기에 워든과 함께 근무한 대부분의 사람들은 그가 첨단장비 도입에 큰 관심을 보였던 것이 전임자와 비교해 눈에 띄는 차이점이라고 했다. 워든은 첨단장비가 효과적인 교육에 있어 핵심이며, '어려운 일은 기계가 하도록' 함으로써 교수진은 일상적인 업무에서 해방될 수 있을 거라 확신했다. 워든은 교육 장비 및 워게임 처장이자 교관 요원인 너츠 소령에게 전례 없던 과제를 부여했다. 그것은 "공군대학에 최첨단 교육 장비가 도입될 수 있도록 공군본부에 5백만 달러의 예산을 요구하라."라는 것이었다. 매년 50만 달러의 예산에 익숙해져 있던 대학으로서는 이 과제가 정신 나간 것으로 보였으나, 이 과제로 인해 너츠 소령은 기존의 관행에서 벗어나 창의적인 사고를 할 수 있게 되었다.

노트북 컴퓨터와 근거리 무선 통신망은 필수였고, 너츠는 2주 안에 워게임과 하이퍼 링크[181] 업무, 하드웨어 및 소프트웨어 구매, 그리고 네트워크 통합 업무를 추진할 수 있는 실무그룹을 구성했다. 실무그룹 중 한 팀은 5개 동심원 모델을 하이퍼 링크하여 한정된 표적군을 전략적 목표와 구체적인 공격 소티로 연계시킬 수 있는 컴퓨터 시스템 개발에 집중했다. 그리고 이 모델은 후에 워게임과도 통합되었다.

너츠와 그의 팀이 개발한 '*항공전역 계획체계(The Air Campaign Planner)*' 도입안은 워든이 공군지휘참모대학(ACSC) 학장으로 부임한 직후에 보이드 중장 후임으로 공군대학 총장이 된 켈리 중장에게 소요 비용과 함께 전달됐는데, 그는 그 도입안에 큰 관심과 열정을 보였다. 켈리는 워든에게 이 도입안을 공군참모차장에게 제안하라고 지시했고, 그 덕분에 공군대학은 450만 달러를 지원받을 수 있게 되었다. 이 돈으로 공군지휘참모대학(ACSC)은 필요한 하드웨어 및 소프트웨어뿐만 아니라 모든 학생 장교들에게 제공될 책도 구매할 수 있게 되었다. 얼마 지나지 않아 모든 학생 장교들은 개인

---

181) 하이퍼 링크: 웹 페이지나 문서에서 다른 위치로 연결되는 링크.

노트북을 갖게 되었으며, 대학 내에는 공용으로 사용할 수 있는 개인용 컴퓨터가 배치되었다.

연구 능력 향상계획

교수진들과의 논의 끝에 워튼은 연구 능력을 갖춘 학생 장교가 거의 없다고 판단하여, 그들의 연구 능력 향상에 상당한 시간을 할애했다. 그는 대부분의 학생 장교들이 부서원들과의 공동노력 및 협업으로 보고서를 작성하는 참모로서 일하기 때문에, 공군지휘참모대학(ACSC)에 들어온 수백 명의 공군 장교들이 주로 문체와 형식, 그리고 각주에 의해 평가받는 개인 논문 작성에 1년을 보내는 것이 노력의 낭비라고 생각했다. 워튼은 내용이 평가의 중심 요소가 되어야 함을 염두에 두고, 종합적인 연구 능력 향상계획을 마련했는데, 매주 금요일은 학생 장교들이 전적으로 공동 연구와 개인 연구를 할 수 있는 시간으로 할애했다. 워튼은 학생 장교들이 공군본부 및 국방부의 현안과 관련된 주제를 연구하도록 하여, 학교 환경을 정책과 의사결정에 익숙해지도록 했다. 그는 적절한 연구 주제를 찾기 위해, 걸프전의 항공전역 계획 작성 시 구축했던 정보 및 정치 인맥들을 활용했다. 일부 학생 장교 연구 그룹은 공군 참모총장을 위한 기밀 프로젝트를 수행하기도 했다.

워튼은 연구가 '공군지휘참모대학(ACSC) 교육과정 중 중요한 요소로 간주'됨에 따라, 연구 결과로 얻을 수 있는 점수가 '전체 성적의 평균을 10% 상승'시킬 수 있다고 언급했다. 몇몇 사람들은 이러한 연구 분야에서의 변화에 대해 실패할 거라 비판했지만, 워튼은 "의미 없는 일에 성공하는 것보다는 위대한 일을 하다가 실패하는 것이 낫다."라고 주장했다. 연구 능력 향상계획은 워튼이 학장으로 부임한 2년째인 1994년도에 적용됐는데, 학생 장교들의 성적 평균은 상당히 상승하여, 우수 졸업생(DG)[182]의 비율이 10%에서 40% 가까이 늘어났다. 이 비율이 과도해 보였기 때문에, 다음 해에는 점수를 조정하여 우수 졸업생 비율이 다시 전체 학생의 10%로 되돌아갔다.

워튼에 대한 지지

워튼은 세상과 고립되어 있던 공군대학을 공군본부 및 국방부, 그리고 다양한 연구 단체로부터

---

182) Distinguished Graduates.

주목받는 기관으로 변모시켰다. 그는 자신의 견해를 끈질기게 홍보했을 뿐만 아니라, 뛰어난 소통자이기도 했다. 그의 신념과 능숙한 발표 능력, 그리고 걸프전 항공전역의 주요 입안자로서의 명성은 항공력 이론과 전략, 그리고 교리에 대한 남다른 그의 열정을 자극했다. 또한, 워든은 일반인에서 합참의장에 이르기까지 다양한 초빙 강사를 섭외하는 데 상당한 노력을 할애했으며, 공군본부와 의회를 수차례 방문하여 고위급 장교와 의회 구성원들에게 공군지휘참모대학(ACSC)의 새로운 교육과정에 대해 홍보했다. 그는 정책입안자들로부터 상당한 주목을 받았으며, 공군지휘참모대학(ACSC)은 군사교육 분야에서 전례 없는 수준의 인정을 받게 되었다.

수많은 변화를 이뤄 낸 워든은 공군대학 총장이었던 보이드와 켈리의 강력한 지지가 있었기 때문에 가능했다. 사실, 켈리가 공군대학에 도착했을 때, 고위급 장교들로부터 워든이 워낙 주목을 많이 받고 있었기 때문에, 그는 "공군대학보다 워든의 위상이 더 큰 것 같았다."라고 생각했다. 켈리 중장은 라이스 공군성 장관의 공보국장이었으며, 논란이 되고 있던 워든의 명성에 대해 이미 잘 알고 있었다. 사실 그는 맥픽 공군 참모총장, 그리고 진급한 이후 공군본부 기획 및 작전 부장이 된 글로슨 중장과 워든의 재능을 최대한 잘 활용할 수 있는 방법에 대해 오랫동안 이야기를 나눴다. 두 사람 모두 워든이 놀라운 지적 능력을 소유하고 있으며, 항공력에 대한 그의 열정을 지속시키고 새로운 아이디어를 계속해서 제시할 수 있도록 그에게 행동의 자유가 주어져야 한다는 것에 동의했다. 그러나 켈리는 워든에게 행동의 자유 이상의 것이 제공되어야 한다고 생각했다.

워든에 대한 비판

다른 보직에서도 그러했듯이 워든은 공군지휘참모대학(ACSC) 학장직을 역임하면서도 논란을 불러왔다. 3년간의 재임 기간을 자세히 들여다보면, 대부분의 교관 요원과 학생 장교, 그리고 교직원들은 그의 헌신을 높이 사고 그가 제시한 교육목표가 타당하다고 생각했으나, 동시에 전면적인 변화만을 고집한 것에 대해서는 상당한 반감을 사기도 했다. 그는 전문적인 교육자가 아닌 여러 면에서 '자수성가한 역사가'였기 때문에 교과과정의 혁신과 학생 장교들의 그룹 연구방식 적용, 첨단 장비 도입을 중시하는 모습은 지지와 비판을 동시에 불러왔다. 일부에서는 '안주하는 것에 익숙한' 학교기관에 급진적인 변화를 이루고자 한 부지런하며 헌신적인 워든을 높이 평가한 반면, 의욕이 별로 없던 일부 교수진들은 그저 너무 많은 노력을 기울이지 않고 한 해를 무사히 마무리하기만을 바랐다. 그러나 워든과 교수진들과의 관계는 한마디로 표현할 수 없는 복잡한 관계였다. 즉, 단순히 지지자와 비판자로 구분할 수 없었는데, 대부분은 어느 한 주제에 대해서는 그를 지지하면서도 다른 주제에 대해서는 비판했다.

좀 더 신중한 교수들은 교육과정 개혁을 너무 서두르게 되면 누가 봐도 불완전한 교과과정을 새로운 대안으로 제시할 가능성이 크다고 우려했다. 그들은 이러한 결과를 방지하기 위해 식별된 문제점을 연구하고 해결책을 모색하며, 새로운 대안을 시험하고 결과를 분석한 후에 변화를 추구하자고 제안했다. 그러나 워든은 주어진 문제의 모든 측면을 검토하고 탐구하는 데 많은 시간을 보내는 것에 반대했다.

워든의 강한 신념과 논란의 소지가 많은 아이디어는 학술단체 내에서도 양극화된 의견을 불러왔다. 그는 확실히 항공력에 대한 열정을 하나의 이론으로 확립했으며, 전략과 역사에 정통했으나, 일부 교수진들은 그가 제시한 이론의 타당성에 대해 열띤 논쟁을 벌였다. 특히 공군대학 내 또 다른 교육기관인 항공력연구대학원(SAAS)[183]의 교수진들과 치열한 논쟁을 벌였다. '왕관의 보석'으로 인정받고 있었던 항공력연구대학원의 학생 장교들은 일반적으로 이전 연도에 공군지휘참모대학(ACSC)에서 뛰어난 성적을 받은 인원들이었으며, 교수진도 대부분 박사학위 소지자였다. 워든은 학장으로 있으면서 자신의 가장 유명한 논문인 '*적을 하나의 체계로(The Enemy as a System)*'를 발표했는데, 그는 이 논문에서 그의 항공력 이론을 다시 한번 제시했고, 걸프전의 항공전역에서 해당 이론이 어떻게 검증됐는지에 대해 예시를 들어 설명했다. 항공력연구대학원의 교수진 대부분은 해당 논문에 대해 구체적인 비판을 가했다. 그들은 워든이 학문적 자질이 부족하며, 지상군과 해군을 배제하고 항공력이 독립적으로 정치적·군사적 목표를 달성할 수 있다는 그의 견해가 입증될 수 없다고 주장했다. 또한, 워든은 모든 역사가들 사이에서 유명했던 것은 아니었다. 그는 역사 자체를 좋아한 적이 단 한 번도 없었으며, 단지 현재와 미래를 위한 아이디어 개발에 도움이 될 수 있는 경향성과 일반화할 수 있는 논리도출 측면에서만 역사에 관심이 있었다. 또한, 항공력연구대학원의 일부 교수진은 적의 지도부를 마비시키는 전략공격에 대한 워든의 신념이 공군이 수행하고 있는 또 다른 주요 항공작전 요소들의 중요성을 감소시킬 것이라 우려했으며, 그가 항공력을 현실

---

183) 항공력연구대학원(SAAS: School of Advanced Airpower Studies): 美 공군의 전략가를 양성하기 위한 대학원 과정으로 전략 및 국제관계, 항공우주력과 사이버 공간, 비정규전 등의 내용을 교육하며, 졸업생들은 주로 석사학위를 받지만, 우수 졸업생은 박사학위를 취득할 기회가 주어진다. 현재에는 우주가 포함된 항공우주연구대학원(SAASS: School of Advanced Air and Space Studies)으로 명칭이 변경되었다.

세계에서는 절대 일어날 수 없는 적용방식인 정확한 과학으로 간주하고 있다고 비판했다.

이에 워든은 항공력연구대학원 교수진이 항공력 이론을 제시한 적이 단 한 번도 없고, 심지어 학생 장교들에게 자신만의 견해를 제시할 수 있는 기준을 제공할 항공력 논리도 만든 적이 없었다고 혹평했다. 워든은 반대자들이 더 나은 대안을 제안할 때까지, 해당 입장에서 물러서려 하지 않았다. 이에 대학원 교수진은 모든 학생 장교들이 자신만의 아이디어를 개발해야 하며, 이 과정은 결과만큼 중요하다고 주장했다. 그러나 대학원 교수진들은 워든과 마찬가지로 최소한 학생 장교들이 체계적이고 창의적으로 사고하도록 독려했다.

워든의 성격 중 일부는 그를 괴팍해 보이게도 했다. 예를 들면, 그는 비트부르크의 단장 시절에 의사결정을 독단적으로 한다고 비판받았던 것을 상기하며, 주간회의 내용이 전체 공군지휘참모대학(ACSC)에 생중계될 수 있도록 조치했다. 이와 같은 급진적인 조치는 구성원들의 거센 항의를 불러왔으며, 임기를 채울 수 없도록 했다. 또한, 워든은 자신의 직무실이 교직원과 교관 요원, 그리고 학생 장교들과 회의하기에 너무 작다고 생각하여, 즉시 근처에 있는 회의실로 직무실을 옮겼다. 이에 대해 어떤 사람들은 훌륭한 아이디어라고 생각했지만, 다른 사람들은 유별나다고 생각했다.

아마도 가장 유별났던 사례는 몽고메리 중심부의 시민회관에서 실시된 공군지휘참모대학(ACSC) 졸업식이었을 것이다. 졸업식에서 워든은 다소 거만한 모습을 드러냈다. 해당 졸업식은 알렉산더 대왕의 사진을 보여 주는 비디오로 시작됐다. 이것은 곧 나폴레옹 사진으로 변했고, 다음으로 미국의 남북전쟁 시기 군인이자 제18대 대통령이었던 그랜트 장군, 그리고 마지막 사진으로 워든이 제시됐다. 사실 워든은 그 영상의 정확한 구성에 대해 알지 못했으나, 청중들은 단순히 학장인 그가 그렇게 하라고 지시했을 거라 추정했다. 행사에 참여한 많은 사람은 이러한 인물들의 구성이 합당하다고 여겼으나, 다른 이들은 터무니없다고 생각했다. 그동안 대부분의 사람들은 워든에 대해 겸손하고 국익과 美 공군, 그리고 공군지휘참모대학(ACSC)에 헌신적인 공인이라고 생각해 왔지만, 이 사건으로 인해 워든이라는 인물이 자기중심적이고 엄청난 야망을 소유하고 있다는 의심을 사게 되었다. 안타깝게도 반대자들은 워든을 깎아내리는 데 이 사건을 자주 인용했다. 심지어 워든의 지지자들마저도 그가 자신만의 우선순위에 너무 몰입하고 인사문제 및 대인관계, 그리고 조직 간의 관계에 관심을 두지 않아 선후배 교수진들과 신뢰 관계를 쌓지 못했다고 생각했다.

워든이 남긴 유산

워든의 후임자인 브룩스 대령은 그가 공군지휘참모대학(ACSC) 학장으로서 공군과 공군대학이 사고하도록 촉진시킴으로써 그 역할을 훌륭히 해냈다고 회상했다. 그러나 브룩스 대령 또한 이탈리아 데시모만누 기지에서 워든의 뒤를 이은 와이즈먼 대령과 워든의 후임으로서 비트부르크 단장이 된 클라이버 대령과 마찬가지로 워든이 그에게 수많은 미해결 과제를 남겼다는 사실을 발견했다. 예를 들어, 컴퓨터를 유지하고 업그레이드시키는 계획과 현지 네트워크 구축에 필요한 인프라 대부분이 제대로 준비되어 있지 않았다. 또한, 워든이 도입한 첨단장비는 제대로 작동했지만, 도입 과정에서 기존에 수립된 절차와 美 공군의 구입 정책을 따르지 않아 많은 문제점을 불러왔다.

브룩스는 워든이 제시한 공동 연구 방법이 미래의 장성이 될 수 있는 학생 장교들에게는 유용하지만, 모든 학생 장교들이 그러한 엘리트가 될 필요가 없다는 사실을 인식했다. 그는 워든의 이 방법이 모든 학생 장교가 혜택을 받을 수 있도록 개별 논문 작성으로 바뀌어야 한다고 결론지었다. 브룩스는 또한, 학생 장교들의 연구논문 주제가 군과 공군에 유익한 주제여야만 한다는 워든의 주장에 대해, 그럴 경우, 공군지휘참모대학(ACSC)이 '지나치게 RAND 연구소화되는 것'이라고 우려했다. 더불어 그는, 워든의 방법이 열심히 공부하는 학생 장교들에게 묻어가는 '게으른 학생 장교들'을 양성한다고 지적했다. 사실 워든도 이러한 무임승차의 잠재성에 대해 잘 알고 있었으나, 이것은 학생 장교 스스로가 풀어야 할 문제라고 생각했다. 워든은 자주 학생 장교들이 지적으로 게으르다거나 무능력한 존재가 아니라 단지, 도전하지 않을 뿐이라고 말했다.

브룩스는 워든과 혁명 위원회가 새롭게 개설한 항공전역 과정에 리더십 내용이 너무 많다고 생각했다. 학생 장교들은 확실히 한니발과 맥아더, 만슈타인 및 케니 장군의 작전적 리더십에 대해 이전보다 더 많이 공부해야 했다. 그러나 브룩스는 리더십 과정의 중심 역할과 개별 역할을 다시 규정하고, 워든이 항공전역 과정에 할애했던 리더십 내용을 축소했다.

이러한 조정에도 불구하고, 워든이 공군지휘참모대학(ACSC) 교육과정에 도입한 대부분의 변화는 그대로 유지되었다. 당시 공군대학 총장이자 워든의 상관이었던 켈리 중장은 그의 2년간 재임 기간에 대해 다음과 같이 평가했다.

아마도 워든은 현대 항공력 운용에 관한 개념 발전에 있어 가장 영향력 있는 인물일 것이다. 그는 이 주제에 관한 사고를 자극했으며, 걸프전의 항공전역계획 과정에서 보여 준 바와 같이 항공력 우선주의를 선도한 인물이기도 하다. 그는 비범한 재능의 소유자이나, 단점 역시 갖고 있다. 즉, 워든은 반항아이자 배신자이며, 때로는 본인만이 옳다는 생각에 사로잡혀 다른 사항들을 고려하지 않는다. 또한, 그의 독특한 사고방식이나 행동은 상관들을 항상 곤란한 상황에 직면케 했다. 그러나 그는 공군지휘참모대학(ACSC)에서 놀라운 성과를 냈으며, 매우 성공적인 지휘관이었다.

켈리는 결코 본인에게 도움이 되지 않는다는 것을 알면서도 지속적으로 신념을 갖고 본인이 옳다고 생각한 일을 추진하는 워든의 모습에 경의를 표했다. 그는 워든의 이와 같은 정직하고 한결같음은 美 공군 내에서 보기 힘든 자질임을 인정했다. 켈리는 워든을 부정적으로 바라보는 이들에게 자신이 작성한 워든의 근무평정 내용에 대해 구체적일 사유를 밝혀야만 하는 수고로움에도 불구하고, 그에게 굉장히 좋은 근무평정을 써 주었다.

워든은 공군지휘참모대학(ACSC)에서 학문적 수준이 높은 사람으로 인정받지는 못할 것이나, 그의 비전은 대학의 구체적인 발전에 있어 초석이 되었다. 그의 임기 동안, 공군지휘참모대학(ACSC)은 "교육과정에 있어 개교 이래로 가장 중요한 변화를 겪었다. 즉, 학교는 강의 중심에서 세미나 중심으로, 평화에서 전쟁 기간까지의 연속적인 문제 해결에 맞춰진 통합된 교과과정으로 바뀌었다." 워든은 학교가 1994년과 1995년도 두 차례에 걸쳐 '페어차일드 장군 학업성취상'과 같은 여러 공식적인 수상의 영예를 누리는 걸 볼 수 있었다. 그는 학생 장교들의 학문적 욕구를 충족시켜 줄 수 있는 대학의 교육기반을 마련했으며, 향후 몇 년 동안 지속될 수 있는 교육과정의 표준을 제공했다.

워든이 공군지휘참모대학을 떠날 때, 과거 공군대학 총장을 역임한 필롱 예비역 중장은 그에게 편지를 보냈는데, 그는 이 편지에서 "자네는 이 대학에서 최초의 지적인 지휘관이었네… 자네는 자신의 임무에 비전과 개인적 역량, 그리고 총명함을 적용했어. 또한, 이 시기에 자네는 본인의 또 다른 전문분야인 군 리더십에 눈을 돌려 단 몇 년 만에 대학을 변화시킬 수 있었네."라고 말했다. 워든과 '혁명 위원회'가 1992년부터 1995년 동안 이루었던 변화는 여러 면에서 공군지휘참모대학이 10년 후 '군사작전학(Military Operational Art and Science)' 과정에 석사학위 수여를 인가받으면서 절정에 달했다. 그리고 워든이 교육과정에서 일으킨 변화는 대부분 오늘날까지도 견고하게 유지되고 있다.

이런 측면으로 보았을 때 그는 성공적인 지휘관이었다. 그는 변화의 필요성을 인지할 수 있는 통찰력과 필요한 개선점을 추진할 수 있는 능력, 그리고 피할 수 없는 부정적인 반응에 자신을 내던질 수 있는 용기를 갖고 있었다. 위버 중령은 "워든이 허리케인과도 같이 나타나서 지난 40년 동안 삐걱거리고 있던 교육과정을 확 바꿔 버렸다. 그는 비전과 가공할 만한 에너지의 소유자였으며, 고위층의 지지를 확실히 이끌었다."라고 회상했다. 처음에는 공군본부에서 워든의 휘하에서 근무했고, 그 후 1995년부터 1998년까지 공군지휘참모대학(ACSC)에서 기술 및 원격교육 처장을 역임했던 커니 대령은 워든 이후의 대학운명을 구약성경에 빗대어 묘사했다. 즉, 요셉의 이야기는 그가 많은 업적을 이뤘음에도 불구하고 '요셉을 알지 못하는' 새로운 파라오가 탄생한다는 사실을 보여준다.

역사가이자 공군대학 항공우주연구대학원(SAASS) 명예 교수인 메츠는 워든이 남긴 유산에 대해 다음과 같이 요약했다.

> 워든은 실제 전투비행 경험에 전문적인 연구 및 목적의식이 더해져, 내 경험으로 비추어 볼 때 여타 공군지휘참모대학(ACSC) 학장과는 확실히 달랐다. 다른 학장들도 대부분 훌륭했지만, 그는 누구보다도 많은 강의를 했고, 교육과정 개혁에 있어 그처럼 적극적인 역할을 한 사람은 없었다. 또한, 다른 어떤 학장도 전쟁 분야 연구에 있어 워든처럼 진지하고 개인적인 관심이 크며, 장기간이 걸릴 수 있는 계획을 추진하기 위해 그렇게 많은 노력을 기울이지 않았다. 내 생각으로는 워든을 제외하고 공군지휘참모대학(ACSC) 학장 중 그 누구도 대학을 기존 방식에서 벗어나, 새로운 연구와 절차로 이끈 사람은 없었다. 비록 그것이 좋은 효과와 나쁜 효과 모두를 불러왔지만 말이다.

아마도 워든의 영향력을 평가할 수 있는 가장 좋은 기준은 그가 주도한 변화가 공군지휘참모대학(ACSC)의 교육과정에서 얼마나 지속되었느냐의 여부가 아니라, 그의 재임 기간에 졸업한 1,800명 이상의 소령들에게 미친 영향력일 것이다. 그들 중 일부는 이미 장군이 됐고, 다른 이들도 차후 그렇게 될 것이다. 한 가지 사실은 분명하다. 즉, 1980년대 공군대학을 거쳐 간 그들의 선배 장교들과는 달리, 오늘날의 공군 대위 또는 소령은 전장에서 항공력이 무엇을 할 수 있는지, 그리고 항공자산들이 어떻게 적용될 수 있는지를 설득력 있게 설명할 수 있다는 점이다. 이러한 발전된 모습은

美 공군 내에서 잘 찾아볼 수 있다. 워든의 재임 전과 재임 중, 그리고 그 후에도 공군지휘참모대학 (ACSC)의 교수로 있었던 뮬러는 다음과 같이 美 공군 장교교육에 대한 그의 공헌도가 그가 국가에 기여한 공헌도 중 그 무엇보다 크다고 말했다.

대부분의 사람들은 워든을 항공력 이론 발전에 기여한 인물로 기억할 것이며, 실제로도 그러하다. 그러나 나에게 있어서 지금까지도 유지되고 있는 그의 영향력은 학생 장교들에게 사고하는 방식의 틀을 공군 교육과정에 접목한 것이다. 공군지휘참모대학(ACSC) 창설 이래 처음으로, 교육과정의 내용과 교수진의 자질, 그리고 지적으로 엄격하고 신중함이 대학의 최우선 과제가 되었다. 아마도 가장 중요한 것은 그가 대학이 전쟁의 작전적 수준에서 항공력에 대해 학생 장교들을 가르칠 수 있도록 했다는 점일 것이다. 처음에는 완벽하지 않았다. 그러나 워든이 전역한 후 몇 년간 해당 교육과정은 발전을 거듭했고, 전반적인 교육내용의 질은 크게 향상되었다. 그리고 이러한 학교 발전의 시작에는 워든이 있었다. 워든의 재임 기간은 아주 흥미진진한 시간이었고, 그러한 발전에 내가 함께 있었다는 사실이 자랑스럽다.

XII.
퇴역

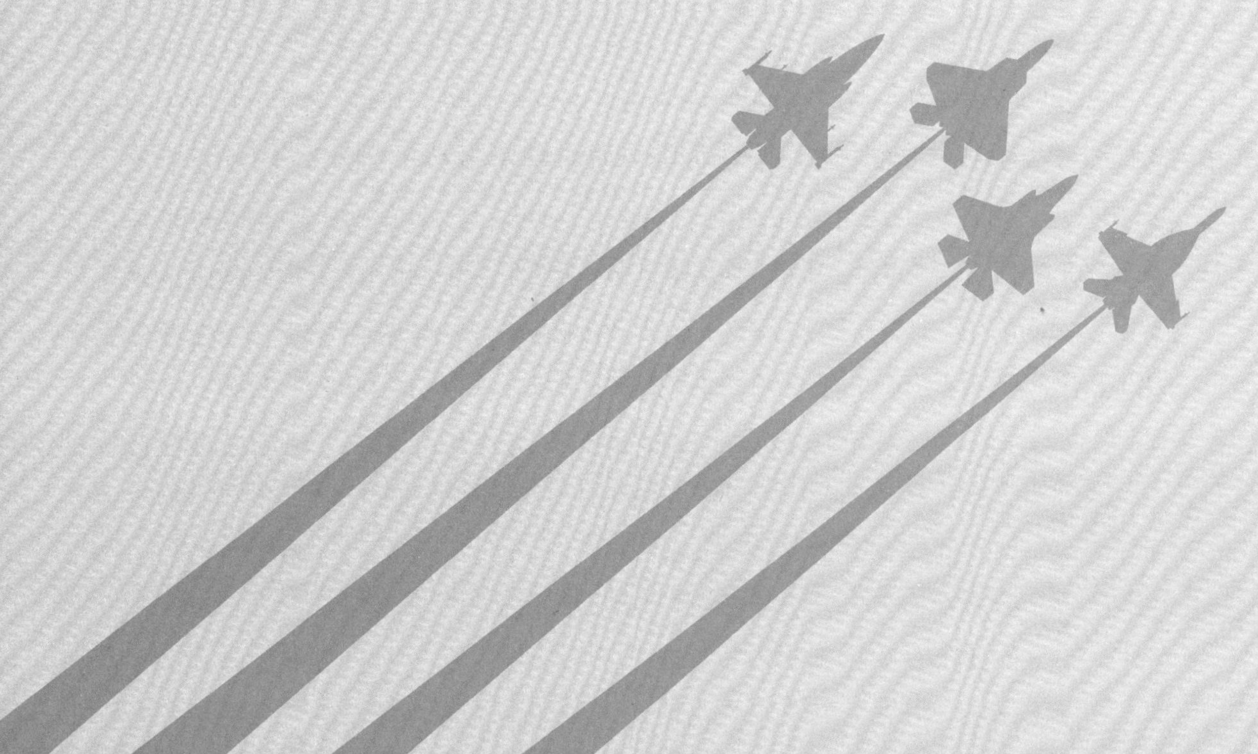

걸프전에서의 항공전역 계획 및 현대 항공력 이론 발전에 있어 워든의 기여도를 고려했을 때, 왜 그는 장군이 되지 못했을까? 워든의 사례를 통해 군에서의 진급은 통찰력 및 창의성과 같은 군사 전문성보다는 그 외에 많은 다른 요인들에 의해 결정됨을 알 수 있다.

진급심사 위원회

매년 공군성 장관은 준장 진급 대상 대령들의 이력을 검토하고 그중 누구를 진급시켜야 할지를 정하기 위해 다양한 직책과 부서의 장성들로 구성된 진급심사 위원회를 구성한다. 이 위원회의 위원들은 일주일 동안 비공개적으로 만나 후보자들의 이력을 검토한 다음, 각 진급 대상 대령에게 공적에 따라 1점에서 10점까지의 점수를 부여한다. 군 복무규정에 따르면 진급을 하든지, 아니면 제대해야 하는데, 진급의 기준은 명확히 정해져 있는 반면, 위원회의 심의 내용은 공개하지 않는 것이 원칙이다.

걸프전의 항공전역 계획수립을 통해 자신의 능력을 입증한 워든은 앤드루스 공군기지에서 1992년 준장 진급심사 위원회가 11월 4일부터 10일까지 열렸을 때, 최고의 기회를 맞이하게 된다. 이 위원회의 위원장은 공군기동사령부(AFMC)[184] 사령관인 예이츠 대장이 맡았다. 나머지 15명의 위원들은 유럽사령부 부사령관인 보이드 중장, 공군 의무국장인 슬론 중장, 합참 군수부장인 미어스 중장, 공군본부 기획 및 작전 부장인 글로슨 중장, 공군기동사령부 제15공군 사령관인 잭슨 중장, 공군전투사령부 제20공군 사령관인 제임스 중장, 주한유엔군 사령부 부사령관인 에스터스 중장,

---

184) 공군기동사령부(AFMC: Air Force Mobility Command): 美 공군의 주요 사령부 중 하나로 전 세계에 걸쳐 공중 기동 능력을 제공하는 역할을 하는 사령부.

공군대학 총장인 켈리 중장, 공군 법무국장인 모어하우스 소장, 공군 교육사령부 부사령관인 해비거 소장, 공군 군종감인 할린 소장, 美 전략사령부 기획 및 정책국장인 린하드 소장, 유럽주둔 美 공군 기획 및 계획 차장인 프랭클린 소장, 의무 사령부 군사 보좌관인 가먼 준장, 오클라호마시티 항공물류 센터 부사령관인 해리스 준장으로 구성됐다. 보이드, 에스테스, 글로슨 그리고 켈리는 워든에 대해 잘 알고 있었던 반면, 나머지 장군들은 워든에 대해 진급심사 보고서나 소문을 통해서만 알고 있었다.

진급심사 위원회가 열리기 전에 워든에게는 이미 든든한 지지자가 있었음이 분명했다. 라이스 공군성 장관은 워든을 진급시켜야 한다는 점을 분명히 했다. 그는 위원회로 보낸 진급 지침에서 선발될 장군 중에는 지략가가 필요하다고 했고, 거기에 워든의 이름이 정확히 언급된 것은 아니었지만, 다수의 위원은 라이스가 워든을 매우 높이 평가한다는 점에 대해 잘 알고 있었다. 또한, 라이스는 이미 워든을 공군지휘참모대학(ACSC) 학장으로 임명함으로써 위원회에 본인의 뜻을 간접적으로 전달했다. 왜냐하면, 1959년 이후로 공군지휘참모대학 학장 중 준장으로 진급하지 않고 전역한 인물이 없었기 때문이다. 게다가 워든은 부통령인 퀘일과 공군참모차장인 칸스 장군으로부터도 추천을 받았다. 부참모총장인 맥이너니 중장 또한 워든을 높이 평가했다.

그러나 몇 가지 요인들이 워든에게 불리하게 작용했다. 많은 진급심사 위원들은 워든의 비트부르크에서 성공적이지 못했던 단장 재임 기간을 문제 삼았는데, 그러한 사실이 그의 승진을 가로막은 것은 아니었지만, 진급 가능성을 낮추기엔 충분했다. 또한, 공군본부에서 워든의 직속 상관이었으며, 태평양 공군 구성군사령관이 된 애덤스 대장과 애덤스 장군의 후임으로 공군본부의 기획 및 작전 부장이 된 넬슨 중장은 본부에서 워든의 업무 성과가 마땅히 진급될 정도는 아니었다고 하였다. 이 외에도 적정 진급 시기도 문제가 되었다. 보통 임관 후 22년에서 25년 차가 장군 신급의 적기였으나, 워든은 이미 임관 27년 차였다. 마지막으로 전투 조종사들 사이에서는 호너와 러스 장군이 워든에 대해 진급할 만한 인물로 보지 않고 있다는 소문이 이미 널리 퍼져 있었다. 만약 이런 상황에서 참모총장이 워든을 진급 1순위로 내정했더라면 이 같은 모든 부정적인 견해는 극복될 수도 있었을 것이다. 듀간이라면 그렇게 했을지 모르나, 맥픽은 그렇지 않았다.

실제 투표에서 워든은 위원들로부터 비정상적인 최고점과 최하점을 받았고 최종적으로 점수를 평균 냈을 때, 추천 진급자 명단에는 포함될 수가 없었다. 이에 위원 중 한 명이 규정에 따라 워든의 사례를 재검토해 달라고 요청했다. 그는 걸프전에서의 항공전역 계획수립 및 논리적이고 통일된 항공력 이론개발에 있어 워든의 공로를 자세히 설명했다. 그는 공군 내 일부 고위급 장교들이 워든의 항공전역 계획 관여를 전적으로 반대했음에도 불구하고 수천 명의 목숨을 살릴 수 있었던 새로운 항공력 적용방식을 공군에 도입한 것에 대해 높이 치하했다. 또한, 그는 워든이 막 공군지휘참모대학(ACSC)에서 변혁적 리더로서 자신의 가치를 입증하려 한다는 사실도 설파했다. 그는 美 공군이 그러한 비전과 용기를 갖춘 인물이 필요하며, 워든이 새로운 세계 질서의 변화에 대처하기 위해 美 공군을 훌륭히 이끌 수 있는 충분한 능력이 있다고 믿었다.

이에 반해 위원 중 또 다른 장성은 "실패한 비행단장은 훌륭한 이론가가 될 수 없다."라며 반론을 제기했다. 그는 비트부르크에서 있었던 사건을 덮을 순 없다며, 워든은 팀이나 조직 중심의 인물이 아니고 지휘계통을 무시하는 경향이 있다는 점을 강조했다. 또 다른 비평가는 美 공군이 "이 빠진 유리잔을 선택하듯 워든을 대령으로서는 선택할 수 있었으나, 장성으로서는 아니다."라고 우려했다. 그는 대령으로서 워든이 美 공군에서 그렇게 많은 파장을 일으켰기에, 장성으로서 그가 초래할 수 있는 파장에 대해 다시 한번 고려해 봐야만 한다고 말했다. 게다가 각 군은 '합동으로 사고'하도록 권장되는 상황에서 항공력만으로 승리할 수 있다고 주장하는 워든이 진급한다면, 육군과의 긴밀한 관계 유지가 어려울 수 있다는 의견도 나왔다. 논쟁은 더욱 가열되어 워든에 대한 지극히 개인적인 의견과 장단점까지 논의되었다.

1시간의 논의 끝에 진급심사 위원장인 에이츠 장군은 다시 한번 점수를 부여할 것을 요구했는데, 첫 번째와 마찬가지로 몇몇은 매우 높은 점수를 준 반면, 또 몇몇은 아주 낮은 점수를 부여하여 이번에도 평균 점수가 진급이 가능한 합격선에는 도달하지 못했다. '중립적' 입장이었던 위원들 간의 중론은 간단했다. 적격인 후보자가 차고 넘치는데, 왜 그렇게 논란이 많은 한 사람에게 모험을 거느냐는 것이었다. 후에 대부분의 위원들은 워든에게 쏟은 관심이 엄청났고 점수 부여범위가 독특했으며, 그에게 감탄하는 쪽과 강한 혐오를 보이는 쪽이 대략 비슷했다는 것에 의견의 일치를 보았다. 심사위원 중 한 명은 당시 상황에 대해 워든이 진급하는 것을 결사적으로 막으려는 분위기가 있었다고 회상했다.

워든은 진급심사 결과를 통보받았을 때, 매우 놀랐고 무척 실망했다. 그러나 한편으로는 다음 해에 기회가 있을 거라 생각했다. 그러나 다음 해에도 논란은 줄어들지 않았다. 1993년 9월에 있었던 진급심사 위원회에서 다시 한번 그는 격렬한 논쟁의 대상이 되었지만, 최종 결과는 전년도와 같았다. 규정에 의거 선발 과정에 대한 자세한 내용은 공개되지 않았지만, 2년 동안의 진급심사 위원회에 참여하지 않았던 3명의 장성은 워든이 진급에서 누락된 원인에 대해 다음과 같은 의견을 피력했다.

나는 워든에 대해 잘 알지 못하기 때문에 단지 보고받은 대로 평가할 수밖에 없다…. 나는 전투 조종사들로부터 전해 들은 이야기로만 그에 대해 알고 있을 뿐이다. 조종사들은 그를 학구적인 사람으로 느끼고 있었다. 상아탑에 들어앉아 원대하고 명예로운 것만 생각하고 전투와 폭탄 투하, 그리고 살상에 대해서는 이해하지 못하는 인물이라고 간주하고 있었다. 이것이 조종사들로부터 얻은 그에 대한 나의 인상이다. 그래서 모두가 그를 '위대한 전략가'라고 할 때 그들은 이에 대해 '엉터리'라고 말했다. 그는 특정 분야에 있어서는 공헌했을지 모르겠으나, 계급과 그의 행적으로 보았을 때 군인과는 거리가 멀었다. 난 사람을 비방하는 것을 좋아하진 않지만, 전투 조종사들 사이에서는 워든을 영웅이 아닌 실패자로 여겼다…. 실패자라는 말이 어감이 너무 강할지도 모르겠으나, 워든이 장군이 될 수 있는 모든 관문을 통과한 것은 아니기 때문에 사용했다. 그는 두세 가지 문제점이 있었고, 그 문제점을 지울 수 없는데도 이제 와 그것에 대해 변명하려 하고 있다…. 이것이 전투 조종사들 사이에 널리 퍼져 있는 그에 대한 정서이다. 개념을 강조하는 개인과 전투 조종사들 간의 차이점은 개념적인 것만 가지고 떠드는 사람의 말을 받아들이는 것과 그 개념을 활용해 전쟁에서 직접 전투하는 것의 차이라고 할 수 있다. 개념을 중시하는 개인이 항상 틀렸다는 것은 아니다. 워든은 매우 가치 있는 인물로 수많은 아이디어를 제시해 왔다. 단지 그의 모든 아이디어가 쓸모없고 비실용적일 뿐이다. 전구에서의 지휘관은 실용적이어야 한다…. 그는 그저 앉아서 이론 만들기 좋아하는 몽상가이다.

－ 前 전술공군 사령관 러스 대징(퇴역)(1991.12.9.)

워든에게 내가 계획업무를 최초로 부여하면, 그와 체크메이트 부서는 내가 생각했던 것보다 더 광범위한 항공전역 계획을 개발하기 위해 열과 성의를 다했다. 업무가 진행되고 상황이 변하면서 나는 워든의 지지자 이상이 되어 있었다. 당신은 워든에 대해 공상가 혹은 고집이 센 사람이라고 생각할지 모르겠지만, 그는 이 업무가 항공력이 전쟁에서 실제로 무엇을 할 수 있는지에 대해 보여 줄 수 있는 절호의 기회라고 믿었다. 아마 그의 저서를 읽어 보면 분명히 이해할 수 있을 것이다. 그래서 내가 할 일은 최일선에서 그를 도와주는 것이라고 생각했으나, 동시에 나는 그를 한곳에 가둬 두어야만 했다. 왜냐하면, 그렇게 해야만 그가 돌발적인 행동을 하지 않을 거라고 판단했다. 나는 공군본부에서 수행하는 일은 합동성이 강화될 수 있는 방향으로 진행되어야 한다고 생각했다. 그래서 나는 워든과 그의 팀이 최초의 항공전역 계획작성 시부터 그들이 "항공력이 얼마나 위대한지, 항공력만으로도 이라크로부터 항복을 받을 수 있으며, 타 군의 도움 따윈 필요 없다."라고 공공연하게 주장할까 봐 심히 우려했다. 당시 공군은 이러한 주장을 할 수 있는 시기가 아니었다.

- 現 태평양 공군 구성군사령관 애덤스 대장(1992.2.3.)

워든은 군인으로서 치명적인 결함이 있었다. 그것은 그가 일하는 부서의 다른 사람들이 무엇을 생각하는지에 대해 관심을 두지 않고 자신이 해야 한다고 생각하는 일만을 추진한다는 것이다. 좋게 말해서 야생마 같은 사람이라고 할까? 워든은 옳다고 생각한 어떤 일을 할 때는 그러한 결정을 하면서 상사의 의견은 전혀 들을 필요가 없다고 확신한 것 같다…. 이러한 워든의 일 처리 방식 때문에, 애덤스 장군과 수많은 갈등 및 반목이 발생했다. 일반적으로 애덤스가 어떤 일이 일어났음을 알고 그 일이 워든 때문에 발생한 것임을 알았을 때, 그는 사전에 그것에 대해 전혀 보고받은 바가 없었다. 이는 항상 애덤스 장군을 극도로 화나게 했다. 나는 워든에게 다음과 같이 적어도 스무 번은 더 이야기했던 것 같다. "왜 자꾸 이런 상황이 발생하는 거냐? 좋은 아이디어가 있으면 왜 애덤스 장군에게 먼저 보고하지 않느냐? 그는 전투 조종사 출신이고 전장에서 어떻게 항공력을 적용할지에 대해 잘 알고 있다. 그런데 왜 자넨 그에게 보고하지 않는 것이냐?" 워든은 이에 대해 "글쎄요, 저는 이 시점에서 그가 이 일에 대해 알 필요는 없다고 생각합니다." 나는 다시 그의 이 말에 대해 "워든, 자넨 애덤스 장군과의 신뢰를 깨고 있어, 그렇게 하면 안 돼. 두 마리 토끼를 다 잡을 순 없잖아." 하지만 나는 그를 애덤스 장군에게 찾아가 "제 생각엔 우리가 해야 할 일은 이렇습니다."라고 보고하도록 설득할 순 없었다. 그는 자신이 옳다고 생각한 일을 하는 것에 이미 굉장히 익숙해져 있었고, 이로 인해 처벌을 받기도 했지만, 갈등 상황을 모면하기 위해 다음부터는 안 그러겠다고 말로만 하고 지나갈 뿐이었다.

워든은 자신의 업무에 대해 다른 어떤 사람들보다 훨씬 더 많은 시간을 고민했다. 이에 따라 내 생각엔 그가 업무에 대한 해답을 이미 갖고 있다고 확신했던 것 같다. 그는 무엇을 해야 하는지 알고 있었지만, 자신과 함께 일하는 사람들이 해당 결론에 도달하기까지 기다려 줄 인내심이 없었다. 결국, 시간이 문제의 핵심이었다…. 주위 사람들은 워든이 자신의 편이 되어 줄 것이라고 확신하지 못했을 것이다. 당신은 워든이 우리 편이라고 믿겠지만, 그는 예상을 깨고 자신이 옳다고 여기는 일만 실행에 옮길 것이다. 워든은 계급 혹은 지위상 발생하는 문제나 합의점을 찾고자 하는 필요성에 대해서는 전혀 신경 쓰지 않는 인물이었다.

– 前 공군본부 기획 및 작전 차장 메이 중장(퇴역)(1992.8.21.)

1992년 진급심사 위원으로서 참여했던 한 장성은 워든이 걸프전에 상당한 기여를 했음에도 불구하고 대령으로 퇴역하는 것을 두고 "오늘날의 공군에서 항공력 이론가가 도달할 수 있는 한계를 보여 주는 대목이다."라고 언급했다. 반면 다른 장성은 "공군은 파격적인 발상을 하는 사람에게 관용적일 수 없다. 너무 많은 사람이 상처를 받았고, 자존심이 상했다."라고 회상했다. 전투 조종사 집단의 관점에서 워든은 전투 조종사도 지휘관도 아니었으며, 단지 항공력에 심취해 있는 한 사람으로서 다른 동료와의 전우애 형성에 있어 역효과를 가져온 인물이라고 생각했다. 최악의 경우로는 자신이 믿고 있는 것이 공군에 최선의 이익이라고 판단되면 지휘체계를 무시하는 거만한 독불장군이 되어 위계질서 유지에 문제가 되는 사람으로 인식되었다. 한 3성 장군은 관료집단으로서의 공군은 "워든이 걸프전의 항공전역에 결정적인 역할을 했다고 해서 준장 진급을 해야 한다고는 생각하지 않았다."라고 언급했다.

퇴역: 신이 함께하길

워든의 퇴역이 알려졌을 때, 그는 군에서 이룬 업적을 축하하고 희망찬 제2의 인생을 기원하는 수많은 편지를 받았다. 그의 입장에서 제일 눈길을 끌었던 편지는 슈워츠코프로부터의 편지였다.

6월 30일부로 美 공군에서 퇴역한다는 소식을 방금 들었습니다. 미국의 국가방위를 위한 귀하의 전략적 비전과 탁월한 공헌에 감사를 표하지 않고 그냥 지나칠 수가 없었습니다. 1991년 8월 초, 플로리다주 탐파에서 처음 만나 함께 전략개념을 계획하고, 또 이 계획으로 궁극적으로는 사막의 폭풍 작전에서 위대한 승리를 이끌었던 것을 저는 항상 기억할 것입니다.

또한, 워든은 사막의 폭풍 작전의 계획과 실행단계에서 긴밀히 협력했던 중앙정보국(CIA) 소속의 국가 징후경보 장교였던 앨런으로부터 다음과 같은 따뜻한 위로의 편지를 받았다.

> 1990년 8월 초, 알렉산더 소장과 당신이 중앙정보국(CIA)의 고위 관료들을 대상으로 '인스턴트 썬더' 계획을 브리핑하러 왔을 때가 생생히 기억납니다. 저는 그때 후세인 정권을 쓰러뜨리기 위한 당신의 '중심(CoG)' 개념 설명에 깊은 감명을 받았습니다. 그 후 몇 달 동안 저는 당신과 당신의 뛰어난 체크메이트 부서원들을 알게 되었고, 사막의 방패 및 사막의 폭풍 작전에서 당신과 팀원들에게 표적처리 및 기타 정보 지원을 할 수 있는 특권을 누렸습니다. 그 당시 여러 정보 분석가들은 후세인 정권을 무력화하는 것뿐만 아니라, 쿠웨이트 전구에 배치된 이라크군을 무력화하는 것에 있어 항공력의 효과성을 의심하고 있었습니다. 저와 저의 팀은 1991년 2월 10일부로 후세인의 지휘통제체계가 무력화되었고, 쿠웨이트에 주둔하고 있던 이라크군이 기동할 수 없게 되었기 때문에 사실상 전쟁이 끝났다고 판단했습니다. 심지어 우리는 그 내용을 문서로 남기기까지 했습니다. 그러나 당시 항공력이 전쟁 승리에 결정적이었다는 주장은 정보단체들 사이에서 널리 받아들여지지 않았던 것이 사실입니다.

워든의 퇴역 날짜가 다가옴에 따라 이전에 공군본부 전략처에서 부처장으로 그와 함께 일했던 윈터 대령은 그의 뛰어난 업적에 걸맞은 성대한 퇴역식을 열어 주기로 했다. 맥스웰 공군기지의 라이트 형제 국립 기념관에서 열린 퇴역식은 대부분의 장군들 퇴역식보다도 더 공을 들였다. 윈터는 켈리 중장과 공군지휘참모대학(ACSC)의 의전 담당 장교인 킹 소령과 함께 고위급 군 장성에서부터 지역의 시장까지 여러 귀빈의 방문을 준비했다. 대형 천막을 쳐서 그늘을 만들었고 그곳에 다과가 차려졌으며, 현악 4중주단은 개회식에 배경 음악을 깔았고, 美 공군 군악대 밴드는 연설 전후에 맞추어 블루스를 연주했다.

눈에 띄는 참석자 중 한 명은 맥픽의 후임으로 1994년 10월부로 공군 참모총장이 된 포글먼 대장이었는데, 그는 워든의 퇴역식에 참석하기 위해 맥스웰 기지로의 장거리 출장도 마다하지 않았다. 사실, 수도에서 멀리 떨어진 대령의 퇴역식을 참모총장이 직접 주재하는 것은 드문 일이었다. 그러나 포글먼은 "워든을 진급시키지 않은 것은 美 공군의 큰 실수이며, 그의 퇴역식에 참석함으로써 젊은 장교들에게 창의적인 사고를 장려한다는 신호를 줄 수 있을 것이다."라고 생각했다. 포글먼은 워든과 마찬가지로 역사와 교리에 지대한 관심이 있었으며, 퇴역식에서 워든이 실질적으로 걸프전의 항공전역뿐만 아니라 美 공군발전에 큰 공헌을 했다고 연설했다. 또한, 그는 워든이 항공력의 새 시대를 열었으며, 공군은 그에게 '아주 큰 빚'을 졌다고 했다. 워든이 국방대학원 학생 장교로 있었을 때 대학원 학장이었던 스미스 소장(퇴역)은 '당대 최고의 공군 장교'로 여긴 워든에게 경의를 표하기 위해 조지아주 오거스타에서 몽고메리까지 달려왔다.

워든은 퇴역식의 연설에서도 기존의 방식을 완전히 탈피했다. 그가 현역 공군 장교로서 자신의 마지막 연설을 그의 인생 대부분을 바쳤고 가장 인상 깊게 느꼈던 주제에 대해 할애하는 것은 당연했다. 그래서 그는 단순히 참석자들에게 감사 인사를 전하는 대신, 과거 항공단 전술학교(ACTS)에서 시작하여 현재 美 공군의 눈부신 발전을 지나 미래의 항공우주력에 대해 예측하는 연설을 했다. 워든은 그의 아이디어가 전쟁에 기여한 측면에서 바이런이 1815년도에 쓴 시인 *아시리아인의 몰락*[185]을 낭독했다.

아시리아인[186]은 양 떼를 덮치는 늑대와 같이 돌격했으니

그들의 군대는 자주와 금색의 치장으로 빛났고

창끝의 광채는 심야의 푸른 파도가 갈릴리 해로 밀려들 때에

바다를 비추는 별빛과 같았네

숲의 나뭇잎들이 여름이 되어 녹색이 되듯이

그들의 군대는 기치를 내걸고 석양과 함께 나타났고

숲의 나뭇잎들이 가을이 와 떨어지듯이

그들의 군대는 아침과 함께 뿔뿔이 흩어져 갔네

한줄기 광풍 속에 죽음의 천사가 날개를 펼치고

천사는 스쳐 지나가며 적의 얼굴에서 숨결을 앗아 가네

---

185) 아시리아인의 몰락(The Destruction of Sennacherib): 시인 바이런은 이 시를 통해 인간의 오만과 권력의 덧없음, 그리고 신의 정의로운 심판에 대해 표현.

186) 아시리아인: 고대 메소포타미아 지역의 토착 민족.

잠든 자들의 눈은 점점 생기를 잃어 차갑게 식어 가고
한때 고동치던 그들의 심장은 영원히 멈추게 되었네

쓰러진 말은 콧방울을 크게 넓혔지만
자랑스럽던 호흡도 이내 멈추고 마네
헐떡거리며 토해낸 흰 거품은 풀 위에 하얗게 남고
바위에 부딪힌 물보라처럼 차가웠지

쓰러진 기사는 창백해진 채 몸을 비틀고
그 이마엔 이슬이 맺히고 갑옷은 녹이 슬었네
군막은 정적에 쌓인 채 깃발만 나부끼며
창은 바닥에 나뒹굴고 나팔 소리도 울리지 않네

남편 잃은 아시리아의 여인들은 울부짖고
바알 신전[187]의 우상들은 산산이 부서졌으며
검으로도 굴복시킬 수 없었던 이교도의 용맹도
신의 시선 앞에선 눈처럼 녹아 사라졌도다

워든은 바이런의 시의 내용이 최근에 있었던 걸프전의 여러 모습을 담고 있지만, 사막의 폭풍 작전 이후 "이라크 내 미망인들의 통곡 소리는 그리 크지 않았다."라고 말했다. 그리고 이는 정밀 폭격으로 대량의 인명을 살상하지 않으면서 적군을 무력화시킬 수 있었기 때문이라고 밝혔다. 또한, 미국이 이슬람 종교에 맞서 전쟁을 벌이지 않았기 때문에 "발라드 모스크의 성스러운 상징물들은 하나도 파괴되지 않았다."라고 언급했다. 워든은 바이런의 시로 시작해서 미래를 주제로 한 연설로 나아갔는데, "신이 너와 함께하길"이라는 유명한 스타워즈의 인용문으로 연설을 마무리했다.

---

187) 바알 신전: 시리아에 위치한 고대 메소포타미아 신전.

워튼에 대한 시각:
학구적인 군인

앞선 내용을 통해 살펴보았다시피, 워든과 함께 근무했던 사람들은 그에 대해 극찬에서부터 강한 비난까지 다양한 견해를 갖고 있다. 그의 강점과 약점, 그리고 특이점이 무엇이든 간에, 공통적인 특징은 그가 기존의 방식을 타파했다는 것이다. 즉, 워든은 항공력 사용에 관한 기존의 교리와 훈련방식을 깨고 본인의 아이디어를 구현하고자 하는 다양한 시도 과정에서 계급에 대한 권위를 무시했다. 그는 교리와 훈련방식, 그리고 군사교육 과정에서의 결함을 찾아낼 수 있는 천부적인 능력과 자신을 희생하더라도 이를 해결하기 위해 모든 노력을 기울이는 보기 드문 용기도 갖고 있었다. 이 과정에서 워든은 변혁을 주도했으며, 제2차 세계대전 이후 잊혔던 핵이 아닌 재래식 항공력을 전략적으로 사용하는 방법을 재도입하는 데 있어 핵심적인 역할을 하였다.

워든은 전장에서 육군이 우위에 있음을 공군이 인정하는 것에 만족해하며 살고 있었던 시기에 타군과 동등하게 국가목표를 달성하는 데 있어 공군력을 적용할 수 있는 확실한 이론을 제시했다. 구체적으로 합참과 중부사령부, 그리고 전술공군사령부(TAC)가 기존의 군사력 운용방식인 이라크의 쿠웨이트 침공에 대한 방어적인 대응책만을 제안하고 있을 때, 그는 기존의 관료주의적인 지휘체계를 우회하여 연합군이 적을 확실히 이길 수 있는 전략적이고 공세적인 전역계획을 제공했다. 더불어 미로와 같이 복잡한 전략정보 생산 과정으로 인해 중부사의 항공전역 계획입안자와 전투 요원들이 요구한 정보를 적시에 제공받지 못하자, 워든은 그의 체크메이트 부서를 활용하여 그들에게 필요 정보를 시기적절하게 제공해 주었다. 또한, 美 의회가 공군 장교들이 이수하는 전문 군사교육 체계에 대해 비판하자, 그는 공군지휘참모대학(ACSC)의 교육과정을 개혁하여 학생 장교들이 항공우주력에 관한 지적 토대를 탐구하고 사명감을 되찾도록 했다.

지적 이단아에 관한 탐구

워튼과 같이 독특한 성격의 소유자만이 항공우주력 및 전쟁 수행방식에 관한 이론을 발전시킬 수 있을 것이다. 개인의 성격을 분류한다는 것은 어렵기도 하고 또한 지나치게 단순화될 수도 있겠지만, 워튼의 마이어스-브릭스 유형 지표(MBTI)[188]는 '내향+직관+사고+판단(INTJ)'형인 것으로 드러났다. 사실, 그의 성격과 행동 방식은 이에 부합해 보인다. 이 유형의 사람들은 일반적으로 다음과 같은 특징을 나타낸다.

> INTJ 유형의 사람들은 미래의 가능성과 조직에 관한 명확한 비전을 바탕으로 자신의 아이디어를 실행하고자 한다. 복잡한 문제에 도전하길 좋아하고 복잡한 이론 및 추상적인 문제를 비교적 쉽게 종합한다. 이러한 유형의 사람들은 목적을 달성하기 위해 일반적인 구조를 만들고 전략을 고안해 낸다. INTJ 유형은 지식을 매우 중요시 여기며, 자신과 타인의 역량에 대한 기대치가 높다. 이들은 특히 혼란과 혼돈, 그리고 비효율성을 혐오한다. 또한, INTJ 유형은 거시적인 측면에서 사물을 바라보며, 새로운 정보를 기존의 전체 패턴과 빠르게 연관시킨다. 그들은 권위와 대중의 의견에 상관없이 본인들의 통찰력이 옳다고 믿으며, 단조롭고 반복적인 일은 창의성을 저해할 뿐이라고 생각한다. INTJ 유형은 복잡한 구조와 미래를 전망하는 데 있어 본인의 직관력을 제일 먼저 활용한다.

'내향적(I)이고 직관적(N)인' 사람은 MBTI의 총 16가지 유형 중 가장 지적으로 독립적인 유형이다. 이들은 모든 것을 설명할 수 있는 이론을 갖고 있으며, 진부한 지혜보다는 혁신적인 해결책을 선호하고, 냉정하게 판단하며, 확고함과 자신감을 내비친다. 또한, INTJ 유형의 사람들은 목표를 추구하는 과정에서 상사를 포함해 비능률적이거나 새로운 아이디어를 이해하는 것이 느리다고 생각되는 사람에 대해서는 쉽게 존경심을 잃어버린다. 이들은 자신들의 생각을 거리낌 없이 밝히고, 본인들의 비전을 재빨리 보지 못하는 사람들에게 비판적인 시각을 견지하며, 비전을 추구하는 것에 모든 노력을 기울이고 단호해진다. 게다가 중요한 결정을 내리는 데 있어 상의도 없이 혼자 결

---

188) 마이어스-브릭스 유형지표(MBTI: Myers-Briggs Type Indicator): 융의 심리 유형론을 바탕으로 개발된 성격 유형 검사 도구.

정하고, 이에 대해 책임지려 한다. 이들은 또한, 다른 사람들은 알아차리지도 못한 기회를 포착하는 재능을 갖고 있으나, 종종 직관적인 패턴이 적용되지 않는 세부적인 사항이나 사실에 대해서는 간과하며, 타인에 대해 충분히 격려하고 칭찬하지 않는다. 따라서 이들의 강점(지적인 공헌과 강력한 기획능력)은 이들의 약점(거만하며 인내심 부족)에 의해 상쇄된다. 이들은 사회적인 관습을 쉽게 이해하지 못하기 때문에 대인관계가 자주 그들의 약점이 된다.

워든이 복무한 美 공군은 이러한 성격의 사람들에게 친화적이지 않았다. 칼 박사는 "일반적인 세상, 특히 미국은 굉장히 외향적인 나라여서 내향적인 사람들이 자신의 내면에서 세상을 바라보고 있다는 사실을 잘 이해하지 못하기 때문에, 적응하기가 쉽지 않다."라고 말했다. 전투 조종사 그룹은 외향적인 미국의 외향적인 직업 중에서도 가장 극단적인 외향적 직업군이라고 할 수 있다. 美 공군 내에서 워든에 대한 반감은 그의 아이디어 자체가 아니라 그가 실행에 옮기는 방법이었다. 그는 개인과 조직에 혼란을 불러왔고 많은 변화를 요구했으며, 때로는 분노를 유발했다. 군 조직이 심지어 다른 관료조직보다도 더 개혁에 반감을 갖는 이유는 부분적으로는 같은 생각을 공유하는 응집력 있는 장교 단체가 보수적이기 때문이며, 또 다른 부분적인 이유로는 완전한 비효율성을 초래한다는 현실을 군대가 자각하기 전까지 변화를 추구하지 않는 군조직 특유의 특성 때문이기도 하다.

워든에 대한 분열된 시각

워든의 장점이 그의 아킬레스건이 되었다. 다시 말해 이론가이자 전략가로서 성공할 수 있게 했던 그의 자질은 그를 까다로운 지휘관이자 동료, 그리고 부하로 만들었다. 인간적인 측면에서 워든은 매력적이고 존경스럽지만 여러 면에서 사람들을 화나게 했기 때문에, 그들이 그에 대해 격한 반응을 보이는 건 이해할 만하다. 현역으로서 워든의 복무는 1995년 6월 30일부로 끝났지만, 그의 경력에 대한 논란은 여전히 존재한다. 워든이 퇴역한 지 10여 년이 지난 지금, 그의 이름을 언급하는 것만으로도 美 공군 안팎에서는 아직도 따뜻한 애정과 차가운 멸시가 동시에 존재한다.

걸프전과 항공전역에 관한 다수의 도서에서는 워든의 걸프전에 대한 공헌에 찬사를 보내고 있다. 그중 가장 주목할 만한 책은 레이놀즈 공군 대령이 걸프전 항공전역 계획의 개발과 실행과정에 대한 주제로 1995년 공군대학출판부에서 출간한 '폭풍의 중심(*Heart of the Storm*)'이다. 이 책은 4천 페이지가 넘는 걸프전 관련 주요 인물과의 인터뷰 내용을 수록한 것으로, 전술을 중시하는 전투조종사 집단의 격렬한 반대에도 불구하고, 워든이 혁신적이고 대담한 항공전역계획을 수립했음을 제시하고 있다. 또한, 이 책에는 여러 공군 장군들을 워든에게 적대적이고 그의 성공을 가로막으려는 방해자로 묘사하고 있다.

공군대학의 총장이자 공군대학출판부의 책임자이기도 한 켈리 중장은 걸프전 당시 美 공군의 항공전역계획 수립능력과 다수의 전술공군사령부(TAC) 출신 장군들에 대해 노골적으로 비난한 이 책을 출판해야 할지 딜레마에 빠졌다. 켈리 중장은 이 책에서 언급된 모든 주요 인물들에게 레이놀즈 대령이 쓴 원고를 보냈는데, 이에 대한 반응은 크게 엇갈렸다. 전술공군 사령관을 지낸 러스 장군은 "내가 원고를 읽었을 때 얼마나 실망했는지 상상이 안 될 겁니다. 무려 세 번이나 읽었는데…. 저는 이 원고가 객관적으로 걸프전의 항공전역계획 수립과정에서 어떤 일이 일어났는지 이해하는 데 전혀 도움이 되지 않을 거라 확신합니다."라는 답글을 보냈다. 글로슨 중장은 "공군 역사 기록에서 이 책의 내용이 차지할 부분은 없을 겁니다."라고 단정했다. 애덤스 대장과 헨리 소장도 이 책에서 전술공군사령부(TAC)가 부당한 대우를 받고 있다고 주장했고, 호너 장군 또한 이에 동의했다. 그러나 그 외 대부분의 다른 인물들은 이 책의 내용에 대해 칭찬했기에 켈리 장군은 주저하는 마음이 들긴 했지만, 출판을 승인했다. 켈리는 당시 상황에 대해 다음과 같이 언급했다.

내가 처음 이 책을 읽었을 때, 나는 등장인물들을 묘사하는 작가의 방식에 대해 우려했다. 또한, 누가 실제로 항공전역을 계획하고 수립했는지에 관해 이견이 있을 것 같아 걱정도 됐다. 그래서 '폭풍의 중심'에 나와 있는 주요 인물들에게 책의 사본을 보내 그들의 의견을 물어보았다. 이에 대한 그들의 답신은 '美 공군 역사 연구소(*Air Force Historical Research Agency*)'에 문서화되어 있다. 답신을 보낸 대부분의 사람들은 내용 중에 부정확하고 맥락에서 벗어난 문맥과 사건, 워든 대령과 그의 팀에게만 호의적인 시각, 그리고 화려한 미사여구가 존재한다고 언급했다. 나는 이러한 우려를 존중하면서 이 작품을 여러 각도에서 검토했다.

포글먼 참모총장은 워든의 '항공전역'과 레이놀즈 대령의 '폭풍의 중심'을 공군 장교가 읽어야 할 참모총장 추천 도서목록에 포함시켰다. 그중, '폭풍의 중심'은 군 출판사에서 발행한 도서치고는 금세 베스트셀러가 됐고, 사막의 폭풍 작전에서 워든의 역할에 대한 격렬한 논쟁을 불러왔다. 이 책은 또한, 연구자들에게 전략적 항공전역계획의 기원에 대한 통찰을 제공해 주었고, 2001년도에 발행된 핼버스템의 유명한 저서인 '*평화 시대의 전쟁(War in a Time of Peace)*'에서 다음과 같이 인용된 도서이기도 했다.

> 뉴스 잡지 중 하나가 걸프전 승리 달성에 있어 가장 중요한 역할을 한 인물의 사진을 표지에 싣기를 원한다면 파월이나 슈워츠코프 장군이 아니라 워든을 선택하는 것이 옳을 것이다…. 그는 공군 내에서뿐만 아니라 군사적인 사고와 작전계획, 그리고 전쟁에서 신규 무기체계를 간절히 적용하길 원하는 젊은 장교들 사이에서 중요한 인물이 되었다. 워든의 급진적인 아이디어에 반대했던 사람들은 예상했던 대로 육군이나 민간인 출신의 리더가 아니라 공군의 고위급 장교, 특히 공군의 전략과 기술 분야 대부분을 장악하고 있는 전술공군사령부(TAC) 출신의 3성 혹은 4성 장군이었음이 드러났다. 이들은 전투서열에 관해 훨씬 보수적인 시각을 갖고 있고, 항공력은 지상군을 지원하고 후속 전력을 차단하기 위해 존재한다고 믿고 있다. 그래서 이들은 워든과 그의 아이디어를 몹시 싫어했고, 그러한 적개심은 절대 수그러들지 않았다.

포글먼 장군이 걸프전의 항공전역에 대한 워든의 핵심적인 기여를 칭송한 반면, 핼버스템은 전술공군사령부(TAC)를 무능한 기관이자 美 육군의 예속 부대, 그리고 항공전략을 거시적인 관점에서 보지 못하는 존재로 묘사했다.

크리치 대장의 역습

핼버스템과 같은 유명한 작가가 이러한 견해를 대중들에게 공개했을 때, 전술공군사령부(TAC)의 적개심은 더욱 증폭됐다. 많은 공군 장교들은 워든과 그의 아이디어를 자신들이 지지해 왔던 모든 것에 대한 비판으로 받아들였다. 전술공군사령부(TAC)가 개발하고 사용했던 항공기 및 무기체계는 사막의 폭풍 작전에서 최상의 성능을 보였기에, 전술공군사령부(TAC)의 리더들은 전후 분석 내용에 걸프전을 전술공군사령부(TAC)의 전성기로 묘사해야 한다고 믿었다. 그들은 워든과 그의 관념적인 사고가 자신들이 마땅히 받아야 할 칭찬과 주목을 빼앗아 갔다고 생각했기 때문에 분노했다.

1978년에서 1984년까지 전술공군사령부(TAC)의 사령관을 역임했고, 美 공군의 최근 역사상 가장 영향력 있는 공군인으로 알려진 크리치 예비역 장군은 '걸프전의 성공에서 비롯된 신화(*myths which emerged from the Gulf War success*)'라는 글에서 이 문제를 제기했다. 공군 리더들의 멘토였고 퇴역 후에도 오랫동안 현역 장성들과 연락을 취해 왔던 크리치는 워든이 걸프전의 성공적인 항공전역에 있어 주된 역할을 했다는 것에 대해 강력히 부인했다. 그는 워든이 했던 기여는 단지 "이라크의 쿠웨이트 침공 이후 일부 표적들을 선정해 달라."라는 슈워츠코프의 요청을 들어준 것뿐이라고 주장했다. 크리치는 또한 전술공군사령부(TAC)가 전략적인 항공력 사용방법을 알지 못한다는 주장에도 이의를 제기했다. 전역 후 18년이나 지난 크리치는 현역 복무 중인 모든 미군의 고위 장성들에게 반론의 글을 보내 워든에게 호의적이었던 기록과 시선을 바로잡고자 했다.

전략적 항공력에 관한 워든의 아이디어가 '혁명(revolution)'을 대표하는 것이었다면, 크리치는 '반혁명(Counter-revolution)'을 통해 수정주의를 추구했다. 이 과정에서 몇 명의 美 공군 고위급 장교들은 워든의 이론 및 업적과 관련된 책과 논문, 발표자료 및 기타 정보의 유포를 제한함으로써 그의 공을 깎아내리려 했다. 또한, 워든은 전역 후 매년 공군대학에서 요청받아 왔던 특강도 갑자기 받지 않게 되었다. 2001년 10월부터 2005년 11월까지 참모총장을 역임한 점퍼 장군은 참모총장 추천 도서목록에 기존의 '폭풍의 중심'과 '항공전역'을 빼고, 대신 크리치 장군의 저서인 '종합적 품질 경영의 5가지 기둥(*The Five Pillars of TQM*)'을 올렸다. 크리치와 점퍼는 모두 걸프전의 항공전역 개발에 있어 워든의 역할이 과장됐으며, 그가 실제로 받아야 할 것보다 훨씬 더 많은 주목과 공로를 인정받았다고 여러 차례 주장해 왔다.

워든의 유산: 기존 방식의 타파

전략적 사고에 대한 한 사람의 영향력을 평가하는 것은 어렵겠지만, 워든이 美 공군에 막대한 영향력을 미쳤다는 정황상의 증거는 차고 넘친다. 걸프전의 항공전역에 관한 가장 방대한 연구 내용을 담고 있는 '걸프전 항공력조사 보고서(*GWAPS*)'는 워든이 1991년 파월과 슈워츠코프 장군에게 발표한 군사전략에 대해 어떻게 바라봐야 하는지에 대해 기록하고 있다. '美 공군 역사실(U.S. Air

Force History Office)'은 이 자료를 철저히 분석한 후, 워든이 항공력을 전쟁의 보조적 수단으로 격하시킨 기존의 공지전투 교리에 반하는 '공중 및 리더십 지향'의 새로운 전쟁 수행방식을 도입했다는 결론을 내렸다.

비록 워든은 전략적인 항공력 적용을 강조한 것으로 가장 잘 알려져 있긴 하지만, 그의 통찰력과 끈기를 바탕으로 항공전역을 계획하고 실행한 중부사 공군의 블랙홀 팀에게 여러 전문분야와 타 군, 그리고 군 이외 다른 정부 기관과의 협력을 통해 확보한 정보와 선택방안을 제공했다. 워든은 블랙홀과 체크메이트 간에 탯줄과도 같은 필수적인 관계를 구축했고, 이 2개의 상보적인 기관은 중부사 공군에 배치된 계획입안자들이 항공전역 계획을 수립하고 효과적으로 실행하는 데 있어 다음과 같은 중대한 기여를 했다. 첫 번째로, 1991년 8월 말부터 10월 중순까지 중부사 공군의 블랙홀은 상부로부터 실행 가능한 항공임무명령서를 준비하라는 막중한 임무를 부여받았는데, 이때 워든과 그의 팀은 당시 블랙홀에는 없었던 전략적 항공전역 계획(단계 Ⅰ)을 세부적으로 조정하고 개선하는 데 필요한 정보와 아이디어를 제공했다. 파월과 슈워츠코프 장군은 9월 13일에 이 계획이 완성되자 항공전역이 실행 준비가 됐음을 선언했고, 국가통수기구에 의해 10월 11일에 승인된 전략적 항공전역 계획도 워든의 인스턴트 썬더 계획을 수정한 것이었다. 두 번째로, 1990년 10월 중순에서 1991년 1월 중순까지 워든과 체크메이트는 단계 Ⅱ 및 단계 Ⅲ의 개념적 토대 개발에 앞장섰다. 이때 워든의 팀은 파괴율 및 항공탄 소모량, 항공기 손실률을 포함하는 일련의 분석 자료를 중부사 공군에 제공했다. 중부사 공군의 계획입안자들은 체크메이트의 이 자료를 변형하여 슈워츠코프에게 보고했고, 1990년 11월에 그는 해당 분석내용에 대해 전반적으로 매우 만족하여 항공력이 이라크의 탱크와 야포, 그리고 장갑차의 50%를 소모할 때까지 지상 공세를 미루기로 결정했다. 세 번째로, 체크메이트는 워싱턴의 고위 정치 및 군사 지도자들이 항공전역과 항공력의 잠재력이 전쟁에서 최대의 효과를 낼 수 있도록 하는 결정을 내리도록 하는 데 있어 최선의 노력을 다했다. 이 과정에서 워든은 체니 국방부 장관에게 세 번이나 직접 브리핑을 했으며, 체크메이트는 전쟁 기간 내내 체니에게 전쟁 진행 내용과 관련된 정보 보고서를 제공했다. 워든과 체크메이트의 이러한 전문성은 고위 정치 및 군사 지도자들이 체크메이트를 전쟁 수행에 필요한 정보의 근원으로 인식하도록 만들었다.

앞서 제시한 내용이 워든 혼자서 걸프전을 승리로 이끌었다는 의미는 절대 아니다. 단 한 번도 워든이나 그의 옹호론자들은 그렇게 주장한 적이 없다. 전쟁이 워싱턴에서 계획되었다는 뜻도 아니다. 모든 작전적 및 전술적 결정은 중부사에 있던 슈워츠코프와 호너 장군에 의해 내려졌다. 비록 8월 20일에 호너와 워든의 첫 만남에서 의견 충돌과 상충된 관점이 존재했으나, 결과적으로 두 사람의 상충된 관점이 합쳐지면서 시너지 효과가 발휘되어 각자가 항공전역을 계획한 것보다 더 나은 계획을 수립할 수 있게 되었다. 그 후, 글로슨과 뎁툴라는 워든의 많은 아이디어를 항공전역 계획에 반영했다. 워든은 항공전역 계획 과정 중에 상당한 영향을 미쳤으나, 실제 항공전역이 시작되자 중부사령부를 포함해 여러 다른 기관과 조직으로부터 제공된 방대한 정보 유입으로 그와 그의 팀이 제공하는 정보에 대한 중요도는 이전보단 떨어졌다.

그러나 워든의 항공력 사고에 대한 기여는 그 어떤 논쟁과도 비교가 안 될 만큼 뛰어난 것이었다. 공중우세에 관한 연구와 이후에 항공전역을 설명하기 위해 고안한 5개 동심원 모델은 항공력의 목적 및 잠재력을 이해하고 이에 관해 구체적인 사고를 하는 데 있어 막대한 영향을 미쳤다. 워든이 美 공군에 입대했을 때, 단일통합작전계획[189]을 제외한 모든 군사적 사고는 대부분 서유럽지역에서 바르샤바군과의 대규모 재래식 전쟁에 경도돼 있었다. 적의 압도적인 숫자와 근접성으로 인해 심층 방어(defense in depth) 계획은 사치스럽게 여겨졌고, 따라서 항공력은 지상군을 지원하는 역할에만 집중할 수밖에 없었다. 美 공군과 육군의 합의하에 거시적인 군사력 운용개념으로 제시된 공지전투 교리는 이와 같은 항공력 운용 관점을 반영하고 구체화했지만, 풀다 갭[190]에서의 전투 시나리오와 마찬가지로 특정 시기와 장소에만 그 효과성을 담보할 수 있었다. 반면 워든은 항공력이 국가이익에 어떻게 기여할 수 있는지에 대한 훨씬 넓은 관점을 제시했다. 특정 표적범주들을 적의 전체 시스템과 연결하는 것을 강조했고 항공력을 단순히 방어가 아닌 공세적으로 사용할 것을 대담하게 제안함으로써 이후에 다른 사람들이 그와 같은 방법으로 항공력을 적용할 수 있도록 하는 기반을 마련했다. 가장 중요했던 것은, 그가 자신의 아이디어를 다른 사람들이 귀남아듣고 고려해야 한다고 주장할 수 있는 도덕적 용기가 있었다는 점이다.

워든은 근본적으로 항공력 사용에 있어서 '풀다 갭'식의 운용방식을 타파했다. 그는 항공력의 잠재력을 창의적으로 고려할 수 있는 공간과 지적 성역을 만들었고, 이는 항공력을 효과적으로 활용할 수 있도록 유도했다. 워든 방식의 항공력 운용의 즉각적인 결과는 걸프전에서 이전 전쟁 대비

---

189) 단일통합작전계획(Single Integrated Operational Plan): 냉전 시대에 미국이 수립한 핵전쟁 수행을 위한 통합 작전계획.

190) 풀다 갭(Fulda Gap): 독일 중부의 풀다(Fulda) 지역을 중심으로 형성된 평야 지대를 말하는데, 냉전 시대에 NATO는 이 지역을 소련의 서유럽에 대한 주요 공격로로 예상하고 대비했음.

사상자 발생이 급감했다는 점이다. 장기적인 결과로는 워든의 핵심 아이디어들, 특히 오늘날 합동 교리의 핵심 원칙인 효과중심작전(EBO)의 탄생이라고 볼 수 있다.

워든에 의해 美 공군은 1980년대 중반에 시작되어 걸프전과 그 후 10여 년 동안 지속되어 온 재래식 항공우주력의 전략적인 운용을 위한 통합된 이론을 되찾을 수 있었다. 전략 및 국제 연구센터 의장인 루트웍은 이에 대해 다음과 같이 언급했다.

> 워든이 美 공군의 전략적인 능력을 되찾게 해 줬다는 말은 과장된 것이다. 美 공군의 전략적인 문화는 그가 임관하기 전부터 존재했으며, 엄청난 전략적 역량이 이미 존재하고 있었다. 그러나 그것은 모두 핵에 대한 것이었다. 따라서 전술공군사령부(TAC) 소속의 예하 비행단이 핵무기를 다량 보유하고 있었음에도 불구하고 핵을 제외한 재래식 무기는 모두 자동적으로 '전술적 (tactical)'이 될 수밖에 없었다. 누구도 부인할 수 없는 사실은 워든이 제2차 세계대전 당시 재래식 전략폭격 임무에서 많은 시행착오와 실험을 거쳐 완성됐으나, 1945년 핵무기가 등장하면서 완전히 쓸모없게 되어 버린 재래식 전략 표적처리 능력을 부활시켰다는 점이다. 냉전이 시작된 지 수십 년이 지난 후 핵무기의 사용 가능성이 줄어든 현 상황에서 재래식 정밀무장의 등장은 재래식 전략 표적처리 능력의 부활에 있어 단지 필요조건이었다. 충분조건은 다리 등을 그저 파괴하는 것이 아니라, 전쟁을 승리로 이끌 수 있도록 그러한 정밀무장을 어떻게 적용할 것인가에 대한 워든의 체계적인 사고였다.

워든의 항공력 이론: 체계적인 마비

워든은 그의 이론적 저술에서 다음과 같은 항공력 사용과 관련된 10가지 주요 특징을 확인했다. ① 전략적 공격의 중요성과 전략적 수준의 전쟁에서 국가의 취약성, ② 전략적 공중우세 상실로 인한 치명적인 결과, ③ 병행전의 압도적 효과, ④ 정밀무장의 가치, ⑤ 작전적 수준의 전쟁에서 지상군의 취약성, ⑥ 작전적 공중우세 상실의 치명적 결과, ⑦ 스텔스와 정밀무장에 의한 대량 및 기습에 대한 재정의, ⑧ 공중지배의 달성 가능성, ⑨ 항공력의 지배력, ⑩ 전략적 및 작전적 수준의 전쟁에서 정보의 중요성이 해당된다. 이러한 주요 특징을 바탕으로 '체계적인 마비(systemic[191] paralysis)'라는 용어는 워든의 항공력 이론이 추구하는 목표를 가장 잘 표현한 용어이다. 그의 저술은 본질적으로 전략의 3가지 구성요소인 목표(ends), 방법(ways), 수단(means)을 다음과 같이 다루고 있다. 항공전략가들은 군사행동 자체를 목표로 보기보단 군사행동이 추구하는 정치적 목표에 집중해야 한다(목표). 이들은 5개 동심원 모델을 사용하여 적국을 설득하거나 강제함으로써 이러한 정치적 목표를 달성해야 한다(방법). 그리고 이들은 정밀무장으로 병행 공격을 할 수 있는 표적군을 식별해야 한다(수단).

워든의 항공력 이론은 다음의 3가지 주요 원칙에 기반을 두고 있다. 첫째, 도전상황에 대한 전략적 접근방식은 전술적 접근방식과는 완전히 다르다는 것이다. 진정한 전략가는 적 지도부의 예상되는 행동 변화를 식별하고 이러한 행동 변화를 초래하는 데 필요한 마비의 수준을 제시할 수 있어야 하기 때문에, 정치적 목표의 일반적인 성격과 구체적인 내용에 대해 이해하고 있어야만 한다. 그러므로 전략가는 항공기와 탱크, 함정 및 무기체계를 고려하기에 앞서 전쟁의 종결 기준과 원하는 최종 상태를 먼저 검토해야 한다. 워든에게 있어서 전략적 사고란 전선에 배치된 적의 전력이 아닌 적국이나 적국의 지도부에 직접적인 영향을 미칠 수 있는 지렛대, 즉 적의 중심(CoG)을 찾는 것을 의미한다.

둘째, 전략가는 거시적인 결과를 염두에 두고 원하는 효과를 어떻게 달성할 것인가를 결정해야 한다. 전략적 마비란 전략적 수준의 전쟁에서 일시적으로 적을 공황상태에 빠지게 만드는 것으로, 적의 행동과 결정이 전쟁의 결과와는 무관하게 만드는 것을 의미한다. 전략적 마비는 전장에 배치된 군사력을 섬멸 또는 소모시키는 것을 승리로 간주해 왔던 이전의 군사적 사고와는 반대로, 적들이 그들의 방책(course of action)을 실행할 수 있는 능력과 직접 연관된 국가 수준의 표적늘에 대한 공격을 요구한다. 이 이론은 적의 전투의지 또는 전투능력을 두 번째로 중요한 것으로 간주한다. 이와 같은 접근법은 '파괴'와는 반대되는 '효과'를 창출하고, 군사력의 경제적 사용뿐만 아니라 비군사적인 수단도 사용함으로써 양측 모두가 적은 비용으로 상대방의 행동을 변화시키거나 억제할 수 있다. 일단 전략적 마비라는 목표가 주어지면, 적을 하나의 시스템으로 보아야 한다. 워든은 그의 5개 동심원 모델이 전쟁의 전략적 및 작전적, 그리고 전술적 수준에서 모두 활용할 수 있다고

---

191) 체계적인(Systemic): 어떤 문제나 영향이 한 시스템의 전체에 걸쳐 광범위하게 영향을 미치거나 받는다는 의미.

믿었다. 그는 전략적 마비 이론을 적용하려는 계획입안자들은 5개 동심원을 구성하는 각각의 표적에 대한 구체적인 식별을 잠시 제쳐 두고, 적 체계의 중심(CoG)이 무엇인지를 정의해야 한다고 주장했다. 또한, 워든은 이 중심을 엄격히 세분화해야만 다양한 국가 구성요소들 간의 상호관계와 그에 따른 양국 체계의 장·단점을 이해할 수 있다고 주장했다.

마지막으로, 공격자는 체계적인 마비효과를 불러오기 위해 다양한 표적군을 대상으로 거의 동시에 신속하며 결정적으로 작전을 수행해야만 한다. 성공 여부는 공격에 따른 마비로 인해 효과적인 대응이 불가할 정도의 빠른 속도로 표적들을 공격할 수 있느냐에 달려 있다. 전쟁 개시 순간부터 고강도 공격을 받은 적 정권은 충격을 받고 당황하여 제대로 된 대응을 할 수 없게 된다. 워든이 보기에 정밀성은 이러한 병행 공격의 효과성을 극대화하기 위한 가장 중요한 능력이며, 선정된 표적을 거의 확실하게 타격할 수 있는 이 능력은 베트남전 이전 시대와 구분 짓는 잣대였다.

돌이켜 보면, 사막의 폭풍 작전은 이전의 모든 주요 전쟁과는 달리, 안개와 마찰, 그리고 불확실성이 거의 없이 진행됐다는 점에서 특이했다. 전략적 항공전역은 공격 개시 48시간 후 이라크 지휘통제 체계가 무력화되어 후세인 정권이 적시에 대응하지 못하게 했고, 이후 38일 동안 지속된 쿠웨이트 주둔 이라크 지상군에 대한 항공전역은 지상 전투 없이도 이라크군의 탱크와 야포, 그리고 병력을 파괴할 수 있게 했다. 그러므로 걸프전 승리 결과는 전쟁 역사상 유례가 없었던 항공력에 의해 달성된 것이었다. 이 전쟁에서, 워든의 지휘부 지향적이고 효과를 중심으로 한 체계적인 마비 이론은 군사 이론에 있어 새로운 이정표를 세웠다. 그의 "항공력은 단순히 소모 또는 파괴를 추구해서는 안 되며, 재래식 정밀무장을 체계적으로 분석된 표적군을 대상으로 신속하고 집중적으로 투하함으로써 결정적인 효과를 달성하도록 해야 한다."라는 주장은 실제 전쟁에서 가치 있는 것으로 증명됐다.

걸프전 이후 발생했던 전쟁들은 일반적으로 이 전쟁의 양상을 따라갔다. 항공력은 '신중한 힘 작전(1995)'[192]에서 다시 한번 그 가치가 증명됐는데, 당시 항공지휘관이었던 라이언 장군은 워든의 걸프전 브리핑 자료가 '매우 유용'했다고 언급했다. '동맹군 작전(1999)'[193]의 항공지휘관이었던 쇼트 중장은 워든의 걸프전 공헌에 대해 단 한 번도 인정한 적이 없긴 했지만, 전쟁 개시 첫날 밤에 전선에 있던 세르비아 지상군이 아닌 수도 베오그라드에 위치한 지휘부와 통신센터, 도로 및 교량과

---

192) 신중한 힘 작전(Operation Deliberate Force): 1995년 발생한 보스니아 내전에서 NATO가 수행한 작전 명칭.

193) 동맹군 작전(Operation Allied Force): 1999년 발생한 코소보전에서 NATO가 항공력만으로 수행한 작전 명칭.

같은 기반시설에 대한 전략적 항공전역을 실시하자고 제안했다. '항구적 자유 작전(2001)'[194]에서 미군은 특수작전과 아프간 내 반 탈레반 세력이었던 북부 동맹군과의 협력하, 압도적인 항공력으로 탈레반 지상군을 제거하는 데 큰 역할을 했다. 마지막으로 美 공군은 '후세인 정권 교체'를 목표로 했던 이라크 자유작전(2003)[195]에서 다시 한번 전장을 주도했다. 당시 여러 이유로 항공지휘관들은 그들이 원했던 대로 항공전역을 실시할 수는 없었지만, 탱크와 야포보다는 지휘부를, 파괴보다는 효과를, 그리고 공격 표적 목록보다는 적의 중심(CoG)에 집중해야 한다는 워든의 주장을 따랐다.

따라서 워든의 아이디어 중 상당수는 걸프전 이후의 전쟁에서도 적용되었고, 각 군의 지휘관들은 항공력 사용을 선호했으며, 어떤 지휘관도 이후 전쟁에서 공지전투 방식의 군사력 적용을 하지는 않았다. 오늘날의 군사 지도자들은 항공력이 전쟁에서 상황에 따라 지원전력이나 주도전력 혹은 독립된 전력으로 사용될 수 있음을 인정한다. 육군 장교들은 더 이상 항공력을 단순히 지상군의 지원전력으로 여기지 않으며, 미국의 잠재 적군은 항공력이 그들의 전투력을 감소시킬 수 있다는 사실을 잘 알고 있기 때문에 무력으로 맞설 경우, 막대한 손실이 발생할 수 있음을 인지하고 있다. 현재 美 공군은 항공력이 전쟁 초기부터 적의 지도부를 정밀공격할 수 있다고 주장하며, 파괴보단 적의 중심(CoG)과 효과에 대해 일상적으로 언급하고 있다.

최종 견해

위대한 아이디어는 언제나 다양한 경험과 사람이 결합되어 탄생하는 것이며, 인류 역사에 있어 한 가지 원인으로 발생한 사건은 거의 없었다. 그럼에도 불구하고 궁극적으로 누군가는 이러한 경험과 아이디어를 집약하여 공식화하고 발전시키며, 대중화해야만 한다. 클라우제비츠의 '중심(CoG)' 개념 혹은 리델 하트의 '간접 접근(Indirect Approach)' 전략은 그들 혼자만의 업적이 아니다. 그러나 이들은 이러한 개념들을 명확히 재정립하고 대중화함으로써 현대 군사 이론에 중대한 기여를 할 수 있게 되었다. 워든은 새로운, 아니 정확히 말하면 잊혀 있었던 재래식 항공력 운용 이론을 구체화하고 대중화하였으며, 본인 이론의 상당 부분을 사막의 폭풍 작전을 통해 증명했다. 체

---

194) 항구적 자유 작전(Operation Enduring Freedom): 2001년 발생한 아프가니스탄 전쟁의 작전 명칭.

195) 이라크 자유 작전(Operation Iraq Freedom): 2003년 발생한 이라크 전쟁의 작전 명칭.

계적인 마비 이론의 근간이 된 각각의 개념들은 과거 전사에서 전례가 없었던 것은 아니었다. 그러나 워든은 그것들을 서로 연관시켰으며, 새로운 통찰력을 추가하여 공식화하고, 전시에 적용할 수 있는 방법을 고안해 냈다. 그의 진정한 업적은 연결돼 있지 않았던 일련의 아이디어들을 모아 일관된 이론으로 만들고, 다시 해당 이론에 새로운 기술을 접목하여 실현 가능한 계획으로 구체화했으며, 심각한 반대에도 불구하고 그의 성격의 힘과 기회를 포착하여 해당 이론을 적시에 거대한 관료주의 기관에서 추진한 것이었다. 워든은 美 공군의 의제에 항공력 이론을 본래 위치로 되돌린 촉매제이자 학구적인 리더였다. 이러한 점에서 그는 1990년대를 거쳐 오늘날을 대표하는 항공우주력에 관한 사고에 있어 르네상스적인 인물이다.

맺음말

워든은 美 공군에서 전역한 직후 몽고메리에 본인의 회사인 벤츄어리스트[196]를 설립했다. 그는 한동안 기업가가 되겠다는 공상에 사로잡혀 있었으며, 본인의 항공전역계획수립 시 적용했던 문제 해결 접근방식이 민간 기업에서도 똑같이 적용될 수 있다고 확신했다. 또한, 기업가가 되면 상급자의 마음에 들기 위한 형식적인 보고를 하지 않아도 된다는 사실이 매력적이라고 생각했다. 그는 주로 교육 및 훈련 프로그램 분야의 컨설턴트로서, 1995년부터 민간 기업과 학계, 그리고 정부 기관을 대상으로 전략의 의미와 전략적 사고 및 행동의 중요성에 대한 통찰을 제공해 왔다.

워든은 그의 항공전략을 사업전략으로 바꾸는 것이 어렵지 않았다. 그는 공군사관학교에 입교한 이후부터 계속해서 작전보다는 전략에 훨씬 관심이 많았다. 또한, 군 경력 후반부에도 워든은 항공력을 단순히 국가 차원에서 전략적 목표를 달성하기 위한 가장 실용적이고 매력적인 수단으로만 여겼으며, 그의 항공력 이론도 장거리 전폭기의 필요성을 입증하기 위한 것이 아니었다. 비록 그는 항공기 성능에 대해 관심이 많았고 비행하는 것을 좋아하긴 했지만, 단 한 번도 항공기 자체를 목표로 생각하지 않았다. 그는 군에 있을 때에도 항상 사업적인 비유로 설명하길 좋아했다. 예를 들어, 그는 1983년에 작성한 '승리를 위한 기획(*Planning to Win*)'이란 논문에서 "단순히 시장 점유율만 높이기 위한 전략을 가진 회사는 좋은 전략을 가진 경쟁사의 먹잇감이 될 수밖에 없다."라고 경고했으며, 1987년 비트부르크에서 비행단 개혁을 위한 93가지 구상을 할 때에도, "전 세계가 스스로 완벽하다고 생각하는 회사들로 가득 차 있기 때문에, 세계 시장이 정체되어 있다. 성장하지 않고, 매일 더 나은 실행 방법을 찾지 않는 회사 및 국가 또는 군대는 실패하기 마련이다."라고 말한 바 있다. 그는 백악관에서 1년 동안을 보내면서 이와 같은 경쟁력에 대한 인식을 더욱 강화했다. 그해 워든은 비즈니스 전략에 전적으로 집중함으로써 그가 원래부터 관심이 많았던 분야로 되돌아갔다.

---

196) 벤취리스트(Venturist): 현재(2025년)에도 운영되고 있고 https://venturist.com에 접속하면 워든의 회사에 대해 자세히 알 수 있음.

워든은 벤춰리스트 설립 직후 그의 저서에 있는 보편적인 방법론을 사업 분야에 적용하기로 결심했지만, 텍사스 인스트루먼트(Texas Instruments)사의 워크숍에서 러셀을 만난 후에야 자극을 받아 그렇게 했다.

GEO 그룹의 창립자이자 리더십 개발 및 지식 관리 혁신가였던 러셀은 전략에 대한 워든의 개념적인 이해와 지식에 즉시 깊은 인상을 받았다. 그는 워든의 아이디어가 "명료하고 논리적이며 이해하기 쉬워, 그를 '천재'라고 생각했다."라고 당시 상황에 대해 회상했다. 두 사람은 1999년 힘을 합쳐 '프로메테우스197) 프로세스(Prometheus Process)'라는 개념을 개발했는데, 이는 워든의 전략적인 통찰력과 군사적 경험, 역사에 대한 관심을 러셀의 비즈니스 성공 및 실패 경험과 결합한 것이었다. 그들은 고대 그리스의 신화를 떠올리며, 반란군 티탄족198)이 목표 달성을 위한 열정(불)과 선견지명 모두를 대표하므로 프로메테우스를 자신의 비즈니스 철학에 이상적인 상징물로 보았다. 워든과 러셀에 따르면 프로메테우스 프로세스는 '신속하고 결정적인 전략적 행동을 위한 사고방식이자 방법'이고, 성공의 비결은 '전략적으로 생각하고 예리하게 집중하며, 신속하게 움직이는 것'이라고 했다. 이들은 프로메테우스 프로세스에 대해 다음과 같이 구체적으로 설명했다.

프로메테우스 프로세스는 모든 사람이 이해할 수 있을 정도로 간단하면서도 모든 범위와 복잡성을 가진 프로젝트를 계획하고 실행하며 완료할 수 있을 만큼 정교한 성공 전략을 설계하는 체계적인 방법이다. 이 개념은 미래에 초점을 맞추어 성공의 진정한 척도가 무엇이 되어야 하는지를 안내하고, 투입한 노력 대비 가장 많은 이익을 창출할 수 있는 올바른 실행 '목표'를 찾는 방법을 알려 준다. 또한, 이 프로세스는 다양한 조직 개념에 관해 생각하는 방법을 보여 주고 비즈니스 주기 및 제품의 결과에 대해 처음과 마찬가지로 신중하게 계획할 수 있도록 안내한다. 프로메테우스는 조직 전반에 걸쳐 공유되는 일반적인 전략적 어휘가 포함되어 있다…. 이 개념은 동일한 공정 패턴이 심지어 더 작은 규모에서도 계속 반복될 수 있음을 의미하는 '프랙털(Fractal)'199) 개념이기도 하다.

---

197) 프로메테우스: 그리스 신화에 나오는 티탄족(Titan) 영웅으로 신의 불을 훔쳐다가 인류에게 제공.

198) 티탄(Titan)족: 그리스 신화에 나오는 거인족.

199) 프랙털(Fractal): 부분이 전체와 닮은 형태를 가지는 기하학적 구조.

워든과 러셀의 파트너십은 2001년 8월에 발간된 *빠른 시간 내의 승리(Winning in Fast Time)*'에 반영되었다. 제목은 책이 전달하고자 하는 주요 메시지, 즉 성공 확률을 높이기 위해서는 최대한의 많은 실행을 가장 짧은 시간 안에 해내야 한다는 것을 반영하고 있다. 책의 전반부인 '프로메테우스 시금석'에는 전략적 계획을 지배하는 원리와 법칙에 대한 철학적, 방법론적 기초를 제공하는 반면, 후반부는 프로메테우스 프로세스를 구성하는 4가지의 원칙, 즉 미래 설계, 성공 목표, 승리 캠페인 그리고 뛰어난 마무리에 관해 설명하고 있다.

이 책은 비록 새로운 통찰력을 추가하고 내용을 각색했으며, 새로운 관점과 다양한 군사적·상업적 예시를 보강했지만, 기본적으로 워든이 공군본부에 근무하면서 개발했던 인스턴트 썬더 및 5개 동심원 모델, 그리고 그 외의 아이디어들을 다시 적용한 것이었다. 이 책의 내용은 설득력이 있고 단순함과 전체적인 접근방식을 모두 제공하며, 성공적으로 검증된 것들이다. 또한, 이 책은 부분적으로는 전략적 사고와 관련된 신비주의를 고양 시키기도 했다.

*빠른 시간 내의 승리*가 주장하는 내용은 워든이 이전에 썼던 글의 내용과 유사하며, 그 메시지가 전례가 없었던 것은 아니지만, 기업들이 평가해야 할 다양한 요소들을 일관되게 제시했다는 특징이 있다. 이 책은 워든의 저서인 '*항공전역(The Air Campaign)*'의 구성과 유사하게 4가지 원칙과 8가지 인스턴트 썬더 원리, 9가지 프로메테우스식 규칙 및 12가지 핵심 설명을 포함한다. 프로메테우스 프로세서는 워든이 *항공전역*에서 제시했던 전쟁의 '조직화(orchestration)'라는 개념을 사업계획 수립 원리로 적용했고, 공격적이어야 할 때와 현 상태를 유지할 때의 중요성을 강조하며, '예비전력(reserves)'의 개념을 재정 및 예산, 그리고 인적 자원으로 해석했다. 이 책은 다른 모든 동기 부여 서적들과 마찬가지로 의도적으로 낙관적이며, 혁신적인 아이디어를 제시하기 위해 구체적이지 않은 요소들은 배제했다. 더불어 이 책은 독자들이 전술적이기보다는 전략적으로 사고하도록 독려하고, 현상보다는 근본적인 문제를 해결하기 위한 지침을 제공하며, 제한사항에 대해 불평하기보다는 긍정적으로 생각하는 것의 중요성에 대해 강조하고, 고려할 가치가 있는 일련의 원칙들을 제시했다. 프로메테우스 프로세서는 잘 정립된 다른 많은 사업 전략들보다 더 포괄적이며, 여전히 발전하고 있는 개념이다.

벤츄어리스트는 설립 이후 십 년 동안 사업이 확장됐다. 러셀과의 협력 관계는 2002년도에 끝났지만, 워든은 프로메테우스 프로세스를 민간 기업과 정부 기관, 그리고 개인이 이용할 수 있도록 새로운 과정과 교육 자료를 계속해서 개발하고 있다. 비록 회사의 대부분 활동이 몽고메리에서 실시되는 프로메테우스 아카데미 교육과정을 포함하여 美 본토에서 이루어지고 있지만, 워든은 중국과 남미, 그리고 유럽 등의 지역을 여행하며, 전 세계적으로 세미나를 개최하고 강연도 했다. 벤츄어리스트의 프로그램은 텍사스 인스트루먼트, 화이자, 푸르덴셜 은행, 노스 쇼어 메디컬 센터, EPS 솔루션, 제이 키시먼 건설, 맥도날드 코퍼레이션, 버마 푸드와 같은 기업들로부터 많은 찬사를 받았다. 특히, 텍사스 인스트투르먼트의 컨솔버는 워든의 전략적 통찰력이 회사 발전에 상당히 도움이 됐다고 밝혔으며, 버마 푸드 사의 CEO인 채프먼은 2004년도에 말콤 발드리지 국가 품질상을 받았을 때, 많은 공을 워든에게 돌렸다.

여전히 지적 호기심이 많고 정해져 있는 경계를 참지 못하는 워든은 인간이 할 수 있는 모든 영역에서 전략의 의미와 중요성에 대해 계속해서 탐구하고 범위를 확장해 가고 있다.

부록 1: 인스턴트 썬더

　美 공군본부의 항공력 옹호론자들(워든 대령과 그의 체크메이트 부서)은 1990년 8월 2일에 발생한 이라크의 쿠웨이트 기습침공에 대응하여 이라크 전쟁 수행 의지의 주요 원천(후세인 정권)에 대한 지속적인 노력을 통해 쿠웨이트 주둔 이라크군을 철수시키기 위한 전략적 항공전역을 제안했다. 워든은 이 제안을 '인스턴트 썬더'로 칭했다. 비록 수정이 있긴 했지만, 인스턴트 썬더는 사막의 폭풍 작전에서 전략적 항공전역 계획의 핵심이 되었다. 인스턴트 썬더는 美 공군이 핵이 아닌 재래식 수단으로 전략적 항공전역을 전쟁에 재도입했다는 상징적인 의미가 있다.

　인스턴트 썬더의 최초 버전은 1990년 8월 10일 슈워츠코프 장군에게 제시되었고, 두 번째 버전은 7일 뒤에 제시되었다. 첨부 슬라이드는 8월 17일에 플로리다의 탐파에서 슈워츠코프 장군에게, 그리고 8월 20일에 사우디아라비아 리야드에 있던 호너 중장을 대상으로 브리핑한 자료이다. 원본은 30장 이상의 슬라이드로 구성됐으나, 이 중 비밀로 분류된 것을 제외한 22장의 슬라이드를 다음에 수록했다.

이라크 항공전역
인스턴트 썬더

1

이라크 항공전역 인스턴트 썬더

- 고려사항: 단기간 내에 이라크 지도부를 무력화하고 주요 이라크 군사 역량을 파괴하되, 기본적인 이라크 기반시설은 손상되지 않도록 계획된 집중적인 항공전역
- 비고려 사항: 이라크군의 기동에 대응하기 위해 단계적인 확대 군사 옵션을 제공할 수 있는 점진적이고 장기적인 전역계획

2

이유

- 주도권 확보 – 문제의 핵심을 공격
- 단기 내 실행 가능   ⇨ 시간은 그의 편이다
- 장기간의 지상 전투/손실 회피
- 우방인 아랍국가들에 후속 작전 및 재건 역량 제공

3

전략적 고려요소

- 후세인 고립
- 이라크의 공격 및 방어 능력 제거
- 국가 리더십 무력화
- 우방 국가에 대한 위협 완화
- 재건 증진을 위한 피해 최소화

4

전략적 항공전역 인스턴트 썬더

• 작전 개념: 단기간(몇 주가 아닌 며칠) 내에 이라크의 전략적 중심(CoG)에 대한 강력하고 집
중적인 공격 수행

  - 이라크 국민이 아닌 후세인 정권 표적화

  - 민간인 사상자 및 부수적인 피해 최소화

  - 미국 및 동맹국의 피해 최소화

  - 이라크의 약점에 미국의 강점 적용

5

전략 달성 방안

• 심리전(PSYOPS) 및 기만 작전 적용

• 공중우세 달성

  - 적 방공망 파괴

  - 적 비행장 공격

  - 방어제공 및 공세제공을 통한 적 항공기 소탕

• 선택적 전략 표적군 공격

  - 지도부

  - 지휘통제체계(C2)

  - 주요 석유 정제 및 유통분배 시설

  - 화생방 시설

  - 공세적 항공 및 미사일 역량

• 정밀무장 강조

6

포커스: 공격 표적 대상

지도부	핵심 생산시설	기반시설	인구	야전군
후세인 정권 - 장거리통신 및 C3 무력화 - 민간 - 군	전기 석유 - 생산 및 수출역량이 아닌, 내부 유통 및 저장시설 화생방 연구시설 군사 연구, 무기 생산 및 저장시설	유일한 철도	심리전 - 이라크인 - 외국인 근로자 - 쿠웨이트 주둔 이라크 군인	전략적 방공 능력 파괴 전략적 공격 능력 파괴 - 폭격기 - 미사일

7

표적범주

전략적 방공 능력 - 10개	석유(내부 소비용) - 6개
전략적 화학 표적 - 8개	철도 - 3개
국가 지도부 - 5개	비행장 - 7개
장거리통신 - 19기	항구 - 1개
전기 - 10개	군사/지원 생산 및 저장소 - 15개

총 표적 수: 84개

8

필수 표적군

- 전략적 방공 능력
  - 이라크의 방공 능력을 무력화하고 아군에 대한 위협 최소화
- 전략적 공격 능력
  - 현재와 미래에 인접 국가에 대한 위협 감소
- 후세인 정권
  - 가장 중요한 중심
- 장거리 통신 및 C3
  - 국민과 군에 대한 후세인의 연결 고리 단절

9

필수 표적군(계속)

- 전기
  - 생산량 감소 및 혼란 야기
- 석유(정제유)
  - 국내 및 군 내부 유통 마비
- 철도
  - 물자 및 서비스 유통능력 악화
- 화생방 연구시설
  - 장기적인 국제 위협 감소
- 군사 연구, 무기 생산 및 저장시설
  - 장/단기적 공격 능력 제한

10

공격 예상 결과

- 전략적 방공 능력 – 파괴
- 전략적 화학 능력 – 장기적 퇴보
- 국가 지도부 – 무력화
- 장거리 통신 – 중단/성능 저하
- 전기 – 바그다드 60% 감소, 지방 35% 감소
- 석유(내부 소비량) – 70% 감소
- 철도 – 파괴/기능 저하
- 비행장 – 파괴/기능 저하
- 항구 – 파괴
- 핵심적인 군 생산/저장시설 – 파괴/성능 저하

11

강도: 투입 전력

- 美 공군, 해군, 해병대
  - 장거리 재래식 공격 능력
    - B-52 2개 대대　　· F-111 1개 대대　　· F-15 1개 대대
  - 32개의 전투기/공격기 대대
  - 특수 항공기
    - F-117 1개 대대　　· 대공제압 임무 3개 대대
    - EC-130H(Compass Call)　　· 공중조기경보통제기(AWACS)
  - 토마호크 지상공격 미사일(TLAM)
  - 심리작전
    - MC-130(Volant Solo)
  - 통합된 다국적 공군(가능할 경우)

12

강도: 사용방법

- 24시간 운용
  - 다축, 다중 표적에 대한 야간 공격으로 시작
  - 공격 개시일 야간에 다중 표적에 대한 후속 공격
  - 그 후, 시기(오전/오후/야간)당 1회씩 공격
  - 약 6일 소요
    - 첫날: 1,200소티
    - 2~6일: 일일 900소티

13

표적처리 우선순위

- 1일 & 2일: 전략 표적
- 3일 & 4일: 공세제공(OCA) 표적에 중점을 두고 폭격피해평가(BDA)에 기반한 전략 표적 목록 재공격
- 5일 & 6일: 화학물질 생산시설 및 군사지원 기반시설에 대한 공격

14

실행 계획

- 야간 공격으로 시작(2파)
- 제1파(wave) - 일몰 후 1시간(163소티)
  - 적 방공망 제압(SEAD) 패키지
  - 방공, 지휘통제(C2), 비행장
  - 화학 시설, 공세제공(OCA)/지도부
  - 항공전력 이탈에 따른 LRBs 영향(GPS 상황에 따라 다름)
- 제2파(wave) - 일출 전 1시간(131소티)
  - 적 방공망 제압(SEAD) 패키지
  - 비행장/이라크 남부지역
  - 화학 시설/지도부
- 이후 공격: 시기(오전/오후/야간)당 1회씩 공격
- 군간 갈등 방지를 위한 공역 분리
  - 美 공군 - 서부 바그다드 및 이라크 중부
  - 美 해군 - 동부 바그다드(홍해 함재기), 남동부(독립)
  - 美 해병대 - 남부 및 중부 표적군

15

예상 결과

- 국가 지도부, C2 파괴
- 이라크의 전략적 공격력 및 방어력(미사일 및 장거리 항공기) 장기간 사용 불가
- 내부 경제 붕괴
- 이라크의 석유 수출 능력은 심하게 훼손되지 않음
- 반도 국가들은 잔여 이라크군을 효과적으로 상대할 수 있는 전투능력을 보유하게 됨

16

이라크가 인스턴트 썬더 실행에 대응하여 사우디아라비아를 공격할 경우

- 즉각적인 교전 가능 전력
  - A-10 4개 대대
  - AV-8B 2개 대대
  - F/A-18 2개 대대
  - AH-1W 2개 대대
  - AH-64 4개 대대
- 인스턴트 썬더는 많은 공통의 표적을 포함
  - 공중우세
  - 지휘통제(C2)
  - 차단
- 인스턴트 썬더와 전장에서의 항공작전 결합으로 이라크군 지상진격 차단
- 인스턴트 썬더에 미치는 영향 최소화

17

심리 및 기만 작전

- 전역에 있어 심리전은 핵심요소
  - 이라크 TV 및 방송국 파괴
    · 미국 방송으로 대체
  - 국민과 군의 지원으로부터 후세인 정권 분리
- 기만 작전
  - 사상자 감소
  - 군사작전 촉진
    · 승리를 위한 필수요소는 아님

18

문제점 및 제한사항

- 야간 PGM 능력
  - F-111D는 레이저 지시 기능 없음
  - 지도부 및 방공 표적을 위한 야간 레이저 지시기 추가
- 다국적 자산의 활용
  - 인스턴트 썬더 공중우세 및 공세제공 계획에 상당한 도움
  - 전력의 통합 적용은 도전 과제도 제시
- 항공우주 통제 계획
  - 단순한 항공우주 통제 계획 필요
  - 공중우세 확보 무기 사용 장려
- 항공무장 분배
  - 적절한 기지 도착

19

문제점 및 제한사항(계속)

- 공중급유기 숫자[부머(Boomer) 및 연료 탑재]

항공기 총수	최소 요구 수량	최적 수량
현재 75	94	114

- 표적처리
  - 전략적 상황과 새로운 정보 상황을 충족시키기 위해 지속 최신화
    - 예: 공화국 수비대, 무하바라트 본부 등의 표적정보 최신화 필요
  - 장거리 미사일
    - 화학탄 탑재가 가능한 장거리 스커드는 심각한 문제점 야기
  - 정치
    - 튀르키예 및 이란의 상태

20

문제점 및 제한사항(계속)

- 심리전
  - 후세인의 쿠웨이트 TV 및 라디오 사용 가능성
  - ME TV용으로 변경된 MC-130(Volant Solo)
- 탐색구조
  - 일리노이주 스콧 공군기지의 합동구조협조본부(JRCC)에 임무 할당이 되지 않으므로, 전구항공통제본부(TACC)와 같은 장소에 배치

21

지금까지의 노력

- 합참/각 군의 참여
- 표적기지, 시스템 역량, 지원 요구조건 및 군수 업무 분석
  - 합참의장/각 군 참모총장에 대한 브리핑
- 지속적인 개선
- 중부사령관의 검토를 위한 계획 준비

22

부록 2: 중부사령부 항공전역 계획

버지니아주 랭글리 공군기지에 위치한 美 공군 전술공군사령부(TAC)는 워든 대령의 인스턴트 썬더 계획을 좋아하지 않았으므로, 슈워츠코프에게 대안의 항공전역 계획(중부사령부 항공전역 계획)을 제시했는데, 이 계획은 팩스로 공군본부에 8월 10일 도착했다. 이 대안은 처음부터 이라크 지도부에 맞서 공격적으로 항공력을 집중하기보다는 점진적인 확대와 시위적인 타격에 중점을 두고 있었다. 슈워츠코프에게 선택방안을 제공한다는 의미였지만, 워든과 그의 팀이 인스턴트 썬더를 이미 슈워츠코프에게 선택방안으로 제공했고, 이 계획이 걸프전의 기본 개념으로 승인받았기 때문에 중부사령부 항공전역 계획은 슈워츠코프에게 전달되지 못했다.

공군본부의 고위급 장교들과 워든의 팀은 중부사령부 항공전역 계획을 베트남전에서 실패한 전략의 반복으로 간주했다. 다음 슬라이드는 전술공군사령부(TAC)가 8월 10일에 팩스로 공군본부에 보낸 계획으로, 인스턴트 썬더의 항공력 운용 철학과는 상반되는 접근방식을 보여 주고 있다.

미 중부사령부
항공전역 계획

1

대통령의 목표

- 쿠웨이트로부터 즉각적이고 완전하며 무조건적인 이라크군 철수
- 쿠웨이트의 합법적인 정부 복원
- 페르시아만의 안보 및 안정 확보
- 해외에 있는 미국 시민의 생명 보호

2

중부사령부의 목표

- 위기 해결을 위해 정치적/외교적/경제적 노력을 지원하면서 이라크의 추가 공격 저지
- 사우디아라비아와 걸프 인근 국가들의 주권을 보호하기 위해 방어 및 공세 작전 수행
- 쿠웨이트 주둔 이라크군을 철수시키기 위한 공세 작전 준비 완료
- 미국 및 동맹국 정부에 유리한 조건으로 적대 행위를 중지시키기 위한 작전 수행 준비

3

계획 간 고려요소

- 표적은 이라크 군사력를 대표하는 전쟁 무기임
  - "집중적인 파괴"(이라크의 군사력 투사역량에 집중)
  - 적의 약점 공격
  - 민간의 희생/부수적 피해 최소화
- 합동군 및 다국적 군의 항공력을 항공전역에 포함
- 합동군 공군 구성군사령관(JFACC) 지명
  - '책임지의 임무'에 대해 산세히 설명
  - 모든 항공 자산을 이용하여 집중적인 항공전역 지휘
  - 작전통제권(OPCON)은 불필요(임무배정 권한만 필요)
- 소모전 회피
  - 신속하고 집중적인 항공전역
  - 군사력 간의 충돌 최소화

4

예상 결과

- 후세인 정권 전복/제거

- 쿠웨이트 주권 회복

- 이웃 국가들과 이라크 간의 지역적 군사력 균형 구축

- 석유 자원에 대한 세계적 접근성 확보

5

군사적 옵션

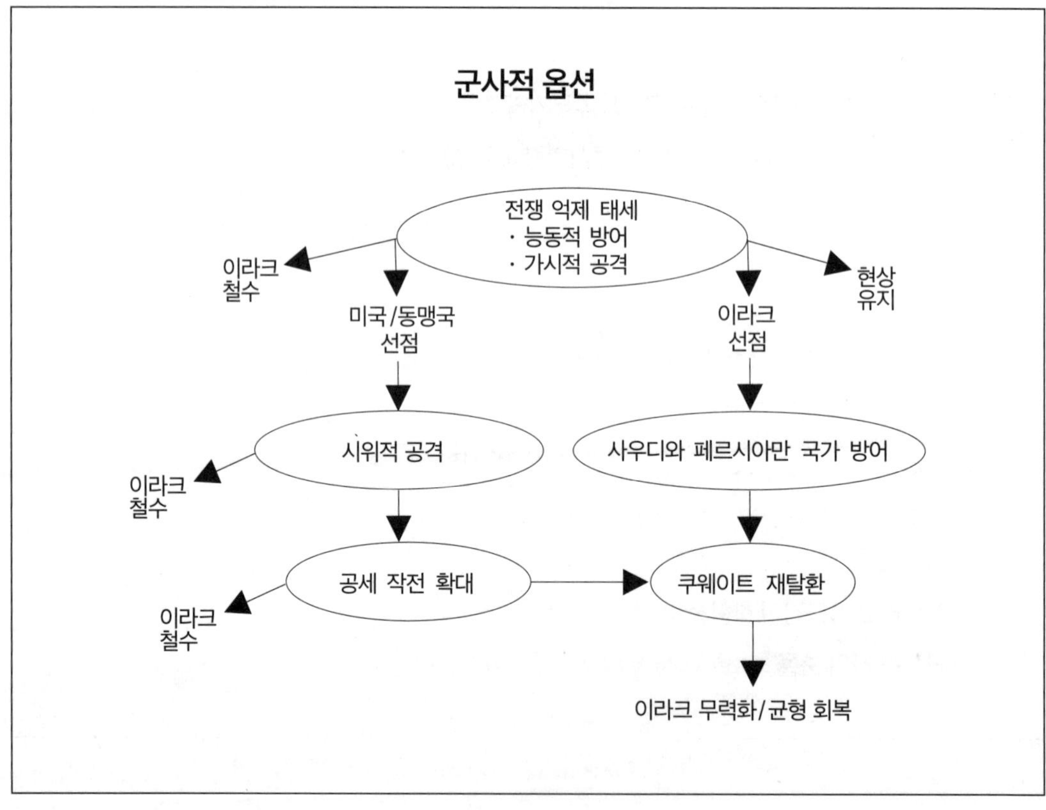

6

상황   이라크가 사우디아라비아를 공격한 경우

사우디아라비아를 방어하고
지역의 안정을 회복하기 위해
공세 작전 수행

7

항공전략
(이라크의 사우디아라비아 공격 시)

사우디아라비아의 주권 수호

- 포괄적인 제공 전역을 통한 공중우세 달성
- 화학전 수행에 필요한 모든 수단의 공격 및 파괴
- 지상군 사령관의 기동작전 지원
- 이라크 야전군에 대한 중요 보급품 공급 차단

8

<table>
<tr><td>상황</td><td>이라크가 사우디아라비아를 공격하지 않고 쿠웨이트에서 철수도 하지 않은 경우</td></tr>
</table>

쿠웨이트에서의 교착상태를 막고
쿠웨이트 해방을 위해
공세 작전 수행

9

항공전략

- 우리가 선택한 이라크 표적들에 대한 공격작전 수행능력 입증
  - 고가치 표적에 대한 시위성 공격으로 시작
  - 우리가 원하는 시기에 원하는 표적을 공격할 수 있다는 점을 강조하기 위해 표적 유형/위치 선택
  - 우리의 군사력에 위협이 될 수 있는 무기체계에 집중
    - 지대지 미사일
    - 장거리 항공기
  - 전 세계에 위협적이고 장기적으로 모두에게 위협이 되는 무기체계 파괴
    - 화학전 능력
    - 핵 능력
  - 주요 야간 공격
    - "우리가 밤을 지배한다."
    - 우리의 강점을 그들의 약점에 집중

10

항공전략(계속)

- 필요에 따라 모든 중요 표적이 파괴될 때까지 공격 확대
  - 여전히 야간 작전에 집중
  - 더 많은 전략 표적 포함
  - 전력투사 능력을 감소시킬 수 있는 표적에 집중
    · 야전군
    · 공세 작전 지원을 위한 기반시설
- 이라크 군사력이 약화되어 지역적 안정이 회복되기까지 지속적인 압박
- 이 전략은 후세인이 상황을 재평가하고 희생과 파괴를 줄일 수 있는 시간과 기회를 제공

11

표적 우선순위

- 장거리 전력투사 자산
  - 항공기
  - 미사일

우군(友軍)을 공격할 수 있는
무기체계

- 화학전 능력
  - 비축
  - 생산

국제적인 영향을 미치고
장기적으로 위협이 되는 무기체계

- 군사력
  - 기갑 전력
  - 포병 전력
- 전력복원 및 재보급
  - 통신 라인
  - 운송 자산
  - 석유 오일 윤활류(POL)
  - 물

12

표적 우선순위(계속)

- 지휘통제 체계
  - 지상군 – 사단 이상
  - 이라크 공군 통합 방공체계
  - 국가 지도부와 야전군 사령관 간의 통신
- 전략 표적

13

원자로 표적처리

찬성

- 매우 가시적임 – 전 세계에 강한 메시지 전달
- 위치 파악 용이
- 국가적 자부심(상징적 표적)
- 후세인이 철벽이라고 생각함
  - 다수의 SAM 시스템
  - 시설 주변의 대공포

반대

- 원자로 공격은 핵 관련 사고와 세계적인 반대 여론을 초래 가능
- 강력한 방어

14

주요 시설
(최대 노력/하루에 1회 항공공격)

- 세 개의 환적(transhipment) 지점(철도-트럭)
- 하나의 구역 작전 센터(SOC: Sector Operations Center)
- 두 개의 화학무기(CW) 생산 공장
- 두 개의 탄약 저장소
- 고정된 지대지 미사일(SSM) 기지(SCUD)

15

요 약

항공전역은 다음과 같은 선택방안 제공
- 대통령과 중부사령부의 목표를 달성할 수 있는 선택방안
- 현재 상황에 부합하고 합리적인 가정 및 결과
- 표적처리 우선순위가 있는 다양한 선택방안

16

참고문헌

1. Addington, Larry H. *The Patterns of War Since the Eighteenth Century.* Bloomington: Indiana University Press, 1984.

2. Ancell, R. Manning. *The Biographical Dictionary of World War II Generals and Flag Rank Officers: The U.S. Armed Forces.* With Christine M. Miller. Westport, CT: Greenwood Press, 1996.

3. Anderegg, C. R. *Sierra Hotel: Flying Air Force Fighters in the Decade after Vietnam.* Washington, DC: Air Force History and Museums Program, 2001.

4. Arkin, William M. "Baghdad: The Urban Sanctuary in Desert Storm." *Airpower Journal* 11, no. 1 (Spring 1997): 4-20.

5. Atkinson, Rick. *Crusade: The Untold Story of the Gulf War.* London: Harper Collins, 1994.

6. Barlow, Jason B. *Strategic Paralysis: An Airpower Theory for the Present.* Maxwell Air Force Base, AL: Air University Press, 1994.

7. Belote, Howard D. "Paralyze or Pulverize? Liddell Hart, Clausewitz, and Their Influence on Air Power Theory." *Strategic Review* 27, no. 4 (Winter 1999): 40-46.

8. Blackwell, James. *Thunder in the Desert: The Strategy and Tactics of the Persian Gulf War.* New York: Bantam Books, 1991.

9. Budiansky, Stephen. *Air Power: The Men, Machines, and Ideas That Revolutionized War; From Kitty Hawk to Gulf War II.* New York: Viking, 2004.

10. Builder, Carl H. *The Icarus Syndrome: The Role of Air Power Theory in the Evolution and Fate of the U.S. Air Force.* 4th printing. New Brunswick: Transaction, 1998.

11. ----. *The Masks of War: American Military Styles in Strategy and Analysis.* Baltimore, MD: Johns Hopkins University Press, 1989.

12. Bush, George, and Brent Scowcroft. *A World Transformed.* New York: Alfred A. Knopf, 1998.

13. Butler, Stephen L. "Toward the Twenty-First Century Air Command and Staff College: The Curriculum from Theory to Practice." *EDL 631*, Air University (Spring 1995).

14. Carpenter, Mason, and George T. McClain. "Air Command and Staff College Air Campaign Course: The Air Corps Tactical School Reborn?" *Airpower Journal* 7, no. 3 (Fall 1993): 72-83.

15. Clancy, Tom. *Every Man a Tiger*. With Gen. Chuck Horner (ret.). New York: G. P. Putnam's Sons, 1999.

16. ----. *Fighter Wing: A Guided Tour of an Air Force Combat Wing*. New York: Berkley Books, 1995.

17. Clausewitz, Carl von. *On War*. Edited and translated by Michael Howard and Peter Paret. London: Everyman's Library, 1993.

18. Cody, James R. *AWPD-42 to Instant Thunder: Consistent, Evolutionary Thought or Revolutionary Change?* Maxwell Air Force Base, AL: Air University Press, 1996.

19. Cohen, Eliot A., et al. *Gulf War Air Power Survey*. Vol. 1, *Part I: Planning*. Washington, DC: Government Printing Office, 1993.

20. ----. *Gulf War Air Power Survey*. Vol. 1, *Part II: Commando and Control*. Washington, DC: Government Printing Office, 1993.

21. ----. *Gulf War Air Power Survey*. Vol. 2, *Part I: Operations*. Washington, DC: Government Printing Office, 1993.

22. ----. *Gulf War Air Power Survey*. Vol. 2, *Part II: Effects and Effectiveness*. Washington, DC: Government Printing Office, 1993.

23. ----. *Gulf War Air Power Survey*. Vol. 5, *Part A: A Statistical Compendium*. Washington, DC: Government Printing Office, 1993.

24. Corell, John T. "The Strategy of Desert Storm." *Air Force Magazine* 89, no. 1 (January 2006). http://www.afa.org/magazine/jan2006/0106d_storm.asp.

25. Coyne, James P. *Airpower in the Gulf*. Arlington, VA: Air Force Association Book, 1992.

26. Davis, Richard G. *Decisive Force: Strategic Bombing in the Gulf War*. Washington, DC: Air Force History and Museums Program, 1996.

27. ----. *On Target: Organizing and Executing the Strategic Air Campaign Against Iraq*. Washington, DC: Air Force History and Museums Program, 2002.

28. ---. *The 31 Initiatives: A Study in Air Force-Army Cooperation*. Washington, DC: Office of USAF History, 1987.

29. Department of the Army. *Field Manual (FM) 100-5: Operations*. Washington, DC: Government Printing Office, 1982.

30. Deptula, David A. *Firing for Effect: Change in the Nature of Warfare*. Defense and Airpower Series. Arlington, VA: Aerospace Education Foundation, 1995.

31. De-Seversky, Alexander P. *Victory through Air Power*. New York: Simon and Schuster, 1942.

32. Donnelly, Charles L., Jr. "A Theater-Level View of Air Power." *Air Power Journal* 1, no. 1 (Summer 1997): 3-8.

33. Douhet, Giulio. *The Command of The Air*. Translated by Dino Ferrari. New York: Coward-McCann, 1984.

34. Drew, Dennis M. "Educating Air Force Officers: Observations after 20 Years at Air University." *Airpower Journal* 11, no. 2 (Summer 1997): 37-44.

35. ---. "Inventing a Doctrine Process." *Airpower Journal* 9, no. 4 (Winter 1995): 42-52.

36. Drew, Dennis M., and Donald M. Snow. *Making Strategy: An Introduction to National Security Processes and Problems*. Maxwell Air Force Base, AL: Air University Press, 1998.

37. Felker, Edward J. "Airpower, Chaos, and Infrastructure: Lords of the Rings." Maxwell Paper 14. Maxwell Air Force Base, AL: Air War College, 1998.

38. Fuller, J. F. C., *The Foundations of the Science of War*. Reprint. Fort Leavenworth, KS: U.S. Army Command and General Staff College Press, 1993.

39. ---. *The Generalship of Alexander the Great*. London: Wordsworth Editions, 1998.

40 Gat, Azar. *Fascists and Liberal Vision of War: Fuller, Liddell Hart, Douhet, and Other Modernists*. Oxford: Clarendon Press, 1998.

41. Gentile, Gian P. *How Effective Is Strategic Bombing? Lessons Learned from World War II to Kosovo*. New York: New York University Press, 2001.

42. Glosson, Buster C. "Impact of Precision Weapons on Air Combat Operations." *Airpower Journal* 7, no. 2 (Summer 1993): 4-10.

43. ---. *War with Iraq: Critical Lessons*. Charlotte, NC: Glosson Family Foundation, 2003.

44. Gordon, Michael R., and Gen. Bernard E. Trainor. *The Generals' War: The Inside Story of the Conflict in the Gulf*. Boston: Little, Brown and Company, 1995.

45. Halberstam, David. *War in a Time of Peace: Bush, Clinton and the Generals*. London: Bloomsbury, 2002.

46. Hallion, Richard P. *Storm over Iraq: Air Power and the Gulf War*. Washington, DC: Smithsonian Institution Press, 1992.

47. ---. ed. *Air Power Confronts an Unstable World*. London: Brassey's, 1997.

48. Hammond, Grant T. *The Mind of War: John Boyd and American Security*. Washington, DC: Smithsonian Institution Press, 2001.

49. Hansell Jr., Haywood S., *The Air Plan That Defeated Hitler*. New York: Arno Press, 1980. First published 1972.

50. Hosmer, Stephen T. *Psychological Effects of U.S. Air Operations in Four Wars 194–1991: Lessons for U.S. Commanders*. Santa Monica, CA: RAND, 1996.

51. Howey, Allan W., "Checkmate Journal: The Gulf War Air Campaign from Inside the Pentagon," CAFH Working Papers. Washington, DC: Center for Air Force History Air Staff Division, 1994.

52. Huntington, Samuel. *The Soldier and the State: The Theory and Politics of Civil-Military Relations*. Cambridge, MA: Harvard, 1957.

53. Jamison, Perry D. *Lucrative Targets: The U.S. Air Force in the Kuwaiti Theater of Operations*. Washington, DC: Air Force History and Museums Program, 2001.

54. Keaney, Thomas A., and Eliot A. Cohen. *Gulf War Air Power Survey: Summary Report*. Washington, DC: Government Printing Office, 1993.

55. ---. *Revolution in Warfare? Air Power in the Persian Gulf*. Annapolis, MD: Naval Institute Press, 1995.

56. Kenney, George C. *General Kenney Reports*. USAF Warrior Studies. Washington, DC: Office of Air Force History, 1987.

57. Lambeth, Benjamin S. "Bounding the Air Power Debate." *Strategic Review* 25, no. 4 (Winter 1997): 42-55.

58. Liddell Hart, Basil H. *Strategy* (London: Meridian Books, 1957).

59. Luttwak, Edward N. *Coup d'État*. Cambridge, MA: Harvard University Press, 1968.

60 ---. *Strategy: The Logic of War and Peace*. Rev. and enlarged ed. Cambridge, MA: Belknap Press of

Harvard University Press, 2001.

61. Magyar, Karl P. *Global Security Concerns: Anticipating the Twenty-First Century*. Maxwell Air Force Base, AL: Air University Press, 1996.

62. ---. ed. *Challenge and Response: Anticipating US Military Security Concerns*. Maxwell Air Force Base, AL: Air University Press, 1994.

63. Mann, Edward C. "One Target, One Bomb: Is the Principle of Mass Dead." *Airpower Journal* 7, no. 1 (Spring 1995): 35-43.

64. ---. *Thunder and Lightning: Desert Storm and the Airpower Debates*. Maxwell Air Force Base, AL: Air University Press, 1995.

65. McGuire, William, and R. F. C. Hull, eds. *Jung Speaking*. Princeton, NJ: Princeton University Press, 1977.

66. McPeak, Merrill A. *Selected Works 1990-1994*. Maxwell Air Force Base, AL: Air University Press, 1995.

67. Meilinger, Phillip S. "Dog Days for the Air Force: What Is Wrong and How Can It Be Fixed." October 2005. In author's private collection.

68. ---. "The Problem with Our Air Power Doctrine." *Airpower Journal* 6, no. 1 (Spring 1992): 24-31.

69. ---. ed. *The Paths of Heaven: The Evolution of Airpower Theory*. Maxwell Air Force Base, AL: Air University Press, 1997.

70. Mets, David R. *The Air Campaign: John Warden and the Classical Airpower Theorists*. Maxwell Air Force Base, AL: Air University Press, 1998.

71. ---. "Airpower History and Professional Education in the U.S. Air Force." Paper presented at the Society for Military History, Bethesda, MD, May 22, 2004.

72. Mitchell, William. *Skyways: A Book on Modern Aeronautics*. Philadelphia: J. B. Lippincott, 1930.

73. ---. *Winged Defense: The Development and Possibilities of Modern Air Power Economic and Military*. New York: G. P. Putnam's Sons, 1925).

74. Mueller, Karl P. "Strategies of Coercion: Denial, Punishment, and the Future of Air Power." *Security Studies* 7, no. 3 (Spring 1998): 182-228.

75. Murphy, Timothy G. "A Critique of the Air Campaign." *Airpower Journal* 8, no. 1 (Spring 1994): 63-74.

76. Murray, Williamson. *Air War in the Persian Gulf*. With Wayne W. Thompson. 2nd printing. Baltimore, MD: Nautical and Aviation Publishing Company of America, 1995.

77. ----. "Grading the War Colleges." *National Interest*, no. 6 (Winter 1986/1987): 12-19. Olsen, John Andreas. *Strategic Air Power in Desert Storm*. London: Frank Cass, 2003.

78. ----. ed. *Asymmetric Warfare*. Trondheim, Norway: Royal Norwegian Air Force Academy, 2002.

79. ---. ed. *A Second Aerospace Century*. Trondheim, Norway: Royal Norwegian Air Force Academy, 2001.

80. ----. ed. *From Manoeuvre Warfare to Kosovo?* Trondheim, Norway: Royal Norwegian Air Force Academy, 2001.

81. Pape, Robert A. "The Air Force Strikes Back: A Reply to Barry Watts and John Warden." *Security Studies* 7, no. 2 (Winter 1997/1998): 191-214.

82. ----. *Bombing to Win: Air Power and Coercion in War*. Ithaca, NY: Cornell University Press, 1996.

83. ----. "The Limits of Precision-Guided Air Power." *Security Studies* 7, no. 2 (Winter 1997/1998): 93-114.

84. Paret, Peter, ed. *Makers of Modern Strategy: From Machiavelli to the Nuclear Age*. Reprint. Oxford: Clarendon Press, 1994.

85. Peters, Tom. *Thriving on Chaos: Handbook for a Management Revolution*. New York: Alfred A. Knopf, 1987.

86. Powell, Colin. *My American Journey*. With Joseph E. Persico. New York: Ballantine Books, 1996.

87. Putney, Diane T. *Airpower Advantage: Planning the Gulf War Air Campaign 1989-1991*. Washington, DC: Air Force History and Museums Program, 2005.

88. ----. "From Instant Thunder to Desert Storm: Developing the Gulf War Air Campaign's Phases." *Air Power History* 41, no. 3 (Fall 1994): 38-50.

89. Reynolds, Richard T. *Heart of the Storm: The Genesis of the Air Campaign Against Iraq*. Maxwell Air Force Base, AL: Air University Press, 1995.

90. Romjue, John L. *From Active Defense to AirLand Battle: The Development of Army 1973-1982*. Fort Monroe, VA: U.S. Army Training and Doctrine Command, 1984.

91. Scales, Robert H. *Certain Victory: The U.S. Army in the Gulf War*. London: Brassey's, 1997.

92. Schelling, Thomas C. *Arms and Influence*. New Haven, CT: Yale University Press, 1966.

93. ----. *The Strategy of Conflict*. 16th printing. Cambridge, MA: Harvard University Press, 1997.

94. Schneider, Barry R., and Lawrence E. Grinter, eds. *Battlefield of the Future: 21st Century Warfare Issues*. Maxwell Air Force Base, AL: Air University Press, 1995.

95. Schwarzkopf, H. Norman. *It Doesn't Take a Hero*. With Peter Petre. London: Bantam Books, 1993.

96. Shultz Jr., Richard H., and Robert L. Pfaltzgraff Jr. *The Future of Air Power in the Aftermath of the Gulf War*. Maxwell Air Force Base, AL: Air University Press, 1992.

97. Slife, James C. *Creech Blue: Gen. Bill Creech and the Reformation of the Tactical Air Forces, 1978-1984*. Maxwell Air Force Base, AL: Air University Press, 2004.

98. Smith, Perry M. *The Air Force Plans for Peace*. Baltimore, MD: John Hopkins Press, 1970.

99. ---. *How CNN Fought the War: A View from the Inside*. New York: Birch Lane Press, 1991.

100. Summers Jr., Harry G. *On Strategy II: A Critical Analysis of the Gulf War*. New York: Dell Publishing, 1992.

101. Sun Tzu. *The Art of War*. London: Hodder and Stoughton, 1995.

102. Szafranski, Richard. "The Problem with Bees and Bombs." *Airpower Journal 9*, no. 4 (Winter 1995): 94-98.

103. Tagg, Lori S. *Development of the B-52: The Wright Field Story*. Wright-Patterson Air Force Base, OH: Aeronautical Systems Center, 2004.

104. Toffler, Alvin, and Heidi Toffler. *War and Anti-War: Making Sense of Today's Global Chaos*. London: Warner Books, 1995.

105. United States Air Force. *The Air Force and the U.S. National Security: "Global Reach-Global Power: Reshaping for the Future."* Washington, DC: Department of the USAF, June 1990.

106. ---. *Air Force Manual 1-1: Basic Aerospace Doctrine of the United States Air Force*. Washington, DC: Government Printing Office, 1984.

107. ----. *Air Force Manual 1-1: Basic Aerospace Doctrine of the United States Air Force*. Vol. 2. Washington, DC: Government Printing Office, 1992.

108. ---. "Global Reach Global Power: Reshaping for the Future." *USAF White Paper*. Washington, DC: Department of the USAF, 1991.

109. United States Department of Defense. *Conduct of the Persian Gulf War: An Interim Report to Congress*. Washington, DC: Government Printing Office, 1991.

110. ----. *Conduct of the Persian Gulf War: Final Report to Congress*. Washington, DC: Government Printing Office, 1992.

111. U.S. News and World Report. *Triumph without Victory: The Unreported History of the Persian Gulf*

War. New York: Times Books, 1992.

112. Viccellio, Henry. "Composite Air Strike Force." *Air University Quarterly Review* 9, no. 1 (Winter 1956/1957): 27-38.

113. Warden, John A., III. *The Air Campaign*. Washington, DC: Brassey's, 1988.

114. ----. "Airpower in the Gulf." *Daedalus Flyer* 36, no. 1 (Spring 1996).

115. ----. "Centers of Gravity; The Key to Success in War." March 1990. In author's private collection.

116. ----. "Employment of Tactical Air in Europe." Memorandum, August 1, 1972. In author's private collection.

117. ----. "The Enemy as a System." *Airpower Journal* 9, no. 1 (Spring 1995): 40-45.

118. ----. "Global Strategy Outline." May 1988. In author's private collection.

119. ----. "The Grand Alliance: Strategy and Decision." M. A. thesis, Texas Tech University, 1975.

120. ----. "The New American Security Force." Vortices. *Airpower Journal* 8, no. 3 (Fall 1999): 75-91.

121. ----. "Planning to Win." *Air University Review* 34 (March-April 1983): 94-97.

122. ----. "Success in Modern War: A Response too Robert Pape's *Bombing to Win*." *Security Studies* 7, no. 2 (Winter 1997/1998): 172-190.

123. ----. "36th Tactical Fighter Wing Goals Fiscal Year 1988." Department of the Air Force, Headquarters Thirty-sixth Tactical Fighter Wing USAF, September 26, 1987. In author's private collection.

124. Warden, John A., and Leland A. Russell. *Winning in FastTime: Harness the Competitive Advantage of Prometheus in Business and Life*. Montgomery, AL: Venturist Publishing, 2001.

125. Ware, Lewis. "Ware on Warden: Some Observations on the Enemy as a System." *Airpower Journal* 9, no. 4 (Winter 1995): 87-93.

126. Watts, Barry D. "Clausewitzian Friction and Future War." Institute for National Strategic Studies, McNair Papers no. 68, 2004.

127. ----. *The Foundations of U.S. Air Doctrine: The Problems of Friction in War*. Maxwell Air Force Base, AL: Air University Press, 1984.

128. ----. "Ignoring Reality: Problems of Theory and Evidence in Security Studies." *Security Studies* 7, no. 2 (Winter 1997/1998): 115-171.

129. Weighley, Russell F. *The American Way of Warfare: A History of United States Military Strategy and*

Policy. London: Macmillan Publishers, 1973.

130. Wijninga, Peter W.W., and Richard Szafranski. "Beyond Utility Targeting: Toward Axiological Air Operations." *Aerospace Power Journal* 14, no. 4 (Winter 2000): 45-59.

131. Willmott, H. P. *When Men Lost Faith in Reason: Reflections on War and Society in the Twentieth Century*. Westport, CT: Praeger, 2002.

132. Woodward, Bob. *The Commanders*. New York: Simon and Schuster, 1992. Zetterling, Niklas. "John Warden, *The Air Campaign*—En Kritisk Granskning." *Kungl Krigsveteskapsakademies Handlinger och Tidsskrift*, no. 1 (1998): 107-130.

현대 항공우주전략의 창시자
존 워든

ⓒ 김강식, 2026

초판 1쇄 발행 2026년 1월 30일

지은이	존 안드레아스 올슨
옮긴이	김강식
펴낸이	이기봉
편집	좋은땅 편집팀
펴낸곳	도서출판 좋은땅
주소	서울특별시 마포구 양화로12길 26 지월드빌딩 (서교동 395-7)
전화	02)374-8616~7
팩스	02)374-8614
이메일	gworldbook@naver.com
홈페이지	www.g-world.co.kr

ISBN 979-11-388-5329-3 (03390)